PHYSIOLOGIE

DE LA VOIX ET DE LA PAROLE

Paris. — Typographie HENNUYER ET FILS, rue du Boulevard, 7.

PHYSIOLOGIE

DE LA VOIX ET DE LA PAROLE

PAR

LE DR ÉDOUARD FOURNIÉ

AVEC FIGURES DANS LE TEXTE

PARIS

ADRIEN DELAHAYE, LIBRAIRE-ÉDITEUR,

PLACE DE L'ÉCOLE-DE-MÉDECINE.

1866

PRÉFACE

De toutes les parties de la science de l'homme, celle qui concerne l'étude de la voix et de la parole est assurément la plus importante et la plus utile. L'homme partage avec la plupart des êtres de la création le privilége de faire entendre des sons; mais lui seul possède la faculté de transformer ses impressions en mouvements voulus, déterminés, de grouper ensemble ces mouvements, de les systématiser sous le nom de langage, de se créer enfin l'instrument le plus précieux avec lequel l'intelligence s'élève aux conceptions les plus sublimes.

Aussi, avons-nous été profondément surpris en constatant, au début de nos recherches, qu'on n'avait pas encore essayé de pénétrer les mystères de la formation de la parole. Il est bien entendu que nous ne parlons pas ici de la parole extérieure, mais de cette parole intime, silencieuse, de cette parole *pensée*, enfin, dont la première n'est que la manifestation sonore.

Ce problème était difficile : il fallait établir, pour le résoudre, les rapports de la parole avec la pensée, et l'on ne pouvait déterminer judicieusement ces rapports sans toucher aux questions les plus délicates et les plus obscures de la psychologie. Il ne nous appartient pas de dire si nos efforts dirigés vers la solution de ces difficultés sérieuses ont été couronnés de succès ; mais nous pouvons exprimer cette conviction profonde que, en l'absence de notions positives sur la formation de la parole, il était impossible de déchirer le voile épais qui recouvre les opérations de l'esprit humain. La physiologie de la parole est la clef des problèmes de l'intelligence, et nous ne doutons pas que sans cette physiologie, le mécanisme de la pensée, abandonné aux psychologues, ne fût resté longtemps encore une entité magnifique, sublime, mais inexpliquée.

Quant à la formation de la voix, elle a été étudiée par les hommes les plus dignes et les plus capables de nous en dévoiler le secret mécanisme ; mais il est certaines vérités qui ne peuvent éclore qu'à leur jour et à des conditions qui dépendent de la marche de l'esprit humain dans le progrès des sciences.

Nous nous sommes donc proposé, dans ce travail, d'expliquer le mécanisme de la formation de la voix et celui de la parole : tel est le but. Voyons les moyens :

Bien que la voix soit produite par les organes de la vie, elle ne relève pas moins des lois de l'acoustique comme phénomène sonore. Il était donc nécessaire de connaître avant tout les conditions de la production du son dans toutes les circonstances possibles. Cette partie de l'acoustique savamment traitée dans les ouvrages spéciaux, nous laissait peu de chose à faire ; cependant l'on pourra s'assurer que nos observations et nos expériences sur ce sujet n'étaient pas tout à fait superflues.

L'anatomie de l'organe vocal, non moins importante à connaître que l'acoustique, a été de notre part l'objet d'une étude minutieuse : après avoir examiné un grand nombre de larynx, nous avons pu indiquer les caractères anatomiques qui les distinguent dans les deux sexes et aux différents âges de la vie. En outre, nous avons découvert et décrit la partie qui fournit *réellement* les vibrations sonores de la voix.

Persuadé qu'on ne peut marcher sûrement dans la recherche de la vérité qu'en s'appuyant sur les connaissances acquises; sachant d'un autre côté l'abus regrettable que l'on a fait maintes fois de quelques citations inopportunes ou mal comprises, nous avons consacré un long chapitre à la partie historique. Nous avons passé en revue, d'une manière complète, les travaux des principaux physiologistes, au nombre de dix-neuf, qui se sont occupés spécialement de cette question.

Nous avons consacré, enfin, un petit chapitre à la description du laryngoscope, dont l'importance en physiologie et en médecine n'a plus besoin d'être démontrée[1].

En appuyant nos idées sur ces recherches préliminaires, nous avons pu leur donner la garantie que réclame, à juste titre, toute vérité scientifique.

Ce que nous avons fait pour la voix, nous l'avons fait pour la parole, avec cette différence cependant, que nous avons négligé, pour cette dernière, la partie historique, puisqu'elle n'existe pas. On n'a jamais tenté, en effet, d'établir *physiologiquement* les rapports de la parole avec la pensée, et tout ce que nous avons dit sur cette matière est le résultat de nos méditations et de nos recherches.

---

[1] Ce chapitre est l'extrait d'un travail plus complet, que nous avons déjà publié sous ce titre : *Etude pratique sur le laryngoscope et sur l'application des remèdes pulvérulents dans les voies respiratoires.*

Comme la parole est constituée par des actes voulus, par des perceptions et par des *actes-mémoire*, nous avons dû établir d'abord ce que nous entendons par *sensibilité*, *sensations*, et nous avons donné, touchant la mémoire des sens, une théorie nouvelle. Cette étude préalable nous a conduit à considérer la parole comme un phénomène sensible dans lequel la pensée se trouve matérialisée, et, par ce fait, susceptible d'impressionner un de nos sens. C'est ainsi que l'intelligence se perçoit, s'affirme et a conscience d'elle-même.

La connaissance du mécanisme physiologique de la voix et de la parole présente par elle-même un grand intérêt; mais que serait cette connaissance si elle ne trouvait pas une application utile au premier être de la création? A ce point de vue, notre sujet n'a rien à envier aux autres parties de la science de l'homme. Dans un chapitre spécial, nous avons montré, en effet, que l'enseignement du chant, la médecine, la pathologie mentale, la philosophie, l'enseignement des sourds-muets peuvent emprunter à notre travail des applications utiles et souvent même indispensables.

Paris, le 31 mai 1865.

ERRATA.

—

Page 5, ligne 9 et 10, *au lieu de* pantaugraphe, *lisez :* phonotaugraphe.

Page 241, ligne 15, *au lieu de :* La voix rauque ou limpide tient toujours, dit-il, a la quantité d'air qui est agité[2]. La voix petite et la voix grande tiennent, *lisez :* La voix petite et la voix grande tiennent à la quantité d'air qui est agité[2]? La voix rauque ou limpide tient toujours.

Page 346, ligne, 14, *au lieu de :* n'est rien moins, *lisez :* ne peut paraître.

PHYSIOLOGIE

DE LA VOIX ET DE LA PAROLE

LIVRE I.

ACOUSTIQUE.

CHAPITRE I.

NOTIONS GÉNÉRALES SUR LE SON.

L'organisme vivant a cela de commun avec les êtres inanimés, qu'il est soumis, comme eux, aux lois générales de la physique et de la chimie, mais avec cette différence essentielle que, chez lui, ces mêmes lois sont sous la dépendance d'une force qui leur est supérieure et que l'on désigne sous le nom de principe vital ou de lois physiologiques. Tout phénomène physiologique, en effet, est soumis aux lois physiques, modifiées elles-mêmes par l'action vitale. La voix de l'homme ne fait point exception à cette règle, et, bien qu'elle paraisse sous la dépendance immédiate des lois de l'acoustique, on ne saurait comparer exactement le mécanisme de sa production à celui d'aucun instrument de musique : c'est que la vie fait de la physique dans des conditions spéciales et avec des instruments qui sont plus ingénieux et plus parfaits que les nôtres.

En parcourant les différentes théories de la voix qui ont été données jusqu'à ce jour, il nous a semblé que les unes, proposées par des physiciens purs, péchaient précisément par l'insuffisance des connaissances physiologiques ; que les autres, conçues par des physiologistes éminents, devaient leur instabilité à des notions insuffisantes ou erronées sur les conditions générales de la production des sons.

Édifié par les leçons de l'histoire sur les causes qui avaient pu induire en erreur nos devanciers, nous avons eu l'ambition d'éviter à la fois les deux écueils, en étudiant la question de la production du son en physicien, et la question de la voix en physiologiste. Que l'on ne soit donc pas étonné si nous donnons une extension inaccoutumée au chapitre qui concerne l'acoustique. Cette question était pour nous comme la base de l'édifice que nous voulions élever, et nous devions nécessairement, avant de parler de la production de la voix dans le larynx humain, établir d'une manière solide les conditions générales qui président à la formation du son.

Toutes les sensations résultent de l'impression des objets sur nos organes, et cette impression suppose un mouvement. On peut donc dire, avec M. Pouillet, que le son est un mouvement particulier de la matière pondérable[1]. Ce mouvement peut être rendu appréciable de différentes manières.

Si l'on approche le doigt d'une cloche mise en vibration, on éprouve un frémissement particulier, qui cesse dès que la cloche ne rend plus de son. Si l'on recouvre de sable une plaque métallique, le son qu'elle produit est rendu sensible par le sautillement du sable et par la disposition particulière qu'il affecte à sa surface.

[1] Pouillet, *Traité élémentaire de physique.*

M. Lissajous, professeur de physique au lycée Saint-Louis, a trouvé un moyen ingénieux de rendre ce mouvement encore plus apparent. Le savant professeur a eu l'idée de fixer un petit miroir à l'extrémité d'une des branches d'un diapason, de telle façon qu'un faisceau lumineux, dirigé vers ce miroir, aille se projeter sur un écran pendant le mouvement vibratoire des lames; l'image donne le tracé exact des mouvements du miroir et des lames.

M. Léon Scott a inventé un appareil qu'il nomme pantau-graphe et au moyen duquel on obtient non-seulement l'image du mouvement sonore, mais encore la graphie de ce mouvement. On peut reproduire cet appareil dans sa plus grande simplicité en fixant sur une membrane tendue à l'extrémité d'un tube, un style très-délié, une barbe de plume par exemple. Pendant le résonnement de la membrane, le mouvement de cette dernière se communique au style, et celui-ci le transmet graphiquement à une surface plane ou cylindrique enduite de noir de fumée.

Nous bornerons ici la série de preuves que nous pourrions donner de l'existence de ce mouvement, bien qu'il nous fût très-facile de les multiplier.

Pour ce qui est de la définition du son, définition généralement admise, elle nous paraît incomplète en ce sens que la matière pondérable est susceptible de plusieurs mouvements, et que, pour définir exactement le son, il faut caractériser le mouvement qui le constitue.

Pour le physiologiste, le caractère distinctif du mouvement sonore, est que ce mouvement seul possède la propriété d'affecter l'organe de l'ouïe. Les sens de la vue, du toucher, peuvent recevoir, il est vrai, l'impression du mouvement sonore; mais cette impression ne serait pour nous qu'une impression de mouvement simple, si l'organe de l'ouïe n'était lui aussi impressionné.

Nos sens ne peuvent pas se suppléer l'un l'autre dans la signification absolue du mot. Ils s'aident mutuellement, ils se complètent même quelquefois, mais il est impossible que, privés dès la naissance d'un sens quelconque, nous puissions acquérir avec les autres la notion de la sensation dont celui-là seul est la source.

Si l'on parvient aujourd'hui à faire parler les sourds-muets d'une manière assez intelligible, on ne leur a point donné pour cela la notion du son ; ils parlent avec le secours des sens de la vue et du toucher. Leur main, appliquée sur le cou du maître, pendant que celui-ci parle, leur fait percevoir le mouvement vibratoire, sensible au toucher, qui se produit, et, lorsqu'ils produisent par imitation sur eux-mêmes le même mouvement, ils forment un son.

Par le même procédé, ils distinguent et apprécient l'intensité du mouvement vibratoire qui correspond à l'intensité du son, et ils apprennent ainsi à émettre la voix forte et la voix faible. La production des sons aigus et des sons graves leur est enseignée, bien imparfaitement, il est vrai, par un moyen analogue.

Quant à l'articulation des sons ou voix parlée, ils l'apprennent par l'intermédiaire du sens de la vue ou, en d'autres termes, par l'imitation. Pour cela, il suffit de leur montrer la disposition particulière des parties de la bouche qui correspond à l'émission de chaque lettre et de chaque syllabe.

Ce résultat est immense, admirable, mais il est encore bien peu de chose si l'on songe que, par l'étude et l'interprétation de certains mouvements, le sourd-muet n'arrive qu'à étendre les agents de la vie de relation. Le son n'est pour lui qu'un mouvement simple, et ces idées innombrables, qui tirent leur origine de la sensation du son par l'organe de l'ouïe, lui sont à jamais interdites.

Ainsi donc, pour donner une définition plus complète du son, nous devons dire qu'il est constitué par un mouvement particulier de la matière pondérable, susceptible d'affecter l'organe de l'ouïe. Cette définition doit satisfaire de tout point le physiologiste, mais le physicien peut se montrer plus exigeant.

L'on reconnaît en physique plusieurs forces, qui, s'emparant tour à tour de la matière, lui communiquent des mouvements particuliers qui servent à les caractériser. Ces forces peuvent se provoquer l'une l'autre, se suppléer et se transformer de manière qu'il soit possible de les confondre. C'est ainsi que le choc du marteau sur un barreau d'acier peut donner naissance à du mouvement sonore, à du calorique, le calorique à de l'électricité, l'électricité à de la lumière.

Voilà donc une succession de forces agissant successivement pour se provoquer l'une l'autre et se développant sous l'influence d'une même cause.

Toutes présentent ce caractère, qu'elles se manifestent par un mouvement particulier, ce qui légitime, jusqu'à un certain point, cette tendance évidente des esprits de notre époque vers l'unification de toutes les forces de la nature.

Sans prétendre élucider cette question, beaucoup trop élevée pour nos faibles moyens, nous essayerons d'établir en quelques mots les ressemblances et les dissemblances qui peuvent exister entre le mouvement sonore et les autres mouvements.

Mouvement sonore et mouvement lumineux. — Il existe des rapports si nombreux entre le son et la lumière, que, dès les temps les plus reculés, on a essayé d'établir l'analogie qui existe entre ces deux phénomènes. Aristote, pour expliquer l'écho, comparait la réflexion du son à celle de la lumière. Les progrès de la physique ont permis de constater peu à peu de nouveaux points de ressemblance. La décomposition de la lumière, dans les sept tons fondamentaux par le prisme, a inspiré l'idée de comparer les sept couleurs aux sept notes de la gamme. Dans un mémoire lu à l'Académie des sciences en l'année 1737, de Mairan a voulu démontrer cette analogie.

Newton avait déjà émis la convenance qui existe entre les sept couleurs du prisme et les sept tons. De Mairan, développant cette idée, suppose que l'air, en tant que véhicule du son, est un assemblage de particules de différentes élasticités, dont les vibrations sont analogues par leur durée à celles des différents tons du corps sonore. Entre toutes ces particules, il n'y aurait, d'après cet auteur, que celles de même espèce, de même durée de vibration, qui pourraient retenir les vibrations semblables de ce corps et les transmettre jusqu'à l'oreille.

Pour Mairan, il y a autant de corpuscules lumineux de différente réfrangibilité que de couleurs, et autant de particules sonores d'air de différente élasticité que de tons. Le mélange de tous les corpuscules lumineux et colorés produit la lumière ; le frémissement de toutes les particules sonores et toniques forme le bruit.

D'après cela, il est évident que de Mairan a été conduit à concevoir cette théorie, parce qu'il ne pouvait pas comprendre comment plusieurs tons différents peuvent se faire entendre en même temps à l'oreille sans confusion.

La théorie de Mairan n'est pas admise aujourd'hui, car il pensait avec Newton que la lumière est produite par l'émission d'une innombrable quantité de particules lancées par le corps lumineux, et cette doctrine est abandonnée.

La plupart des physiciens modernes se sont ralliés à la théorie d'Huyghens, contemporain de Newton, qui attribuait la production de la lumière à des vibrations semblables à celles du son, mais s'effectuant dans un milieu particulier qu'on nomme éther. Tandis que le son a l'air pour milieu, les mouvements lumineux s'opéreraient dans cette substance éminemment élastique qui traverse l'espace.

Descartes pensait que la lumière est due à des vibrations très-petites et très-rapides, excitées par les corps lumineux dans un fluide permanent extrêmement rare répandu dans tout tout l'espace, et pénétrant même dans l'intérieur des corps diaphanes, où il se trouve condensé par l'action de ses molécules. (Poisson, *Ann. de phys.*, t. XXII.)

Cette théorie, soutenue par Haller, Thomas Yung, Auguste Fresnel, est universellement acceptée aujourd'hui. Il faut avouer que, si elle n'est pas parfaitement démontrée, beaucoup de faits militent en sa faveur.

Lorsque, au moyen d'une pile assez forte, on produit une lumière intense dans l'eau, on voit entre les deux cônes de charbon osciller les particules lumineuses, comme s'il y avait transport de ces particules d'un cône à l'autre. Ce mouvement est rendu beaucoup plus sensible encore lorsqu'on dispose les charbons comme pour l'analyse spectrale et qu'on produit avec divers métaux des couleurs variées. Ces bandes colorées, situées entre les deux pôles, sont produites par les oscillations des particules du métal volatilisé.

Ces expériences démontrent bien, en effet, qu'il existe un mouvement dans les phénomènes lumineux ; mais quelle est sa nature ? quel est son rôle ? Personne ne le sait.

S'il était un mouvement vibratoire analogue à celui qui produit le son, nous pourrions en constater l'existence par les mêmes moyens que l'on emploie pour démontrer la production de ce dernier. Un corps léger, appliqué à l'extrémité d'une tige métallique rougie à blanc, devrait rendre sensible à la vue les mouvements qui lui seraient communiqués par la tige en vibration ; mais ce phénomène n'a pas lieu.

L'excessive vitesse du mouvement lumineux à travers l'espace est de beaucoup supérieure à la vitesse du mouvement sonore ; mais si ces mouvements étaient de la même nature, il serait possible, en modérant l'intensité de la lumière, d'arriver à la vitesse particulière qui constitue le son. Cela n'a pas lieu ; donc ces deux mouvements sont d'une nature différente. Il est vrai qu'on pourrait objecter à cela que le mouvement lumineux s'effectuant dans l'éther, et le mouvement sonore dans l'air, il ne se manifeste pas à nos sens de la même manière. Cette objection est basée sur une hypothèse qui engendre une nouvelle difficulté. En effet, l'éther devant être une matière pondérable, le vide dans la machine pneumatique est un vain mot.

En vérité, nous inclinons un peu vers cette dernière opinion, car il nous paraît impossible d'admettre que nos sens puissent communiquer avec un objet isolé dans le vide. Pour que nos yeux reçoivent une impression quelconque, il est indispensable qu'un mouvement de la matière leur communique cette impression. Nous sommes donc obligé de conclure que l'objet placé sous le récipient d'une machine pneumatique n'est pas isolé dans le vide, car, sans cela, nous ne le verrions pas.

Parmi les différences qui existent entre le mouvement sonore et le mouvement lumineux, nous pouvons encore citer celle-ci, c'est que si l'association des sept couleurs du prisme produit la lumière blanche, qui est la lumière fondamentale, l'association des sept notes de la gamme est bien loin de produire un son fondamental unique, qui serait l'analogue de la lumière recomposée avec les sept couleurs du prisme.

L'analyse spectrale nous permet d'établir une nouvelle distinction. On sait que le mouvement sonore d'un corps a la propriété de provoquer des vibrations analogues dans un corps capable de vibrer synchroniquement avec lui. La lumière produit un effet tout opposé. Les atomes qui vibrent à l'unisson du rouge arrêtent toujours les rayons rouges. C'est sur ce phénomène, d'ailleurs, qu'est basé le procédé au moyen duquel on a pu déterminer la nature des métaux qui existent dans le soleil.

Telles sont les différences capitales qui existent entre ces deux mouvements. Quant aux analogies, les seules réellement légitimes que nous puissions invoquer ici consistent dans la manière dont ces deux mouvements se comportent lorsqu'ils rencontrent sur leur passage une surface. Ce sont, en un mot, les phénomènes de réflexion.

Les lois de la réflexion sont les mêmes pour le son et pour la lumière, comme l'ont établi les belles recherches de Savart, Poisson, etc.

Il résulte de ce que nous venons de dire que, quel que soit le mouvement qui accompagne la production de la lumière, mouvement ondulatoire ou émissif, ce mouvement se distingue essentiellement de celui qui produit le son et dont les caractères bien mieux déterminés seront exposés tout à l'heure.

Mouvement sonore et mouvement chaleur. — La chaleur obéit aux mêmes lois que la lumière, se réfléchissant comme elle, se propageant à travers le vide, et, comme elle, pouvant être attribuée à un mouvement vibratoire ayant pour milieu cette même substance, que nous avons appelée éther.

Les dissemblances, comme les ressemblances que nous avons établies entre le mouvement lumineux et le mouvement sonore, existent également entre ce dernier et le calorique.

Nous avons vu plus haut que si l'on met une boule suspendue par un fil en contact avec l'extrémité d'une verge vibrant longitudinalement, cette boule, obéissant aux vibrations du métal, rebondit sur cette extrémité avec une certaine énergie. La même tige, soumise à l'influence du calorique, s'allongera, sans doute, mais progressivement, et avec un caractère de permanence incompatible avec l'idée de vibration.

De tout ce que nous venons de dire nous pouvons conclure que le son est produit par un mouvement propre, se distinguant suffisamment des autres mouvements qui animent la matière, et possédant des caractères que nous allons faire ressortir. Voyons quel est ce mouvement.

Nature du mouvement sonore. — Tout mouvement de la matière peut produire un son, pourvu que ce mouvement s'effectue avec une certaine vitesse dans un temps donné.

Savart a pu s'assurer qu'il suffisait de produire quatorze ou quinze vibrations simples en une seconde pour donner naissance à un son appréciable. Nous ne dirons pas que ce soit là la limite ou le commencement des sons perceptibles ; la sensibilité très-variable des individus rend cette appréciation impossible ; mais nous l'acceptons comme une approximation qui nous permet d'indiquer le principal caractère du mouvement sonore, qui est une certaine rapidité dans un temps très-court.

La conséquence de cette rapidité nécessaire est que le son sera d'autant plus facilement produit que le corps sonore sera plus petit et exécutera ses mouvements dans un plus petit espace.

Le mouvement qui produit le son appartient à la classe des mouvements moléculaires. En le considérant d'abord dans l'air, nous constatons, avec Claude Perrault, que ce mouvement n'est pas celui qui produit les grandes agitations atmosphériques, car le vent, aussi impétueux qu'il soit, n'impressionne pas l'organe de l'ouïe ; les différentes agitations de l'air se détruisent les unes les autres quand elles sont opposées, ce qui n'a pas lieu pour le son. Le vent suit la direction de l'impulsion qui le pousse, tandis que le son se répand également de tous côtés. Enfin, la vitesse du vent est proportionnelle à la force d'impulsion, tandis que le son, fort ou faible, grave ou aigu, possède toujours la même vitesse.

De même dans les corps solides et liquides, ce ne sont point les grands mouvements appréciables à l'œil qui produisent le son. Une roue peut tourner dans l'espace avec une rapidité excessive sans le déterminer. Les oscillations que nous voyons dans les cordes et dans les cloches en vibration ne sont pas à proprement parler la cause du son. Elles sont pour nos yeux une manifestation sensible d'un mouvement intime et invisible qui s'effectue dans la masse moléculaire. C'est ce dernier mouvement qui est le véritable mouvement sonore.

Chaque corps possède un mouvement moléculaire propre, que la cause la plus légère suffit pour mettre en action ; et si quelque chose permet de distinguer le mouvement sonore des autres mouvements, c'est bien cette facilité avec laquelle on le provoque. Tandis que pour mouvoir la masse d'un corps, l'on est obligé d'emprunter à la mécanique ou à la chimie des forces très-puissantes (levier, poudre à canon), le choc le plus léger, le souffle le plus faible suffisent pour déterminer ce mouvement particulier, qui se traduit quelquefois par un son très-intense.

Donc un des principaux caractères du mouvement sonore est d'être facilement provoqué et d'avoir une rapidité généralement plus considérable que celle que les forces mécaniques communiquent à la masse des corps. Dans ce dernier cas, on a à lutter contre une force très-puissante : la pesanteur ; tandis que dans le mouvement sonore, on ne fait que mettre en jeu un mouvement naturel et propre à chaque masse moléculaire. Ce mouvement, dont tous les corps sont susceptibles à des degrés divers, est dû à la force élastique.

« L'élasticité, dit M. Pouillet, est cette propriété de la matière qui fait que tout corps peut, sans se rompre ou se désagréger, éprouver sous l'influence d'actions mécaniques quelconques quelques changements dans sa structure, sa forme, son volume, et reprendre exactement son état primitif, dès que l'action mécanique a cessé d'agir. »

Cette élasticité est différente selon les corps ; dans les gaz, on la développe par la compression ; la température restant la même, ils reprennent toujours le même volume sous la même pression. Les liquides ne paraissent jouir aussi que de cette élasticité de compression. Les solides possèdent non-seulement cette élasticité de compression, mais encore l'élasticité de tension, c'est-à-dire que, fléchis ou allongés, ils reprennent leur forme primitive dès qu'on a cessé d'agir sur eux. Ils peuvent encore être tordus et se détordre par eux-mêmes pour reprendre leur position primitive. On appelle cette propriété élasticité de torsion. Lorsque les molécules d'un corps ont été, par un agent mécanique quelconque, détournées de leur position d'équilibre, ou, en d'autres termes, quand on a mis leur élasticité en jeu, elles ne reviennent pas à leur situation primitive d'une manière instantanée, mais bien par une série d'oscillations analogues aux oscillations d'un pendule. Or, le mouvement sonore, n'étant autre chose que le mouvement de la force élastique, doit avoir pour autre caractère d'être un mouvement vibratoire. Nous n'ignorons pas que l'on a attribué la production du son à une série de chocs, et l'on s'est appuyé surtout sur le mécanisme de la roue dentée de Savart.

La production du son par la roue dentée de Savart est un phénomène très-complexe et qui ne nous paraît pas avoir été justement apprécié. Le choc d'une seule des dents sur la carte suffit pour déterminer un son, car l'élasticité de la carte a été mise en action, et c'est proprement ce mouvement qui fait le son.

Dans la sirène de Cagniard de Latour, c'est l'élasticité de l'air qui est mise en jeu, sous l'influence du courant d'air interrompu.

Le son que produisent les balles et les boulets est engendré par les vibrations aériennes qui prennent naissance en arrière du projectile; ces vibrations ressemblent au sillon tumultueux que laisse après lui un vaisseau sous voile.

Les sons dont nous venons de parler sont à peu près les seuls où l'on ait pu confondre le mouvement du choc avec le mouvement vibratoire dans la production du son; mais si l'on cherche attentivement l'agent du mouvement sonore, on arrivera à cette conclusion : que partout où il y a un son, il y a mouvement de la force élastique d'un corps et par conséquent mouvement vibratoire.

En réunissant tous les caractères que nous venons d'énumérer, nous pouvons à présent compléter notre définition de cette manière :

Le son est un mouvement vibratoire de la matière pondérable, s'effectuant assez rapidement pour impressionner un certain nombre de fois notre oreille dans un temps donné. Après avoir ainsi établi d'une manière formelle la nature du mouvement sonore, nous allons examiner les modifications diverses dont il est l'objet et la manière dont il se conduit dans les différentes circonstances où on le provoque.

Grave et aigu. — Ces mots sont une métaphore inspirée par ce que nous voyons dans les objets qui tombent sous nos sens, car l'aigu impressionne vivement en peu de temps et le grave peu en beaucoup de temps. Aristote, à qui nous empruntons ces quelques lignes (*De sono et auditu*), disait que le grave consiste dans la lenteur du mouvement et l'aigu dans sa rapidité. Le grave, en effet, nous semble être produit par un corps plus volumineux, plus pesant, et, par suite, plus difficile à mouvoir; l'aigu, au contraire, nous donne la sensation de quelque chose de ténu, petit, susceptible d'un mouvement plus rapide. Les progrès de la science sont venus confirmer cette manière de sentir. L'on constate, en effet, au moyen du monocorde, ou au moyen de la roue dentée de Savart, que les sons graves sont produits par des mouvements lents, et les sons aigus par des mouvements rapides; et le ton ne serait que le rapport d'acuïté et de gravité entre deux sons. Il résulte de ce que nous avons dit sur la nature du mouvement sonore que la plupart des corps doivent donner des sons différents. En effet, les gaz, les solides, les liquides sont élastiques à des degrés très-divers, et si nous considérons chaque corps en particulier, nous trouverons une élasticité différente pour chacun d'eux.

Un corps dont l'élasticité spécifique est 2, par exemple, donnera un son plus élevé qu'un autre corps ayant les mêmes formes, les mêmes dimensions que le premier, mais dont l'élasticité spécifique est 1. Si l'on prend une série de tubes de verre, de cuivre, d'acier, de bois, ayant tous même capacité, même épaisseur et même longueur, l'on obtiendra nécessairement des sons différents. Représentant par 1 le son de la colonne d'air qu'ils renferment, l'élévation du son de chacun des tubes sera proportionnel à l'élasticité spécifique de chacun d'eux.

Le cuivre sera représenté par 10, le verre par 16 2/3, l'acier par 16 2/3, et le sapin par 18. En effet, en prenant le son de chacun de ces corps vibrants avec un piano bien accordé, on constate qu'ils diffèrent les uns des autres dans les proportions que nous venons d'indiquer.

Vitesse du son. — C'est en ayant égard à l'élasticité des corps que Laplace a pu donner la formule de la vitesse du son dans chacun d'eux. Les calculs ont été vérifiés expérimentalement pour les gaz, les liquides et les solides.

1° *Gaz*. — Pour calculer la vitesse du son dans les gaz, une série d'expériences fut organisée entre Montlhéry et Villejuif, par les membres du bureau des longitudes. Le résultat de ces expériences fut qu'à une température de 16 degrés, le son se propageait dans l'air avec une vitesse de 340^{m},89.

À 0°, cette vitesse n'est que de 333 mètres.

Le degré d'élasticité du gaz qui fournit la matière sonore exerce nécessairement une grande influence sur la vitesse du son. Dulong est arrivé par le calcul à donner la vitesse du son dans les gaz qui suivent :

Acide carbonique......................	116^m
Oxygène..........................	317
Air.............................	333
Oxyde de carbone	337
Hydrogène	1269

2° *Solides*. — Chladni a trouvé expérimentalement la vitesse du son dans les corps solides. Il s'est fondé pour cela sur l'analogie qui existe entre les vibrations d'une colonne d'air renfermée dans un tuyau ouvert et les vibrations longitudinales d'un prisme solide. En écoutant le son fondamental produit par le prisme et comparant ce son au son fondamental que donne un tuyau ouvert de même longueur, le rapport de ces sons multipliés par la vitesse du son dans l'air donne pour produit la vitesse cherchée.

3° *Liquides*. — Pour les liquides, la vitesse du son a été trouvée expérimentalement par Colladon et Sturm. Il résulte de leurs expériences, effectuées sur le lac de Genève, en 1827, que la vitesse du son dans l'eau est de 1,435 mètres. L'on voit d'après cela que la vitesse du son, relativement si considérable dans les gaz, le devient un peu plus dans les liquides, et enfin acquiert toute son intensité dans les solides.

Le milieu dans lequel s'exécute le mouvement sonore a une grande influence sur sa vitesse. Ainsi, Mersenne a trouvé que dans l'eau une cloche donne une dixième plus grave que dans l'air. Cet abaissement si considérable tient à la forme du corps. Savart a démontré, en effet, que les verges qui vibrent longitudinalement donnent les mêmes sons dans l'eau et dans l'air. Un disque métallique, présentant une plus grande surface, baisse d'une tierce mineure quand il est plongé dans l'eau. Il est d'ailleurs une expérience facile, et qui consiste à verser de l'eau dans un verre : le son baisse à mesure que l'on verse de l'eau, et cet abaissement est bien plus rapide si l'on remplace l'eau par un liquide plus dense, par du mercure, par exemple.

Intensité du son. — On attribue l'intensité des sons à l'amplitude des vibrations sonores ; il nous semble qu'en appréciant ainsi ce phénomène, on s'est laissé aller un peu trop vite à l'impression que produit sur nos yeux une corde en vibration. Il est vrai que si l'on pince faiblement une corde de violon, le mouvement oscillatoire est à peu près inappréciable ; tandis que si on la pince plus fort, ce mouvement se traduit manifestement à nos yeux. Cette coïncidence de l'amplitude plus ou moins grande des oscillations avec l'intensité plus ou moins grande du son, est incontestable. Mais est-ce bien cette amplitude qui produit l'intensité du son ? Nous ne le pensons pas. N'oublions pas que la sensation du son est produite par un mouvement vibratoire. Or, quelle modification peut-il survenir dans notre tympan, à la suite d'un mouvement qui se fait dans un plus grand espace, mais dans le même temps ? Aucune, sans doute. Le tympan ne peut être sensible qu'à l'énergie de ce mouvement et au nombre de molécules ébranlées ; car un choc plus considérable mettra plus de molécules en mouvement qu'un choc faible.

L'intensité du son décroît avec la densité du fluide au milieu duquel il est produit ; Ainsi, Gay-Lussac avait remarqué qu'à une hauteur de 7,000 mètres, le son de sa voix se faisait à peine entendre. D'un autre côté, on a observé que l'air comprimé augmente l'intensité du son. En remplissant des ballons avec différents gaz, on a aussi constaté par expérience que le son produit dans ces fluides est d'autant plus intense que le gaz est plus dense. Ainsi, par exemple, l'air comprimé augmente l'intensité du son. Basé sur ces considérations et sur ces faits, nous dirons que *l'intensité du son dépend de l'énergie avec laquelle le mouvement sonore frappe notre oreille, et du nombre de molécules mises en mouvement.*

Réflexion du son. — Les ondes sonores se réfléchissent quand elles rencontrent une surface plane, selon les mêmes lois que les rayons lumineux. Dans un mémoire inséré dans le quatorzième cahier de l'Ecole polytechnique, Poisson a exposé une série d'expériences qui rendent indubitable l'analogie qui peut exister entre le son et la lumière, quant à la manière dont ces phénomènes se comportent à la rencontre d'un obstacle.

Il résulte de ces expériences : 1° que les ondes sonores se réfléchissent en faisant l'angle d'incidence égal à l'angle de réflexion; 2° que la vitesse du son réfléchi est la même que celle du son direct; 3° que l'intensité du son réfléchi, à l'extrémité d'un rayon brisé, est précisément celle qui aurait lieu à l'extrémité d'un rayon droit égal en longueur au rayon brisé, si le son, au lieu de se réfléchir, se fût propagé au delà du plan fixe. Dans le cas où il se présente une surface concave, l'intensité du son réfléchi doit être augmentée après la réflexion, c'est-à-dire qu'elle doit surpasser celle qu'aurait eue le son direct, s'il se fût propagé à même distance au delà de la surface réfléchissante.

Il résulte encore des expériences de Poisson que, sur un même rayon sonore, l'intensité du son réfléchi va en croissant, à mesure que l'on s'approche du deuxième foyer de l'ellipsoïde, de manière que pour des points voisins de ce foyer, cette intensité est beaucoup plus grande que celle du son direct. Ce résultat est confirmé par l'expérience; car on sait que si l'on parle à voix basse au foyer d'une voûte elliptique, la voix se fait entendre distinctement à l'autre foyer, tandis qu'elle disparaît en tout autre point.

La réflexion du son se fait aussi bien à la rencontre des corps solides qu'à la rencontre des corps gazeux. Dans les corps solides, le choc du son produit un mouvement insensible des molécules de ce corps, mais pourtant réel, qui le renvoie en arrière. Si les ondes sonores rencontrent une surface liquide, « elles se réfléchissent en partie, c'est-à-dire qu'une portion du mouvement se communique à la masse liquide, et l'autre partie se réfléchit dans l'air[1]. » Lorsqu'au contraire les ondes passent d'un liquide dans l'air, on remarque que le son n'est entendu qu'à une petite distance du corps sonore pour des personnes placées dans l'air, et qu'il faut s'enfoncer dans l'eau pour percevoir le son à de plus grandes distances.

A la rencontre d'un gaz le son se réfléchit ; mais dans le gaz réflecteur, il se produit une ondulation sensible dépendante de la pression que sa surface a reçue.

Echo. — L'écho est un phénomène qui est dû à la réflexion du son. Pour qu'il y ait écho, il faut, d'après Savart, que les sons produits arrivent à l'oreille de l'observateur dans un intervalle de temps moindre que la durée de la sensation. Sans cela, il y aurait confusion du son, ou sensation d'un son continu.

Pour les sons très-brefs, la distance de la surface réfléchissante à l'oreille de l'observateur peut n'être que de 17 mètres ; mais pour des sons successifs, il faut au moins une distance de 34 mètres ; et cela se conçoit : la vitesse du son étant de 340 mètres par seconde, il s'ensuit que dans un cinquième de seconde, le son parcourt 68 mètres. Or, si la surface réfléchissante est à une distance de 34 mètres, le son aura pour l'aller et le retour 68 mètres à parcourir.

[1] *Annales de physique et de chimie*, t. XXXVI, p. 43.

Par conséquent, nous pourrons prononcer cinq syllabes en cinq sons différents, et chacun de ces sons reviendra à l'oreille de l'observateur.

Si la distance était moindre de 34 mètres, le son direct et le son réfléchi seraient confondus.

Les échos multiples tiennent à ce que deux obstacles parallèles se renvoient successivement le son. Tels sont deux murs, deux tours.

Il existe des cavernes, comme aux environs de Saint-Mandrié à Toulon, par exemple, où le son se répète jusqu'à vingt et trente fois.

Lorsque la réflexion du son se fait dans un tube étroit, comme dans les tuyaux d'orgue, les phénomènes de la réflexion ne sont plus sensibles à l'oreille, mais il en résulte un son très-considérable, qui n'est que la résultante des différentes réflexions. Nous verrons plus loin les lois de cette réflexion dans l'intérieur des tuyaux sonores.

Résonnance. — Lorsque la réflexion se fait dans un espace plus étendu que les tuyaux sonores et ne mesurant pas plus cependant de 34 mètres, comme dans les appartements par exemple, le son n'acquiert pas les caractères qu'il revêt dans les tuyaux sonores sous l'influence de la réflexion, mais il est renforcé : il y a résonnance.

Timbre. — Il nous semble que le *timbre* n'a pas été bien défini. En effet, la plupart des auteurs se bornent à dire que c'est une propriété particulière à chaque son, qui fait que notre oreille distingue le son d'une flûte de celui d'une clarinette, le son de la voix de Pierre du son de la voix de Paul, etc. Mais quand il s'agit d'expliquer la cause du phénomène, on en est réduit à des suppositions et, en définitive, à l'aveu de l'obscurité profonde qui règne sur ce sujet.

Cependant, il est possible dès à présent de définir le timbre d'une manière satisfaisante, en nous basant sur la nature du mouvement sonore, telle que nous l'avons établie.

Il n'est pas possible de produire dans un corps dont on met l'élasticité en jeu, un ébranlement simple et unique. Le mouvement de la force élastique est subordonné en quelque sorte à la forme du corps, et lorsqu'on la provoque, par exemple, dans une lame métallique, elle exécute ses mouvements aussi bien dans sa longueur que dans sa largeur et son épaisseur. L'expérience nous montre même que ses mouvements sont beaucoup plus nombreux.

Il résulte de là qu'à chaque mouvement moléculaire dans une direction donnée correspond un son variable selon sa vitesse et l'étendue qu'il parcourt. Mais, comme il y a toujours une dimension de cette lame selon laquelle la force élastique se produit avec plus de facilité et d'intensité, c'est le son de cette dernière dimension qui se fera surtout entendre : c'est le son vrai de la lame, le son que l'on appelle habituellement *son fondamental*, bien que ce ne soit pas le plus grave que le corps vibrant fasse entendre. En général, dans les lames, le son qui frappe notre oreille est le second ou le troisième, c'est-à-dire qu'il existe au-dessus et au-dessous de lui d'autres sons d'une intensité très-faible et d'une tonalité plus grave et plus élevée.

Une oreille exercée pourra entendre simultanément les autres sons produits par les autres mouvements de la force élastique ; mais ils sont très-peu intenses, et pour l'oreille peu attentive, ils se confondent avec le son principal. C'est à la coexistence de ces sons à peine entendus avec le son principal, que nous devons la sensation de ce que l'on appelle le timbre. Les timbres différents devraient par conséquent leurs qualités particulières à la présence ou à l'absence des sons secondaires. Biot avait entrevu cette vérité ; mais il l'avait émise comme un doute, une probabilité. « Tous les corps vibrants, dit-il, font entendre à la fois, outre les sons fondamentaux, une série de sons d'une intensité graduellement décroissante ; ce phénomène est pareil à celui des sons harmoniques des cordes ; mais la loi de la série des harmoniques est différente pour les différentes formes du corps. Ne serait-ce pas cette différence qui constituerait le caractère du son produit par chaque forme du corps, ce que l'on appelle le timbre, et qui fait par exemple que le son d'une corde et celui d'un vase ne produisent pas en nous la même sensation? Ne serait-ce pas la dégradation d'intensité des harmoniques de chaque série qui nous ferait trouver agréables dans leur ensemble des accords que nous ne supporterions pas s'ils étaient produits par des sons égaux ; et le timbre particulier de chaque substance, de bois et de métal, par exemple, ne viendrait-il pas de l'excès d'intensité donnée à tel ou tel harmonique[1] ? » Ces vérités, que Biot exposait avec des points d'interrogation, nous paraissent parfaitement démontrées.

Le son étant le résultat d'un mouvement, il ne peut emprunter ses différentes modifications qu'aux modifications dont le mouvement lui-même est susceptible. Or, le mouvement sonore peut être lent ou rapide, intense ou faible, continu, discontinu, varié, etc., etc. Toutes ces différences correspondent à des phénomènes bien définis, dont l'influence sur le timbre est tout à fait secondaire. Le timbre tient essentiellement à la na-

---

[1] Biot, *Traité de physique,* t. II, p. 410. M. Helmholtz, professeur à l'université d'Heidelberg, s'appuyant sur cette propriété que possèdent les masses d'air limitées par des parois résistantes de résonner sous l'influence d'un son analogue à ceux qu'elles peuvent produire, a fait construire des sphères creuses de différentes grandeurs qu'il appelle *résonnateurs.* Les sphères présentent un petit orifice qu'on place devant l'oreille. Si l'on écoute un son avec différents résonnateurs, on entend avec chacun d'eux des sons différents qui sont précisément ceux que le corps sonore fait entendre simultanément.

ture et à la forme des corps par l'influence que ces deux conditions exercent sur le nombre de mouvements simultanés qu'il peut produire : par sa nature, un corps peut être plus ou moins sonore dans le sens de la multiplicité des mouvements ; par sa forme, il favorise plus ou moins la formation de ces mouvements. Ainsi, par exemple, un cube métallique n'aura pas le même timbre qu'un cube de bois ; mais le même cube métallique, s'il est divisé en lames minces, aura dans celles-ci un timbre tout à fait différent. Une masse d'air moins soumise que les solides à l'influence de la forme, et ne jouissant d'ailleurs que d'une seule élasticité, aura toujours le même timbre, et les sons qu'elle pourra donner ne différeront entre eux que par l'intensité ou le nombre de vibrations.

D'après tout ce que nous venons de dire, nous définirons le timbre : *un caractère particulier qui sert à distinguer les sons les uns des autres, et qui est dû au nombre de sons simultanés qu'un même corps vibrant peut produire.*

Propagation du son. — Le mouvement sonore se communique à tous les corps au milieu desquels il s'effectue, et c'est par ce moyen qu'il arrive de proche en proche à impressionner notre oreille. Ce mouvement peut se produire dans le vide de la machine pneumatique, mais alors il ne provoque en nous aucune sensation. Sous la cloche d'une machine pneumatique, on met un timbre qui donne des sons répétés sous l'influence d'un mouvement d'horlogerie ; à mesure qu'on fait le vide, le son diminue d'intensité pour disparaître tout à fait dès que le vide complet a été obtenu. Néanmoins, on voit encore les vibrations du timbre, le mouvement sonore continue. Pour démontrer qu'il existe réellement, on introduit une tige métallique dans la cloche, et dès qu'elle est en contact avec le timbre, les sons se manifestent de nouveau à notre oreille. La tige, servant de conducteur, a transmis les vibrations du timbre à l'air extérieur et ce dernier les a communiquées à notre oreille.

Influence de la chaleur sur le mouvement sonore. — Nous ne pensons pas que l'influence du calorique sur les vibrations sonores ait été jamais étudiée, du moins au même point de vue que nous. Partant de ce principe que le mouvement sonore est le mouvement de la force élastique, et sachant d'un autre côté l'influence si grande de la chaleur sur l'état des corps, nous avons pensé que l'étude de cette influence sur le son pourrait nous être d'une grande utilité. En effet, c'est au moyen de la chaleur que nous sommes parvenu à reconnaître positivement les éléments de la production du son dans toutes les circonstances possibles. Voici les expériences que nous avons exécutées. Après avoir pris sur un piano le son de différentes tiges de fer, d'acier et de cuivre ayant deux mètres de longueur, nous avons soumis ces dernières à l'action du calorique jusqu'aux environs de la chaleur rouge. A cette température, les sons produits par les tiges ne sont pas appréciables ; on obtient un bruit mat, dépourvu entièrement de notes harmoniques, et le timbre est complétement changé ; ce qui, soit dit en passant, donne une raison de plus à la définition que nous avons donnée du timbre en général.

En laissant refroidir lentement les barreaux, nous avons constaté que le son prend peu à peu un caractère plus musical, et bientôt apparaissent les notes harmoniques ; si en ce moment on compare le son obtenu à celui déjà noté quand les barreaux étaient froids, on trouve une différence d'un ton ou deux ; sous l'influence de la chaleur, le son des barreaux est descendu d'une ou deux notes.

L'action du calorique sur l'air est suivie d'un effet tout opposé ; tandis que la chaleur baisse le ton dans les métaux, elle le hausse, au contraire, quand elle est appliquée à l'air et d'une manière beaucoup plus sensible, comme nous allons le voir.

Un tube de verre de 30 centimètres donne en soufflant directement avec la bouche la note *fa³*. En plaçant l'extrémité de l'embouchure sur un foyer de chaleur, et en soufflant de nouveau dans le tube, nous obtenons la note *do⁴*. Le son s'est élevé d'une quinte.

Cette expérience est facile à répéter avec un sifflet ordinaire, et c'est même un moyen de la rendre très-frappante. A l'embouchure d'un sifflet on adapte un tube assez long pour pratiquer l'insufflation. On souffle d'abord pour prendre la note du sifflet, et, sans discontinuer, on dirige celui-ci au-dessus du verre d'une lampe allumée, de manière que le courant d'air chaud s'introduise dans la petite ouverture qu'on appelle la bouche. Immédiatement on entend le son monter, et pour le faire descendre aussitôt au son naturel, il n'y a qu'à éloigner le sifflet du courant d'air chaud. On peut réunir ces diverses expériences en une seule, au moyen d'un tube de verre. On prend le ton de l'air intérieur et celui du verre ; le premier en soufflant, le deuxième en frappant. Si on laisse ce tube exposé à un foyer de chaleur, et qu'on cherche ensuite à produire les tons précédents, on trouvera que le ton du *tube-verre* a baissé d'une note, et que celui de l'air a haussé, au contraire, d'une tierce, d'une quinte, selon le degré de chaleur.

Quelle est la raison de ces différents effets? On ne peut pas dire que dans les divers métaux le son baisse, parce que la chaleur a dilaté ou allongé la tige. La dilatation se fait dans tous les sens, et la diminution introduite par l'allongement dans le nombre des vibrations se trouve compensée par leur augmentation sous l'influence de la dilatation dans le sens de l'épaisseur. Mais cette idée n'a rien à faire ici ; la dilatation, l'allongement sont tout à fait insuffisants pour donner raison de l'abaissement du ton, surtout lorsqu'il s'agit de vibrations longitudinales, dont le nombre n'augmente que sous l'influence d'un raccourcissement très-considérable. Il est plus rationnel de penser que le ton baisse dans les métaux, parce que le calorique diminue leur force élastique, diminution qui arrive à son maximum, lorsque le métal entre en fusion. Le son, n'étant autre chose que le mouvement de la force élastique, doit subir les mêmes variations que cette force même.

Dans les gaz, la force élastique augmente avec la chaleur; par conséquent, le mouvement vibratoire devra être plus rapide, et au lieu d'avoir un abaissement du ton comme dans les métaux, nous aurons au contraire une élévation, et une élévation d'autant plus rapide et d'autant plus intense que l'action du calorique sur les gaz est excessivement facile et prompte. L'influence dont nous venons de parler n'est pas la seule que le calorique exerce sur le son, il diminue aussi son intensité, aussi bien dans les solides que dans les fluides. Dans les solides, cette diminution tient à l'énergie diminuée du mouvement élastique lui-même. Dans les gaz elle tient à ce qu'un nombre de molécules moins considérable est mis en mouvement, ce qui concorde parfaitement avec ce que nous avons dit sur les deux conditions qui font varier l'intensité du son.

Cette influence de la chaleur sur l'intensité du son sert à expliquer certains phénomènes. Ainsi, par exemple, les chefs de musique militaire ont remarqué que leurs instruments font plus de bruit le matin que durant le reste de la journée, lorsque le soleil, levé depuis longtemps, a échauffé l'atmosphère.

Un phénomène analogue existe pour la voix. Les chanteurs donnent plus facilement une grosse voix pendant l'hiver que pendant l'été. Aristote a consigné ce dernier fait dans un de ses problèmes.

Nous croyons avoir suffisamment établi les caractères du mouvement sonore, pour qu'il nous soit possible dès à présent de comprendre les différentes conditions de la production du son dans les instruments. Suivant toujours la même marche logique, nous verrons que la recherche de ces conditions aboutit toujours à trouver quelle est la matière sonore, et, comme nous indiquerons à mesure les lois des vibrations sonores selon les différents corps, nous n'aurons qu'à les appliquer en particulier à chaque instrument.

Nous diviserons les instruments selon que le corps vibrant est solide, liquide ou gazeux ; nous réserverons une quatrième classe pour une autre série d'instruments dans lesquels le mouvement sonore est produit simultanément par un corps solide et par un corps gazeux.

D'après cette division, nous aurons à examiner d'abord :

1° Les instruments à corps vibrant solide ;

2° Les instruments à corps vibrant liquide ;

3° Les instruments à vent ;

4° Les instruments à anche ou mixtes.

CHAPITRE II.

INSTRUMENTS A CORPS VIBRANT SOLIDE.

La production du son dans les instruments se faisant d'après les lois qui régissent les vibrations sonores dans tous les corps, nous diviserons ce chapitre en deux parties : dans la première, nous étudierons les lois de la production du son dans les corps solides ; et dans la seconde, nous ferons l'application de ces lois à chacun des instruments dont nous donnerons la description.

§ 1. — Lois des vibrations sonores dans les corps solides.

Dans cette matière nous examinerons d'abord les corps dans lesquels l'élasticité est mise en action par un simple choc ou un frottement, sans que l'on soit obligé d'employer la tension pour la rendre plus efficace. Nous étudierons ensuite les corps dont l'élasticité a besoin d'être augmentée sous l'influence d'une tension préalable.

1° CORPS RIGIDES PAR EUX-MÊMES.

L'élasticité, considérée au point de vue de ses manifestations sonores, est soumise autant à la forme du corps qu'à la nature de la matière. La forme la plus convenable à son développement est la forme de lame ou de plaque. C'est donc sous ces différentes formes que nous allons en étudier les lois.

Lames, verges. — Si nous prenons une tige d'acier longue de deux mètres, et que, par son milieu, nous la tenions en équilibre sur l'extrémité de notre doigt, nous obtiendrons en frappant sur l'une de ses extrémités deux sons fondamentaux : un son très-aigu, difficile à évaluer en chiffres, et un autre beaucoup plus bas. Le premier est ce qu'on appelle un son longitudinal, c'est-à-dire produit par les vibrations de la tige dans le sens de sa longueur, le second est appelé transversal ; ou bien encore le premier *tangentiel*, et le second *normal*. Ces deux dernières dénominations leur ont été données par Savart, à cause de la direction différente de l'impulsion qui les produit. Le premier, en effet, s'obtient par un frottement, par un choc dans le sens de l'axe, et le second par une impulsion perpendiculaire à cet axe. D'ailleurs, les mouvements qui produisent ces deux sons ne sont pas les mêmes, ce dont on s'assure par le procédé suivant, employé d'abord par Mersenne, puis par Savart. Ce procédé consiste à recouvrir successivement les deux faces d'une lame métallique d'un peu de sable ; sous l'influence du son transversal, le sable est projeté en l'air et se dispose de distance en distance sous forme de lignes transversales qui occupent les mêmes points sur les deux faces opposées. Au contraire, sous l'influence des vibrations tangentielles ou longitudinales, le sable n'est point projeté en l'air, mais il progresse suivant le sens du mouvement sonore ; de plus, les lignes que les petits amas de sable tracent sur les deux faces de la tige sont intercalées. Ces lignes sont appelées lignes nodales, parce que les points qu'elles recouvrent paraissent immobiles, et constituent des axes de vibration.

Ces mouvements de la lame ne sont pas les seuls. Il en est

d'autres qui correspondent aux petites dimensions de la lame ou bien aux divisions harmoniques de la lame, dans le sens de la longueur. Ces différents mouvements produisent des sons différents qui n'ont pas été bien définis, mais qui complètent le ton en lui donnant le timbre, comme nous l'avons démontré plus haut.

Harmoniques.— Il est une autre série de mouvements mieux caractérisés et qui existent simultanément. Pendant que la tige vibre dans toute sa longueur, elle se divise en parties aliquotes; à chacune de ces divisions correspondent des sons qu'on appelle harmoniques et que l'on peut produire à volonté, en appliquant le doigt sur un point qui correspond à une des divisions dont nous venons de parler. En tenant une verge par son milieu, on peut obtenir deux sons à la douzième l'un de l'autre ; dans une plaque carrée on obtient généralement la quarte, et dans une cloche on en produit une infinité.

Vibrations transversales. — Pour nous rendre compte des lois qui ont été établies sur les vibrations transversales, nous devons surtout considérer la force élastique qui les produit ; la longueur d'une tige a une grande influence sur son élasticité, et l'on démontre expérimentalement que, toutes choses égales d'ailleurs, une tige se laissera d'autant plus allon·ger par un même poids qu'elle sera plus longue. L'élasticité se trouve donc influencée par la longueur, elle est moins grande quand le corps est plus long ; par conséquent, la vitesse de son mouvement sera moins grande. Pour une tige très-longue, nous aurons un nombre de vibrations tranversales, dans un temps donné, peu considérable; au contraire, dans une tige très-courte, le nombre de vibrations sera très-grand. Nous aurons un son plus bas avec la première, et plus élevé avec la seconde.

On est arrivé par d'autres procédés à constater l'influence de la longueur sur le son, et on a établi expérimentalement les lois suivantes :

Le nombre des vibrations transversales des verges est en raison inverse du carré de leur longueur. Une verge donnera donc un son quatre fois plus élevé qu'une autre verge ayant une longueur deux fois plus grande.

L'élasticité augmente en raison de l'épaisseur des corps; par conséquent, toutes choses étant égales, une lame plus épaisse qu'une autre devra donner un son plus élevé ; c'est ce que l'on a exprimé dans la loi suivante : le nombre des vibrations transversales des verges est en raison directe de leur épaisseur.

Vibrations longitudinales. — Pour mettre en jeu l'élasticité qui produit ce genre de vibrations, on frappe la lame à l'une de ses extrémités, en la tenant par son milieu, ou bien on la frotte dans le sens de sa longueur avec un drap mouillé ou enduit de colophane. Ce son appartient à une ou deux octaves au-dessus du son transversal, il est excessivement aigu, et, pour l'apprécier, on doit le produire sur une tige qui n'ait pas moins d'un mètre de longueur. Ce son est très-pur, parce que les mouvements partiels de la lame n'entrent pour rien dans sa production comme dans les vibrations transversales. Ici le mouvement est, pour ainsi dire, dans sa plus grande simplicité, et il est comparable à celui que l'on produirait dans une série de billes placées les unes à côté des autres. Savart a démontré, il est vrai, l'existence d'un mouvement concomitant transversal, mais ce mouvement n'est pas le même que le vrai transversal. Il est produit par des oscillations latérales, simples, alternatives, ne passant jamais de l'autre côté de l'axe, des demi-oscillations en un mot ; d'ailleurs, si ces vibrations normales concomitantes produisent un son, il est toujours à l'unisson du son longitudinal.

Pourquoi ce son est-il plus élevé ? Sans doute cela tient à la simplicité du mouvement vibratoire qui le produit. Les sons tranversaux étant dus à des mouvements de flexion, ces mouvements sont ralentis par la rigidité de la lame et par son épaisseur plus ou moins grande, et soumis dans tous les cas à l'influence de sa longueur; les sons longitudinaux, au contraire, sont l'expression la plus simple du mouvement élastique. Il suffit, pour les produire, de mettre en mouvement, dans le sens de la longeur, cette force élastique qui, ne trouvant plus d'obstacle dans le sens de l'épaisseur, puisqu'elle se dirige dans le sens de l'axe, obéit à son mouvement propre avec toute la rapidité que comporte la nature du corps vibrant. Nous disions tout à l'heure que le mouvement tangentiel est toujours accompagné d'un mouvement normal concomitant. Cela est vrai, mais ce mouvement inévitable a une influence très-peu marquée sur la vitesse dont nous parlons. Pour avoir une idée exacte des rapports qui pouvaient exister entre les sons transversaux et les sons longitudinaux, nous avons institué l'expérience suivante : Une lame d'acier ayant un mètre de longueur et cinq millimètres d'épaisseur donne le la^3 en vibrant transversalement, et le mi^6 en vibrant longitudinalement. En la raccourcissant successivement d'un dixième, nous avons obtenu les sons suivants :

	Sons transversaux.	Sons longitudinaux.
$1^m,00$	la^3	mi *bémol*[6]
$0\ ,90$	do^4	fa *dièse*[6]
$0\ ,80$	mi *bémol*[4]	sol *dièse*[6]
$0\ ,70$	sol *dièse*[4]	si *bémol*[6]
$0\ ,60$	ré *bémol*[5]	do *dièse*[7]
$0\ ,50$	sol *dièse*[5]	ré *dièse*[7]

Il résulte clairement de cette expérience que les sons transversaux sont beaucoup plus sensibles à la longueur de la lame que les sons longitudinaux, et cela dans la proportion de 2 : 1. En effet, en raccourcissant la lame de moitié, les sons transver-

saux ont parcouru deux octaves, tandis que les sons longitudinaux n'on ont parcouru qu'une. Ce phénomène trouve son
explication dans l'influence plus grande que la pesanteur spécifique exerce sur les vibrations transversales. Cette pesanteur
augmente évidemment avec la longueur du corps vibrant. Dans
les vibrations longitudinales, les mouvements de totalité de la
lame sont si peu de chose, que la pesanteur spécifique a peu
d'influence dans ce sens sur le mouvement élastique, et, dès
lors, le son, qui est subordonné à la longueur, exigera, pour être
modifié, une diminution ou une augmentation plus considérable
dans le sens de la longueur. En répandant du sable sur des
lames en vibration, Savart avait constaté que la longueur des
lignes tracées par le sable sont deux fois plus nombreuses dans
les vibrations transversales que dans les vibrations longitudinales, ce qui corrobore les résultats de notre expérience.

Les vibrations longitudinales sont à peu près indépendantes de
la masse, de la densité spécifique des corps; elles semblent être
l'expression la plus simple du mouvement naturel des molécules, et la force élastique qui les produit est mise en jeu
dans les conditions les plus simples. Ces conditions la rendent
le moins possible dépendante de la forme et des dimensions
de la matière. Aussi les vibrations tangentielles sont-elles soumises à des lois plus simples que les vibrations transversales.
Elles se résument dans la loi suivante :

« Dans les verges élastiques de même nature le nombre des
vibrations longitudinales est en raison inverse de leur longueur,
quels que soient leur diamètre et la forme de leur section transversale. »

L'allongement des lames pendant les vibrations longitudinales est très-variable, selon les substances ; Savart l'a mesuré
pour le fer, l'acier et le bois ; il est très-souvent de un dix-mil-
lième et demi ou deux dix-millièmes de la longueur, c'est-à-dire

d'environ deux dixièmes de millimètre pour des verges de 1 mètre de longueur, qu'elles soient minces ou épaisses. Pour étirer un cylindre de laiton de $1^m,407$ de long et $0^m,03495$ de diamètre de la même quantité qu'il l'était par les vibrations longitudinales, il lui a fallu un poids de 1700 kilogrammes. « Il résulte de là, dit M. Pouillet, une sorte de paradoxe mécanique, en ce qu'une simple vibration détermine un développement de force prodigieuse. » Cette puissance de vibration a été rendue très-sensible par Cagniard de Latour. Ce grand physicien remplissait exactement d'eau de petits tubes, et après les avoir hermétiquement fermés, il les faisait éclater en provoquant des vibrations.

Vibrations des plaques.— Les vibrations dans les plaques ont été étudiées par Chladni et Savart. — Les phénomènes qu'elles présentent, en tenant compte de leur plus grande largeur, sont à peu près analogues à ceux des lames. Les lois qui régissent la formation des sons harmoniques n'ont pas encore été trouvées ; mais nous pouvons donner, d'après Savart, celles qui président à la formation des sons fondamentaux.

Première loi. Les nombres des vibrations sont réciproquement proportionnels à la surface des plaques et en raison directe des épaisseurs.

Deuxième loi. Pour des plaques semblables, les nombres de vibrations sont inversement proportionnels à leurs dimensions linéaires.

2° CORPS RIGIDES PAR TENSION.

Cordes. — Les cordes ne diffèrent des lames rigides dont nous venons de parler que par l'état de tension préalable et plus ou moins grande qu'on est forcé de leur donner pour obtenir d'elles un mouvement sonore appréciable. Leur élasticité variant avec la tension, elles nous présenteront des phénomènes particuliers que nous n'avons pas observés dans les corps étudiés ci-dessus.

Les modifications qui surviennent dans le son des cordes, sous l'influence de la longueur, de l'épaisseur et de la tension, ont été résolues d'abord par les calculs des géomètres ; Taylor en 1716 et Lagrange en 1759 firent cesser, en donnant des formules convenables, la discussion qui, longtemps, avait divisé les mathématiciens sur ce sujet. De ces formules on a déduit les quatre lois suivantes :

1° La tension d'une corde étant constante, le nombre des vibrations dans le même temps est en raison inverse de la longueur ;

2° Toutes choses égales d'ailleurs, le nombre des vibrations est en raison inverse du rayon de la corde ;

3° Le nombre des vibrations d'une même corde est directement proportionnel à la racine carrée du poids qui la tend ;

4° Toutes choses égales d'ailleurs, le nombre des vibrations d'une corde est inversement proportionnel à la racine carrée de sa densité.

Savart, à l'aide de nombreuses expériences, a reconnu que les lois ayant rapport à la longueur, au diamètre et au poids, ne sont pas tout à fait exactes. Avec un bon monocorde il a constaté, par exemple, qu'on obtient une octave d'un quart de ton ou de demi-ton trop basse.

Savart explique ce désaccord entre le calcul et l'expérience par la rigidité de la corde, dont les géomètres n'avaient pas tenu compte.

Harmoniques. — Lorsqu'une corde est en vibration, elle se divise en un certain nombre de parties aliquotes qui donnent un son correspondant à leur longueur. Ces sons, peu appréciables à l'oreille, peuvent coexister sans se nuire ; on les appelle harmoniques. Sur une corde de violon on entend assez facilement le son 3 et le son 5. Mersenne avait déjà constaté que si l'on touche une corde au quart de sa longueur, ce qui reste ne donne point le son des trois quarts, mais le son d'un quart. Saureur a démontré ce fait remarquable par une expérience très-ingénieuse. Sur chaque point de division de la corde, il a placé de petits chevalets de papier, et leur immobilité pendant les vibrations, démontre bien que les points qu'ils occupent sont immobiles. En effet, si on les place en avant ou en arrière de ces points de division, ils sont renvoyés avec force.

Vibrations des membranes.—Pour faire vibrer des membranes, on les tend sur un cadre comme la peau d'un tambour, et on fait vibrer en leur présence des corps sonores, dont les vibrations leur sont transmises par l'intermédiaire de l'air. Elles rendent un son d'autant plus aigu qu'elles sont de plus petite dimension et plus fortement tendues. Les lignes nodales ont la plus grande analogie avec celles des plaques solides.

§ II. — Instruments dans lesquels le mouvement sonore est produit par un corps solide.

1° CORPS VIBRANTS RIGIDES PAR EUX-MÊMES.

Le plus simple de ces instruments se compose d'une série de verges de bois, de verre ou de métal, fixées par l'une de leurs extrémités à une boîte sonore. Les verges ont des longueurs différentes et calculées, de manière que chacune d'elles produise un des tons de la gamme. Les sons que l'ont obtient en frottant ces verges dans le sens de leur longueur avec un drap mouillé ou saupoudré de colophane, ont une grande ressemblance avec ceux de la flûte de Pan ; ils sont produits par les vibrations longitudinales des verges dont nous avons donné les lois précédemment.

Roue dentée de Savart. — Cet instrument, dont on se sert pour calculer le nombre de vibrations qui appartient à chaque son, est très-complexe, et il semble même que le vrai mécanisme de son fonctionnement ait échappé à son inventeur. Cet instrument se compose d'une carte fixée horizontalement, en saillie sur un support. Un banc de chêne fendu dans toute sa longueur reçoit dans cette fente deux roues ; la première sert à imprimer une grande vitesse à la plus petite, et cette dernière, qui est garnie de dents, sert à faire vibrer la carte dont nous avons parlé tout à l'heure. Savart et tous ceux qui ont décrit l'appareil après lui, disent avec raison que cette carte étant choquée au passage de chaque dent, fait par révolution de la petite roue autant de vibrations complètes qu'il y a de dents. Rien n'est plus vrai, mais le phénomène de la production du son est loin d'être aussi simple ; en effet, lorsqu'une dent de la roue vient frapper la carte, il y a un son produit ; ce son est celui de la carte, produit par conséquent par l'élasticité naturelle de ce corps qui a été mise en jeu par le choc. Tant que le nombre des chocs ne se succédera pas avec une rapidité de 333 mètres par seconde, nous devons entendre toujours le même son, un plus ou moins grand nombre de fois, mais toujours le son de la carte. Mais il arrivera un moment où la roue tournera avec une vitesse telle, que le nombre de chocs dans une seconde correspondra au nombre de vibrations qui caractérisent le son de la carte ; en ce moment nous aurons un même son produit par deux causes différentes : la carte et les chocs de la roue sur la carte ; ces deux sons seront à l'unisson ; mais si la vitesse de la roue augmente, les conditions vont changer complétement. Au mouvement élastique naturel de la carte vont succéder d'autres mouvements plus rapides, produits par le nombre toujours croissant des chocs de la roue contre elle, et qui donneront naissance à des sons de plus en plus élevés. Jusqu'à un certain point la carte vient se prêter à la production de ces sons, et voici par quels moyens : à mesure que la rapidité de la roue augmente, la carte s'incurve progressivement ; la partie vibrante diminue de longueur, et partant, le son se trouve plus élevé ; de sorte que l'on peut dire qu'à partir d'un certain mouvement, la carte et la roue ne forment qu'un même système sonore, et que l'élévation du son produit dépend de la vitesse de la roue et de la longueur de la partie vibrante. Sur le côté de cet instrument est un compteur qui reçoit le mouvement de l'axe de la roue dentée, et qui indique le nombre de vibrations dans un temps donné. Lorsque l'on veut mesurer un son quelconque, on n'a qu'à faire produire à la roue dentée de Savart le même son, et, entretenant la même vitesse pendant un certain nombre de secondes données, on lit sur le compteur le nombre de tours de la roue ; on multiplie ce nombre par celui des dents pour obtenir le nombre total des vibrations. En divisant ce produit par le nombre de secondes correspondant, l'on obtient le nombre des vibrations par seconde. Ce que nous avons voulu surtout faire ressortir en exposant la théorie de cet instrument, c'est que le son n'est pas exclusivement produit par un certain nombre de chocs, comme on l'a dit si souvent, mais bien par une combinaison du son propre de la carte, et un peu plus haut du produit du son de cette carte par le nombre des chocs. En résumé, la roue de Savart est un instrument constitué par une carte qui vibre sous l'influence d'un certain nombre de chocs, et dont la longueur se modifie sous l'influence de la vitesse de l'agent qui la met en vibration.

Triangle, cymbales. — Parmi les instruments dont le corps vibrant est un corps solide rigide, nous trouvons le triangle, les cymbales ; mais ce que nous avons dit des plaques et des verges nous dispense d'en parler, car ce serait à leur propos répéter ce que nous avons déjà dit.

2° CORPS VIBRANTS RIGIDES PAR TENSION.

Les corps rigides par tension fournissent tous les instruments à cordes, ainsi que le tambour, la grosse caisse, le tambour de basque. Nous décrirons particulièrement le violon, à cause de son importance en musique.

Violon. — Dans le violon comme dans la plupart des instruments de musique, nous aurons à considérer trois choses : 1° le corps qui exécute les vibrations sonores ; 2° l'agent qui provoque ces vibrations ; 3° le corps qui renforce le son. Dans le violon ces trois éléments indispensables sont représentés par les cordes, l'archet, et la caisse sonore.

1° *Cordes.* — Dans le violon, le son initial est produit par les vibrations des cordes soumises aux lois que nous avons énoncées plus haut ; mais le son produit par ces vibrations est excessivement faible ; à peine l'entendrions-nous s'il n'était renforcé par la caisse du violon. A ce sujet, nous citerons une curieuse expérience de Pellisou, de Munich, expérience que Savart a consignée dans son cours de physique (journal *l'Institut*, numéro 329, année 1840). Pellisou détacha les cordes d'un piano pour les fixer au mur de sa chambre ; les sons qu'il obtint avec cette disposition furent excessivement faibles ; la caisse étant placée dans la pièce voisine, il fut ouvert un trou de communication à travers le mur, et dès lors les sons devinrent très-intenses. Mais l'influence de la caisse sur l'intensité des sons peut être rendue encore d'une manière plus simple et plus sensible : une corde est fixée par ses deux extrémités avec une certaine tension à deux clous fixés à une muraille ; le son que l'on obtient ainsi est à peine entendu ; mais si avec une tige quelconque on met un des clous en communication avec une caisse de violon, on entend ce violon fortement résonner à l'unisson de la corde, et le son devient ainsi très-appréciable.

2° *Caisse*. — La caisse est destinée à renforcer le son des cordes, comme nous venons de le voir ; reste à savoir comment ce renforcement se produit, et quels en sont les agents. Ces agents sont : le chevalet, les tables, l'âme, l'air et le manche. Le chevalet est une petite plaque en bois de sapin, de forme et de dimension bien définies ; placé sur la table supérieure du violon, il supporte les cordes, et se trouve ainsi destiné à communiquer à la table supérieure et à la caisse tout entière les vibrations qu'il reçoit des cordes. Savart pensait que cette communication s'effectuait par le pied gauche du chevalet au moyen d'une série de chocs. Cette opinion ne nous paraît pas plausible. Nous croyons plutôt que la communication se fait directement par les deux pieds, et nous y sommes autorisé en examinant de près ce qui se passe quand on applique une sourdine sur le chevalet ; que la sourdine soit placée près du pied droit ou près du pied gauche, son influence reste la même sur le son : cela n'aurait pas lieu si le pied gauche seul avait mission de communiquer les mouvements vibratoires. D'ailleurs on ne s'explique pas bien, malgré la situation de l'âme presque au-dessous du pied droit, comment les vibrations pourraient se communiquer plutôt à gauche qu'à droite dans un corps homogène.

Les tables forment la caisse du violon ; la table supérieure est toujours en sapin (du moins dans les nombreux stradivarius que Savart a démontés), la table inférieure est en érable. Ces deux tables, tenues à une certaine distance l'une de l'autre par la lame courbe qui les unit, vibrent à la façon des plaques. En répandant du sable à leur surface, Savart s'est assuré qu'elles ont des nœuds de vibrations et des sons comme ces dernières. Le choix du bois qui sert à leur construction n'est pas indifférent. Le bois de sapin est celui qui réunit le plus d'avantages ; sa résistance à la flexion, plus grande que celle des autres bois, est égale à celle du verre et de l'acier ; la vitesse du son est par conséquent aussi grande dans le sapin que dans le verre et l'acier. Le volume, le poids et l'homogénéité de ces dernières substances ne permettent pas qu'on les emploie. Ajoutons que l'état fibreux favorise les vibrations, et nous aurons énuméré tous les avantages que le sapin réunit et qui le placent au premier rang parmi les corps solides qui vibrent facilement.

Le son des tables serait d'un bien faible secours pour renforcer le son des cordes, si elles ne limitaient pas une masse d'air capable de vibrer comme elles. A vrai dire, c'est le son de cette masse d'air qui impressionne nos oreilles ; les cordes, le chevalet, les tables lui donnent le mouvement qui convient à chaque ton, mais c'est elle surtout qui se fait entendre et qui communique aux sons du violon ce qu'ils ont de moelleux et de flûté.

L'âme du violon est une petite tige que l'on place entre les deux tables du violon, à peu près au niveau du pied droit du chevalet. Savart pensait que cette tige a pour fonction de rendre normales les vibrations des tables (journal *l'Institut*, numéro 324). Il nous semble qu'on peut dire aussi qu'elle sert à tendre légèrement les lames, car si on l'enlève, le son baisse d'un ton, et perd de son intensité et de son mordant.

Le manche participe enfin aux vibrations de la caisse. En le supprimant, Savart a constaté que le son diminuait d'intensité.

1° *Archet*. — L'archet a une grande influence dans la production du son ; d'abord, il provoque les vibrations sonores, et en second lieu il participe lui-même aux vibrations de l'instrument, comme cela se voit quand on ébranle une plaque ou une cloche avec un archet. Il est nécessaire encore que ses dimensions soient telles qu'elles sont, car un archet de basse ne peut pas remplacer un archet de violon.

Quel est le mode d'action de l'archet pour mettre les cordes en vibration? D. Bernouilli assimilait son action à celle d'une roue dentée : « L'habileté du joueur consiste, dit-il, à faire en sorte que le nombre de dents soit égal au nombre de vibrations que la corde peut faire quand elle se meut dans toute sa longueur ou qu'elle se partage en un nombre quelconque de parties égales. » M. Duhamel, dans une Note lue à l'Académie des sciences (journal *l'Institut*, n° 306, année 1839), observe justement que s'il en était ainsi, il n'y aurait qu'une seule vitesse de l'archet qui serait propre à produire avec netteté l'un quelconque des sons qu'une corde peut rendre, tandis que l'expérience prouve que l'on peut faire varier cette vitesse dans des limites très-étendues, sans cesser de produire sensiblement le même son avec une grande pureté. « L'action de l'archet, dit le même auteur, m'a paru tout autre. Les aspérités qui proviennent soit du crin, soit de la colophane, étant extrêmement rapprochées, produisent nécessairement sur la corde un frottement de glissement soumis aux lois générales que l'expérience a fait connaître; il doit donc en résulter une force agissant sur la corde, dans le sens de la vitesse relative de l'archet, indépendante de la grandeur de cette vitesse et proportionnelle à la première. » Cette appréciation sur l'action de l'archet nous paraît très-rationnelle et elle se rapproche, quant au fond, de celle que nous allons formuler.

La continuité dans la vibration des cordes est tout à fait indépendante de la vitesse de l'archet, car celle-ci peut être accélérée ou ralentie, sans qu'il survienne aucune modification. Le point essentiel à considérer dans le phénomène qui nous occupe, c'est le degré de pression : cette pression de l'archet sur la corde doit être d'un côté suffisante pour provoquer la vibration; de l'autre, pas assez considérable pour empêcher la corde de vibrer. La corde se trouve ainsi en contact avec un corps qui presse sur elle juste ce qu'il faut pour l'entraîner dans son mouvement et la laisser revenir sur elle-même dès qu'elle s'éloigne un peu trop de la direction de l'axe; en d'autres termes, la pression de l'archet doit être telle qu'après une certaine période de son entraînement par l'archet, la corde retrouvant par la tension une élasticité supérieure à la force qui l'entraîne, revient sur elle-même, puis se laisse entraîner de nouveau et effectue ainsi le nombre de vibrations qui convient à la longueur de la corde.

Si nous résumons à présent ce que nous avons dit sur la formation des sons avec le violon, nous devons constater que c'est un instrument très-compliqué, dans lequel les matières solides et gazeuses concourent dans de justes proportions pour donner naissance aux sons les plus agréables dont notre oreille puisse être impressionnée. Dans cet instrument, il y a toujours un son initial qui donne le ton; ce son produit par les cordes est très-faible et peu musical. Ce n'est que dans son renforcement par les tables et par l'air qu'elles renferment, qu'il acquiert les belles qualités sonores qu'on lui connaît.

Il nous paraît inutile de donner la description de la basse, du violoncelle et de tous les autres instruments à cordes en général, vu que la formation du son est obtenue dans ces instruments par des procédés analogues; en effet, ils sont tous constitués par des cordes vibrantes et par des caisses sonores qui renforcent et agrémentent le son.

CHAPITRE III.

INSTRUMENTS A CORPS VIBRANT LIQUIDE.

On n'a guère utilisé encore les sons que l'on peut obtenir avec des liquides. Cependant, les phénomènes sonores qui accompagnent l'écoulement des liquides ont une importance assez grande pour arrêter un instant notre attention. En effet, c'est sur cet écoulement et sur les sons qu'il produit que Savart, Masson, Longet ont établi la théorie de l'écoulement des gaz et celle des sons qu'ils produisent. Savart avait observé que toute veine liquide lancée verticalement de haut en bas par un orifice circulaire, est toujours composée de deux parties distinctes : celle qui touche à l'orifice est claire, transparente ; elle ressemble à un cône de cristal dont la base toucherait l'orifice et le sommet tronqué se continuerait avec la veine fluide. — La deuxième partie fait suite à la précédente ; on la reconnaît parce qu'elle est moins transparente et plus agitée. Avec un liquide coloré, on peut s'assurer, en plaçant le jet devant une fente percée dans le volet d'une chambre obscure, que cette partie est composée d'un certain nombre de renflements allongés qui semblent, dans leur partie supérieure, envelopper l'extrémité inférieure de la partie limpide. Ces ventres ont une longueur et un diamètre d'autant plus considérables que la hauteur du liquide dans le vase est plus grande, ou, en d'autres termes,

que la pression est plus forte. Quand on regarde la veine liquide
de bas en haut, on s'aperçoit que la partie trouble est composée de grosses gouttes placées verticalement les unes au-dessus des autres, et laissant entre elles des espaces vides beaucoup plus grands que leur propre diamètre. On dirait qu'en cet
endroit, la continuité du jet n'est pas réelle ; et, en effet, si
l'on passe rapidement un corps mince et étroit, une lame de
couteau par exemple, à travers la partie trouble de la veine,
perpendiculairement à sa direction, il peut arriver qu'elle ne
soit pas mouillée. L'écoulement du mercure, dans les mêmes
conditions, donne d'ailleurs une preuve incontestable de cette
discontinuité de la veine. En regardant à travers cette veine,
mais au niveau du commencement de la partie trouble, on
distingue parfaitement les objets qui sont placés au delà. Cette
translucidité du mercure ne peut s'expliquer que par une discontinuité de la veine en cet endroit. Les gouttes qui forment
la partie trouble de la veine résultent de renflements annu-
laires qui, prenant naissance très-près de l'orifice, se propagent
à travers la partie limpide de la veine, en augmentant de
volume à mesure qu'ils descendent ; ces renflements se séparent au niveau de la partie trouble pour former les gout-
telettes.

Le mouvement qui accompagne ce phénomène se fait avec
une grande régularité, à des intervalles de temps égaux entre
eux, qui donnent naissance à un son très-faible, il est vrai,
mais que l'on peut parfaitement distinguer en approchant
l'oreille de la partie trouble de la veine.

La cause de cet écoulement périodiquement variable est due
à une succession périodique de pulsations, qui ont lieu à l'orifice du vase, et ces pulsations elles-mêmes sont engendrées
par les modifications survenues dans la masse entière du liquide, sous l'influence de l'écoulement. Cette dernière in-

fluence est suffisamment démontrée en mettant directement en contact avec le réservoir un corps sonore en vibration, un timbre par exemple. Les vibrations de ce dernier se communiquent à la masse entière du liquide, et si les oscillations de la veine ne sont pas de même nature que celles du timbre, sa constitution change subitement. Si, au contraire, les vibrations sont de même nature, le son de la veine se trouve renforcé.

A cette occasion, nous citerons cette expérience remarquable de Savart : « On prend un réservoir duquel le liquide s'écoule sous une pression constante, on reçoit le jet sur la petite branche d'un siphon, dont la grande branche, verticale comme la petite, s'élève au-dessus du niveau de ce réservoir; le liquide provenant de la veine remplit le siphon, et le niveau s'élève dans le tube au niveau de l'eau dans le réservoir. Si, dans ce moment, on produit près de la masse liquide un son dont le nombre de vibrations soit le même que celui de la colonne liquide, ce liquide descend brusquement dans la grande branche du siphon pour remonter aussitôt que le son cesse. »

Savart a conclu de toutes ces expériences que le nombre de pulsations des liquides à l'orifice est déterminé uniquement par la vitesse de l'écoulement et le diamètre de l'orifice et que la pesanteur est la seule cause du phénomène; qu'il est produit par de très-petites oscillations de la masse entière du fluide, dont la partie centrale s'abaisse, tandis que la partie la plus extérieure est animée d'un mouvement en sens contraire. Ces recherches sur la formation du son par l'écoulement des fluides, et dont nous n'avons donné qu'un simple aperçu, sont certainement remarquables; nous y voyons une manière ingénieuse d'obtenir des sons avec un corps qui jusque-là semblait ne pouvoir pas en produire par lui-même. L'on croyait en effet que le choc des liquides est indispensable pour les faire vibrer. L'instabilité des molécules de ce corps justifierait cette croyance; mais si l'on avait réfléchi que le mouvement sonore n'est autre chose que le mouvement de la force élastique, et que les liquides, comme tous les corps de la nature, jouissent d'une certaine élasticité, l'on aurait pu affirmer *à priori* que les liquides, comme les autres corps, sont susceptibles de fournir des vibrations sonores; ce n'était plus dès lors qu'une question de procédé, et celui que Savart a trouvé dans l'écoulement des liquides est le plus simple.

Pour démontrer que les liquides se conduisent de la même manière que les gaz dans la formation du son, Savart a remplacé l'air qui, dans les tuyaux d'orgue, fournit les vibrations sonores, par une masse d'eau. Par ce moyen, il a obtenu un son très-aigu, dont le degré d'acuïté dépend : 1° de la vitesse d'écoulement; 2° de la distance du biseau à l'orifice. Le son est d'autant plus aigu que la vitesse est plus grande et le biseau plus rapproché de l'orifice. Dans une autre expérience, il a pris un tube à l'orifice duquel il a projeté un jet liquide et il a obtenu ainsi un son semblable à celui de la clef forée.

Ces différentes analogies que le grand physicien a cherchées à établir par des expériences ingénieuses, entre l'écoulement des liquides et celui des gaz, existent réellement; mais il nous semble que les conséquences qu'on en a tirées après lui ont été poussées un peu trop loin. Savart lui-même ne s'expliquait pas comment dans les gaz, « où il n'y a pas de force attractive comme dans les liquides, il pouvait exister cette disposition particulière des veines, cet état de vibration dans la masse et la formation de ces parties troubles qu'on aperçoit dans un jet de vapeur d'eau. On ne peut, dit Savart, actuellement donner aucune explication satisfaisante de ce fait, qui paraît dépendre de la disposition des filets fluides qui se produisent dans la masse au moment de l'écoulement. »

Nous ne prétendons pas être plus heureux que Savart dans cette explication ; mais dans le chapitre qui va suivre et où nous nous occuperons de la formation du son par les vibrations aériennes, nous chercherons à établir les différences qui existent entre l'écoulement des liquides et celui des gaz, au point de vue de la production du son.

CHAPITRE IV.

INSTRUMENTS A VENT.

L'étude de la génération du son par les vibrations aériennes est sans contredit pour nous la plus intéressante et la plus utile. Notre esprit, habitué à voir le son inséparable de la matière solide, accepte difficilement cette idée, que l'air si mobile, si difficile en apparence à subir le mouvement régulier qui caractérise les vibrations sonores, puisse devenir matière du son. Cela tient, à notre avis, à ce que l'on ne considère pas le son comme un mouvement pur, indépendant de la collision des molécules matérielles, qui sont seulement les agents de ce mouvement. Il est vrai que par sa nature expansible et mobile, l'air se soumet plus difficilement que les corps solides au procédé qui, dans ces derniers, provoque les mouvements de la force élastique ; mais ces difficultés sont plus apparentes que réelles.

Nous allons d'abord étudier les lois de ces vibrations et les procédés généraux au moyen desquels on les provoque, pour en faire ensuite l'application aux instruments dans lesquels le mouvement sonore est effectué par un corps gazeux.

§ I. — Des vibrations aériennes.

L'air atmosphérique, et probablement les autres gaz, exécutent naturellement des oscillations continuelles.

MM. Joule, Kronig, Maxwell considèrent tout corps gazeux comme un corps dont les particules s'élancent en ligne droite à travers l'espace, se heurtant les unes à travers les autres comme de petits projectiles et rebondissant contre les parois de l'espace qu'elles occupent. (*De la Chaleur*, par Tyndall, traduction de M. l'abbé Moigno, page 61.)

Nous n'oserions pas affirmer que le mouvement de l'air est tel que ces physiciens le supposent; mais nous pouvons donner la certitude de son existence par une expérience en quelque sorte vulgaire, mais qui, du moins, a le mérite d'être très-probante.

Il n'est aucun de nous qui dans sa jeunesse ne se soit amusé à approcher de son oreille un coquillage pour entendre *le bruit de la mer*. Ce bruit, que l'on peut entendre avec tout corps concave, n'est autre que le son naturel de la masse d'air renfermé dans un espace limité. Nous avons pris, sur le piano, le son que des corps de différente nature donnaient ainsi à notre oreille et nous avons constaté, en produisant par le choc un son plus intense, que ce son était le même que le premier. Entre ces deux sons, il n'y avait qu'une différence d'intensité. Il faut donc admettre que l'air est partout le siége d'un mouvement continuel, et que ce mouvement peut devenir appréciable pour l'organe de l'ouïe, dans le cas seulement où l'air, renfermé dans un petit espace, limité par des parois résistantes, peut, par une série de réflexions, redoubler l'intensité de ce mouvement et donner ainsi un son dont le nombre de vibrations est en rapport avec les dimensions de la colonne d'air qui vibre.

Communication des mouvements vibratoires à l'air par les solides. — Avant d'aborder l'étude des lois qui président à la formation des sons par les gaz, il nous paraît indispensable d'étudier d'abord les procédés au moyen desquels on peut mettre une masse d'air en vibration. Le procédé le plus

simple est celui dont nous avons parlé tout à l'heure et qui consiste à approcher de l'oreille un corps concave. Ici, le mouvement naturel du gaz, venant heurter contre les parois du vase
qui le renferme, est tout à la fois cause et effet du mouvement
sonore. Le deuxième procédé consiste à communiquer à une
masse d'air renfermée dans un vase les vibrations du corps
solide que l'on a excité par le choc.

A ce procédé se rattache la percussion d'un corps élastique
quelconque, comme un timbre, une cloche, une membrane.
Une chiquenaude sur les joues distendues par le souffle,
transmet à la masse d'air renfermée dans la bouche un mou
vement vibratoire assez intense pour produire un son. « Les
phénomènes de cette espèce, dit Savart, méritent une attention particulière, attendu qu'ils conduisent directement à
l'explication de la production, ou plutôt au renforcement des
sons produits par le larynx. En effet, ces expériences montrent
avec évidence qu'une masse d'air, dont le volume ne varie pas
beaucoup, peut, lorsqu'elle est contenue dans une enveloppe
dont les parois opposent une rigidité plus ou moins grande,
produire des nombres de vibrations très-différents les uns des
autres, et cela en engendrant des sons dont l'intensité est encore très-considérable. »

**Communication des mouvements sonores à l'air par
l'air.** — Dans le dernier procédé, les vibrations sont transmises directement par un corps solide à l'air; dans l'expérience
suivante, nous verrons ces mêmes vibrations transmises par
l'air à l'air lui-même. Si l'on prend un tube de verre d'une
longueur convenable pour produire la note *la* et qu'on l'approche de l'oreille, le mouvement naturel de l'air donnera la
sensation très-faible de cette note. Mais si, pendant que les
choses sont ainsi disposées, l'on parcourt lentement toutes les
notes de la gamme sur un piano, l'on remarquera que les notes

do, ré, mi, fa, sol, ne donnent lieu à aucun phénomène acoustique appréciable ; mais pendant l'émission de la note *la* un résonnement considérable se produit dans le tube, de manière à impressionner désagréablement le tympan. La raison de ce retentissement particulier de la note *la*, à l'exclusion de toutes les autres, tient à ce que la colonne d'air renfermée dans le tube, trouvant dans l'air ambiant, pendant la production de la note *la*, un mouvement analogue à celui qu'elle doit effectuer naturellement, obéit facilement à cette influence et vibre avec une intensité très-grande. Cette manière de provoquer les vibrations de l'air par communication est souvent employée, et nous pouvons dire même qu'elle constitue le phénomène principal dans la production du son par les instruments de musique.

Galilée, Mersenne avaient déjà constaté cette communication du mouvement vibratoire ; ce dernier pensait que le son de la plupart des corps était très-faible, et que, si le mouvement était communiqué par ceux-ci à une masse d'air plus considérable, il y avait plus d'air mis en mouvement, et par conséquent retentissement plus grand. L'explosion de la poudre est encore un moyen de mettre l'air en vibration, mais ce moyen violent constitue une exception peu pratique. Le moyen le plus souvent employé dans les instruments de musique, où l'air est la matière du son, est celui que nous allons décrire ; il est basé sur l'écoulement des gaz à travers un orifice de forme et de dimensions variables.

Nous avons vu, dans le chapitre qui traite de la production du son par les liquides, que Savart attribuait la formation des vibrations sonores à l'écoulement périodiquement variable du liquide à travers l'orifice d'écoulement. Savart, assimilant l'écoulement des gaz à travers les tuyaux à l'écoulement des liquides, en avait conclu que le son se produit dans ces derniers de la même manière. Au fond, Savart avait raison ; mais

il nous semble que, dans cette circonstance, il ne s'est pas préoccupé suffisamment des conditions indispensables qui président
à la formation des vibrations aériennes. Il est vrai qu'il n'eut
pas le temps de terminer le travail qu'il avait commencé sur
cette question. Aussi est-il juste de dire que nos critiques s'a-
dressent plutôt à Masson, qui développa, d'ailleurs avec talent,
les idées du maître.

Si l'on souffle directement dans un tube, quelle que soit l'intensité du souffle, il n'y a pas de son produit; mais si, à l'extrémité opposée de l'embouchure, on place une lame quelconque
capable de diminuer légèrement la lumière du tube, on oppose
ainsi un léger obstacle à la sortie de l'air, et, dès lors, le souffle
devient un peu plus bruyant; si l'on dispose la plaque de manière à diminuer encore un peu plus la lumière du tube, l'obstacle à la sortie de l'air est plus considérable, et le souffle
donne un bruit un peu plus accentué, mais qui n'est pas encore
sonore. Enfin, si la lame est placée de manière à ne laisser à la
sortie de l'air qu'un petit intervalle rectangulaire, le souffle,
poussé d'une certaine manière, acquiert, à sa sortie par cet orifice, toutes les qualités d'un son. Cette expérience, interprétée
comme nous allons le faire, va nous dire les différences qui
existent entre l'écoulement d'un liquide et celui d'un gaz, et
les conditions indispensables pour qu'une colonne d'air renfermée dans un tube puisse, en s'écoulant, effectuer des vibrations sonores.

Bien que l'air soit très-compressible et que son écoulement
puisse s'effectuer avec facilité, malgré les obstacles successifs
que nous avons opposés à sa sortie, il n'en est pas moins vrai
qu'en opposant successivement de plus grands obstacles, comme
nous l'avons fait dans l'expérience précédente, nous avons soumis la masse d'air qui était dans le tube à une certaine compression, qui devait rendre la sortie de l'air par la petite fente

plus énergique ; c'est à cette énergie et à la constitution plus dense de l'air que nous attribuons le mouvement vibratoire qu'effectue la lame d'air à sa sortie. Ce mouvement vibratoire a une intensité proportionnelle aux dimensions de l'obstacle qui s'oppose à la sortie de l'air ; il peut exister sans être appréciable, c'est-à-dire sans impressionner l'organe de l'ouïe, lorsque l'obstacle n'est pas suffisant ; et entre lui et le mouvement susceptible d'impressionner cet organe, il n'y a qu'une différence d'intensité. Entre cette manière d'apprécier le phénomène et celle qu'avait adoptée Savart et Masson, il y a cette différence capitale que ces derniers, appuyés sur ce qui se passe dans l'écoulement des fluides, admettaient que les vibrations de l'air sont dues à un écoulement périodiquement variable, tandis que nous, nous pensons que cet écoulement donne lieu à des vibrations exécutées par la lame d'air qui sort de l'orifice, et que ces vibrations constituent le mouvement sonore. Cagniard de Latour avait soupçonné l'existence de ces vibrations. Mais il appartenait à M. Cavaillé-Coll de démontrer leur existence par une expérience ingénieuse.

L'habile facteur d'orgues a eu l'idée de coller une petite languette de papier sur les bords de la lumière d'un tuyau d'orgue, c'est-à-dire dans la petite fente rectangulaire par où l'air s'échappe pour pénétrer dans le tuyau, et il a constaté, en poussant le souffle, que la lame de papier exécutait un mouvement vibratoire analogue à celui des anches. Il est évident que cette languette subissait en ce moment le mouvement de l'air dont elle était l'expression visible.

Par conséquent, l'air poussé à travers un tube et sortant par un orifice plus ou moins étroit vibre à la façon des lames. C'est une anche aérienne, comme l'a dit si justement M. Cavaillé-Coll. Cette manière d'apprécier la formation du mouvement vibratoire nous permet d'expliquer facilement l'influence de la vitesse sur la formation des sons. L'on sait, en effet, qu'en poussant l'air avec plus d'énergie à travers un tube, le son peut s'élever, en donnant plusieurs tons différents. Le mouvement sonore étant dû à des vibrations de l'air et non pas à un écoulement périodiquement variable, une compression plus grande aura pour effet d'augmenter le nombre des vibrations. Si le mouvement sonore était dû à un écoulement périodiquement variable, la vitesse excessive de cet écoulement n'aurait d'autre effet que de détruire la périodicité et par conséquent de faire disparaître le son.

Le procédé que nous venons de décrire est incomplet en ce sens qu'il n'est pas toujours possible de former des sons avec lui. La raison en est simple. La lame d'air, qui sort en vibrant par l'orifice rectangulaire, peut être assimilée à une lame métallique d'une longueur indéfinie, et, par le fait seul de ses dimensions, elle n'a pas l'énergie suffisante pour impressionner l'oreille. On peut s'assurer qu'il en est ainsi, en plaçant à une distance de la lame aérienne un obstacle, tel qu'une lame de couteau susceptible de limiter la longueur de la lame en la brisant ; le son, qui jusque-là n'était qu'un simple bruit de sifflement, acquiert tout de suite le développement et l'intensité qui conviennent aux sons véritables. Nous verrons plus bas que c'est en limitant ainsi la lame d'air au moyen d'un biseau, qu'on forme l'embouchure des tuyaux sonores de l'orgue.

A présent que nous connaissons les principaux moyens employés pour exciter le mouvement sonore, nous allons étudier les lois de ce mouvement.

La plupart des lois selon lesquelles les vibrations sonores s'effectuent dans les corps solides sont applicables aux vibrations aériennes.

Celles qui concernent les tuyaux sonores sont dues à Daniel Bernouilli, qui écrivait au dix-septième siècle.

Nous allons les transcrire ici, en leur donnant quelques développements.

Lois des vibrations de l'air dans les tuyaux sonores. — 1° Dans les tuyaux fermés à une de leurs extrémités, les sons sont de plus en plus élevés, à mesure qu'on force le vent, et si l'on représente par un 1 le son le plus grave ou le son fondamental, on trouve que le tuyau rend successivement les sons 1, 3, 5, 7, 9, représentés par la série des nombres impairs.

2° Pour des tuyaux inégaux, les sons du même ordre correspondent à des nombres de vibrations qui sont en raison inverse des longueurs de tuyaux.

3° Les vibrations de l'air dans les tuyaux sont longitudinales, et la colonne d'air vibrante est partagée en parties égales par des nœuds et des ventres, le fond du tuyau étant toujours un nœud, et l'embouchure un ventre.

4° Les nœuds ou la surface de séparation des parties vibrantes sont immobiles et ne prouvent que des changements de densité, tandis que les ventres ou les milieux des parties vibrantes conservent la même densité, mais sont constamment en vibration.

5° Dans le cas d'un seul nœud, le tuyau rend le son fondamental, et la longueur de l'onde égale deux fois celle du tuyau. Si le tuyau sonore est ouvert aux deux bouts, les mêmes lois lui sont applicables, avec cette différence que les sons rendus par un même tuyau sont successivement représentés par la suite naturelle des nombres 1, 2, 3, 4, 5, 6. Dans ce cas, les extrémités des tuyaux sont toujours en ventre. Nous devons dire encore que le son fondamental d'un tuyau ouvert par les deux bouts est toujours l'octave aigu du même son dans un tuyau ouvert par un seul.

Telles sont les lois de Bernouilli. Nous avons vu plus haut que celles qu'il avait données sur les vibrations des cordes ne se vérifiaient pas exactement par l'expérience, et qu'on obtient des sons un peu plus bas que la théorie ne l'indique; cette différence tient ici au mode d'embouchure qui se fait par un seul côté, tandis que cette dernière devrait occuper tout le pourtour du tuyau. Ces lois ont été d'ailleurs expérimentalement démontrées par Savart. Ce savant physicien introduisait dans les tuyaux une peau de baudruche, tendue sur un cadre et recouverte de sable. Lorsque l'appareil était au milieu d'un ventre, le sable indiquait par ses mouvements le mouvement de la colonne d'air; au contraire, lorsque l'appareil était au milieu d'un nœud, l'immobilité du sable indiquait l'absence du mouvement dans ce point.

Influence des parois du tuyau sur le son. — Cette question est d'une grande importance pour nous, vu que, dans la voix, les vibrations sonores sont en contact avec des parois mobiles et d'une élasticité très-variable.

Exagérant les conséquences qui semblent résulter de la production d'un même son par des tuyaux de même longueur, mais composés de matières différentes, quelques auteurs ont nié l'influence de la matière du tube sur les qualités et la production du son. Cependant, il est incontestable que si l'on fait recuire au feu, sans altérer leur forme, une trompette d'harmonie ou un cor, ces instruments ne rendront plus qu'un son étouffé. Des facteurs d'orgue assurent même qu'en altérant la composition de l'étain qu'on emploie dans les jeux de métal, on altère sensiblement le son.

Tout ce que l'on peut dire sur ce sujet, c'est que tant que la résistance des parois du tuyau n'est pas modifiée, l'influence des différentes substances sur le son n'est pas très-considérable, mais on ne peut pas la nier d'une manière absolue. Il n'est pas possible que les vibrations de l'air ne se communiquent pas à la matière qui forme le tuyau, et, dès lors, il faut nécessairement admettre l'influence variable de ce dernier sur le son ; car toutes les substances ne vibrent pas de la même manière.

Si l'influence des tuyaux rigides est peu considérable, Savart a constaté qu'avec des tuyaux d'une consistance moins grande et variable, on obtenait des sons bien différents, bien que la longueur des tuyaux fût la même. C'est ainsi que dans un tuyau prismatique carré, ayant 30 centimètres de hauteur et 2 centimètres de côté, le son peut baisser de plus d'une octave, quand on humecte de plus en plus le papier qui forme les parois. Ce papier est collé sur les arêtes solides du prisme comme sur une espèce de cadre. Savart a constaté encore que plus les tuyaux sont courts, plus l'abaissement obtenu peut être considérable. On peut obtenir ainsi l'abaissement de deux octaves dans des tuyaux cubiques. Selon le même physicien, il n'est pas nécessaire que tout le tuyau soit construit en papier et en parchemin pour faire baisser sensiblement le son ; il suffit pour cela qu'une des parois soit constituée par l'une ou l'autre de ces substances. Il résulte de ces expériences que le son s'élève à mesure que la résistance du tuyau augmente et qu'il s'abaisse dans le cas contraire. Ces expériences trouveront une application dans l'exposition de la théorie de la voix.

§ II. — Instruments dans lesquels le corps vibrant est un gaz.

Nous pouvons aborder dès à présent la question de la formation du son dans les instruments dans lesquels la matière sonore est l'air. Nous donnerons quelques développements à la description des tuyaux à bouche de l'orgue, vu que dans les autres instruments de la même nature, le son se produit d'une manière à peu près semblable, et qu'ils ne diffèrent que par une disposition différente de l'embouchure et par la manière dont l'air est insufflé.

Tuyaux à bouche. — Les tuyaux à bouche de l'orgue sont constitués d'abord par un tuyau de forme conique ou rectangulaire, qu'on appelle *pied*. Cette partie de l'instrument est en communication d'un côté avec une soufflerie, et de l'autre, elle est terminée par une petite fente rectangulaire à travers laquelle l'air soufflé doit sortir. Au-dessus de cette fente, le tuyau présente une ouverture plus ou moins grande, qu'on appelle *bouche*. Cette ouverture est limitée en haut par un bord taillé en biseau et appelé *lèvre supérieure*. Au-dessus de la bouche, le tuyau s'élève sans solution de continuité.

Avant d'étudier la formation du son dans cet instrument, nous avons voulu connaître exactement l'influence des parois du tuyau et celle de l'air lui-même sur cette formation. Partant de ce principe que les corps solides soumis à l'influence du calorique donnent un son plus bas, tandis que les gaz soumis à la même influence donnent un son plus élevé, nous avons établi l'expérience suivante : Un petit sifflet de métal, surmonté à son embouchure d'un tube assez long, destiné à pratiquer l'insufflation sans danger, a été soumis à une température très-élevée, de manière à détruire complétement l'élasticité de la matière solide qui forme le tuyau. Lorsque la température de ce tuyau est arrivée au rouge blanc, nous l'avons retiré du feu, et immédiatement nous avons soufflé de l'air, et nous avons obtenu un son plus élevé d'une quinte que le son obtenu alors que le sifflet était froid. Il résulte de cette expérience que l'influence de la matière est pour bien peu de chose sur la formation du son en tant que corps sonore, et que c'est l'air tout seul qui, par ses vibrations, engendre le son.

Après avoir écarté cette difficulté, nous marcherons plus sûrement dans la voie qui doit nous amener à la connaissance que nous voulons acquérir, et pour apprécier la part qui revient exactement à chaque partie qui compose le tuyau sonore, nous isolerons chacune de ces parties pour étudier séparément le rôle qu'elles remplissent.

Nous avons séparé le pied du reste du tuyau, et en poussant le souffle, nous avons constaté que l'air sortant par la lumière produisait un son ou plutôt un sifflement. Perrault aurait dit qu'en passant à travers la fente, il y avait froissement, émotion des particules solides formant la fente. Mais le solide, comme l'action de la chaleur nous l'a démontré, n'entre pour rien dans ce phénomène, et nous sommes obligé d'attribuer ce sifflement aux vibrations de l'air. Emprisonné en quelque sorte dans le pied, l'air sort par la lumière avec une densité et une élasticité plus grandes, et la pression qu'il subissait dans ce réservoir, se traduit, dès qu'il n'est plus maintenu à sa sortie, par une série de vibrations très-rapides. Ce mouvement vibratoire, s'exécutant dans l'air libre, ne donne pas à proprement parler un son, c'est plutôt un souffle bruyant. Cela tient à ce que la longueur de l'anche aérienne n'est pas limitée, et encore à ce que son mouvement se communique à une trop grande masse d'air pour que celui-ci puisse exécuter un nombre de vibrations analogue à celles de l'anche. En effet, si nous rapprochons la lumière de la partie inférieure du biseau, le souffle ne donne plus naissance à un bruit, mais à un son bien défini. Ainsi donc, nous voyons que la formation du son dans les tuyaux dits à bouche, se fait absolument par le même procédé que dans les lames métalliques. Dans les uns comme dans les autres, c'est un corps élastique dont l'élasticité est mise en jeu. Seulement, quand il s'agit de l'air, le simple choc ne suffit plus pour provoquer ses vibrations. Il est nécessaire d'employer un procédé particulier. Ce procédé consiste à comprimer de l'air dans un réservoir, et à faire en sorte que cet air ne puisse s'échapper que par une petite ouverture. Par ce moyen, l'élasticité de l'air est augmentée, et il devient plus apte que l'air ambiant à entrer en vibration sonore.

Le son étant produit, comme nous venons de le dire, à l'embouchure des tuyaux, voyons ce qui va survenir dans la colonne d'air renfermée dans le tuyau.

Soumise à l'ébranlement de l'anche aérienne dans une direction perpendiculaire à l'axe, la masse d'air renfermée dans le tuyau entre en vibration, et le son produit par l'embouchure se trouve considérablement renforcé. Mais on n'arrive à ce résultat qu'à certaines conditions : la première, c'est que l'ébranlement lui soit communiqué normalement, c'est-à-dire perpendiculairement à l'axe. Si le souffle était dirigé dans le sens de cette dernière, la masse d'air serait chassée au dehors, sans entrer en vibration. Au contraire, si l'impulsion est donnée obliquement, de telle façon que l'air, poussé par la languette, ne puisse progresser dans l'intérieur du tuyau que par une série de réflexions ondulatoires, il peut s'établir le mouvement vibratoire qui convient à la longueur du tuyau. La seconde condition exige que la longueur de la colonne d'air renfermée dans le tuyau soit telle, que les vibrations dont elle est susceptible puissent s'accommoder de près ou de loin au nombre de vibrations que produit la languette. En effet, si cette accommodation n'avait pas lieu, le son ne sortirait pas ou sortirait mal, auquel cas on serait obligé de modifier la longueur de la lame aérienne ou la longueur du tuyau lui-même.

D'après les lois de Bernouilli, à chaque son correspond une longueur particulière de tuyau. Mais chaque longueur particulière entraîne avec elle la nécessité d'une embouchure différente ; avec les embouchures des tuyaux qui donnent le *la*, on ne pourrait pas faire parler les tuyaux qui donnent le *si*. Telles sont les conditions de la formation du son dans les tuyaux à bouche, parmi lesquels il faut compter les flageolets.

Les instruments dans lesquels la formation du son est analogue à celle du tuyau à bouche sont la clef forée, la flûte de Pan, la flûte traversière. Dans tous ces instruments, l'insufflation est pratiquée par le musicien ; le pied et la lumière du tuyau à bouche sont remplacés par la bouche et les lèvres du joueur.

Clef forée. — Flûte de Pan. — Dans la clef forée, la petite lame d'air vibrante est formée par le rapprochement des lèvres et elle se limite en venant se briser sur les bords de l'orifice de la clef. Cette lame, vibrant à l'extrémité d'une colonne d'air, met cette dernière en vibration, et nous avons ainsi les mêmes conditions que dans les tuyaux à bouche. Dans la flûte de Pan, le son se forme de la même manière que dans la clef forée. La seule différence qui existe entre ces deux instruments, c'est que la flûte de Pan est constituée par une série de tubes de différentes longueurs qui permettent d'obtenir plusieurs sons.

Flûte. — La flûte est composée d'un tuyau fermé à l'une de ses extrémités, ouvert à l'autre. Aux environs de l'extrémité fermée se trouve un petit orifice qui permet de pratiquer l'insufflation. Cet orifice représente la bouche du tuyau d'orgue avec son biseau. La lumière, qui doit fournir la lame d'air vibrante, est formée par les lèvres du joueur, appliquées sur l'un des bords de l'ouverture. Du côté de son extrémité ouverte, cet instrument présente une série de trous qui, en allongeant ou en diminuant la longueur de la colonne vibrante, permettent de varier les sons. Nous avons dit, à propos des tuyaux à bouche, que, pour des tuyaux de longueurs différentes, il fallait une embouchure différente. En pressant plus ou moins les lèvres, le joueur de flûte sait adapter les dimensions de son embouchure aux dimensions variées de la longueur du tuyau que nécessite la production de notes différentes.

Lampe philosophique ou harmonica chimique. — Un jet de gaz, brûlant dans l'intérieur d'un tube ouvert à ses deux bouts, peut donner naissance à un son, si on le place à une hauteur convenable. Dans tous les cas, on peut, en produisant à distance un son semblable à celui que peut rendre le tube, déterminer dans celui-ci et dans la flamme les vibrations d'un son très-intense et qui persistera aussi longtemps que le gaz continuera à brûler. Plusieurs explications ont été données sur la production de ce phénomène ; G. de La Rive, qui l'analysa l'un des premiers, pensait que le son était dû à la contraction et à la dilatation alternatives de la vapeur aqueuse (*Journal de physique,* 1802). En 1818, M. Faraday démontra que les sons se produisaient lorsque le tube de verre était enveloppé d'une atmosphère dont la température était supérieure à 100 degrés ; dans ce cas, l'intervention de la vapeur ne pouvait plus être invoquée, et Faraday attribua le son aux explosions successives produites par la combinaison de l'oxygène de l'atmosphère avec le jet de gaz hydrogène. Mertens, ayant remarqué que ces explosions n'ont pas lieu dans le chalumeau, rejeta l'opinion de M. Faraday, et chercha à démontrer que, sous l'influence de la chaleur, il s'établit dans le tube un courant d'air très-rapide qui enlève une partie de l'hydrogène, qui va éclater au-dessus de la flamme.

M. Weatstone et M. Tyndall ont jeté un nouveau jour sur cette question en examinant la flamme avec un miroir tournant pendant la production du son. Il résulte de leurs expériences que le son serait dû aux contractions et dilatations alternatives de la flamme correspondant aux vibrations sonores de la colonne d'air. En effet, l'image de la flamme qui se produit sur le miroir tournant présente un cercle continu pendant qu'elle brûle à l'air libre; mais dès qu'elle produit un son, on voit se former une série d'images distinctes formant les unes à côté des autres comme une chaîne de perles lumineuses[1].

Appeau des oiseleurs.—L'appeau des oiseleurs ou réclame est un petit instrument dans lequel l'air est également la matière sonore. Savart ayant comparé le mécanisme de la voix humaine à la production du son dans cet instrument, nous lui accorderons une attention toute particulière.

L'appeau le plus simple et peut-être aussi le mieux conditionné est celui que les enfants construisent avec un noyau d'abricot. Une ouverture cylindrique est pratiquée sur chacune des deux faces du noyau; l'amande est retirée et l'instrument est fait. Pour obtenir les sons, il n'y a qu'à placer le noyau entre les dents et à pousser le souffle dans les deux ouvertures. On obtient également des sons en aspirant.

Pour expliquer la formation du son, Savart supposait qu'en traversant les ouvertures de l'appeau, l'air déterminait par son impulsion un vide qui, constamment produit et constamment détruit, donnait naissance à une série de vibrations sonores. Cette explication ressemble assez à une hypothèse, mais cette hypothèse elle-même ne supporte pas l'épreuve d'un sérieux examen. Nous ne pensons pas qu'il soit aussi facile d'obtenir le vide par un procédé semblable; l'impulsion continue de l'air s'y oppose formellement.

La formation des sons dans l'appeau ne nous paraît pas si compliquée, et il nous suffira sans doute de rappeler en peu de mots les conditions générales de la production du son par des vibrations aériennes pour trouver facilement l'explication que nous cherchons.

[1] Voyez Tyndall. *De la chaleur,* chapitre sur LES FLAMMES CHANTANTES. Traduction de M. l'abbé Moigno.

Pour produire un son. *aérien*, il faut : 1° une colonne d'air soumise à une pression suffisante pour que, sortant d'un orifice étroit sous forme de lame mince, elle produise dans cet état un certain nombre de vibrations ; 2° un obstacle quelconque, mais disposé de manière à briser la lame d'air et à en limiter la longueur; 3° une colonne d'air renfermée dans un tuyau et destinée à renforcer le son sous l'influence des vibrations de la lame d'air. Ces conditions, qui sont celles des tuyaux à bouche de l'orgue, se trouvent réunies dans l'appeau, disposées peut-être d'une manière différente, mais elles existent, et c'est ce qu'il faut démontrer. 1° La colonne d'air comprimée est celle qui, des poumons s'étend jusqu'aux lèvres, qui maintiennent l'appeau. Cet air est comprimé, puisqu'il ne peut s'écouler que par l'orifice trop étroit que lui offre l'appeau. 2° Cet air comprimé sort par l'orifice étroit que présente la lame postérieure de l'appeau ; par conséquent, elle exécute un nombre de vibrations directement proportionnel au degré de vitesse dont elle est animée. 3° Cette lame vient se limiter en se brisant sur le bord de l'orifice antérieur. 4° La masse d'air renfermée dans la cavité de l'appeau, se trouvant en contact avec les vibrations de la lame vibrante, obéit à l'impulsion de ces vibrations, et complète le son en le renforçant.

S'il fallait donner de nouvelles preuves que les choses se passent ainsi que nous le disons, nous ajouterions ceci : En variant la vitesse du courant d'air, on peut obtenir comme dans les tuyaux à bouche de l'orgue plusieurs sons ; mais pour un même instrument, il y aura toujours un son qui sortira plus facilement que les autres.

La dimension des orifices a, sur le son, la même influence que la bouche dans les tuyaux d'orgue. Le son est plus aigu quand les orifices ont un plus petit diamètre; plus grave quand ces derniers sont plus larges.

Les explications que nous venons de donner sur l'appeau sont, à notre avis, d'une importance extrême ; elles nous permettront, en exposant la théorie de la voix, de dire, par le simple examen de l'organe vocal, si la glotte fonctionne réellement à la manière des instruments à vent.

CHAPITRE V.

INSTRUMENTS MIXTES (ANCHES).

Dans les instruments que nous avons examinés jusqu'ici, l'agent moteur des vibrations sonores était un corps solide ; dans ceux que nous allons décrire, c'est l'air qui provoque les vibrations. Ces instruments ont reçu le nom d'instruments à anche. « L'anche, dit M. Pouillet, est généralement une lame vibrante mise en mouvement par un courant d'air. » Nous diviserons ces instruments en deux classes, selon que l'anche est formée par un corps rigide par lui-même, ou un corps rigide par tension.

§ 1er. — Anches rigides par elles-mêmes.

Chin. — Le plus ancien de tous ces instruments est le chin des Chinois. D'après Savart, on en trouve l'image sur des monuments qui ont quatre mille ans d'existence[1]. Il est composé d'une série de tuyaux en bambou, ouverts à l'une de leurs extrémités, fermés à l'autre, et présentant tout près de cette dernière une fente, dans laquelle est fixée une petite lame métallique pouvant vibrer facilement.

[1] Journal *l'Institut*, numéro 136.

Harmonica à bouche. — La description que nous allons donner de cet instrument pourra, dans ce qu'elle a d'essentiel, s'appliquer à la description de tous les autres instruments à anche. Le corps sonore est toujours une petite lame métallique. Cette lame ou languette est fixée dans une fente rectangulaire située à l'extrémité d'un tube qui sert de porte-vent. Si la petite lame n'est pas appliquée sur les bords de la fente rectangulaire, elle est dite *libre;* au contraire, si elle frappe sur les bords, on l'appelle anche *battante.* Cette lame, mise en vibration par le souffle, donne le même son que si elle était mise en mouvement par le choc ou par un archet, et les sons divers qu'elle peut donner sont soumis aux lois que nous avons exposées plus haut, au sujet des lames rigides. En augmentant ou en diminuant la longueur de la lame vibrante, on hausse ou on baisse le son. Les facteurs d'instruments emploient un fil de cuivre terminé par un appendice nommé rasette qui, en pressant sur l'anche, détermine la longueur de la partie vibrante.

Cet instrument étant donné, expliquons le mécanisme de la production du son.

La théorie des anches, comme le dit M. Longet dans sa *Physiologie* (p. 137), est encore incomplète. En effet, deux opinions divisent les savants sur ce sujet : les uns, Savart, Biot, Masson, M. Longet, pensent que le son dans les instruments à anche est dû à la périodicité de l'écoulement de l'air ou au choc périodique de ce dernier contre l'air extérieur. Pour eux, la languette est soumise à une action purement mécanique, et, comme le dit Biot, « ce n'est point par ses vibrations propres qu'elle ferme et ouvre tour à tour la fente rectangulaire dans laquelle elle est fixée, c'est l'air qui l'y pousse et qui l'y ramène; le son dépend de ce choc et de ce retour plus ou moins rapide. » Dans le numéro 336 du *Journal de l'Institut,* Savart et Masson s'expriment ainsi : « Lorsqu'on souffle dans un de ces tuyaux, l'air

oblige, par son excès de force élastique, la languette à s'ouvrir ;
mais bientôt, cet air, en s'écoulant, acquiert la même force que
l'air extérieur, et la languette, retombant en vertu de son élasticité, ferme l'ouverture en la dépassant en dedans ; l'air intérieur, qui n'a plus d'écoulement, atteint bientôt une force
élastique capable de vaincre la résistance de la languette qui
s'éloigne de nouveau de sa position d'équilibre. Il résulte de
cet accroissement périodique de la force élastique de l'air insufflé dans l'instrument, un mouvement oscillatoire de la languette
et, par conséquent, un son d'autant plus aigu que la lame est
moins longue et plus épaisse. » Comme on le voit, le son propre
de la languette n'est considéré ici qu'à un point de vue tout à
fait accessoire.

Dans l'autre camp, nous trouvons un homme d'une grande
autorité, et qui a fait de cette question une étude longue et consciencieuse ; c'est Müller. Celui-ci accorde bien que le son d'une
languette mise en vibration par la percussion soit faible. Mais
il n'en conclut pas avec les premiers que ce n'est point la languette qui donne le son. Selon lui, le son est produit exclusivement par les vibrations de la languette qui, en interrompant
le courant d'air, donne naissance à une série de chocs semblables à ceux qui ont lieu dans la sirène.

Sans accepter les explications de Müller, qui nous semblent
erronées, et qui, par ce fait, n'ont pas pu décider la question,
nous partageons néanmoins son opinion, et nous déclarons formellement que, dans les instruments à anche, c'est bien la lame
métallique qui, par ses vibrations, donne le son. C'est ce que
nous allons tâcher de démontrer.

Partant de ce principe que le mouvement sonore n'est autre
que celui de la force élastique mise en jeu, et que, selon le degré
de vitesse de ce mouvement, le son est plus ou moins élevé,
nous avons dit : Si, par un moyen quelconque, nous pouvons

diminuer l'élasticité de la lame vibrante d'un instrument à anche, de l'harmonica par exemple, le son qu'elle donnera devra être nécessairement plus bas que celui qu'elle donnait auparavant, car le nombre de vibrations décroissant avec l'élasticité, le son devra être en rapport avec le nombre de ces vibrations. Si, au contraire, ce n'est point la lame qui donne le son, ce dernier ne sera pas changé, bien que l'élasticité de la lame ait été modifiée. Or le moyen le plus simple pour diminuer l'élasticité d'une lame métallique, consiste à élever sa température au delà d'une certaine limite, au delà de 200 degrés, d'après M. Delaunay. En conséquence, nous avons pris un harmonica à bouche, construit en métal, et nous l'avons soumis à une température voisine du rouge sombre.

Préalablement, nous avions constaté que le son qu'il donnait correspondait au *la* du diapason normal. Au moyen d'un porte-vent assez long pour éviter de nous brûler les lèvres, nous avons soufflé dans ce tube ; mais au lieu d'obtenir le *la*, nous avons obtenu le *fa* au-dessous ; et, chose remarquable, à mesure que la lame se refroidissait, sous l'influence de l'insufflation, le son remontait progressivement jusqu'au *la*. Ce résultat est d'autant plus important que, de prime abord, on serait tenté d'affirmer que le son aurait dû monter plutôt que d'abaisser. C'est en effet ce qui arrive pour quelques instruments tels que les flûtes, dont le ton s'élève pendant les chaleurs de l'été ; mais ici, rien n'est plus naturel : dans ces instruments, l'air est le corps sonore, et, comme nous l'avons vu plus haut, il est influencé par la chaleur d'une tout autre manière que les corps métalliques ; le calorique augmente sa force élastique, et dans des proportions plus considérables qu'il ne la diminue dans les corps solides : tandis qu'une légère augmentation de chaleur suffit pour faire monter le son produit par l'air, d'une tierce, d'une quinte, un corps métallique ne peut être abaissé d'un ton que sous l'influence d'une température très-élevée. Donc, puisque dans notre instrument à anche, nous avons obtenu un abaissement de ton sous l'influence de la chaleur, nous pouvons en conclure que, dans cet instrument, le son a été fourni par la lame métallique.

Cela posé, reste à savoir si la languette métallique vibre sous l'influence de sa propre élasticité, ou bien, comme le prétendent Savart, Biot, Longet, etc., si l'impulsion de cette lame est purement soumise aux différentes variations de la pression de l'air. Müller partage la première opinion, et voici comment il l'explique : « Lorsqu'on souffle, la languette est chassée du châssis, en vertu de la loi d'inertie, elle fuit devant le corps qui la pousse, jusqu'à ce que son élasticité, qui croît proportionnellement à sa flexion, fasse équilibre à sa vitesse. Comme la pression continue toujours, la languette demeurerait dans cette situation, si l'on continuait de souffler. Mais une fois qu'elle a été écartée, la pression est bien moindre que quand elle se trouvait encore engagée dans le châssis, de sorte que son élasticité la force à revenir sur elle-même, comme un pendule, et que même, par l'effet soutenu de cette élasticité, elle rétrograderait avec une vitesse accélérée, si la pression continue de l'air ne la retardait. Dès qu'elle est parvenue dans le châssis, la pression de l'air, devenant plus forte, la repousse de nouveau. Si cette pression ne variait pas, elle maintiendrait toujours la languette dans la même situation, celle que comporterait sa résistance [1]. »

Cette explication, qui d'ailleurs est analogue à celle de Savart, pèche en ce sens que l'écoulement de l'air n'est pas absolument nécessaire pour ramener la languette dans le châssis, lorsqu'elle en a été éloignée. En effet, lorsque avec une certaine longueur de tuyau porte-vent on souffle pour faire résonner la

[1] Muller, *Traité de physiologie,* t. II, p. 137.

languette, celle-ci obéit souvent à l'impulsion, sans revenir sur elle-même.

Mais n'anticipons pas, et comme cette question est très-compliquée, nous examinerons d'abord l'influence de l'air comme agent moteur de la lame vibrante; nous le considérerons ensuite comme corps sonore.

Air considéré comme agent moteur.—Lorsqu'on pousse de l'air dans un tube par l'insufflation, cet air ne se trouve pas transporté en masse d'une extrémité à l'autre du tube; l'air poussé contre l'air trouve une résistance qui réagit contre son impulsion, et de là il résulte une série d'oscillations qui s'établissent dans la colonne aérienne et viennent frapper la languette. Sous l'influence de cette pression oscillante, analogue à une série de petits coups qui, longtemps continués, permettent d'ébranler le corps le plus pesant, tel qu'une cloche suspendue, la languette est refoulée en dehors.

Obéissant à son élasticité propre, la languette revient dans le châssis, mais à la condition qu'elle trouvera dans le mouvement vibratoire de la colonne d'air un mouvement qui s'accommode plus ou moins avec le sien. L'écoulement de l'air étant continu, le même phénomène se reproduira pendant tout le temps que durera l'insufflation, et la languette continuera à vibrer de ses vibrations propres, sous l'influence de l'impulsion de l'air. Il est cependant des circonstances où, malgré l'insufflation continue, les mouvements de la languette s'arrêteront et le son sera suspendu.

Ce phénomène est très-important; on peut le reproduire en adaptant sur un tuyau à anche un tube de caoutchouc d'une longueur telle, que les vibrations de la colonne d'air qu'il renferme ne puissent s'accorder en aucune manière, par leur nombre et par leur amplitude, avec les vibrations de la languette métallique. Si, par exemple, sur un tuyau du diapason normal à anche, on adapte un tube de caoutchouc de $1^m,80$ de long et que l'on pratique l'insufflation à travers ce tube, l'anche ne donnera aucun son : la languette est poussée en dehors, sous l'influence de la pression de l'air qui s'écoule sans la faire vibrer. Après avoir réduit la longueur du tube de caoutchouc à $1^m,50$, le son de l'anche reparaîtra pour disparaître encore si on raccourcit le tuyau jusqu'à $1^m,35$; à $1^m,20$, le son reparaît pour disparaître à 1 mètre ; à $0^m,85$, il reparaît encore pour disparaître à $0^m,65$; à $0^m,55$, il reparaît ; à $0^m,25$, il cesse ; enfin à $0^m,20$, il reparaît définitivement. Avec un tube métallisé, on n'obtient pas si facilement les mêmes résultats. En adaptant le même diapason à l'une des extrémités d'une coulisse de trombone, nous avons obtenu, à partir d'un allongement de $0^m,04$, un abaissement du son et en même temps une diminution dans son intensité ; à $0^m,07$, le son avait baissé de près d'un ton ; et à partir de ce point, jusqu'à un centimètre au-dessous, il était à peu près impossible d'obtenir un son appréciable ; un peu plus loin, le son de l'anche reparaissait pour baisser et disparaître peu à peu, à mesure qu'on allongeait de nouveau la colonne d'air. De même qu'avec le tube de caoutchouc, nous avons obtenu ainsi une série d'intermittences périodiques, jusqu'à l'extension la plus considérable du tuyau porte-vent.

| 1re EXPÉRIENCE | | 2e EXPÉRIENCE | | 3e EXPÉRIENCE | | |
| | | | | faite avec une anche et différentes longueurs DE PORTE-VENTS ET DE TUYAUX. | | |
Longueur du PORTE-VENT.	Notes.	Longueur du PORTE-VENT.	Notes.	Porte-vents.	Notes.	Tuyaux.
centim.		centim.		centim.		
180	0	181	la, sol	5	la	la
175	0	170	0	15	la	la plus sourd.
170	0	165	0	20	la b	sol
165	0	160	la	23	la$b$	fa d
160	0	155	la	24	sol	0
155	0	150	si b	26	0	0
150	la	145	si bb	28	la	la
145	si bb	140	0	32	la	la
140	si b	135	0	36	la	la
135	0	130	0	40	la plus sourd.	la plus sourd.
130	0	125	0	44	id.	id.
125	0	120	la	52	id.	id.
120	la b	115	si bb	56	id.	la b
115	la	110	si b	60	la b	sol
110	si bb	105	0 en forçant ut d	63	la b très-faible.	sol
105	si b	100	0	67	0	0
100	0	95	0	70	la faible.	la
95	0	90	sol d	80	la	la
90	0	85	la	85	la	la
85	la	80	si bb	89	la	la
80	si bb	75	si b	73	la	la plus sourd.
75	si b	70	si b	77	la b	la b
70	si b	65	0			
65	0	60	0			
60	0	55	sol d faible.			
55	la	50	sol dd			
50	si bb	45	la d			
45	si b	40	si b			
40	si b					
35	si b					
30	si b					
25	0					
20	0					
15	sol d					
10	si bb					
5	si bb					

La première expérience a été exécutée avec une anche de diapason normal et un tube de caoutchouc dont nous avons diminué peu à peu la longueur.

La deuxième expérience a été faite avec une trompette d'enfant et un tube de caoutchouc.

La troisième expérience a été faite avec l'anche d'un diapason normal et une série de petits tubes en cuivre présentant une longueur de 5 à 10 centimètres et pouvant s'emboîter les uns dans les autres. — C'est à M. Courtois, l'habile facteur d'instruments, que nous devons ces petits appareils.

NOTA. — Le b représente les bémols, le d représente les dièses.

Comme on le voit, dans ce tableau, la manifestation des phénomènes que nous étudions s'offre avec une telle régularité, que leur existence semble soumise à une loi. Nos expériences ne nous autorisent pas à la formuler. Nous nous bornerons à constater le fait.

Ainsi considérée comme motrice, la colonne d'air renfermée dans le tuyau porte-vent provoque les vibrations de la languette métallique, vibre avec elle, lorsque la longueur du tuyau permet aux vibrations aériennes de s'accommoder aux vibrations de la languette, et lorsqu'une certaine longueur ne permet pas cette accommodation, la languette reste en dehors du châssis sans vibrer, et l'air s'écoule alors sans intermittence apparente. Si la diminution de pression, conséquence de l'écoulement de l'air, était la cause du retour de la languette dans l'intérieur du tube, toutes les fois que cet écoulement a lieu, la languette, poussée au dehors, devrait revenir dans l'intérieur du tube. Nous venons de voir qu'il n'en est pas ainsi ; il est des circonstances où elle reste toujours en dehors, pendant que l'air s'écoule au-dessous d'elle ; c'est ce phénomène qu'il s'agit d'expliquer. Lorsqu'on pratique l'insufflation à travers un tube, il s'établit une série d'oscillations en rapport avec la longueur du tube ; si les oscillations sont de même nature que celles de la languette, le système entier vibre facilement et à l'unisson ; mais si la longueur du tube est telle que les vibrations ne puissent se mettre en harmonie avec celles de la languette, celle-ci cède à l'influence de la pression par l'écoulement de l'air, et le son ne se produit pas. Dans le premier cas, les vibrations de l'air, par une série de pulsations contre la languette, mettaient cette dernière en mouvement, parce que le nombre de pulsations se trouvait en harmonie avec ses vibrations propres. Dans le second cas, au contraire, les pulsations se trouvant en disproportion trop grande avec les vibrations de la languette, celle-ci a pu céder à l'impulsion de l'air et ne pas répondre à des vibrations intérieures qui ne la sollicitaient pas. Cette influence ne s'exerce pas d'une manière instantanée ; avant de disparaître, le son a baissé d'une ou de deux notes, il a perdu en même temps de son intensité et cela devait être : à mesure qu'on allonge ce tuyau, la colonne d'air qu'il renferme devient de moins en moins apte à accommoder ses vibrations propres avec celles de la languette ; il s'établit dès lors une lutte entre deux forces différentes : d'un côté, l'élasticité de la languette ; de l'autre, l'élasticité de l'air ; celle des deux qui l'emportera sur l'autre donnera le ton. Dans ce cas, c'est la colonne d'air qui l'emporte, et le son baisse sous l'influence de son allongement. Pendant ce temps, le rôle de la languette n'est pas annihilé ; elle vibre encore, mais faiblement, et les sons qu'elle produit s'effacent devant le son plus intense des vibrations aériennes. Il existe un instrument vulgaire au moyen duquel on peut mieux analyser les phénomènes précédents : c'est la *guimbarde*.

La guimbarde est constituée par un demi-anneau, dans l'intérieur duquel, au moyen des doigts, on provoque la vibration d'une languette métallique. Cet instrument est placé entre les dents, et, bien que la languette ne change pas de longueur, on peut, en modifiant la cavité buccale, obtenir différents tons. Il est évident que pendant l'émission des différentes notes, le nombre de vibrations de la languette ne change pas, puisque le doigt est l'agent moteur qui les provoque ; la masse d'air renfermée dans la bouche donne seule les tons par ses dimensions différentes, et comme les vibrations dont elle est animée sont provoquées par le mouvement de la languette, nous sommes autorisé à conclure que, dans certaines limites, une masse d'air, mise en vibration par un corps vibrant, peut être modifiée dans ses dimensions et donner naissance à des sons variés, sans que pour cela le mouvement du corps vibrant ait été changé. Dans ce cas, le son de ce dernier s'efface toujours devant le son plus intense de la colonne d'air.

On peut vérifier ce que nous venons de dire avec un verre à boire ou un vase quelconque : Fermez avec les cinq doigts de la main l'orifice d'un verre et frappez un coup sec sur les parois pour obtenir un son ; puis, soulevez un doigt, de manière à ménager un petit orifice à la sortie de l'air; si vous frappez de nouveau, vous obtiendrez un son plus élevé que le premier. En soulevant successivement tous les doigts, vous entendrez une série de sons plus élevés les uns que les autres. Ici, comme dans la guimbarde, nous avons un bruit de choc dont le nombre de vibrations est toujours le même, dont le son ne varie pas et qui est susceptible néanmoins de provoquer dans la masse d'air des vibrations de diverse nature. Savart expliquait ces phénomènes par la formation des harmoniques de la languette, qui devaient être renforcés par la colonne d'air. Les sons que l'on obtient ne permettent pas d'accepter cette manière de voir. A notre avis, lorsque dans un système sonore deux corps vibrants sont en présence, les vibrations de ces deux corps, bien que différentes, peuvent coexister dans certaines limites ; mais dès que la différence devient trop grande, celui des deux corps dont les vibrations sont plus énergiques continue à vibrer avec la même intensité, tandis que l'autre, subissant les effets de la contradiction qui existe entre les deux mouvements, perd sa force de plus en plus, jusqu'au moment où, l'opposition devenant trop forte, il cesse complétement de vibrer.

De ce qui précède, il résulte qu'entre l'explication de Savart, Müller, Longet et la nôtre, il y a cette différence essentielle que, selon nous, ce sont les vibrations propres de toute la colonne d'air qui influencent la languette, et non point les vibrations qui résultent de l'écoulement périodique de l'air par les mouvements de la languette.

Air considéré comme corps sonore. — Considérons à présent l'air comme corps sonore dans le tuyau porte-vent. Ce paragraphe est comme le corollaire du précédent : du moment où la languette métallique ne peut vibrer qu'à la condition de trouver dans la colonne d'air renfermée dans le tuyau des vibrations analogues aux siennes, les vibrations aériennes déjà existantes seront entretenues et renforcées par les vibrations de la languette, et ces deux corps ne feront plus qu'un même système sonore, vibrant à l'unisson. Toutes les fois, en effet, que nous avons adapté à l'anche un porte-vent d'une certaine longueur, nous le faisions servir immédiatement après comme tuyau, et nous obtenions les mêmes phénomènes de silence, de tonalité, etc., que nous avions obtenus quand il était employé comme porte-vent. Weber est le premier qui se soit occupé de la question du porte-vent, et il a posé en principe que tout tuyau adapté à une hanche ne donnait jamais un son au-dessus de celui que l'anche isolée pouvait donner. Ce fait rentre naturellement dans les lois de la vibration de l'air dans les tuyaux sonores, lois selon lesquelles le nombre de vibrations est en raison inverse de la longueur. Mais Weber a obtenu, en outre, des résultats que nous n'avons pas pu réaliser nous-mêmes. En augmentant toujours la longueur du tuyau porte-vent, il a fait descendre le son d'une octave. Savart, allant plus loin que ce dernier, est descendu jusqu'à la douzième. Quant à nous, en adaptant sur un de ces tuyaux à anche qui servent de diapason normal un tube de caoutchouc de $1^m,80$ de long, nous n'avons pu obtenir qu'un abaissement de trois notes. Mais le fait le plus remarquable et qui avait échappé à ces physiciens, c'est la disparition du son à des intervalles périodiques.

Il résulte de toutes nos expériences que dans les instruments

à anche, l'on doit tenir compte de la colonne d'air, non-seulement comme agent moteur de la languette métallique, mais
aussi comme corps sonore ayant une certaine influence sur le
son de cette languette ; cette influence est renfermée dans certaines limites que l'on peut résumer ainsi : l'air, par sa nature
éminemment compressible et élastique, peut modifier le nombre de ses vibrations dans le même tuyau ; en d'autres termes,
son élasticité peut être modifiée de telle manière qu'elle donne
naissance à un nombre de vibrations différent de celui qu'elle
devrait donner d'après la théorie des tuyaux sonores. Ainsi, par
exemple, on peut faire varier la longueur du porte-vent d'une
anche dans un intervalle de 1 à 15 centimètres, sans changer
le son. Il faut croire que dans ces circonstances les vibrations
de l'air s'accommodent à celles de la languette. Au delà de
15 centimètres, l'élasticité de l'air semble ne pouvoir plus
obéir à l'influence des vibrations de la languette, et c'est lui-
même qui influence cette dernière, ce que l'on voit par l'abaissement du son. Seulement, cet abaissement ne suit pas une
marche proportionnelle à l'allongement du tuyau, et dès que
cette longueur est telle que la colonne d'air qu'il renferme peut
donner des vibrations qui, par le son fondamental ou par les
harmoniques, se rapproche de celle de la languette, le son de
cette dernière reparaît de nouveau.

Dès à présent, nous pouvons expliquer la formation du son
dans tous les instruments à anche.

Clarinette. — Dans cet instrument, le son est produit par
les vibrations d'une languette en bois très-élastique ; c'est habituellement une petite lame de roseau que l'on réduit en feuilles
très-minces et que l'on fixe au moyen d'un anneau au-devant
d'un petit tuyau taillé en bec de flûte ; l'air des poumons,
poussé entre les bords de ce tuyau et l'extrémité de la languette, fait vibrer cette dernière, et l'on a ainsi des sons d'anche

produits par les vibrations du bois communiquées à l'air renfermé dans le tuyau. Pour renforcer les sons obtenus et favoriser en même temps la production des différents tons, on adapte à ce petit tuyau appelé *bec* un tuyau analogue à celui de la flûte et percé de trous. Par sa longueur, ce tuyau ne serait pas capable de modifier suffisamment le son, de manière à fournir plusieurs gammes successives, et, cependant, c'est ce qui a lieu. Ce phénomène, encore inexpliqué, mérite toute notre attention. L'anche dont nous nous occupons fonctionne absolument comme la languette métallique de l'harmonica, mais avec cette différence que, introduite entre les lèvres, le joueur peut, à son gré, en diminuer ou en allonger la partie vibrante. Nous ne pensons pas avec Savart que le tuyau seul puisse modifier le son de manière à lui faire parcourir plusieurs octaves ; nous attribuons en grande partie cette modification à l'anche elle-même, et le tuyau sonore la favorise en adaptant ses vibrations à celles de l'anche par le moyen de trous.

En effet, si les différentes longueurs de tuyaux formaient les tons, il faudrait, pour produire ces derniers, de telles longueurs, qu'il serait impossible d'emboucher de semblables instruments. L'espace qui sépare chaque trou du tuyau est trop petit pour expliquer le changement de ton ; l'on est forcé, par conséquent, d'attribuer la cause de ce changement aux modifications de l'anche. Le même phénomène a lieu dans les flûtes. La formation des tons n'aurait pas lieu, si le joueur, avec ses lèvres, ne modifiait pas la longueur et les autres dimensions de l'anche aérienne. Les trous de ces tuyaux sont plutôt destinés à fournir une colonne d'air favorable à la production d'un certain ton qu'à donner à chaque ton la longueur de tuyau qui, d'après la théorie, serait nécessaire à sa production.

Ce que nous venons de dire nous explique pourquoi l'embouchure de la clarinette est si difficile pour les commençants. Cela tient à ce que l'élève ne sait pas proportionner la pression de ses lèvres, ou modifier la longueur de l'anche selon la note qu'il veut produire, tandis qu'un bon joueur, sans le secours du tuyau, peut produire avec l'anche seule tous les tons de cet instrument. Disons, en terminant, que notre manière de voir semble légitimée par l'observation suivante : si l'on remplace la languette de bois par une anche de caoutchouc ou par une languette métallique, le tuyau de la clarinette abaisse bien le ton, mais l'ouverture successive des trous l'élève à peine d'un demi-ton, ce qui prouve bien l'influence de l'embouchure sur la formation des tons.

Anches du hautbois et du basson. — Ces anches se distinguent suffisamment des précédentes pour que nous en fassions une classe à part. Ici, la languette est double, les deux lames sont appliquées l'une contre l'autre en laissant toutefois entre elles un petit intervalle pour le passage de l'air. La théorie de la formation du son dans ces anches nous intéresse particulièrement à cause de l'analogie déjà saisissable que nous établirons entre elles et l'anche humaine.

Ces anches sont fabriquées avec une moitié de tube de roseau, ayant un centimètre de diamètre. L'une des extrémités est amincie jusqu'au point où une simple pression suffit pour aplatir le tube. Cet amincissement est pratiqué sur les deux tiers environ de sa longueur.

Si l'on applique les deux moitiés ainsi préparées l'une contre l'autre, l'on a une extrémité aplatie, et l'autre présentant la forme cylindrique. Au moyen d'une certaine pression sur cette dernière extrémité, pression rendue définitive à l'aide d'un fil ciré renforcé lui-même par un anneau métallique, on obtient un petit système élastique jouissant d'un ressort particulier, duquel dépend le jeu de l'anche. Ce ressort résulte de la forme circulaire que présente le tube à l'une de ses extrémités, et de l'aplatissement progressif qui existe vers l'autre.

Par le seul fait de cette disposition, c'est-à-dire par l'aplatissement d'un corps cylindrique qui tend à reprendre sa forme primitive, l'on a deux languettes très-élastiques, très-minces, que le moindre souffle peut faire vibrer. Dans ces anches, le son est produit par le passage de l'air entre les deux languettes qui battent l'une contre l'autre par leurs bords.

Nous ferons remarquer que dans ce système nous avons quelque chose de plus que dans les anches précédemment décrites ; dans l'anche de la clarinette, le son ne pouvait être modifié que par un changement de longueur de l'anche : dans ces dernières, nous obtenons les mêmes modifications par le même procédé, mais nous pouvons en obtenir de nouvelles, en pressant plus ou moins sur la partie de l'anche qui fait ressort, par conséquent, en augmentant ou en diminuant l'élasticité des languettes. Comme dans la clarinette, le tuyau que l'on adapte à ces anches modifie le son, quant à son timbre, à ses qualités sonores, et, au moyen des trous, il présente à chaque ton formé par l'anche, une longueur de tuyau qui en favorise la production. Avec l'anche seule, on peut produire tous les tons, mais difficilement.

§ 2° ANCHES RIGIDES PAR TENSION.

Il résulte des expériences de Savart que les membranes carrées sont susceptibles de prendre tous les nombres possibles de vibration, et que, pour chacun de ces nombres, elles se divisent d'une manière particulière, comme cela arrive dans les plaques solides. Nous avons donné plus haut les lois des vibrations de ces corps membraneux.

Anches membraneuses. — Müller est le premier qui se soit occupé d'une manière sérieuse et au point de vue de la théorie de la voix humaine des anches membraneuses. Nous devons dire cependant que Biot, Cagniard de Latour, M. Malgaigne, ont essayé avec des membranes de caoutchouc de produire des sons analogues à ceux de la glotte,

Les lamelles membraneuses qui constituent ces anches diffèrent de celles dont nous avons parlé jusqu'ici, en ce qu'elles ne vibrent que sous l'influence d'une certaine tension comme les cordes. Elles en diffèrent encore par quelques petits détails que nous mentionnerons peu à peu dans leur description. Müller a étudié ces anches sous trois formes différentes : 1° un ruban élastique tendu à la manière d'une corde entre deux branches rigides ; ce qui fait qu'il peut vibrer sur chacun de ses bords ; 2° une membrane élastique couvre une moitié ou une partie quelconque du bout d'un tuyau très-court, et la portion sur laquelle elle ne s'étend point est couverte par une plaque rigide, laissant une fente entre elle et la membrane ; 3° deux membranes élastiques sont tendues de telle manière sur le bord d'un tuyau très-court, que chacune couvre une partie de l'ouverture, et qu'elles laissent entre elles une fente. Müller a remarqué que le son est le même dans les deux premiers cas en soufflant sur le ruban élastique. Il a remarqué encore qu'en soufflant à travers un tuyau sur ce ruban, le son que l'on obtient est d'un demi-ton à un ton plus élevé que celui que l'on produit en poussant un courant d'air délié sur la membrane elle-même et le dirigeant vers son bord.

« Dans tous les cas, dit-il, on peut, en soufflant avec plus de force, élever de deux demi-tons le son produit par le souffle. En employant un tuyau rond, la membrane n'est tendue que suivant une direction parallèle à la fente. Or, on sait que les membranes tendues dans un sens vibrent d'après les mêmes lois que les corps filiformes élastiques par tension. Müller a constaté en effet qu'à égalité de tension et l'embouchure restant la même, l'intensité du son augmentait en raison inverse de la longueur de la membrane. Il a constaté de plus que la largeur de la fente influait peu sur l'élévation du son, mais que le souffle ne parle plus lorsque la fente est trop large.

Un cas intéressant à examiner était celui dans lequel deux membranes élastiques limitent la fente de manière à imiter grossièrement une glotte. Müller a trouvé que le son fondamental donné par chaque lamelle isolée, en dirigeant un courant d'air sur elle par un petit tube, était plus élevé d'un demi-ton.

Ainsi chacune d'elles donnant le *la*, leur son commun était sol *dièse*. Si les deux lamelles ne sont pas tendues également, on parvient rarement à obtenir le son des deux à la fois. Il arrive alors que l'on n'entend qu'un son unique, celui de la lamelle qui vibre le plus facilement sous l'influence du passage de l'air. Müller est parvenu à modifier beaucoup les sons en posant les doigts sur différents points d'une membrane de caoutchouc tendue à l'extrémité d'un cylindre, et ce phénomène n'a rien qui doive nous surprendre : il existe entre les languettes membraneuses et les languettes métalliques cette différence essentielle que si l'on augmente le souffle en faisant vibrer une languette métallique, l'on parvient quelquefois à faire baisser le ton; au contraire, en soufflant avec plus de force à travers une anche membraneuse, le son devient plus aigu.

Müller n'a pas su donner une explication de ce phénomène, et la principale cause de son embarras c'est qu'il avait remarqué que le son d'un harmonica à bouche s'élève un peu si on chasse l'air avec force. Il avait remarqué aussi que le son de l'anche très-délicate d'une trompette d'enfant peut parcourir, suivant l'intensité du souffle, l'étendue entière d'une octave.

Ces contradictions aux conditions générales de la production du son dans les anches sont plus apparentes que réelles, et il nous paraît aisé d'en donner l'explication.

Lorsque à travers un tuyau l'on souffle sur une anche membraneuse, les rubans n'entrent en vibration qu'au moment où leur tension est devenue suffisante pour réagir contre la pression de l'air, et naturellement à mesure que cette pression augmente la tension augmente aussi et le son s'élève. Dans une anche métallique qu'arrive-t-il ? En vertu de sa rigidité, la languette oppose une résistance à la pression de l'air, et sous l'influence d'une pression trop faible, elle ne vibre que dans une partie de sa longueur ; par conséquent le son monte. Si en augmentant la pression on force la languette à vibrer jusqu'à sa base, sa longueur sera augmentée, et le son baissera.

Quant au phénomène qui paraissait extraordinaire à Müller, celui de l'élévation du son dans l'harmonica et la trompette d'enfant, il s'explique tout naturellement : le peu d'épaisseur de ces languettes fait qu'elles vibrent dans toute leur longueur sous l'influence d'une faible pression ; dès que la pression augmente, la languette s'incurve et ne vibre plus que par son extrémité libre, comme la carte dans la roue dentée de Savart, de telle sorte que le son s'élève. Dans ces instruments la longueur de l'anche diminue à mesure que la pression augmente.

Müller a fait un grand nombre d'expériences longuement exposées dans son *Traité de physiologie*, sur l'influence du portevent et du tuyau. Les résultats qu'il a obtenus sont analogues à ceux que l'on obtient avec des languettes métalliques.

« Ordinairement, dit-il, par des tuyaux successifs ou par l'allongement des tuyaux, le son baisse jusqu'à ce que le tuyau ait atteint une longueur telle que le son fondamental qu'il produit à lui seul soit en harmonie avec celui de l'anche, et l'abaissement cesse dès avant qu'on en soit arrivé là ; car il n'est pas facile d'abaisser ainsi le son d'une octave ; par exemple, on ne peut le faire descendre que de ut_4 à la_3 ; à une certaine limite, il remonte au son fondamental de l'anche ou à peu près. »

Müller ajoute encore que les expériences avec les anches métalliques comportent une bien plus grande précision, parce que le changement de force du souffle ne modifie que très-peu le son des anches métalliques, tandis qu'il change avec facilité celui des anches membraneuses d'un demi-ton ou même d'un ton entier. Ces expériences, dont le mérite et l'originalité sont incontestables, n'ont pu donner au grand physiologiste les résultats qu'il pouvait en attendre. Quand nous étudierons la physiologie du larynx, nous dirons pourquoi il en a été ainsi.

Pour le moment nous nous bornenerons à dire que l'anche membraneuse de Müller n'était pas du tout comparable à l'anche vocale.

Persuadé cependant qu'il existe une grande analogie entre le fonctionnement du larynx et le mécanisme du son dans les anches membraneuses, nous avons poursuivi les recherches de Müller, et nous croyons avoir atteint le but qu'il poursuivait en donnant à ses anches une forme nouvelle, qui rappelle plus exactement la disposition de la glotte humaine.

Nouvelles anches membraneuses. — Ces anches sont constituées par deux petites lames de caoutchouc très-minces, soudées par leurs bords ; elles présentent un orifice supérieur qui doit être la partie vibrante de l'anche, un orifice inférieur qui doit être soudé exactement sur un tube de caoutchouc destiné à servir de porte-vent. La longueur de l'orifice supérieur mesure deux centimètres et demi. Les lamelles sont plus minces que le tube de caoutchouc sur lequel elles sont fixées de manière à pouvoir s'appliquer exactement l'une contre l'autre et à opposer ainsi une certaine résistance au passage de l'air.

Pour obtenir un son, on souffle avec la bouche dans le porte-vent, puis on saisit l'extrémité de l'anche un peu au-dessous de sa partie libre, et on exerce une tension progressive jusqu'à ce que le son soit produit. Deux procédés différents peuvent être employés pour parcourir les différents tons de la gamme. Le premier consiste à tendre de plus en plus les rubans; le second à diminuer peu à peu avec les doigts la longueur de la partie vibrante.

Si l'on emploie isolément l'un ou l'autre de ces deux procédés, la tension par exemple, les effets que l'on obtient sont très-limités ; le son s'élèvera de trois à quatre notes au plus, bien que l'on augmente l'intensité du souffle. Il en est de même de l'occlusion progressive employée seule ; elle ne donne naissance qu'à un nombre de sons très-restreint. Mais si pour la production de chaque note, on combine l'occlusion progressive avec la tension, non-seulement les sons seront plus nombreux, mais encore plus agréables, et l'on pourra ainsi parcourir tous les intervalles compris entre trois octaves, c'est-à-dire la plus grande étendue de la voix humaine.

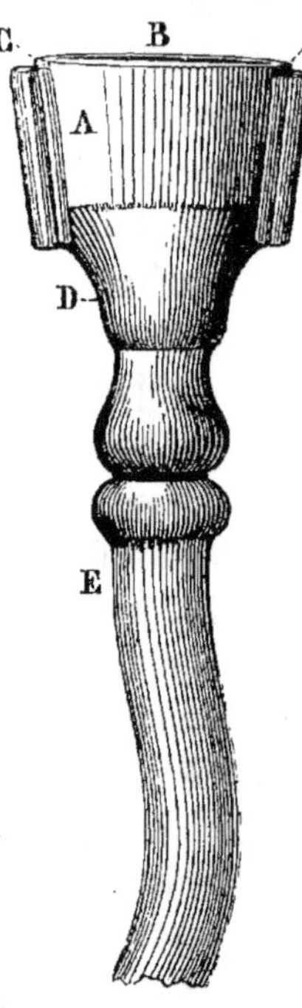

Fig. 1. Nouvelle anche membraneuse.

A. Lames de caoutchouc.
B. Ouverture de l'anche.
C. Partie vibrante.
D. Tube de caoutchouc.
E. Tuyau porte-vent.

La formation du son dans ces anches n'est pas si simple qu'on pourrait le croire au premier abord, et, comme nous comparerons plus tard cette formation à celle de la voix humaine, il est de la dernière importance que nous en constations bien les conditions.

A notre avis, l'on doit considérer l'extrémité supérieure de chacune des deux lames membraneuses, c'est-à-dire la partie vibrante, comme si elle était constituée par une série de petites languettes analogues à celles de l'harmonica, dont le point fixe serait à une certaine distance au-dessous de la partie vibrante, à 1 centimètre par exemple, et les parties libres correspondraient à la portion libre des lames. Seulement dans ces anches membraneuses, l'extrémité, qui doit être fixe, est rendue telle par la tension plus ou moins grande des rubans. Cette tension a pour effet de rapprocher les lames l'une de l'autre en cet endroit, de rendre par conséquent le passage de l'air plus difficile, et d'établir ainsi dans cette partie de l'anche, un ressort particulier qui donne la mesure des vibrations que les parties libres situées au-dessus, doivent effectuer.

Pour obtenir les effets dont nous venons de parler, il est indispensable de saisir les deux bords de l'anche un peu au-dessous de la partie libre. Si la tension était pratiquée tout à fait au niveau de l'orifice supérieur, il serait impossible d'obtenir un son. Cette particularité vient à l'appui de ce que nous disions tout à l'heure sur le siége du ressort de l'anche.

Considérant toujours les lamelles formées par une série de petites languettes, dirigées de bas en haut dans le sens de leur longueur, il nous sera facile de comprendre l'influence de la tension sur les modifications du son. En effet, si la tension ne modifie pas la longueur de ces anches, elle modifie profondément leur structure, et elles subissent les mêmes lois qui régissent les vibrations des cordes, ce qui veut dire, en d'autres termes, que le nombre de leurs vibrations est réciproquement proportionnel aux racines carrées des poids qui les tendent. Cependant la longueur des parties vibrantes doit diminuer sous l'influence de la tension, et cette diminution, bien que peu considérable, doit avoir son influence.

Les effets de l'occlusion sur le nombre des vibrations s'expliquent par la modification imprimée à la longueur des parties vibrantes, et cette influence s'exerce selon les mêmes lois qui régissent les vibrations des cordes, c'est-à-dire que le nombre des vibrations est en raison inverse de la longueur des parties vibrantes. De même que dans les cordes, la quantité dont il faut diminuer la longueur des rubans pour élever le son, devient de plus en plus petite à mesure que cette longueur devient moins grande, ce qui revient à dire que, plus l'anche devient petite, moins il faudra la modifier pour abaisser ou élever le ton.

L'influence du porte-vent n'est pas très-considérable sur les vibrations de ces instruments. Cela tient sans doute aux modifications faciles que l'anche peut subir soit dans sa tension, soit dans l'étendue de sa partie vibrante, ce qui lui permet de s'accommoder avec toutes les longueurs possibles du tuyau porte-vent.

Les principes que nous venons de donner sur la formation du son dans les anches membraneuses sont la base de la théorie du son de la voix.

Nous allons examiner, en terminant, une autre espèce d'anche qui nous rapproche d'un degré de plus de l'anche par excellence, dont nous nous sommes proposé d'expliquer le mécanisme. C'est l'anche qui forme le son dans les instruments de la classe des cors.

Cors. — On n'a pas toujours considéré ces instruments comme des instruments à anche, et encore aujourd'hui quelques auteurs prétendent que le son est formé, comme dans les tuyaux à bouche de l'orgue, par l'écoulement périodique de l'air. Il est cependant une expérience bien simple qui devrait ramener tous les esprits à la même opinion. Cette expérience consiste, comme l'a fait Savart, à s'assurer par les yeux, et au moyen d'une embouchure de cristal, que se sont bien les lèvres qui vibrent pendant la production du son.

La conformation anatomique des lèvres les rendrait certainement impropres à jouer le rôle d'anches, si, par sa volonté,
l'homme ne leur donnait une disposition particulière qu'il n'est
pas inutile de bien préciser.

Pour être apte à vibrer comme une anche, un corps doit réunir deux conditions : une certaine rigidité jointe à une élasticité
facile à être mise en action. Au premier abord, nous ne trouvons aucune de ces conditions dans les lèvres, mais en y regardant de plus près, nous verrons que l'orbiculaire des lèvres se
contracte et acquiert ainsi une certaine rigidité. Grâce à cette
contraction, la muqueuse qui le recouvre et qui lui est unie
par un tissu cellulaire très-lâche, se détache en quelque sorte de
la surface rigide du muscle, et vibre comme une simple languette, sous l'influence du passage de l'air. La longueur de cette
languette, d'abord limitée par les dimensions de l'embouchure,
peut être diminuée encore davantage par la contraction de l'orbiculaire, et dès lors elle fonctionne d'après les mêmes lois que
les anches de caoutchouc dont nous venons de donner la description. Dans les instruments dont nous parlons, l'embouchure a une très-grande importance, c'est elle en effet qui
donne la mesure de l'anche vibrante, et qui reçoit dans le petit
entonnoir qui la constitue le premier jet sonore. La forme de
cet entonnoir a une influence réelle sur les qualités du son, et
nous tenons de M. Legendre, l'habile cornet à piston, que ce
n'est qu'après de grandes difficultés qu'il est arrivé à donner
à cette cavité la forme et les dimensions qui lui conviennent.
Dans ces instruments comme dans ceux à anche métallique, le
tuyau sonore apporte dans la production du son produit par les
lèvres, une colonne d'air dont les différentes dimensions s'accommodent plus ou moins bien aux vibrations déjà produites.
Cette accommodation est indispensable, car si l'on veut faire
vibrer les lèvres alors que la colonne d'air n'est pas propice

à la formation du ton qu'on veut produire, on sent de la part de la colonne d'air une résistance insurmontable et les lèvres restent immobiles. Dans le cor, la colonne d'air est modifiée par des pistons qui l'allongent ou la raccourcissent, et par l'introduction de la main dans le pavillon. Dans le trombonne, la colonne d'air est allongée ou raccourcie au moyen d'une coulisse. Dans l'ophicléide et les autres instruments à clefs, les modifications de la colonne d'air sont obtenues par des trous percés le long des parois du tuyau sonore et que l'on ouvre ou que l'on ferme à volonté. Le point essentiel pour nous, c'est d'avoir constaté que le nombre des vibrations produites par les lèvres est le point de départ du son produit.

APPENDICE AU CHAPITRE PRÉCÉDENT.

THÉORIE PHYSIQUE DE LA MUSIQUE.

La théorie physique de la musique repose essentiellement sur les lois des vibrations des corps sonores. Comme, dans le cours de cette étude, nous aurons souvent occasion d'utiliser ses enseignements, nous avons voulu, en terminant, donner un aperçu sommaire de cette théorie.

Échelle musicale. — On appelle échelle musicale une série de sons distincts les uns des autres par une tonalité particulière, et désignés sous le nom de notes.

Cette échelle se divise en périodes de sept notes : *ut, ré, mi, fa, sol, la, si.* Ces noms sont les mêmes pour toutes les périodes qu'on appelle *gammes;* mais en désignant par un petit chiffre placé à côté du nom de la note, la gamme à laquelle elle appartient, on peut toujours avoir la valeur réelle de la note qu'on produit.

Sonomètre. — Le procédé au moyen duquel on est arrivé à représenter par des nombres les notes de la gamme, est fort simple ; le sonomètre ou monocorde est l'appareil dont on se sert pour l'exécuter. Cet appareil est constitué par une caisse destinée à renforcer le son, et supportant, aux deux extrémités de sa face supérieure, un chevalet sur lequel une corde métallique est tendue. L'un de ces chevalets est mobile, de telle manière qu'il puisse être avancé et reculé dans le but d'augmenter ou de diminuer la longueur de la corde.

On commence par noter le son fondamental de la corde, c'est-à-dire le son qu'elle donne en vibrant dans toute sa longueur. Puis, faisant avancer le chevalet mobile, on diminue successivement la corde de la longueur qui est convenable pour la production des sept notes de la gamme, et pour chacune d'elles on exprime en chiffres la longueur de corde qui l'a produite. En représentant par 1 la longueur de la corde vibrant entièrement, et désignant par *ut* cette valeur, on trouve pour les autres notes les valeurs suivantes :

$$\text{Ut, } \quad \text{ré, } \quad \text{mi, } \quad \text{fa, } \quad \text{sol, } \quad \text{la, } \quad \text{si.}$$
$$1 \quad \frac{8}{9} \quad \frac{4}{5} \quad \frac{3}{4} \quad \frac{2}{3} \quad \frac{3}{5} \quad \frac{8}{15}$$

D'après ce tableau, on voit que la corde qui donne *ré*, n'est que les $\frac{8}{9}$ de celle qui donne *ut*, et ainsi de suite.

Les nombres correspondent à des longueurs de corde ; mais pour avoir le nombre de vibrations qui correspond à chacun, il faut se rappeler la première loi que nous avons énoncée plus haut, et d'après laquelle le nombre de vibrations est en raison inverse de la longueur ; renversons donc les fractions du tableau précédent, et nous aurons un nouveau tableau qui exprimera le nombre relatif de vibrations correspondant à chaque note :

$$\text{Ut, ré, mi, fa, sol, la, si.} \qquad 1 \quad \frac{9}{8} \quad \frac{5}{4} \quad \frac{4}{3} \quad \frac{3}{2} \quad \frac{5}{3} \quad \frac{15}{8}$$

Pour avoir le chiffre réel de vibrations que produit chaque note, on a recours à un appareil très-ingénieux, inventé par Cagniard de La Tour, et qu'on appelle la sirène. Dans cet appareil, le nombre de vibrations qui correspond au son qu'il produit, est indiqué sur un disque, de telle sorte qu'en comparant un son quelconque à un son correspondant de la sirène, on a aussitôt le nombre de ses vibrations.

En désignant par *ut*[1] le son le plus grave de la basse, on obtient avec la sirène la série des nombres suivants :

Notes.	Nombre de vibrations.
Ut [1]	128
Ré [1]	144
Mi [1]	160
Fa [1]	170
Sol [1]	192
La [1]	214
Si [1]	240

Pour obtenir le nombre de vibrations des notes qui composent les autres gammes, on n'a qu'à multiplier par 2, par 4, par 8, les nombres renfermés dans le précédent tableau, selon que ces notes appartiennent à la deuxième, à la quatrième, à la huitième gamme.

Ainsi, pour avoir l'*ut*[2], le *ré*[2], il faut multiplier 128, 144 par 2, et ainsi de suite.

Intervalles. — On appelle intervalles les rapports qui existent entre un son et un autre. L'intervalle de *ut* à *ré* est un intervalle de seconde ; de *ut* à *mi* un intervalle de tierce ; de *ut* à *fa* un intervalle de quarte ; de *ut* à *sol* un intervalle de quinte ; de *ut* à *si* un intervalle de sixième ; de ut^1 à ut^2 un intervalle d'octave.

Dans le but de changer les rapports qui existent entre deux sons qui se suivent dans la gamme diatonique, on a inventé des sons intermédiaires qu'on appelle *dièses* et *bémols*. Diéser une note, c'est augmenter le nombre de ses vibrations dans le rapport de 24 à 25 ; pour la bémoliser, au contraire, il faut diminuer ce même nombre dans le rapport de 25 à 24.

Comma. — Il est encore une nuance qu'on établit entre les sons, mais qui est très-peu sensible ; elle porte le nom de *comma*. Toutes les fois que deux sons ne diffèrent que de $\frac{80}{81}$, ils sont dans le rapport qui caractérise le comma.

LIVRE II.

ANATOMIE DE L'INSTRUMENT VOCAL.

CHAPITRE I.

DU LARYNX.

Dans la plupart des instruments que nous avons étudiés au chapitre de l'acoustique, nous avons vu qu'en général ils se composaient de trois éléments : 1° le corps vibrant ; 2° l'agent moteur des vibrations ; 3° le corps renforçant.

Dans l'organe de la voix, nous trouvons ces trois conditions réunies : 1° le larynx fournissant les vibrations sonores ; 2° un porte-vent composé des bronches et de la trachée et destiné à provoquer les vibrations laryngiennes ; 3° un corps de renforcement s'étendant de la partie supérieure du larynx jusqu'aux lèvres et aux narines. Ce qu'il nous importe le plus de connaître dans cet instrument en apparence si compliqué, c'est le larynx lui-même. Nous donnerons par conséquent une description complète des parties qui le composent, et nous dirons ensuite, au sujet du porte-vent et du tuyau vocal, ce qui nous paraît indispensable pour comprendre l'influence de ces parties sur la production de la voix.

Conformation générale. — Le larynx est situé à la partie antérieure et supérieure du cou, dont il occupe environ le tiers supérieur. Il se continue en bas avec la trachée-artère et se termine en haut au-dessous de l'os hyoïde et de la base de la langue avec lesquels il est intimement lié. Son orifice supérieur vient se montrer dans la cavité pharyngienne, immédiatement au-dessous de la base de la langue ; par sa partie postérieure, il est en contact avec le pharynx, dont il forme la paroi antérieure. Sa partie antérieure est recouverte par des muscles et par la peau.

Jouissant d'une mobilité très-grande, le larynx se déplace facilement sous l'influence de la déglutition et pendant la phonation ; sa forme est celle d'une pyramide triangulaire, dont la base est tournée en haut et dont le sommet tronqué est tourné en bas. Cette pyramide a pour charpente des cartilages mobiles les uns sur les autres, articulés par conséquent et maintenus au moyen de parties fibreuses ; des muscles sont préposés aux mouvements de ces différentes pièces. L'intérieur du larynx est tapissé par la muqueuse qui recouvre toute la surface des voies respiratoires ; elle recouvre les différentes parties qui concourent, par leur disposition et leurs mouvements, à la formation de la voix. Nous étudierons successivement ces différentes parties :

1° Les *cartilages* du larynx ;

2° Les *fibro-cartilages ;*

3° Les *articulations ;*

4° Les *muscles ;*

5° La *muqueuse laryngienne ;*

6° Les *rubans vocaux ;*

7° La *glotte ;*

8° Les *ventricules* du larynx ;

9° Les *glandes,* les *vaisseaux* et les *nerfs.*

§ I. — Cartilages du larynx [1].

Les cartilages du larynx sont au nombre de quatre : deux impairs, le thyroïde et le cricoïde, situés sur la ligne médiane, et un autre pair, les cartilages arythénoïdes, situés au-dessus du cricoïde, de chaque côté de la ligne médiane.

1° Cartilage thyroïde. — Le cartilage thyroïde (de θυρεος, bouclier) occupe la partie antérieure et supérieure du larynx ; il est composé de deux lames qui viennent se joindre à la partie antérieure pour former un angle d'environ 70 degrés. Dans l'angle rentrant que ces lames forment à leur partie postérieure, se trouvent placés les autres cartilages et les parties essentielles de l'organe vocal, ce qui légitime la dénomination de bouclier que les anciens avaient donnée à ce cartilage.

Nous lui considérerons deux faces : l'une antérieure convexe, l'autre postérieure concave ; deux bords horizontaux, deux bords verticaux et quatre angles.

Face antérieure. — Sur la ligne médiane, elle présente la saillie anguleuse formée par la réunion des deux lames latérales. A son extrémité supérieure, cette saillie présente une échancrure proéminente qui constitue ce qu'on appelle vulgairement la pomme d'Adam. De chaque côté de cette saillie médiane s'étalent les deux lames latérales, qui sont partagées chacune en deux parties inégales par une ligne rugueuse, obliquement dirigée en bas et en avant. Aux deux extrémités de cette ligne, qui donne attache aux muscles sterno-thyroïdien et thyro-hyoïdien, se trouvent deux tubercules, l'un supérieur, l'autre inférieur. La partie du thyroïde que cette ligne limite en avant, est principalement recouverte par le premier de ces

---

[1] Pour les dimensions des cartilages, l'on peut consulter les tableaux que nous donnons plus loin.

muscles. La partie postérieure, beaucoup plus petite que la précédente, est recouverte par le constricteur inférieur du pharynx. A la partie inférieure et postérieure de cette lame se trouve assez fréquemment un petit trou à travers lequel passe un rameau nerveux.

Face postérieure. — Contrairement à la précédente, elle présente sur la ligne médiane un angle rentrant. A peu près au niveau du bord supérieur, cet angle donne insertion à l'épiglotte ; un peu au-dessous, depuis le milieu de sa hauteur jusqu'au bord inférieur, on trouve l'insertion des cordes vocales inférieures et celle des muscles thyro-arythénoïdiens. La partie antérieure des faces latérales se trouve en rapport avec les ligaments thyro-arythénoïdiens supérieurs, avec les ventricules du larynx, et avec les muscles thyro-arythénoïdiens et crico-arythénoïdiens latéraux. La partie postérieure, recouverte par la muqueuse pharyngienne, concourt à la formation des gouttières latérales du larynx, dont elle constitue la paroi externe.

Bord supérieur. — Considéré dans son ensemble, ce bord est horizontal, alternativement concave et convexe : concave en avant en forme de V, il constitue ce que nous avons appelé l'échancrure thyroïdienne ou la pomme d'Adam ; légèrement convexe sur les côtés au niveau des lames latérales, il s'infléchit de nouveau vers son extrémité postérieure en formant la moitié d'un V, dont l'autre moitié serait constituée par un appendice, la corne supérieure, dont nous parlerons bientôt. Ce bord donne attache dans toute sa longueur au ligament hyothyroïdien. (Voir fig. 2.)

Bord inférieur. — Plus petit que le précédent, le bord inférieur présente, lui aussi, une échancrure sur la ligne médiane, mais très-peu sensible. Au niveau de la partie moyenne des faces latérales, on rencontre une saillie anguleuse qui n'est autre que le tubercule inférieur des lames latérales dont nous avons déjà parlé. Après cette saillie, le bord est régulièrement concave. (Voir fig. 2.)

Bords postérieurs. — Ils sont verticalement dirigés, mais un peu obliquement de haut en bas et de dehors en dedans ; ils donnent attache aux muscles stylo-pharyngien, pharyngo-staphylin et constricteur inférieur.

Angles. — Ils sont au nombre de quatre, deux supérieurs et deux inférieurs. Ils sont constitués par des appendices ou prolongements que l'on nomme cornes supérieures et inférieures. Les supérieures, beaucoup plus longues que les inférieures, sont très-développées chez les animaux. Chez l'homme, elles ont en moyenne une longueur de 25 millimètres ; elles prolongent en haut les bords postérieurs du thyroïde en se dirigeant légèrement en dedans ; leur extrémité, qui est mousse, donne attache aux ligaments thyro-hyoïdiens latéraux. Les cornes inférieures sont de moitié plus courtes que les supérieures ; elles sont concaves en avant, et par la partie interne de leur extrémité elles s'articulent par arthrodie avec le cricoïde. (Voir fig. 2.)

Structure. — Dans sa thèse inaugurale intitulée : *Essai sur les fractures traumatiques des cartilages du larynx,* 1859, M. Cavasse a cité une note de M. Rambaud dans laquelle il est dit que le thyroïde est formé de trois parties distinctes : une médiane et deux latérales. La partie médiane, extrêmement petite, s'étendrait, sous forme d'un petit losange allongé de haut en bas, de l'échancrure supérieure à l'échancrure inférieure, offrant des angles latéraux un peu émoussés. M. Sappey a décrit, d'après cette note, le même cartilage (*Anatomie* de Sappey, t. III, p. 377). Nous ignorons si le savant professeur a constaté l'existence réelle de ce cartilage médian. Quant à nous, nous l'avons cherché en vain sur un grand nombre de larynx de tout âge et de tout sexe que nous avions soumis à des macérations *suffisamment prolongées* [1]. Il est vrai que la partie médiane du thyroïde reste longtemps à revêtir les caractères du cartilage. D'autres parties du larynx présentent déjà des points d'ossification, que celle-là est encore à l'état fibreux ; cet état fibro-cartilagineux persiste tant que le larynx n'a pas atteint son entier développement. Le retard excessif dans l'organisation complète de cette partie favorise le rapprochement des lames latérales du thyroïde et c'est surtout au moyen de ce rapprochement que les enfants parviennent à affronter les rubans vocaux ; les muscles qui, plus tard, seront chargés d'opérer cette action, ne sont pas encore ni assez forts, ni assez développés pour concourir efficacement à l'acte de la phonation.

Il semble que la nature, toujours prévoyante, ait voulu sauvegarder l'intégrité des cordes vocales en les protégeant par un corps résistant, mais assez mou pour céder, sans se briser, à un choc violent. Nous trouvons un phénomène analogue dans la marche qu'elle suit pour l'organisation des sutures du crâne, qui ne s'ossifient véritablement qu'après le développement complet de cette enveloppe. Dès que le développement du larynx est terminé et que toutes les parties qui concourent à l'acte vocal ont pris leur forme définitive, alors l'état fibreux n'a plus sa raison d'être, et cette partie, qui jusque-là avait été la plus lente à s'organiser, devient tout d'un coup la plus active. En effet, c'est un des points qui s'ossifient le plus vite après vingt-

---

[1] André Vésale prétendait que les deux lames du thyroïde sont séparées l'une de l'autre primitivement, mais il ne parle pas d'un troisième cartilage : « In ipsiùs enim media, ubi brevissima est, maximeque; antrorsùm extuberat recumdùm suam longitudinem crebrò linea ducitur, quæ ad amussim à membranulis repurgata duas cartilaginis partes mutuò commissas etiam antè sectionem fuisse arguit. Atque id sanè hominibus peculiare obtigit; bovum enim cartilago simplex est et plurimum ab traminis cartilagine forma variat. » André Vesale, *De corporis humani fabrica*, lib. 1, p. 112.

cinq ans ; il devient en quelque sorte la clef de voûte du bouclier protecteur, et la solidité de la partie qu'il occupe rend désormais l'aplatissement du larynx par le choc, à peu près impossible. La hauteur du thyroïde, depuis l'échancrure jusqu'au bord inférieur, varie suivant les âges et les sexes. Au moment de la naissance, il atteint à peine 8 millimètres, tandis qu'après le développement complet du larynx, c'est-à-dire de vingt-cinq à trente ans, il peut mesurer 2 centimètres et 2 ou 3 millimètres de plus. Chez la femme, cette hauteur ne dépasse jamais 15 ou 16 millimètres.

La hauteur des lames, chez l'homme, mesure en moyenne, au niveau du tubercule inférieur, $0^m,025003$; chez la femme, elles n'ont en général que $0^m,02$; les mêmes proportions entre l'homme et la femme existent dans la mesure de l'échancrure ; chez le premier, elle est sensiblement plus grande que chez la seconde.

2° Cricoïde (de κρικος, anneau). — Le cricoïde est situé tout à la fois entre les lames du thyroïde et au-dessous de lui. La partie qui se trouve immédiatement située au-dessous du thyroïde, se présente sous la forme d'un anneau assez large de bord ; la portion de cet anneau qui forme les parties postérieures et latérales, s'élargit de bas en haut, de manière à présenter à sa partie postérieure une hauteur de 2 centimètres environ. Nous lui considérerons deux faces et deux circonférences. (Voir les fig. 2, 3, 5, 6.)

Surface externe. — Elle donne attache, dans presque toute son étendue, aux muscles qui doivent mouvoir les différentes pièces du larynx. En avant seulement, et sur la ligne médiane, cet anneau se trouve situé au-dessous de la peau ; sur les côtés, il donne attache aux muscles crico-thyroïdiens ; un peu plus en arrière, à une expansion du constricteur inférieur du pharynx. La partie postérieure, beaucoup plus large, est divisée en deux par une ligne verticale à laquelle s'insèrent les crico-arythénoïdiens postérieurs ; de chaque côté de cette ligne sont deux fossettes destinées à recevoir ces derniers muscles. Tout à fait à la limite postérieure et latérale de la partie inférieure de l'anneau sont deux facettes destinées à l'articulation du cricoïde avec les petites cornes du thyroïde.

Surface interne. — La surface interne est recouverte en partie par la membrane muqueuse du larynx.

Circonférence supérieure. — La circonférence supérieure présente une série d'accidents que nous allons énumérer successivement d'arrière en avant et de haut en bas. A la partie médiane postérieure, on constate d'abord une légère échancrure qui semble diviser la face postérieure en deux parties bien égales. Un peu plus en avant et tout à fait sur les côtés, cette circonférence présente deux facettes oblongues, légèrement convexes, destinées à l'articulation du cricoïde avec l'arythénoïde ; à partir de ces facettes, elle s'élargit, présentant une surface de 5 à 6 millimètres, sur laquelle s'insèrent les muscles crico-arythénoïdiens latéraux. Dans tout le reste de son étendue, cette circonférence donne insertion au muscle crico-thyroïdien. Le diamètre antéro-postérieur est un peu plus long que le transverse.

Circonférence inférieure. — Cette circonférence, convexe en avant, semble descendre en ce point sur le premier anneau de la trachée. Sur les côtés, elle est concave ; elle devient ensuite horizontale dans toute la région postérieure. Tout ce bord donne insertion au ligament qui l'unit au premier anneau de la trachée. Le diamètre antéro-postérieur est plus court que le diamètre transversal, contrairement à ce que disent la plupart des auteurs.

3° Cartilages arythénoïdes. — Situés à la partie postérieure et supérieure du cricoïde, ils se présentent sous la forme d'un entonnoir en forme de bec d'aiguière ; d'où, le nom qui leur a été donné (αρυθαινα, entonnoir). Nous leur considérerons trois faces, une base et un sommet. (Voir les fig. 4, 5, 6, 7.)

Face postérieure. — Cette face est concave ; elle donne insertion dans toute son étendue au muscle arythénoïdien.

Face antéro-externe. — Elle est divisée en deux parties par une crête ; la partie supérieure donne attache au ligament thyro-arythénoïdien supérieur et adhère à la glande arythénoïdienne. La partie inférieure donne attache aux fibres du thyro-arythénoïdien.

Face interne. — Elle est recouverte par la muqueuse laryngienne, et présente sur sa partie moyenne une légère convexité.

Base. — Elle présente en arrière une fossette elleptique destinée à recevoir la petite tête du cartilage cricoïde. De cette base partent deux apophyses : l'une, plus volumineuse, est située à la partie postérieure et externe ; elle donne attache aux muscles crico-arythénoïdiens ; l'autre, antérieure et interne, se termine en pointe dans la profondeur des ligaments thyro-arythénoïdiens auxquels elle donne attache.

Sommet. — Il se termine en pointe ; souvent cette pointe se continue avec deux noyaux cartilagineux allongés qui, se dirigeant en bas et en dehors, prennent la forme d'une corne, d'où le nom de cartilages corniculés sous lequel on les désigne ; on les appelle aussi cartilages de Santorini, qui, le premier, les a signalés. Quand ces petits noyaux ne se continuent pas directement avec le sommet des arythénoïdes, ils lui sont unis par un tissu fibreux.

§ II. — Développement des cartilages du larynx.

Dans les premiers mois après la naissance, les cartilages tiennent beaucoup de l'état fibreux. On distingue assez bien

la ligne de démarcation de l'anneau du cricoïde et du cartilage thyroïde ; les cartilages arythénoïdes sont à peine formés.
Les parties les plus avancées à cette époque, les plus dures,
les plus solides, sont la circonférence inférieure du thyroïde
et la partie inférieure du cricoïde. Tout semble disposé dans
cet organe pour sauvegarder la pénétration de l'air dans les
poumons ; mais il n'est pas encore permis de soupçonner par
quel merveilleux mécanisme le larynx servira plus tard à la
production de la voix. Vers l'âge de deux ans, le cartilage
thyroïde a pris des formes mieux limitées ; les cornes inférieures se font remarquer par des dimensions relativement
considérables, car elles sont aussi longues que les cornes supérieures. Les cartilages arythénoïdes commencent à se former. A partir de l'âge de cinq, six ans, les bords postérieurs
du thyroïde et la partie postérieure du bord inférieur revêtent tous les caractères d'un vrai cartilage ; ces parties sont
beaucoup plus dures que toutes les autres ; elles ont déjà pris
définitivement la forme qu'elles auront toujours.

Vers l'âge de dix-neuf à vingt ans, les premiers points
d'ossification commencent à paraître ; ils sont situés au niveau du tubercule inférieur des faces latérales du thyroïde ; ces
points osseux s'étendent d'avant en arrière jusqu'à l'angle inférieur du cartilage ; le long du bord postérieur du thyroïde,
l'on constate en même temps quelques points osseux disséminés. Vers la même époque, le cricoïde présente deux points
osseux remarquables par leur dureté ; ils se développent d'abord
au niveau de l'articulation crico-arythénoïdienne, puis remontent vers la partie supérieure jusqu'à l'échancrure médiane qui
les sépare. Les cartilages arythénoïdes présentent eux aussi
quelques points d'ossification au niveau de leur base, à l'endroit
où ils s'articulent avec le cricoïde. Jusqu'à l'âge de vingt-six
ans, on ne trouve pas de point osseux dans les autres parties du

larynx. A partir de ce moment, les tubercules supérieurs des lames du thyroïde s'ossifient en même temps que la corne supérieure, tandis que les cornes inférieures resteront encore longtemps à l'état cartilagineux. De ces différents points naissent des ramifications osseuses qui vont rejoindre des ramifications analogues qui partent du bord postérieur du thyroïde. Le développement du tissu osseux dans ces parties coïncide avec l'énergie de l'action musculaire. Jusque-là, les muscles crico-thyroïdiens et constricteurs du pharynx qui s'insèrent sur les parties primitivement ossifiées, avaient fonctionné plus souvent que les autres ; et c'est bien le motif pour lequel l'ossification qui, généralement, se fait du centre vers les bords, a suivi, dans cette circonstance, une marche opposée. Ce développement est en harmonie avec la loi générale d'après laquelle l'action vitale précipite l'organisation complète des tissus là où il se fait plus de travail.

De vingt-six à trente ans, le larynx a acquis son entier développement, et les muscles toute leur force ; les muscles qui sont destinés à modifier directement l'état des ligaments vocaux, agissent désormais plus qu'auparavant, et les parties sur lesquelles ils s'insèrent, participant à cette surabondance d'action, se revêtent à leur tour de points osseux. En effet, ce n'est que de vingt-six à trente ans que l'on commence à apercevoir les premiers points d'ossification au niveau de l'insertion des cordes vocales inférieures, c'est-à-dire dans toute la moitié inférieure de l'angle qui unit les faces latérales du thyroïde. Cette ossification, qui s'étend jusqu'au bord inférieur, se propage le long de ce bord d'avant en arrière, et va rejoindre les parties osseuses qui, depuis longtemps, se sont formées au niveau du tubercule inférieur. En même temps les cornes supérieures s'ossifient, et nous avons ainsi une grande partie de la circonférence du thyroïde constituée par du tissu osseux. A la même époque, la partie postérieure du cricoïde est également ossifiée. Les arythénoïdes le sont aussi dans toutes les parties centrales ; le sommet des apophyses antérieures gardera toujours l'état cartilagineux pour se prêter aux divers mouvements des rubans vocaux. Le sommet de ces cartilages conserve, lui aussi, l'état cartilagineux.

De trente à quarante-cinq ans, l'ossification gagne de proche en proche, sous forme d'irradiation, les points intermédiaires aux parties déjà ossifiées ; à la fin de cette période, le cartilage thyroïde est complétement ossifié, sauf sur les parties latérales de l'échancrure, et un peu en avant des tubercules supérieurs. La partie antérieure de l'anneau cricoïdien est, elle aussi, ossifiée ; et quant aux cartilages arythénoïdes, il n'y a que la partie qui constitue leur sommet et l'apophyse antérieure qui soient encore cartilagineuses. A soixante ans, l'ossification est à peu près complète. Nous avons remarqué chez les vieillards que la partie postérieure du cricoïde, très-épaisse, était constituée par des cellules osseuses très-grandes, remplies d'un liquide huileux.

Chez la femme, le développement de la charpente laryngienne ne se fait pas avec la même rapidité. Les premiers points d'ossification ne se montrent chez elle que vers l'âge de vingt-cinq à trente ans. Ils commencent aux mêmes points où nous les avons vus se développer chez l'homme, et, presque toujours, même jusqu'à l'âge le plus avancé, l'ossification se borne aux bords postérieurs, à la partie postérieure du bord inférieur et aux petites et grandes cornes. Le cartilage cricoïde est complétement ossifié dans sa partie postérieure vers l'âge de cinquante ans ; mais la partie antérieure de l'anneau nous a paru conserver toujours l'état cartilagineux. Les cartilages arythénoïdes, à cette même époque, sont ossifiés dans presque toute leur étendue, sauf au sommet des apophyses antérieures. Ces observations ont été recueillies sur une centaine de larynx. Nous les compléterons ensuite par le tableau.des dimensions des différentes partiés du larynx.

§ III. — Fibro-cartilages.

Les fibro-cartilages sont : 1° l'*épiglotte,* située à la partie antérieure et supérieure du larynx ; 2° les *fibro-cartilages* des glandes arythénoïdiennes ou *cartilages de Wrisberg*.

Epiglotte. — L'épiglotte est une lame fibro-cartilagineuse, située à la partie supérieure et antérieure du larynx, en arrière de la base de la langue. Ses dimensions sont en proportion de l'ouverture supérieure de l'organe vocal, qu'elle est destinée à fermer pendant la déglutition. Vinslow a comparé sa forme à celle d'une feuille de pourpier dont la base arrondie serait tournée en haut, et le sommet plus ou moins effilé en bas.

Sa face antérieure est libre dans son tiers supérieur. Plus bas, elle adhère à la base de la langue et à l'os hyoïde ; par son sommet, elle est en contact avec l'angle rentrant du thyroïde. La partie supérieure de cette face est recouverte par la muqueuse qui l'unit à la langue par un repli médian, et aux arythénoïdes par un repli de chaque côté, appelé *repli ary-épiglottique*. La partie inférieure de cette même face est unie à l'os hyoïde et au thyroïde par un lacis de faisceaux fibreux jaunâtres, entourés de tissu adipeux, que pendant longtemps on a confondu avec du tissu glandulaire, et que Morgagni appelait glande épiglottique.

La face postérieure est libre dans toute son étendue. Recouverte par la muqueuse laryngienne, qui présente un grand nombre de pertuis glandulaires destinées à la lubréfier ; elle présente vers sa partie inférieure ou sur son sommet un léger renflement convexe dans le sens de la longueur.

Action. — Les fonctions de l'épiglotte consistent à fermer l'orifice du larynx pour empêcher la pénétration des corps étrangers pendant la déglutition ; elle concourt aussi à l'acte de la phonation, comme nous le démontrerons plus loin.

Cartilages de Wrisberg. — Ces fibro-cartilages indiqués d'abord par Morgagni, sont situés dans l'épaisseur du repli arythéno-épiglottique et en avant des cartilages arythénoïdes ; ils accompagnent les glandes arythénoïdes, au-devant desquelles ils sont situés, entre elles et la muqueuse. Ces glandes affectent une disposition en L. La branche verticale serait au-devant des arythénoïdes, et la branche horizontale au-devant du ligament thyro-arythénoïdien supérieur. La forme des cartilages de Vrisberg est assez variable, et quelquefois ils manquent complétement.

§ IV. — **Articulations et ligaments du larynx.**

Pour concourir à l'acte de la déglution et de la phonation, le larynx exécute des mouvements de totalité qui exigent qu'il soit uni aux parties voisines par des moyens spéciaux. En outre, les différentes parties qui le constituent sont mobiles les unes sur les autres de manière à se prêter facilement aux exigences de la respiration et de la phonation.

Nous aurons par conséquent à étudier : 1° les moyens d'union du larynx avec les parties voisines ou articulations extrinsèques, et 2° l'articulation des différentes parties du larynx entre elles, ou articulations intrinsèques.

1° ARTICULATIONS EXTRINSÈQUES.

A. **Articulation thyro-hyoïdienne.** — Le cartilage thyroïde s'unit par son bord supérieur à l'os hyoïde au moyen d'un ligament qui, d'un côté, s'insère sur tout le bord supérieur du thyroïde, y compris les grandes cornes, et de l'autre, au bord supérieur de l'hyoïde et de ses cornes. Ce ligament, plus étroit sur la ligne médiane que sur les côtés, présente une épaisseur et une résistance plus considérables au niveau des grandes cornes et au-dessus de l'échancrure du thyroïde, ce qui a permis de le diviser en deux portions : une portion moyenne et une portion latérale. En avant, ce ligament est séparé de la peau par une bourse muqueuse ; sur les côtés, il est recouvert par les muscles thyro-hyoïdiens, sterno-hyoïdiens et scapulo-hyoïdiens ; en arrière il répond, sur la ligne médiane, à l'épiglotte, et sur les côtés, à la muqueuse laryngée.

B. Articulatipn trachéo-cricoïdienne. — Un anneau fibreux unit le cricoïde au premier anneau de la trachée ; ce premier anneau est renforcé, à sa partie antérieure, par un faisceau de fibres, jeté comme un pont, du cricoïde sur la trachée-artère.

2° ARTICULATIONS INTRINSÈQUES.

A. **Articulation du thyroïde avec le cricoïde.** — Ces deux cartilages sont unis par leur partie latérale et inférieure, de manière que leurs parties supérieures puissent s'éloigner l'une de l'autre par un mouvement de bascule ; par cet éloignement les rubans vocaux qui sont fixés à l'un et à l'autre se trouvent distendus. Ces deux cartilages sont articulés par arthrodie ou, en d'autres termes, au moyen de deux facettes planes, l'une située sur la corne inférieure, et l'autre, sur les parties latérales du thyroïde. Une membrane synoviale et deux ligaments maintiennent cette articulation. Le ligament supérieur et postérieur est composé de fibres nacrées qui s'étendent le long du cricoïde jusqu'aux environs de l'articulation crico-arythénoïdienne ; le ligament inférieur et antérieur enveloppe l'extrémité inférieure de la corne du thyroïde et s'implante sur l'anneau du cricoïde.

B. **Ligament crico-thyroïdien moyen.** — Sur la partie médiane et antérieure les cartilages thyroïde et cricoïde sont unis par un ligament très-fort, très-épais, présentant la forme d'un cône tronqué ayant sa base en haut et son sommet en bas. Cette membrane est percée de trous qui donnent passage à des vaisseaux et à des nerfs destinés à la muqueuse laryngienne.

C'est à travers ce ligament, qui n'est recouvert que par la peau sur la ligne médiane, que l'on introduit dans la trachée l'aiguille courbe du trachéotome de M. Maisonneuve.

C. **Articulations crico-arythénoïdiennes.** — L'articulation du cricoïde avec l'arythénoïde de chaque côté s'opère au moyen de deux facettes ; l'une, supportée par le cricoïde, est oblique de haut en bas, d'arrière en avant et de dedans en dehors ; l'autre, située sur l'arythénoïde, est concave et se tient comme à cheval sur la précédente. Ces deux facettes sont plutôt maintenues par les muscles qui font mouvoir ces deux cartilages que par les ligaments spéciaux qu'elles possèdent. Ce ligament capsulaire est très-mince, surtout en arrière et en dehors, et la synoviale qu'il recouvre est excessivement lâche. Les véritables ligaments de cette articulation sont les tendons des muscles crico-arythénoïdiens postérieurs, et ceux des crico-arythénoïdiens latéraux, qui communiquent à ces cartilages tous les mouvements dont ils sont susceptibles. Ces mouvements consistent, par un mouvement de rotation sur leur axe, à porter l'apophyse arythénoïdienne antérieure en haut et en dehors, et en bas et en dedans. Le but final de ces mouvements est d'agrandir ou de rétrécir la glotte. (Voir fig. 5.)

D. **Ligaments de la cavité laryngienne**. — Ces ligaments sont : 1° l'arythéno-épiglottique ; 2° les ligaments thyro-arythénoïdiens supérieurs, et 3° les ligaments thyro-arythénoïdiens inférieurs. Ces trois ligaments sont constitués par la membrane laryngée qui, à leur niveau, semble se renforcer en accumulant sur ce point un plus grand nombre de fibres ; par conséquent il nous semble plus rationnel de décrire cette membrane en signalant les accidents qu'elle présente.

La membrane fibreuse du larynx s'insère à sa partie inférieure sur le pourtour inférieur du cartilage cricoïde. En regardant la cavité laryngienne par sa partie inférieure, on voit cette membrane s'élever en forme de voûte dont la fente glottique serait la clef ; en cet endroit sa surface inférieure est concave et recouverte par la muqueuse laryngée. La face supérieure donne insertion à une partie du muscle crico-arythénoïdien latéral, et dans tout le reste de son étendue, au faisceau inférieur du muscle thyro-arythénoïdien. Au niveau de la glotte, la membrane fibreuse se replie sur le relief formé par le faisceau moyen du muscle thyro-arythénoïdien, et constitue avec lui et la muqueuse ce qu'on nomme rubans vocaux inférieurs. Au niveau de ces rubans, la membrane, plus épaisse, renferme un plus grand nombre de fibres élastiques, blanches, nacrées qui vont s'insérer d'un côté dans l'angle rentrant du thyroïde, et de l'autre à la face inférieure de l'apophyse arythénoïdienne ; c'est ce qu'on appelle ligaments thyro-arythénoïdiens inférieurs.

A l'entrée des ventricules, la membrane fibreuse présente une solution de continuité, sorte de fenêtre ovale dont les bords limitent la cavité ventriculaire ; plus haut elle se continue avec ce qu'on a appelé *ligaments thyro-arythénoïdiens supérieurs.* (Voir fig. 5.) Dans cette région la membrane fibreuse est considérablement épaissie, et là, plus que partout ailleurs, elle est constituée par des fibres élastiques ; le renflement particulier que nous décrivons et qui fait saillie dans l'intérieur de la cavité laryngienne, s'insère dans l'angle rentrant du thyroïde et à la partie moyenne de la face antérieure des arythénoïdes. La partie supérieure de la membrane se perd dans les replis arythéno-épiglottiques, dont elle constitue les ligaments.

Cette membrane est formée de fibres qui se croisent dans tous les sens, mélangées de fibres élastiques en plus ou moins grande quantité. Elle est recouverte dans toute son étendue par la muqueuse laryngée, et contribue avec elle et les muscles de cette cavité à former les accidents, les saillies qui doivent être utilisés pour la production des sons de la voix.

§ V. — Muscles.

Les muscles du larynx sont relativement très-nombreux, eu égard au peu de volume de l'organe auquel ils sont destinés. Les uns lui impriment des mouvements de totalité et s'insèrent d'un côté sur l'organe vocal, de l'autre, sur les parties voisines. Ce sont les muscles extrinsèques. Les autres, appelés intrinsèques, sont fixés sur les différentes parties dont se compose l'organe vocal. Nous décrirons succinctement les premiers en désignant seulement leurs points d'attache, de manière à pouvoir indiquer ensuite la part que chacun d'eux peut revendiquer dans l'acte de la phonation.

Quant aux muscles intrinsèques, nous devons les étudier avec soin, car de leur action dépend essentiellement la production du son et des tons de la voix.

1° MUSCLES EXTRINSÈQUES.

Ils sont au nombre de cinq :

A. Les muscles thyro-hyoïdiens, insérés de chaque côté de la ligne médiane, en haut sur l'hyoïde, en bas, sur le thyroïde ; ces muscles élèvent le thyroïde en haut quand l'hyoïde est déjà fixé.

B. Les muscles sterno-thyroïdien, qui s'insèrent d'un côté sur les deux faces du thyroïde, et de l'autre sur la face postérieure du sternum au niveau de la première côte. Leur action consiste à abaisser le larynx et à le faire basculer en avant dans quelques circonstances.

C. Le constricteur inférieur du pharynx envoie trois expansions bien distinctes au thyroïde et au cricoïde : la première s'insère au tubercule supérieur et à la grande corne du thyroïde ; ses fibres sont dirigées en bas, en avant et en dedans ; la seconde s'insère au tubercule inférieur ; la direction de ses fibres est plus horizontale que la précédente ; la troisième passe par-dessus la corne inférieure du thyroïde et va s'insérer à un petit tubercule qui se trouve sur les côtés du cartilage cricoïde. Les fibres qui constituent cette expansion ont une direction horizontale ; elles nous paraissent être les antagonistes du muscle crico-thyroïdien. Dans tous les cas, ces trois faisceaux réunis maintiennent l'organe vocal et l'aident dans son mécanisme par l'action prédominante de certaines fibres.

2° MUSCLES INTRINSÈQUES.

Ces muscles sont au nombre de neuf : quatre pairs et un impair. Les muscles pairs sont : le crico-thyroïdien, le crico-arythénoïdien postérieur, le crico-arythénoïdien latéral et le thyro - arythénoïdien. L'arythénoïdien est le muscle impair.

A. **Crico-thyroïdien.** — Situé sur les parties latérales et sur les parties inférieures du larynx, ce muscle s'insère d'un côté sur le bord inférieur du thyroïde, sur la petite corne, au niveau de laquelle il paraît se confondre avec quelques fibres du constricteur inférieur, et sur une certaine étendue de la face

FIG. 2.

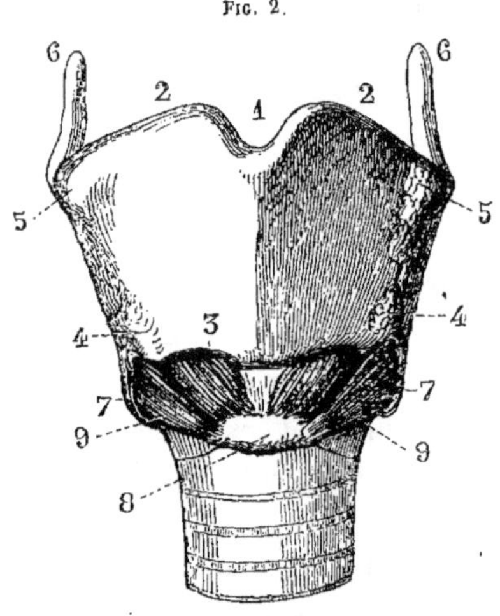

1. Echancrure du cartilage thyroïde.
2. Bord supérieur de ce cartilage.
3. Bord inférieur.
4. Tubercule inférieur.
5. Tubercule supérieur.

6. Grandes cornes.
7. Petites cornes.
8. Anneau antérieur du cricoïde.
9. Muscle crico-thyroïdien.

interne du thyroïde. Ce cartilage se trouve pris ainsi par son bord inférieur comme il le serait entre les mors d'une pince. Du thyroïde, les fibres de ce muscle se portent obliquement d'arrière en avant et de haut en bas vers l'anneau cricoïde, qu'elles enveloppent complétement sur ses parties latérales; sur la ligne médiane, cet anneau présente un espace anguleux qui sépare le muscle du côté droit du muscle du côté gauche. Ces muscles sont recouverts par le sterno-hyoïdien et par le sterno-thyroïdien.

Action. — Leur action est très-énergique et très-importante dans les phénomènes du chant. Si l'on veut se rappeler la manière dont le thyroïde et le cricoïde sont articulés, on comprendra cette importance.

Le cricoïde est suspendu en quelque sorte aux cornes inférieures du thyroïde, mais le point de suspension est fixé à la partie inférieure de l'anneau cricoïdien et sur les parties latérales ; par conséquent tout effort qui tendra à rapprocher la section antérieure de l'anneau cricoïdien du thyroïde, éloignera nécessairement de ce dernier la partie supéro-postérieure du cricoïde, et comme les cordes vocales sont situées dans cet intervalle, elles obéiront au mouvement du cricoïde en arrière, et elles seront par conséquent tendues.

Ainsi les muscles crico-thyroïdiens sont essentiellement tenseurs des cordes vocales. Dans l'opération de la laryngotomie il est difficile de ne pas intéresser ce muscle ; aussi les opérés restent-ils souvent aphones. M. Longet a démontré les usages de ces muscles en coupant les laryngés externes qui les animent ; il a ainsi aboli la voix, mais dès que par la pression du doigt il suppléait à l'action des muscles, la voix revenait.

Crico-arythénoïdiens postérieurs. — Ces muscles sont situés sur la partie postérieure du cartilage cricoïde : séparés l'un de l'autre sur la ligne médiane par une petite crête qui leur sert de point d'insertion, ils adhèrent à toute l'étendue de la dépression latérale que présente le cricoïde. Leur forme est celle d'un triangle, leurs fibres inférieures, dirigées de bas en haut et de dedans en dehors, viennent s'insérer sur le tubercule du cartilage arythénoïde au niveau de l'articulation de ces deux cartilages avec le cricoïde.

En arrière, ces muscles sont recouverts par la face postérieure de la muqueuse pharyngienne, qui leur est unie par un tissu cellulaire très-lâche.

     ANATOMIE DE L'INSTRUMENT VOCAL.

Action. — D'après leur mode d'insertion, il est facile de voir quels sont leurs usages. Leur action est complexe cependant,

FIG. 3.

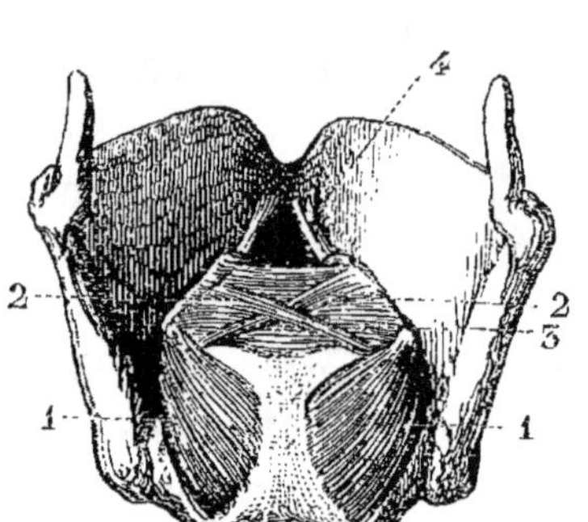

1. Muscle crico-aryténoïdien.
2. Faisceaux obliques du muscle aryténoïdien.
3. Faisceau transverse du même muscle.
4. Rubans vocaux.

et cette complexité résulte du mode d'articulation ; l'arythénoïde étant à cheval sur le bord supérieur et externe du cricoïde, l'action des crico-arythénoïdiens détermine un mouvement de bascule en dehors et en arrière qui porte en haut et en dehors l'apophyse antérieure de l'arythénoïde. De ce mouvement il résulte que les rubans vocaux sont portés en dehors et en haut, qu'ils sont tendus, et que par ce moyen ils effacent en partie la cavité ventriculaire.

Pendant la respiration ces muscles sont dilatateurs de la glotte, mais pendant le chant, alors que les rubans sont fixés, affrontés l'un contre l'autre, et que le mouvement en dehors ne peut se produire à cause de l'action des arythénoïdiens latéraux, ils tendent les cordes. Cette action a lieu dans les grands efforts de voix.

Crico-arythénoïdiens latéraux. — Ces muscles sont situés sur les parties latérales et supérieures du cartilage cricoïde en avant de l'articulation crico-arythénoïdienne ; ils occupent par conséquent le petit espace limité par les lames du cartilage thyroïde et le bord latéral supérieur du cricoïde.

Les insertions ont lieu en avant sur tout le bord latéral supérieur du cricoïde et sur la membrane fibreuse qui, partant de ce bord, sert de substratum aux autres muscles de la cavité laryngienne; ils s'insèrent également à la face postérieure du

FIG. 4.

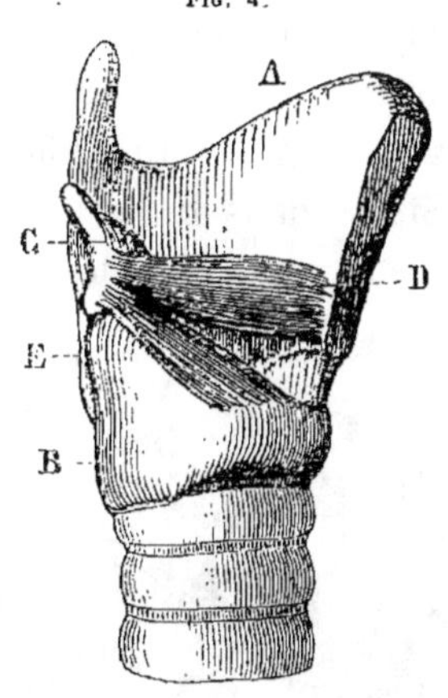

A. Face postérieure du thyroïde.
B. Cartilage cricoïde.
C. Cartilage arythénoïde.

D. Faisceau horizontal ou inférieur du thyro-arythénoïdien.
E. Muscle crico-arythénoïdien latéral.

ligament crico-thyroïdien. Leurs fibres se portent obliquement en haut et en arrière, et vont s'insérer aux tubercules des cartilages arythénoïdes en avant des insertions des muscles crico-arythénoïdiens postérieurs.

Action. — Ces muscles sont les vrais antagonistes des muscles crico-arythénoïdiens postérieurs. Nous avons vu que ces derniers faisaient effectuer aux arythénoïdes un mouvement de rotation en dehors, et qu'en même temps ils élevaient et tendaient les rubans vocaux, les cricoïdiens latéraux détruisent ces trois effets, et tiennent les rubans vocaux affrontés l'un contre l'autre, surtout au niveau de l'apophyse des arythénoïdes. Pendant l'action de ces muscles, l'affrontement, tel que nous venons de le préciser, peut ne pas avoir lieu complétement; mais c'est le cas de dire : Qui peut le plus peut le moins, et en effet, dans bien des circonstances, pendant le chant, l'affrontement des rubans n'est pas complet ; l'émission de certaines notes, la production de certains effets exigent un certain écartement des rubans vocaux, et par conséquent la contraction modérée des muscles crico-arythénoïdiens latéraux.

Thyro-arythénoïdiens. — Ces muscles sont les plus compliqués de tous ceux qui concourent au fonctionnement de l'organe de la voix. Situés dans l'intérieur de la cavité laryngienne, fixés d'un côté dans l'angle de réunion des lames

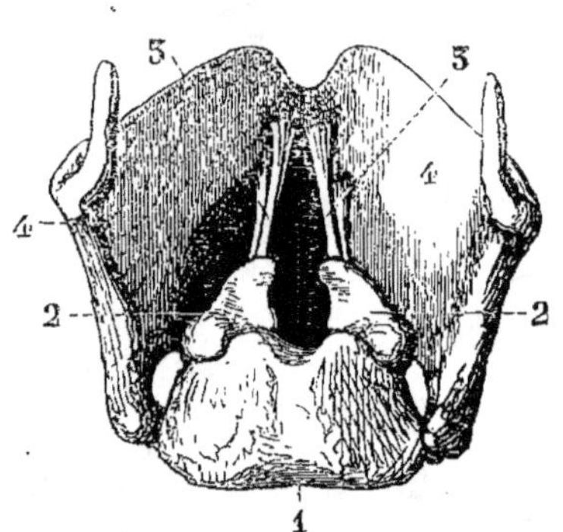

FIG. 5.

1. Face postérieure du cricoïde.
2. Arythénoïdes.
3. Ligaments thyro-arythénoïdiens supérieurs.
4. Cartilage thyroïde.

latérales du thyroïde, et, un peu en avant, sur le bord inférieur du cartilage et sur la membrane fibreuse qui prend son point d'attache sur le bord supérieur du cricoïde, ils vont se terminer sur l'apophyse et sur la face inférieure de l'arythénoïde.

Ces différents points d'insertion correspondent à des faisceaux musculaires, de forme et de dimension différentes. Ces faisceaux ont une importance et une spécialité d'action qui exigent, pour chacun d'eux, une description particulière. Ces trois origines, très-bien décrites par Fabrice d'Aquapendente, par Lauth, sont très-sensibles chez le chevreau, comme l'avait déjà remarqué Fabrice ; chez cet animal il est divisé en effet en trois muscles. Pour bien comprendre leur position et leurs points d'insertion, il est indispensable d'avoir préalablement préparé une pièce sèche qui permette de bien voir la disposition des parties. Cette pièce doit être préparée de manière à ne laisser de partie molle que la partie fibreuse qui constitue l'enveloppe des rubans vocaux. L'on a ainsi une double cavité limitée en dehors par les lames du thyroïde, et de l'autre par le tissu fibreux. (Voir fig. 5.)

C'est dans cette cavité de forme elliptique, limitée en haut par le bord supérieur du cricoïde et en dedans par la membrane fibreuse que se trouvent placés les thyro-arythénoïdiens.

Le faisceau inférieur (voir fig. 4), qui est horizontal, est le plus gros des trois. Il s'insère à la partie inférieure de l'angle rentrant du thyroïde et un peu sur son bord inférieur ; immédiatement après il chemine sur la fibreuse à laquelle il est fixé. En arrière il va s'insérer à la partie inférieure de l'apophyse et à la facette inférieure de ce cartilage. Si on étudie ce faisceau par sa partie interne, c'est-à-dire en enlevant la membrane fibreuse, on constate que celle-ci, très-adhérente au muscle au-dessous du point où elle constitue le ligament vocal, l'est peu au niveau des cordes vocales, excepté en avant et en arrière, où elle adhère très-fortement. M. Sappey qui avait constaté ce peu d'adhérence, assure qu'il n'existe aucun lien entre ces deux parties. « Chez quelques individus, dit-il, il n'existe entre ce ligament et le muscle qu'un tissu cellulaire séreux. Sur un homme dont tous les muscles du larynx étaient très-développés, à la place de ce tissu cellulaire j'ai trouvé des deux côtés une véritable bourse séreuse. » Enfin,

après avoir enlevé cette partie fibreuse, on constate que le faisceau a une forme rectangulaire, présentant une face supérieure qui forme la partie horizontale des rubans vocaux, une
face interne et une face inférieure concave; la face externe
se confond avec le faisceau suivant. Au-dessus du précédent,
on voit un second faisceau partir de l'angle rentrant du thyroïde et se diriger obliquement d'avant en arrière et de bas
en haut, pour aller s'insérer au bord externe du cartilage arythénoïde. Ce faisceau marche vers l'arythénoïde côte à côte avec
les fibres du crico-arythénoïdien latéral, dont il semble séparé par une ligne celluleuse qui n'existe pas toujours. Ici,
l'autorité compétente de M. Sappey nous donne son appui :
« Quelques auteurs, dit le savant anatomiste, parlent d'une
ligne celluleuse qui les distinguerait. Mais cette ligne de dé-

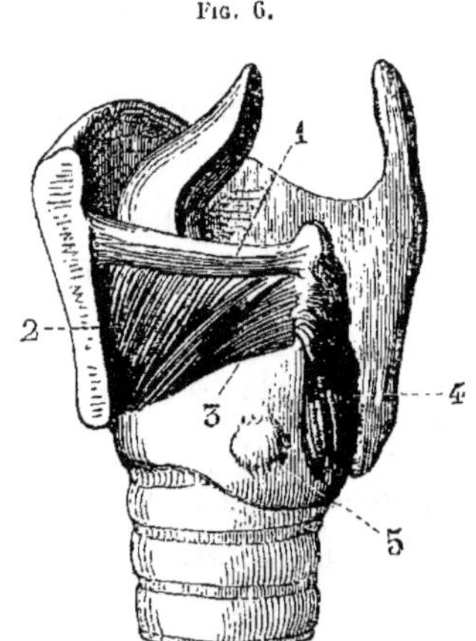

Fig. 6.

1. Muscle arythéno-épiglottique.			3. Crico-arythénoïdien latéral.
2. Faisceau oblique du thyro-arythénoïdien.		4. Crico-arythénoïdien postérieur.

marcation n'existe pas. Toute délimitation établie par le scalpel
entre ces muscles est purement arbitraire. » Au niveau des

rectement au contact. Ils ne peuvent se toucher que par leur
sommet. Pour nous, la principale action du faisceau transverse
consiste à ramener les arythénoïdes dans leur position d'équilibre, quand ils en ont été dérangés par les crico-arythénoïdiens
postérieurs, et à maintenir ces cartilages immobiles pendant le
chant.

Arythéno-épiglottiques. — Ces muscles, parfaitement décrits par Fabrice, sont très-remarquables chez les animaux, en
particulier chez le bœuf, mais peu développés et souvent absents
chez l'homme. Fabrice [1] prétend que s'ils sont plus développés
chez les bœufs, c'est que ceux-ci ont le cou incliné et qu'il
fallait un muscle abaisseur plus fort pour ramener l'épiglotte
en arrière.

Chez l'homme, quand ce muscle existe, il est renforcé par le
faisceau qui, du sommet de l'arythénoïde, se dirige vers le
thyroïde. (Voir fig. 6.)

Action. — Son usage est de rétrécir l'orifice supérieur du
larynx.

---

[1] « Et ad epiglottidis radium terminantur, ut his contractis, uno tempore arythenoïdes introrsum inclinctur invicem que utroque constringa-
tur, et epiglottis supra eamdem inflectatur, incurveturque, ex quo occlusio
superioris laryngis ore perfecta succedat. Undé utrumque simul (cum
utroque mobilis sit) videlicet tum arythenoïdem, tum epiglottida ad horum
musculorum contractionem moveri et operari par est. Hi quoque musculi
longissimi sunt et jure contrariis aperientibus respondentes, et ad longe
lataque aperiendum laryngem laxati et ad occludendum contracti insuper
in fine ad epiglottidis radicem mutuo uniuntur, atque commiscentur, ut
robustiores evadeut, næ cum lubricæ cartilagini sint appensi, ob eadem
resolvantur. Dictum preterea supra in historia est, hos musculos vel bifur-
catos esse, vel carneam portionem assumere, quæ musculus est morens
arythenoïdem, in quam inferitur, quam non nisi introrsum in cavitatem
movere potest, quamvis quispiam, si cos trabat, ponit utique. »

§ VI. — Muqueuse.

La muqueuse laryngienne fait suite à la membrane muqueuse de la bouche et à celle du pharynx, et se continue elle-même avec celle des bronches. Appliquée sur la membrane fibreuse que nous avons déjà décrite, elle lui est unie d'une manière plus ou moins intime, selon les différentes parties du larynx. Au moment où de la base de la langue et des parties latérales du pharynx, elle se porte par un repli sur les bords de l'épiglotte et sur les arythénoïdes, elle est unie à la membrane fibreuse par un tissu cellulaire excessivement lâche. Cette partie, située en dehors de la cavité laryngienne, est souvent le siége d'infiltrations séreuses auxquelles on donne le nom d'œdème de la glotte. L'infiltration est favorisée par l'adhérence légère de la muqueuse avec la membrane fibreuse. Parvenue dans la cavité laryngienne, la muqueuse adhère à la membrane fibreuse qui constitue les ligaments thyro-arythénoïdiens supérieurs par un tissu cellulaire très-dense. Dans l'angle rentrant du cartilage thyroïde, elle est en contact avec une masse cellulo-adipeuse ; en arrière elle recouvre la face antérieure des arythénoïdes et sur les côtés elle tapisse l'intérieur de la cavité ventriculaire.

Au niveau des cordes vocales inférieures, la muqueuse laryngienne perd le principal de ses caractères ; elle se dépouille de son épithélium vibratile, qui est remplacé par de l'épithélium pavimenteux ; en même temps elle devient plus mince, sa transparence est plus grande, et, parvenue sur le bord interne des rubans vocaux, loin d'adhérer à la membrane fibreuse qu'elle recouvre par un tissu cellulaire très-serré, comme le prétend M. Sappey, elle est unie à cette fibreuse par un tissu cellulaire excessivement lâche, qui permet d'assimiler, jusqu'à un certain point, cette portion des rubans vocaux à la bourse séreuse qui entoure certains tendons. Sur quelques larynx, nous avons trouvé sur le bord interne des rubans vocaux de petits pertuis qui permettaient d'introduire un petit stylet mousse dans l'intérieur de cette cavité. M. Sappey lui-même nous paraît avoir découvert, en quelque sorte, cette disposition, lorsqu'il dit qu'il a constaté dans les cordes vocales inférieures une sorte de poche remplie de sérosité ; seulement, il prétend que cette sérosité était enfermée. entre les ligaments thyro-arythénoïdiens inférieurs et le faisceau inférieur du muscle thyro-arythénoïdien : « Chez quelques individus, dit-il, il n'existe entre le muscle et le ligament qu'un tissu cellulaire séreux. Sur un homme dont tous les muscles du larynx étaient très-développés, à la place du tissu cellulaire j'ai trouvé, des deux côtés, une véritable bourse séreuse. » Il est possible que M. Sappey ait constaté le fait qu'il avance, et nous nous en rapportons entièrement à son talent d'observation ; mais il a pu s'abuser en cette circonstance. Loin de croire, comme lui, qu'en cet endroit la membrane fibreuse soit unie aux muscles sous-jacents par un tissu cellulaire très-lâche, favorable aux infiltrations, nous croyons, au contraire, qu'il existe des adhérences intimes entre la fibreuse et le muscle ; mais la muqueuse qui recouvre ces parties, leur est unie par un tissu cellulaire très-lâche, et c'est ce dernier qui est le siége des infiltrations.

Après avoir tapissé le bord interne des rubans vocaux, la muqueuse adhère de nouveau d'une manière intime à la membrane fibreuse, et descend avec elle jusqu'au cartilage cricoïde, pour se continuer avec la muqueuse de la trachée et des bronches.

§ VII. — **Rubans vocaux.**

Cette partie de la cavité laryngienne constitue le corps vibrant dans la formation du son de la voix ; elle mérite, par conséquent, toute notre attention.

Nous appelons *rubans vocaux* ce qui, jusqu'à présent, a été désigné le plus souvent sous le nom de cordes vocales. Généralement, on distingue deux paires de cordes vocales : l'une supé-

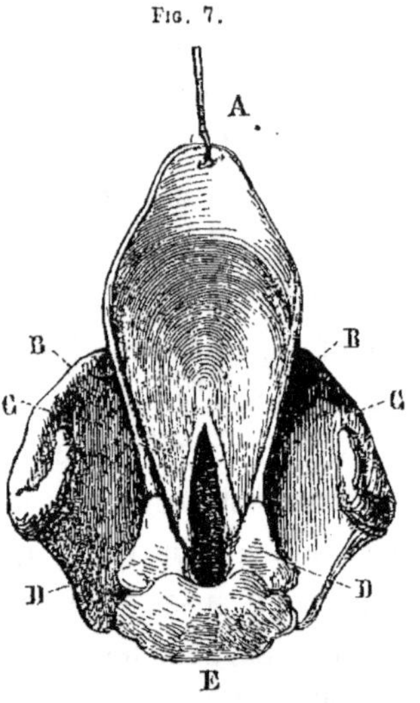

A. Epiglotte.
B. Lames du thyroïde.
C. Rubans vocaux.
D. Cartilages arythénoïdes.
E. Face postérieure du cricoïde.

rieure et l'autre inférieure. Cette distinction, aussi bien que la dénomination commune dont on se sert, n'ont pas leur raison d'être, comme nous le démontrerons plus tard. Nous devons nous borner, pour le moment, à affirmer qu'il n'existe qu'une seule paire de cordes vocales, ou mieux, de *rubans vocaux*, car rien dans le larynx ne ressemble à une corde, et ces rubans sont situés entre l'angle du thyroïde et l'apophyse antérieure des arythénoïdes qui leur fournissent leurs points d'insertion.

Quand on les regarde par l'orifice supérieur du larynx et qu'on les rapproche l'un de l'autre, ces deux rubans se présentent sous la forme de deux corps blanchâtres, aplatis, dirigés d'arrière en avant et très-légèrement de haut en bas ; leur bord externe semble se continuer avec la paroi latérale du larynx, et leurs bords internes laissent entre eux un espace elliptique destiné au passage de l'air.

Ces deux rubans constituent le corps vibrant de la voix humaine, et ils remplissent dans le larynx le rôle que remplit la languette métallique dans les tuyaux à anche. Il est du ressort de l'anatomie de rechercher la constitution de cette anche ; c'est ce que nous allons faire avec tout le soin que mérite un pareil sujet, car la théorie de la voix doit dépendre évidemment de la structure et de l'agencement des parties qui concourent à la formation du son.

Si, par une section perpendiculaire à l'axe des rubans, nous étudions les différentes couches qui le composent, nous trouvons d'abord à la partie extérieure la muqueuse laryngée, puis la membrane fibreuse, et enfin un muscle épais, volumineux. Ce muscle forme la partie saillante des rubans, et comme ses fibres sont dirigées d'avant en arrière, il doit, lorsqu'il se contracte, augmenter l'épaisseur de son relief. On voit d'une manière très-sensible un phénomène analogue pendant la contraction du biceps. Jusqu'ici nous ne voyons rien dans cette constitution qui ressemble à une anche membraneuse, surtout si nous considérons que ces rubans fixés par leurs extrémités et par leur côté externe, n'ont de libre que leur bord interne. Ce bord luimême, nous paraît incapable de vibrer, à cause de son peu d'étendue dans le sens de sa longueur ; à cause de sa grande épaisseur, et enfin parce que ses deux extrémités, solidement fixées en avant et en arrière, deviennent, par cela même, un obstacle aux vibrations. Mais, en rappelant succinctement les conditions indispensables qu'une anche membraneuse doit réunir pour entrer en vibration, nous découvrirons plus facilement le mécanisme que nous cherchons.

Toute anche membraneuse doit être dans un tel état de tension, que la partie libre de l'anche soit facile à mouvoir et libre de toute contrainte ; elle doit avoir, par conséquent, une partie tendue, capable de faire ressort, et une autre partie pouvant vibrer en toute liberté sous l'influence de la première. Lorsque nous prenons entre le pouce et l'index une anche de caoutchouc, nous nous gardons bien de la saisir tout à fait au niveau de son extrémité libre ; si nous agissions ainsi, le souffle écarterait les bords de l'anche sans la faire vibrer ; pour que tout soit bien, nous la saisissons un peu au-dessous de la partie vibrante, de manière à laisser cette dernière parfaitement libre. Ainsi donc la tension est pratiquée un peu au-dessous de l'orifice de l'anche et toute la partie des rubans comprise entre la ligne de tension et le bord libre représente la languette métallique d'un tuyau à anche dont l'extrémité fixe serait en bas, à la ligne de tension, et l'extrémité libre à l'orifice de l'anche. Appliquant ces données à l'anche humaine, cherchons d'abord la partie fixe, la partie qui fait ressort. Elle ne peut être constituée que par le muscle doublé de sa membrane fibreuse : à cause de leur épaisseur et de leur fixité en avant, en arrière et sur leur bord externe, le muscle et la fibreuse sont incapables par eux-mêmes de donner les nombres variables de vibrations correspondant aux sons de la voix ; mais, par contre, si on les considère comme ressorts, ils présentent une supériorité remarquable sur toutes les anches possibles. En effet, il n'existe nulle part un ressort qui, instantanément, puisse changer à volonté de tension, de longueur et d'épaisseur ; telle est la partie fixe de l'anche humaine. Cette partie ne peut pas entrer en vibration sous l'influence du passage de l'air ; mais il n'en est pas de même de la muqueuse qui la recouvre ; unie par un tissu cellulaire trèslâche à la membrane fibreuse dont elle se détache facilement, elle représente sur le bord libre des rubans vocaux la partie libre des languettes métalliques, et le souffle le plus léger suffit pour la faire vibrer.

Les auteurs qui jusqu'ici se sont occupés de la théorie de la voix, n'ont pas suffisamment porté leur attention sur cette constitution de l'anche, et cependant c'était le point le plus important ; ils considéraient les rubans vocaux dans leur ensemble, ne songeant pas aux particularités que nous avons déduites de l'acoustique, et ils donnaient ainsi à leur théorie le caractère de l'invraisemblance et de l'impossibilité. Il est impossible, en effet, d'admettre la vibration de deux rubans fixés en avant, en arrière et sur l'un des côtés, et qui présentent une rigidité telle, qu'une pression de plusieurs atmosphères ne pourrait pas les ébranler.

A présent nous comprenons pourquoi, sur le bord des rubans vocaux, la muqueuse laryngienne se dépouille de son épithélium vibratile pour se revêtir d'un épithélium pavimenteux qui est le caractère des membranes à frottement ; nous pouvons également expliquer comment cette muqueuse est unie à la fibreuse sous-jacente par ce tissu cellulaire assez peu dense pour faire croire à l'existence d'une cavité. Il suffit d'introduire un stylet mousse entre la muqueuse et la fibreuse pour constater l'existence de cette cavité. Ces considérations nous amènent à penser que le faisceau horizontal du muscle thyro-arythénoïdien est muni d'une aponévrose tendineuse qui, elle-même, constitue ce qu'on appelle, improprement selon nous, ligament thyro-arythénoïdien inférieur ; cette aponévrose se distingue, du reste, de la fibreuse par la plus grande abondance de fibres élastiques qu'elle renferme, et, comme toutes les aponévroses tendineuses, soumises à un frottement fonctionnel, elle est recouverte d'une autre membrane, dont elle est séparée par un tissu cellulaire très-lâche, qui favorise les mouvements.

L'anche humaine est donc constituée par deux rubans étendus horizontalement d'avant en arrière dans la cavité laryngienne et séparés par un intervalle elliptique ou linéaire par lequel l'air des poumons s'échappe en les faisant vibrer. Ces rubans, très-épais sur les côtés qui les unissent aux parois du larynx, s'amincissent à mesure qu'on les considère plus près de leur partie interne, et c'est cette dernière partie seule, formée par un pli de la muqueuse, qui fournit les vibrations sonores.

La longueur des rubans vocaux est très-variable, selon les individus, selon les sexes et selon les âges. A ces variations correspondent sans doute les différents diapasons de la voix.

Durant les premiers jours qui suivent la naissance, les rubans vocaux ont à peine $0^m,008$; de dix à quinze ans, ils mesurent environ $0^m,015$; de quinze à vingt, $0^m,020$; de vingt à trente, $0^m,025$ ou $0^m,03$. Les larynx de femme ne présentent jamais, après leur développement complet, une longueur si considérable dans les rubans vocaux ; nous n'en avons pas trouvé qui eussent plus de $0^m,022$.

Il est une autre condition qui varie avec l'âge : c'est le point d'insertion des rubans vocaux sur le thyroïde. Quelques jours après la naissance, le point d'insertion est situé à $0^m,003$ au-dessus du bord inférieur du thyroïde ; avec l'âge, ce point d'insertion s'élève jusqu'à une moyenne de $0^m,011$, lorsque le larynx a acquis son développement complet. Pour toutes ces mesures on pourra consulter le tableau que nous avons dressé page 154.

§ VIII. — **Glotte.**

La glotte est ce petit espace linéaire ou elliptique, selon le moment où on l'observe, qui sépare les deux rubans vocaux ; c'est l'espace rétréci à travers lequel l'air extérieur arrive et sort des poumons. (Voir fig. 7.)

Il n'est peut-être pas de dénomination au sujet de laquelle on ait été plus souvent en désaccord que celle-ci. C'est un peu la faute des anciens, qui ne se sont pas toujours bien expliqués sur l'objet de cette qualification.

Aristote et les auteurs qui écrivirent à la même époque, ne connaissaient rien des parties que renferme la cavité laryngienne. Ils avaient seulement remarqué l'opercule qui surmonte l'organe vocal, et ils lui avaient imposé le nom d'épiglotte. Plus tard, quand on a voulu chercher la signification de ce mot, on s'est borné à traduire littéralement, et on a dit : épiglotte signifie *sur la glotte,* donc, la glotte doit être ce qui est au-dessous de l'épiglotte ou, autrement dit, la cavité laryngienne. Toutes les erreurs nous paraissent venir de cette fausse interprétation. Cette interprétation est fausse, en effet, car il n'existe dans le larynx aucune partie qui ressemble à une *petite langue,* et ceux qui ont employé le mot *épiglotte* pour la première fois, ont voulu dire sans doute que cet opercule se trouve au-dessus de la langue, ce qui est vrai ; elle n'est pas au-dessus dans le sens vertical, mais elle s'étale à sa surface sur sa partie postérieure.

Galien donnait le nom de glotte aux rubans vocaux qui circonscrivent l'intervalle glottique : « γλωττα, id est corpus quod foramen sive simulam in larynge constituit. »

Plus tard on a donné ce nom à l'orifice supérieur du larynx, ou bien à l'orifice circonscrit par les ligaments thyro-arythénoïdiens supérieurs, et enfin à l'espace circonscrit par les rubans.

Cette diversité d'opinions tient à ce que le mot glotte a été détourné de sa véritable signification, et qu'il est tout à fait impropre à qualifier les objets auxquels on l'applique ; mais puisqu'il est consacré par l'usage, mieux vaut encore le garder ; il suffit de s'entendre, et ce désir justifie notre explication.

Sans prétendre formuler un blâme à l'adresse de qui que ce soit, nous signalerons du doigt cette tendance malheureuse à vouloir soumettre toutes les parties du corps vivant à l'appréciation du micromètre ; dans une matière où tout est mobile et changeant, on veut tout mesurer, et souvent il arrive qu'on a seulement la mesure du temps perdu. Ceci s'applique directement à la mensuration de la glotte ; en voulant évaluer en millimètres les dimensions de cette fente, on a réalisé une impossibilité, car cette fente varie à chaque instant ses dimensions pour répondre aux exigences de la respiration et de la phonation.

La seule chose qu'on puisse dire, c'est que la glotte s'étend dans sa plus grande longueur depuis l'angle du thyroïde jusqu'à la face antérieure du cricoïde ; en avant, elle est limitée sur les côtés par les rubans vocaux, et en arrière par la face interne des cartilages arythénoïdes ; cette dernière portion a été désignée par quelques auteurs sous le nom de *glotte inter-arythénoïdienne ;* encore une division inutile et qui a été inventée pour servir les intérêts d'une opinion erronée. Cette nouvelle dénomination était indispensable, en effet, à ceux qui supposaient que l'espace inter-arythénoïdien était ouvert pour respirer pendant que la partie antérieure des rubans vocaux produisait les sons de la voix. Nous verrons plus loin que la glotte est entièrement fermée pendant la phonation.

§ IX. — **Ventricules**.

Les ventricules sont deux cavités de forme irrégulièrement sphérique, situées immédiatement au-dessus des rubans vocaux dans les parois du larynx. Pendant la respiration, on distingue assez facilement l'orifice de ces cavités avec le laryngoscope ; il a la forme d'un demi-anneau allongé dont le plan de section correspondrait à la surface des rubans vocaux ; le bord supérieur est très-accentué par le relief que lui communique le bord inférieur des ligaments thyro-arythénoïdiens supérieurs. La paroi externe des ventricules est formée par le faisceau oblique du muscle thyro-arythénoïdien ; ce faisceau est recouvert par la muqueuse et une infinité de glandes acineuses. Chez l'homme, cette cavité s'étend, en général, jusqu'au bord supérieur du cartilage thyroïde, mais il arrive parfois qu'elle s'étend jusqu'à l'os hyoïde et à la base de la langue ; dans ces circonstances exceptionnelles, ces grandes cavités rappellent la disposition anatomique normale du larynx de certains singes hurleurs (alouate ou sapajou hurleur) ; le cri de ces animaux trouve dans ces cavités un retentissement d'une intensité effrayante.

Les ventricules nous semblent destinés à remplir deux fonctions importantes : 1° favoriser les différents mouvements de totalité des rubans vocaux ; 2° humecter continuellement ces derniers avec le liquide sécrété par les glandes nombreuses qu'ils renferment.

§ X. — **Glandes, vaisseaux et nerfs**.

Les glandes jouent un très-grand rôle dans le phénomène vocal : les parties molles destinées par leurs vibrations à produire le son de la voix ne sauraient vibrer, si elles n'étaient entretenues dans un certain état d'humidité ; aussi voyons-nous des glandes muqueuses disséminées dans toute la cavité laryngienne. On peut, avec M. Sappey, les distinguer, d'après leur situation, en glandes épiglottiques, arythénoïdiennes, des ventricules et de la portion sous-glottique. Toutes ces glandes appartiennent à la classe des glandes acineuses.

Les épiglottiques sont situées sur la face postérieure de ce fibro-cartilage, dans de petites dépressions ; elles viennent s'ouvrir à la surface de la muqueuse par un orifice qui est souvent visible à l'œil nu. Les glandes arythénoïdiennes, découvertes par Morgagni, sont situées au-devant des cartilages arythénoïdes, offrant la disposition d'un L dont la branche verticale correspondrait aux cartilages arythénoïdes, et la branche horizontale aux replis arythéno-épiglottiques. Les glandes des ventricules, moins volumineuses que les précédentes, qui atteignent quelquefois la grosseur d'une lentille, sont disséminées sur toute l'étendue de ces cavités. Les glandes de la portion sous-glottique, plus nombreuses et plus volumineuses que ces dernières, sont irrégulièrement disséminées au pourtour de la glotte.

ARTÈRES ET VEINES.

Le larynx est alimenté par trois artères de chaque côté : 1° l'artère *laryngée supérieure*, qui traverse la membrane thyro-hyoïdienne, fournit une branche à l'épiglotte ainsi qu'au repli situé à sa partie antérieure, d'autres branches aux replis arythéno-épiglottiques, aux ventricules, au thyro-arythénoïdien, et se termine sur le crico-arythénoïdien latéral.

2° L'artère *laryngée inférieure*, qui traverse le ligament crico-thyroïdien moyen, après s'être anastomosée avec celle du côté opposé, et se répand dans la muqueuse sous-glottique et dans les cordes vocales inférieures.

3° L'artère *laryngée postérieure*, qui naît de la branche postérieure de la thyroïdienne inférieure, et chemine sous la membrane muqueuse qui revêt la face postérieure du larynx ; elle donne des rameaux au crico-arythénoïdien postérieur et au muscle arythénoïdien.

Les veines suivent le trajet des artères correspondantes et vont se terminer dans la veine jugulaire interne.

VAISSEAUX LYMPHATIQUES.

Les vaisseaux lymphatiques sont très-nombreux dans la région laryngienne et surtout au niveau de l'orifice supérieur du larynx, où ils recouvrent en quelque sorte toute la surface des replis arythéno-épiglottiques. Cette richesse est due à la sensibilité exquise de cette partie et confirme cette loi, en vertu de laquelle les vaisseaux lymphatiques se développent partout en raison directe de la sensibilité. Ces vaisseaux se réunissent en deux ou trois troncs de chaque côté, et, suivant l'artère et la veine laryngée supérieures, ils viennent se jeter dans les ganglions situés sur les côtés du larynx.

NERFS.

Les nerfs du larynx viennent du pneumo-gastrique par deux branches : le laryngé supérieur et le laryngé inférieur. Le *laryngé supérieur* fournit au niveau de la grande corne de l'os hyoïde le nerf laryngé externe. Profondément situé d'abord, il passe entre le faisceau moyen du constricteur pharyngien et la partie moyenne du thyroïde. Parvenu au niveau du tubercule inférieur des lames du thyroïde, il fournit un rameau qui passe sous le ligament qui joint les deux tubercules, et va se distribuer au muscle thyro-hyoïdien ; continuant sa route, il passe derrière le tubercule inférieur, se jette dans le muscle crico-thyroïdien et, traversant la membrane crico-thyroïdienne, il parcourt le crico-arythénoïdien latéral et va se terminer dans la muqueuse qui tapisse l'intérieur du larynx. Les rameaux que ce nerf fournit au constricteur inférieur et au crico-thyroïdien sont moteurs, tandis que ceux qu'il fournit à la muqueuse sont sensitifs.

Laryngé inférieur ou *récurrent*. — Le récurrent *droit* prend naissance au-devant de la sous-clavière qu'il contourne d'avant en arrière, et va s'appliquer entre l'œsophage et la trachée-artère. Arrivé au-dessous du corps thyroïde qu'il semble couper en deux, il passe au-dessous du faisceau inférieur du constricteur du pharynx, et, pénétrant dans la gouttière latérale du larynx, il va se distribuer dans les muscles intrinsèques du larynx. Le nerf *récurrent gauche* se détache du pneumo-gastrique au niveau de la crosse de l'aorte qu'il embrasse de bas en haut et d'arrière en avant pour remonter ensuite le long de la trachée et de l'œsophage et se distribuer, comme le précédent, aux muscles intrinsèques. Ces nerfs fournissent des rameaux moteurs aux crico-arythénoïdiens postérieurs et latéraux, aux thyro-arythénoïdiens et à l'arythénoïdien.

CHAPITRE II.

DU LARYNX EN GÉNÉRAL.

§ 1. — Conformation générale.

Si, par une synthèse rapide, nous reconstituons les différentes parties que nous venons de décrire séparément, et que nous les considérions dans leur ensemble, nous compléterons ainsi la partie anatomique de l'organe de la voix.

Le larynx est non-seulement destiné à produire les sons de la voix, mais encore à concourir, par sa situation, à l'entrée des voies digestives et des voies respiratoires, à deux actes importants, à la déglutition et à la respiration ; à l'une il prête le concours de ses mouvements, à l'autre il assure la pénétration de l'air vivifiant. La manière dont ces indications diverses ont été remplies est une merveille de simplicité ingénieuse : la déglutition étant une fonction intermittente, il n'était pas nécessaire que le conduit vecteur des aliments dans l'estomac fût continuellement ouvert ; ce développement continuel aurait augmenté sans nécessité les dimensions du cou en gênant l'acte respiratoire ; c'est pourquoi, durant le repos des fonctions digestives, le larynx presse sur les parois membraneuses du pharynx et l'applique, en prenant sa place, contre la colonne vertébrale ; mais, au moment de la déglutition, il est porté en haut et en avant par les muscles sus-hyoïdiens et sous-hyoïdiens, et, dans ce mouvement, il entraîne les parois latérales et antérieures du tube pharyngien. Ce dernier se trouvant fixé par sa paroi postérieure à la colonne vertébrale, il s'ensuit que le mouvement du larynx a pour effet d'ouvrir instantanément son orifice et de le disposer ainsi à recevoir les aliments que lui présente la cavité buccale.

Pour assurer la continuité de l'acte respiratoire, le tube qui conduit l'air aux poumons devait être constitué par des parois rigides capables de le protéger au besoin contre les pressions des parties voisines ou contre les pressions extérieures. La boîte cartilagineuse du larynx réalise on ne peut mieux cette indication importante.

L'acte phonateur à son tour imposait ses conditions : essentiellement constitué par des mouvements, il devait pouvoir les exécuter avec souplesse et facilité. A cet effet, toutes les pièces du larynx ont été rendues mobiles les unes sur les autres par un mécanisme vraiment admirable, et avec cette habileté ingénieuse qui sait concilier les exigences de l'économie avec celles du goût.

C'est au point de vue de la phonation que nous allons examiner le larynx.

Le larynx se présente à nous sous la forme d'une boîte triangulaire située à la partie antérieure et supérieure du cou. — Cette boîte, plus évasée en haut qu'en bas, circonscrit une cavité qui renferme le corps dont les vibrations produisent les sons de la voix.

Nous examinerons successivement le larynx :

1° Dans sa surface externe ;

2° Dans sa surface interne ;

3° Dans ses extrémités.

Surface extérieure du larynx. Sur la ligne médiane, et

de haut en bas, nous trouvons une saillie vulgairement appelée *pomme d'Adam*, qui est constituée par la réunion des deux lames du thyroïde ; un peu plus bas, une légère dépression correspondant au ligament crico-thyroïdien moyen, et qui indique la séparation, en avant, des cartilages cricoïde et thyroïde. Au-dessous de cette dépression, on constate une légère saillie formée par la partie antérieure de l'anneau du cricoïde.

Sur les côtés, nous trouvons les faces du cartilage thyroïde dirigées d'avant en arrière et de dedans en dehors. Ces deux lames sont recouvertes, dans leur partie antérieure, par les muscles thyro-hyoïdiens, sterno-thyroïdiens et par la peau ; en arrière, par le constricteur inférieur du pharynx.

La partie postérieure du larynx constitue la troisième face de la boîte cartilagineuse triangulaire à laquelle nous avons comparé le larynx. Cette face est recouverte entièrement par la muqueuse du pharynx ; elle constitue la paroi antérieure de ce dernier conduit.

Sur la partie médiane, elle présente une légère saillie formée par l'anneau postérieur du cricoïde, et, sur les côtés, une dépression triangulaire qui constitue les gouttières latérales du larynx.

Gouttières latérales du larynx. — Nous avons cru devoir consacrer un paragraphe spécial à la description de ces gouttières, parce que leur usage ne nous semble pas avoir été bien compris jusqu'ici. En général, on pense qu'elles sont destinées à donner passage aux boissons : les physiologistes qui soutiennent cette opinion pétendent que les aliments solides parcourent l'axe médian du canal pharyngien, tandis que les boissons circulent le long des parois latérales. Nous ne voyons pas à quoi pourrait servir cette division du canal en deux parties, et nous ne croyons pas d'ailleurs qu'elle soit possible. Pour les boissons comme pour les aliments, les mouvements de la déglutition sont les mêmes :

le larynx se porte en haut et en avant sous la base de la langue ;
le pharynx, n'étant plus comprimé contre la colonne vertébrale
par les cartilages du larynx, s'élève et vient en quelque sorte
au-devant du bol alimentaire ou des boissons, dont il s'empare.
Dans ce mouvement, le canal pharyngien présente la forme
d'un entonnoir, et, lorsqu'il retombe, sa cavité se développe en
s'accommodant sur les matières, aliments ou boissons qui le
parcourent. Les gouttières latérales n'existent pas en ce moment, et elles ne redeviennent sensibles qu'après que le larynx
a repris sa place, en appliquant de nouveau les parois du pharynx contre la colonne vertébrale. — Tout ce qu'on peut dire,
c'est que ces gouttières complètent, sur les côtés, le canal pharyngien ; mais, en aucun cas, elles ne forment un canal séparé
du reste du pharynx et destiné à livrer exclusivement passage
aux boissons.

Voici les usages que nous leur attribuons :

Les milliers de glandules qui tapissent l'arrière-gorge secrè-
tent incessamment un liquide ; poussé par les cils vibratiles ou
tout simplement sous l'influence de la pesanteur, ce liquide est
dirigé du côté de la partie inférieure du vestibule laryngo-pha-
ryngien. Or, le cricoïde est si bien appliqué contre la paroi pharyngienne, que ce liquide ne saurait descendre dans l'œsophage
par la partie médiane du canal pharyngien. Néanmoins, il est
urgent qu'il descende, car il ne tarderait pas à s'accumuler et à
envahir l'orifice glottique, surtout pendant la phonation. Une
seule route lui est ouverte, et c'est précisément celle que lui offrent les gouttières latérales du larynx. Malgré les efforts du
chant et de la parole , malgré la pression du cricoïde contre la
paroi pharyngienne, les gouttières latérales, protégées par le
bord postérieur du cartilage thyroïde, restent toujours béantes
et permettent l'écoulement des mucosités pharyngiennes dans
le canal œsophagien.

Tel est l'usage que nous attribuons aux gouttières latérales du larynx. Quelquefois, ces gouttières peuvent être obstruées par une inflammation des replis muqueux qui les tapissent, et alors cette obstruction constitue un état maladif non encore classé, mais, pour nous, bien défini (pénétration du liquide pharyngien dans le larynx). Quelquefois encore la sécrétion des mucosités pharyngiennes est tellement abondante, que les gouttières latérales deviennent insuffisantes, et la présence du liquide sur les bords de l'orifice glottique détermine des accidents analogues aux précédents.

Surface intérieure. — La surface intérieure du larynx est divisée en deux portions, l'une supérieure, l'autre inférieure, par le plan horizontal que forment les rubans vocaux. En faisant abstraction de ces derniers, on reconnaît que cette cavité a une forme conique dont la partie rétrécie serait en bas et la partie évasée en haut. Ce conduit est entièrement tapissé par la muqueuse laryngée. Si nous l'examinons du haut en bas, nous trouvons sur sa partie antérieure l'épiglotte légèrement inclinée sur son orifice ; en arrière, deux tubercules arrondis et séparés l'un de l'autre par un petit intervalle, représentent les deux sommets des cartilages arythénoïdes ; sur les côtés, l'orifice laryngien est circonscrit par les replis arythéno-épiglottiques qui unissent l'épiglotte avec les sommets arythénoïdiens.

La partie de la cavité laryngienne comprise entre le bord supérieur et les rubans vocaux porte le nom de vestibule de la glotte ; vers le milieu de sa hauteur et sur les côtés, ce vestibule présente deux saillies allongées dont le relief est assez accentué. C'est ce qu'on nomme à tort, selon nous, cordes vocales supérieures. Nous les appellerons ligaments thyro-arythénoïdiens supérieurs.

Par leur bord supérieur, ces ligaments circonscrivent en

haut l'orifice des ventricules. Immédiatement après, nous trouvons la cavité ventriculaire, et, au-dessous d'elle, les rubans vocaux : étendus horizontalement d'avant en arrière dans la cavité laryngienne et remarquables par leur blancheur, ces rubans sont fixés aux parois du larynx par leur partie antérieure, par leur partie postérieure et par le côté externe. Libres seulement par leur bord interne, ils laissent entre eux un petit intervalle qu'on appelle improprement la glotte. En effet, γλωττις, en grec, veut dire petite langue, et rien dans cet espace ne ressemble de près ou de loin à cet organe. Pendant la phonation, l'air, venu des poumons, passe à travers la glotte et fait vibrer les rubans vocaux.

Au-dessous des rubans, la cavité laryngienne est plus régulière. En la regardant par la trachée, on voit qu'elle est à peu près cylindrique, et qu'au niveau des rubans vocaux elle présente la forme d'une voûte, dont la glotte serait la clef.

Extrémités. — 1° L'extrémité supérieure du larynx est évasée et beaucoup plus grande que l'extrémité inférieure ; elle n'est reliée aux parties voisines que par la moitié antérieure de sa circonférence.

Cette moitié antérieure, constituée par le bord supérieur du thyroïde, est unie à l'os hyoïde par la membrane thyroïdienne.

La moitié postérieure de l'extrémité supérieure du larynx, constituée par les replis arythéno-épiglottiques et par les cartilages arythénoïdes, est parfaitement libre. Cette disposition est très-favorable aux nombreux mouvements que le larynx effectue pendant la phonation et pendant la déglutition. Néanmoins l'organe vocal ne demeure pas ainsi suspendu et flottant au milieu de la cavité pharyngienne ; car le constricteur inférieur du pharynx, qui s'insère sur toute la longueur des bords postérieurs du thyroïde, maintient solidement cet organe dans la position qu'il doit occuper.

2° L'extrémité inférieure, constituée par le bord inférieur de l'anneau cricoïdien, est moins grande et plus régulière que la précédente. Elle est à peu près cylindrique et se continue avec la trachée par l'intermédiaire d'un ligament fibreux.

§ II. — Mécanisme du larynx.

Considéré au point de vue de la phonation, le larynx effectue deux espèces de mouvements : 1° des mouvements généraux ; 2° des mouvements particuliers.

1° *Mouvements généraux.* — Dans ces mouvements, le larynx s'élève, s'abaisse, se porte en avant, en arrière.

A. Les mouvements d'ascension sont effectués par les muscles thyro-hyoïdiens ; mais la contraction de ces muscles ne peut être efficace qu'à la condition que l'hyoïde auquel ils s'insèrent, soit déjà fixé par les muscles de la région sus-hyoïdienne. Ce mouvement s'opère surtout pour favoriser les tons élevés de la voix.

B. Les mouvements de descente sont effectués par les muscles sterno-thyroïdiens qui s'insèrent sur les faces latérales du cartilage thyroïde. L'action de ces muscles est différente, selon qu'ils agissent seuls, ou simultanément avec le constricteur inférieur du pharynx. S'ils agissent seuls, l'extrémité supérieure du thyroïde bascule en avant pendant la descente de l'organe. Si le constricteur agit en même temps, le thyroïde est maintenu par son bord postérieur, il ne bascule plus et descend perpendiculairement le long du cou.

Ces mouvements de totalité ne sont pas indispensables à la production des divers tons de la voix, car il est possible de s'élever dans les notes supérieures de l'échelle vocale sans que le larynx change de place ; on peut voir chez ceux qui chantent en voix sombrée que le thyroïde reste toujours fixé en bas par les muscles sterno-thyroïdiens. Néanmoins, il faut avouer que les mouvements d'ascension et de descente, exécutés instinctivement par l'organe vocal pendant la phonation, sont utiles, et que, s'ils ne contribuent pas à la formation des tons, ils rendent la colonne d'air plus favorable à la production de ces derniers. L'homme qui n'a subi l'influence d'aucun enseignement systématique fait monter son larynx pour la production des tons élevés ; il l'abaisse, au contraire, dans les tons graves. D'ailleurs ces mouvements instinctifs s'accordent trop bien avec les lois de l'acoustique pour qu'ils ne remplissent pas un rôle utile dans la phonation, et, loin de les contrarier, il nous semble qu'on devrait s'attacher à les rendre plus faciles.

2° *Mouvements particuliers.* — Les mouvements particuliers des pièces du larynx tendent tous à ce double but : modifier l'état des rubans vocaux et les dimensions de la glotte. Les rubans vocaux peuvent être tendus ou distendus, épaissis ou amincis. La glotte peut être élargie ou amincie, allongée ou raccourcie. Ces divers changements d'état, sous l'influence de la contraction musculaire, font de l'organe vocal un instrument inimitable, tant par la simplicité de son mécanisme que par la puissance et la variété de ses moyens.

§ III. — Développement du larynx aux différents âges de la vie.

Le larynx suit dans son développement une marche particulière, et qui est en rapport évident avec les besoins successifs de notre être.

Enfance. — L'organe vocal de l'enfant qui vient de naître est composé de toutes les pièces qu'il possède chez l'adulte ;

mais quelques-unes d'entre elles, les arythénoïdes, par exemple, sont tellement exiguës dans leurs proportions, qu'elles ne peuvent pas donner une idée de ce que cet organe sera plus tard. L'angle de réunion des lames thyroïdiennes est presque complétement effacé, et l'ensemble de ce cartilage présente plutôt un aspect cylindrique que la forme triangulaire qu'il aura dans la suite. Le cricoïde est assez développé.

A cet âge, le thyroïde et le cricoïde semblent former à eux seuls toute la charpente du larynx. Deux points cartilagineux, situés l'un près de l'angle rentrant du thyroïde, l'autre en avant des arythénoïdes, et réunis par un petit ruban fibro-muqueux de 5 à 6 millimètres de long constituent les rubans vocaux. Les muscles intrinsèques sont à peine indiqués, et il semble qu'à cette période de la vie, l'occlusion partielle de la glotte ne doive être effectuée que par le rapprochement des lames du thyroïde. C'est en effet ce qui a lieu.

Ainsi constitué, le larynx va se développer progressivement, mais avec une lenteur qui fait contraste avec l'activité du mouvement organique dans les autres parties : c'est qu'à cette époque, la vie végétative semble absorber, pour elle seule, pour l'entretien et le développement du corps, toutes les forces de la vie.

Le petit être ne tient encore à la société que par les secours matériels qu'il attend d'elle ; pour se faire comprendre d'une mère, le cri monosyllabique ou dissyllabique suffit, et l'organisation du larynx correspond à ces modestes exigences.

Pendant toute la durée de cette période, c'est-à-dire jusqu'à l'âge de deux ou trois ans, la forme et le volume du larynx varient très-peu, à tel point qu'il est facile de confondre le larynx d'un enfant de six mois avec le larynx d'un enfant de trois ans. Il peut arriver aussi qu'un enfant d'un an, par exemple, offre un larynx plus développé que le larynx d'un enfant de trois ans.

1er TABLEAU.

Mensuration des différentes pièces du larynx dans les premiers âges de la vie.

SEXE.	AGE.	LONGUEUR des cordes.	HAUTEUR du thyroïde à sa partie médiane.	HAUTEUR latérale des lames au niveau des apophyses	OUVERTURE trachéale.	HAUTEUR postérieure du cricoïde.	HAUTEUR de l'insertion des cordes sur l'angle thyroïde à partir du bord inférieur.	DISTANCE des points cartilagineux.
Masculin.	21 mois.	0.008	0,01	0,012	0,006	0,012	0,004	0,005
—	2 ans.	0,005	0,010	0,012	0,007	0.012	0,002	0,004
—	2 ans	0,008	0.010	0,012	0.008	0,010	»	0,003
—	2 ans 1/2	0.009	0,01	0,012	0,007	0.008	»	0,004
—	2 ans 1/2	0.008	0.009	0,011	0.006	0,011	0.001	0,005
—	2 ans 1/2	0,006	0,01	0.012	0,005	0 012	0.004	0.005
—	7 ans 1/2	0.009	0,011	0,015	0,009	0,015	0.006	0,006
—	8 ans.	0,01	0.01	0.011	0,009	0 014	0,001	0.005
—	9 ans.	0,011	0,011	0,015	0,008	0,017	»	0,006
—	10 ans 1/2	0.015	0,011	0.02	0,012	0,018	»	»
—	11 ans 1/2	0,012	0,015	0.02	0,011	0.018	»	0,009
—	14 ans.	0,015	0 016	0,02	0,018	0.02	0,006	0,01
—	14 ans.	0,015	0,018	0,02	0,017	0,015	0,008	0,009
Féminin.	15 mois.	0,005	0,01	»	0,007	0,015	»	0.003
—	2 ans 1/2	0,008	0,01	0,012	0.007	0 014	»	0.003
—	4 ans.	0,010	0.01	0,012	0,01	0 012	0,005	0,005
—	4 ans 1/2	0,009	0,08	»	0,009	0,015	»	0,005
—	5 ans.	0,01	0,01	0,012	0,007	0,014	0,001	»

Jusqu'à l'âge de douze à treize ans, le développement de l'organe est peu considérable. Si nous jetons un coup d'œil sur le tableau ci-dessus, nous voyons, en effet, que la longueur des cordes vocales a augmenté de 4 ou 5 millimètres seulement, dans l'espace de neuf à dix ans. Les dimensions des cartilages ont acquis à peine 4 ou 5 millimètres, et le diamètre de la trachée s'est développé dans les mêmes proportions. Le diapason de la voix est à peu près le même à trois ans et à douze ans. La seule particularité qui soit survenue dans la phonation, c'est que, avec l'âge, l'intensité et l'étendue de la voix ont acquis un développement plus grand. Mais ces deux phénomènes sont dus au développement et à l'action augmentée des muscles qui constituent ou qui meuvent les rubans vocaux.

Puberté. — Sur la fin de la période dont nous venons d'esquisser les caractères, l'intelligence de l'enfant qui, jusque-là, n'avait fait que s'exercer aux excitations du monde extérieur, se réveille d'une manière plus complète, les sensations sont mieux étudiées et plus réfléchies ; elles suscitent de nouveaux désirs, de nouvelles pensées, et, au besoin de les satisfaire et de les exprimer, va correspondre un nouveau développement de l'organe de la voix. A cette influence vient s'en ajouter une autre non moins puissante et d'autant plus efficace que la nature nous l'a fatalement imposée. C'est l'influence du développement des organes de la génération. Jusque-là, le larynx de la jeune fille n'avait différé en rien au larynx de l'enfant mâle ; mais à partir de douze à treize ans, l'organe vocal de ce dernier subit des modifications profondes, qui amèneront dans le volume, le timbre et le diapason de sa voix, des qualités nouvelles essentiellement dévolues au sexe masculin. Ces modifications consistent en un accroissement subit et rapide des différentes pièces du larynx et dans une modification particulière de la membrane, qui effectue les vibrations sonores. Les phénomènes qui se rattachent à la mue étant plutôt du ressort de la physiologie que de l'anatomie, nous avons traité cette question dans le livre IV avec tous les développements qu'elle mérite.

Adulte. — Après la puberté, le larynx continue à se développer jusqu'à l'âge de vingt-cinq ans. Dans cette période, il acquiert plus de solidité ; ses formes se prolongent davantage ; l'échancrure thyroïdienne devient plus saillante chez l'homme, et, enfin, quelques points osseux, disséminés çà et là, semblent indiquer que le mouvement vital ne devra plus s'effectuer désormais que pour entretenir la vie de l'organe. — C'est ce qui a lieu en effet, et nous avons vu au chapitre qui traite du développement des points d'ossification dans les cartilages, que le larynx ne subit aucune autre modification jusqu'à la vieillesse.

Des observations que nous avons recueillies à l'Hôtel impérial des Invalides, il résulte que, chez le vieillard, l'envahissement des tissus cartilagineux et fibreux par le phosphate calcaire apporte dans le mouvement des différentes pièces du larynx une gêne très-considérable ; qu'en même temps les muscles s'atrophient, se laissent envahir par l'élément graisseux et qu'ils deviennent peu à peu incapables de rapprocher suffisamment les rubans vocaux dans toute leur étendue. — Ces phénomènes n'ont rien qui ne leur soit commun avec ce que l'on observe, à cet âge, dans les autres parties du corps. La voix subit naturellement l'influence de ces modifications ; elle devient tremblotante par suite de l'affaiblissement progressif des muscles, et son diapason s'élève en s'affaiblissant, parce que, ne pouvant plus tendre les rubans vocaux à cause de la rigidité des articulations, le vieillard est obligé d'effectuer les tons au moyen de l'occlusion progressive de la glotte.

§ IV. — **Différences du larynx selon les sexes.**

Il suffit de jeter un simple coup d'œil sur les figures ci-contre pour saisir aussitôt les différences qui existent entre l'organe vocal de l'homme et celui de la femme.

Le larynx de l'homme est beaucoup plus développé que celui de la femme, et cela, en dehors de toute considération de stature. Que la femme soit grande ou petite, son larynx sera toujours plus petit que celui d'un homme. Depuis Bichat, tous les anatomistes s'étaient accordés pour admettre que le larynx

FIG. 8.

FIG. 9.

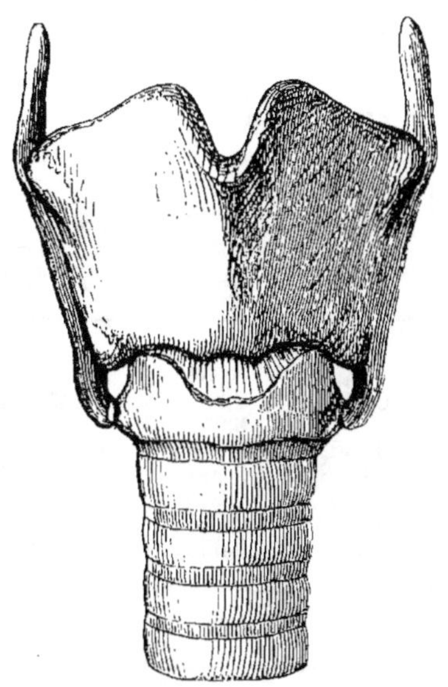

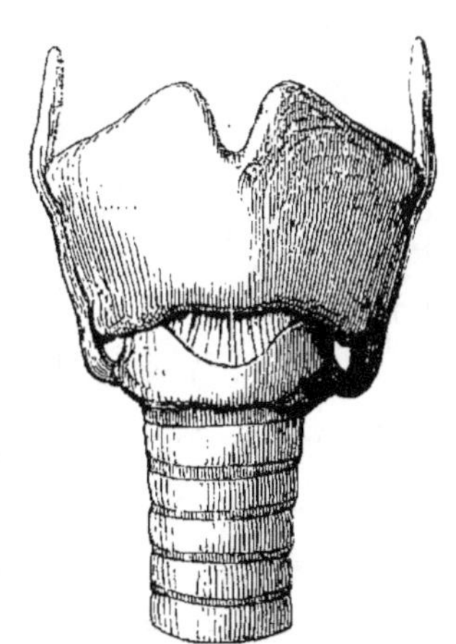

Larynx d'homme, grandeur naturelle, 42 ans.   Larynx de femme, grandeur naturelle, 30 ans.

de l'homme l'emporte d'un bon tiers sur le larynx de la femme.

FIG. 10.

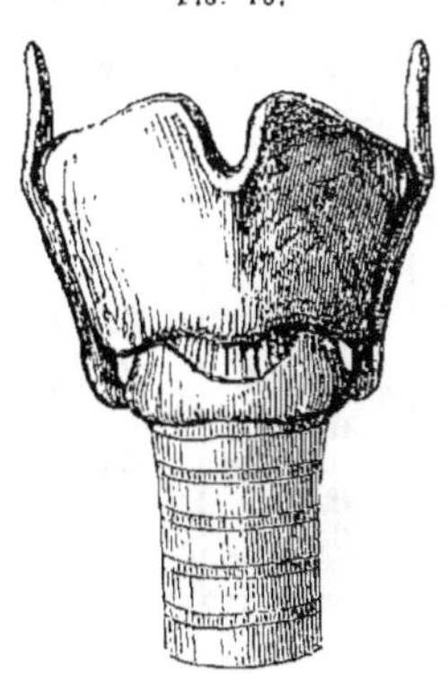

Larynx d'enfant, grandeur naturelle, 10 ans.

M. Sappey, voulant arriver à des résultats plus précis, plus mathématiques, a déterminé, dans un certain nombre de larynx appartenant aux deux sexes, les trois principaux diamètres, ainsi que la plus grande circonférence.

Dimensions du larynx chez l'homme [1].

AGE.	DIAMÈTRE vertical.	DIAMÈTRE transversal.	DIAMÈTRE antéro-postérieur.	Grande circonférence.
	m.	m.	m.	m.
27 ans..................	0,045	0,042	0,038	0,142
30 —	0,048	0,048	0,035	0,143
38 —	0,042	0,051	0,033	0,140
42 —	0,042	0,040	0,035	0,130
45 —	0,045	0,040	0,036	0,136
50 —	0,043	0,044	0,039	0,134
56 —	0,043	0,040	0,040	0,133
60 —	0,045	0,043	0,034	0,131
Dimensions moyennes....	0,044	0,043	0,036	0,136

Dimensions du larynx chez la femme.

AGE.	DIAMÈTRE vertical.	DIAMÈTRE transversal.	DIAMÈTRE antéro-postérieur.	Grande circonférence.
	m.	m.	m.	m.
24 ans..................	0,036	0,042	0,025	0,115
25 —	0,035	0,040	0,024	0,107
30 —	0,037	0,042	0,027	0,117
34 —	0,040	0,039	0,026	0,108
38 —	0,035	0,044	0,024	0,109
40 —	0,040	0,046	0,027	0,128
50 —	0,034	0,041	0,028	0,106
70 —	0,035	0,037	0,026	0,108
Dimensions moyennes....	0,036	0,041	0,026	0,112

[1] *Traité d'anatomie de Sappey*, t. III, p. 369.

En comparant les résultats énoncés dans ces tableaux, M. Sappey est arrivé à ces conclusions : 1° que le diamètre vertical, mesuré du bord inférieur du cartilage cricoïde au bord supérieur du thyroïde, diffère d'un cinquième à un sixième seulement dans les deux sexes ; 2° que le diamètre transversal, mesuré au niveau du plus grand écartement des bords postérieurs du cartilage thyroïde, est plus grand chez l'homme que chez la femme d'un vingtième environ ; 3° que le diamètre antéro-postérieur, étendu de la partie la plus saillante du cartilage thyroïde à une ligne transversale rasant les bords postérieurs de ce cartilage, diffère du tiers au quart à l'avantage de l'homme.

D'après ces conclusions, il n'existe pas de si grandes disproportions qu'on l'avait dit entre les larynx des deux sexes. Persuadé qu'on pouvait arriver à des résultats encore plus précis, nous avons comparé, nous aussi, un grand nombre de larynx des deux sexes ; mais, pour plus d'exactitude, nous avons mesuré séparément chacune de leurs parties constituantes, comme on peut le voir dans le tableau suivant :

2ᵐᵉ Tableau.

Mensuration générale des différentes parties du larynx, dans les deux sexes et dans tous les âges de la vie.

AGES. ➡	HOMMES.																FEMMES.			
	10 jours.	18 mois.	10 ans.	19 ans.	22 ans.	24 ans.	24 ans.	24 ans.	25 ans.	26 ans.	27 ans.	30 ans.	35 ans.	45 ans.	47 ans.	50 ans.	18 ans.	25 ans.	38 ans.	54 ans.
	m.	m.	m.	m.	m.	m.	m.	m.	m.	m.	m.	m.	m.	m.	m.	m.	m.	m.	m.	m.
Hauteur du thyroïde depuis l'échancrure jusqu'au bord inférieur	0,008	0,01	0,013	0,019	0,020	0,02	0,019	0,017	0,02	0,02	0,018	0 02	0,019	0,021	0,02	0,021	0,014	0,015	0,015	0,016
Profondeur de l'échancrure	0,006	0,006	0,011	0,016	0,018	0,017	0,015	0,015	0,016	0,017	0,015	0,018	0,015	0,017	0,015	0,016	0,012	0,012	0,008	0,014
Hauteur des lames au niveau du tubercule inférieur	0,009	0,011	0,018	0,029	0,03	0,031	0,033	0,03	0,027	0,03	0,03	0,032	0,034	0,03	0,031	0,03	0,021	0,023	0,02	0,023
Dimensions antéro-postérieures de chaque lame	0,012	0,016	0,024	0,037	0,04	0,041	0,041	0,04	0,642	0,041	0,037	0,041	0,038	0,04	0,04	0,043	0,027	0,027	0,028	0,029
Cricoïde. Hauteur postérieure	0,009	0,013	0,018	0,024	0,025	0 028	0,029	0,025	0,026	0,024	0,025	0,025	0,027	0,028	0,022	0,025	0,021	0,021	0,02	0,022
Cricoïde. Hauteur antérieure	0,003	0,004	0,006	0,008	0,009	0,009	0,009	0,008	0,008	0,009	0,009	0,008	0,007	0,011	0,09	0,008	0,007	0,007	0,006	0,007
Cricoïde. Diamètre antéro-postérieur	0,01	0,012	0,017	0,026	0,028	0 032	0,032	0,029	0,031	0,038	0,032	0,029	0,03	0,03	0,031	0,03	0,021	0,024	0,024	0,025
Arythénoïde. Hauteur au bord externe	0,006	0,008	0,011	0,018	0,017	0,02	0,015	0,017	0 016	0,016	0,015	0,002	0,019	0,015	0,019	0,016	0,016	0,012	0,014	0,012
Arythénoïde. Hauteur au bord interne	0,005	0,006	0,009	0,013	0,012	0,012	0,014	0,012	0,014	0,012	0,011	0,015	0,014	0,011	0,015	0,012	0,010	0,009	0,009	0,011
Arythénoïde. Longueur de l'apophyse	0,002	0,003	0,007	0,006	0,007	0,007	0,007	0,007	0,008	0,01	0,008	0,006	0,007	0,009	0,007	0,007	0,006	0,006	0,004	0,007
Diamètre antéro-postérieur de la glotte, entre le bord supérieur du cricoïde et l'insertion antérieure des cordes	0,009	0,011	0,02	0,027	0,029	0,028	0,032	0,028	0,037	0,029	0,029	0,028	0,026	0,027	0,029	0,032	0,019	0,028	0,025	0,022
Longueur des cordes depuis l'extrémité d'apophyse arythénoïdienne jusqu'au thyroïde	0,008	0,011	0,01	0,018	0,028	0,026	0,029	0,017	0,02	0,019	0,023	0,024	0,024	0,026	0,022	0,019	0,020	0,018	0,020	0,020
Distance entre le point d'insertion des cordes en avant jusqu'au bord inférieur du thyroïde	0,003	0,004	0,008	0,01	0,012	0,012	0,011	0,04	0,012	0,011	0,010	0,011	0,013	0,013	0,011	0,013	0,010	0,009	0,009	0,012
Longueur de l'épiglotte	0,009	0 012	0,021	0,037	0,033	0,034	0,034	0,042	0,03	0,035	0,036	0,036	0,031	0,027	0,032	0,039	0,026	0,027	0,033	0,031
Largeur de l'épiglotte	0,007	0,008	0,013	0,021	0,019	0,021	0,021	0,026	0,018	0,022	0,023	0,023	0,021	0,038	0,026	0,024	0,015	0,02	0,02	0,017

En comparant les chiffres renfermés dans ce tableau, nous avons obtenu les moyennes suivantes :

1° La hauteur moyenne de l'angle antérieur du thyroïde chez l'homme est de 0^m,02025, et, chez la femme, de 0^m,015. Il existe entre les deux une différence d'un quart environ.

2° La profondeur de l'échancrure est chez l'homme de 0^m,0165 ; chez la femme de 0^m,0115. L'échancrure a un tiers de profondeur de plus chez l'homme que chez la femme.

3° La hauteur latérale des lames du thyroïde chez l'homme est de 0^{m}033 ; chez la femme, de 0^m,02175. Elle est donc environ un tiers plus grande chez l'homme.

4° Les dimensions antéro-postérieurs des lames, au niveau de la partie la plus large, mesurent, chez l'homme, 0^m,044 ; chez la femme, 0^m,03477. C'est une différence d'un huitième en faveur de l'homme. La moyenne générale de toutes ces dimensions donne au thyroïde de l'homme une supériorité d'un tiers sur celui de la femme.

Ces moyennes nous apprennent que les larynx des deux sexes diffèrent surtout par la profondeur de l'échancrure et par la hauteur des lames du thyroïde. M. Sappey, au contraire, a trouvé que les dimensions antéro-postérieures et transversales étaient celles qui présentaient les plus grandes différences. Nous n'avons pas mesuré, à tort peut-être, les dimensions transversales ; mais, d'après la simple inspection, nous reconnaissons qu'elles ont, en effet, un développement très-considérable chez la femme, et c'est par ce développement que nous nous expliquons chez elle le peu de saillie de l'échancrure thyroïde. Par conséquent, sur ce sujet, les observations de M. Sappey et les nôtres sont parfaitement concordantes. Quant à ce qui concerne les dimensions antéro-postérieures, les chiffres sont là, et s'ils ne nous ont pas donné les mêmes résultats, c'est que

154 — ANATOMIE DE L'INSTRUMENT VOCAL.

probablement nos moyennes n'ont pas été prises sur un nombre suffisant d'observations.

La mensuration du cartilage cricoïde nous a donné les résultats suivants :

1° La hauteur postérieure chez l'homme est de 0^m,02525 ; chez la femme, 0^m,0211, — un huitième à l'avantage de l'homme.

2° La hauteur antérieure chez l'homme égale 0^m,0075 ;

3me TABLEAU.   **Mensuration des rubans**

AGES.	2 jours	22 ans.	23 ans.	23 ans.	26 ans.	29 ans.	34 a
	m.	m.	m.	m.	m.	m	mm
Longueur des cordes vocales..........	0,008	0,024	0,027	0,025	0 022	0,03	0,0
Hauteur du point d'insertion des rubans vocaux sur l'angle thyroïdien à partir du bord inférieur..........	0,103	0.009	0.010	0.010	0,010	0,01	0.0.
Distance entre les points cartilagineux.	0,005	0,012	0 015	0,017	0,012	0.020	0 0
Largeur de l'épiglotte	»	0,026	0 021	0,025	»	0,028	0.0.
Hauteur de l'épiglotte..............	0,007	0,057	0,034	0,04	»	0,14	0,0

Des chiffres renfermés dans le tableau précédent nous avons extrait les moyennes suivantes : Les rubans vocaux de l'homme mesurent 0^m,02557, ceux de la femme, 0^m,018, la différence est d'un quart en faveur de l'homme.

Pour apprécier sainement la valeur des chiffres que nous venons de donner, il ne faut pas, croyons-nous, s'en tenir à leur expression rigoureuse.

Le vice inévitable de toutes les statistiques de ce genre, c'est que le chiffre, destiné à représenter un fait anatomique ou physiologique, est incapable de reproduire ces mille nuances, ces formes infinies que la nature animée sait revêtir dans des conditions en apparence analogues. — Le chiffre peut donner la chez la femme, 0^m,00675, — un sixième de plus chez l'homme.

3° Le diamètre antéro-postérieur mesure, chez l'homme, 0^m,0295 ; chez la femme, 0^m,0235, — il est un cinquième environ plus considérable chez l'homme.

Réunissant dans une moyenne générale ces différentes proportions, nous trouvons que le cricoïde de l'homme est supérieur, quant à ses dimensions, à celui de la femme, d'un neuvième.

vocaux dans les deux sexes.

8 ans.	63 ans	71 ans	75 aus	75 ans.	83 ans.	FEMMES.						
						18 ans	18 ans	23 ans	23 ans.	23 ans.	28 ans	28 ans.
m.	m.	m.	m.	m.	m.	m.	m.	m.	m.	m.	m.	m.
,027	0,026	0,020	0,025	0,025	0,022	0,015	0,016	0,017	0,020	0,017	0,018	0,022
,012	0,018	0,012	0 010	0,013	0.010	0,007	0,007	0,007	0,007	0,008	0,006	0,08
,016	0,015	0.009	0,014	0,013	0,013	0,009	0.009	0,01	0,001	0,017	0,11	0,01
,024	»	0,025	0,024	0,025	0,027	»	0,017	»	»	»	»	»
,035	»	0,033	0,035	0,033	0,038	»	0,25	»	»	»	»	»

valeur métrique d'une figure, mais l'expression de la physionomie lui échappe toujours.

Nous devons voir, par conséquent, dans les résultats métriques que nous avons obtenus une approximation plus ou moins voisine de l'état réel des choses, et c'est à notre esprit qu'il appartient de compléter ce rapprochement.

Considérant d'une manière générale la charpente cartilagineuse qui constitue le larynx des deux sexes, nous voyons que sa forme et ses dimensions lui sont imprimées surtout par le cartilage thyroïde ; c'est lui, en effet, qui entoure comme une enveloppe toutes les autres parties. Par conséquent, c'est d'après les dimensions variables de ce cartilage que nous devons établir les signes principaux qui distinguent à ce point de vue les deux sexes : nous y arriverons d'autant mieux, que nous chercherons en même temps le lien qui unit ces différences aux modifications caractéristiques de la voix. Or, 1° si nous considérons que la voix de l'homme possède un diapason plus bas que celui de la femme, et si nous nous rappelons en même temps que la longueur, dans les tuyaux sonores, est en raison inverse de l'élévation du son, nous pourrons dire *à priori* que la hauteur du larynx, par conséquent la hauteur du cartilage thyroïde doit être plus considérable chez l'homme que chez la femme. Nos observations confirment pleinement ce résultat, et nous avons raison de dire que la différence de hauteur du cartilage thyroïde constituait entre les deux sexes le signe distinctif le plus important. 2° Les sons différents, dans les anches, sont formés par des longueurs différentes dans les parties vibrantes ; il était donc à présumer que les rubans vocaux seraient plus longs chez l'homme que chez la femme. En mesurant les rubans ainsi que les diamètres antéro-postérieurs du thyroïde et antéro-postérieurs du cricoïde, nous avons reconnu, en effet, que, chez l'homme, ces dimensions présentaient sur celles de la femme un avantage d'un quart, d'un cinquième, d'un huitième.

Les différences que l'on peut saisir entre les autres dimensions des cartilages sont tout à fait accessoires, car elles dépendent naturellement des précédentes.

Si, par exemple, les dimensions transversales sont presque aussi considérables chez la femme que chez l'homme, cette exagération particulière tient à ce que le larynx féminin doit avoir moins de hauteur ; pour réaliser cette condition, les lames du thyroïde sont plus évasées de bas en haut et de dedans en dehors, et naturellement la face postérieure s'élargit en conséquence ; en même temps le tuyau conique qu'elles circonscrivent est relativement plus large en haut que celui de l'homme ; chez ce dernier, les lames s'élèvent presque verticalement, et si, par ce fait, le tuyau laryngien est moins évasé, il est un peu plus long ; cette disposition convient parfaitement au diapason de la voix de l'homme.

Les larynx des deux sexes se distinguent, non-seulement par les dimensions, mais encore par la forme et la consistance des parties. La forme résulte en grande partie des dimensions relatives des cartilages ; ainsi, par exemple, la saillie de l'échancrure thyroïde (pomme d'Adam) est due surtout aux dimensions transversales de la face postérieure du larynx ; les bords postérieurs de ces lames étant très-écartés l'un de l'autre en arrière, elles se réunissent en avant sous un angle très-peu accentué, et de forme arrondie chez la femme. Chez l'homme, des conditions différentes amènent un résultat opposé.

En général, le larynx de l'homme présente des traits plus accentués, les angles sont plus saillants et les lignes plus droites ; on reconnaît en un mot, dans son ensemble, la force et l'énergie du sexe auquel il appartient.

Les formes du larynx de la femme sont plus arrondies, la ligne courbe y domine, et les angles y sont à peine indiqués ; le plan général sur lequel la femme a été modelée se reflète surtout dans l'organe de la voix, et rien n'est plus naturel si l'on songe au rôle distinctif que joue la voix dans les deux sexes.

La consistance des parties qui forment la charpente solide du larynx est bien différente chez l'homme et chez la femme. Nous avons vu, en parlant de l'ossification des cartilages, que, chez le premier, le tissu osseux envahissait les cartilages beaucoup plus vite que chez la seconde, et que, même dans la vieillesse la plus avancée, les cartilages du sexe féminin ne subissaient jamais aussi complétement que ceux du sexe masculin la transformation osseuse.

Les parties molles ont une consistance plus faible chez la femme que chez l'homme, les muscles sont plus grêles, une plus grande quantité de tissu cellulaire remplit les interstices et la membrane vocale présente une finesse et une transparence que l'on rencontre seulement chez les enfants. C'est, en grande partie, à la consistance de la membrane vocale, moins grande chez la femme que chez l'homme, qu'il faut attribuer la différence de diapason dans les deux sexes.

§ V. — Différence du larynx selon les individus.

Jusqu'à ces derniers temps, il avait été à peu près impossible de réunir les éléments nécessaires pour élucider cette question ; il est rare, en effet, d'avoir l'occasion d'examiner sur le cadavre des larynx dont on a pu apprécier les qualités vocales pendant la vie. Grâce au laryngoscope, cette difficulté n'existe plus aujourd'hui, et il est possible de diagnostiquer sur le vivant, d'après l'état des parties, le genre de voix qu'elles produisent.

Il résulte de nos observations personnelles que le volume du larynx est généralement indépendant de la stature : un homme grand peut avoir un larynx petit et une petite voix, et réciproquement, un larynx à grandes proportions peut être porté par un individu petit.

La forme et la consistance de l'organe de la voix dépendent ou plutôt coïncident le plus souvent avec telle forme et telle consistance des autres parties du corps. En effet, chaque individu présente généralement une conformation particulière, dont le caractère distinctif se retrouve aussi bien dans l'ensemble que dans les parties. On peut dire, par exemple, que les hommes chez lesquels la ligne courbe prédomine sont généralement assez replets, les os sont peu développés, le tissu cellulaire est abondant, tous les angles ont une forme arrondie. Ces caractères, qui sont en partie l'apanage des tempéraments lymphatico-sanguins, s'impriment d'une manière frappante sur l'organe de la voix, et lui donnent, quant à la forme et à la consistance, la physionomie d'un larynx féminin. La saillie de l'échancrure thyroïdienne est peu sensible au-devant du cou, la hauteur du larynx est relativement peu considérable, la cavité laryngienne est arrondie, et les rubans vocaux, ordinairement très-larges, circonscrivent une glotte assez courte. Cette disposition anatomique donne lieu à la production d'une voix douce et d'un diapason élevé, que l'on nomme voix de *ténor*.

Si, au contraire, la ligne droite prédomine, si les angles sont accentués, si le tissu cellulaire est peu abondant, nous trouverons nécessairement dans le larynx un angle très-saillant en avant, des lames thyroïdes très-longues d'avant en arrière, une hauteur relativement considérable de ces mêmes lames, et la cavité laryngienne plus grande dans son diamètre antéro-postérieur que dans les autres, sera mesurée d'avant en arrière par des rubans vocaux très-longs. Ces caractères anatomiques appartiennent aux voix de *basse*.

La même voix de *basse* peut se rencontrer chez les hommes d'une constitution athlétique ; dans ce cas spécial, l'organe de la voix participe harmonieusement au développement considérable de toutes les parties du corps.

Les modifications anatomiques qui caractérisent les voix de *baryton* tiennent le milieu entre les modifications mentionnées à propos de la voix de *ténor* et celles de la voix de *basse*. Si le baryton est élevé, le larynx rappellera la physionomie du larynx *ténor* ; s'il est bas, il se rapprochera par sa conformation du larynx *basse*.

CHAPITRE III.

TUYAU PORTE-VENT ET TUYAU SONORE.

Jusqu'à présent nous n'avons décrit qu'une partie de l'instrument vocal, et c'est la partie qui fournit les vibrations sonores.

Dans les deux paragraphes qui vont suivre, nous décrirons : 1° l'agent moteur des vibrations sonores ; 2° le tuyau de renforcement ou tuyau sonore.

§ I. — Tuyau porte-vent.

Par tuyau porte-vent nous devons entendre tout le parcours des voies respiratoires qui s'étend des vésicules pulmonaires à la glotte, par conséquent, la trachée et les bronches. Ce tuyau a une grande importance, non pas seulement au point de vue de ses dimensions en longueur, dont l'influence sur les les sons est assez limitée, mais bien parce qu'il renferme l'air dont l'impulsion doit mettre en vibration les rubans vocaux.

1° *Trachée*. — La trachée commence immédiatement au-dessous du larynx et se termine à la partie supérieure et profonde de la poitrine. — Le diamètre de ce tuyau varie essentiellement selon les âges, les sexes et les individus ; mais il est dans tous

les cas sensiblement le même que celui de la partie inférieure
du larynx, constituée par le cricoïde. Depuis le larynx jusqu'aux bronches, la trachée-artère conserve le même diamètre.
Ce conduit est formé par une membrane fibreuse, qui prend
naissance sur les bords du cricoïde, et par une série d'anneaux
cartilagineux, dont la rigidité était nécessaire pour maintenir toujours ouvert le conduit aérien. Ces cartilages sont incomplets en arrière et chacun représente, à peu près, les deux
tiers d'un anneau ; ils sont placés horizontalement les uns au-
dessous des autres, unis entre eux par la membrane fibreuse. Le
premier anneau, celui qui vient après le cricoïde, est toujours
plus large que les autres ; le dernier présente une forme particulière : sa partie médiane s'infléchit en bas, en formant un
angle très-aigu, et son ouverture se décompose en deux demi-
anneaux qui deviennent les premiers cerceaux des bronches.

Il résulte de la constitution de la trachée par des demi-anneaux et par une membrane fibreuse très-élastique, que ce
conduit peut se dilater ou se resserrer. Ces mouvements, utiles
dans l'effort, dans le cri, dans le chant, sont effectués par des
fibres musculaires qui occupent la partie fibreuse ou postérieure de la trachée ; horizontalement dirigées, elles s'insèrent
sur les deux extrémités des anneaux et à la membrane fibreuse
qui les unit. Elles agissent par conséquent à la façon des
sphincters.

2° *Bronches.* Nous avons dit plus haut que le dernier anneau
de la trachée se décomposait en deux demi-anneaux qui deviennent les deux premiers cerceaux des bronches. En effet,
les bronches sont constituées par deux tuyaux qui font suite à
la trachée et se continuent en se divisant à l'infini dans la
substance pulmonaire. La bronche gauche, mesurée entre la
trachée et le poumon, est toujours plus longue que la bronche
droite, mais il y a compensation, car la bronche droite est tou-

jours sensiblement plus volumineuse que la bronche gauche. La forme et la structure des bronches sont semblables à celles de la trachée : constituées par des anneaux incomplets, leur partie postérieure est purement fibreuse ; à mesure que les subdivisions vasculaires se multiplient, les cartilages deviennent de plus en plus petits, en même temps ils sont moins rigides, et ils finissent par disparaître au moment où l'on a de la difficulté à suivre avec les yeux les dernières ramifications bronchiques.

<h3 style="text-align:center">§ II. — Tuyau vocal.</h3>

Le larynx, constitué seulement par les rubans vocaux, pourrait sans doute fournir des sons, mais leur qualité, leur force laisseraient étrangement à désirer si le tuyau vocal n'existait pas. Pour donner des sons complets à tous les points de vue, il était indispensable que l'instrument de la voix eût, comme les instruments de musique, un tuyau sonore capable de communiquer une intensité plus grande et un timbre particulier aux sons produits par la glotte.

Ce tuyau sonore s'étend depuis les rubans vocaux jusqu'aux lèvres et jusqu'aux narines ; il est donc formé de différentes parties qu'il est bon de connaître, sinon d'une manière complète, du moins assez bien pour apprécier la part d'influence que chacune d'elles doit revendiquer dans la modification des sons de la glotte. Dans le livre qui traite de la physiologie, nous développerons cette question de la façon la plus complète. Ici nous devons nous borner à énumérer les parties, indiquer leur siége et leur mode d'action.

La configuration des parties nous oblige à diviser le tuyau vocal en quatre régions : 1° région pharyngo-laryngienne ; 2° isthme du gosier ; 3° bouche ; 4° fosses nasales.

1° Région pharyngo-laryngienne. — Cette région est la plus importante par sa disposition en forme de tube régulier, et surtout par sa situation près des rubans vocaux. Nous démontrerons plus loin que, dans les tuyaux, les parties voisines du corps sonore ont une influence bien plus grande sur le son que les parties éloignées.

Au-dessus des rubans vocaux les parois de la cavité laryngienne sont constituées, de bas en haut et sur les côtés, par les ventricules, les ligaments thyro-arythénoïdiens et les replis arythéno-épiglottiques ; en avant, par l'épiglotte ; en arrière, par la face antérieure des arythénoïdes et, au-dessus d'eux, par la paroi du pharynx. Cette portion du tuyau vocal est excessivement variable dans ses dimensions ; pour donner une idée de cette variabilité, nous dirons que, dans son plus grand diamètre, la cavité laryngienne peut mesurer deux centimètres et demi ou trois centimètres, et dans son plus petit diamètre, un centimètre ou un centimètre et demi. Les muscles sont les agents de cet élargissement et de ce rétrécissement considérables ; les uns rétrécissent la cavité par eux-mêmes ; en se contractant, ils se gonflent et ils rétrécissent ainsi le calibre du tuyau ; tels sont : les muscles thyro-arythénoïdiens dans leur faisceau oblique et vertical ; les autres contribuent au rétrécissement, en rapprochant les parties opposées qui constituent les parois laryngiennes, tels sont les muscles crico-arythénoïdiens latéraux, le muscle arythénoïdien, le muscle arythéno-épiglottique et enfin le muscle constricteur inférieur du pharynx qui rapproche les deux lames du thyroïde. La dilatation de cette cavité est opérée par le fait seul de la cessation d'action de ces muscles ; cependant elle est rendue plus active par la contraction du crico-arythénoïdien postérieur.

La cavité laryngienne est modifiée non-seulement dans le sens de ses diamètres mais encore dans le sens de l'axe ;

cette diminution est effectuée par le faisceau oblique et le faisceau vertical des muscles thyro-arythénoïdiens et par les crico-arythénoïdiens latéraux.

La muqueuse, qui tapisse la cavité laryngienne est assez faiblement unie aux parties subjacentes pour se prêter facilement à toutes les modifications dont nous venons de parler.

2° Isthme du gosier. — Immédiatement au-dessus de l'orifice du larynx, le tuyau vocal s'élargit comme le pavillon d'un instrument, ou bien il se continue sous forme de tube, selon la nécessité du chant et la volonté de l'individu. Cette région présente une configuration si mobile, qu'elle échappe à une description absolue ; mais en décrivant une à une chacune des parties qui la composent, nous pourrons en donner une idée assez exacte.

La paroi postérieure est formée par le pharynx ; la paroi antéro-inférieure par la langue ; la paroi antéro-supérieure par le voile du palais, les parois latérales par les piliers du voile du palais et par les amygdales.

1° *Paroi postérieure ou pharyngienne.* — Etendue depuis l'apophyse basilaire de l'occipital jusqu'à la partie inférieure du larynx, la paroi pharyngienne s'étale au-devant de la colonne vertébrale, sous forme d'une gouttière à concavité antérieure. Bien que nous n'ayons à parler ici que de la portion buccale du pharynx, nous allons donner une description générale de ce dernier, pour n'avoir pas à y revenir plus tard.

Le pharynx est composé de trois couches : d'une couche muqueuse, d'une couche fibreuse et d'une couche musculeuse.

La couche fibreuse, par ses points d'attache aussi bien que par la forme qu'elle affecte, peut être considérée comme la charpente, le point d'appui de la paroi pharyngienne ; au-devant d'elle s'étale la muqueuse ; en arrière, elle fournit un point d'appui à la couche musculeuse. En la considérant de haut en bas, elle s'insère à l'apophyse basilaire, au rocher, au bord postérieur de l'aile interne des apophyses ptérigoïdes, à la partie postérieure de la ligne milo-hyoïdienne, au ligament stylo-hyoïdien, aux grandes et aux petites cornes de l'os hyoïde, aux deux bords postérieurs du cartilage thyroïde, et enfin, à la partie médiane de la face postérieure du cricoïde ; en arrière, elle recouvre les muscles pharyngiens, excepté en haut, où elle est libre dans une étendue d'un centimètre. Ainsi fixée à ces différents points d'attache, cette membrane nous donne une idée de la forme qu'affecte le pharynx, puisque la muqueuse et les muscles ne font que la tapisser, l'une en avant, les autres en arrière.

La muqueuse se continue en haut avec la muqueuse des fosses nasales, en avant avec la muqueuse de la bouche, et en bas avec la muqueuse qui tapisse le larynx et l'œsophage. Plus épaisse dans la région naso-pharyngienne, où elle adhère fortement à la fibreuse sous-jacente, elle est mince, rosée, dans la région buccale, où elle est surmontée d'une infinité de saillies glandulaires.

La couche musculaire est la plus importante pour nous, car c'est elle qui, par ses contractions, modifie le tuyau vocal ; elle est constituée par quatre muscles : le constricteur supérieur du pharynx, le constricteur moyen, le constricteur inférieur et le stylo-pharyngien.

Les constricteurs, situés de haut en bas, les uns au-dessous des autres, mais se recouvrant en partie, de manière à se renforcer mutuellement et à agir avec entente, sont formés par des fibres horizontalement dirigées en arrière, s'entrecroisant en arrière, en formant une sorte de raphé qui semble diviser ces muscles en deux moitiés symétriques. Leur action consiste surtout à rétrécir le diamètre du tuyau vocal.

Le constricteur supérieur s'insère sur l'aponévrose du voile du palais, sur la partie inférieure du bord interne de l'apophyse ptérygoïde, sur la partie postérieure de la ligne mylo-hyoïdienne, et enfin sur la partie latérale de la base de la langue. Ces insertions indiquent que le constricteur supérieur rétrécit le tuyau vocal, au niveau du voile du palais et de la base de la langue.

Le constricteur moyen, en partie situé au-dessous du précédent, s'insère aux grandes et aux petites cornes de l'os hyoïde ainsi qu'au ligament thyro-hyoïdien. De ces trois origines partent trois faisceaux de fibres : le faisceau inférieur dirige les siennes de haut en bas; le faisceau moyen les dirige transversalement, et le faisceau supérieur de bas en haut. Toutes ces fibres viennent se réunir sur le raphé médian. Ce muscle rétrécit spécialement la région buccale du tuyau vocal, en portant en haut et en arrière l'os hyoïde.

Le constricteur inférieur s'insère sur tout le bord postérieur du cartilage thyroïde et sur la partie postérieure des lames du même cartilage; il envoie aussi un petit faisceau sur les parois latérales du cartilage cricoïde. Ce muscle a surtout pour fonction de maintenir l'organe vocal appliqué contre la colonne vertébrale. Par son faisceau supérieur, il élève aussi le larynx en le portant en arrière, quand les muscles sterno-thyroïdiens l'ont fait basculer en bas et en avant.

Le stylo-pharyngien s'insère d'un côté à l'apophyse styloïde; de l'autre, à toute la longueur du bord postérieur du cartilage thyroïde. Sa direction est presque verticale, et il est en grande partie recouvert par les constricteurs moyen et inférieur du pharynx; tandis que les muscles précédents resserrent le pharynx, le muscle stylo-pharyngien le porte en haut.

La couche musculaire que nous venons de décrire superficiellement, a une grande importance pendant la phonation. Non-seulement, elle rétrécit par ses propres contractions le tuyau vocal, mais encore par les points d'attache qu'elle possède sur les parties mobiles, tels que la langue et le voile du palais, elle fait contribuer ces derniers à compléter ce rétrécissement.

2° *Paroi antéro-inférieure.* — Cette paroi est constituée par la partie postérieure de la langue. Nous ne considérons ici la langue qu'au point de vue de sa forme et de ses mouvements.

Dans les deux tiers de sa partie antérieure, la langue est horizontale et placée sur le plancher de la bouche ; le tiers postérieur s'infléchit en bas pour se diriger verticalement vers l'os hyoïde sur lequel elle s'attache. Il résulte de cette disposition que le moindre mouvement de la langue en arrière rapproche la partie verticale de cet organe de la paroi pharyngienne, et le tuyau vocal se trouve ainsi rétréci. La langue agit alors comme le ferait un curseur vertical que l'on rapprocherait de l'extrémité, verticalement dirigée, de la tige horizontale sur laquelle il est placé.

Ce mouvement de retrait en arrière peut être produit par la contraction du muscle lingual, mais il est effectué aussi par les muscles hyo-glosses.

3° *Parois antéro-supérieure et latérales.* — Ces parois sont formées par le voile du palais et ses dépendances.

Le voile du palais est une cloison mobile, située entre les fosses nasales et la cavité buccale. Essentiellement constitué par des muscles et des membranes, il jouit d'une mobilité contractile très-grande, et, à ce titre, il joue un grand rôle dans le phénomène de la phonation.

Il doit sa configuration et la majeure partie de ses effets moteurs à la disposition des bords qui le limitent en bas. Ces bords sont appelés *piliers du voile du palais*, à cause de leur ressemblance avec les piliers d'une voûte. Ces piliers sont au nombre de quatre : deux à droite, deux à gauche. Considérés seulement d'un seul côté, ils sont situés l'un en avant, l'autre en arrière, laissant entre eux un intervalle dans lequel est logée l'amygdale. Ils prennent naissance sur les bords de la base de la langue ; puis ils s'élèvent en convergeant l'un vers l'autre, et, arrivés au contact, ils se confondent en décrivant une courbe à concavité inférieure, qui va se terminer dans la luette. Les piliers antérieurs se terminent à la base de cette dernière et les piliers postérieurs à son sommet.

Luette. — La luette est un petit appendice, sorte de prolongement, situé verticalement sur la partie médiane du bord inférieur du voile du palais ; elle est constituée par des muscles, des glandes, du tissu cellulaire et par la muqueuse. A sa partie antérieure, près de sa base, elle présente souvent un orifice glandulaire très-développé, et à travers lequel le mucus sort quelquefois par petits jets. Sa longueur moyenne est de 12 à 15 millimètres.

Ce petit appendice remplit deux fonctions importantes : 1° il humecte la base de la langue ; 2° par ses contractions vermiformes, il contribue à relever le voile du palais.

Il suit de là qu'on ne doit amputer complétement cet organe que lorsqu'on y est obligé ; dans le cas de simple procidence il faut se borner à retrancher la partie exubérante.

Amygdales. — Les amygdales sont deux corps glandulaires situés sur les côtés de la base de la langue, dans l'intervalle que laissent entre eux les piliers antérieurs et postérieurs du voile du palais. Leur volume est celui d'une amande, et leur forme est comparable à celle d'un petit œuf légèrement aplati de dedans en dehors.

Ces glandes sont formées par une infinité de cellules ou petites cavités que tapisse la muqueuse. C'est dans l'épaisseur de cette dernière qu'on trouve les follicules chargés de sécréter le liquide amygdalien. Ce liquide, dont on ne connaît pas bien encore la composition chimique, se distingue par son peu de viscosité de celui qui est sécrété par les glandules du voile du palais et de la langue; en outre, il possède la propriété de se coaguler avec la plus grande facilité, et il se présente alors sous forme de petits grumeaux caséeux.

Lorsque ces grumeaux sont trop volumineux ou trop abondants, ils font l'office de corps étrangers et ils déterminent dans l'amygdale une inflammation permanente qui s'accompagne de gonflement et de gêne. L'écrasement de ces grumeaux entre les doigts développe une odeur fétide. Les gargarismes sont généralement impuissants à modifier cet état; nous avons dû toujours employer l'amputation, si l'amygdale était trop volumineuse, ou bien la cautérisation énergique des cavités. Il arrive parfois aussi qu'après un certain temps de durée, cette maladie détruise le tissu de la glande en plusieurs points, et qu'il s'établisse des conduits fistuleux. La surface de ces conduits sécrète du pus qui communique à l'haleine une odeur désagréable.

Les amygdales ne contribuent en rien à la production du son; elles sont destinées à fournir un liquide dont le principal usage est de lubréfier l'arrière-gorge; mais si elles sont trop volumineuses, elles peuvent exercer une influence fâcheuse sur les qualités du son et gêner même la formation de celui-ci.

Dès lors, il faut se hâter de retrancher la partie exubérante par le caustique ou par l'instrument tranchant. Dans cette opération, comme dans celle de la luette, il faut bien se garder d'enlever toute l'amygdale; cela n'est pas nécessaire, et on priverait d'ailleurs le malade d'un organe dont les fonctions peuvent ne pas être inutiles.

Après avoir décrit les différentes parties qui composent le voile du palais, disons quelle est sa configuration générale, quels sont ses rapports; nous parlerons ensuite de sa structure

intime et des mouvements qui lui donnent une si grande influence sur l'acte phonateur.

1° *Configuration du voile du palais.* — Situé comme une
cloison mobile et courbe entre la bouche et les fosses nasales,
le voile du palais fait suite en avant à la voûte palatine, et se
termine en arrière par un bord libre, concave et coupé en deux
sur son milieu par la luette. Mesuré de la portion osseuse de la
voûte palatine à la partie médiane de son bord libre, le voile
du palais présente une étendue de 3 ou 4 centimètres ; son
épaisseur est de 6 à 7 millimètres sur la ligne médiane ; sur les
côtés, elle est encore moins considérable.

La paroi antérieure du voile du palais regarde la cavité buccale ; elle est recouverte par la muqueuse de la bouche, à la surface de laquelle on aperçoit à l'œil nu une infinité de petits
points qui sont les orifices des conduits glandulaires excessivement nombreux dans cette région.

On remarque sur cette paroi le raphé médian, qui fait suite à
celui de la voûte palatine.

La paroi postérieure du voile du palais regarde la cavité pha-
ryngo-nasale ; elle est convexe d'avant en arrière et concave
transversalement ; la muqueuse qui la recouvre est légèrement
rosée et recouverte d'un nombre infini de petites élévations
qui correspondent à autant de glandules.

2° *Structure.* — Entre les deux faces dont nous venons de
parler se trouve la couche musculeuse, qui communique au
voile du palais tous ses mouvements ; il existe bien une membrane aponévrotique qui occupe la moitié supérieure de ce voile,
mais nous nous contenterons de la mentionner.

Le voile du palais, limitant un si petit espace, renferme néanmoins un grand nombre de muscles. On en compte six de chaque côté de la ligne médiane : 1° les palato-staphylins ; 2° les
pharyngo-staphylins ; 3° les occipito-staphylins ; 4° les péri-

staphylins internes ; 5° les péristaphylins externes ; 6° les glosso-staphylins. Les muscles palato-staphylins sont les seuls qui appartiennent en totalité au voile du palais ; les autres ne concourent à sa formation que par une de leurs extrémités.

1° Les palato-staphylins sont deux petits muscles fixés d'un côté sur la partie médiane de l'aponévrose palatine que nous avons nommée tout à l'heure, et se terminant, de l'autre, dans l'épaisseur de la luette, qu'ils contribuent à former. Par leur contraction ils raccourcissent la longueur de la luette et relèvent en même temps le voile du palais.

2° Les pharyngo-staphylins sont situés dans l'intérieur du pilier postérieur du voile du palais ; l'une de leurs extrémités s'insère sur l'aponévrose palatine à côté et en dehors des précédents ; par l'autre, ils se terminent sur la partie postérieure et médiane du pharynx. Leur action consiste à resserrer l'orifice qui fait communiquer les fosses nasales avec la bouche, en portant le voile du palais en haut et en arrière.

3° Les occipito-staphylins, décrits pour la première fois par M. Sappey [1], sont formés par la partie supérieure du constricteur du pharynx ; fixés en haut à l'apophyse basilaire de l'occipital, ils viennent se terminer sur l'aponévrose du voile du palais, en dehors des pharyngo-staphylins.

Comme le fait remarquer M. Sappey, ces muscles forment une sorte de sphincter qui rapproche, l'une de l'autre, dans sa contraction, les parties mobiles sur lesquelles il est fixé ; il est constricteur par conséquent de l'orifice bucco-nasal, et en même temps il porte le voile du palais en haut.

4° Les péristaphylins internes s'attachent en haut par un petit tendon nacré au point de réunion du fibro-cartilage de la trompe d'Eustache avec le rocher ; en bas, ils se terminent

[1] *Anatomie descriptive*, SPLANCHNOLOGIE, page 36.

sur l'aponévrose du voile du palais en entre-croisant leurs fibres sur la ligne médiane ; ils ont, ainsi disposés, la forme d'une sangle dont la partie moyenne embrasserait la partie médiane du voile du palais, tandis que les extrémités seraient fixées en haut. L'action évidente de ces muscles consiste à élever le voile du palais.

5° Les péristaphylins externes s'insèrent en haut sur le pourtour de la trompe d'Eustache, et à la partie interne de la base des apophyses ptérigoïdes ; en bas, il se terminent dans la partie antérieure du voile du palais sous la forme d'une membrane tendineuse. L'usage de ces muscles est de tendre le voile du palais de manière à lui donner la résistance suffisante pour supporter la pression du bol alimentaire au moment de la déglutition.

6° Les glosso-staphylins sont situés dans l'épaisseur des piliers antérieurs du voile du palais ; ils prennent naissance sur les bords de la base de la langue, et vont se terminer dans la partie antérieure et inférieure du voile du palais. Leur contraction a pour effet de resserrer l'isthme du gosier.

Cette description sommaire des muscles du voile du palais nous a paru indispensable pour faire bien comprendre les mouvements de la paroi antéro-supérieure et latérale de l'isthme du gosier.

En généralisant les actions diverses de chacun de ces muscles, nous arrivons à cette conclusion, que les mouvements du voile du palais sont de trois espèces : 1° mouvement de resserrement dans le sens transversal ; 2° mouvement opposé au précédent ou mouvement de tension transversale ; 3° mouvement d'élévation en haut. Il est rare que chacun de ces mouvements s'effectue isolément ; en général, ils s'associent entre eux pour opérer, soit l'occlusion en arrière du canal nasal pendant la déglutition, et quelquefois pendant la phonation, soit pour resserrer plus ou moins l'isthme du gosier pendant la production du chant et de la parole.

L'isthme du gosier, constitué en grande partie par les parois solides que nous venons d'énumérer, présente aussi plusieurs orifices dont les dimensions variables sont subordonnées aux mouvements dont nous venons de parler; pour mieux dire, les mouvements du voile du palais et des autres parties n'ont d'autre but que celui de modifier les dimensions de ces différentes ouvertures.

En haut, nous trouvons un orifice, limité en avant par le voile du palais, en arrière par la paroi pharyngienne, et qui fait communiquer l'isthme du gosier avec les fosses nasales; en bas, nous rencontrons, l'un au-devant de l'autre, les orifices du larynx et du pharynx; en avant, l'orifice postérieur de la bouche. Cette disposition prête à l'isthme du gosier la physionomie d'un carrefour.

3° Cavité buccale. — La bouche est une des parties ultimes du tuyau vocal; non moins mobile dans ses dimensions que les parties déjà décrites, elle adapte à l'émission des différentes notes une cavité favorable à leur production; de plus, elle communique aux sons de la voix une sonorité particulière, et elle concourt, par la disposition et le mouvement des parois qui la circonscrivent, à la production du chant et de la parole. Ces fonctions variées supposent des mouvements très-nombreux à chacun desquels est affecté nécessairement un muscle particulier. Ce sont ces mouvements que nous allons étudier, en décrivant une à une les parties qui composent la cavité buccale.

La bouche est située à la partie inférieure de la face; elle est limitée en avant par les lèvres; en arrière, par la paroi antérieure de l'isthme du gosier; en haut, par la voûte palatine, et, en bas, par la langue. L'excessive mobilité de ces différentes parties rend très-difficile la mensuration de la cavité buccale. Cependant, si on néglige le diamètre vertical dont l'étendue dépend de l'écartement des mâchoires, il est possible de donner la mesure assez exacte des diamètres transversal et antéro-postérieur. Le diamètre transverse, étendu d'une joue à l'autre, mesure en moyenne 8 centimètres ; il est évident que la projection des joues en dehors peut lui communiquer une longueur plus considérable. Le diamètre antéro-postérieur est, en général, un peu plus long que le précédent, et mesure en moyenne 9 centimètres, et peut s'allonger beaucoup par la projection des lèvres en avant et par l'élévation du voile du palais. L'influence des parties osseuses de la face sur ces deux diamètres est telle, que l'on peut, à l'examen de la figure, établir les dimensions de la cavité buccale. Si l'angle postérieur de la mâchoire inférieure est très-accentué et dirigé en dehors, on peut affirmer à l'avance que le diamètre transverse sera plus long que le diamètre antéro-postérieur. En général, cette disposition coïncide avec un embonpoint assez marqué ; le cou est volumineux et court, et la voix possède un diapason élevé. Si, au contraire, l'angle de la mâchoire est peu marqué, si la face est allongée et légèrement aplatie dans le sens transversal, le diamètre antéro-postérieur l'emporte sur le diamètre transverse ; cette disposition coïncide avec une voix plus grave.

Les mouvements de la bouche sont effectués par les lèvres, les joues, la langue, le voile du palais.

Les lèvres, par leur projection en avant ou leur retrait en arrière, allongent ou raccourcissent le diamètre antéropostérieur de la cavité buccale, et, par leur contraction, elles augmentent ou diminuent l'ouverture de la bouche. Dix-neuf muscles sont préposés à ces différents mouvements : 1° l'orbiculaire, qui est commun aux deux lèvres ; 2° les élévateurs communs superficiels et les élévateurs communs profonds, qui agissent sur la lèvre supérieure ; 3° les carrés du menton ;

4° les canins, les grands et petits zygomatiques, les triangulaires des lèvres, les buccinateurs, les *risorii* de Santorini. Le premier, véritable sphincter des lèvres, est chargé seul de rétrécir l'orifice buccal et de projeter les lèvres en avant ; tous les autres dilatent cet orifice, en agissant sur différentes parties de cette circonférence. Les seconds élèvent la lèvre supérieure ; les troisièmes abaissent la lèvre inférieure ; les quatrièmes s'insèrent sur la commissure des lèvres et dilatent l'orifice buccal dans le sens transversal.

Pendant la phonation, les joues sont pour ainsi dire passives, et nous voulons dire par là qu'elles obéissent, en se laissant distendre, aux divers mouvements des mâchoires. Cependant, comme elles sont constituées en grande partie par les muscles qui se rendent sur le pourtour des lèvres pour modifier l'orifice buccal, elles subissent l'influence de la contraction de ces muscles, et elles contribuent alors à dilater ou à resserrer la cavité buccale.

La langue est, de toutes les parties de la bouche, la plus importante dans l'acte de la parole et de la phonation ; par ses mouvements et par les variables dispositions qu'elle affecte dans la cavité buccale, elle préside tantôt à la formation des consonnes et des voyelles, tantôt elle augmente ou diminue l'étendue de la bouche ; et enfin elle peut clore en arrière cette cavité en s'appliquant par sa base sur le voile du palais.

Les muscles chargés d'opérer ce mouvement sont au nombre de quatre : les stylo-glosses, les hyo-glosses, les génio-glosses et le lingual ; — les trois premiers s'insèrent, par l'une de leurs extrémités, sur la langue, et par l'autre, sur l'apophyse styloïde, sur l'os hyoïde et sur le maxillaire inférieur. Le dernier, situé sur les bords et à la partie inférieure de la langue, fait entièrement corps avec elle.

4° **Fosses nasales.** — Les fosses nasales forment au-dessus de la voûte palatine deux cavités placées à côté l'une de l'autre et séparées par une cloison.

Ces cavités sont inégales, sinueuses, et elles présentent une étendue différente, selon leurs diamètres.

Mesuré à la partie inférieure des fosses nasales, le diamètre antéro-postérieur est le plus long. Le diamètre vertical est aussi long que le précédent dans la partie médiane, mais il devient plus court en avant et en arrière. Le diamètre transversal est le plus étroit et le plus variable, selon la hauteur à laquelle on le considère.

Les fosses nasales sont circonscrites par des parois en partie osseuses et en partie cartilagineuses ; elles réunissent, par conséquent, toutes les conditions voulues pour propager et augmenter l'intensité du son.

LIVRE III.

HISTORIQUE ET CRITIQUE DES DIFFÉRENTES THÉORIES DE LA VOIX.

INTRODUCTION.

L'extension peu commune que nous avons donnée à la partie historique et critique de notre travail mérite d'être justifiée.

Lorsqu'on étudie cette question dans les auteurs, on est frappé du désaccord qui règne entre eux, sur les opinions qu'ils prêtent aux savants qui se sont occupés de la théorie de la voix. Ce désaccord nous a paru devoir être attribué à deux causes : 1° il arrive très-souvent que, dans l'examen critique d'une question, l'on base ses appréciations sur quelques citations éparses çà et là dans les livres modernes et que l'on néglige de lire les travaux originaux. Cette manière, très-expéditive sans doute, mais essentiellement vicieuse, ne permet pas de saisir le véritable sens de la pensée des auteurs, et souvent, d'après un mot, d'après une phrase isolée, on leur fait dire tout l'opposé de ce qu'ils ont pensé. 2° L'homme qui s'occupe d'élucider une question difficile, hésite parfois entre deux théories opposées, et bien qu'il ait une propension marquée pour l'une, il s'exprime quelquefois de manière qu'on puisse lui attribuer une préférence pour l'autre. Cette hésitation est mise à profit par les partisans réciproques de chaque théorie et on les voit aller puiser à la même source leurs preuves et leur appui, ce qui devient très-embarrassant pour le lecteur. Dodart nous fournit un exemple frappant de ce que nous venons de dire : il est invoqué à la fois, et par ceux qui considèrent le larynx comme un instrument à anche, et par ceux qui n'y trouvent qu'un instrument du genre des flûtes.

C'est dans le but de mettre un terme à ces difficultés que nous nous sommes si longuement appesanti sur cette partie de notre travail. Nous pensons que cette exubérance de matière ne sera pas inutile à plusieurs points de vue. L'on ne saurait, en effet, rassembler trop de documents historiques sur toutes les questions dans un moment où, pour répondre à un besoin général, l'on est occupé à édifier une histoire de la médecine sur des bases plus intelligentes et plus rationnelles. La littérature médicale ne doit pas consister seulement à esquisser à grands traits les belles intelligences qui ont illustré notre art, elle doit encore, dans une analyse savante, rechercher les causes intimes de nos retards et de nos progrès. Ces causes, on ne peut les trouver qu'en sondant profondément les routes souvent détournées que suivirent les hommes illustres, les hommes d'impulsion.

C'est ce que nous avons essayé de faire avec nos faibles moyens. Le sujet que nous avons choisi ne se prêtait pas ou ne méritait pas peut-être un si grand développement, mais ce précédent pouvait inspirer de plus dignes que nous, et nous n'avons pas hésité.

La tâche d'historien critique n'est pas toujours facile; dans cette sorte de magistrature que l'on se donne soi-même, l'on est à tout instant face à face avec des hommes dont le talent reconnu, la gloire justement méritée nous obligent à un retour sur nous-même et nous imposent, avant de juger, le juste tribut d'admiration et de respect qui leur est dû. L'erreur en fait de science est loin d'être un crime, et nous sentons trop combien nous avons besoin d'indulgence nous-même pour montrer une sévérité qui n'est pas dans notre esprit. Si parfois nous avons rencontré sur notre chemin des hommes incompétents dans la question, nous nous sommes contenté de le dire en fournissant la preuve, et le plaisir de lire des hommes plus sérieux nous a dédommagé de notre peine. Autant l'homme qui, sans connaissances suffisantes, veut traiter une question scientifique, est pénible à lire, autant celui qui réunit toutes les conditions de savoir et d'expérience est intéressant ; l'erreur même, chez lui, est instructive, car pour la démontrer il a dû dépenser toutes les forces vives de son intelligence, et l'on suit avec intérêt la gymnastique à la quelle son esprit a dû se livrer.

Nous n'avons pas eu cependant la prétention d'être absolument complet en étudiant tous les savants qui se sont occupés de la voix ; nous avons analysé les principaux, ceux qui nous présentaient des idées neuves ou rajeunies habilement et qui nous permettaient de passer en revue toutes les opinions qui ont été émises sur la théorie de la voix depuis Hippocrate jusqu'à nos jours.

HIPPOCRATE. — 460 ANS AV. J.-C.

Renfermée tout entière dans l'observation des maladies, la médecine hippocratique était ce qu'elle devait être : avant d'étudier la structure du corps vivant, les premiers médecins durent se préoccuper surtout de connaître les maladies et de guérir leurs malades.

Les connaissances anatomiques et physiologiques que l'on possédait à cette époque se trouvent disséminées dans les différents écrits qui nous sont parvenus ; il n'existe pas de traité spécial sur la matière, et nous avons dû chercher dans les œuvres d'Hippocrate ce qui pouvait se rapporter à notre sujet.

Comme nous devions le supposer, le résultat de cet examen n'a pas été considérable. Hippocrate avait une idée générale de la structure du corps humain, mais confuse, et le plus souvent inexacte. Les notions qu'il possédait paraissent lui avoir été transmises par la tradition ou communiquées par le hasard ; peut-être a-t-il disséqué quelques animaux, mais il est probable, selon les opinions des auteurs les plus autorisés, qu'il n'a jamais disséqué de cadavres humains.

Tout ce qui concerne la description des organes de la voix se réduit à très-peu de chose, mais ce peu, quel qu'il soit, a pour nous une importance réelle, car il est l'expression de l'état de la question qui nous occupe à l'époque où vivait Hippocrate, et, à ce titre, il sert de point de départ à notre travail.

Acoustique. — Les notions que possédait Hippocrate sur le son étaient tout à fait élémentaires et le seul passage où il effleure ce sujet se trouve dans un article très-court sur l'audition.

Après avoir donné sommairement la description de l'organe de l'ouïe, il ajoute : « Dans le conduit auditif est fixée à l'os dur une membrane, ténue comme une toile d'araignée, la plus sèche de toutes les membranes. Il est beaucoup de preuves que les corps les plus durs résonnent le mieux ; or, plus les sons ont de force, mieux nous entendons. Quelques-uns qui ont écrit sur la nature ont prétendu que c'était le cerveau qui résonnait : ce qui est impossible ; car le cerveau est humide et entouré d'une membrane humide et épaisse et autour de la membrane sont des os. Les corps liquides ne résonnent pas ; il

n'y a que les corps secs ; or ce qui résonne est ce qui produit
l'audition [1]. »

Quelques pages plus loin, dans le même traité, il donne à entendre que c'est l'air qui produit le son ; mais tout cela est
très-vague et accuse des notions sur l'acoustique trop incomplètes pour servir de base à une bonne théorie de la voix.

Anatomie. — L'anatomie des organes de la voix n'est pas
moins imparfaite. Dans le livre sur *l'anatomie* (t. VIII, p. 539)
nous trouvons à peine quelques mots sur la description de
la trachée : « La trachée-artère, dit-il, prenant origine des deux
côtés de la gorge, se termine au haut du poumon, étant composée d'anneaux semblables recourbés, s'adaptant de champ les
uns aux autres. »

Dans le quatrième livre des *Maladies* (t. VII, p. 609) il
complète la description précédente par celle de l'épiglotte :
« De plus, le tuyau du poumon est surmonté d'un opercule en
forme de feuille de lierre, de sorte que, dans la déglutition, ce
qui prendrait la direction du poumon ne passerait pas. »

D'après nos recherches, Hippocrate n'aurait pas même soupçonné l'existence d'un organe spécial pour la production de la
voix. Il ne parle nulle part de la glotte ni d'aucune partie qui
serait, selon lui, l'organe formel de la phonation, et cependant il
cite un fait dans le *Traité des chairs*, (t. VIII p. 609) qui aurait
pu le mettre sur la voie de la vérité : « J'ai vu, dit-il, des gens
qui, voulant se tuer, s'étaient coupé la gorge tout à fait ; ils vivent,
il est vrai, mais ne parlent pas, à moins qu'on ne réunisse la
plaie ; alors ils parlent. Cela encore prouve que l'air ne peut
plus être attiré dans les cavités, le larynx étant coupé ; mais il
passe à travers la plaie. Telle est sans doute l'explication de la
voix et de la parole. » Il n'y avait qu'à ajouter : Donc, la voix se

[1] Edition de M. Littré, *Traité des chairs*, t. VIII.
Nota. Pour toutes les citations, il faudra consulter l'édition de M. Littré.

forme au-dessus de la coupure, c'est-à-dire dans le larynx. Hippocrate ne connaissait pas suffisamment les conditions de la production du son, car, s'il les eût connues, il n'aurait pas manqué de chercher l'organe qui le produit chez l'homme.

Physiologie. — Il paraîtra sans doute étrange que nous cherchions dans notre auteur le fonctionnement d'un organe dont il n'avait point connaissance, mais nous avons pensé qu'il serait curieux, précisément à cause de cette ignorance, de savoir comment Hippocrate comprenait le mécanisme vocal.

Sa théorie est exposée dans le *Traité des chairs*, p. 609 : « L'homme parle, dit-il, par l'air qu'il attire dans tout son corps, mais surtout dans les cavités. Poussé au dehors à travers le vide, l'air produit un son, car la tête résonne. La langue articule par ses chocs, interceptant dans la gorge et heurtant contre le palais et les dents, elle rend les sons distincts. Si à chaque fois la langue n'articulait pas en heurtant, l'homme ne parlerait pas distinctement, et il n'émettrait que chacun des sons simples naturels. La preuve en est dans les sourds de naissance, qui, ne sachant pas parler, n'émettent que les sons simples. On ne réussira pas non plus, si on veut parler après une expiration. En effet, un homme qui veut faire entendre une grande voix, attire l'air extérieur, le chasse au dehors et crie fort, afin que l'air résonne à l'encontre ; ensuite le son va en s'affaiblissant. Les musiciens, quand ils veulent porter la voix au loin, font une inspiration, prolongent l'expiration et chantent fort afin que l'air résonne à l'encontre ; le son cesse quand l'air fait défaut. Tout cela montre que c'est l'air qui bruit. »

L'on voit, d'après ce qu'on vient de lire, que Hippocrate distinguait la voix simple de la voix articulée, autrement dit de la parole ; mais on ne trouve dans son livre aucun vestige de la voix considérée comme fonction et produite par un organe spécial. Pour le médecin de Cos, la voix est un son produit par le choc ou le bruissement de l'air ; mais il ne va pas plus loin. Sans prétendre attribuer à Hippocrate le mérite d'avoir comparé le premier la formation de la voix à la production du son dans les tuyaux de flûte de l'orgue, on peut néanmoins le ranger parmi ceux qui, depuis, ont formulé la même opinion, mais en l'appuyant sur des données plus savantes.

Pathologie. — Malgré ces notions très-incomplètes sur le mécanisme de la phonation, le génie observateur du père de la médecine a su tirer un grand parti des modifications de la voix au point de vue du diagnostic et du pronostic. Très-souvent, dans ses traités, il invoque les signes tirés de l'état de cette fonction, et parfois l'on ne peut qu'admirer l'exactitude de ses appréciations.

Dans le livre des *Épidémies*, il s'occupe en bien des endroits de l'altération de la voix. Il mentionne celle qui survient chez ceux qui commencent à devenir phthisiques, et il donne l'observation d'un grand nombre de malades qui ont perdu la voix [1].

« Si un homme ivre, dit-il dans ses *Aphorismes*, perd subitement la voix, il meurt dans les spasmes, à moins que la fièvre ne survienne ou que, atteignant l'heure où l'ivresse se dissipe d'ordinaire, il ne recouvre la parole [2]. »

Les relations sympathiques qui existent entre les organes de la voix et ceux de la génération n'avaient pas échappé à Hippocrate. « L'affaiblissement de la voix, dit-il, se dissipe par une varice survenue au testicule gauche ou au droit ; il est impossible qu'il se dissipe sans l'une ou l'autre de ces circonstances [3]. »

[1] *Épidémies*, liv. III, t. III, p. 74 et suiv.
[2] *Aphorismes*, t. IV, p. 535.
[3] *Épidémies*, t. V, p. 129.

Un peu plus loin, il prétend que les individus à voix faible sont bons, mais exposés à des maladies très-atrabilaires. Cette observation est assez généralement exacte.

Nous trouvons d'autres observations dans le troisième livre des Epidémies. Dans la constitution de Périnthe, il a remarqué « que ceux qui avaient travaillé beaucoup de la voix étaient, de préférence, frappés finalement d'angine. »

Dans le septième livre, p. 435, il cite le cas d'une jeune fille qui, à la suite d'une chute, avait perdu la voix ; mais, le septième jour, la voix revint et elle guérit. Page 455, c'est la femme de Polémarque qui, ayant une affection arthritique, éprouva une douleur subite de la hanche, les règles n'étant pas venues ; elle fut sans voix toute la nuit jusqu'au milieu du jour ; elle entendait, comprenait, elle expliquait avec la main que la douleur était à la hanche.

Dans les Prorrhétiques, p. 517, il considère la perte de la voix, s'accompagnant de délire, comme mortelle. « Ceux qui, ayant la fièvre, dit-il plus loin, perdent la voix après la crise, sont pris de tremblement et de coma, et meurent. »

Dans le livre des Prénotions coaques, il a énuméré à peu près tous les signes pronostiques qu'il retire de la parole, et ils sont toujours mauvais, qu'il y ait perte ou simple altération de la voix. Cela ne doit point nous étonner, si nous remarquons que, dans toutes ces observations, la perte de la voix s'accompagne de fièvre grave, de délire, de spasme, etc., etc.

Hippocrate, à l'occasion des maladies de la voix, se montre tout à fait organicien ; les altérations de la voix dépendent, selon lui, d'une altération des organes qui la produisent. Nous lisons, en effet, dans le livre du Régime, p. 525 : « De même les conditions de la voix dépendent des tuyaux du souffle ; tels sont les tuyaux que l'air traverse et ceux qu'il heurte, telle est nécessairement la voix, et il est possible de l'améliorer et de l'empirer, parce qu'il l'est de rendre pour l'air les tuyaux plus lisses ou plus rudes. »

Là se bornent à peu près toutes les connaissances d'Hippocrate sur le mécanisme de l'organe vocal et sur ses maladies. Nous dirons quelques mots avant de finir sur une question très-importante au point de vue thérapeutique et que le père de la médecine a élucidée de la façon la plus satisfaisante. Nous voulons parler de la pénétration des liquides dans la trachée.

Plusieurs auteurs, et parmi eux Broussais (*Examen des doctrines médicales*, t. I, p. 14), ont prétendu que le médecin de Cos croyait que les boissons passent entièrement dans les poumons.

Cette assertion est si peu fondée, que, dans le livre IV des Maladies, p. 604, Hippocrate se croit obligé de donner sept raisons différentes pour combattre ceux de ses contemporains qui professaient cette opinion : « Quelques–uns, dit-il, disent que la boisson va dans le poumon et au delà dans le reste du corps. Ceux qui soutiennent cette opinion sont trompés par ce que je vais dire, à savoir : que le poumon est creux et qu'un tuyau y tient. Mais si le poumon n'était pas creux et pourvu d'un tuyau, les animaux n'auraient pas de voix ; nous émettons des sons à l'aide du poumon, en raison de ce qu'il est creux et qu'un tuyau y est adjoint ; le son est articulé par les lèvres et la langue... A ceux donc qui croient que la boisson est portée dans le poumon, j'oppose ma réfutation. Les choses sont ainsi : la boisson se rend dans le ventre et de là elle est absorbée par le reste du corps. Il faut faire attention à ce que je vais dire ; ce sont autant de preuves que la boisson passe, non dans le poumon, mais dans le ventre. Si la boisson passe dans le poumon, je dis que, le poumon étant rempli, on ne pourra facilement ni respirer ni parler ; il n'y aurait, en effet, rien qui fît écho, le poumon étant plein. Voilà une première preuve. Puis, si la boisson allait dans le poumon, les aliments, étant secs dans notre corps, ne seraient pas aussi bien digérés. Voilà deux preuves. Les médicaments évacuants que nous buvons sortent par le ventre ; or, voyez ce qu'il en est : les médicaments qui sont évacuants par le haut ou par le bas ou même par les deux voies produisent les mêmes effets ; tous échauffent fortement : les énergiques, si par hasard ils s'attachent à quelque parti tendre du corps, l'ulcèrent. Les faibles causent du trouble, à quelque point du corps qu'ils touchent ; mais si quelqu'un de ces médicaments venait au poumon, il me semble qu'il causerait beaucoup de mal ; la phlegme qui descend de la tête ulcère le poumon en très-peu de temps ; car le poumon est chose molle et lâche, et, une fois ulcéré, la santé s'en trouve singulièrement altérée pour beaucoup de raisons. Mais le ventre n'est pas ulcéré par le médicament, attendu qu'il est résistant comme une peau, etc., etc.

« On peut encore, ajoute-t-il, prendre en considération ceci que je vais vous dire : Qu'on boive du cycéon ou qu'on prenne un potage de farine cuite ou quelque autre chose de ce genre, et supposez que cela arrive dans le poumon où dans le tuyau du poumon, excite une toux forte et répétée et cause du spasme... Cela fait sept preuves. Et puis le lait, comment nourrirait-il les enfants s'il allait dans le poumon ? C'est là une autre preuve pour moi ; et je n'aurais pas accumulé tant d'arguments, si la croyance au passage des boissons dans le poumon n'était très-répandue. Or, contre des opinions très-générales, il faut apporter beaucoup de preuves si l'on veut décider, par des discours, un esprit rebelle à quitter une ancienne opinion. La boisson va, non dans le poumon, mais dans le ventre, parce que le pharynx, toujours ouvert, y tient par continuité et que la boisson entre dans le pharynx. De plus, le tuyau du poumon est surmonté d'un opercule en forme de feuille de lierre, de sorte que, dans la déglutition, ce qui prendrait la direction du poumon ne passerait pas. »

Sans doute, ce qui a induit en erreur les auteurs dont nous avons parlé plus haut c'est que, dans d'autres passages de ses œuvres, Hippocrate admet qu'il pénètre une certaine quantité de la boisson dans la trachée ; mais, comme il l'observe lui-même et comme nous l'avons constaté dans nos expériences, cette quantité est très-minime.

Dans le *Traité du cœur* (t. IX, p. 81), non-seulement il affirme l'existence de cette pénétration, mais il la démontre par une expérience très-ingénieuse. « En effet, dit-il, si la plus grande partie de la boisson va dans le ventre (l'estomac est comme un entonnoir qui en recueille le gros ainsi que tout ce que nous prenons), il en va aussi dans le larynx, mais peu et juste ce qu'il en faut pour passer *sans être senti* à travers la fente. Car l'épiglotte est un couvercle qui bouche exactement et qui ne laisserait pénétrer rien de plus que de la boisson. Voici la preuve du fait : teignez de l'eau avec du bleu ou du minium, donnez-le à boire à un animal très-altéré, particulièrement un porc (c'est une bête qui n'est ni délicate ni propre) puis coupez-lui la gorge pendant qu'il boit, vous la trouverez colorée par la boisson ; mais cette opération ne réussit pas entre les mains du premier venu. Il ne faut donc pas refuser de nous croire au sujet de la boisson, quand nous disons qu'elle fait du bien au canal chez l'homme. Mais alors comment de l'eau, arrivant en abondance, cause-t-elle tant de malaise et de toux ? Parce que ce qui pénètre par la fente, allant peu à peu, ne s'oppose pas à l'ascension de l'air ; loin de là, l'humectation lui lubrifie la voie qu'il parcourt. Ce liquide s'en va du poumon avec l'air. »

Après la lecture de ce passage, il n'est plus permis d'attribuer à Hippocrate cette opinion erronée, que les liquides passent complétement dans la trachée. Loin d'avoir commis cette erreur, il avait deviné un phénomène dont l'existence n'a pu être réellement constatée que de nos jours. Le passage insensible d'une petite quantité de la boisson est bien réel en effet, car un grand nombre de fois nous avons pu le constater avec le laryngoscope.

Si l'on veut faire cette expérience, il suffit de faire sucer à quelqu'un du suc de réglisse, et, quelques instants après, la couleur jaunâtre des cordes vocales indiquera positivement sa pénétration dans le larynx.

La plupart des médecins de l'antiquité ne doutaient pas de cette pénétration, et, appliquant cette croyance au traitement des maladies du larynx, ils avaient réuni toute une classe de médicaments dits *artériaques* d'après le lieu de leur destination.

Plus tard, les progrès de l'anatomie et de la physiologie sont venus modifier cette opinion. Dès que la certitude que les aliments et les boissons ne devaient point passer dans la trachée a été acquise à la science, on a nié d'une manière absolue cette pénétration, et les médicaments artériaques ont été mis de côté.

C'est à tort cependant, car les gargarismes que l'on emploie souvent à leur place ne pénètrent point dans le larynx, à moins toutefois qu'ils ne soient avalés. Si parfois ils agissent, ce ne peut être que dans cette dernière condition, et, dès lors, ce sont de véritables médicaments artériaques.

Les liquides pulvérisés que l'on fait respirer dans le dessein illusoire de les faire pénétrer tels dans la trachée, se condensent toujours au fond de la gorge quand ils l'atteignent, et là, déterminant par leur présence un mouvement de déglutition, ils sont en grande partie avalés, tandis qu'une quantité très-minime pénètre, *sous forme liquide*, dans l'intérieur de la trachée. Ceci explique pourquoi l'on a pu constater sur un papier réactif introduit dans la trachée, à travers une fistule laryngienne, des *traces* de la pénétration des liquides pulvérisés dans cette partie. Cette eau avait pénétré pendant la déglutition à l'état de *liquide* et non à l'état de *poussière*. Très-ingénieuse comme idée, la pulvérisation des liquides ne trouve pas de raison d'être en thérapeutique : compliquée dans ses appareils, d'une application difficile et dispendieuse, elle ne réalise après tout qu'une simple illusion.

ARISTOTE. — 384 ANS AV. J.-C.

Dans la période assez longue qui s'écoula depuis Hippocrate jusqu'à Aristote, le domaine des sciences naturelles prit des proportions immenses ; mais cet agrandissement s'effectua dans un sens qu'il n'est peut-être pas inutile de bien préciser ici.

Il existe dans les sciences naturelles deux sortes de notions : la notion simple, sensible des objets qui constituent et limitent chacune d'elles, et la notion complexe de ces mêmes objets concernant leurs propriétés et leur constitution intime.

Pour acquérir la première, les sens nous suffisent ; pour l'autre, l'intervention des facultés supérieures de l'intelligence nous est indispensable. L'attention, vrai microscope de l'esprit, nous montre dans chaque objet tout un monde de phénomènes ; l'intelligence les compare, les classe ; elle établit les relations naturelles qui existent entre eux ou avec les phénomènes des autres séries ; elle formule enfin les lois qui président à leur formation.

C'est ainsi que s'élève peu à peu l'édifice scientifique.

Venu dans les premiers âges, dans l'âge de la notion simple des objets, Aristote eut le talent de multiplier le plus possible le nombre de ces notions, de les grouper ensemble d'après leurs caractères sensibles et de former par ce moyen le noyau de toutes les sciences ; il fit plus, il esquissa à grands traits les limites qui appartiennent à chacune d'elles.

Sans doute des erreurs nombreuses sont parsemées dans ses œuvres ; mais elles sont le résultat de l'impatience du génie qui, entrevoyant la vérité, veut expliquer avant l'heure des phénomènes encore inexplicables. Ces erreurs ne sont point imputables à l'homme ; elles sont la conséquence inévitable de la marche de l'esprit humain dans le progrès des sciences.

Malgré des connaissances très-étendues, Aristote a émis, sur la formation de la voix, des idées aussi peu avancées que l'étaient celles d'Hippocrate quatre-vingt-dix ans auparavant. Cela ne doit point nous surprendre après ce que nous venons de dire : pour donner sur ce sujet une opinion rationnelle, il aurait fallu réunir certaines conditions qu'il n'était pas au pouvoir d'Aristote de réunir ; il aurait fallu connaître les lois de l'acoustique, avoir une idée précise du siége anatomique de l'organe vocal et enfin connaître exactement le fonctionnement de chacune de ces parties.

Les conditions dont nous venons de parler sont des notions très-complexes dont l'éclosion ne pouvait avoir lieu que beaucoup plus tard.

Aristote a dit tout ce qu'on pouvait dire, à son époque, sur la formation du son et de la voix ; il a eu le mérite de rassembler un grand nombre de faits sur cette question et de les interpréter par des explications quelquefois erronées, mais le plus souvent ingénieuses et vraies. Pour expliquer au moyen d'un principe vrai, déjà établi, tous les phénomènes qui en découlent naturellement, il suffit d'avoir de la logique ; mais pour expliquer au moyen d'un principe faux une série de phé-

nomènes naturels, il faut plus que de la logique, il faut une
imagination féconde et habile, il faut du génie. Mieux que
personne, Aristote sut être tout à la fois intéressant et logique
en se trompant.

Les notions qu'il possédait sur l'acoustique se résument à
bien peu de chose ; il ne comprenait pas autrement le son que
par le choc de deux corps sonores l'un contre l'autre. Quant
au grave et à l'aigu, ils sont dus, selon lui, à la vitesse du corps
qui produit le son : l'aigu est vite, le grave, lent. Ses connaissances anatomiques n'étaient pas plus avancées. Nulle part il
ne fait mention des parties du larynx qui produisent réellement la voix ; il ne considère que le larynx pris en masse, et il
est évident que s'il le distinguait en quelque manière du reste de
la trachée-artère, c'était parce que le choc de l'air générateur de
la voix avait lieu dans cette partie. Sa théorie physiologique se
ressent naturellement de ces notions incomplètes, mais cependant elle s'est maintenue avec une grande autorité jusqu'aux
environs du dix-septième siècle.

Acoustique. — Aristote a consacré un chapitre spécial à l'étude
du son et de l'ouïe [1]. « Deux choses, dit-il, doivent être considérées dans le son : l'une est une certaine action, l'autre une
faculté. Εστι δὲ διτλὸς ὁ ψοφος· ὁ μεν γε ενεργεια τις, ὁ δε, δυναμις,
duplex autem est sonus : alter enim est actus quidam : alter,
potestas. » Le mot διτλὸς, *duplex*, en latin, a été traduit littéralement par *double*, et l'auteur de cette traduction a pensé qu'Aristote distinguait deux sortes de sons : « Aristote, dit-il, distingue
d'abord deux sortes de son, l'un en activité, l'autre en puissance [2]. » Nous ne partageons point cette opinion. Si Aristote
avait distingué deux sortes de sons, il les aurait mentionnés tous

---

[1] *De sono et auditu.* Edition de 1619, t. II, p. 640.
[2] Rambaud, Thèses de l'Ecole de médecine de Paris. Année 1853.

les deux dans ce chapitre spécial ; mais il est évident qu'il parle seulement du son considéré comme action d'un corps en mouvement, du véritable et unique son, tel du moins qu'il l'entend.

D'ailleurs, dans ce qui suit, Aristote développe sa pensée de manière à ne laisser aucun doute sur son véritable sens. « Car nous ne disons pas que la laine, l'éponge ont du son ; au contraire, nous disons que l'airain en a [1]. » N'est-ce point dire en propres termes : Certains corps n'ont pas la faculté, *potestas*, de produire le son, comme, par exemple, la laine, mais d'autres, tel que l'airain, la possèdent. « Mais le son *action* se fait toujours par le mouvement de quelque chose vers quelque chose, dans quelque chose, car le choc est ce qui fait le son. Un seul corps ne peut produire le son, et faut-il encore, pour que le son soit produit, que les corps mis en mouvement pour donner ce résultat possèdent certaines propriétés ; car la laine ne rendra jamais un son, soit qu'elle donne, soit qu'elle reçoive le coup [2]. » Il n'est plus possible à présent de se méprendre sur l'opinion d'Aristote à propos de la formation du son. Les propriétés dont il vient de parler, sont le *potestas*, la condition matérielle indispensable des corps sonores, et le *son action* est un certain mouvement, un choc de deux corps l'un vers l'autre, sans lequel le son n'aurait pas lieu.

Un peu plus loin (p. 641), nous trouvons l'énumération plus complète des circonstances qui président à la production du son : « Le son, dit-il, est le mouvement de ce qui peut être

---

[1] Nam alia dicimus non habere sonum, ut spongiam, lanas : alia vero habere, ut æs.

[2] Sonus porro qui est actu, fit semper alicujus, ad aliquid, et in aliquo, etenim ictus est, qui facit sonum. Ideoque cum unum est, sonus fieri nequit..... Sonus non est ictus quorumcumque corporum : quia nullum sonum edunt lanæ sive percutientes, sive percussæ.

mû à la manière de ces corps, qui rebondissent lorsque quelqu'un les a jetés contre un corps élastique[1]. Car tout ce qui frappe ou est frappé ne sonne pas, comme, par exemple, si l'on frappe la pointe d'une aiguille avec la pointe d'une autre aiguille; mais il faut que ce qui est frappé soit *planum*, ὁμαλὸν, afin que l'air serré rebondisse et soit agité[2]. » Les corps concaves ne produisent pas le son de la même manière. « Une multitude de chocs succède au premier par la réflexion de ce qui est en mouvement[3]. »

Mais ces conditions ne suffisent pas pour produire le son. « Il faut encore que le choc des corps se produise en présence de l'air[4]. »

Aristote pensait que l'air par lui-même est incapable de sonner, parce que, dit-il, il s'échappe trop facilement. Cependant, quand on l'empêche de s'échapper, son mouvement produit le son. Il n'ignorait pas non plus que le son peut se produire dans l'eau.

L'écho est défini d'une manière irréprochable : « c'est, dit-il, l'air qui rebondit comme une balle[5]. »

Mais il va plus loin, il compare le son à la lumière et il établit les lois de la réflexion du son, avec l'assurance que donne aux

---

[1] Aristote ne paraissait pas avoir connaissance de l'élasticité des corps. Par *levibus corporibus* il indique une forme de corps favorable au développement de l'élasticité, mais il ne parle pas de l'élasticité elle-même.

[2] Sonus enim est motus ejus quod potest moveri eo modo, quo moventur ea quæ resiliunt a levibus corporibus, cum aliquis impulerit. Ut igitur dictum fuit, non quidvis percussum et percutiens sonat : veluti si acus acum percusserit ; sed oportet, id quod percutitur, planum esse, ut aer confertim resiliat et quatiatur.

[3] Concava autem refractione multos ictus post primum efficiunt, cum id, quod motum est, non possit exire.

[4] Sed oportet ictum fieri solidorum et erga aerem.

[5] Echo autem fit, quando ab aere, qui propter vas terminans ac friari prohibens, unus effectus est, rursus aer repellitur quasi pila.

grands génies leur propre intuition, à défaut de démonstration expérimentale. « Il paraît, dit-il, que l'écho se produit toujours, bien que ce ne soit pas manifeste, parce qu'il se produit dans le son, ce qui a lieu pour la lumière ; car la lumière est toujours réfléchie ; sans cela, la lumière ne serait pas partout, et les ténèbres existeraient là où on ne voit pas le soleil. Mais il n'en est pas ainsi, parce qu'il est réfléchi par l'eau, l'airain ou tout autre corps [1]. »

On voit déjà, d'après ce qui précède, que Aristote possédait sur le son des notions assez nombreuses et assez exactes ; pour les compléter et donner une théorie satisfaisante de la formation des tons, il lui manquait la notion complexe des lois de l'élasticité des corps.

Comparant toujours avec une certaine satisfaction le son à la lumière, il dit : « De même que, sans la lumière, on ne distinguerait pas les couleurs ; de même, sans le son, on ne peut distinguer le grave de l'aigu. Ces mots, *grave* et *aigu,* sont une métaphore inspirée par ce que nous voyons dans les objets qui tombent sous nos sens. Car l'aigu impressionne vivement en peu de temps, et le grave, peu en beaucoup de temps ; ce qui ne veut pas dire que l'aigu soit rapide et le grave lent (il parle probablement de la propagation du son) ; seulement, ce qui est aigu s'effectue dans un temps très-court, et ce qui est grave dans un temps plus long[2]. »

[1] Videtur autem semper fieri echo, quamvis non perspicua, quia contingit in sono, ut etiam in lumine : etenim lumen semper reflectitur, alioquin non fieret ubique lumen, sed essent tenebræ extra locum a sole illustratum, sed non ita reflectitur, ut ab aqua, aut ære aliquo alio corpore lævi. Quocirca facit umbram, qua lumen terminamus.

[2] Ut enim sine lumine colores non cernuntur, ita sine sono acutum et grave non percipitur. Hæc autem dicuntur per translationem ab iis quæ sub tactum cadunt. Acutum enim quasi pungit : obtusum vero quasi pellit. Acutum enim brevi tempore multum movet sensum : grave autem longo tempore parum.

Il est évident, d'après ce passage, qu'Aristote avait comme un pressentiment des lois des vibrations sonores qui ne furent trouvées que bien longtemps après. On dirait aujourd'hui : L'élévation des tons est en raison directe du nombre de vibrations dans un temps donné. Ces lambeaux de vérité, plutôt entrevus que distingués par les hommes exceptionnels, sont les éclairs du génie.

Ses idées sur la perception des sons ne manquent pas non plus de justesse. Il admettait, comme condition indispensable de cette perception, la présence de l'air dans la cavité auditive. Il établissait ainsi le fait primordial sur lequel est appuyée la théorie la plus nouvelle et la plus accréditée, touchant les phénomènes de l'ouïe. L'oreille interne, en effet, est comparée à un instrument de musique dans lequel l'air de la caisse joue un très-grand rôle. « Dans l'organe de l'ouïe, dit-il, il se trouve de l'air naturel[1]. C'est pourquoi les animaux n'entendent point par toutes les parties, car l'air ne pénètre point partout[2]. »

« L'air par lui-même ne produit pas de son, parce qu'il est facilement dissipé. Mais si on l'enferme, son propre mouvement fait le son. Dans les oreilles, il est enfermé, afin qu'il soit immobile et qu'il acquière ainsi une sensibilité exquise pour recevoir les différents mouvements extérieurs qui produisent le son. Si nous entendons dans l'eau, c'est que l'eau n'arrive pas jusqu'à cet air naturel; s'il en était autrement, l'air se dissiperait, et lorsque cela arrive, l'on n'entend plus. Et si la membrane (tympan) est malade, on n'entend pas plus qu'on ne voit, lorsque la peau qui est dans la pupille est malade[3]. »

---

[1] Auditui vero ut nativus aer.

[2] Quare non omni parte animal audit, nec quovis permeat aer.

[3] Ipse igitur aer soni est expers, quia facile dissipatur. Cum autem dissi-

Le rôle qu'il fait jouer à l'air immobile, qui protége le tympan et qui doit posséder une sensibilité exquise pour percevoir tous les mouvements du son, est tout à fait celui que lui attribuent nos physiologistes modernes. Pour Aristote, l'air tympanique était un sonomètre d'une sensibilité extraordinaire ; pour la plupart de nos physiologistes d'aujourd'hui, l'organe de l'ouïe est un instrument de musique, reproduisant d'une manière merveilleuse, aux portes du *sensorium commune*, tous les mouvements vibratoires qui lui sont communiqués.

Anatomie. — Aristote connaissait d'une manière assez précise le lieu où se produit la voix, mais cette partie qu'il appelait λαρυγξ, n'était autre chose pour lui qu'un corps cartilagineux, placé à l'extrémité de la trachée-artère [1]. Nulle part il n'est fait mention des cordes vocales, et rien ne fait supposer qu'il en ait soupçonné l'existence.

Dans l'*Histoire des animaux* (liv. I, chap. xii, p. 721), il parle encore du larynx et de la trachée, en décrivant les parties qui se trouvent dans le cou. « La partie antérieure, dit-il, c'est le larynx ; la partie postérieure, c'est le pharynx (*gula*). Celle qui est placée en avant est cartilagineuse ; elle transmet la voix et le souffle, et on la nomme artère ; mais celle qui est placée en arrière, devant l'épine, se nomme pharynx [2]. »

pari prohibetur, ejus motus est sonus : hic autem in auribus conditus est, ad hoc ut sit immobilis, ut exquisite sentiat omnes differentias motus. Propterea et in aqua audimus, quia non ingreditur ad ipsum connaturalem aerem, immo nec in aurem, an fractus. Cum autem hoc acciderit, non audit. Nec si membrana ægrotaverit, quemadmodum non videtur, cum pellis quæ est in pupilla ægrotaverit.

[1] Guttur autem, quod et arteria vocatur, corpore constat cartilaginoso : non solum enim spirandi causa est sed etiam vocis [*].

[2] Collum, quod inter pectus, et faciem est, cujus pars prior guttur, posterior gula : quantumque colli ipsius cartilagineum priorem obtinens situm,

[*] *De partibus animalium,* lid. III, cap. iii, p. 1002.

Un peu plus loin (chap. XVI, p. 734), il donne le complément de la description de la trachée en parlant de l'épiglotte.

« A la partie postérieure de la langue se trouve la petite langue (*lingula*, épiglotte). Elle est placée entre les ouvertures dont nous parlions tout à l'heure : elle est destinée à ouvrir et à fermer tour à tour l'extrémité de l'artère qui regarde la bouche. L'artère est réunie à la base de la langue par l'une de ses extrémités ; par l'autre, elle descend jusqu'aux poumons, dans lesquels elle se subdivise[1]. »

Les fonctions de l'épiglotte se trouvent encore mieux indiquées dans le livre *De partibus animalium*, à l'endroit où il parle de la pénétration du liquide dans la trachée. « La nature a obvié aux inconvénients de la pénétration des liquides dans la trachée, au moyen d'une petite langue ou épiglotte (ἐπιγλωττιδα) qui ferme l'artère. Parmi les animaux vivipares, ceux qui ont des poumons et la peau couverte de poils, en sont seuls pourvus. Les oiseaux n'en ont pas. Chez ces derniers, le larynx se resserre et se dilate de telle manière, qu'il s'ouvre en rendant ou en prenant le souffle, et se ferme afin que rien ne tombe dans la trachée pendant le passage de la nourriture. Si, par un faux mouvement, quelques parcelles d'aliment pénétraient dans la trachée, la toux serait provoquée, et il y aurait sentiment de strangulation[2]. »

vocem transmittit et halitum id arteria nominatum est. At vero quantum interius carneum spinæ prejacet, gula dicitur.

[1] Jungitur linguæ postremæ, quæ lingula nominata est, posita inter ea, quæ modo dixi, foramina : videlicet apta, quæ per vias arteriæ foramentum quod ad os spectat operiat. Arteria altero extremo, cum lingua ima conjungitur, altero ad pulmonis intercapedinem descendit, tum in utramque finditur partem pulmonis *.

[2] Attamen natura ad hoc molita ut minorem linguam, sive lingulam, quæ arteriam operiret. Non omnia vivipara eam obtinent, sed ea tantum,

* *Loc. cit.*

Ce dernier passage prouve que du temps d'Aristote, aussi bien qu'aujourd'hui, il se produisait cet accident vulgairement appelé *avaler de travers*.

Physiologie. — Aristote définit la voix « un certain son produit par un corps vivant, car les choses inanimées n'ont pas de voix[1]. » Au sujet de cette distinction, il remarque que l'on a tort de donner le nom de *voix* au son produit par certains instruments ; puis, développant sa pensée, il dit que la voix est un son produit par les animaux, mais que toutes les parties de l'animal ne sont pas aptes à la produire. « Tout son, dit-il, est produit par le choc de quelque chose sur quelque chose et dans quelque chose. Dans la voix, le corps choquant est l'air. L'âme, qui se trouve dans ces parties, pousse l'air pendant la respiration contre la trachée-artère, et ce choc est le son[2]. » On ne peut pas être plus explicite. Pour Aristote, constatons-le, la voix est le choc de l'air sur le larynx.

Comme conséquence de sa définition, il établit ensuite que la voix n'est pas un son quelconque produit par les animaux, et que ceux-là seuls qui respirent, ont de la voix[3].

Dans le livre *De partibus animalium* (lib. III, cap. III), il

quibus pulmo et cutis pilo intecta, non cortex, non penna operimento est. Corticatis enim, pennatisque, guttur, vice lingulæ operientis ipsum, contrahitur et diducitur : quemadmodum illis aperitur aliunde, et aperitur : videlicet spiritui trahendo reddendove aperitur, cibo ingerendo operitur ne quid illabatur. Quod si quid erroris in eo motu committitur, vel decerrante cibo in alienum tramitem, vel respiratione præveniente, tusses, strangulationesque excitantur, ut dictum est.

[1] Vox autem est sonus quidam animati, nullum enim inanimatum vocem emittit.

[2] Sed cum aliquo percutiente aliquid et in aliquo, quidem ut aer, sonus effici soleat. Quare vox est ictus aeris, respiratione attracti, qui quidem ab anima fit ea, quæ his in partibus collocatur, ad eam partem quæ gurgulio appellatur.

[3] Non enim animalis sonus, vox est : jure profecto vocem animalium ea solum habebunt, quæ suscipiunt aerem.

avait établi que tous les animaux n'ont pas de cou, et qu'il n'y a que ceux qui possèdent des poumons qui en aient un. On peut se passer d'œsophage, car les aliments peuvent pénétrer directement dans l'estomac sans inconvénient; tandis que, pour produire la voix, il faut une trachée, et, par conséquent, un cou.

Ces observations ingénieuses et vraies indiquent à elles seules un remarquable talent d'observation et une connaissance assez approfondie de l'anatomie et de la physiologie comparées.

Pour compléter ce que nous avons à dire sur ce sujet, nous devons nous transporter au chapitre IX du livre IV de l'*Histoire des animaux*, où Aristote examine la voix dans la série animale. C'est là surtout que l'on peut se faire une juste idée des connaissances immenses que possédait ce grand homme. Il est vrai qu'il ne les eût peut-être pas acquises si un prince, ami des sciences, ne lui en avait pas fourni les moyens. Mais quel travail infatigable, quel génie d'observation n'a-t-il pas fallu pour étudier, classer, expliquer ces milliers de phénomènes fournis par les parties les plus reculées du monde connu à cette époque !

Toujours logique dans ses expositions, Aristote commence par établir les différences qui existent entre le son, la voix et la parole ; puis il définit la parole : « l'articulation de la voix au moyen de la langue. Les voyelles sont produites par la voix et par le larynx ; les consonnes sont produites par la langue et par les lèvres [1]. »

C'est pourquoi, ajoute-t-il, les animaux qui n'ont pas la langue libre, dégagée, n'ont ni voix, ni parole. On donnerait sans doute aujourd'hui une raison plus physiologique de l'absence de la parole chez les animaux.

---

[1] Locutio non nisi vocis per linguam explanatio est. Vocales igitur litteras a voce, et gutture, consonantes lingua et labris proferuntur.

Aristote accordait une importance très-grande à la voix. Il avait reconnu qu'elle était le principal agent de la vie de relation, et que la plupart des animaux étaient pourvus de larynx; il avait remarqué aussi que ceux qui étaient privés de cet organe avaient la faculté de produire un son significatif pour les animaux de la même espèce.

C'est ainsi que, dans le genre des cigales, tous ces animaux donnent un son au moyen d'une ceinture membraneuse placée au milieu du corps, et qui comprime l'air intérieur[1].

Les mouches, les abeilles, font entendre un son en se frappant de leurs ailes et en se contractant. Car le son est produit par le choc de l'air intérieur[2].

Les sauterelles, en particulier le criquet, font entendre un bruit particulier par le frottement de leurs longues jambes.

« Les mollusques et les crustacés ne donnent aucun son. Les poissons non plus n'ont pas de voix, car ils n'ont ni poumons, ni artères, ni larynx; cependant il établit une exception pour quelques poissons du fleuve Achéloüs, » et les derniers travaux de M. Cl. Bernard sont venus légitimer cette croyance[3].

Le cri particulier que fait entendre chaque animal, n'avait pas échappé à l'observation d'Aristote. Nous en dirons quelques mots à propos de la mue de la voix.

Aristote croyait la voix très-perfectible, et il la considérait comme étant, de toutes les parties, la plus apte à l'imitation.

---

[1] Omnia vero in eo genere membrana, septo transverso subdita, qua præcinctum corpus distinguitur, sonant : ut genus cicadarum attritu spiritus.

[2] Muscæ, etiam apes et reliqua iis similia, cum volant sese attollunt et contrahunt. Sonus enim attritus interioris spiritus est.

[3] Locustæ suis gubernaculis atterentes sonant : nullum molle, nullum crustatum vel vocem, vel sonum aliquem mittit naturalem. Pisces vocis quidem expertes sunt : quippe qui neque pulmonem, neque arteriam, aut guttur obtinent : sed sonos quosdam... aper etiam piscis quem amnis Achéloüs gignit, vocalis habitus est, et erica, et cucculus.

« Les oiseaux, dit-il, donnent à leurs petits une éducation sans laquelle ils ne chanteraient pas, car la voix ou le cri est bien différent de l'articulation ou de la voix chantée. Si les petits sont privés de l'éducation paternelle, et qu'ils se soient habitués aux mœurs et à la voix des oiseaux d'une autre espèce, ils ne chantent plus comme leurs parents. De sorte que, si la voix est un don de la nature, la voix chantée est un bénéfice de l'art et de l'étude. Tous les hommes ont la même voix, mais un langage bien différent[1]. »

Dans le livre que nous venons de parcourir rapidement pour donner une idée succincte des opinions d'Aristote sur la formation de la voix dans la série animale, il n'a pas été question de la formation des tons, ni des modifications de la voix, selon les sexes, l'âge, l'état de santé ou de maladie. Cette lacune se trouve comblée d'une manière assez satisfaisante dans les livres que nous allons examiner.

Dans le livre *De Gener. animalium,* liv. V, chap. VII, il recherche la cause des différentes voix. « Une des principales causes, dit-il, de l'acuïté et de la gravité de la voix, c'est l'âge.

« Et il faut croire que cette cause qui produit la voix aiguë et la voix grave, est la même que celle des changements qui surviennent dans le corps aux différents âges de la vie[2]. »

«Tous les animaux ont une voix beaucoup plus aiguë quand ils sont jeunes ; il faut en excepter les veaux[3]. »

[1] Et avicularum nonnullæ haud vocem eamdem mittunt, quam sui parentes, si præreptæ paterna caruerint educatione moribusque, et cantibus cæterarum avium insueverint. Ut pote cum non perinde locutio ut voce per naturam provenire sed acquiri posset per disciplinam et studium. Unde homines quoque locutione utuntur varia, cum vocem omnes reddant eamdem.

[2] Igitur acuminis, gravitatisque causam eamdem esse arbitrandum, quam mutationis, cum minora, majoraque natu notantur.

[3] Cætera autem omnia, cum natu minora sunt, vocem mittunt acutiorem : vituli autem bubuli graciorem.

« Dans cette même espèce d'animaux, il arrive une chose analogue pour les mâles et pour les femelles. Car, tandis que dans toutes les autres espèces, la femelle a une voix plus aiguë que celle du mâle, c'est le contraire chez le bœuf. En effet, les vaches ont un mugissement plus grave que celui des taureaux [1]. »

Pour expliquer l'aigu et le grave de la voix, il rappelle les principes qu'il avait énoncés dans le chapitre *De sono et auditu*. « Du moment, dit-il, où le grave consiste dans la lenteur du mouvement, et la rapidité, dans l'acuïté il faut rechercher la cause de cette lenteur et de cette rapidité [2]. »

« En vérité, l'on dit bien que ce qui est grand comme masse est mû lentement : ce qui est petit, au contraire, est mû rapidement ; et cela est la cause que les uns ont une voix grave et les autres une voix aiguë. Cela est vrai, ajoute-t-il, mais pas toujours. Car, si cela était, on ne pourrait pas facilement fournir une voix petite et grave à la fois ou grande et aiguë [3]. »

Aristote veut que l'on considère dans le grave et l'aigu autre chose que la masse qui est mise en mouvement, il veut que l'on considère l'état des forces motrices, il veut, en un mot, comme nous le dirions aujourd'hui, que le mouvement soit en raison directe de l'intensité de la force, et en raison inverse de la masse. Par conséquent l'aigu et le grave dépendent unique-

---

[1] Quod idem maribus etiam, et fæminis ejus generis evenit. Cum enim in cæteris generibus fæmina vocem mittat quam mas acutiorem, cæteræ fæminæ acutius sonent, contra in bobus est. Vaccæ enim gravius quam tauri sonant.

[2] Cum autem grave in tarditate motus consistat, acutum vero in velocitate, utrum quod moveat, an quod moveatur, causa fit tardi, aut velocis quærendum est.

[3] Quidam enim quod multum est tarde moveri : quod parum, velociter id moveri aiunt : eamque esse causam, ut alia vocem gravem emittant, alia acutam. Quod recte aliquatenus dicitur, sed non recte in totum. Nam si hoc ita esset, parvam eamdemque gravem emittere vocem non facile liceret : nec magnam, et eamdem acutam.

ment des rapports qui existent entre la force qui meut et l'objet qui est mis en mouvement. « Car, si ce qui est mû, dit-il, dépasse les forces de celui qui meut, le mouvement sera lent ; il sera rapide si le contraire a lieu[1]. »

Partant de ces principes, il s'explique pourquoi les femmes, les enfants, les convalescents, les vieillards ont la voix plus aiguë que les hommes valides.

« C'est parce que, dit-il, les premiers ne mettent qu'une petite quantité d'air en mouvement à cause de leur faiblesse : et que ce qui est petit est mû avec plus de vitesse[2]. »

Cela est très-faux, mais c'est éminemment logique.

Pour expliquer l'acuité de la voix chez les veaux et chez les vaches, il invoque des raisons moins vraisemblables, mais tout aussi ingénieuses.

Il suppose que, chez ces animaux, le conduit qui donne passage à l'air est beaucoup plus grand, et qu'ils sont ainsi forcés de mettre en mouvement une plus grande quantité d'air[3].

Les quelques citations que nous venons de produire, montrent que Aristote avait quelques notions exactes sur le mouvement des corps en général, et en particulier sur le mouvement qui produit le son. Pour lui comme pour nous, le mouvement rapide des vibrations répondait aux sons aigus, et le mouvement lent aux sons graves. C'était déjà quelque chose ; mais pour avoir une idée complète de ses connaissances sur ce sujet, nous allons parcourir la section XI de ses *Problèmes*.

Dans le problème 2, il donne une explication très-satis-

---

[1] Nam si quod movetur, superat vires ejus quod movet, tarde quod fertur, ferri necesse est : si superatur, velociter.

[2] Cum præ sua imbecillitate parum aeris moveant : fertur enim velociter, quod parum est.

[3] Vas per quod primum spiritus fertur, amplius in iis est, multumque aeris moveri cogitur.

faisante de la voix grande et de la voix petite, qu'il se garde bien
de confondre avec la voix grave et la voix aiguë.

« Pourquoi, dit-il, ceux qui ont un tempérament chaud émet-
tent-ils habituellement une voix grande? Serait-il nécessaire
qu'ils eussent dans le corps beaucoup d'air chaud? Car la force
de la chaleur attire facilement l'air et l'esprit, et avec d'autant
plus d'intensité qu'elle est plus grande. Mais la voix grande se
produit quand beaucoup d'air est agité ; si l'air est agité promptement, la voix est aiguë, s'il est agité lentement, la voix est
grave [1]. »

Aristote a énoncé dans ce problème deux grandes vérités.
La première, c'est que la voix est d'autant plus grande qu'elle
est fournie par une plus grande quantité d'air; la seconde, c'est
que l'aigu et le grave sont chacun en raison directe de la vitesse
ou du nombre de vibrations dans un temps donné. Malheureusement il ne dit pas ce qu'il entend par nature chaude, de sorte
qu'il est impossible de dire si, en réalité, l'intensité de la voix
tient au plus ou au moins de calorique que le corps renferme.

Dans le problème 6, où il cherche le motif pour lequel
les voix lointaines paraissent plus aiguës, il émet, sur la propagation du son, des idées très-saines, et il est facile de voir
que le mouvement de l'air, tel que nous l'admettons aujour-
d'hui, ne lui était pas inconnu [2].

[1] Cur omnes, qui natura sunt calida, magnam vocem emittere solent?
An quod multum in his acrem, fervidumque inesse necesse est, vis enim
caloris facile ad se spiritum trahit, et acrem : eoque amplius id agit, quo
amplior est. Vox autem magna tum oritur, cum aeris multum agitatur,
utque acuta, cum celeriter, sic gravis, cum tarde aer incitatur.

[2] Cur voces e longinquo acutiores esse videntur? itaque cum hominum
procul admodum absentium clamorem imitamur, vocem acute emittemus,
et similem his, qui suam vocem in sonum adstringunt tenuiorem. Et strepitus quoque resonandi acutior venit, quem procul abesse palam est : non
enim nisi per refractionem existere potest. Cum igitur in strepitus ratione,
acutum quod velox sit, tardum autem quod grave, voces e longinquo de-

Le onzième problème est destiné à rechercher pourquoi les hommes qui ont veillé ont la voix plus rude. « Cela tient, dit-il, à ce que chez ces hommes il y a une plus grande sécrétion d'humeur, surtout dans la tête, et que la gorge s'en trouvant remplie, il en résulte de la raucité à cause de l'inégalité des surfaces et de la gravité par suite de l'occlusion des conduits [1]. »

Dans le douzième problème, il se demande pourquoi la voix est cassée après le repas ? « Est-ce que, dit-il, la partie qui forme la voix se serait échauffée par le passage de la nourriture ? Ce qui est échauffé attire l'humeur, déjà préparée et très-abondante à cause du passage des aliments [2]. »

latas tardiores videri oporteret : quæ enim feruntur, eo tardius omnia moventur, quo longius a suo discesserunt principio tandemque collabuntur et decidunt. Utrum igitur qui imitantur, voce exili simulant et sono tenui agere tentant vocem, quæ se e longinquo defert : tenuis autem gravis non est : neque exiguus, exilisque vocis proferendæ usus gravis est, sed acutus sit necesse est. An non modo qui imitantur, ea de causa ita simulant, verum etiam strepitus ipsi acutiores existunt. Causa vero cur ita sit, quod aer, qui defertur, strepitum excitat, et quemadmodum primum illud obstrepit, quod aerem moverit : sic rursus aer subinde movendo agat oportet, ut partim moveat, partim moveatur. Quo fit ut continuari strepitus possit, quippe cum perpetue moventi movens succedat, donec omnis conatus movendi emarcescat : quæ quidem res in corporibus non nisi cadere est, cum scilicet aer non amplius impellere vel telum, vel aerem potest. Vox enim continua redditur, cum aer aerem propellit, telum autem fertur, cum corpus ab aere movetur. Hic igitur corpus idem defertur assidue, usque ad eum finem, dum corruat. At ibi alius atque alius aer perpetuo necessitudine profluit, præcedenteque subsequens minor est. Itaque velocius quidem movetur, sed per minus subinde aeris ; qua de causa voces acutiores e longinquo tenuiores sentimus : est enim acutum, quod velocius est, ut ambingendo superius proposuimus.

[1] An quod ejus corpus ob cruditatem humescit maximeque loco superiori, unde caput quoque gravescit. Et cum fauces humore redundent, vocem asperiorem existere necesse est : asperitas enim ob inæqualitatem, gracitas propter ob septionem exultat, retardius enim fertur.

[2] Cur cibo ingesto mox tenor frangitur vocis? An quod membrun illud voci tributum crebro cibi occursu perclusum concalescit, concalescens hu-

Dans le problème 22, il donne sur le même sujet plus de développements à sa pensée. « Les histrions, dit-il, les chanteurs et autres personnes de la même classe ont l'habitude d'exercer leur voix le matin et à jeun, parce que la voix pourrait être compromise par cet exercice après le repas. Mais le dérangement de la voix, dans ces circonstances, peut-il être attribué à autre chose qu'à une lésion de l'organe qui la produit? Sans doute, et ceux qui ont la voix enrouée ne l'ont pas telle à cause de l'air qui serait vicié, mais parce que la trachée-artère, qui a été souvent échauffée, se trouve enflammée. C'est pourquoi ceux qui ont eu la fièvre ou qui viennent de l'avoir ne peuvent pas chanter immédiatement après ; car ils ont le gosier enflammé. Mais après l'ingestion des aliments, l'esprit est rendu chaud et en plus grande abondance : dans ces conditions, il peut irriter et enflammer l'artère, et, si cela arrive, la voix peut être détruite[1]. »

On voit, d'après ce problème, que, déjà du temps d'Aristote, on savait qu'il ne faut pas chanter immédiatement après le repas.

D'après cette observation, nous pouvons supposer que l'art du chant était assez avancé à cette époque.

morem attrahit, qui ob absumpti cibi humefactionem et largior est, et paratior?

[1] Itaque omnes qui vocem exercent, ut histriones, saltatores, et cæteros generis ejusdem, mane jejunoque ore exercitationem adire licet inspicere. An vocem corrumpi non aliud est quam membrum, qua spiritus transmeat, corrumpi? Quocirca rauce quoque voce corrupta sunt, non quod spiritus vitiatus est, qui vocem efformat, sed quod exasperata arteria est, quæ vehemente concalfactione exasperari maxime solita est. Quamobrem neque qui febriunt, neque qui febrierunt, statim cum febris cessaverit, cantare queunt : sunt enim asperis nimio ex calore faucibus. Cibis autem spiritum et largum reddi, et fervidum, consentaneum est. Qui talis autem est, exulceret arteriam transmeando, atque exasperet, ratio est : quod cum inciderit, merito vox destrui potest.

Dans le problème 13, il explique encore pourquoi ceux qui pleurent ont la voix plus aiguë que ceux qui rient. « La raison de cette différence, dit-il, est que les premiers étant surexcités, ils chassent l'air avec plus de rapidité, et ce qui est plus rapide est plus aigu. Les seconds sont affaissés, accablés par le rire, et l'air chassé plus promptement, ils mettent peu d'air en mouvement. » Il paraît soupçonner ce que son explication a de défectueux, et il ajoute : « Les malades émettent cependant une voix aiguë; cela tient à ce qu'ils chassent peu d'air; tandis que ceux qui rient chassent non-seulement peu d'air, mais ils le chassent vite. Ceux qui rient chassent un air chaud ; ceux qui pleurent, un air froid : car la douleur entraîne le refroidissement de la poitrine ; la chaleur y attire beaucoup d'air, qui, à cause de son grand volume, est chassé avec moins de rapidité. Le froid, au contraire, en attire peu[1]. »

Dans le problème 15, il ajoute à cette explication la suivante : « Ceux qui pleurent resserrent la bouche en criant, le cou se contracte, et, par conséquent, l'air, passant à travers des orifices plus étroits, s'écoule plus vite, et la voix est plus aiguë. Chez ceux qui rient, au contraire, les organes sont relâchés, et ils rient en ouvrant la bouche, d'où il suit que l'air est poussé plus lentement. » Cette explication, bien qu'elle soit incomplète, est assez satisfaisante, car elle s'appuie sur la cause véritable du phénomène.

[1] Quare qui flent, vocem mittunt acutiorem, qui rident, graviorem? An quod alteri suam ob debilitatem parum spiritus movent, alteri vehementer intendunt, quod facit ut spiritus velocius ferri possit : velox autem omnis acutus est, quippe qui ab intento projectus corpore, feratur velociter : contra, qui ridet, resolvitur, et debilitatur, itaque vocem gravius edit. Quanquam ægri acutam emittunt vocem, parum enim aeris movent. At vero qui rident : non solum parum sed etiam levius movent : ad hœc qui rident, spiritum calidiorem emittunt : qui flent frigidiorem. Dolor enim refrigeratio pectoris est. Calor itaque multum aeris movet, ita ut tarde feratur : frigor autem parum ciet.

Dans le problème 65, il recherche pourquoi les enfants, les eunuques, les femmes, les vieillards ont la voix plus aiguë.

« La vitesse, dit-il, est proportionnellement inverse à la masse du corps ; ce qui est petit est mû beaucoup plus vite que ce qui est plus grand. C'est pourquoi ceux qui sont dans la force de l'âge peuvent attirer une plus grande quantité d'air, qu'ils renvoient par conséquent plus lentement, ce qui fait la voix grave. Le contraire arrive chez les enfants et chez les eunuques, car ils prennent moins d'air. Les vieillards tremblent, parce qu'ils ne peuvent pas contenir la voix. Il leur arrive ce qui arrive aux enfants et aux gens débiles lorsqu'ils veulent prendre un long bâton par une de ses extrémités, l'autre extrémité retombe, parce qu'ils ne peuvent pas la soulever.

Ces explications sont complétées par celles qu'il donne dans le problème 14 : « Les jeunes animaux, dit-il, et les enfants ont plus de chaleur que ceux qui sont plus âgés ; les conduits de l'air sont plus étroits et ils peuvent contenir moins d'air. Or, la chaleur qui met en mouvement étant plus grande, et la chose mue, étant en moindre quantité, l'air sera chassé avec plus de vitesse. Mais s'il est chassé avec plus de vitesse, la voix sera plus aiguë[1]. »

En parcourant les nombreuses citations que nous avons cru devoir extraire des œuvres d'Aristote, le lecteur a pu s'apercevoir comme nous que l'organe vocal n'est décrit nulle part avec les détails suffisants. Cette lacune permet de supposer qu'Aristote ne connaissait pas les rubans vocaux ni le mécanisme qui les met en vibration ; s'il eût possédé ces connaissances, il aurait

---

[1] Cum autem novella calidiora sint, quam vetusta, suosque meatus habeant arctiores, minus in se aeris possunt continere : cumque calor qui moveat, amplior in his insit, res autem, quæ moveatur, minor substat, velocius utraque de causa aer moveri potest. At si velocius, vox certe acutior dabitur ob ea ipsa quæ ante retulerimus.

pu donner une théorie de la voix basée sur une appréciation très-saine de la formation des sons en général; sur ce dernier sujet, il est vraiment remarquable, et il est aisé de voir que, sans les avoir bien définies, il avait deviné les principales lois de l'acoustique.

GALIEN, NÉ VERS L'AN 131 AVANT J.-C.

Les travaux de Galien qui sont arrivés jusqu'à nous, permettent non-seulement d'apprécier le progrès que ce grand homme fit faire à l'art de guérir, mais ils nous donnent encore une idée précise des connaissances générales répandues de son temps. Malheureusement le traité spécial qu'il avait consacré à la voix a été perdu, et cette perte est regrettable assurément, car le peu que nous trouvons, disséminé dans les autres traités, indique des connaissances étendues sur la structure et le fonctionnement des organes de la voix.

Acoustique. — Galien, habituellement si prolixe, si fécond en explications, en recherches, sur la cause des phénomènes qu'il observait, a dit très-peu de chose sur le son.

Dans le traité *De usu partium* (liv. VIII, t. I, p. 167, 5ᵉ édit. latine, chez les Juntes, à Venise, 1576), il définit le son à peu près comme Aristote le définissait, c'est-à-dire : un choc de l'air, soit qu'il frappe, soit qu'il soit frappé[1].

Cette définition, par trop élémentaire, se trouve développée dans le traité de l'*Usage des parties*.

Voici ce qu'il dit à propos des cartilages du larynx : « Je prouverai d'abord que l'organe de la voix exigeait absolument

---

[1] Sonus et vox id ipsum erunt, sive aer percussus, sive aeris quædam percussio.

des cartilages ; car j'ai démontré, dans mes Commentaires sur la voix (livre perdu), que toute percussion de l'air n'est pas capable de produire un son, mais qu'il faut un certain rapport entre l'air, d'une part, et, d'une autre, entre la substance et la force du corps qui frappe l'air, de manière que ce dernier oppose quelque résistance et ne soit pas rejeté, vaincu au premier choc. Le cartilage présente dans les animaux ce degré convenable ; les corps plus mous, faute de force, frappent l'air d'une façon insensible ; les corps durs repoussent l'air si vivement, qu'il reçoit le coup sans attendre et sans résister, et que, s'échappant et s'évanouissant, il paraît moins recevoir le coup que s'écouler [1]. »

Ce passage nous montre évidemment que Galien n'avait pas une idée très-précise des vibrations sonores, ni de cette propriété des corps que nous nommons élasticité et qui est une des conditions indispensables de la production du son. Il faut reconnaître cependant que l'existence de ces deux phénomènes était en quelque sorte pressentie par Galien, et que, sans les avoir définis, il en a toutefois deviné l'importance. Ces rapports indispensables dont il parle entre l'air et le corps qui le frappe dénotent une connaissance assez avancée des conditions qui président à la production du son.

A ces quelques considérations se borne tout ce que nous avons pu trouver dans Galien sur le son. Il n'est pas possible cependant que là seulement se soient bornées ses connaissances.

Ce que nous lisons dans Horace, au sujet des concerts de lyres et de flûtes qui retentissaient dans le palais de Mécène pendant les splendides festins, nous permet de supposer que, déjà à cette époque, la musique avait fait de grands progrès, et l'acous-

---

[1] *Galien*, traduct. de M. Daremberg, t. I, p. 402.

tique avait dû nécessairement précéder ou suivre ces mêmes progrès.

Anatomie. — Si les renseignements nous ont fait défaut pour apprécier les connaissances de Galien sur la physique, il n'en est pas de même pour l'anatomie. Du reste, la renommée de Galien est surtout légitimée par ses travaux anatomiques.

La description du larynx ne brille peut-être pas par la finesse et la multiplicité des détails ; mais, si nous la considérons seulement au point de vue de l'énumération des parties qui le constituent, ce qui est beaucoup pour l'époque, nous la trouvons complète et à peu près vraie.

Cartilages. — Galien n'admettait que trois grands cartilages : le thyroïde, le cricoïde ou innominé et l'arythénoïde. Il confondait les deux arythénoïdes en un seul, parce que, sans doute, selon la judicieuse remarque de M. Daremberg, il avait étudié le larynx entouré de ses membranes. La description, très-incomplète, de chacun de ces cartilages donne un grand poids à cette supposition.

L'utilité des cartilages en tant que matière possédant une consistance « ni trop dure, ni trop molle » a été très-bien saisie par Galien ; il a également bien apprécié les mouvements et les fonctions de chacune de ces parties : « Comme il leur fallait, dit-il, des articulations et des mouvements de deux sortes, les uns pour les dilater et les contracter, les autres pour les ouvrir et les fermer, l'articulation du premier cartilage avec le second (articulation crico-thyroïdienne) a été destinée à exécuter les premiers [à l'aide d'un double mouvement de glissement et de bascule], et l'articulation du second avec le troisième (crico-arythénoïdienne) à exécuter les autres [1]. »

____

[1] *Loco citato*, p. 491.

Ces mouvements, en effet, sont bien ceux que exécutent les cartilages du larynx pendant la production de la voix ; mais Galien n'en a vu que l'ensemble et n'en a point approfondi le mécanisme intime, car, sans cela, il eût pu découvrir la véritable théorie de la voix.

Muscles. — Galien comptait dix muscles intrinsèques et six muscles extrinsèques.

Les muscles intrinsèques sont : 1° les crico-thyroïdiens, qui sont au nombre de quatre : deux antérieurs et deux postérieurs (nous n'en connaissons qu'une paire aujourd'hui) ; 2° les crico-arythénoïdiens postérieurs ; 3° les crico-arythénoïdiens latéraux ; 4° les thyro-arythénoïdiens. Il en admet bien deux autres, ce qui porterait leur nombre à douze chez l'homme ; « mais ces muscles, dit-il, n'existent pas chez les animaux à voix grêle dont le singe fait partie, ils sont situés à la base de l'arythénoïde (arythénoïdien transverse et oblique). »

Les muscles extrinsèques sont : 1° les thyro-hyoïdiens ; 2° les muscles thyro-crico-pharyngiens ; il en reconnaissait deux de chaque côté, parce qu'il considérait comme un muscle distinct la portion qui s'insère à la corne inférieure du cartilage thyroïde et sur l'anneau cricoïdien ; 3° les muscles sterno-thyroïdiens.

La description que Galien donne de ces différents muscles est assez satisfaisante. Elle est peut-être incomplète, surtout si on la compare à celle de nos classiques ; mais le point de vue auquel s'était placé Galien n'exigeait pas de plus grands développements. — Pour lui, tous les muscles ont un nerf, venu de la moelle épinière pour leur communiquer la sensibilité et le mouvement. « Ce nerf, dit-il (p. 498), s'insère soit sur la tête du muscle ou sur une des parties qui sont au delà de la tête ; il peut encore s'insérer au dehors de la tête du muscle, mais ne dépasse pas le milieu du muscle ; l'extrémité opposée n'en reçoit aucun.

car alors ce point serait la tête et non la queue du muscle. »
Partant de cette idée, Galien ne devait se préoccuper que d'une
chose : trouver la tête du muscle pour en déduire la direction
du mouvement que ce muscle était chargé d'imprimer aux
parties. C'est ce qu'il a fait ; dans sa *Myologie* il se borne à
indiquer les points d'attache et à mentionner les mouvements
imprimés aux parties ; mais, en général, les usages des muscles
sont grossièrement compris, surtout l'usage des muscles intrinsèques. Ces erreurs tiennent sans doute un peu à ce que
l'action des muscles du larynx ne tombe pas directement sous
les sens, car la plupart des mouvements étaient alors inaccessi-
bles à la vue et au toucher ; mais leur principale cause doit être
attribuée à la nécessité où se trouvait Galien de découvrir la
tête de chaque muscle pour y faire aboutir un nerf. Nous nous
demandons cependant si l'on doit tant reprocher à Galien ses
erreurs ; car, après tout, s'il n'avait pas eu certaines idées
fausses, il n'aurait pas été arrêté par la position horizontale des
thyro-arythénoïdiens, et, par conséquent, il n'aurait point fait
la découverte des nerfs récurrents. Tant il est vrai que, souvent, l'esprit humain n'a d'autre guide que l'erreur pour suivre
la voie qui conduit à la vérité scientifique. Voici, d'ailleurs,
comment Galien est arrivé à sa découverte. Après avoir démontré que les nerfs ne dérivent pas du cœur, « comme le pensent
certaines gens qui ne connaissent rien en anatomie, entre autres Aristote, » il ajoute : « Mais, dans la réalité, comme tout
nerf dérive de l'encéphale ou de la moelle épinière, tous les
muscles de la tête et du cou jouissent d'un mouvement facile.
En effet, sur les muscles dirigés de haut en bas s'insère un
nerf encéphalique ; sur les muscles obliques, un nerf cervical
ou de la septième paire, qui lui-même a une direction oblique.
Les six autres muscles précités ne pouvaient recevoir leur nerf
ni de l'une ni de l'autre de ces régions.

« En effet, se dressant de bas en haut dans la longueur du larynx, ils n'avaient nullement besoin de nerfs obliques ; ils ne trouvaient pas de nerfs venant en droite ligne du cœur ; à la vérité, on pouvait tirer de l'encéphale des nerfs, mais ces nerfs arriveraient en suivant une route opposée [à celle qui convient]. Les muscles susnommés courraient donc grand risque de manquer, seuls entre tous les muscles, de nerfs qui leur communiquassent la sensibilité et le mouvement. Je ne voudrais pas révéler comment la nature a corrigé ce défaut par l'invention d'un habile expédient, avant de demander aux disciples d'Asclépiade et d'Epicure de quelle façon, à la place du Créateur des animaux, ils auraient gratifié de nerfs les muscles précités. J'ai l'habitude d'agir ainsi parfois et de leur accorder pour délibérer non-seulement autant de jours, mais autant de mois qu'ils le demandent[1]. »

L'expédient dont parle Galien, on l'a déjà deviné, est celui au moyen duquel les nerfs récurrents remontent vers le larynx après être passés sous l'artère sous-clavière comme dans une poulie.

Mais revenons à l'organe vocal.

Trachée. — Galien a accordé une très-grande importance à la trachée. Selon lui, elle règle et prépare la voix au larynx ; et il distinguait parfaitement, à propos de son organisation, la disposition particulière des anneaux, qui permettait à ce tube d'être propre, tout à la fois, à la voix et à la production du souffle.

« En exposant que c'est la partie cartilagineuse de la trachée qui prépare la voix, nous avons fourni une nouvelle preuve de notre manière de voir : d'une part, au sujet du larynx, que nous considérons comme organe principal de la voix ; et, d'une autre part, au sujet de la trachée-artère, dont la partie cartilagineuse

____

[1] *Loc. cit.*, p. 499.

est organe de la voix et dont l'autre partie est organe de la respiration. Evidemment, il n'était pas possible qu'un organe, autrement construit que ne l'est la trachée-artère exerçât mieux cette double action. En effet, il fallait absolument qu'elle fût composée de pièces immobiles et d'autres mobiles, puisqu'en tant qu'organe de la voix elle ne pouvait se dilater et se contracter; attendu que, pour remplir cette fonction (c'est-à-dire la formation de la voix), il fallait une rigidité telle, qu'il lui était impossible de subir tour à tour ce changement d'état; d'un autre côté, en tant qu'organe de la respiration, elle ne pouvait être assez dure pour moduler un son, puisque sa première fonction était le mouvement. Mais maintenant les pièces mobiles étant alternativement disposées avec les pièces immobiles, la voix est produite par les pièces immobiles, et la respiration par celles qui sont mobiles[1]. » « Si vous enlevez les cartilages, vous anéantissez la voix; car la substance des membranes, des tuniques et de tous les corps aussi mous est comme une corde mouillée, impropre à la production de la voix. Si, par hypothèse, vous enlevez le ligament, vous abolissez la respiration en la confiant à des organes immobiles[2]. » On ne peut pas désirer des notions plus exactes, plus complètes et des vues philosophiques plus vraies.

Epiglotte. — Sur ce sujet, nous n'avons rien de mieux à faire que de citer encore textuellement les paroles de Galien : « Si vous considérez attentivement toute la structure de l'épiglotte, je suis certain qu'elle vous paraîtra admirable. En effet, elle est arrondie, cartilagineuse, un peu plus grande que l'orifice du larynx; elle est tournée du côté de l'œsophage, et située à l'opposite du troisième cartilage, dit arythénoïde. Il est

[1] P. 466 de l'*Us. des part.*
[2] P. 468.

évident qu'elle n'aurait pas cette situation si elle ne prenait pas son origine du côté opposé. De plus, si elle n'était pas cartilagineuse, elle ne s'ouvrirait pas pendant l'inspiration, et ne serait pas déprimée par les aliments ; car les corps trop mous restent toujours abaissés, tandis que les corps trop durs sont très-difficiles à mouvoir. L'épiglotte, évitant ces deux extrémités, doit se tenir droite quand nous respirons, et se renverser quand nous avalons. »

Physiologie. — Nous trouvons dans les œuvres de Galien deux théories différentes pour expliquer les phénomènes de la voix. L'une est authentique, c'est-à-dire qu'elle est exposée dans un chapitre qui appartient, de l'avis de tous les bibliophiles, à Galien. L'autre se trouve dans un traité qui est classé parmi les œuvres, que l'on nomme *Spirii*, et sur l'authenticité desquelles on a des doutes. Ce traité n'a pas été traduit ; il porte le titre de : *De voce et anhelitu*, édition latine, p. 576.

Quoi qu'il en soit, nous remarquerons d'abord que l'auteur de cette théorie n'a fait que développer les idées d'Aristote. « Quand le Créateur, dit-il, a voulu mettre en nous l'instrument de la voix, il a d'abord choisi une place où l'air puisse être mû rapidement, c'est la poitrine. Ensuite, il a établi le parcours de l'air de telle manière que le canal allât en se rétrécissant, dans le but d'augmenter la vitesse de l'air quand il passe dans les parties plus étroites ; car la rapidité rend l'air plus fort. Quand cet air frappe les cartilages, le son est produit. Pour produire le son, l'air frappe la trachée-artère, la luette, le palais et le conduit de l'air à travers les narines... Mais la voix n'est point produite si l'air ne frappe point d'abord l'épiglotte qui se trouve au-dessus de la trachée, semblable à cet instrument dont se servent les *tibicines*. » Il attribue également l'intensité de la voix humaine aux dimensions de l'épi-

glotte, et il conclut « que la parole est formée par la voix ;
la voix est en quelque sorte la matière ; car, lorsque le souffle
frappe l'épiglotte, la voix est produite ; il arrive alors ce qui a
lieu dans la flûte pendant l'exsufflation [1]. » Il est évident qu'il
compare ici le larynx à une flûte, car il ajoute : « Quando vero
canna erit stricta, vox erit acuta : et si ampla, erit gravis Si
curta, erit addens in acumine : et si longa, crescit in gravitate.
Humiditas autem epiglottidis facit vocis gravitatem, siccitas
vero acuitatem. »

Pour l'auteur qui a écrit ce livre, la voix se formait donc,
comme dans la flûte traversière, par le choc de l'air contre
un corps, contre l'épiglotte ; puis, les tons se font par les
variations dans la longueur du tuyau. Cette théorie, qui a été
reproduite de nos jours, mais avec tous les perfectionnements
rendus possibles par les progrès de l'anatomie et de l'acoustique,
n'était, en somme, que le développement des idées d'Aristote sur ce sujet ; car le principe sur lequel elle est basée est
celui du choc de l'air contre une partie quelconque.

L'autre théorie est basée sur un autre principe et sur la
comparaison du larynx avec un autre instrument de musique.

Cet instrument est bien une flûte, mais ce nom générique a
trompé beaucoup d'auteurs. Il faut chercher le nom précis de
tuba, fistula, canna, et l'on verra que Galien a voulu parler
d'un instrument à anche.

Il n'est pas possible d'en douter d'ailleurs en lisant attentivement ce qu'il a laissé entrevoir sur ce sujet. Voici comment
il s'exprime :

« Dans la cavité du larynx par où sort et entre l'air, est
placé un corps (glotte) dont j'ai dit quelques mots précédem-

---

[1] Nam quando percusserit illam, fiet illud, quod fit in fistula apud exsufflationem.

ment (chap. xi, p. 187), et qui, pour la substance et la forme, ne se rapproche d'aucune des parties de l'animal. J'en ai parlé dans mon traité *Sur la voix* et j'ai démontré que c'est le premier et le plus important organe de la voix... Ce corps ressemble donc à l'anche d'une flûte, surtout quand on examine la partie d'en haut et d'en bas. J'appelle en bas, là où la trachée-artère et le larynx se relient l'un à l'autre, et j'appelle en haut, là où se trouve l'orifice formé par l'extrémité des cartilages thyroïde et arythénoïde. Il serait plus juste de comparer non pas ce corps aux anches des flûtes, mais ces anches au corps lui-même. En effet, je le pense, la nature devance l'art et par le temps et par la supériorité de ses œuvres. L'inutilité de la flûte, dépourvue de l'anche, est manifestée par l'expérience même. Nous avons démontré dans un mémoire précédent que la voix ne saurait se produire sans le rétrécissement du conduit; que s'il se déploie dans toute sa largeur, les deux premiers cartilages se relâchant et s'écartant l'un de l'autre, et le troisième étant ouvert, il ne peut être émis de son; que si l'air est emporté doucement au dehors, l'expiration s'accomplit sans donner de son; que si l'air s'échappe brusquement et avec force, il donne lieu à ce qu'on nomme soupir; que, pour que l'animal émette un son, l'abaissement brusque du larynx est absolument nécessaire (nous ne comprenons pas pourquoi); que ce rétrécissement ne doit pas s'effectuer simplement, mais que le conduit, de large qu'il est, doit peu à peu se rétrécir, et d'étroit qu'il est devenu, reprendre peu à peu sa largeur. Cet acte est exactement accompli par le corps dont il s'agit actuellement, que je nomme glotte ou glottide du larynx. Cette glotte est nécessaire non-seulement au larynx pour produire la voix, mais encore pour ce qu'on nomme rétention du souffle. C'est ce terme qu'on emploie non pas seulement quand nous restons sans respirer, mais lorsque, encore, nous contractons en même temps le thorax de tous côtés, en tendant fortement les muscles situés dans les hypochondres et entre les côtes. Alors s'accomplit l'action la plus énergique de tout le thorax et des muscles qui forment le larynx. Ceux-ci, en effet, s'opposent fortement à l'expulsion de l'air, en fermant le cartilage arythénoïde. Cette action ne trouve pas un médiocre auxiliaire dans la nature de la susdite glotte [1]. »

Ce passage nous fait assurément regretter la perte du mémoire de Galien sur la voix, car tout ce qui concerne la production de la voix y est énoncé sommairement, mais d'une manière assez complète pour laisser deviner des connaissances très-étendues sur ce sujet.

Mais en nous bornant à analyser la citation que nous venons de faire, nous pouvons préciser l'opinion de Galien ; elle est d'ailleurs trop clairement exprimée pour qu'elle ait besoin de longs commentaires. Pour Galien, le larynx est une anche analogue à celle de certains instruments ; elle en a la forme, surtout, dit-il, *quand on la regarde par en haut et par en bas*, et il faut, pour que le son se produise, *un certain rapprochement des lèvres de la glotte*. On ne pouvait pas s'exprimer plus clairement, et cette comparaison était un véritable progrès.

Ainsi donc, il est incontestable que Galien, le premier, a comparé l'organe de la voix à cette série d'instruments qu'on appelle instruments à anches. Ce fait mérite d'autant mieux d'être enregistré, que la même comparaison, après avoir été longtemps abandonnée, est aujourd'hui généralement adoptée par les physiologistes. Voilà pour la production élémentaire du son de la voix.

Galien avait une connaissance exacte des ventricules qu'il

[1] Galien, trad. de M. Daremberg, t. I, p. 494.

décrit très-bien ; mais il ne leur fait jouer aucun rôle pendant la phonation. Il n'en est pas de même de la bouche et de la luette : « Nous avons aussi établi dans ce traité, que la trachée-artère règle et prépare la voix au larynx, et qu'au moment où elle s'y est déjà produite, elle est renforcée par la voûte palatine, établie en avant pour renvoyer le son comme un bassin, et par la luette qui joue le rôle de plectrum (le plectrum était proprement une petite verge d'ivoire avec laquelle on touchait les cordes de la lyre. Note de M. Daremberg). Nous y avons encore démontré que la voix ne se produit pas par une expiration simple, que l'émission du souffle (εκφυσησις, exsufflation) est la matière spéciale du son ; qu'il existe une différence entre l'exsufflation et l'expiration même, et quelle est cette différence ; que les muscles du thorax produisent l'exsufflation ; quel en est le mode de formation et quel est celui de la voix (p. 465). »

En somme, Galien avait une connaissance exacte de tous les éléments qui concourent à la production de la voix : thorax considéré comme soufflet ; cordes vocales constituant la partie sonore ; palais de la bouche considéré comme tuyau de renforcement. Ses connaissances étaient, on peut le dire, très-étendues, mais pas assez cependant pour que ce grand homme pût donner une théorie complète et satisfaisante de la phonation. La vérité peut être pressentie par le génie, mais elle ne mérite bien ce nom que lorsqu'elle est bien démontrée.

Appendice — On trouve dans le septième livre *De la composition des médicaments selon la différence des parties*, que beaucoup de médecins employaient des médicaments dits *artériaques* contre l'enrouement, la diminution ou la perte de la voix, parce qu'ils pensaient que l'eau passe en partie dans la trachée.

« En buvant, dit-il, une certaine quantité de la boisson

s'écoule dans la trachée-artère, non à plein tuyau, mais en mouillant, en arrosant de proche en proche la paroi de la trachée[1]. » Dans le chapitre des dogmes d'Hippocrate et de Platon, Galien s'appesantit un peu plus sur ce sujet.

Après avoir dit que Hippocrate et Platon pensaient que les passions vives, telles que la crainte, la colère, la peur, attiraient au cœur toute l'humidité du corps et que l'eau, dans ce but, passait dans la trachée, il ajoute : « Quant à ceux qui attribuaient à Hippocrate l'opinion que toute la boisson passait dans la trachée, il les traitait de menteurs avec une sainte indignation[2]. »

A ceux qui voudraient faire l'épreuve de cette pénétration il donne les indications suivantes : « Prenez une certaine quantité d'eau dans la bouche, puis, la tête étant renversée en arrière, ouvrez un petit peu la gorge (si toutefois il est à votre volonté de l'ouvrir et de la fermer) jusqu'à ce que vous sentiez s'écouler une petite quantité de boisson ; si la quantité d'eau est peu considérable, la sensation de titillation sera faible et on s'y habitue. De plus chacun peut maîtriser la toux, s'il fait peu ce qui provoque la titillation. Je pense que si la boisson pénètre en grande abondance, elle excitera la toux, mais si elle est en petite quantité, de manière qu'elle arrose les parois de la trachée, elle descend sans irriter. Il est de là évident qu'une certaine quantité de la boisson peut aller au poumon, car si vous avez amené (expérience d'Hippocrate) un animal à ce point d'être altéré,

---

[1] Cujus modi hoc est, inter bibendum e potu aliquid ad pulmonem per guttur, et asperam arteriam feratur non repente totum, neque per mediam fistulam influens, sed per tunicam ipsam sensim irrorans. 5ᵉ édit. lat. chez les Juntes, à Venise, 1576, t. I, p. 277.

[2] Imo illi potius qui cum adeo stultum putant fuisse, ut in pulmonem ferri potum universum opinatus sit, damnandi qui ita impudenter mentiantur.

qu'il veuille boire une eau colorée en bleu ou en rouge et que vous l'égorgiez après, vous trouverez la couleur dans le poumon [1]. »

En rapportant textuellement ce qu'on vient de lire, nous nous sommes proposé de faire connaître une pratique ancienne, abondonnée aujourd'hui, mais à tort. En suivant les préceptes de Galien on peut introduire un liquide médicamenteux dans le larynx, nous l'avons démontré expérimentalement autre part [2].

[1] Tam non satis copiosam aquam in os recipiat, deinde resupinatus orificium gutturis paululum aperiat (in nostra si quidem est potestate aperire et claudere cum volumus) tumque interlabi pauxillum quippiam in ex ore persentiet, quod titillare et irritare, si paulo copiosus extiterit, consuevit. Quin etiam irritatam tussim tolerando aliquis cohibere potest ut statim cesset, si pusillum id fit quod titillationem inducit. Ex quo satis patere arbitror potionem si universa fuerit, et multa, demum tanta, ut spirationis nos occupet, tussim irritare : si vero adeo pauca fit, ut per interiorem gutturis asperiæque arteriei tunicam quadam irritatione inspergatur, neque irritare, neque ullum penitus dum per arteriam delabitur, sensum efficeri. Perspicuum quoque inde esse potest aliquam potionis particulam ad pulmonem differi, si quodcumque bibuerit animal ad eam sitim redigeris, ut coloratam aquam haurire patiatur, tum vel cærulco colore, vel minio infectam potionem exhibueris, ac mox ingulatum ipsum dissecueris : colore eodem infectum pulmonem habere deprehende *.

[2] *Étude pratique sur le laryngoscope et sur la pénétration des médicaments dans les voies respiratoires*, par le docteur Ed. Fournié, chez Adr. Delahaye, éditeur.

* *Des dogmes* d'Hippocrate et Platon, liv. VIII, cap. IX.

FABRICE D'AQUAPENDENTE, NÉ EN 1537.

(Edition de Leipsick, 1687.)

Après Galien, il faut arriver jusqu'à Fabrice d'Aquapendente pour trouver un auteur qui se soit sérieusement occupé des organes de la voix.

Fabrice est le premier qui ait donné une monographie importante sur l'anatomie de ces organes. Ce motif nous engage à donner un exposé complet de ses connaissances, car nous y trouverons non-seulement l'histoire du passé, mais l'origine des progrès actuels. C'est l'homme qui caractérise le mieux l'époque de transition à laquelle il vivait : pénétré des erreurs du passé, il les corrige timidement tout en préparant un terrain nouveau pour l'avenir.

Physique. — L'acoustique de Fabrice ne diffère pas beaucoup de celle d'Aristote. Cependant il n'est pas possible de méconnaître un certain progrès non pas dans les faits, mais dans la manière de les interpréter, surtout les faits qui président à la formation du son. Fabrice, tout en admirant le génie d'Aristote, comme tous les auteurs de son temps, montre cependant une certaine hardiesse en relevant quelques erreurs ou plutôt en interprétant par d'autres paroles, *sub aliis tamen verbis,* la pensée du grand homme. Il reste ainsi fidèle aux usages respectueux, tout en rétablissant la vérité. Aristote avait défini le son : *percussio alicujus ad aliquid, et in aliquo.* « Il résulte de cette définition, dit Fabrice, que pour la production d'un son la présence de trois corps est indispensable : deux corps qui se choquent et un troisième dans lequel le choc a lieu (*nihil enim unquam in vacuo movetur*). Or, la voix étant un son produit par les animaux, nous devons trouver, chez eux les trois corps indispensables. L'air est facile à trouver, c'est celui des poumons, mais les corps durs, on a beau chercher, on n'en trouve pas [1]. »

Après cette entrée en matière, Fabrice cherche à éclaircir les paroles équivoques d'Aristote sur ce sujet. Quant à lui, il a observé bien des fois que la réunion de deux corps durs n'est pas indispensable à la production du son ; bien au contraire, il a vu le son produit par des corps mous, tels que, le bruit du tonnerre, celui des intestins, le son produit avec les lèvres, etc. [2]. La conclusion de cela est que :« le son pouvant être produit indifféremment par des corps durs ou des corps mous qui se choquent ou ne se choquent pas, la cause générale efficiente du son n'est point dans les corps durs, ni dans leur choc, mais le son a lieu là où l'air est brisé ; mais il est brisé si auparavant il a été comprimé et qu'on l'empêche de s'échapper ; il est manifeste que le son n'est autre chose qu'une certaine affection de l'air brisé à la suite d'une compression [3]. »

Il veut que, dans la production du son, l'air soit comme la matière qui reçoit le son et qui lui donne sa forme : « mais, dit-il, la cause générale efficiente du son est un corps quelconque qui

---

[1] At dura corpora quæ se mutuo percutiant, in animali, ut cumque respirati aeris viæ disquirantur perpendanturque, nusquam invenias.

[2] Nos autem contra a mollibus sæpe corporibus fieri sonitum observamus, ut sibilos, qui lingua et mollibus labiis fuint, et tonitrua, et ventris crepitus, et intestinorum murmur, et fundarum seu scuticarum strepitus, et id genus quam plurima.

[3] Quapropter ut difficultas solvatur, animadvertendum primo quod cum sonus tum a duris, tum a mollibus corporibus edatur, et quæ percuti mutuo ac non percuti conspiciantur ; ideo generalem causam, quæ sonum efficiat, neque esse dura corpora, neque quæ se mutua percussione feriant, sed quia sonus fit, ubi aer eliditur : tum vero eliditur si prius comprimatur, ac dissipari prohibeatur, manifestum est, sonum nil aliud esse, quam affectionem aeris ex compressione elisi.

puisse condenser, comprimer, frapper l'air et le faire éclater[1]. »

Préoccupé de justifier Aristote, il dit que ce qui fait le son est ce qui, en comprimant, résiste à l'air lui-même, et que la résistance est la propriété des corps durs. « Du reste, ajoute-t-il, si l'on examine attentivement la manière d'être des corps mous pendant la production des sons, on verra clairement qu'ils sont tendus et que cette tension les durcit : les muscles, les tendons, les cordes, le membre viril..... C'est ainsi que le muscle sphincter est tendu pendant le pet ; les intestins ne murmurent pas sans une certaine tension ; le tonnerre n'a pas lieu sans une certaine concrétion et dureté des nuages ; c'est ainsi que, dans le sifflet, les lèvres sont tendues ; c'est ainsi enfin que tous les corps qui chassent l'air en le comprimant peuvent acquérir une certaine dureté[2]. »

Il n'est pas possible d'expliquer plus clairement sa pensée, mais afin qu'on ne s'y méprenne, il ajoute avec Plotinus[3] : « L'air lui-même, que nous considérons comme étant la matière du son, ne devient sonore qu'à la condition qu'il prendra l'état d'un corps solide avant qu'il se dissipe » et dès lors, pouvant

---

[1] Im qua re sciendum est, quod in sono aer est veluti materia, quæ recipit sonum tanquam formam, id est, informatur sono : causa autem generalis efficiens soni quodcumque corpus est, quod constringere, et comprimere, aut constringendo, et comprimendo seu percutiendo aerem explodere potest.

[2] Efficiens soni durum corpus ideo dici potest, quia id, quod facit sonum at quod comprimendo aeri ipsi resistit, sed resistentia durorum duntaxat corporum proprietas est. Ob id quamvis soni fiant a mollibus corporibus, si quis mollium corporum constitutionem consideret, dum sonum efficiunt, clare apparebit, ipsa tendi, et ob tensionem quodam modo obdurari ; sic musculi, tendines, fanes et virile membrum, dum tenduntur, durescunt... Sic in ventris crepitibus musculus sphincter tenditur ; sic intestina non murmurant, nisi ex repulsione tensa; sic tonitrua non fiunt, nisi ex nubium concretione et duritiem contrahere aliquam manifesto apparet.

[3] Sonum nihil aliud esse, quam duri obduratique corporis quamdam assionem.

considérer l'air sonant comme un corps solide, il termine par cette définition générale : « Le son est un mouvement particulier des corps durs ou rendus tels. »

Cette définition, qui diffère peu de celle de nos classiques, indique chez Fabrice une tendance que nous retrouvons chez des auteurs plus modernes. Cette tendance consiste à ne voir dans la production du son qu'un des éléments séparés de cette production ; les uns, en effet, attribuent un grand rôle à l'air ; d'autres, au contraire, ne considèrent que les corps solides. Fabrice, ignorant sans doute l'existence des vibrations sonores, bien qu'il pût les connaître, ne voit dans le son qu'un air emprisonné par des corps solides et chassé violemment. On peut donc présumer déjà que sa théorie de la voix se ressentira de cette insuffisance, à moins, toutefois, qu'il ne trouve dans son anatomie des raisons particulières pour modifier sa manière de voir. C'est ce que nous allons examiner.

Cartilages. — Fabrice est le premier qui ait reconnu quatre cartilages dans le larynx. Jusqu'à lui, on avait pensé que les arythénoïdes ne constituaient qu'un seul cartilage ; il explique cette erreur en supposant que Galien avait étudié le larynx entouré de ses membranes, ou bien, qu'il avait été trompé parce qu'il avait étudié le larynx chez le cochon ; chez ce dernier, en effet, les arythénoïdes paraissent ne constituer qu'un seul cartilage. Il se faisait une idée très-exacte de l'utilité des cartilages : « Ils sont, dit-il, la charpente qui sert de point d'appui aux autres parties... S'il n'en était pas ainsi, le conduit respiratoire serait nécessairement fermé, la voix serait perdue et la perte de la respiration entraînerait la mort [1]. »

Bien qu'il décrive l'épiglotte en tête des cartilages, Fabrice ne

---

[1] Cartilagines veluti fundamentum reliquorum sunt corporum... alioqui meatus certe concideret, ac transitus ipsius spiritus clauderetur, et non solum voce, sed respiratione quoque privatum, mortuum redderetur corpus.

paraît pas la considérer comme étant de même nature qu'eux.

Il pense avec Galien que l'épiglotte s'incurve, se porte en arrière pour fermer le larynx, et cela contrairement à l'opinion de ceux qui pensent que le larynx se porte vers l'épiglotte. Là description de la forme, de la situation, y est tout à fait incomplète, et l'on voit qu'à l'exemple de Galien, Fabrice se préoccupait surtout de l'usage, si peu connu encore, des différentes parties du corps humain.

Thyroïde. — « Appelé aussi, dit-il, *scutiformis, clypealis,* il est convexe en avant, concave en arrière. » Les points d'attache du constricteur du pharynx ne lui ont pas échappé [1].

L'angle supérieur du thyroïde (pomme d'Adam) est également mentionné, et il remarque qu'il est plus prononcé chez les hommes que chez les femmes. « Ce cartilage est très-grand, dit-il, mais il est très-mince, et c'est à la faveur de cette ténuité qu'il peut exécuter un mouvement en dedans ou plutôt être déprimé dans la cavité laryngienne sans le secours d'aucune articulation [2]. »

Il reconnaissait à ce cartilage deux mouvements, l'un de haut en bas, et l'autre de bas en haut [3].

Nous en reconnaissons d'autres aujourd'hui, tels que : le mouvement de bascule d'arrière en avant et de haut en bas.

Le scutiforme est toujours unique, dit-il, bien que Réaldus et Vésale aient pensé le contraire.

L'état cartilagineux persiste jusqu'à la première vieillesse, époque à laquelle il s'ossifie. La dureté n'est pas la même dans tous les cartilages, tantôt elle appartient au thyroïde et tantôt

[1] In medio eminentia exigua extuberat a qua parte gulæ transversus musculus oritur.

[2] Deprimitur in laryngis cavitatem et hoc faciat propter sui corporis tenuitatem, quæ flexibilis est, non autem beneficio articulationis.

[3] Sursum deorsumque scutiformem trahunt, ea articulationis specie, quæ arthrodia dici potest.

au cricoïde, les arythénoïdes tiennent le milieu. Quant aux usages du thyroïde, il en reconnaît quatre : « 1° préparer la cavité du larynx ; 2° établir, former la glotte ; 3° servir de point d'attache aux muscles, et 4° supporter les articulations[1]. »

Cricoïde. — « Ce cartilage a été appelé *innominé* par les anciens, parce que, sans doute, dit-il, il semble rester oisif alors que les autres cartilages sont en mouvement ; il n'a pas mérité d'être qualifié pour cause d'oisiveté. Bien qu'il ait plu à Galien d'employer le mot *innominé*, cet auteur, ainsi qu'Oribase, lui a aussi donné le nom de *cricoïde*, parce qu'il ressemble à l'anneau d'ivoire que les Turcs mettaient au pouce pour lancer les flèches. »

L'ensemble de ce cartilage est assez bien décrit, mais ce qui irrite Fabrice, c'est que la surface articulaire du cricoïde est plane, de sorte qu'il ignore si c'est le thyroïde qui porte la tête (qui se meut par conséquent), ou si c'est le cricoïde. Cependant il pense que le cricoïde porte la cavité articulaire[2].

Son embarras n'existe plus au sujet des articulations avec les arythénoïdes. « A sa partie supérieure, dit-il, le cricoïde présente de chaque côté une tubérosité, que Galien a comparée à deux genoux, et cette partie est plus dure, plus épaisse et ossifiée, alors que les autres parties sont à l'état cartilagineux[3]. »

Après cela, il mentionne et décrit l'épine, qui prépare, dit-il, une légère cavité aux muscles dilatateurs de la glotte, et enfin,

---

[1] Ad cavitatem parandam, ad glottidam stabiliendam et quod efformandam, ad musculorum sedem præbendam, ad articulationes propter motum constituendas.

[2] Magis tamen apparet processus extuberari, innominatam autem excaveri.

[3] Tertio vero, ut oculis patet, innominatæ committitur in ejus summitate, ubi innominata duos habet extuberantes processus, quasi capita, quos Galenus humeros appellavit, qui sinus utriusque tertiæ excipiuntur, atque ad humeros cartilago hæc cætera parte durior crassiorque est, ita ut ossea hic videatur, cum reliqua cartilago sit.

il décrit la cavité qui, de concert avec le thyroïde, prépare à la glotte sa formation.

Arythénoïde. — Il commence par dire que l'arythénoïde est double, malgré l'opinion de toute l'antiquité. Ce nom lui vient probablement de ce que les parties supérieures réunies de ces cartilages ressemblent au vase que l'on nomme *arytène*. « Théophile, dit-il, prétend que l'arytène était un vase de bois avec lequel les matelots vidaient l'eau qui était dans le vaisseau, ou bien celui dont les jardiniers se servent pour arroser leur jardin. » Quant à lui, il trouve qu'on peut les comparer au vase dont on sert pour verser de l'eau sur les mains [1].

En décrivant les cavités articulaires de ces cartilages, il remarque qu'à l'opposé de ce qui arrive généralement, ces cavités se trouvent situées au milieu de l'os, et elles sont destinées à recevoir la tête ou les condyles situés sur le cricoïde. Cette partie de la description est trop importante pour que nous ne la donnions pas tout entière. « La cavité articulaire se trouvant au milieu des arythénoïdes, il en résulte que ce cartilage est divisé en deux portions qui forment deux véritables *processus* ou apophyses ; l'une, supérieure, qui, réunie avec l'autre, forme la figure de l'arytène ; l'autre, inférieure, forme la plus grande partie de la glotte de la brebis, et la plus petite partie de celle de l'homme. Les apophyses supérieures sont réunies par une membrane, mais les apophyses inférieures sont toujours séparées l'une de l'autre, et leur extrémité donne attache à un muscle remarquable qui se porte sur la face interne du scutiforme, muscle chargé de fermer la glotte. Cette dernière se trouve ainsi formée en partie par l'arythénoïde et en partie par le muscle [2]. »

---

[1] Vel denique, quia in suilla, quam Galenum descripsisse constat ac forte etiam priscos, unita videtur.

[2] Cum igitur in arytænoïdis medio articulatio sit, sequitur ex utraque, articuli parte portiones ejusdem productas esse, quos processus dicere po-

Muscles. — A l'exemple de ses prédécesseurs, Fabrice divise es muscles du larynx en communs et en propres. Les anatomistes, dit-il, ne sont pas d'accord sur le nombre des premiers. Galien en compte trois, parmi lesquels il place le transverse du gosier (constricteur pharyngien), considéré comme unique par Réaldus, et double par Galien et Vésale. D'autres anatomistes, dit-il, ne le classent pas parmi les muscles du larynx, parce qu'ils le considèrent comme étant exclusivement destiné à la déglutition. Quant à lui, après avoir bien disséqué, il admet trois paires de muscles communs. Les premiers, dit-il, s'étendent de l'hyoïde au thyroïde, les seconds, du thyroïde au sternum. La troisième paire est le constricteur inférieur du pharynx dont il a reconnu l'importance, et qu'il décrit d'une manière à peu près irréprochable[1].

tes. Superiores simul juncti arytenæ vasis figuram exprimunt : inferiores vero corpus illud maxima ex parte inore efformant, in homine vero minima, quod γλωττιδα nominavimus, ex quo laryngis rimula constatur, sicuti dictum est... Duæ sunt cartilagines per membranam tantum conjunctæ : quæ ablata, duæ remanent separatæ, disjunctæque. Inferior vero quæ portionem lingulæ efformat, in omnibus portiones separatæ invicem sunt, quo rimula efformetur, et ea mobilis : propterea ad utramque hujus infernæ partis extremitatem, musculus insignis, qui ad internam scutiformem spectat ; inferitur occludendi autor : atque ita partim ex arytænoïde, partim ex musculo glottis ac rimula efformatur, sicuti dictum est.

[1] Tertium musculorum par carneum totum supremæ gulæ incumbit adhæretque, quasique latitudine trium digitorum transverso more astrictorii musculi, ut dicit Galenus, gulam amplexatur, ac fere ei unitur, ut non nisi difficulter ab ea separetur, quod a lateribus scutiformis proprie eorum extremum, secundum totam eorum longitudinem, qua parte asperior linea apparet, lævigataque esse desinit scutiformis, maxime autem ac robustissime ab exiguo, acutoque ; extuberante processu in medio scutiformis, non nihilque ; infra ab innominata exortum, obliquis ac fere transversis fibris gulæ quasi connatum haud implantatur, sed mutua quasi unione connascitur, ita ut in homine ut plurimum nullum distinctionis vestigium appareat ; in brutis autem per candidam lineam in longitudine distinguitur, quamvis extrema etiam in his mutuo colat. Hos potius gulæ quam laryngis musculos annumerandos esse inferius dicam.

On ne saurait être plus exact.

Passant à la description des muscles propres du larynx, il les divise en internes et externes.

Les muscles externes, dit-il, sont situés à la partie inférieure du thyroïde, et ici encore il n'est pas d'accord avec Vésale et Galien qui en admettent deux de chaque côté ; il démontre qu'il n'en existe qu'un de chaque côté, et il a raison. Les autres muscles externes, sont les crico-arythénoïdiens qu'il décrit très-bien, et les arythénoïdiens. Il admet une ligne celluleuse blanche qui séparerait ces derniers, mais cette ligne blanche n'existe pas, et il est bien reconnu aujourd'hui que l'arythénoïdien est un muscle unique.

Les muscles intérieurs sont au nombre de quatre : les crico-arythénoïdes latéraux, dont il paraît faire peu de cas, et les thyro-arythénoïdiens. Par contre, il accorde une grande importance à ces derniers, à ce point, que nous ne croyons pas superflu de citer textuellement ce qu'il en dit : « Ce sont les plus grands muscles du larynx, bien plus, ils égalent en dimension tous les autres muscles du larynx réunis : ils ont une position transverse ou oblique, et constituent la majeure partie du larynx. On peut leur assigner trois origines : une supérieure, une inférieure et une moyenne, ce qui fait que dans le bouc on peut facilement diviser ce muscle en trois parties. Chez les autres animaux, il existe également un léger vestige de cette séparation. L'origine moyenne se trouve au niveau du tubercule du scutiforme, et dans le reste de la longueur de l'angle thyroïdien. La supérieure (si vous n'admettez pas les muscles abaisseurs de l'épiglotte) se trouve à la partie interne de la racine de l'épiglotte.

« L'inférieur prend naissance chez les bœufs à l'anneau cricoïdien et chez les autres animaux sur la membrane innominée ; la partie moyenne s'insère sur toute la partie de l'arythé-

noïde qui forme la plus grande partie de la glotte ; le supérieur
s'insère à la partie supérieure de l'arythénoïde près de l'articulation : l'inférieur a la forme d'un anneau, ses fibres se dirigent
toutes par un trajet oblique vers l'arythénoïde. L'usage de cette
dernière partie est de fermer exactement la glotte en se recour-
bant dans cette cavité : le moyen et l'inférieur tirent les parties
inférieures de l'arythénoïde en bas, mais le supérieur tourne le
dos de l'arythénoïde en dedans de la cavité, de telle manière que,
pendant leur contraction, la glotte est non-seulement fermée,
mais encore elle présente la figure de deux genoux joints ensemble et fléchis en dedans ; cette ressemblance est parfaite si
l'on examine le larynx par sa partie inférieure. Il est juste de
dire que la portion du muscle de l'épiglotte qui présente une
bifurcation, aide beaucoup aux fonctions dont nous venons de
parler[1]. »

[1] Sunt omnium laryngis musculorum maximi, imo magnitudine omnes
reliquos musculos simul junctos fere superant, totam æquant, opplentque
internam laryngis cavitatem, et ubique carnosi sunt, obliquam seu transversam habent positionem, et fibrarum ductum obliquum, tandem glottida
magna ex parte constituunt. Triplex eorum assignari potest exortus, superior, inferior, medius : unde in capro, sicuti dictum est, in tres dividitur
musculus ; in aliis autem separationis aliquod vestigium non deest. Exortus medius a cavitate ea scutiformi est, quæ exterius tuberculum efformat,
tum vero a cætera ejus longitudine. Superior (si de epiglottidis reclinanti-
bus musculis dubitas) est ab epiglottidis interna radice. Inferior denique in
bobus ab innominato, qua parte angusta est, in aliis potius a membrana
innominatæ juncta. Medii exortus musculus per totam arytenoïdis longitudinem inferitur, videlicet, eam quæ glottida efformat. Superior in dorsum,
et superiorem ejus partem videlicet ad articulum. Inferior infra annecti-
tur, obliquo incessu omnes versus arytænoïdem procedunt. Usus cujusque
est, glottida strenue ac perfecte claudere, et ipsam introrsum in cavitatem
recurvare, sed medius et imus inferiores arytenoïdis partes deorsum trahunt, superior vero dorsum arytenoïdis introrsum in cavitatem revellit, ita
ut his contractis, glottis non solum perfecte claudatur, sed etiam in ea
figura collocetur, ut ceu duo genua simul juncta, summeque inflexu intus
appareant, quam figuram manifeste ex inferiore laryngis ore ad asperam

Comme on vient de le voir, Fabrice a donné une description assez complète des muscles du larynx. Voyons à présent les usages qu'il leur attribuait :

« L'action des muscles a pour but de mouvoir les cartilages selon les articulations, et ce mouvement a pour but final d'ouvrir et de fermer la glotte. »

Examinant d'abord le scutiforme, il dit que les muscles thyro-hyoïdiens ont pour but d'élever ce cartilage et de raccourcir et de rétrécir la glotte, parce que, dit-il, « on le voit monter pendant l'émission de la voix aiguë ; le sterno-thyroïdien, étant l'antagoniste des précédents, doit dilater la glotte et présider à l'émission des sons graves. « Nous remarquerons ici que Fabrice savait que la dilatation et l'allongement de la glotte étaient la condition matérielle des sons graves, et que, au contraire, le raccourcissement et l'occlusion présidaient aux sons aigus[1].

Il se livre au sujet de ces muscles à une longue dissertation, qui prouve bien qu'il n'était pas très-fixé sur leur action définitive. Recherchant d'abord pourquoi ils diffèrent tant de longueur, pourquoi le sterno-hyroïdien est beaucoup plus long, il pense, contrairement à ce que dit Galien, que le sterno-thyroïdien n'est pas seulement destiné à abaisser le scutiforme, mais le larynx en masse, et, par conséquent, il doit être plus long et plus fort que le thyro-hyoïdien, qui se trouve aidé dans ses fonctions par les muscles hyoïdiens. Cela lui donne l'idée d'attribuer la voix grave ou aiguë à l'allongement ou au raccour-

---

arteriam conspicui. Omnibus autem his muneribus opitulari portionem musculorum epiglottida reclinantium, quæ bifurcatum efficit musculum, par est.

[1] Unde in voce acuta emittenda sursum recurrere laryngem videmus... Unde in voce gravi, qua sine dubio dilatatur rimula, deorsum descendere laryngem videmus.

cissement de la trachée-artère. « Si ces muscles n'abaissent que les scutiformes, comme le prétend Galien, ils dilatent ou rétrécissent la glotte et président ainsi à la voix grave ou à la voix aiguë; mais si, comme je le pense, dit-il, ils portent le larynx en masse en haut ou en bas, la voix grave ou aiguë n'est plus produite par l'allongement ou le rétrécissement de la glotte, mais par la longueur ou la brièveté du canal[1]. »

Inspiré par le respect que tout le moyen âge accordait religieusement à Galien, il cherche à composer avec lui, et il dit : « Galien présente une autre solution : Si le mouvement de ces deux muscles est petit, le scutiforme seul est abaissé ou élevé, et alors il s'ensuit l'occlusion ou la dilatation de la glotte; s'il est grand, le larynx en masse est élevé ou abaissé, et la voix grave ou aiguë est produite par l'allongement ou le raccourcissement de la trachée[2]. »

Le constricteur du pharynx (*transversus gulæ*) est parfaitement décrit et son action bien définie; il sert à resserrer le gosier pendant la déglutition et à rétrécir la glotte en comprimant les lames du thyroïde. « Le mouvement de dilatation de ces

---

[1] Fieri quidem potest, ut propositi duo musculi vel Galeni etiam placitis rimulam tum angustare tum dilatare valeant, si tantummodo scutiformem cartilaginem movere opinemur, atque ita ad vocem gravem et acutam tantum conferre dicamus ; at si hos musculos potius (ut reor) totum laryngem quam solam scutiformem sursum deorsumque trahere opinemur, tunc non ratione rimulæ, sed potius longitudinis ac brevitatis canalis vocem gravem et acutam consequi statuemus.

[2] Aut forte melius ita dicere convenit, notum horum duorum communium musculorum esse vel exiguum, in quo tantum scutiformis sursum deorsumque movetur, in quo casu rimula duntaxat sequitur, hoc est, dilatatur et constringitur, vel etiam ex Gal. placitis, atque tunc ad vocis missionem eamque gravem aut acutam facere consentaneum est. Quod si horum musculorum motus major est, ita ut non tantum scutiformis, sed totus quoque larynx sursum deorsumque trahatur, in eo casu hujus modi motum usum habere patet, tum patissimum in deglutitione, tum in voce gravi et acuta quæ potius ex longitudine et brevitate canalis resultat.

mêmes lames se fait, dit-il, sans le secours d'aucun muscle, parce que, obéissant à sa nature élastique, le cartilage revient sur lui-même[1]. »

Galien et Vésale prétendaient que les crico-thyroïdiens sont au nombre de quatre; Fabrice relève cette erreur, et il démontre que leurs fonctions ne consistent pas à ouvrir la glotte, mais à la fermer.

Passant à l'usage des muscles propres, Fabrice dit que les thyro-arythénoïdiens servent à fermer la glotte; « cela se comprend, dit-il, bien que cela ne se voie pas[2]. »

Il explique les grandes dimensions de ces muscles, comme l'avait fait Galien, par la nécessité où ils sont de résister dans l'effort à tous les muscles du thorax. Les fonctions du crico-arythénoïdien postérieur sont très-bien saisies. « Ce muscle, dit-il, par ses fibres droites, ouvre la glotte en tendant les cordes d'arrière en avant, et par ses fibres obliques, en les écartant l'une de l'autre; il ouvre ainsi la glotte en longueur et en largeur[3]. »

[1] Opinari musculos propositos utrunque præstare, dum in seipsos contracti ac breviores redditi, tum gulam in degluticndo astringant, tum cartilagines ob eorum tenuitatem comprimant, rimulamque angustent, cui opinioni subscribere videtur Galenus *De vocalium instrumentorum* cap. VII. Alius vero motus huic contrarius, quo laxatur scutiformis cartilago, gula et rimula, fit sine musculorum ministerio, dum laxato musculo sphinctere proposito, ad suam naturam, quæ cartilaginea, rigida, flexibilisque est, scutiformis recurrit.

[2] Quod et si sensum percipere non est, mente tamen et ratione facile percipitur. Unus igitur est musculus, quia unico motui substituitur quamvis in capreolo in tres dividatur propter sui latitudinem, et in aliis similiter divisionis vestigium non deest.

[3] Rectis fibris rimulam aperit ipsam retrorsum revellendo contrario motu ac prepositus, obliquis vero motui ad latera confert quo fit, ut tum in longitudine, tum in latitudine quadantenus rimulam aperiat. Hos motus simulque; rimula apertionem si summo indice musculum deorsum trahas, sensu deprehendes.

Fabrice n'a pas bien compris les fonctions des muscles arythé-noïdiens : il dit qu'*ils* sont destinés, car il en fait un muscle pair, à porter les arythénoïdes vers les côtés, à la droite ou à la gauche. Il en est de même des crico-arythénoïdiens latéraux, auxquels il fait jouer le rôle de dilatateurs de la glotte[1]. »

Cependant la vérité ne lui a pas entièrement échappé, et il ajoute qu'une partie de ces muscles ouvre la glotte et l'autre la ferme[2].

Le chapitre consacré aux membranes du larynx offre peu de détails, mais Fabrice en avait bien reconnu l'importance ; il avait surtout apprécié les trois qualités qui caractérisent cette tunique, c'est-à-dire l'élasticité, la dureté et la nature muscu-leuse[3] : l'élasticité, pour favoriser les mouvements du larynx et surtout celui de l'épiglotte ; l'épaisseur et la dureté sont utilisées surtout à cause du passage fréquent de la nourriture, et la na-ture musculeuse pour favoriser encore les mouvements et sur-tout ceux de l'épiglotte.

Névrologie.— Fabrice avoue lui-même qu'il n'a rien à ajou-ter à ce qu'a dit Galien sur les nerfs récurrents. Cependant il fait encore ici acte d'indépendance en se permettant une légère critique à l'endroit du glossocomion. « Quoique la comparai-son fût exacte, dit-il, il faudrait que les nerfs comme la corde

---

[1] Qui quantum prædicti ad mutuum contractum traxerunt utranque arytænoïdem, tantumdem hi exterius diducunt, et alteram ab altera sepa-rant, id quod similiter sensu comprimendo deorsumque trahendo depre-hendes unde Gal. operire rimulam merito censuit.

[2] At ego cum videam prædictos musculos partim extra, partim intra ca-pacitatem sua positione consistere, facile, opinatus sum partim operire sua exteriore parte, partim astringere interiore, itaque exterior suppetias fert obliquis fibris musculi aperientis, atque utranque arytænoïdem mutuo se-parantis, interior vero internum juvat.

[3] Laxissima enim, crassissimaque et musculosa est hujus modi mem-brana, propter utilitates non vulgares.

du glossocome fussent en mouvement ; mais ils sont immobiles
et ils ne paraissent bons qu'à conduire aux muscles la force motrice. Au reste, ajoute-t-il encore, si Galien obtient une apparence de vérité pour les muscles dilatateurs qui ont leur origine
en bas, il n'en est pas de même de ceux qui ferment la glotte et
qui, à cause de leur position transversale, auraient dû tirer
leurs nerfs de la colonne cervicale ; mais ils prennent leurs nerfs
les récurrents, parce que ces muscles sont enfermés dans la
cavité laryngienne entourée de cartilages, et tout autre nerf
que le récurrent n'aurait pas pu parvenir jusqu'à ces muscles [1]. »

Après avoir analysé ce que Fabrice pouvait posséder de connaissances sur les agents du mouvement, voyons à présent ce
qu'il savait de la partie qui est préposée directement à la production du son, c'est-à-dire aux rubans vocaux et aux ventricules.
« La glotte est le γλωττις des Grecs. Galien, dit-il, l'appelait
lingula, parce qu'elle ressemble à l'embouchure d'une flûte.
La glotte, dit-il, est la partie la plus essentielle de la voix ; c'est
elle qui la produit par son resserrement ou sa dilatation ; elle
fait cela par les muscles, les cartilages et la membrane, dont les
propriétés ont été appelées par Galien membraneuses, adi-
peuses, glanduleuses [2]. »

[1] Cæterum Galeni comparatio videtur quidem veritatem in quatuor musculis aperiuntibus inculpatam obtinere, qui inferne secum habeant princi-
pium, at in duobus occludentibus non item, cum ob transversam eorum
positionem transversamque ; originem satius esset a spina proprios mu-
tuare nervos, cum sine ullo reflexu recto propriusque eos assumere occlu-
dentes musculi possent. At quod nervos recurrentes et ipsi comprehendant,
non reflexus, sed quod hi musculi intus concludantur, et undique cartilaginibus stipentur, ut nervus per eas tronare et inferi in musculos non va-
lant (ni fallor) causa est.

[2] Glottida esse in larynge præcipuam partem vocis effectricem, talemque
esse quatenus movetur, hoc est, dilatatur et contrahitur, tum vero fieri
partim ex cartilagine, partim musculo, partim membrana appellatamque

Il comprend bien, d'ailleurs, l'utilité de ces différentes parties, et il en énumère les avantages. La membrane fibreuse n'est pas considérée dans sa véritable fonction ; il en fait un organe protecteur des muscles contre les agents extérieurs et contre la contraction trop violente des muscles eux-mêmes qui, dans certains efforts, pourraient se déchirer ; elle sert également à entretenir une certaine humidité dans le larynx, sans laquelle la voix serait mauvaise. Les dimensions de la glotte paraissent le préoccuper beaucoup. « Sa conformation, dit-il, est celle d'un ovale plus aigu en avant qu'en arrière [1]. »

Elle est grande et elle tient toute la largeur du larynx, pour qu'elle puisse s'appuyer sur les cartilages et qu'elle soit par sa longueur, propre aux voix aiguës, aux voix graves et à la cohibition du souffle [2].

Jusque-là, il ne dit rien des fonctions essentielles, et il ne parle nullement des vibrations sonores. L'usage des ventricules n'est pas bien défini ; il semble partager l'opinion de Galien, qui voulait que ces cavités fussent destinées à résister, par l'air qu'elles renferment, aux efforts des quarante-quatre muscles du thorax ; mais on ne comprend pas bien ce passage, qui prouve que l'anatomie de cette partie était loin d'être complète. D'ailleurs, Galien n'avait étudié cela que sur un cheval, et Fabrice, sur un cochon.

esse hujus corporis proprietatem a Galeno membranosam, adiposam, glandulosam, jam supra dictum est.

[1] Nam ita conformata est hæc glottis, ut ovalem, sed tamen acuminatam, utrinque referat figuram, magis tamen acuminatam ad scutiformem, minus ad arytænoïdem.

[2] Quæ pariter tam longa facta est, ut laryngem totum æquet, et ad usque partes oppositas pertingat, tum ut laryngis cartilaginibus applicetur stabilieturque, tum vel maxime ut ad voces graves acutas ut medias sit aptissima, atque ad spiritus cohibitionem.

Dès à présent nous pouvons prévoir quelle sera la théorie de
a voix de Fabrice.

Toujours très-méthodique dans ses expositions, Fabrice com-
nence d'abord par rechercher le véritable organe de la voix :
ce n'est point le poumon, ce n'est point la trachée-artère ;
car si l'on ouvre le conduit à sa partie supérieure, la respiration
se fait par cette ouverture, mais il n'y a plus de voix ; ce ne
sont point les narines, ni la bouche, ni la langue, donc c'est le
arynx. « Là sont des muscles indispensables pour la formation
le la voix : des corps durs étendus en surface, concaves, dans
esquels l'air peut être emprisonné, comprimé ; tout enfin est
parfaitement adapté pour donner naissance à la production du
son. C'est pourquoi je ne doute pas que cette fente (glotte), située au milieu du larynx, constituant la partie principale du
arynx, ne soit la cause de la voix[2]. »

Faisant intervenir ici ses principes de physique, il dit : « La
condensation, la compression et un mouvement violent, et
une issue étant indispensable pour la production de la voix, il
n'y a ici qu'une seule ouverture (la glotte) vers laquelle tous les
efforts sont dirigés, parce que, en vérité, l'issue de l'air ne peut
avoir lieu qu'à travers une ouverture très-étroite pour rebondir
et être brisé ensuite ; d'ailleurs, on ne peut pas, en regardant
la glotte, se dispenser d'avouer que c'est bien par là que la voix
est formée[2]. »

[1] Primo enim musculi adsunt, qui ad vocem edendam ex arbitrio maxime
necessarii sunt, et concava, in quæ aer quidem illidi, comprimi, et constringi
facile possit, et hæc sunt tria ossa, seu cartilagines, ex quibus conformatur
ipse larynx, ultimo tanquam maxime omnium necessaria rima quadam consistit, quæ ad elidendum ipsum acrem, ut sonus tandem informetur, bel-
lissime aptatur. Quamobrem non injuria ego rimulam hanc, quæ in medio
laryngis posita est, et glottis græce, lingula nostris appellatur, constituo
cum Galeno præcipuam illam laryngis partem, quæ actionis, id est, vocis
causa est.

[2] Quoniam et si ad vocem edendam et aeris condensatio seu compres-

Il compare l'action de la glotte, en ce moment, à l'action des lèvres pendant le sifflet [1].

Après avoir établi que la glotte est bien l'organe formel immédiat de la voix, il parle de la cause qui la produit, qui est l'expiration, mais une expiration violente, car le simple souffle ne produirait pas la voix. Ici, il y a évidemment erreur de la part de Fabrice ; ce n'est pas la violence du souffle qui fait la voix, c'est le degré de résistance que lui offre la glotte, et l'effort de l'expiration est toujours en proportion de cette résistance. Il serait mieux de dire que les lèvres de la glotte sont rapprochées et que ce rapprochement doit être actif. Fabrice résume toute sa pensée dans cette dernière phrase : « La voix se produit au niveau de la glotte, pendant ce temps le thorax et l'abdomen se resserrent pour donner naissance à l'expiration qui est la vraie matière de la voix ; car si le thorax et l'abdomen sont comprimés, les poumons se trouvent comprimés et le diaphragme s'incurve vers la cavité thoracique. Il résulte de là que tout l'air sort des poumons pour se porter vers la glotte, qui étant la seule issue et se trouvant fermée elle-même, l'air comprimé prend l'état de corps solide, et, sortant avec violence à travers la glotte, la voix se trouve ainsi formée [2]. »

sio, et vehemens motus, et elisio requiruntur, una tamen elisio ea est, quæ proxime vocem informat et creat, ita ut omnia tandem in unam elisionem dirigantur, atque in ea consumentur, quæ ab hac rimula absolvitur, et quidem ad hunc modum. Quoniam quidem aeris elisio fieri non potest, nisi per angustam viam it pertransiens, inde exsiliat atque extrudatur, quis est, qui ejus modi conspiciens rimulam ex ipse solum inspectione non cogatur fateri, per hanc aerem exsilire, ideoque hanc esse proximam vocis efficientem causam, dum scilicet angustatur et constringitur.

[1] Et nos quoque cum sibilum mittere volumus, labia constringimus, ut per angustam viam aer se effundat.

[2] Vox fit, ubi rimula laryngis angustatur, quo tempore etiam thorax et abdomen constringuntur, et exsufflationem efficiunt, quæ est proxima vocis materia, siquidem ex thoracis et abdominis compressione contingit,

Dans le chapitre suivant, il revient encore sur la question de savoir si la voix ne serait point produite autrement et si la luette, comme le prétendait Galien, serait pour quelque chose dans sa production. « Ce qui pourrait donner raison à Galien, dit-il, c'est que si la luette est coupée ou ulcérée, ou bien les glandes voisines malades ou les muscles du gosier, comme cela a lieu dans le mal franc (vérole), la voix est affaiblie; ce qui prouve que le passage de l'air ne suffit pas; il faut encore la percussion sur des corps solides [1]. »

A présent que nous connaissons bien la manière de voir de Fabrice sur la formation de la voix et sur l'organe qui la produit, examinons comment il s'expliquait le grave et l'aigu. Il admet comme Aristote trois principales différences dans la voix : grande et petite, claire et rauque, grave et aiguë.

« La voix rauque ou limpide tient toujours, dit-il, à la quantité d'air qui est agité [2]. La voix petite et la voix grande tiennent,

pulmones deprimi et constringi, et diaphragma versus thoracis cavitatem incurvari, quo maxime arctetur cavitas. Ex quibus fit, ut spiritus totus ex pulmonibus exeat, ut sursum ad asperam arteriam, qua per collum perreptat, et unica est, feratur, atque in ibi tum inferna, tum superna violentia in arctum concludatur, ac statum solidi corporis ex compressione quodammodo adipiscatur, tum per angustam rimam cum impetu et violentia extrusus, ita demum vox efformetur.

[1] Ex adverso quod in larynge aeris percussio fiat ad corpus solidum, patet primo ex Galeno, qui vult columellam esse veluti plectrum in efformanda voce, sed plectrum facit sonum pulsando, et est extra laryngem.

Quæ Galeni sententia confirmatur ex actione læsa. Nam precisa columella, aut erosa, similiterque affectis glandulis prope ipsam positis, aut musculis faucium ut fit in morbo gallico, labefactatur vox, quæ sane partes cum extra laryngem sint, significatur ad formandam vocem non solam rimulæ elisionem sufficere, sed necessariam esse aeris hujus modi corpora solida percussionem, quæ extra rimulam sunt. Id quod adhuc confirmatur argumento fistulæ seu tibiæ, quo quid habet columellæ respondent, ac tum sonat, cum aer elisus. Ad acutam illam laminam, quæ paulo infra ad foramen est, appellat.

[2] Vox magna tum oritur cum aeris multum agitatur, dicebat Aristot.

d'après Aristote, au degré d'humidité ou de sécheresse du conduit aérien ; la sécheresse entraîne la raucité, comme chez les fébricitants[1]. » Il dit ensuite que l'aigu et le grave sont obtenus par la dilatation ou le rétrécissement de la glotte, et aussi par la longueur, ou la brièveté ou le diamètre du canal. Ces différences dans l'organe sont produites par des muscles ; mais avant d'en parler, il veut dire quelques mots sur les instruments de musique.

Comme pour l'organe vocal, l'aigu et le grave dans les instruments de musique s'obtiennent par les trois modes dont il a parlé tout à l'heure. Mais aucun de ces instruments ne réunit en même temps ces trois moyens.

Dans la flûte sans trous, dans les orgues, on entend toujours le même son, parce qu'il ne survient aucune modification dans les trois conditions dont il a parlé.

Dans la flûte à trous, le grave et l'aigu sont obtenus par un des trois modes, c'est-à-dire par les variations de la longueur ; car, en ouvrant ou en fermant le canal, on ne fait pas autre chose que raccourcir ou allonger le canal vocal. Dans la trompette, l'aigu et le grave ne s'obtiennent plus par l'emploi d'un seul procédé, mais par deux, c'est-à-dire par les modifications de la glotte, représentées ici par les lèvres du joueur, et par les modifications de la longueur, effectuées par les doigts de l'artiste, placés sur le trou des instruments. Mais on ne trouve pas dans les instruments de l'art un seul qui produirait le grave et l'aigu par le troisième mode, c'est-à-dire par les modifications du diamètre du canal, à moins qu'on ne prenne un instrument

---

[1] Sonaram autem et raucam, a moderata corporum laryngis humiditate, ex quo fit, ut humidior justo sicciorque, ut in distillatione et febribus raucam vocem faciat, et a duplici vocis seu aeris exitu, ore scilicet et naribus, ex quo experientia docemur, quod naribus aut ore obstructis vox rauca et quodammodo surda prodit.

composé de plusieurs tubes, comme l'orgue des églises, par exemple. La voix puise ses modifications dans ces trois modifications. Après avoir payé un juste tribut d'admiration à la nature qui a su faire un aussi bel instrument, il pense que les différences générales selon l'âge, les sexes, les pays tiennent au diamètre du conduit aérien. En général, les femelles et les animaux plus jeunes ont la voix plus aiguë que les mâles et les plus avancés en âge. Mais, après avoir considéré la partie organique de la voix, il examine le corps qui, en quelque sorte, en est la matière, c'est l'air. « La nature du son, dit-il, est dans le mouvement ; car le son n'est autre chose qu'un air brisé et chassé violemment[1]. » Selon que ce mouvement est lent ou rapide, la voix est grave ou aiguë, d'après Aristote ; mais le mouvement rapide et lent peuvent s'obtenir de deux manières différentes : 1° selon que le conduit de l'air est long ou court, car les objets en mouvement se meuvent d'autant plus lestement qu'ils s'éloignent de leur source d'impulsion : aussi, si l'on ouvre le trou qui est près de l'embouchure, le son sera aigu, car le conduit sera plus court ; 2° selon la masse du corps mis en mouvement, car l'impression restant la même, ce qui est en grande quantité est mû plus lentement que ce qui est mû en petite quantité. Les dimensions de la glotte mesurent la quantité d'air qui doit sortir : étant très-étroite, elle laisse passer peu d'air et le son est aigu ; très-large, elle laisse passer beaucoup d'air et le son est grave[2].

Si l'air est mû vite ou lentement sans changer de tension, le

---

[1] Igitur soni natura in motu consistit, cum nil aliud fit, quam aer extrusus seu violenter motus.

[2] Quando quidem sicuti ex latiore rimula latioreque canali aer exit multo, proindeque tardior ad vocem gravem evadit, ita ex angustiore tum rimula, tum canali aer paucior exit, et velocior ad acutam edendam efficitur.

grave et l'aigu sont produits par les modifications de la glotte et du canal. Si, au contraire, les choses ne changent pas, mais que ce soit l'impulsion de l'air seule qui change, c'est la voix grande ou petite. Cependant, dit-il, il arrive quelquefois que les instruments passent alors à l'octave; mais il n'explique pas cela [1].

A présent, dit-il, que nous avons exposé comment l'aigu et le grave sont produits dans les instruments, il s'agit de trouver quels sont les mouvements capables d'obtenir les conditions indispensables pour la production de la voix et de ses différents tons; les uns sont destinés à ouvrir ou à fermer la glotte, les autres à allonger ou à raccourcir le canal; et, enfin, le troisième, à augmenter ou à diminuer le diamètre du canal.

Les muscles principaux destinés à fermer la glotte, sont ceux-là même qui la constituent en grande partie, c'est-à-dire les muscles thyro-arythénoïdiens.

L'occlusion de la glotte, par le secours de ces muscles, produit seulement la quinte, l'octave et la quinzième. Les autres tons de l'aigu et du grave sont produits par l'allongement ou le raccourcissement du canal vocal. Ce changement dans la longueur est produit par la trachée, dont les mouvements sont rendus si faciles par les cartilages, séparés les uns des

---

[1] Itaque velocius tardiusque aer movetur, proïndeque vox acutior graviorque redditur tum rimula, tum longitudine, tum latitudine canalis variata, aere tamen eodem tenore impulso. Quod si contra prioribus immotis, impulsus aeris varietur, tametsi majorem minoremque impulsionem elatiorem humilioremque sequi dictum est, atque secundum magnum et parvum efficere differentiam, misceri tamen ejusmodi genera contingit, et quodammodo magnam in acutam migrare lucidissimi in cordis fistulisque apparet, atque ea, causa est cur interdum ex rima majore, majoremque aeris impulsionem experta acutior evadat vox, sic Arist. sæpe hæc duo genera sese mutuo suscipere et alterum ex altero fieri protulit.

autres par une membrane. L'influence de cet allongement et
de ce raccourcissement se fait surtout sentir dans la partie du
canal aérien qui est au-dessus du larynx ; en effet, quand elle est
plus longue, la voix est plus grave ; quand elle est plus courte,
la voix est plus aiguë[1]. Les muscles chargés de remplir ces
fonctions sont le sterno-thyroïdien et le hyo-thyroïdien.

Quant aux muscles qui produisent l'aigu et le grave de la
voix, selon le troisième procédé, ceux-là sont les constricteurs
inférieurs du larynx, situés au fond de la gorge près de la
bouche. .

Ce troisième procédé accompagne toujours les deux autres ;
il facilite en quelque sorte leurs effets, en accommodant son
action à la leur (c'est bien l'accommodation du tuyau au ton) ;
de telle sorte, que le rétrécissement de la glotte et la modification de la longueur du canal essayeraient en vain de produire
un son aigu, si le diamètre du canal ne s'adaptait à la note
qu'ils veulent produire.

Fabrice, en disant qu'on peut être témoin de leur action en
regardant au fond de la gorge pendant le chant, prouve qu'il
ne se faisait pas une idée bien exacte de la position de ces
muscles, car il paraît les confondre avec les muscles du voile
du palais[2].

L'analyse complète de cette dernière partie ne laisse plus de
doute sur la manière dont Fabrice comprenait le mécanisme

---

[1] Nam deorsum ducta longior ad gravem, sursum vero brevior ad acutam
vocem mittendam aptatur, quoniam larynx similiter quando deorsum tra-
hitur, canalis reliquus, per quem aer vocalis exit, longior remanet, ideoque
vox gravior redditur, ubi vero attollitur, canalis supra laryngem positus
brevior fit, et ita vox efficitur acuta.

[2] Et numero duo sunt, quos non difficulter etiam moveri conspicaberis
si linguam alicui valide deprimas, atque hi contracti faucium arctant secundum ejus longitudinem cavitatem adacutam, laxati vero ad gravem
formandam dilatant.

de la voix. Pour lui, l'organe vocal fonctionne à la façon des tuyaux à bouche de l'orgue ; il est formel là-dessus.

L'air est la matière sonore ; la glotte représente la lumière, et la bouche n'est autre chose que le tuyau vocal, tuyau bien plus parfait que ceux de l'orgue, puisqu'il peut modifier ses dimensions et contribuer ainsi à la formation des tons. Cuvier, dans son traité d'anatomie comparée, a reproduit de tout point cette théorie. Nous la retrouverons plus loin exposée par Savart, M. Longet, mais avec des modifications nombreuses.

MERSENNE, NÉ EN 1588.

Le père Mersenne était le condisciple et l'ami de Descartes. Versé lui-même dans la connaissance des sciences, il a laissé, entre autres ouvrages, un Traité sur l'harmonie universelle, dans lequel l'acoustique et tout ce qui concerne l'appareil vocal ont été traités avec tant de talent, que nous n'avons pas dû le passer sous silence.

Quand on a lu attentivement cet auteur, on a nécessairement éprouvé cette double impression que, d'abord, Mersenne s'était pénétré profondément des travaux des anciens, surtout d'Aristote et de Galien ; que plein de respect pour Aristote, il a cherché à en être le continuateur, en expliquant beaucoup de ses problèmes, et il l'a fait avec un talent remarquable. Dès le seizième siècle, la physique en général et l'acoustique en particulier, avaient réalisé de grands progrès. Mersenne ne resta pas étranger à ce mouvement. Il définissait le son : un mouvement de l'air extérieur ou intérieur capable d'être ouï (livre Ier, p. 2 de la nature et des propriétés du son). En développant cette définition, il nous montre qu'il comprenait le phénomène de la production du son, tel que nous le comprenons aujourd'hui ; et il se ralliait par avance à la théorie moderne la plus accréditée, théorie d'après laquelle le son n'est qu'une modification du mouvement.

« Il faut donc conclure, dit-il, que tous les mouvements qui se font dans l'air, dans l'eau, ou ailleurs, peuvent être appelés sons ; d'autant qu'il ne nous manque qu'une oreille assez délicate et subtile pour les ouïr ; et l'on peut dire la même chose du bruit du tonnerre et du canon, à l'égard d'un sourd qui n'aperçoit pas ces grands bruits, car le mouvement ou le tremblement qu'ils ont, n'est point appelé son, qu'en tant qu'il est capable de se faire sentir aux esprits de l'ouïe..... Cela me fait conclure que ce qui rend ce mouvement capable d'être ouï, n'est autre chose que quand il ébranle une quantité d'air enfermé, capable d'ébranler sa prison, et de le communiquer à l'air voisin extérieur, jusqu'à ce qu'il arrive à l'oreille. » Pour Mersenne, le son était une modification du mouvement, une vibration communiquée à l'oreille. Mais la lumière, elle aussi, est une modification du mouvement. Mersenne a saisi ce rapport entre les deux phénomènes, mais il est embarrassé pour l'expliquer : « A quoi j'adjoute que si l'on prend l'air pour le corps qui produit le son, que le son dépend autant de ce corps, comme la lumière dépend du soleil, puisqu'il n'est autre chose que le mouvement de l'air, et que le mouvement ne peut être sans le mobile dont il est mouvement. »

Les idées de Mersenne sur le grave et l'aigu ressemblent beaucoup à celle d'Aristote ; elles ont conservé quelque chose de leur origine jusque dans l'expression Βαρὺ et ὀξὺ, mais les expériences que Mersenne avait faites sur les cordes les avaient notablement amplifiées. Il avait étudié expérimentalement sur un monocorde les rapports du son avec la longueur de la corde, avec la tension par des poids différents, et il était arrivé aux résultats qui sont mentionnés dans les lois que nous avons énoncées dans le chapitre de l'acoustique. « Le grave et l'aigu, dit-il, sont dus au nombre des battements, la force, à l'étendue d'air battu. »

L'étude particulière que Mersenne avait faite de la production du son en général et de la production du son dans tous les instruments de musique, le rendait de ce côté très-apte à donner une théorie de la voix ; mais ce n'était qu'une des conditions du problème à résoudre. La question anatomique n'était pas moins importante, et peut-être ne la possédait-il pas suffisamment.

Anatomie. — Si la question de la production du son nous rappelle Aristote, nous retrouvons dans celle-ci toutes les idées de Galien, telles que ce grand médecin les avait émises : n'étant pas anatomiste, Mersenne ne pouvait rien y ajouter. Cependant, comme il le dit lui-même, il avait connaissance de la monographie de Fabrice d'Aquapendente, et il aurait pu en profiter.

Comme Galien, il ne reconnaît que trois cartilages, le thyroïde, le cricoïde et un seul arythénoïde. Les muscles du larynx sont également ceux du grand anatomiste, et il en donne la description dans un court résumé [1].

« La glotte, dit-il, est une fente faite de deux productions du cartilage arythénoïde, et est semblable à l'anche des flûtes que l'on fait de deux lames de roseaux jointes ensemble pour mettre à l'embouchure des flûtes. » Ce passage montre clairement que du temps de Mersenne, comme du temps de Galien, on donnait le nom de flûte à certains instruments à anches. Ne connaissant pas cette particularité, certains auteurs, traduisant *fistula* par flûte, ont prétendu que Galien comparait la production de la

[1] Proposition III.

voix à celle du son dans les flûtes. « La glotte, dit-il, est composée d'un cartilage, d'un muscle et d'une membrane, afin que
la voix se fasse par un mouvement volontaire, dont le muscle
est le principe ; car il l'étreint et la ferme, ou l'élargit et l'ouvre
suivant la voix que l'on forme. » L'ouverture de la glotte a la
forme d'un ovale, mais les extrémités sont un peu plus aiguës,
et elle est de même grandeur que le larynx. Elle a ordinairement des rapports avec la respiration, parce que ceux qui ont
besoin d'une plus grande respiration ont aussi besoin d'une
plus grande ouverture ; ce qu'on remarque particulièrement à
celle des bœufs.

« Cette glotte, dit-il, est couverte par l'épiglotte, de peur que
l'aliment que nous prenons ne tombe dans le larynx et nous
suffoque... » Plus loin : « Cette épiglotte ne se ferme jamais si
justement qu'elle ne laisse passer quelque peu d'humidité dans
l'artère, quand on boit. »

Telles sont, en résumé, les connaissances de Mersenne sur
l'anatomie du larynx ; il les avait évidemment puisées dans
l'Italien.

Physiologie. — La physiologie se ressent naturellement de
l'anatomie, et nous présentera des lacunes regrettables.

Dans la première proposition, il dit : « la faculté ou vertu motrice de l'âme est la principale et la première cause de la voix
des animaux, et a son siége dans les tendons. » Considéré
comme organe du mouvement, le muscle est pour lui le propre
siége et le sujet de la faculté motrice de l'âme, mais il ne sait
pas quelle est la partie du muscle qui la renferme. « Néanmoins,
dit-il, les plus savants médecins tiennent que la queue du muscle (qu'ils appellent μῦς, parce qu'elle est semblable à la queue
d'une souris, et qui fait le tendon qui se termine à l'extrémité
de l'os) est le siége de cette faculté, car elle n'est pas dans le
nerf qui ne sert que de canal pour porter l'esprit animal, ni

dans les artères qui l'accompagnent, parce qu'elles servent seulement pour porter l'esprit vital ; et la chair ne sert que pour remplir les espaces qui sont vides, par conséquent les tendons ou les fibres servent de propre sujet, ou de siége principal à cette faculté. »

Il est fâcheux que Mersenne ne nous dise pas quelle application il fait de cette théorie à la production de la voix ; il était sans doute très-embarrassé.

Mersenne n'a pas dit formellement si l'instrument de la voix est un instrument à anche, à corde ou à vent. Mais à propos de l'aigu ou du grave, il s'est prononcé assez clairement.

« Si nous n'avions pas, dit-il, l'exemple des anches qui nous font comprendre les mouvements de la languette du larynx, que les anatomistes appellent glotte, il serait malaisé de savoir comment la voix d'un homme peut avoir l'étendue de trois ou quatre octaves [1]. » Il explique ensuite comment l'on obtient le grave et l'aigu, au moyen de ces anches. Mais, comme il n'est pas bien sûr que la glotte produise les tons de la même manière, il va expliquer aussi comment l'on obtiendrait ces résultats, si la glotte fonctionnait à la manière des tuyaux à bouche de l'orgue. La largeur de l'artère vocale ne suffit pas pour expliquer les changements de ton, car il a démontré qu'un tuyau ne descend que d'un ton, s'il est deux fois plus large, et d'une tierce, s'il l'est quatre fois, et, quant à la trachée artère, elle ne sert pas plus au grave et à l'aigu que le pied du tuyau d'orgue. Par conséquent, les différents tons ne peuvent avoir lieu que par une modification de l'ouverture de la glotte. « Si la glotte, dit-il, est semblable à l'anche des flûtes, il est très-aisé d'expliquer comme elle fait cette différence de voix ; car nous expérimentons que ladite anche fait le son par les tremblements,

[1] Proposition XVI.

omme font les cordes des autres instruments, et qu'elle les
it d'autant plus graves ou aigus, qu'elle tremble plus lente-
ent ou plus vite; de sorte que si la raison du son grave
l'aigu est double, c'est-à-dire de deux à un, il est certain
ue l'anche tremble deux fois plus vite en faisant le son aigu,
t conséquemment qu'elle tremble cent fois en faisant le
on aigu, lorsqu'elle tremble cinquante fois en faisant le son
rave.

« Mais si la glotte n'est pas semblable à ladite anche, ou à
a languette des régales, et qu'elle ne tremble pas autant de fois
our faire l'unisson, mais qu'elle demeure ferme et stable,
omme fait la languette des tuyaux d'orgue qui n'ont point d'an-
hes, tels que ceux de la monstre, il faut que l'air tremble au-
ant de fois en passant par l'ouverture du larynx, comme la
orde ou l'anche qui fait l'unisson, puisque le son n'est autre
hose que le mouvement ou le tremblement de l'air, sous le
om de son aigu, lorsqu'il est vite, c'est-à-dire lorsqu'il tremble
eaucoup de fois en peu de temps, et sous le nom de grave, lorsqu'il tremble lentement[1]. Car il arrive la même chose lorsque
'air est coupé, rompu, ou frappé par une languette, et par un
autre corps mobile, ou par un corps immobile, comme on expérimente dans les trous des murailles et des rochers, qui font
le son ou le sifflement d'autant plus aigu, que l'air tremble
plus de fois en entrant; ce qui arrive lorsqu'il est poussé avec
plus d'impétuosité et de véhémence, ou qu'il entre par une
même ouverture qui le divise dans un plus grand nombre de
parties, et qui le coupe plus menu; et parce qu'il n'importe
nullement, pour chanter, de savoir si la languette du larynx

[1] Cette idée, reproduite par Cagniard de Latour, Savart, a été démontrée expérimentalement par M. Cavaillé au moyen d'une languette de
papier qu'il introduisait dans la lumière d'un tuyau d'orgue. Cette languette traduit, par ses vibrations propres, les vibrations de l'air.

tremble et bat l'air autant de fois que les anches des flûtes, ou si l'air se divise autant de fois en sortant dehors pour faire la voix. »

Mersenne avoue lui-même qu'il n'était pas bien certain par lequel de ces deux procédés se fait la voix ; mais en expliquant le mécanisme de sa production dans l'une ou l'autre de ces deux suppositions, il a fourni à Dodart et à Ferrein les éléments de leurs théories.

Il est positif que Dodart et Ferrein se sont inspirés de ses travaux : à l'un, il a fourni la comparaison du châssis bruyant ; à l'autre, il a donné l'analogie des anches et des cordes vibrantes.

Malgré toutes ses connaissances, Mersenne n'a pu dire formellement si l'instrument de la voix est un instrument à anche, à cordes ou à vent, bien qu'il ait supposé ces trois théories. Nous prenons acte de ce fait pour dire une fois de plus que la connaissance de la vérité dépend d'une foule de circonstances afférentes au sujet que l'on traite, et sans lesquelles on peut la pressentir, la désirer, mais sans pouvoir la démontrer. Or, dans les sciences exactes, une vérité non démontrée n'est point une vérité.

CLAUDE PERRAULT, NÉ EN 1613.

(*Traité du bruit*, édition de 1680.)

Les satires de Boileau ont rendu populaire la mémoire de Claude Perrault qui : -

> Laissant de Galien la science suspecte,
> De mauvais médecin devint bon architecte.

Mais ce savant s'est recommandé d'une manière plus particulière au souvenir de la postérité par les travaux variés qu'il lui a laissés.

Parmi ses essais de physique, on trouve un Traité du bruit, dans lequel il a émis des idées nouvelles sur la production du son et de la voix. Ce sont ces idées que nous allons faire connaître.

Perrault définit le bruit : « L'effet d'une agitation particuticulière que la rencontre de deux corps produit : 1° dans l'air voisin, et presque en même temps dans un plus éloigné et jusque dans l'organe de l'ouïe. » Pour compléter sa définition, Perrault établit la distinction qui existe entre l'agitation particulière qui fait le bruit et les autres agitations. Ses explications sont basées sur ces deux hypothèses : 1° le bruit se fait dans un très-petit espace par un mouvement oscillatoire des particules du corps sonore, et ce mouvement se communique de proche en proche à chacune des molécules de l'air jusqu'à l'oreille ; 2° il suppose que le mouvement des particules de l'air, dans ce petit espace, se fait avec une rapidité proportionnelle à l'élasticité ou ressort du corps vibrant, et cette vitesse est d'autant plus grande, qu'elle est produite par les particules excessivement petites qui composent le corps sonore. Cette vitesse qu'Aristote avait pensé être nécessaire, mais non indispensable, est considérée par Perrault comme une condition *sine qua non*. Par cette vitesse, il explique comment les agitations ordinaires de l'air, étant beaucoup plus lentes, elles n'empêchent jamais celle du bruit. Il l'emploie également pour démontrer comment il se fait que toutes les réflexions des corps voisins d'un corps sonore puissent arriver à peu près en même temps à l'oreille. Ces deux hypothèses sont fondées sur l'idée que Perrault se faisait de la constitution des corps.

Tous les corps sont composés d'éléments, d'atomes qu'il nomme corpuscules. La réunion des corpuscules forme les particules, et la réunion des particules forme les parties. Ces parties, ajoute-t-il, sont beaucoup plus petites que celles que nous pouvons discerner dans les corps. Il suppose que le mouvement des particules est seul cause de l'agitation particulière de l'air qui fait le bruit, le mouvement des parties n'y contribuant qu'en tant qu'elle cause quelquefois celui des particules. Or, les particules étant d'une petitesse extrême, le mouvement qu'elles ont dans le froissement qui les plie et dans le retour que leur ressort cause doit être fait dans un espace extrêmement petit. Quant à la vitesse extrême du mouvement sonore, il l'expliquait par le mouvement de la force élastique.

Pour produire ce mouvement, il supposait deux actions : l'une agissant directement sur les parties qui, à leur tour, agissent sur les particules ; l'autre agissant directement sur les particules au moyen de l'agitation extrême de l'air.

C'est d'après ces principes, ou plutôt d'après la manière dont le mouvement sonore est provoqué, qu'il divise les instruments en deux classes.

1° Instruments dans lesquels le son est produit par le choc. Dans tous ces instruments, c'est l'émotion des parties qui entraîne celle des particules.

2° Instruments dans lesquels le son est produit par verbération ou par l'émotion directe des particules, au moyen de l'air agité.

Nous comprenons très-bien la formation du son dans les instruments de la première division ; il y a, en effet, un ébranlement général qui provoque le mouvement plus intime des molécules du corps sonore. Mais nous ne pouvons pas admettre que, dans le bruit de verbération, le son se produise comme le prétend Perrault. En effet, en prenant des tuyaux de caoutchouc, de carton, de papier, on peut s'assurer que l'émotion des particules n'est pour rien dans la formation du son, si l'on

considère surtout que, dans les tuyaux à bouche, c'est la colonne d'air seule qui, par ses vibrations propres, donne le son.

Quoi qu'il en soit, Perrault a classé l'instrument vocal dans
cette dernière série, et c'est là que nous devons l'examiner.

« La voix, dit-il, est un bruit de verbération que l'air enfermé dans la poitrine excite en sortant avec violence et frôlant
les deux membranes dont la glotte est composée, en sorte qu'il
en ébranle les parties et en froisse les particules, dont le retour
cause une agitation dans l'air capable de faire impression sur
l'organe de l'ouïe. Or, cet air, agité avec la promptitude qui est
particulière au ressort des particules, va frapper dans la cavité
du palais les particules des membranes qui le revêtent, et le
retour de ces particules produit une nouvelle agitation qui est
ce qu'on appelle la réflexion. Or, cette réflexion, causée par un
si grand nombre de particules froissées dans tout le palais, fait
l'augmentation du premier bruit causé par le froissement des
particules de la glotte. Et la modification de ce bruit ainsi augmenté se fait par le mouvement des lèvres et de la langue, qui
sont les organes qui donnent la forme aux accents de la voix et
aux syllabes dont la parole est composée. »

Pour compléter cette définition déjà si longue, il ajoute :
« Le son des instruments à vent, qui dépend de l'augmentation
d'un premier bruit réfléchi tel que le son des flûtes est pareil
au son de la voix en ce qu'il se fait par l'impulsion de l'air
serré en sortant par la fente de la bouche de la flûte qui va
frapper le tranchant de la languette dont il ébranle les parties
et les particules, qui, par la promptitude de leur retour, agitent
l'air avec une force capable d'ébranler un assez grand nombre
d'autres particules au dedans de la flûte pour faire que leur
ébranlement cause l'agitation de l'air qui fait le son. » (P. 142.)

Pour ce qui regarde les tons de la voix, Perrault l'explique
par les différentes longueurs de la glotte et par les différentes

tensions des rubans. « Leurs ondoiements sont rares ou lents, d'où il s'ensuit que les parties émues ne froissent les particules que de loin en loin, ce qui fait le ton grave. Le ton aigu se fait par des causes opposées. » (P. 146.)

D'après ce que nous venons de dire, il est évident que Perrault comparait le mécanisme de la voix à celui des flûtes, et cependant la manière dont il comprenait le mouvement des rubans vocaux semblait devoir l'amener à la théorie des anches. Mais il faut croire que la formation du son n'était pas bien claire dans son esprit. Il dit, en effet (p. 142), que le ton aigu est produit par l'émotion d'un certain nombre de particules dans un certain espace, et le grave par des causes opposées. Cette manière de voir, comprise d'une certaine manière, paraît assez rationnelle ; mais au fond, et dans l'esprit de Perrault, elle était fausse ; car le changement de densité ou de tension d'un même corps pouvait lui donner un démenti formel. Ainsi, par exemple, les tons graves seraient en proportion directe de la tension.

Toujours préoccupé de l'émotion des parties invisibles des corps sonores, Perrault négligeait les parties visibles, qui, dans ce mouvement, ont une importance si grande. Il ne connaissait pas enfin les lois des vibrations des membranes, et les connaissances anatomiques paraissent lui avoir fait complétement défaut.

DODART, NÉ EN 1634.

Dodart était membre de l'Académie des sciences, médecin de la duchesse de Longueville, du prince de Conti et du roi Louis XIV. En 1700, il lut devant la noble compagnie dont il faisait partie un mémoire sur la voix, accompagné de plusieurs

suppléments dans le courant des années suivantes. Ces mémoires furent ses derniers travaux ; car il mourut en l'année
1707. Nous devons trouver, par conséquent, dans ce travail, le
fruit d'une longue expérience, fécondé par une intelligence
vaste et cultivée. D'ailleurs, les idées de Dodart sur la production de la voix sont de celles qui se lient tellement bien avec
leur sujet, qu'elles en deviennent inséparables. Ne pas parler
de Dodart à propos de la voix, ce serait supprimer une des
principales bases d'un édifice. Malheureusement ses travaux
n'ont pas toujours été bien appréciés. N'étant pas suffisamment pénétrés du véritable esprit de sa théorie, beaucoup
d'auteurs l'ont cité mal à propos, et, pour se donner une autorité favorable, ils lui ont fait dire ce qu'il n'avait jamais dit.
C'est le propre de beaucoup de citations.

Ces différents motifs nous engagent à donner une analyse
complète des travaux de Dodart, et nous le faisons avec d'autant
plus de plaisir, que, à notre avis, il était un des écrivains les
plus distingués du dix-septième siècle. Son style, simple sans
être vulgaire, élevé sans prétention et sans recherche, est un
véritable modèle de style scientifique. Le style c'est l'homme,
a dit Buffon. On voit à travers le style de Dodart le savant mo-
modeste, parfois naïf, mais convaincu et de bonne foi.

Dodart était l'élève de Perrault ; il en avait adopté toutes les
idées sur l'acoustique ; c'est pourquoi nous croyons devoir passer légèrement sur cette partie du mémoire. Nous nous bornerons à citer textuellement les huit propositions sur lesquelles
Dodart l'a établi :

1° La voix est un son.

2° Tout son est l'effet de l'air battu violemment.

3° La matière de la voix est l'air contenu dans les poumons,
poussé de bas en haut, de dehors en dedans.

4° Le résonnement de quelque son que ce soit, et par conséquent celui de la voix, suppose la voix déjà formée et n'est que la suite du son.

5° Les corps résonnants qui sont visibles sont ceux qui, étant frappés de l'air porteur du son, sont capables de réflexion et de ressort, et par conséquent de vibration.

6° Les corps sonnants et résonnants visibles sonnent et résonnent suivant leur dimension en longueur.

7° C'est cette dimension qui leur donne le ton.

8° Les corps résonnants résonnent particulièrement selon l'égalité ou la proportion harmonique de leurs dimensions, c'est-à-dire de leur ton avec le son auquel ils répondent plus ou moins, selon le degré de cette proportion, depuis l'unisson et les propriétés harmoniques les plus proches jusqu'aux proportions harmoniques les plus éloignées.

Anatomie. — Dodart avait confié à son secrétaire Mery le soin d'élucider tout ce qui concerne la partie anatomique de la voix.

Ce dernier lui avait montré des larynx de tout âge et de tout sexe ; mais lui-même n'en avait disséqué que deux, très-complétement, il est vrai ; « les disséquant par le dedans du larynx, entr'ouvert par les cartilages postérieurs[1]. » Cette dissection était loin d'être suffisante, si l'on en juge par les résultats. « La plus grande partie de tout cela est fort différente de tout ce que j'ai lu autrefois dans les anatomistes... La glotte était formée d'un écheveau de fibres presque charnues dans l'un des deux sujets, et dans l'autre, tendineuses, très-fortement attachées au devant, vers le bas du cartilage antérieur, et par derrière tout au bas des cartilages postérieurs.

« Les muscles extérieurs propres du larynx naissent tous du cercle cartilagineux, sur lequel les autres cartilages, tant l'antérieur que le postérieur, sont fondés, étant tout leur jeu. Ces

[1] Note 9.

muscles intérieurs sont attachés au bord inférieur des cartilages
mobiles; leurs fibres, dirigées de bas en haut, s'écartent obliquement du milieu des deux faces opposées antérieure et postérieure du cartilage annulaire, pour s'attacher aux parties
latérales inférieures du cartilage antérieur et du cartilage postérieur.

« Quant aux muscles intérieurs du larynx, les auteurs les ont
peu examinés, dit-il, et il ne connaît que Riolan qui ait dit que
dans l'homme, « la glotte est formée par l'extrémité du muscle
thyro-arythénoïdien. »

Cependant Mery, qui avait, à sa prière, disséqué la cavité laryngienne, lui montra le muscle thyro-arythénoïdien ayant trois
directions différentes et, de plus, un plan de fibres transversales
au-dessus de l'écheveau tendineux; mais il comprenait si peu
le fonctionnement de ces différentes parties, qu'il ajoute : « Tout
ceci demande un plus sérieux examen ; car je ne suis pas encore assuré si l'écheveau tendineux, qui est une corde très-forte,
quoique très-délicate, fait un muscle à part, bien circonscrit et
distingué du plan charnu qui l'accompagne dans la même direction. Mery soupçonne cet écheveau tendineux de n'être qu'un
simple ligament. Mais la nécessité indispensable d'un mouvement de tension dans cet endroit peut justifier une structure
extraordinaire, qui ne peut manquer, au besoin, à la mécanique
du créateur, et dont on voit tant d'autres exemples dans l'anatomie comparée. En attendant que M. Mery démêle tout cela, il
me semble que j'en connais assez pour oser dire qu'il me paraît
certain que l'usage des muscles extérieurs du larynx à l'égard
de la voix est de tenir ferme la caisse composée des cartilages
du larynx et la mettre en état de donner un fondement suffisant au jeu des muscles propres de la glotte, qui sont seuls capables de faire la manœuvre de cette merveilleuse ouverture,
en la bandant de devant en arrière et en la contre-bandant par

les côtés, sous tous les degrés nécessaires à la voix et à tous les tons dont elle est capable. Nous sommes obligé d'être plus sévère que ne l'était Dodart vis-à-vis de lui-même et de trouver qu'il ne connaissait pas suffisamment l'anatomie du larynx, et cela avec d'autant plus de raison, que, six ans plus tard, malgré les recherches de M. Mery, il persistait dans les mêmes erreurs dans la Ve addition. Ici encore, les muscles externes ne servent qu'à tenir ferme et ouverte la caisse composée des cartilages du larynx, et, ceci est loin d'être un progrès, il refuse aux muscles de la glotte toute participation aux phénomènes vocaux. « Ces muscles, dit-il, ne servent qu'à la respiration et à l'expulsion des crachats. » La fonction d'ouvrir et de fermer la glotte, il la donne au ligament, à l'écheveau, à la corde vocale elle-même, bien qu'il n'ignorât pas que les muscles seuls ont la propriété de se contracter ; mais comme il n'est rien qu'on ne fasse avec l'aide de la puissance divine, Dodart considère ces tendons comme des muscles extraordinaires, « dont la structure singulière, dit-il, ne servira qu'à relever encore à nos yeux l'intelligence infinie qui brille dans la machine de tous les animaux. Pour resserrer le diamètre de la glotte, ces tendons ont un mouvement délicat que la grossière contraction des muscles ne pouvait effectuer ; aussi ils sont formés d'un tissu plus blanc, plus fin, qui se gonfle plus facilement par la plus légère augmentation de la quantité des esprits qui y coulent. »

Nous pouvons dire déjà que la théorie de Dodart sur la voix était erronée, puisqu'il méconnaissait les véritables instruments de cette fonction.

La description superficielle de la glotte n'exigeant pas de dissection et des connaissances anatomiques spéciales, Dodart l'a si bien décrite qu'on croirait qu'il l'a vue fonctionner sur le vivant : « La figure de cette fente, dit-il, lorsqu'elle s'est mise en état de produire la voix, semble être composée de l'intersec-

tion de deux cercles égaux, p. 232... » Dans la note 6, il dit :
« Quand il suffit de respirer, ou de parler bas, ou de souffler,
cette ouverture est à peu près comme un triangle isocèle mixte,
à peu près rectiligne par la base, curviligne par les deux côtés.
Alors le muscle thyro-arythénoïdien est relâché, et les deux
côtés écartés au fond de la gorge forment la base de ce triangle ;
mais quand on veut former la voix, alors le double muscle arythénoïdien s'accourcit, et les deux côtés du triangle écartés se
joignent ensemble au fond de la gorge et se fixent au bord inférieur de l'arythénoïdien ; comme ils sont toujours joints en
devant où la jointe de l'angle antérieur est fixée vers le bas du
thyroïde. »

Si Dodart eût connu l'excellente monographie de Fabrice
d'Aquapendente, qui avait paru bien avant son mémoire, peut-
être nous eût-il donné la véritable théorie de la voix ; car il s'en
est beaucoup rapproché, comme on va le voir.

Physiologie. — Pour Dodart, la glotte seule produit la voix.
« L'âpre artère, dit-il, ne fait que fournir la matière à la voix. »
A la page 243 il va plus loin, lorsqu'il dit : « La trachée-artère
ne résonne que dans la voix inspiratrice, et la voix ne peut être
comparée à aucun instrument. » La concavité de la bouche n'a
non plus aucune part à la production de la voix ; mais il en
appréciait très-bien les fonctions : « et c'est ce qui donne lieu
d'entrevoir, dit-il, que toutes les différentes consistances des
parties de la bouche, même de celles qui sont les plus délicates
et les plus fluettes, contribuent au résonnement chacune en
leur manière et très-différemment, en sorte qu'on peut dire
que c'est de cette espèce d'assaisonnement de plusieurs différents résonnements que résulte tout l'agrément de la voix
de l'homme, inimitable à tous les instruments de musique.
C'est ce que les organistes cherchent à imiter, en ajoutant
un jeu à un autre dans l'exécution d'un air. » Cependant il

convient que si la bouche ne fait rien à la production de la voix, elle favorise les tons en s'y proportionnant et leur donne de la force et de l'agrément. Mais le résonnement de la bouche ne consiste pas en une réflexion simple, comme pourrait être le résonnement d'une voûte, mais un résonnement proportionné aux tons jetés dans la bouche, après avoir été formés par les différentes ouvertures de la glotte; car la concavité de la bouche et des narines s'allonge et s'accourcit, et elle s'allonge toujours à l'occasion des tons bas et s'accourcit toujours à l'occasion des tons hauts.

Ainsi donc, la glotte produit seule la voix; voyons comment il considérait cette formation. Cherchant d'abord à comparer le mécanisme vocal avec celui de quelque instrument de musique, il jette les yeux sur l'anche du hautbois, à laquelle il trouve une certaine ressemblance avec la glotte, si l'on ne considère que l'ouverture de l'une et de l'autre. « Mais, dit-il, p. 250, comme l'effet de l'anche du hautbois vient pour le moins autant de la profondeur que de son ouverture, cette comparaison n'expliquera jamais l'usage de la glotte, et, de plus, il est certain que l'anche du hautbois n'a nulle part au ton de cet instrument, qui vient tout entier de la longueur précise du hautbois, mais seulement au son, puisque sans anche il ne parlerait jamais. » Il n'accepte pas non plus la comparaison avec les jeux d'anche des orgues; car ici comme précédemment, la longueur de l'anche déterminée par un ressort de cuivre nommé *rasette* donne ses tons par sa longueur, nullement comparable à celle de la glotte; « car la glotte, p. 251, n'a nulle profondeur, que la double épaisseur d'une membrane et de l'écheveau de fibres charnues et tendineuses dont l'intervalle de ces deux membranes est fourré, et tout cela ensemble ne forme pas, à beaucoup près, l'épaisseur d'une ligne. Ce n'est pas assez pour tenir lieu de la profondeur de la moindre anche du plus haut dessus, à plus

forte raison de l'anche la plus profonde, du basson le plus creux.
C'est donc trop peu de profondeur pour être comparée avec
quelque autre anche que ce soit. » Il est clair que Dodart ne considérait pas la glotte comme une anche. « Mais c'est trop d'épaisseur, p. 251, continue-t-il, dans une si petite étendue pour
être capable de vibrations proportionnées au grand effet de cette
ouverture; puisque ces vibrations, jointes à une certaine dimension d'ouverture sont, dans certaines voix de basse, jusqu'à
l'unisson du C *sol ut* d'en bas, c'est-à-dire au ton qui résulte
des vibrations d'un tuyau de 8 pieds de long. » Ici encore
Dodart pèche par le défaut de connaissances anatomiques. Il
méconnaissait le rôle de la muqueuse, qui, se détachant du
ligament, est assez mince pour engendrer les vibrations.
Cependant, p. 252, il ne rejette pas complétement les vibrations des rubans vocaux, mais il les considère comme tout à
fait accessoires. « Il ne peut y avoir de vibrations dans la glotte,
qui est une espèce singulière d'anche, que celles des lèvres...
Ces vibrations seront causées par le frottement de l'air (analogie
avec Ferrein) qui s'échappe avec violence d'entre ces deux lèvres,
et ces vibrations doivent être diversifiées par les différents degrés d'approche ou d'éloignement mutuel de ces lèvres diversement bandées et contre-bandées pour cet effet. On peut admettre ces vibrations, et l'on peut même admettre, dans ces
vibrations si courtes et si pressées, une proportion musicale
infiniment éloignée avec les tons de la voix, semblable à peu
près à celle qui doit se supposer entre l'ouverture de l'anche d'un
basson ou de toute autre partie de hautbois et le ton du hautbois
même. » Tout cela est très-explicite, et il conclut que, puisque
l'on ne peut comparer le larynx ni aux anches, ni aux flûtes,
car la bouche, considérée comme tuyau vocal, a trop peu de profondeur pour produire les tons qu'on remarque dans la voix de
l'homme, « on ne peut comparer la cause qui met en branle

les lèvres de la glotte qu'à celle qui fait résonner cette espèce d'instrument (si toutefois on le peut ainsi nommer), qui résulte de l'effet d'un vent impétueux donnant dans le papier entr'ouvert qui joint un châssis mal collé avec la baie d'une fenêtre. J'appellerai cet instrument *châssis bruyant,* pour abréger [1]. » Dans cet instrument, les sons sont produits par la vitesse de l'air, et les tons par les seuls degrés d'une vitesse inégale. Cependant cet instrument ne ressemble pas tout à fait à la glotte, et en voici les différences, selon Dodart : dans le châssis bruyant, les tons étant subordonnés au degré de la vitesse, le fort ne peut avoir lieu que dans les tons hauts, et le faible dans les tons bas : la même chose ne se passe pas dans la glotte. « La glotte humaine, dit-il, p. 255, n'est capable que d'un mouvement propre, c'est celui de ses lèvres, qui consiste à s'approcher l'une de l'autre par la contraction de leurs fibres, qui est toute leur action [2]. » Ce mouvement, il le définit bien en disant : « Elles ont, quand on veut, assez de force pour changer en ligne droite la courbure naturelle qui tient les lèvres de la glotte toujours entr'ouvertes pour la respiration et pour la voix ; mais alors elles se touchent l'une l'autre dans toute leur éten-

---

[1] Pour nous, cet instrument n'est qu'une anche irrégulière, une de ces anches auxquelles Muller a imposé plus tard le nom d'anche membraneuse en remplaçant le papier par des lamelles de caoutchouc. Le son est évidemment produit par les vibrations du papier, car, si on l'empêche de vibrer, le son n'a pas lieu, et s'il est vrai que l'on voie le ton monter avec l'impétuosité du vent, cela tient à ce que la longueur du corps vibrant se trouve diminuée par l'incurvation du papier qui obéit à une plus forte impulsion : la même chose arrive avec les rubans de caoutchouc fixés à l'extrémité d'un tube.

[2] Dans la note 11, il compare la glotte à un ajustoir conique, qui, par l'effet de cette disposition, éparpille l'eau à sa sortie du cône ; « car, dit-il, ce qui doit arriver à l'eau, doit à plus forte raison arriver au jet d'air poussé de bas en haut à travers de l'ajustoir de l'âpre artère. La partie inférieure de la glotte qui regarde la trachée est contournée en voûte en tiers point, dont la clef est un angle aigu curviligne. »

due. Ce contact est pour l'effort, dit-il, et non pour la voix. Pour la voix, c'est un mouvement d'approche, qui varie selon les tons. »

Voyons à présent comment il comprend la formation des tons. La glotte, selon lui, n'étant capable que d'une seule modification, l'éloignement et le rapprochement mutuel de ses lèvres, ce doit être nécessairement par là qu'elle produit les différents tons de la voix. « Cette modification, dit-il p. 256, comprend deux circonstances : l'une est capitale ; c'est que, depuis le plus bas jusqu'au plus haut, les lèvres se bandent de plus en plus ; la seconde, que plus elles se bandent, plus elles s'approchent.

« Il résulte évidemment de la première que les vibrations des lèvres seront d'autant plus fréquentes qu'elles approcheront de leur ton le plus haut, et que la voix sera juste quand elles seront également bandées, et fausse quand elles le seront inégalement, ce qui s'accorde parfaitement avec la nature des instruments à cordes ; il suit de la seconde que plus elles hausseront de ton, plus elles s'approcheront, ce qui s'accorde parfaitement *avec les instruments à vent gouvernés par des anches*[1]. »

Ainsi donc, le degré de contention est la première et la principale cause des tons. Les degrés d'approche ne sont que des suites inséparables de la contention. Il est plus aisé de concevoir et d'assigner ces degrés, et il admet alors que l'on peut diviser à l'infini ce petit intervalle qui sépare les deux cordes vocales et qui doit, par ses modifications, produire les différents tons. La preuve qu'il en est ainsi, il la demande : 1° aux larynx de différents âges et de différents sexes qui, en effet, présentent une glotte différente. La glotte de ceux qui chantent le dessus doit être nécessairement petite ; c'est pour-

---

[1] Il est impossible de ne pas reconnaître dans ce passage la théorie de Ferrein.

quoi on la trouve chez les femmes et chez les enfants ; 2° par ce que l'on ressent soi-même en passant du silence à la parole ; 3° par ce qui a lieu, quand du médium on passe aux tons les plus élevés ; 4° par la différence des anches dans les instruments de musique qui donnent naissance à différents tons ; 5° parce que, pour faire parler une anche, il faut la serrer ; 6° il dit qu'on peut tirer plusieurs tons d'une anche par le changement de pression, et il cite Filidor père, qui parcourait tous les tons et demi-tons d'une octave avec l'embouchure seule du basson et rien que par le pressement des lèvres. De tout cela il tire trois conséquences : 1° que dans la glotte humaine, comme dans les instruments artificiels, les différentes ouvertures de la glotte produisent ou accompagnent les différents tons ; 2° que l'augmentation d'ouverture baisse le ton, tandis que la diminution le hausse. La manière dont il explique ces divers phénomènes laisse beaucoup à désirer : « Une moindre ouverture hausse le ton, parce que l'air y passe plus vite et par conséquent avec plus de violence..., etc.; et de là vient que si on donne le vent plus faiblement à quelque anche que ce soit, le ton baisse, et qu'il hausse quand on pousse le vent plus fortement. » Cela est évidemment faux ; car on peut avec une même ouverture de glotte produire différents tons en modifiant la tension des rubans vocaux.

La seconde différence établie par Dodart entre le châssis et la glotte consiste en ce que, dans le porte-vent de l'homme, il n'y a nulle précipitation de l'air. « L'air, dit-il, se présente à la glotte sans impétuosité. » Cependant, comme les tons dépendent des différents degrés de vitesse, c'est la glotte qui se rétrécit, et alors évidemment l'air passe plus vite, ce qui permet au poumon une grande économie d'air. La troisième différence avec le châssis, c'est que la glotte produit le fort et le faible de chaque ton ; il explique cela par un système de compensation incompatible avec sa théorie. « C'est que, dit-il p. 260, la glotte se dilate pour laisser échapper plus d'air et se resserre pour en ˌlaisser échapper moins, et se dilate précisément autant qu'il faut pour le degré de force qu'on veut lui donner, et se resserre précisément autant qu'il faut pour passer du fort au faible, sans changer le ton. Peu importe la quantité d'air, pourvu qu'il ait la vitesse voulue. »

Il s'extasie ensuite sur les merveilles de la nature, sur cette délicatesse de mouvement, et il en arrive à cette fameuse division du diamètre transverse de la glotte en 9,632 parties. « Si quelqu'un trouve ce calcul outré, dit-il, qu'il considère qu'il s'agit ici de la glotte d'un dessus, qui ne peut guère avoir dans la voix actuelle qu'un quart de ligne d'intervalle, ce qui quadruplerait le nombre ci-dessus. »

Le Mémoire que nous venons d'analyser est suivi de notes nombreuses dans lesquelles Dodart développe ses idées ; nous compléterons notre critique en les parcourant. On lui avait reproché de n'avoir tenu compte que des variations de l'ouverture de la glotte pour le son et les tons. « Un savant homme de mes amis, dit-il dans sa dernière note, ne trouve pas ces conditions suffisantes. Il ajoute à l'ouverture de la glotte les vibrations de ses lèvres, et, à ces deux causes, deux autres causes : le raccourcissement de la glotte et les mouvements de l'épiglotte considérée comme faisant à l'égard de la glotte ce que font ces avances de plomb ou d'étain que les facteurs d'orgue nomment oreilles et qu'ils appliquent aux deux côtés de quelque tuyau d'orgues. »

Il est d'accord pour les deux premières causes, mais il ne peut admettre la troisième, « parce que la glotte ne se rétrécit pas, dit-il ; car si les cartilages se rapprochaient d'avant en arrière, la glotte serait relâchée ; elle ne serait donc pas en état de produire la voix. Les muscles extérieurs contrebandent la glotte en écartant le premier cartilage du troisième. Quant à la deuxième, qui est le mouvement prétendu de l'épiglotte contribuant aux tons bas par son approche vers la lumière de la flûte, c'est-à-dire vers la glotte, il est certain et avoué par tous les anatomistes les plus exacts que ce cartilage n'a point de mouvement volontaire dans l'homme. Or, la cause de la voix est une action, et cette action est volontaire. » Après avoir établi dans la même note « que les lèvres de la glotte ne sont pas des cordes faites pour sonner, mais pour frémir et briser l'air, ce qui suffit pour le son et pour varier les tons par les divers brisements, » il ajoute : « les tons sont indépendants de la mesure du canal et de celle des lèvres considérées comme une espèce de cordes... ; les vibrations des lèvres de la glotte donnent le son comme l'anche le donne au corps du haut-bois ; et les vitesses et les quantités de l'air, mues au travers de la glotte, donnent les tons et dominent les frémissements de la glotte, comme les dimensions du haut-bois dominent les frémissements de son anche et forment les tons de l'instrument. Aussi suis-je persuadé que, dans tous les instruments de musique, tous les tons ne viennent que des quantités et des degrés de vitesse de l'air brisé. »

Après avoir longuement exposé la théorie de Dodart sur la formation de la voix, il reste bien établi que, dans la pensée de ce savant, la glotte était un instrument du genre des flûtes et du genre des anches tout à la fois ; mais il est évident que, pour lui, l'instrument à anche était très-accessoire, « donnant des frémissements toujours dominés par le son produit par la vitesse de l'air à travers la glotte. » D'ailleurs, les tons n'étaient formés rien que par les degrés de cette vitesse. Son erreur vient de ce qu'il n'avait pas bien apprécié son instrument type, son châssis bruyant, qu'il considérait comme ne donnant des sons que par la vitesse de l'air. Cet instrument fonctionne évidemment à

la manière des anches membraneuses, et si le ton est modifié
par les changements dans l'impulsion de l'air, c'est que le papier obéit par son élasticité à ces différentes impulsions et
donne des tons différents sous l'influence d'une tension différente. Cette erreur a engagé Dodart dans une mauvaise voie et
elle l'a empêché de trouver une vérité qu'il méritait si bien
d'atteindre. Son travail n'en conserve pas moins une grande
valeur ; il a servi de base à tous ceux qui ont été publiés depuis,
et il sera toujours consulté et médité avec fruit.

Dans le supplément, article 1er, p. 137, Dodart expose la
théorie de la voix de fausset, et il la définit : « Une voix étrangère entée sur la voix naturelle pour en multiplier l'étendue au
delà des bornes naturelles de la voix. » La voix de fausset n'est
pas une voix étrangère, elle est aussi naturelle que la voix
pleine, tout au plus on aurait pu dire que ce n'est pas la voix
habituellement employée.

« Elle se distingue de la voix ordinaire par le son, le ton et la
force qui, dans cette dernière, est beaucoup plus grande. » Tout
cela est vrai : le son est bien différent ; le ton est plus élevé ;
quant à la force, il est également certain que la voix de poitrine
est plus forte, parce qu'elle est produite par une anche beaucoup
plus grande ; mais la disposition du tuyau de renforcement,
c'est-à-dire de la bouche, donne au registre de fausset un retentissement souvent plus considérable que certaines notes de
la voix de poitrine. Cette dernière tire sa force des grandes dimensions des parties qui produisent le son à son origine ; la
première est produite par un instrument beaucoup plus petit.

Mais quand il veut expliquer la formation de cette voix, il est
fort empêché ; car, fidèle à sa théorie de 1700 sur la voix pleine,
il va essayer d'expliquer le fausset par le même principe, et
il arrive à dire des choses très-extraordinaires. « Le son de la
voix de fausset, dit-il, est produit par une glotte rétrécie outre

mesure, le larynx étant porté en haut et la tête renversée en arrière pour favoriser l'envoi du son dans le canal supérieur, c'est-à-dire dans les fosses nasales. Par *rétrécie outre mesure*, Dodart entend parler du petit diamètre de la glotte, et nullement du diamètre antéro-postérieur, comme il le dit plus bas ; de sorte que la quantité d'air passant à travers la fente glottique était beaucoup moindre et passait beaucoup plus rapidement que dans la voix de poitrine, ce qui, d'après la théorie de Dodart, devait donner un ton plus élevé ; mais nous avons démontré que la formation du son par ce procédé était impossible. Quant au passage du son dans les narines plus spécialement que dans la bouche, la plus simple expérience en démontre la fausseté ; s'il en était ainsi, il faudrait que nos chanteurs possédassent une langue articulée dans l'intérieur des fosses nasales pour prononcer les paroles pendant l'émission de ce registre. Mais la position inclinée de la tête en arrière prouve que Dodart avait fait sa théorie dans son cabinet et loin des personnes qui auraient pu lui montrer expérimentalement qu'il n'en est point ainsi. Cette position inclinée de la tête en arrière serait au moins très-disgracieuse, impossible au théâtre, si elle n'était pas une condition très-défavorable à la production de ce registre. L'explication qu'il donne du degré d'intensité de la voix de fausset n'est pas moins erronée. Il compare la glotte qui produit cette voix à celle d'un enfant de dix ans quant à son petit diamètre, ou diamètre transverse. Il ne pensait pas que le grand diamètre pût être modifié à cause de l'insertion fixe des rubans en avant et en arrière, et il était obligé, pour expliquer la diminution de la glotte, de faire intervenir un resserrement plus considérable sur les côtés, de manière à obtenir une ouverture moins large ; « et comme chaque ton, dit-il, dépend de la quantité et de la vitesse de l'air sonnant, l'ouverture doit diminuer pour hausser le ton ; » de sorte que cette ouverture, presque inappréciable pendant l'émission de la voix, ayant été déjà divisée par Dodart en neuf mille parties pour la production de toutes les notes de la voix de poitrine, devrait encore subir presque autant de divisions pour fournir toutes les notes de la voix de fausset !

Dans cette théorie, quelque chose aurait dû l'embarrasser : Si les registres de la voix ne sont que le résultat de la quantité et de la vitesse de l'air à travers la glotte, il arriverait un moment où la lame d'air passant à travers la glotte serait tellement mince, qu'elle ne produirait plus un son appréciable, et cependant, on peut entendre des chanteurs qui remplissent une salle de spectacle aussi bien en registre de fausset qu'en registre de poitrine. Dodart lui-même avait sous les yeux un exemple remarquable de fausset extraordinaire, de l'étendue de douze tons. Ce fausset, à son grand étonnement, ne haussait pas et ne renversait pas la tête, et sa voix était assez forte pour tenir sa partie contre toutes les basses d'un grand chœur de musique. Cela lui paraît opposé à sa théorie ; mais il ne se décourage pas pour si peu, et, après avoir dit qu'on ne trouverait pas un autre exemple en tout un siècle, il va tout concilier avec les idées qu'il a déjà émises.

Il explique l'absence du renversement de la tête par l'ascension du larynx, qui supplée au renversement. Quant à la force extraordinaire de cette voix, il en trouve la raison dans les principes qu'il a déjà posés. « Si les principes de la voix sont bien posés dans le mémoire du 13 novembre 1700, la force vient de l'ouverture extraordinaire de la glotte dans cette espèce de fausset, et le ton de l'extraordinaire vitesse de l'air poussé, pour la production de ces tons, par cette ouverture, et de l'extraordinaire contention des lèvres de la glotte pour contrebander les dilatateurs du larynx et produire les vibrations proportionnées à ces tons. P. 141. » Il est à remarquer que, toutes les fois que

Dodart est embarrassé pour expliquer un phénomène vocal au moyen de la seule vitesse de l'air, il invoque de suite les vibrations; mais il les retire dès qu'il peut s'en passer. C'est un jeu sans doute innocent, mais que, en justice, on ne peut pas se dispenser de signaler.

Ainsi, pour expliquer la force de la voix de fausset, il admet une ouverture extraordinaire de la glotte; mais comme les tons dépendent aussi des degrés de cette ouverture, si la glotte est plus large, le ton doit baisser. Il est vrai que, dans ce cas, l'air est poussé avec plus de violence, et que cette violence fait regagner ce que l'augmentation de l'ouverture avait fait perdre. Malheureusement l'observation démontre parfaitement que, pour produire le fausset, on dépense beaucoup moins de force, à ce point que les chanteurs considèrent ce registre comme un instrument de repos. Telle est la première partie du mémoire de 1706 : beaucoup de travail, beaucoup de connaissances; mais, esclave d'une idée, Dodard dépense inutilement des efforts admirables pour la faire triompher.

Dans le courant de la même année, Dodart donna une nouvelle addition à son mémoire, pour soutenir et appuyer par des arguments nouveaux sa théorie. Ici il débute par une de ces erreurs graves que nous n'aurions pas voulu trouver sous sa plume, car, à elle seule, elle détruit le laborieux édifice qu'il avait élevé. Tout ce qu'il dit dans cet article prouve ce que peut une imagination féconde abandonnée à elle-même et nullement retenue par l'observation exacte des faits naturels. En attendant la décision des anatomistes, il ne dissèque pas lui-même pour chercher à s'éclairer de ses propres yeux; il réfléchit, et voici ce qu'il trouve : P. 394. « Les muscles propres des cartilages du larynx, dit-il, ne donnent aucun mouvement à la glotte qui ne soit contraire à la formation de la voix ou qui y contribuent immédiatement. Les muscles, tant internes qu'externes, ne peuvent que nuire à la production de la voix, et, en attendant que les anatomistes se soient prononcés, voici ce qui m'est revenu dans l'esprit : tout ce que j'ai lu d'anatomistes imprimés qui sont entrés dans le détail des organes de la voix ont cru que l'usage des muscles propres du larynx est de dilater la glotte et de la resserrer ou de l'accourcir et la dilater pour les tons bas, et de l'allonger et rétrécir pour les tons hauts. Il me paraît impossible que cela soit. »

Basé sur la mécanique, qui, à cette époque, commençait à asservir la physiologie à ses lois, il fait une démonstration très-compliquée, et il arrive à cette conclusion étrange que, « les rubans vocaux sont des muscles extraordinaires, des muscles *spermatiques* inventés par le Créateur et destinés à montrer une fois de plus la richesse infinie de ses ressources. »

Dans le mémoire que Dodart fit paraître l'année d'après, en 1707, à propos de la théorie du sifflet, il confirme la théorie qu'il avait émise les années précédentes. « La glotte, dit-il, p. 66, produit tous les tons de bas en haut par les seuls degrés de l'approche mutuelle de ses deux lèvres. » Il avoue que, bien que suffisantes à ses yeux, les preuves qu'il a données seraient encore plus positives si l'on pouvait voir fonctionner la glotte sur le vivant ; mais cela n'étant pas possible, il va décrire une glotte que l'on peut voir en action ; cette glotte est celle qui produit le sifflet ou glotte labiale. « Pour produire le sifflet, les lèvres se froncent, dit-il, pour accourcir leur ouverture naturelle et pour l'entr'ouvrir en devant. » Il compare les mouvements de cette ouverture aux mouvements de la glotte vocale : « Quand elle entre en action, les lèvres se froncent, dit-il, pour former cette ouverture, elles deviennent plus fermes et, par conséquent, plus capables de ressort et de frémissement (p. 67). » L'ouverture suffit pour la plupart des tons ; mais lorsqu'il faut faire beaucoup de notes rapidement, la langue intervient, et, par ses mouvements déliés, elle supplée à ce que les lèvres ne peuvent pas faire. Les tons élevés se font visiblement par la diminution du petit diamètre de la glotte labiale et les tons bas par son agrandissement, ce qui prouve bien que la même chose se passe dans la glotte vocale.

Il parle aussi d'une troisième glotte qu'il appelle linguale et qui est constituée par l'application de la langue contre le palais de la bouche. Le sifflet qui en résulte est plus petit, plus mince que le précédent ; mais il donne à ce sujet des explications impossibles, qui montrent qu'il n'a pas étudié suffisamment ce phénomène. « Ces trois instruments : glotte vocale, glotte labiale et glotte linguale, ont cela de commun, dit-il, p. 72, qu'ils sont également indépendants de toutes les dimensions d'où dépend l'effet des instruments de musique artificiels. » Cette proposition nous semble erronée ; car il est incontestable, comme nous le démontrons plus loin, que la cavité laryngienne fait partie de l'instrument. Malheureusement, il en déduit deux propositions qui sont la base de ses idées, et, la base étant fausse, tout est faux. La première est que, « le passage de l'air lancé d'une certaine vitesse dans l'air dormant, écarté par l'air lancé, suffit pour le son, étant joint avec le frémissement que ce passage cause dans l'ouverture par où l'air est lancé, et peut-être encore avec le frémissement mutuel de ces deux airs l'un par l'autre et l'autre contre l'autre. » La deuxième proposition est que, « la seule différence de vitesse de l'air sonnant dans l'air dormant, jointe aux différents intervalles de vibration qui résultent des différents degrés de fermeté dans le ressort de l'instrument, c'est-à-dire dans la seule ouverture frémissante, sans aucun autre corps d'instrument, suffit pour produire tous les tons, p. 73. » Comme on le voit, Dodard n'a changé ni d'idées ni de système, c'est toujours la vitesse de l'écoulement de l'air qui produit le son, et il ajoute toujours le concours des vibrations, dont il ne parle que pour la forme, et dans la crainte qu'on ne lui reproche de n'avoir pas tenu compte de ce phénomène visible ; mais il se contente de le mentionner sans dire et sans préciser l'influence que ces vibrations doivent avoir sur l'air qui les provoque.

Dans une note, il dit que la première proposition n'est pas nouvelle, qu'elle a été exprimée de la manière suivante par Anaxagore, soixante-douze ans avant Platon : « La voix se fait, le souffle étant poussé avec force dans l'air solide et retournant à l'oreille comme par contre-coup. » Dans cette même note, il dit que « les corps solides ne donnent du son par leur rencontre qu'en lançant l'air dans l'air dormant, et l'air dormant peut être considéré comme solide ; la preuve en est dans l'ascension des fusées volantes à chapiteau et dans la natation des poissons. »

Mais à présent il va revenir dans ses contradictions ; on dirait qu'il s'y plaît, car il les répète souvent, et ce sont toujours les mêmes : « Quand on siffle, il arrive parfois que les notes les plus élevées ou basses ne sortent pas et sont remplacées par un souffle. Cela tient à ce que les lèvres sont trop ou pas assez bandées pour le frémissement ; de sorte qu'ici il n'y a pas de son, s'il n'y a pas de frémissement. » Il ne dit pas vibration, ce qui l'engagerait trop, mais frémissement de l'ouverture.

Bien que nous ayons constaté de nombreuses contradictions dans l'œuvre de Dodart, il n'est pas possible de se méprendre sur sa pensée ; ce savant considérait : 1° que, dans tous les instruments, le son est produit par le mouvement de l'air ; 2° que les tons sont produits par les degrés de vitesse, et 3° que la quantité d'air donne l'intensité. Cependant, il ne méconnaissait pas l'influence des vibrations des corps solides, et, sans les admettre complétement, il savait les invoquer dans l'occasion. Cette particularité explique pourquoi certains auteurs ont pu penser que Dodart avait comparé le mécanisme vocal à la formation du son dans les anches. Il y a du vrai cependant dans cette opinion, car le châssis bruyant est une anche membraneuse; mais Dodart ne s'en douta jamais.

FERREIN.

(Mémoires de l'Académie des sciences, 1741.)

Ferrein, comme Dodart, était membre de l'Académie des sciences, et si Dodart était célèbre comme médecin, Ferrein ne l'était pas moins comme chirurgien et professeur d'anatomie. Pénétré des travaux de Mersenne, Perrault et Dodart, — Ferrein eut l'avantage, sur ces derniers, de n'avoir qu'à choisir dans leurs travaux les éléments de sa théorie et de lui donner, avec des traits anciens, une physionomie toute nouvelle. Ses prédécesseurs, en effet, avaient émis toutes les suppositions possibles sur la formation de la voix, mais leur esprit, suffisamment éclairé pour féconder isolément les éléments de ce difficile problème, ne l'était pas encore assez pour faire un choix judicieux, propre à amener une solution. Donc Ferrein choisit ; il emprunta à Mersenne et à Dodart le peu qu'ils avaient dit sur l'analogie du système vocal avec les instruments à cordes, et il adopta la théorie que nous allons exposer.

Dodart, dans son mémoire, semble chercher toujours à se prouver à lui-même une vérité qui ne lui paraît pas bien démontrée, de là l'indécision pénible qu'il fait partager à ses lecteurs. Ferrein, au contraire, est sûr de son fait ; il expose clairement sa théorie et l'appuie sur des expériences tellement frappantes, qu'il semble ne devoir dire que la vérité.

Après quelques considérations sur le fonctionnement des divers instruments de physique, Ferrein aborde les théories de la

voix qui ont été émises jusqu'à lui. Il remarque avec juste raison que la formation de la voix est le sujet sur lequel les anciens et les modernes ont été le moins partagés. « C'est un
même langage, dit-il, depuis plus de 2,000 ans, et il semble
que Dodart, membre illustre de cette Académie, a dissipé tous
les doutes qui auraient pu naître sur ce sujet, p. 409. » Aussi
sa critique va porter essentiellement sur les travaux de Dodart.
Il s'agit pour lui de démontrer avant tout que la théorie de Dodart est erronée, et il cherche à y arriver par l'observation
stricte des faits et par des expériences sur le cadavre : jamais
personne avant lui ne s'était avisé de faire rendre des sons au
larynx d'un cadavre. Il expérimenta d'abord sur un chien. « Je
rapprochai les lèvres de la glotte, dit-il, et je soufflai fortement
dans la trachée-artère ; à ce coup, l'organe parut s'animer et
fit entendre, je ne dis pas seulement un son, mais une voix
éclatante, plus agréable pour moi que les concerts les plus tou-
chants. » Il expérimenta aussi sur des cadavres, sur des bœufs,
sur des cochons : « Ces larynx, dit-il (p. 417), se sont encore
fait distinguer par la force et par la qualité des sons qui les caractérisent. »

« Avant de rechercher le mécanisme de la production du
son ainsi obtenu, je voulus, dit-il, éprouver s'il était vrai que
l'élargissement de la glotte réglât la force du son, comme on
l'a cru depuis Aristote ; je repris donc mes expériences, j'exa-
minai l'effet des différents degrés d'ouverture de la glotte, et
je découvris, au contraire, que l'éclat de la voix augmentait
beaucoup par le rétrécissement et qu'il diminuait par l'élargissement. Je donnai ensuite un vent tantôt plus fort et plus rapide, tantôt plus faible et plus lent, et je vis ce que la raison et
l'exemple des instruments m'avaient déjà fait comprendre, c'est-
à-dire que la force du son dépendait aussi de celle du vent. »

Ces faits, bien observés et confirmés aujourd'hui par l'exploration laryngoscopique sur le vivant, réduisaient à néant la théorie de Dodart. Mais poursuivons l'intéressante description d'après laquelle Ferrein va établir sa théorie. « L'air, gêné dans son passage, pressant les lèvres du dehors au dedans, les forçait de s'étendre, de se courber et de s'écarter l'une de l'autre, et je vis que le son montait plus ou moins sensiblement, suivant que la distension était elle-même plus considérable. C'est ainsi qu'une corde plie sous l'archet, et qu'elle peut monter plus ou moins suivant le degré de force qui la presse. L'action de l'air qui traverse la glotte ne peut se déployer que sur ces parties, d'où j'ai conclu que cette action devait exciter dans les rubans, je ne dis pas précisément un frémissement ou une vibration des parties insensibles, mais des vibrations totales et les faire sonner comme les cordes des instruments de musique. »

Il a constaté les vibrations avec la loupe, « et leur image, dit-il, semble effacer la cavité de la glotte. » Ferrein aurait-il vu la glotte avec le laryngoscope sur le vivant, qu'il n'aurait pas mieux décrit ses mouvements.

Il constata ensuite qu'en touchant les cordes vocales avec une pince, le son cesse; puis, en diminuant la longueur de leur partie vibrante, il obtient l'octave du son qu'elles donnent quand elles vibrent dans toute leur longueur, et, enfin, il constate que le son frappe ou cesse de frapper l'oreille au moment où l'on voit commencer ou finir les vibrations.

S'il monte d'une quinte, d'une octave, il observe que les vibrations sont beaucoup plus promptes; s'il souffle plus ou moins, l'amplitude des vibrations augmente ou diminue. En un mot, il découvre avec facilité presque tous les changements qui surviennent dans la glotte par rapport au ton et au son, mouvements, nous le répétons, dont l'exactitude est vérifiée par l'examen laryngoscopique.

Ces expériences si frappantes établissaient une grande analogie entre l'organe vocal et les instruments à cordes. Il n'y avait que la forme des rubans vocaux qui pût éloigner de l'esprit cette comparaison. Ferrein dut être arrêté un instant par cette difficulté, car il dit : « Ces *rubans*, que je nommerai dans la suite *cordes vocales*, peuvent donc être comparés aux doubles cordes isochrones du clavecin : la glotte n'en est que l'intervalle. Le vent qui choque les cordes fait la fonction des plumes qui pincent celles du clavecin ; la colonne qui pousse celui qui précède dans la glotte tient lieu du sautereau qui fait monter la languette et les plumes : enfin, l'action de la poitrine et du poumon fait l'office des doigts et des touches qui élèvent le sautereau. »

Au premier abord, cette comparaison paraît impossible, tant il y a de différences apparentes entre un clavecin et l'organe de la phonation ; mais en faisant la part de la différence qui existe entre le mode de vibration des cordes et celui des rubans, différence peu grande, la comparaison est soutenable. Nous nous garderons bien de critiquer Ferrein sur ce point, car son idée est essentiellement bonne. Nous aurons à juger un peu plus sévèrement la manière dont il comprenait la formation des tons. « On ne peut pas, dit-il, p. 423, supposer que le changement de ton soit produit par une division des cordes, ni par la contraction volontaire des cordes vocales ; mais cette contraction est une propriété réservée aux fibres charnues, et ces rubans n'ont rien qui en approche. Le troisième et dernier moyen, le plus simple et le plus aisé de tous, est l'allongement, ou plutôt la distension produite par l'allongement des cordes vocales, en supposant deux puissances qui les tirent en sens contraire ; c'est le seul mécanisme qu'on puisse imaginer avec quelque vraisemblance. »

Ferrein appuie cette opinion sur les expériences cadavériques. Nous les admettons. Nous savons qu'en agissant sur le thyroïde et sur le cricoïde on tend les rubans vocaux, et que, par ce moyen, le ton s'élève ; mais on obtient seulement quelques notes d'une qualité médiocre, quelle que soit l'habitude et l'adresse de l'expérimentateur. Ferrein appuie, d'ailleurs, son opinion sur ce fait : « si l'on applique le doigt dans l'intervalle crico-thyroïdien pendant que l'on monte la gamme, l'on sent les deux cartilages s'approcher l'un de l'autre progressivement à mesure que le ton monte. » Rien n'est plus vrai, sans doute, mais là seulement ne se bornent pas les actions laryngiennes pour la production des tons. Par trop dominé par la comparaison des rubans vocaux avec les cordes, il pense que la glotte ne peut produire ses tons qu'à la façon de ces dernières, c'est-à-dire par la tension longitudinale, ne voyant pas de touches capables de diminuer la longueur de la corde et oubliant complétement que la contraction du muscle thyro-arythénoïdien pouvait remplir si bien cet emploi ; il n'a égard qu'à la tension longitudinale, dont l'insuffisance est parfaitement reconnue aujourd'hui.

La théorie de Ferrein, bonne dans son principe, c'est-à-dire en assimilant le larynx à un instrument membraneux, vibrant sous l'influence du passage de l'air à travers la fente glottique, pèche par l'interprétation des moyens qui président au fonctionnement de l'organe de la voix : les uns sont méconnus, les autres sont mal expliqués ; mais nous devons reconnaître que ce savant était entré dans une voie nouvelle et qu'il est, en somme, un des inventeurs de la théorie moderne la plus accréditée. Peut-être son plus grand tort a été d'employer l'expression *cordes vocales ;* il les appela d'abord *lèvres de la glotte, rubans,* et ce ne fut que plus tard, lorsqu'il eut trouvé un instrument analogue, selon lui, à l'instrument vocal, qu'il se décida à leur donner cette dénomination vicieuse sans contredit, mais qui ne devait pas être si mal interprétée qu'elle l'a été. Quelques critiques intéressés ont trouvé un moyen facile d'enlever à Ferrein un mérite incontestable, en se bornant à dire que sa théorie était absurde, puisqu'il l'établissait sur les vibrations des cordes. Rien, en effet, ne ressemble moins à des cordes que les rubans vocaux ; mais, pour être juste, on aurait dû ajouter que ces rubans, ces membranes se conduisent à peu près comme les cordes dans la production du son. Quant à la comparaison de l'air avec l'archet, elle est exacte.

Dutrochet.

(*Mémoires de l'Académie des sciences*, année 1806.)

Dutrochet définit le son : « La cause prochaine de la sensation que nous appelons *son* réside dans le mouvement des molécules de l'air. » Il admet trois manières selon lesquelles ce mouvement est imprimé : 1° Les molécules de l'air peuvent recevoir le mouvement d'un corps solide, mû préalablement : corps vibrants, corde, cloche ; — 2° le mouvement peut être imprimé aux molécules de l'air par le choc que l'air lui-même, animé d'un mouvement, produit sur des corps solides et immobiles : tuyaux sonores ; — 3° un gaz comprimé et subitement rendu à son état naturel, ou bien un gaz subitement développé frappe l'air environnant par son rapide mouvement d'expansion : détonation, explosion. Cette division des sons en trois classes avait été déjà exposée par Euler (*Tentamen novæ theoriæ musicæ*, I, ch. VII). L'art n'a employé que les deux premières, mais il est des instruments qui semblent appartenir aux deux classes ; tels sont le cor et les instruments à anche. Dutrochet a très-bien exposé les caractères qui appartiennent à ces deux classes d'instruments ; nous le laisserons parler.

« Les sons qui doivent leur origine aux vibrations d'un corps sonore ont un caractère particulier auquel il est facile de les reconnaître, surtout quand ils sont très-graves; l'oreille y distingue des tremblements dus aux petits intervalles qui existent dans le son et qui font qu'un son qui paraît continu n'est, en effet, que l'assemblage de sons courts et rapides qui se succèdent à de très-petits intervalles de temps. Il n'est personne qui ne distingue parfaitement ces intervalles dans les sons donnés par les gros tuyaux à jeux d'anche de l'orgue, par les cordes d'une contre-basse et même dans les tons très-graves de la voix humaine. Quand le son est aigu, il paraît continu, parce que l'oreille ne peut plus percevoir les intervalles des vibrations, devenus très-petits. Ces intervalles n'existent point dans le son produit par les tuyaux sonores non compliqués de corps vibrants; il est continu, quelle que soit sa gravité ; c'est ce qui fait la douceur du son des flûtes. » Dutrochet conclut de là, avec quelque apparence de raison, que l'on peut aisément, d'après la nature du son, reconnaître la classe d'instruments à laquelle il appartient. « Le larynx, dit-il, est un instrument vibrant ; car il est facile à l'oreille d'apprécier des frémissements dans les sons très-graves des basses-tailles. Ils sont encore plus sensibles dans la voix des grands quadrupèdes. »

Dans la description succincte qu'il donne du larynx et de ses muscles, nous remarquerons qu'il accorde une grande utilité à l'insertion, sur une ligne oblique, du sterno-thyroïdien ; il reconnaît également des fonctions importantes au constricteur inférieur du pharynx. Le crico-thyroïdien ne nous paraît pas avoir été bien compris. « Fixé en bas au cricoïde, en haut, au bord inférieur du thyroïde, il a pour usage de fléchir ce dernier en avant, en faisant décrire un arc de cercle à son bord supérieur. L'articulation du thyroïde avec le cricoïde est le centre de ce mouvement. » Nous avons démontré plus haut que ce

mouvement de bascule était effectué par les muscles sterno-
thyroïdien. Les crico-arythénoïdiens postérieurs ont été mieux
définis : « Ils sont, dit-il, dilatateurs de la glotte et tenseurs
de ses lèvres. » Le crico-arythénoïdien latéral laisse à désirer. « Il tire la base de l'arythénoïde en dehors et en avant. »
C'est tout à fait le contraire qui a lieu. Dutrochet avait une
idée bien exacte de l'action du thyro-arythénoïdien, car il
pensait « qu'il tend à amener en devant la partie externe de
l'arythénoïde; ce qui ne se peut faire sans que la pointe antérieure de ce cartilage ne se rapproche de son analogue du
côté opposé. Par conséquent, il rétrécit la glotte par degrés jusqu'au contact de ses pointes. » Pour lui, la corde vocale n'est
qu'une aponévrose qui s'insère d'un côté au bord supérieur du
cricoïde et finit sans se fixer, après avoir formé ce repli. « Ce
n'est, dans le fait, qu'un repli de l'aponévrose, qui n'est pas
beaucoup plus épaisse dans cet endroit que dans le reste de son
étendue. Cette aponévrose, différente des aponévroses d'enveloppe, est du genre de celles que la nature a placées sur les parties qui sont exposées à des frottements violents, telles que les
aponévroses plantaire et palmaire. »

Cette manière de considérer les rubans vocaux joignait au
mérite de la nouveauté celui d'être très-rationnelle.

Faisant ensuite l'examen critique des différentes théories de
la voix, il adresse à celle de Cuvier des arguments très-plau-
sibles, et il parvient à démontrer que, contrairement à ce que
pensait ce grand homme, les tons rendus par le larynx ne sont
point les uns, des tons fondamentaux, les autres, des tons harmoniques, et que ces tons ne sont point déterminés par les diverses longueurs du canal vocal, non plus que par ses changements de diamètre ni par les occlusions plus ou moins
complètes de ses ouvertures extérieures.

Pour Dutrochet, le larynx est un instrument vibrant, et

lui seul est chargé de produire tous les tons variés de la voix. D'ailleurs, sa théorie est basée sur le mécanisme de la production du son dans les instruments de la classe des cors : « Dans le jeu du cor, dit-il, la cause première du son réside dans les vibrations des muscles orbiculaires des lèvres, et les téguments qui les recouvrent les accompagnent passivement dans ce mouvement... Fondé sur cette observation et guidé par l'analogie, je pense que ce sont les muscles thyro-arythénoïdiens, et non les membranes aponévrotiques qui les recouvrent, qui sont les parties vibrantes du larynx humain. Les aponévroses laryngées n'ont d'autre usage que de garantir les muscles subjacents des collisions trop fortes qu'ils auraient éprouvées s'ils eussent vibré l'un contre l'autre dépourvus de cette enveloppe. »

Dans cette théorie, Dutrochet s'éloignait de toutes les opinions admises jusqu'à lui. Il est facile de voir qu'il s'était surtout inspiré des travaux de Ferrein ; mais une étude plus approfondie de l'anatomie du larynx lui avait permis d'établir une distinction, à laquelle personne n'avait songé, entre la membrane fibreuse et les muscles qui constituent les rubans vocaux. Cette distinction avait son importance, comme nous le verrons plus tard ; mais elle était en quelque sorte effacée par l'erreur grave que soutenait Dutrochet, en disant que les vibrations sont fournies par les muscles contractés. Cette erreur a été malheureusement admise comme une vérité jusqu'à nos jours. Nous nous réservons de la combattre dans le livre de la Physiologie.

Voyons comment il expliquait la formation des tons. Persuadé que ces derniers sont produits par des modifications survenues dans les dimensions et dans la force élastique du corps vibrant, il va chercher ces modifications dans les cordes vocales. Réfléchissant que les mouvements d'approche des arythénoïdes

vers le thyroïde sont trop limités pour expliquer le raccourcissement nécessaire à la production de certains tons, il songe
à la contraction des muscles thyro-arythénoïdiens, et, remar-
quant que ces muscles ne peuvent pas se développer en avant,
à cause du thyroïde, il suppose qu'ils se développent en dedans pour fermer la glotte. Ceci est un fait vrai mal interprété. Mais cette contraction ne lui suffit pas, et il fait
intervenir un second moyen : l'influence de l'angle thyroïde.
« Plus l'angle thyroïde sera aigu, plus les lames se rapprocheront
l'une de l'autre, et l'occlusion ne sera que plus facile par là. Cet
angle est modifié par deux puissances : la première est le constricteur du pharynx, qui rapproche les deux lames et porte tout le larynx en haut, car son attache fixe est à l'apophyse basilaire ; en
même temps, le muscle thyro-hyoïdien, qui s'insère aux branches de l'hyoïde, exerce aussi une pression latérale. » Pour démontrer la réalité de l'influence de ces différentes actions, il
décrit ce qui se passe dans les différents âges de la vie : « A la
puberté, dit-il, les cartilages du larynx, comme toutes les autres
parties, prennent plus de solidité, spécialement chez les hommes,
et cela concourt, avec les changements de dimension du larynx,
à produire la mue de la voix. Par les progrès de l'âge, les cartilages du larynx s'ossifient, et le thyroïde perd entièrement sa
flexibilité ; aussi les vieillards n'ont-ils plus la faculté de produire des tons élevés, quoique, dans les efforts qu'ils font pour
les donner, le larynx monte aussi haut qu'il le faisait auparavant. Pour donner les tons graves, le larynx ne revient pas naturellement à sa position, lorsqu'il a été élevé pour les tons
aigus ; il y est sollicité par les muscles sterno-thyroïdiens, dont
l'insertion oblique de bas en haut favorise, en effet, la dilatation
des lames. » Dutrochet est le premier qui ait bien compris cette
dernière fonction.

Jusqu'ici Dutrochet n'a parlé que des différentes dimensions de la glotte pour la production des tons. Ces moyens ne lui suffisent pas, et il va en faire intervenir un nouveau. Ce moyen est la tension des rubans, opérée d'abord par le rapprochement des lames du thyroïde. « Plus on diminue, dit-il, la base d'un triangle isocèle, plus la hauteur augmente ; donc les thyro-arythénoïdiens sont distendus. » Cela serait vrai si les deux extrémités des rubans étaient fixées sur le thyroïde ; mais l'une d'elles prend son point d'insertion sur les arythé-noïdes ; de sorte que l'influence tensive des lames n'existe pas. Dutrochet fait bon marché, d'ailleurs, de ce moyen ; « il est très-borné, dit-il, et il en complète les effets par le renversement en arrière des arythénoïdes. » On ne peut pas nier, en effet, que, dans leur mouvement de dedans en dehors, les apophyses arythénoïdiennes ne tendent les rubans par cette raison géométrique que, dans un triangle isocèle, la perpendiculaire abaissée d'un angle sur le milieu d'un des côtés est toujours plus courte que l'un quelconque de ces côtés. Il invoque aussi, pour expliquer la tension, le renversement du thyroïde en avant, déjà signalé par Ferrein.

« Un autre moyen de tension, dit-il, réside dans la contraction des muscles thyro-arythénoïdiens, qui durcissent, se gonflent et augmentent aussi leur élasticité. Plus un muscle est contracté, plus il oppose de résistance aux puissances qui tendent à l'allonger ; plus, par conséquent, il a de force pour revenir à sa position quand il a été déplacé ; or, cette dernière force est l'élasticité. » Dutrochet ne se trompait pas quand il invoquait le phénomène de la contraction des muscles sur l'élévation du son, et il a raison d'exalter, à cette occasion, les merveilles de la nature, car l'industrie de l'homme n'a pas pu trouver encore un corps vibrant susceptible de varier ses propriétés physiques de manière à donner, par ce moyen, plusieurs sons successifs.

Le travail que nous venons d'analyser est, sans contredit, un des plus remarquables. Dutrochet connaissait parfaitement les lois de la production du son, en général, et il avait sur l'anatomie du larynx des notions très-précises. Ces avantages lui ont permis de donner à la théorie des cordes vocales de Ferrein un degré de certitude qu'elle n'avait pas jusque-là, et en même temps il lui a imprimé un cachet d'originalité qui en faisait une théorie toute nouvelle. Ferrein n'admettait que les vibrations des ligaments ; Dutrochet voulut démontrer que les vibrations étaient fournies par les muscles eux-mêmes. Cette vibration musculaire est impossible, comme nous le démontrerons plus tard. Nous dirons seulement que des muscles épais, contractés et fixés à leurs extrémités et par leur côté externe ne peuvent point vibrer. Si ce n'était cette erreur grave, le travail de Dutrochet, surtout la partie qui concerne la formation des sons par l'occlusion de la glotte et par la tension des rubans, ne laisserait presque rien à désirer. Cette théorie, déjà très-complète, a été développée, quelques années après, par Müller.

Geoffroy Saint-Hilaire.

(*Philosophie anatomique*, t. II. 1818.)

Geoffroy Saint-Hilaire pensait avec Lamarck « que les vibrations de l'air sont inadmissibles comme formant la cause unique du son, et qu'il existe, pour nous donner l'idée des sons qui nous affectent à chaque moment, un produit matériel à part, une sorte de fluide qui a le même mode de circulation que tous les fluides élastiques qui se manifestent dans les phénomènes de l'électricité, du magnétisme et du galvanisme[1]. » Il

[1] *Philosophie anatomique*, t. II, p. 288.

ne pouvait pas admettre que de simples mouvements vibratoires pussent donner à l'oreille autre chose que la sensation de vibrations fortes ou faibles, lentes ou rapides, et l'explication du timbre surtout lui paraissait impossible par la théorie des ondulations. Aujourd'hui la science a fait un pas de plus, et toutes ces difficultés qui ont provoqué, dans l'esprit de Geoffroy, la conception d'une nouvelle théorie, n'existent plus pour nous. Sa théorie est si éloignée des idées reçues, qu'il hésite à la faire connaître, en disant « que, n'étant point placé pour faire autorité dans de pareilles questions, il a dans cette entreprise beaucoup plus à craindre qu'à gagner [1]. » Voyons cette théorie.

Geoffroy Saint-Hilaire pensait qu'il existe entre les molécules de tous les corps différents fluides, parmi lesquels il compte celui qui produit le son. Tous ces fluides sont tenus en dissolution par un agent spécial, le calorique. Le calorique, selon lui, est composé de sept éléments primitifs différemment pondérables et oxygénables. La lumière, par exemple, est du calorique faiblement oxygéné.

Les moyens dont on se sert pour produire le son. dans les instruments de musique ne sont que des procédés particuliers pour amener les molécules de l'air dans un état de polarisation analogue à celui de la lumière, et cette polarisation n'est autre chose que la division du calorique dans les sept éléments qui le composent.

En d'autres termes, la matière du son est de l'air dans l'état de désunion des molécules caloriques, c'est-à-dire composé de sept fluides distincts pendant que dure le phénomène de leur polarisation.

Dans les flûtes, l'air est d'abord condensé entre les lèvres, et

[1] *Philosophie anatomique*, t. II, p. 289.

il vient se briser ensuite sur le biseau, ce qui favorise la désunion des molécules. Ainsi séparés, les sept fluides caloriques
renfermés dans le tuyau s'y arrangent parallèlement, selon un
ordre qui est réglé par leurs diverses attractions pour les parois
de ce tube, ou, ce qui revient au même, dit-il, par leur capacité
de pondération.

« La colonne d'air étant ainsi changée en colonnes partielles
de différentes longueurs, il en résulte qu'une de ces colonnes
a plus d'aptitude pour s'échapper par l'un des trous du tuyau :
et ce fluide, s'échappant seul, frappe notre oreille d'un son qui
se trouve être l'un de ceux de l'échelle musicale.

Dans ce cas, l'oreille a un terme de comparaison. En effet, si
l'air est dans son état naturel, c'est-à-dire s'il est dissous par
un calorique entier, l'oreille, plongée dans son fluide habituel,
reste dans l'indifférence : rien ne l'excitant, elle ne ressent rien
dont elle puisse être impressionnée. Au contraire, les impressions lui arrivent quand il lui parvient une substance frac-
tionnée, un fluide modifié, une chose enfin dont, par comparaison, elle puisse acquérir une connaissance distincte.
Cependant ce n'est point par un simple écoulement de la matière et uniquement par un acheminement à l'oreille, favorisé
par l'air général agissant comme corps conducteur, que la perception de ce fluide peut être acquise par les nerfs acoustiques ;
il se passe, en outre, entre le départ et la perception du son
par l'oreille, un événement dont je ne saurais rendre compte
qu'en traitant des phénomènes de l'électricité ; je me borne à
poser en fait qu'une union de l'air extérieur et de l'air polarisé
qui sort par un des trous d'un tuyau de flûte forme la matière
du son [1]. »

Ainsi le son des flûtes et instruments analogues est de l'air

---

[1] P. 295, *loco citato.*

Fournié. — *Physiol.* 19

préalablement condensé et polarisé par le fait de son brisement sur le biseau. Les tons sont produits par l'écoulement, à travers les trous du tuyau, des divers fluides qui composent le calorique.

Dans les instruments à cordes, le son dépend, d'après lui, du mouvement vibratoire imprimé aux cordes de l'instrument. Il suppose que le fluide interposé entre les molécules du corps vibrant se portent à la surface du corps. « Ce fluide, composé de calorique à l'état de subdivision, se mêle aux molécules de l'air environnant et en opère la subdivision. Une corde en vibration a cette action sur de l'air polarisé, qu'elle change l'ordre de superposition des molécules des couches environnantes pour les disposer tout le long et autour des corps vibrants dans l'ordre de leur pondération respective. Ce cylindre d'air polarisé se porte de gauche à droite, suivant l'impulsion de la corde, mais avec moins de vitesse qu'elle, à cause de l'attraction des couches d'air situées en dehors de la scène, »

Il admet ensuite que ces différentes parties de l'air polarisé venant à se croiser, ce choc donne lieu à un phénomène électrique qui rend l'air sonnant, parce que la matière du son est produite.

Les instruments à anche participent des deux classes d'instruments dont il vient de parler, mais surtout de la dernière.

Telle est, en résumé, la théorie d'après laquelle Geoffroy Saint-Hilaire va expliquer [la formation de la voix. Nous nous abstenons de toute critique, parce qu'il nous semble inutile de combattre une hypothèse qui ne s'appuie sur aucun fait, sur aucune preuve expérimentale.

Geoffroy Saint-Hilaire reconnaissait donc deux classes d'instruments, et c'est dans l'une de ces deux classes qu'il doit ranger l'instrument vocal. Après avoir examiné cet instrument, il y trouve les deux systèmes de vibration des corps dont il a parlé : vibrations de l'air et vibrations des cordes, de sorte que, sans se prononcer catégoriquement, il suffit qu'on lui accorde la justesse de sa théorie sur le son, moyennant quoi il fait bon marché de sa théorie de la voix. Cependant, nous allons voir qu'il se rattache plus volontiers à la théorie de Ferrein, pour la production de la voix de poitrine, et à la théorie du son dans les flûtes, pour la voix de fausset.

« Chaque individu, dit-il, est reconnu au timbre de sa voix, et cela tient à ce que les sons du larynx peuvent être rapportés au système vibratil et que, dans ces instruments, on reconnaît facilement la cause qui le produit, tandis que dans les instruments à vent on ne la reconnaît pas. Dans le larynx humain, ce qui donne le timbre ne peut être les lèvres de la glotte, dont l'action se borne à donner le son. La véritable cause, il l'attribue au cartilage thyroïde dont les vibrations correspondent à celle des rubans vocaux : « L'air est polarisé de façon que les nuances les plus imperceptibles sont reproduites, d'une part, parce que l'écoulement est soustrait à l'empire de la volonté et, de l'autre, parce qu'il dépend entièrement des qualités individuelles du corps sonore. » Comparant les rubans vocaux aux cordes d'un violon, il dit : « De même qu'en changeant les cordes d'un violon on ne change pas le timbre de l'instrument, de même les rubans vocaux peuvent être différents sans que le timbre soit changé; » et si on lui objecte que le timbre change avec l'âge, « cela tient, dit-il, à l'ossification du cartilage thyroïde. Ménager son instrument, dit-il, suivant une expression du langage des chanteurs, ce serait donc chercher à user de précaution contre les progrès trop rapides de l'ossification du thyroïde; et, au contraire, en abuser, comme font les crieurs des rues, c'est provoquer ce développement et l'exposer en ce point à ressentir avant le temps les atteintes de la vieillesse. » Il attribue à l'inflammation de la muqueuse une grande influence sur l'ossification du thyroïde. Toutes ces considérations ne sont rien moins que problématiques ; mais Geoffroy Saint-Hilaire en a conclu que le thyroïde est une des principales pièces qui jouent le rôle de corps sonore et que le timbre, dans chaque espèce, est réglé par les qualités et d'après les modifications des principales pièces du larynx.

Considérant que la voix de poitrine est effectuée par le système vibratil, c'est-à-dire par les vibrations des rubans vocaux, il va chercher à expliquer comment ces rubans sont modifiés pour produire les différents tons. Il invoque trois moyens : 1° le renversement des arythénoïdes en arrière qu'il compare aux chevilles d'un violon. « Les muscles crico-arythénoïdiens postérieurs, dit-il, s'employant à écarter ces cartilages et à les rendre saillants en dehors, il en résulte une tension plus forte des rubans vocaux et, par conséquent, une voix montée sur un ton plus haut. Les arythénoïdes, de cette manière, règlent le ton fondamental pour le chant ; et, de plus, ils peuvent aussi le faire varier en retranchant un tiers de la corde. » Il explique cette dernière action en disant que, par une légère contraction de l'arythénoïdien, l'apophyse de l'arythénoïde se porte sur les rubans et agit comme le doigt sur la corde d'un violon. Il ajoute modestement qu'il ignore si ce fait produit la quinte, comme dans un violon, ou l'octave, en l'assimilant à une anche ; il ne veut se permettre aucune conjecture là-dessus, et cependant il était en si bonne voie, qu'il aurait bien pu continuer. Il est difficile de comprendre qu'après les travaux de Ferrein et de Dutrochet on ait pu se tromper ainsi sur les agents de la tension des rubans vocaux.

2° « Les muscles crico-arythénoïdiens latéraux concourent dans le même sens ; leur gonflement diminue la longueur de la partie vibrante et ils agissent comme la *rasette* sur les lames de tuyaux à anche. » Cette action opérée réellement par les muscles thyro-arythénoïdiens est impossible de la part des crico-arythénoïdiens latéraux.

Par ces deux actions, il explique la production des sons fondamentaux et de leurs harmoniques ; mais cela ne suffit pas. Pour compléter les tons, il divise le tuyau vocal en deux chambres : l'une pour l'articulation de la voix, l'adjectif du son ; l'autre circonscrite par le thyroïde, l'os hyoïde et le voile du palais pour les différents tons. Cette dernière chambre présente des dimensions très-variables : elle est on ne peut plus grande, lorsque le thyroïde, tiré en bas par les muscles sterno-thyroïdiens, tend la membrane thyro-hyoïdienne ; elle est on ne peut plus petite lorsque le muscle thyro-hyoïdien ramène le thyroïde en haut et fait disparaître l'espace inter-hyoïdien. D'après Geoffroy Saint-Hilaire, ces deux dimensions extrêmes constituent deux corps sonores différents, qui doivent contribuer à la production des octaves successives ; « tantôt l'instrument vocal a ses vibrations répétées par un corps sonore porté à son maximum d'étendue, c'est-à-dire par le thyroïde et la membrane thyroïdienne réunis ensemble, et l'appareil, ainsi gouverné, fait entendre les différents tons de la basse octave, tons qui sont produits de même par le joueur de violon quand il s'en tient à son grand jeu ; ou bien les mêmes vibrations sont ressenties ou répétées par le corps sonore restreint à sa plus petite dimension, c'est-à-dire par le thyroïde seul, et la voix qui en résulte s'élève à tous les tons de l'octave supérieure, tout comme il arrive au violon de les faire entendre quand le doigter se renferme dans le jeu de diverses anches[1]. » Toutes les raisons que donne Geoffroy Saint-Hilaire pour expliquer la formation des tons sont séduisantes au premier abord, parce qu'elles s'appuient sur des principes d'acoustique parfaitement démon-

---

[1] *Loco citato*, p. 369.

trés ; mais elles ne prouvent rien quant à ce qui concerne l'instrument vocal, comme nous le démontrerons tout à l'heure.

Tout ce que nous venons de dire s'applique à la voix de poitrine ; « mais il existe, dit-il, une autre voix comparable aux tuyaux sonores, une voix que les chanteurs appellent voix flûtée par opposition à la voix anchée. »

Pour expliquer la formation des tons de ce registre, il suppose que les arythénoïdes sont renversés en avant et portés dans la cavité du larynx, de manière à rétrécir la glotte d'avant en arrière ; « en même temps l'épiglotte est refoulée du côté du larynx par la base de la langue et montre alors une saillie ; enfin les muscles thyro-arythénoïdiens, et peut-être l'un sans l'assistance de l'autre, procurent de leur côté un bord tranchant aux ligaments supérieurs[1]. » C'est par la réunion de ces circonstances que Geoffroy Saint-Hilaire prétend établir une analogie entre l'instrument vocal pendant la voix de fausset et les flûtes à bec : « L'air, dit-il, dans un larynx ainsi arrangé ne frappe plus que contre de l'air ; il fait lui-même, et à son égard, fonction de corps sonore. Rien ne vibrant dans le voisinage, ni cordes vocales, ni thyroïde ne peuvent rendre des sons et, par conséquent, trahir le timbre de la voix. Mais de ceci il résulte que, ce qui est impossible dans le parler usuel fondé sur les vibrations des rubans vocaux, nous pouvons le faire quand, par l'abaissement des arythénoïdes, le larynx est changé en un instrument à vent et se gouverne à la manière des tuyaux sonores. Nous parvenons facilement de cette manière à déguiser nôtre voix habituelle ; pratique qui fait le charme des plaisirs qu'on goûte sous le masque et qui n'exige que de l'attention pour réussir. »

Nous répéterons, à propos de la voix de fausset, ce que nous

---

[1] *Loco citato*, p. 342.

avons dit au sujet de la voix de poitrine : l'opinion de Geoffroy se résume dans une hypothèse à l'appui de laquelle il ne
donne aucune preuve satisfaisante.

En résumé, le côté vraiment original du travail de Geoffroy
Saint-Hilaire réside dans la théorie nouvelle qu'il a essayé de
donner, non sans crainte, sur la formation des sons en général.
Cette théorie n'a jamais été acceptée, que nous sachions au
moins, par les physiciens. L'application qu'il en a faite à la
production du son vocal est tout à fait accessoire, puisque la
théorie de la voix ne dépend pas précisément de la manière
dont on considère la nature du son, mais surtout de la connaissance des parties dont le mouvement produit le son. Or, Geoffroy Saint-Hilaire n'a rien ajouté, sur cette question, à ce que
les travaux de Ferrein, Cuvier, Dutrochet avaient déjà fait connaître. Il a emprunté la formation de la voix de poitrine par le
système vibratile à Ferrein, et il a expliqué d'après Cuvier la
formation de certains tons par la modification du tuyau vocal.

FÉLIX SAVART.

(Annales de chimie et de physique, t. XXX. 1825.)

Parmi les savants de notre époque, F. Savart est un de ceux
qui ont contribué le plus aux progrès de l'acoustique ; mais ses
travaux comme physicien sont trop connus de tous pour qu'il
soit utile d'en dire ici quelque chose. Nous nous bornerons, par
conséquent, à analyser le mémoire sur la voix, que nous trouvons imprimé dans les *Annales de physique et de chimie*,
t. XXX, année 1825. A l'instar de tous ceux qui prétendent
jeter un jour nouveau sur une question, Savart commence par
critiquer ce qui a été fait avant lui. — Nous ignorons s'il crai-
gnait que l'on trouvât quelque analogie entre la théorie qu'il

donne comme nouvelle et celle de Dodart, mais il s'empresse de dire que presque tous ses prédécesseurs ont tourné autour de la même idée, et cette idée est que la glotte fonctionne à la façon d'une anche. — Cela posé, il va démontrer que la glotte humaine n'est pas une anche. « D'après la théorie admise, dit-il, p. 66, et d'après l'expérience, il est indispensable, pour qu'une anche rende un son, que la languette soit presque en contact avec les parois de la gouttière dans laquelle elle se meut, afin que l'écoulement de l'air ne se fasse que périodiquement : cette périodicité de l'écoulement de l'air est une condition hors de laquelle il n'y a point d'anche. *Il faudrait donc, pour que l'analogie fût admissible, que le larynx ne pût rendre aucun son, tandis que les ligaments vocaux inférieurs sont écartés l'un de l'autre ; il faudrait, quand on chante, qu'ils fussent presque en contact, et que l'air comprimé dans la trachée, faisant effort pour se ménager une issue, le contraignît à s'écarter, et qu'ensuite, insuffisant pour surmonter celle des ligaments, il se fît une nouvelle condensation dans la trachée, et ainsi de suite. Voilà ce qui devait arriver si l'organe de la voix était une anche libre.* » Et c'est ce qui arrive, en effet ; si Savart avait pu employer le laryngoscope dans ses investigations, il aurait vu que, pendant la phonation, les ligaments inférieurs sont en contact, et que le son n'est plus possible s'il existe un écartement tant soit peu considérable.

Mais il ne croyait pas que cela fût possible. « Il est évident, dit-il, que si les choses se passaient ainsi, il faudrait faire de très-grands efforts pour produire des sons ; car les muscles thyro-arythénoïdiens, qu'on décore du titre de rubans vocaux, de cordes vocales, sont fort épais et très-puissants, et quand on les considère sans prévention, on ne peut guère admettre qu'une fois contractés, ils soient disposés à s'infléchir sous l'influence d'un courant d'air qui est quelquefois animé d'une vitesse très-peu considérable ; car chacun sait par sa propre expérience qu'on peut émettre des sons, même en retenant en partie sa respiration. »

Dans cette seconde partie de sa critique, Savart avait raison ; mais elle ne pouvait atteindre que Dutrochet, qui, comme nous l'avons vu, avait admis la vibration des muscles thyro-arythénoïdiens. — Il nous paraît inutile de répéter ce que nous avons dit précédemment sur ce sujet ; qu'il nous suffise de rappeler que les muscles ne doivent être considérés que comme des instruments capables de modifier les parties vibrantes. — Ils sont pour les rubans vocaux ce qu'est la *rasette* pour la languette métallique des tuyaux à anche.

Savart ne s'en est pas tenu au raisonnement plus ou moins juste pour combattre la théorie qu'il n'acceptait pas ; il a invoqué également l'expérience, l'expérience sur le cadavre. Il montre ici combien l'on doit se mettre en garde contre les idées préconçues, lorsqu'on emploie la méthode expérimentale. — Comme Ferrein, comme Dutrochet, il obtient des sons en soufflant de l'air dans la trachée d'un cadavre et en rapprochant les ligaments vocaux l'un contre l'autre ; mais ce résultat, qui porte une atteinte si grave à sa théorie et à sa critique, il le repousse comme mauvais. « Ce sont bien des sons d'anche, dit-il, mais ils sont criards. » Ils crient contre sa théorie ! aurait-il dû dire. « Si on laisse toutes les parties du larynx dans leur état naturel, qu'on rapproche seulement les arythénoïdes, et qu'on souffle légèrement avec la bouche par la trachée, on obtient des sons beaucoup plus doux et qui approchent bien plus de la voix humaine ; cependant, dans ce cas, les muscles thyro-arythénoïdiens sont relâchés, ils laissent entre eux un orifice elliptique dont le petit diamètre a au moins deux et quelquefois trois lignes, tandis que le grand en a six à sept. Il est impossible d'admettre que les sons soient alors produits par un mécanisme d'anche , et on est forcé de reconnaître que les parties du larynx situées au-dessus des ligaments inférieurs jouent un rôle important dans la formation de la voix. »

Nous ne devons pas nous inscrire en faux contre les résultats obtenus dans cette seconde expérience ; mais nous pouvons expliquer l'erreur de Savart. — Tous ceux qui ont expérimenté sur le cadavre savent combien il est quelquefois difficile de retirer des sons, même en rapprochant fortement les arythénoïdes ; cette difficulté tient à ce que l'absence de contraction des muscles thyro-arythénoïdiens laisse un trop grand écartement entre les rubans vocaux ; cet écartement, qui n'est que de deux ou trois millimètres, est suffisant pour que l'air, en passant, n'ait plus la force de faire vibrer les rubans. — C'est pour remédier à cet écartement et suppléer autant que possible à l'action vitale que nous avons eu l'idée de pratiquer sur le cartilage thyroïde, au niveau de cordes vocales, deux ouvertures à travers lesquelles nous agissons sur les muscles thyro-arythénoïdiens au moyen de deux morceaux de bois. — Par ce procédé, nous effectuons l'affrontement des rubans vocaux, et nous obtenons des sons d'anche très-beaux et très-variés.

Nous pensons que si Savart a obtenu des sons *approchant bien plus de la voix humaine*, en laissant entre les rubans un certain écartement, c'est que le phénomène aura été mal observé ou mal interprété ; car, malgré la grande habitude de ces sortes d'expériences, nous n'avons jamais obtenu un son pendant l'écartement trop considérable des cordes vocales.

La troisième objection de Savart n'a aucune portée ; bien au contraire, elle pourrait être invoquée à plus juste raison par ses adversaires contre sa propre théorie. — En effet, « une objection assez importante, dit-il, qu'on peut faire à ceux qui prétendent que la voix est produite par un mécanisme d'anche, est que la qualité du son de la voix est loin d'être la même que celle du son des anches, quelque perfectionnées qu'on les suppose. » Cette assertion n'est basée sur rien, et s'il faut ici s'en rapporter à ses propres sensations, la voix de l'homme ressemble plutôt aux jeux d'anche de l'orgue qu'aux jeux de flûte. Savart continue : « Les sons de la voix ont un caractère particulier qu'aucun instrument de musique ne peut imiter; et cela doit être, car ils sont produits par un mécanisme fondé sur des principes qui ne servent de base à aucun de nos instruments. Nous allons voir, en effet, que la production de la voix est analogue à celle du son dans les tuyaux de flûte, et que la petite colonne d'air contenue dans le larynx et dans la bouche est susceptible, par la nature des parois élastiques qui la limitent ainsi que par la manière dont elle est ébranlée, de rendre des sons d'une nature particulière, et en même temps beaucoup plus graves que la nature ne semblerait le comporter. » La contradiction flagrante renfermée dans ce passage indique suffisamment l'embarras de l'auteur : « *Un instrument fondé sur des principes qui ne servent de base à aucun de nos instruments...* » Et un peu plus loin : « *La production de la voix est analogue à celle du son dans les tuyaux de flûte !* »

Savart avait une idée préconçue; lui aussi avait comparé dans son esprit la voix à un petit instrument, et cette comparaison le séduisait d'autant plus, qu'elle était neuve et originale. Cet instrument est l'appeau des oiseleurs ; c'est un vase hémisphérique en bois, en os ou en métal, percé sur ses deux faces d'un orifice ayant environ deux lignes de diamètre. Dans cet instrument, la vitesse du courant d'air influe sur les tons, et on arrive à produire une octave et demie à deux octaves par l'addition d'un petit porte-vent cylindrique. Le diamètre des ouvertures a une grande influence sur les tons. La gravité est proportionnelle à la grandeur des orifices dans des proportions qui n'ont point été précisées.

Mais avant de comparer la voix au son produit par cet instrument, il était indispensable d'expliquer le mécanisme de ce dernier. Savart nous donne son opinion ; mais, chose très-grave, il ne paraît pas certain de ce qu'il avance : « Il *semble*, dit-il, qu'elle (la formation du son) soit due à ce que le courant d'air qui traverse les deux orifices, entraînant avec lui la petite masse de fluide contenu dans la cavité, en diminue la force élastique et la rend, par conséquent, incapable de faire équilibre à la pression de l'atmosphère, qui, en réagissant sur elle, la refuse et la comprime jusqu'à ce que, par son propre ressort et sous l'influence du courant qui continue toujours, elle subisse une nouvelle raréfaction suivie d'une seconde condensation, et ainsi de suite. On conçoit que ces alternatives d'état étant assez rapprochées, elles doivent donner naissance à des ondes qui se répandent dans l'air extérieur, et qui deviennent susceptibles de procurer la sensation d'un son déterminé. »

Cette théorie paraît très-ingénieuse au premier abord ; mais qu'on y réfléchisse un peu, et l'on verra qu'elle ne repose pas sur l'observation d'un fait bien établi. En effet, rien n'est moins certain que cette alternative de raréfaction et de condensation ; et ces ondes qui se transmettent dans l'air pour nous donner la sensation du son, ne se montrent pas avec assez de preuves pour que notre esprit puisse les accepter.

Cet appareil est pour nous une clef forée de forme particulière, dans laquelle la formation du son s'explique absolument par la théorie des tuyaux à bouche de l'orgue. Savart, ne voyant pas cette ressemblance, qui aurait pu le conduire directement à l'assimilation de l'appeau avec un tuyau à bouche, cherche néanmoins à établir cette analogie, qui lui sera utile pour expliquer certains phénomènes de la voix. Il trouve surtout cette analogie dans la direction des orifices de l'appeau : « Lorsqu'on les incline, dit-il, en sens contraire, de manière qu'ils soient dirigés obliquement vers l'intérieur de la cavité, les sons sont en général plus graves et moins éclatants. Dans cette disposition, le bord de l'orifice, contre lequel le courant d'air se précipite, *semble* faire le même effet que le biseau dans le tuyau d'orgue. »

Après avoir trouvé la production du son, il va expliquer la génération des tons, et, dans ce but, il remarque que si, dans les tuyaux très-longs, la matière du tuyau n'a aucune influence sur le son, par contre, dans les tuyaux courts et à biseau membraneux, on peut faire descendre d'une quarte et de plus d'une octave en mouillant le parchemin. Ce fait prépare l'explication des tons avec un tuyau aussi court que le tuyau vocal. Le second fait préparatoire est que les tuyaux cylindriques ne donnent que l'octave en bas si on vient à les boucher ; tandis que les tuyaux coniques, forme qu'affecte le tuyau vocal, descendent beaucoup plus bas. « Ces faits étant bien établis, il est facile, dit Savart, de se rendre raison de la formation de la voix en considérant l'organe vocal, composé du larynx, de l'arrière-bouche et de la bouche, comme un tuyau conique dans lequel l'air est animé d'un mouvement analogue à celui qu'il affecte dans les tuyaux de flûte d'orgue. Ce tuyau jouit de toutes les propriétés nécessaires pour que la masse d'air qu'il renferme soit susceptible, malgré son peu de volume, de rendre un assez grand nombre de sons, même fort graves ; sa partie inférieure est formée par des parois élastiques qui peuvent affecter toutes sortes de tensions, tandis que la bouche, en s'ouvrant plus ou moins et en changeant par conséquent les dimensions de la colonne d'air, exerce aussi une influence notable sur le nombre des vibrations, conjointement avec les lèvres, qui, en se rapprochant ou en s'écartant, transforment à volonté le tuyau vocal en un tuyau conique, tantôt ouvert, tantôt presque fermé. »

Constatons dès à présent que, dans l'esprit de Savart, les dimensions du tuyau vocal avaient une influence notable sur les tons. Plus tard il sera catégorique, et il dira que ces conditions sont indispensables. « La seule différence notable qu'il y ait entre un tuyau à bouche membraneux et le tuyau vocal consiste dans le mode d'embouchure, qui, pour ce dernier, est analogue à un appeau d'oiseleur à bords supérieurs rentrants. La trachée est terminée supérieurement par une fente, qui peut devenir plus ou moins étroite par le rapprochement ou l'écartement des arythénoïdes et par la contraction des muscles thyro-arythénoïdiens. Cette ouverture joue évidemment le même rôle que la lumière des tuyaux à bouche. Le jet d'air qui en sort traverse l'intervalle qui existe entre les ventricules et va frapper contre les ligaments supérieurs qui, quoique arrondis, ne laissent pas de remplir la même fonction que le biseau de tuyau d'orgue : alors l'air qui est contenu dans les ventricules entre en vibration et rend un son qui, s'il était isolé, serait sans doute assez faible, mais qui acquiert ensuite de l'intensité, parce que les ondes, qui partent de l'intervalle situé entre les ligaments supérieurs, se propagent dans le tuyau vocal placé au-dessus et y déterminent un mode de mouvement analogue à celui qui existe dans les tuyaux courts et en partie membraneux.

« Pour que le son définitif ainsi produit réunisse toutes les qualités qu'on lui connaît, il faudra que la tension de la partie extensible des parois du tuyau vocal soit dans un rapport convenable avec celle des parois des ventricules, ainsi qu'avec celles des ligaments inférieurs et supérieurs, et que l'étendue des orifices à travers lesquels l'air s'échappe puisse aussi varier et s'approprier convenablement pour donner le meilleur résultat possible.

« D'après l'explication que nous venons de donner du méca-

nisme de la voix, il est clair que si l'on retranchait les parties
supérieures du tuyau vocal, que si on le réduisait même aux
seuls ventricules, on ne diminuerait pas le nombre de sons
que la voix peut parcourir ; les plus graves deviendraient seulement plus faibles. Ceci explique comment on a pu faire de pa-
reils retranchements sur des animaux vivants, sans qu'ils ces-
sassent de faire entendre des sons. L'air contenu dans les ventricules pouvant résonner indépendamment de celui qui est
dans le tuyau vocal, il est très-présumable que, même sans
que ce tuyau ait subi aucune altération, certains sons peuvent
être produits par les ventricules seuls, particulièrement ceux
qui sont arrachés par la douleur et peut-être aussi ceux qu'on
fait entendre lorsqu'on chante en fausset. »

Telle est la théorie de Savart sur la formation de la voix.
Nous avons peu de chose à dire pour la réfuter. En examinant
l'organe vocal avec le laryngoscope pendant la phonation, il ne
présente nullement les dispositions indispensables pour que le
son se produise selon la théorie des flûtes. En effet, les rubans vocaux sont presque au contact l'un de l'autre, et les ligaments supérieurs qui, dans cette théorie, doivent jouer le rôle de
biseau, ne se trouvent pas du tout dans la direction de la fente,
mais beaucoup trop sur les côtés pour que le jet d'air vienne
se briser sur eux. A cette objection nous joindrons la suivante, qui ne supporte aucune contradiction. Ne sait-on
pas que la plus légère altération des rubans inférieurs, l'inflammation la plus légère, suffisent pour altérer le son, tandis que
des ulcérations profondes, des végétations parfois considérables,
peuvent siéger sur les rubans vocaux supérieurs sans que la voix
soit altérée? Ce sont des faits aujourd'hui trop souvent constatés
avec le miroir laryngien, pour qu'il soit possible d'en douter.
Ainsi donc, le son n'est point formé dans l'organe de la voix
selon la théorie de la flûte ou de l'appeau. Il résulte de là

que la formation des tons n'a pas non plus la même origine.
Cependant nous devons dire que Savart a fait une heureuse
application de ses expériences sur les tuyaux d'orgue à forme
conique et composés de substances membraneuses.

On s'explique, en effet, l'influence de la conicité du tube
sur l'intensité de la voix, et l'accommodation facile du tuyau
vocal à la formation de tous les tons par les rubans vocaux.

MAGENDIE.

(*Eléments de physiologie.*)

Bien que le plus grand physiologiste de son époque, Magendie nous semble avoir considéré les phénomènes de la phonation plutôt en physicien qu'en physiologiste. Sans doute il s'est
préoccupé de l'organe vivant beaucoup plus que ne l'avaient fait
Savart et Cagniard de Latour, mais, comme eux, il n'échappe
pas à cette vive tentation de comparer l'organe de la voix à un
instrument de musique, et dès qu'il a trouvé son terme de comparaison, dès qu'il a judicieusement établi ses analogies par
des expériences sur le cadavre et sur le vivant, il croit avoir
suffisamment fait.

L'illustre physiologiste n'a eu qu'à vérifier les expériences de
Dutrochet, dont il a accepté la théorie. Pour lui, la voix est un
son d'anche, et il considère les lèvres de la glotte, composées
du muscle thyro-arythénoïdien et du ligament du même nom,
comme étant les lames vibrantes de cette anche. Nous avons
prouvé, à l'occasion de Dutrochet[1], que cette vibration totale
des lèvres de la glotte est impossible; nous n'y reviendrons
pas ici.

L'organe vocal étant reconnu appartenir à la classe des in-

struments à anche, le son et les tons doivent se produire comme
dans ces derniers. Malheureusement la théorie de ces instruments était elle-même encore assez obscure, et celle de la voix
devait s'en ressentir.

Cependant les travaux de Savart avaient étendu le domaine
de l'acoustique; le génie de Magendie sut s'approprier l'ensemble des connaissances nouvelles, et, dans le chapitre qu'il a
consacré à la voix, il est plus clair, plus savant que ne le fut
Dutrochet dans son mémoire. Ses vivisections sur les chiens permettent d'établir pour la première fois, d'une manière formelle,
les vibrations des rubans vocaux pendant la production du son.

M. Malgaigne.

(Mémoire sur la voix, *Archives générales de médecine*, t. XXV. 1831.)

Le travail que nous allons analyser est sans contredit un des
plus complets que nous ayons étudiés jusqu'ici. L'illustre professeur a mis dans son œuvre le talent et la méthode qui caractérisent son enseignement, et, s'il n'est pas arrivé à la découverte de la vérité, il s'en est approché mieux que personne.

Après les travaux de Lauth, Dutrochet, la partie anatomique
de l'organe vocal laissait peu de chose à désirer. Néanmoins
M. Malgaigne a voulu laisser des traces de son passage dans
cette question, mais il n'a pas été toujours heureux dans ses
innovations : nous ne voyons pas, par exemple, pourquoi il
tient à ranger l'épiglotte parmi les cartilages. Au sujet de ces
derniers, il critique Bichat sur l'importance que ce grand
anatomiste accordait au cricoïde; un peu trop passionné peut-
être dans ses attaques, il va jusqu'à dire : « On peut le retrancher (le cricoïde) totalement sans détruire, au moins

pour les regards, aucune des parties essentielles de cet appareil... Le thyroïde est d'une tout autre importance quoiqu'il soit échappé à Bichat d'écrire qu'il concourt à peine à la formation du larynx. » Cette manière rappelle un peu les discussions scolastiques sur des questions secondaires et de peu d'importance ; il importe peu, en effet, de savoir lequel des deux, du thyroïde ou du cricoïde, l'emporte sur l'autre dans cette lutte cartilagineuse.

Nous préférons lire la description d'une petite éminence découverte par M. Malgaigne sur la partie antérieure et externe du sommet des arythénoïdes. Cette éminence servirait de point d'insertion aux fibres les plus supérieurs des faisceaux obliques du muscle arythénoïdien. Nous lisons avec non moins d'intérêt une remarque qui nous paraît très-juste : « L'épiglotte et le cricoïde changent peu, tandis que le thyroïde et les arythénoïdes changent beaucoup. »

A propos des ligaments supérieurs, M. Malgaigne se demande s'ils n'auraient pas une influence sur la production des tons graves et *sonores ;* il se demande aussi s'ils ne seraient pas l'organe du ronflement du chat qui sommeille.

La description des muscles est irréprochable, mais il nous semble que M. Malgaigne s'est un peu trop laissé aller au désir d'innover, lorsqu'il prétend que le thyro-arythénoïdien est le muscle vocal par excellence, *tandis que les autres ne sont que des muscles respirateurs :* « Seul, entre tous, dit-il, le thyro-arythénoïdien n'obéit qu'à la volonté ; les autres, quoique soumis à la volonté, peuvent cependant agir en son absence, propriété commune d'ailleurs à tous les muscles respirateurs. »

Contrairement à cette assertion, nous pensons que le muscle thyro-arythénoïdien est un muscle respirateur au même titre, sinon plus, que les autres. Si, pendant l'inspiration, la glotte s'agrandit sous l'influence des crico-arythénoïdiens postérieurs, elle se rétrécit pendant l'expiration, et ce rétrécissement ne peut être effectué que par les crico-arythénoïdiens latéraux et les thyro-arythénoïdiens.

Au sujet du muscle arythéno-épiglottique, il a fait une remarque très-importante : « Le faisceau supérieur du muscle arythéno-épiglottique est une réunion de fibres rares, pâles, qui paraissent être la continuation des faisceaux obliques de l'arythénoïdien, et qui, de l'éminence supérieure du cartilage du même nom, se rendent au bord de l'épiglotte. »

Après avoir exposé la partie anatomique, M. Malgaigne, procédant toujours avec méthode, va rechercher d'abord les conditions de la production du son vocal. A l'imitation de Bichat et de Magendie, il expérimente sur des chiens, mais par un procédé différent. Bichat pratiquait une ouverture entre l'hyoïde et le thyroïde, tandis que lui, il coupe la mâchoire inférieure, détache les muscles de la langue et parvient ainsi à voir la glotte; ajoutons que, pour compléter le procédé, il excitait les cris de l'animal avec un fer rouge, afin de mettre les rubans vocaux en mouvement. Grâce au laryngoscope, ces opérations cruelles sur les animaux ne sont plus nécessaires aujourd'hui, et, ne serait-ce qu'à ce point de vue, la découverte de cet ingénieux appareil est un bienfait inestimable.

Dans son expérimentation, M. Malgaigne est arrivé à constater, contrairement à ce qu'on disait avant lui, que, pendant le cri, les rubans vocaux vibraient par leur partie antérieure. Cela est très-vrai, mais lorsqu'il en tire cette conclusion, que le son ne se produit pas si l'air passe par la partie postérieure, il va un peu trop loin. Nous voyons, en effet, avec le miroir laryngien, que les rubans peuvent produire des sons, bien qu'ils soient séparés en arrière.

Examinant ensuite les différentes parties du tuyau vocal, il accorde une grande influence aux cavités nasales sur le retentissement du son ; il établit même en principe que le développement de ces cavités est en rapport direct avec le développement du larynx, ce qui expliquerait, selon lui, ce fait inexpliqué que le chantre cynique de l'amour a érigé en axiome : *Noscitur ex naso quanta sit hasta viri.*

M. Malgaigne conclut de ses expériences que l'organe vocal est un instrument à anche ; et comme cette opinion déjà émise par Dutrochet, Magendie, Biot, Despiney, n'a pas été suffisamment démontrée, il va compléter l'œuvre de ses prédécesseurs.

Son premier soin est d'imiter la glotte humaine, qui est une anche double, dit-il, avec deux rubans de parchemin. Disposant ces deux rubans l'un en face de l'autre sur un cadre en bois, il souffle avec la bouche dans l'intervalle que les deux rubans laissent entre eux, et il obtient ainsi des sons criards, il est vrai ; mais en ajoutant un tuyau sonore, il parvient à les modifier, et l'analogie avec la voix est complète selon lui.

Très-satisfait de son invention, c'est d'après ce larynx artificiel qu'il va expliquer le mécanisme vocal : les ventricules représentent l'intervalle qui sépare les deux paires de rubans ; il les comparerait volontiers à l'embouchure du cor, mais il prétend que les lèvres sont une *anche muette* (?) et il s'en tient à sa première comparaison avec le bocal des anches. « Ainsi une anche double et flexible, surmontée d'un bocal et d'un tuyau de retentissement, voilà, en résumé, tout l'instrument vocal. »

Quant à la production des tons, il l'explique par les modifications de l'anche : « Construisons, dit-il, avec des tuyaux et des anches vivants un peu analogues à celui de la régale de l'orgue, les basses-tailles représenteront les tons bas ; puis viendront les voix moins graves, puis les voix de femme, puis les voix de castrats et d'enfants. Quels sont les changements opérés dans ce jeu pour produire tous les tons divers ? Je trouve chez les basses-tailles des rubans vocaux qui ont jusqu'à 10 lignes

de longueur ; l'épaisseur qui influe aussi sur le ton des anches
est ici la plus grande possible. Les hautes-contre offrent déjà le
larynx moins développé ; les rubans vocaux décroissent d'une
manière sensible. Ils n'ont guère que 5 à 6 lignes chez la
femme. Moindres encore chez l'enfant et surtout très-minces,
je les ai trouvés à l'époque de la naissance ayant à peine 2 lignes
de longueur.

« Les variations du tuyau sont soumises à la même loi de dé-
croissement. Chez les basses-tailles, il est le plus allongé possible ; le larynx descend presque jusqu'au milieu du cou, la
bouche est vaste, le nez allongé, les sinus nasaux bien développés ; les femmes ont la figure beaucoup plus petite : le larynx
remonte sous la mâchoire. Il est situé encore plus haut chez les
enfants ; la bouche est moins élargie, les sinus nasaux non développés et les narines à peine assez ouvertes pour permettre la
respiration. » Une fois lancé dans cette analogie, M. Malgaigne
ne s'arrête plus, il la poursuit dans tous ses détails, et il parvient ainsi à nous faire connaître bien mieux le mécanisme des
instruments à anche que celui de la voix humaine. C'est ainsi
que les dimensions du ventricule doivent varier comme les embouchures des divers instruments.

Nous ne ferons à cette exposition qu'une simple objection.
M. Malgaigne prétend que l'épaisseur des lames ou des rubans
a une grande influence sur le son des instruments à anche.
Rien n'est plus vrai sans doute ; mais quel est ce genre d'influence ? L'acoustique nous apprend que, plus une lame, un
ruban sont épais, plus le son qu'ils donnent est élevé. Or,
M. Malgaigne gratifie les basses-tailles de rubans vocaux plus
épais que ceux des femmes, donc la voix des basses-tailles doit
être plus élevée que celle des femmes.

Mais jusqu'ici nous n'avons parlé que de la production du
son chez les différents individus. Pour être conséquent avec

lui-même, M. Malgaigne doit s'appuyer sur les mêmes principes pour expliquer la formation des tons. En effet, la tension
des rubans vocaux et leur amincissement lui suffisent pour
rendre compte de toutes les variations de tons. « Cette tension
des cordes vocales, contribuant à les amincir, donne, au reste,
un résultat semblable à celui qu'obtiennent les luthiers en
amincissant les lamelles de l'anche ; dans les deux cas, le son
est plus aigu. Je ferai observer, enfin, que la longueur de la
fente qui sépare la lamelle n'est pas sans influence sur la formation des tons ; plus la fente est large, plus les cordes vocales
ont d'espace pour vibrer, et cette disposition coïncide d'ailleurs
avec l'épaisseur plus grande de ces cordes et avec leur moindre
tension : ce sont là les trois causes principales des sons graves. »

Comme on vient de le voir, l'esprit toujours préoccupé de sa
comparaison, M. Malgaigne fait de la physiologie en physicien
et oublie tout à fait la nature vivante. Il ne parle que des lamelles plus ou moins amincies ; et que font pendant ce temps
les muscles thyro-arythénoïdiens ? Il est vrai qu'il établit ses
assertions sur des expériences, mais quelles expériences ! Après
avoir coupé la mâchoire à un chien, il excite ses cris avec un
fer rouge, et il note avec un flageolet les cris de la douleur pour
nous apprendre que l'expression musicale de l'agonie d'un chien
répond aux notes *la, sol, fa, mi, ré.* La tension nécessaire pour
l'élévation des tons est effectuée, d'après lui, par les crico-thyroïdiens. C'est la vérité, mais l'action de ces muscles n'est pas
la seule employée à cet effet.

Ainsi, pour M. Malgaigne, la glotte produit les tons ; il explique mal cette formation, mais c'était déjà quelque chose que
d'avoir acquis cette certitude. Le tuyau vocal, par conséquent,
ne peut avoir d'autre rôle dans le chant que celui d'accommoder favorablement ses dimensions à sa production de chaque
note. Toujours esclave de sa théorie physique, M. Malgaigne

voit qu'à mesure que le son monte, le larynx monte aussi de manière à raccourcir le tuyau vocal, et il le fait si bien monter, qu'arrivé aux notes les plus élevées et dans la voix de fausset particulièrement, il se montre presque au fond de la gorge; en ce moment, le voile du palais s'applique si bien contre le pharynx que le son, ne pouvant plus retentir dans les narines, se développe tout entier dans la bouche, et le tuyau vocal se trouve raccourci d'autant. Il se passe bien quelque chose d'analogue lorsqu'on parcourt de bas en haut tous les tons de la gamme, mais il ne faut pas être exclusif, car l'on voit beaucoup de chanteurs qui parcourent une grande partie de l'échelle vocale sans que leur larynx ait changé de place. Si M. Malgaigne eût été plus physiologiste dans l'étude de ces phénomènes, il ne se serait pas montré si exclusif, et peut-être serait-il arrivé à trouver la vérité.

Pour nous résumer, nous dirons que M. Malgaigne aurait donné une explication irréprochable du mécanisme vocal, si ce dernier eût été en tout point comparable à celui des tuyaux à anche. Mais l'analogie qui existe entre ces instruments s'arrête là où la vie commence, et c'est ce que M. Malgaigne paraît avoir oublié. Si l'on ne fait pas intervenir la vie dans le mécanisme vocal, le larynx ne peut en aucune façon être comparé à une anche; ses rubans n'ont au premier coup d'œil aucun des caractères obligés pour la production des vibrations sonores, et ce n'est qu'en les analysant élément par élément et en faisant intervenir l'action physiologique que l'on peut établir réellement les analogies qui les rapprochent des instruments parmi lesquels on a voulu les classer.

BENNATI.

(Mémoire sur le mécanisme de la voix humaine pendant le chant. **Paris 1832.)**

En lisant ce titre, on pourrait croire au premier abord que l'auteur, fidèle à son programme, s'est occupé véritablement du mécanisme de la voix ; point du tout. Bennati ne parle que d'une partie du tuyau vocal, de cette partie qui est accessible à l'œil, en un mot des régions hyoïdienne, pharyngienne et buccale. Quant au mécanisme de la voix par les rubans vocaux, il n'en est nullement question, et le peu qu'il en dit nous prouve qu'il était homme trop habile pour toucher à ce point délicat. Cependant Bennati fit longtemps autorité dans la science, et il a été cité par des hommes recommandables. Il est des réputations si bien et si mal établies par la mode, que la critique la plus consciencieuse n'est pas toujours bien venue. C'est pourquoi nous allons fournir à nos lecteurs les éléments de leur appréciation, en citant textuellement le passage que notre auteur consacre au mécanisme de la voix.

« Prenons, dit-il, p. 19, d'abord le larynx dans son isolement et montrons-le dans tout le déploiement de son jeu. La série des sons qui peuvent être modulés au moyen des muscles du larynx doit évidemment s'épuiser entre ces deux limites : celle de son rétrécissement et de son élévation simultanés par lesquels s'opère le rapprochement des lèvres de la glotte, et celle de sa distension et de son abaissement également simultanés, d'où résulte leur écartement. Or, examinons ce qui se passe quand le larynx est porté en haut dans l'exercice le plus éminent de ses fonctions, je veux dire dans le chant.

Si nous nous en rapportons à ce qu'on a admis jusqu'à ce

jour sur le mécanisme de la voix humaine, *la contraction de l'hyo-thyroïdien* ayant lieu simultanément avec celle *des muscles crico-arythénoïdiens latéraux, de l'arythénoïdien oblique, de l'arythénoïdien transverse et du thyro-épiglottique,* produirait le rétrécissement de la glotte, le *raccourcissement* de la cavité laryngienne et de la *trachée-artère,* enfin l'abaissement *de l'épiglotte ;* de là *résulteraient exclusivement la* formation des *sons aigus dont la modulation ne serait due qu'au jeu plus ou moins prononcé de toutes ces parties réunies.*

La contraction des muscles sterno-thyroïdiens ayant lieu simultanément avec celle des muscles *crico-thyroïdiens ou dilatateurs antérieurs de la glotte,* des crico-arythénoïdiens postérieurs ou dilatateurs postérieurs de la glotte, produirait l'inverse de ce qui se passe pour les notes aiguës, c'est-à-dire l'élargissement de la glotte, le prolongement de la cavité laryngienne et de la trachée-artère, l'élévation de l'épiglotte et, par suite, la formation de notes graves, dont la modulation ne serait due, à son tour, qu'au travail plus ou moins prononcé de la réunion de toutes ces parties. »

Après avoir lu cette entrée en matière, notre premier mouvement a été de fermer cet opuscule, ne comprenant pas qu'il fût possible d'écrire de semblables hérésies, après les travaux de Dutrochet, de Magendie, Malgaigne, Gerdy. Un auteur peut se laisser séduire par la fausseté d'un système, d'une doctrine, mais ici ce sont des erreurs de fait qu'un médecin, et un médecin qui se flatte d'écrire sur un sujet spécial, ne doit pas commettre.

L'espoir de trouver quelque fait nouveau capable de nous faire oublier cette mauvaise impression nous a remis le livre en main, et nous l'avons parcouru jusqu'au bout. Notre conclusion est celle-ci : Bennati s'était adonné plus particulièrement au traitement des maladies de la voix ; mais il ne connaissait pas suffisamment l'anatomie de cet organe pour donner une idée rationnelle touchant le mécanisme vocal.

CAGNIARD DE LATOUR.

1836-1837-1838.

Cagniard de Latour, successeur immédiat de Savart à l'Académie des sciences, s'est beaucoup et longtemps préoccupé de la formation de la voix humaine. Il nous dit lui-même que, pendant huit ans, il s'est exercé à produire des sons avec un instrument dont il comparait le fonctionnement à celui de l'organe de la voix. Dans ses premières publications, Cagniard de Latour ne paraît pas avoir une opinion bien arrêtée; on voit bien qu'il a une tendance marquée pour la théorie des anches; mais soit qu'il n'osât pas critiquer ouvertement les idées de Savart, généralement adoptées sur ce sujet, soit qu'il ne fût pas encore suffisamment édifié sur ses propres opinions, il parle toujours sous la forme dubitative.

Dans le journal l'*Institut*, n° 161, 1836 : « En supposant, dit-il, que la voix se produise selon la théorie des anches, j'ai trouvé le motif pourquoi le son de la voix se produit plus facilement que celui de ces instruments. Cela tient aux conditions particulières de contractilité, de souplesse et d'élasticité dans lesquelles *peuvent* se trouver les parties essentielles de cet organe à l'état de vie et à l'influence des lèvres inférieures sur les supérieures. » Cette idée lui est venue à la suite de ses expériences sur un larynx artificiel, qui consiste en un conduit membraneux élargi et aplati vers son sommet, à peu près comme une anche de basson, et terminé à sa partie inférieure par un collier rigide, dans lequel on pousse de l'air avec la bouche lorsqu'il s'agit de produire des sons. Ce larynx, dit-il, résonne facilement, si l'on a le soin de placer le doigt au-dessous de son sommet ou de la partie vibrante, de manière à former des lèvres inférieures. Si, au contraire, on tient le caoutchouc tout à fait à son extrémité, de manière qu'il n'y ait pas de lèvres inférieures, on obtient des sons très-difficilement. Pour expliquer l'influence favorable de ces lèvres, il suppose que l'air, en passant dans le rétrécissement qu'elles forment, se met en vibration, à peu près comme dans un conduit siffleur, et devient ainsi plus propre à faire vibrer les lèvres supérieures. Il admet également que chaque fois que les lèvres se rapprochent en vibrant, elles peuvent éprouver des chocs et produire, par ce moyen, un son solidien ou membraneux comme le marteau musical, et, comme s'il n'en était pas sûr, il ajoute : « Et quoique la voix paraisse résulter principalement de la sortie périodique de l'air, on peut présumer que le son membraneux modifie beaucoup cette résonnance aérienne, et qu'il est même d'une influence notable dans le timbre particulier qui caractérise la voix de chaque individu. »

Dans cette note, il n'y a que des vues, des probabilités; mais l'idée de construire une anche membraneuse était excellente. Cependant Cagniard n'ose pas tout à fait lui comparer l'organe de la voix. C'est un instrument qui lui sert tout au plus à expliquer certains phénomènes de la phonation.

Dans le courant de l'année 1837, journal l'*Institut*, n° 192, il donne les résultats qu'il a obtenus après huit ans d'études, en cherchant à produire des sons flûtés, analogues à ceux du sifflet labial, soit avec la glotte, soit avec l'arrière-gorge. Cette expérience pourrait paraître puérile, si l'on oubliait qu'elle avait un but plus sérieux. Malheureusement elle n'a procuré à Cagniard la connaissance d'aucun fait utile. Les sons prétendus flûtés qu'il a obtenus par ce moyen ne devaient avoir rien ni d'harmonieux ni de décisif au point de vue de la théorie; car, de son aveu, ces sons étaient très-faibles, surtout ceux de la glotte, et ils ont eu l'inconvénient de lui inspirer une erreur ; car pour expliquer la faiblesse des tons qu'il obtenait avec la glotte, il dit qu'il ne pouvait pas en être autrement, parce que les lèvres de la glotte sont *très-molles d'ordinaire*. Il avoue que, dans ce cas, les sons se produisent selon la théorie du son dans l'appeau des oiseleurs, théorie que Savart a appliquée à la voix humaine. Ainsi, sans le dire précisément, il ne partageait pas l'opinion de Savart sur la formation de la voix ordinaire, puisqu'il n'admettait cette théorie que pour le son extraordinaire qu'il était parvenu à produire avec sa glotte.

Dans le numéro 212 du même journal et de la même année, il décrit un nouvel instrument, un nouveau larynx artificiel, avec lequel il obtient des effets beaucoup plus variés qu'avec le premier. Cet instrument, qu'il nomme digito-buccal, s'obtient tout simplement en poussant de l'air à travers deux doigts, l'index et le médium, par exemple, serrés l'un contre l'autre et appliqués contre la bouche. Cet instrument, malgré sa simplicité, ressemble beaucoup, en effet, quant à son mécanisme, à celui de la voix humaine ; mais Cagniard de Latour est induit en erreur par cette croyance fausse, que l'instrument vocal doit être nécessairement composé de deux paires de rubans pour produire les sons, et il se croit obligé de trouver un rôle actif, indispensable aux rubans vocaux supérieurs. Cette nécessité l'éloigne non-seulement de la véritable théorie de la voix, mais encore elle l'égare dans l'explication qu'il donne de son instrument digito-labial. Il a cependant remarqué un fait vrai et important, c'est que les lèvres digitales peuvent vibrer et résonner, lors même que, dans une partie de leur longueur, elles ne sont pas rapprochées jusqu'au contact. Malheureusement, comme il lui faut deux paires de lèvres, il admet que, dans les sons aigus, ce sont les lèvres digitales, et, dans les sons bas, ce sont les véritables lèvres. Il y a à cela une raison bien simple : « Dans le premier, dit-il, les doigts sont si bien et si fortement appliqués contre la bouche, que l'ouverture buccale est réduite à l'état de porte-vent. Dans le second cas, les doigts s'éloignent de la bouche, et, les lèvres, redevenues libres, sont capables de vibrer et de produire elles-mêmes le son, qui peut être renforcé en passant à travers la fente des doigts. » Mais ces deux paires de lèvres ne concourent pas à la production du son, dans le sens que pensait Cagniard ; elles vibrent chacune séparément et selon les dispositions qu'elles affectent. C'est un son labial ou un son digital parfaitement distincts. Si Cagniard n'avait pas eu sa préoccupation des deux paires de rubans, il aurait certainement expliqué parfaitement la théorie de la voix en la comparant à l'instrument dont le mécanisme se rapprochait le plus du sien.

Dans le numéro 222, nous le trouvons un peu plus affirmatif et décidément partisan de la théorie des anches, mais toujours de l'anche à deux paires de rubans. Nous remarquons le passage suivant : « Le timbre particulier du son paraît venir, en partie (il n'en était pas sûr) des vibrations produites dans les ventricules du larynx, en raison de la vitesse avec laquelle l'air chassé par les poumons frappe les lèvres supérieures, après avoir traversé l'orifice rétréci formé par les lèvres inférieures. » Ses idées se modifient à mesure ; car, en 1836, le timbre était le résultat du choc des lèvres inférieures l'une contre l'autre.

Arrivé à l'année 1838, n° 225, Cagniard n'hésite plus ; il ose enfin affirmer qu'il adopte définitivement la théorie des anches, et voici comment il s'exprime : « Les lèvres du larynx peuvent, en se contractant de manière à former un orifice rétréci, faire acquérir à l'air chassé par les poumons un ébranlement particulier propre à favoriser l'ébranlement des lèvres supérieures.» Il construit, pour le démontrer, un troisième larynx artificiel, composé de deux paires de lèvres, avec du parchemin mouillé; ces deux rubans sont disposés l'un au-dessus de l'autre, comme cela a lieu dans l'organe de la voix, et l'ont parvient à obtenir des sons en soufflant à travers l'ouverture qu'ils laissent entre eux. Nous n'avons pu exécuter cette expérience; mais les conséquences qu'en tire Cagniard nous paraissent peu fondées. « La voix de poitrine, dit-il, s'explique, quant à sa gravité et à sa force, par la simultanéité de vibrations dans les deux paires de rubans; car on conçoit que les battements du son produit peuvent, à raison de cette double vibration, avoir eux-mêmes une certaine intensité, puisqu'ils résultent non-seulement de ce que la sortie de l'air chassé par les poumons est périodique, mais encore de ce que la résonnance qu'engendre nécessairement le mouvement vibratoire des lèvres inférieures devient intermittente par celui des lèvres supérieures. » Les ventricules, selon Cagniard, circonscrivent l'espace qui rend possibles ces vibrations simultanées. Nous ne chercherons pas à approfondir ces raisonnements, qui nous paraissent rien moins que spécieux.

La théorie de la voix que nous venons d'analyser est le résultat d'un travail persévérant, et qui se recommande par l'ingéniosité, l'originalité des procédés que l'auteur a inventés pour se rendre compte des phénomènes de la phonation. L'idée de construire des anches membraneuses, analogues d'ailleurs à celle dont nous nous sommes servi pour la construction de notre larynx artificiel, devait être féconde. Malheureusement Cagniard de Latour n'avait pas assez minutieusement étudié l'organe vocal, et il avait cru devoir attribuer à des instruments secondaires des fonctions principales pour la production des sons de la voix. Si, prenant les ligaments vocaux supérieurs pour ce qu'ils sont, c'est-à-dire pour des accidents favorables à la production des tons et à la vibration des rubans inférieurs, il eût appliqué la théorie des anches à ces derniers seulement, il aurait été dans le vrai, et Müller n'aurait pas eu le mérite de perfectionner les travaux du physicien français.

COLOMBAT (DE L'ISÈRE).

(Traité des maladies et de l'hygiène de la voix. 1838.)

Les travaux de Dutrochet, Magendie, Savart, Malgaigne, Cagniard de Latour avaient résumé une foule d'idées neuves sur le mécanisme vocal, qu'un homme spécialement attaché à l'étude des organes de la voix pouvait utilement féconder.

Dès 1828, Colombat avait adopté la théorie de Despinay de Bourg, théorie suivant laquelle l'organe de la voix était comparée à un trombone ; mais, en 1832, il renonce à sa théorie pour des motifs qu'il donnera plus tard. En attendant, il croit avec Savart que l'organe vocal n'est pas une anche ; il ne croit pas non plus que ce soit un instrument à vent et à cordes, et enfin il ne croit pas non plus qu'on puisse le comparer aux flûtes et aux trombones, parce que dans ces instruments les dimensions en longueur des tuyaux font tous les tons et que le tuyau vocal n'est pas assez long pour produire tous les tons de la voix humaine ; d'ailleurs, les tons peuvent être produits, le larynx étant maintenu à la même place.

On pourrait penser, en lisant cette critique sévère, mais dont les éléments sont empruntés un peu à tout le monde, que Colombat va donner une théorie nouvelle et basée sur ces expériences et ces observations. Certainement non et lui-même va nous dire pourquoi : « D'abord je répondrai que je n'ai pas les prétentions de donner des explications plus mathématiques que celles des autres, mais seulement que la glotte est l'instrument qui produit les sons, ou plutôt que c'est l'air chassé des poumons qui, sous l'influence de la volonté, en se brisant contre les lèvres de la glotte, produit des ondulations sonores qui sont modifiées par le pharynx, la langue, les lèvres, les fosses nasales, enfin par tout l'appareil vocal. Selon moi, on peut concevoir la formation du son vocal, sans avoir besoin de cordes sonores ou des anches vibrantes, et la production de la voix et ses différentes modifications peuvent très-bien être le résultat de l'ouverture plus ou moins grande de la glotte, déterminée par les contractions ou le détachement de ses lèvres. D'ailleurs, personne n'ignore que la seule constriction des lèvres exprime par le sifflement des sons variés et même harmonieux, et que l'air et différents gaz peuvent être chassés du corps des animaux avec certaines modulations par des ouvertures où on n'a jamais soupçonné, que je sache encore, une anche ou des cordes vocales. »

Telle est la théorie de Colombat. Cet auteur manquait évidemment des connaissances suffisantes pour traiter la question qui nous occupe avec l'autorité qu'elle demande. Après avoir dit dans son historique que Dodart comparait l'organe de la voix à une trompette ou à un cor, ce qui prouve qu'il n'avait pas lu l'intéressant mémoire de ce savant, il adopte précisément la véritable théorie de Dodart ; il la donne comme sienne, mais la manière dont il l'expose indique bien qu'il n'avait pas commis un plagiat. Mais il prévoit des objections à sa théorie, et il s'empresse d'y répondre. Nous citerons textuellement cette réponse, qui, à elle seule, est la meilleure critique que nous pourrions faire. Nous abusons peut-être du procédé ; mais, dans un travail de la nature de celui-ci, il est bon que le lecteur puisse juger par lui-même. « Pour répondre, dit-il, en même temps à ces deux objections, je dirai que c'est l'air, qui, par son passage plus ou moins rapide à travers la glotte, fait vibrer les cordes vocales, comme il fait vibrer, pendant la parole, toutes les autres parties de l'appareil phona-

teur, surtout les cavités nasales et leurs cartilages. Ces vibrations de la glotte et des autres organes vocaux font éprouver à
la voix, par des allongements et des raccourcissements successifs des fibres musculaires, les espèces d'ondulations sonores
qui ont pour but de la rendre plus douce et plus harmonieuse,
et qui lui donnent un son flûté dans le genre de celui que
nos célèbres violonistes tirent de leurs instruments, par une
espèce de tremblement qu'ils communiquent aux cordes
en appuyant avec le bout du doigt plus ou moins sur elles.
(p. 72.) »

Ce langage dit trop par lui-même pour que nous ayons besoin de rien ajouter.

Cependant Colombat a eu une idée, ou plutôt il a développé
l'idée de Bennati sur le fausset. Bennati n'avait pas osé faire un
organe nouveau pour la voix de fausset, mais il avait accordé
une importance si grande aux muscles sus-laryngiens pendant
l'émission de cette voix, que c'était tout comme. Colombat
plus hardi : « Nous, au contraire, nous disons que la glotte
n'est pour rien dans leur formation et qu'ils sont produits par
une autre espèce de glotte supérieure, formée par l'élévation du
larynx et la contraction des muscles du pharynx, du voile du palais, de la base de la langue, etc., c'est-à-dire par la contraction
du péri-staphilin interne et externe, palato-staphilin, glosso-
staphilin, pharyngo-staphilin, stylo-glosse, stylo-pharyngien,
mylo-hyoïdien, génio-hyoïdien, enfin du palato-pharyngien et
glosso-pharyngien... Les organes (p. 86), dont le rapprochement simultané forme la nouvelle glotte génératrice des sons
aigus, sont : 1° inférieurement le sommet du larynx et la base
de la langue ; 2° le pharynx ou la paroi postérieure ; 3° les piliers et les amygdales sur les côtés ; 4° enfin le voile du palais
et la luette, qui empêchent, par leur élévation, que l'air ne sorte
par les fosses nasales comme dans la voix de poitrine. » Comme

Bennati, il avait remarqué ce qui se passe dans la bouche chez les chanteurs ; mais les conclusions qu'il en a tirées n'ont rien de scientifique.

MULLER.

(*Manuel de physiologie*, t. II, édition de 1851.)

Les travaux de Müller sur le mécanisme vocal sont de ceux qui font autorité dans la science, et, en effet, la théorie qu'il avait préconisée a été longtemps adoptée par la plupart des physiologistes.

Müller compare l'organe vocal aux instruments à anche. — Jusque-là, rien de nouveau, car, depuis Ferrein, cette idée avait été émise par différents auteurs ; mais le mérite du célèbre physiologiste réside surtout dans les expériences nombreuses et savamment pratiquées qu'il a imaginées pour établir cette analogie sur des bases solides. L'idée de construire des anches membraneuses avec des lames de caoutchouc n'était pas neuve non plus : Cagniard de Latour, M. Malgaigne, les avaient employées avant lui ; mais il a mieux étudié que ses prédécesseurs la formation du son dans ces instruments (voir page 84). L'anche qui lui a paru se rapprocher le plus de l'anche vocale, est constituée par deux rubans de caoutchouc tendus à l'extrémité d'un tube et laissant entre eux une petite fente analogue à la fente glottique. L'air, poussé dans le tube, s'échappe par la fente, en faisant vibrer les rubans.

Müller combat avec raison l'opinion de ceux qui prétendent que le son, dans ces anches, provient des interruptions du courant d'air, et il démontre qu'il est produit par les vibrations des rubans, qui se comportent à peu près comme les cordes et

les peaux tendues. Cette analogie est juste, et Müller en a
donné les preuves les plus formelles. Mais l'anche membraneuse, ainsi formée, ne pouvait être comparable tout au plus
qu'à l'anche glottique d'un cadavre constituée seulement par
les ligaments thyro-arythénoïdiens inférieurs, à l'exclusion de
toute contraction musculaire. Müller ne nous paraît pas
avoir suffisamment établi cette distinction, et sa théorie en a
souffert. En effet, rien ne ressemble moins à l'anche vocale
pendant la vie que les anches de caoutchouc. Les rubans qui
constituent ces dernières sont tendus, très-minces, et le souffle le
plus léger peut les faire vibrer. L'anche vocale, au contraire, telle
du moins que la comprenait Müller, est constituée par des muscles épais, par un tissu élastique très-résistant et par la muqueuse. Pour faire vibrer un ruban d'une pareille épaisseur, il
faudrait une force surhumaine, et nous doutons même qu'on
pût jamais y parvenir. Cependant, Müller a obtenu des sons
avec des larynx de cadavres; ses expériences sont très-in-
génieuses et très-concluantes à certains points de vue; mais il
n'a pas su quelle était la partie vibrante des rubans qui donnait
le son.

Les conclusions qu'il a déduites de son expérimentation sont
les suivantes :

1° Les ligaments vibrent dans toute leur largeur, ainsi que
les membranes qui y tiennent et le muscle thyro-arythénoïdien;

2° Les sons de poitrine les plus graves s'obtiennent lorsque
la détente des cordes vocales est portée au plus haut point
possible par le mouvement d'avant en arrière du cartilage
thyroïde;

3° Lorsque la détente est portée si loin, les cordes vocales
sont non-seulement relâchées, mais encore dans l'état de repos,
ridées et plissées; mais le souffle les distend, ce qui leur donne
la tension nécessaire pour vibrer;

4° En rendant la détente moindre et permettant au cartilage thyroïde de se porter en avant, ou à la traction du ligament crico-thyroïdien médian de céder, les sons de la poitrine montent de près d'une octave;

5° Dans la situation moyenne de repos du cartilage thyroïde et du cartilage arythénoïde, quand les cordes vocales ne sont ni tendues, ni plissées, le larynx a de la disposition à produire des sons de poitrine moyens, ceux qui sortent le plus facilement, ceux entre lesquels et les plus graves prennent place les sons de la parole ordinaire;

6° La seconde octave sort déjà en collision avec les sons de fausset correspondants; mais on évite ceux-ci, et l'on fait monter les sons de poitrine jusqu'à leur dernière limite, soit en comprimant les cordes vocales sur les côtés et rétrécissant l'isthme inférieur de la glotte au moyen du muscle thyro-arythénoïdien, soit, comme déjà auparavant, en soufflant avec plus de force;

7° Les sons de poitrine dépendent non-seulement des cordes vocales, mais encore de la tension des lèvres de la glotte par le muscle thyro-arythénoïdien;

8° Dans les sons de fausset, il n'y a que la partie interne ou le bord des cordes vocales qui vibrent; ces sons dépendent, quant à leur élévation, de la tension des cordes vocales.

La première de ces conclusions, qui affirme la vibration entière du ruban, n'est pas acceptable, pour les motifs que nous avons donnés plus haut. Müller ne faisait que répéter ainsi l'erreur de Dutrochet.

La seconde est vraie.

La troisième se ressent un peu trop de l'expérimentation cadavérique; car il ne peut y avoir de son qu'à la condition qu'il y aura fixation de la partie vibrante des rubans, et ce rôle est dévolu aux muscles thyro-arythénoïdiens.

La quatrième est exacte.

La cinquième ne dit rien au point de vue de la physiologie ; elle a été inspirée par ce qui se passe dans les anches de caoutchouc.

La sixième est assez juste, mais elle n'est pas démontrée.

La septième est vraie et fausse tout à la fois ; cela dépend de la manière dont on l'entend : vraie, si on considère l'intervention du muscle comme influence seulement ; fausse, si le muscle est partie vibrante.

La huitième est fausse en ce sens que le mécanisme de la voix de fausset est mal compris.

En résumé, la théorie de Müller est celle de Ferrein et de Dutrochet plus ou moins modifiée. Müller a mieux établi qu'on ne l'avait fait avant lui l'analogie qui existe entre l'organe vocal et les anches ; mais sa théorie pèche par la base, parce qu'il n'a pas su trouver dans l'anche humaine la partie qui fournit les vibrations sonores.

M. Longet.

(*Traité de physiologie.*)

Après avoir analysé les travaux de Bennati et de Colombat, c'est une véritable bonne fortune que d'avoir à s'occuper du travail remarquable de M. Longet. Le chapitre qu'il a consacré dans son *Traité de physiologie* à cette question est une monographie complète, où tout ce qui concerne le mécanisme de la voix a été traité avec le rare talent que tout le monde se plaît à reconnaître.

Müller avait comparé l'organe vocal aux instruments à anche, et il s'était attaché à développer cette partie de l'acoustique ; par des expériences ingénieuses, il avait essayé d'expliquer le mécanisme de ces instruments, et il avait établi les analogies qui existent entre eux et le larynx humain.

Ce que Müller avait fait pour les instruments à anche, M. Longet l'a fait avec non moins de talent pour les instruments à vent : expériences nombreuses et savamment pratiquées, application des découvertes modernes sur l'acoustique, rien n'y manque, et si l'édifice qu'il a élevé par ces moyens n'est pas solidement établi, la richesse des matériaux qui le composent lui donnent une importance qu'on ne saurait méconnaître.

Comme on peut le penser, M. Longet a établi sa théorie de la voix sur les lois de l'acoustique ; il est donc nécessaire que nous le suivions d'abord dans l'exposé de ses principes sur cette matière [1].

Appuyé sur les expériences de Savart et de Masson, M. Longet s'exprime ainsi, p. 122 : « L'air produit, dans son écoulement, les mêmes phénomènes que les liquides, et il obéit aux mêmes lois : l'écoulement des gaz, par des orifices percés dans des plaques est périodiquement variable, et cette périodicité dans la vitesse d'écoulement détermine, dans l'air extérieur, des vibrations sonores analogues, quoique moins intenses, à celles qu'y produit la sirène. »

Nous avons démontré, livre Ier, p. 52, que l'écoulement seul des fluides ne suffit pas pour produire un son, qu'il faut des circonstances spéciales pour que l'air entre en vibrations sonores, et ce sont précisément ces circonstances qui distinguent l'écoulement de l'air de l'écoulement des liquides. Cette distinction est très-importante, car nous verrons qu'avec les mots *écoulement périodique* on a voulu expliquer bien des choses que cet écoulement n'explique pas. En attendant qu'il en

---

[1] M. Longet nous dit lui-même que cette partie de son travail lui est commune avec Masson.

fasse l'application à la théorie de la voix, M. Longet va appliquer ces principes à la formation du son dans les instruments à vent.

Nous le suivrons dans cette étude, car des résultats qu'elle va nous faire connaître dépend la théorie que l'auteur adoptera pour le mécanisme de la voix humaine.

Pour M. Longet, le son dans le tuyau d'orgue est bien formé à l'orifice, et le son du tuyau ne fait que renforcer le premier son. Fidèle à son principe de l'écoulement des fluides, il suppose que « l'air s'échappe par la lumière en formant une lame mince qui vient se briser contre le biseau, et il est partagé par ce dernier en deux nappes, l'une intérieure et l'autre extérieure. Celle-ci exécute le même nombre de vibrations que l'air à sa sortie de la lumière, et produit, par conséquent, un son qui, pour la nappe intérieure, est renforcé par le tuyau, p. 123. »

Dans cette théorie, il y aurait deux sons, l'un produit par la lame extérieure et l'autre par la lame intérieure. Le premier, modifié par celui du tuyau dont il peut être un des harmoniques, et le second, produit par la lame extérieure, restera tel qu'il est formé à son origine, car rien à sa sortie ne peut le modifier ; aussi est-il très-faible.

Mais à quoi bon le biseau, s'il suffit de l'écoulement du fluide pour produire le son ? M. Longet se contente de dire que la distance du biseau à l'orifice a une grande influence sur l'intensité et le degré d'élévation du ton. D'après sa théorie, le son dépend de l'écoulement périodiquement variable, et le ton de la vitesse de l'air et du nombre de vibrations, néanmoins il ajoute : « Le son est d'autant plus aigu que le biseau est plus près de l'orifice et que la lumière est plus petite, ou que la vitesse de l'air est plus grande, les autres éléments restant les mêmes. » Toutes ces choses se concilient difficilement avec le principe admis plus haut, car si le biseau et la lumière ont une si grande influence, ils doivent partager avec les vibrations du fluide la tâche de produire le son. La question est de savoir si, sans le biseau et la lumière, le tuyau parlerait. Non, certainement. Il y a donc autre chose que l'écoulement périodiquement variable dans la production du son et les vibrations ne seraient qu'une des conditions de la génération du son. M. Longet lui-même le dit comme nous quand il ajoute : « Mais il y a toujours, pour un tuyau donné, une disposition de lumière et de biseau qui, pour des vitesses d'écoulement comprises entre des limites assez étendues, ne feront produire au tuyau qu'un seul son. » Et tout en étant d'accord avec nous, il est en contradiction formelle avec lui-même; car, du moment où la pression peut augmenter dans des limites assez étendues sans faire varier le son, ce n'est pas cette pression ni la vitesse qui produisent les tons comme il le prétendra plus loin. L'on voit, d'après ce qui précède, que la théorie des tuyaux sonores est loin d'être bien claire.

M. Longet examine ensuite les instruments à anche. « Dans ces instruments comme dans l'orgue, dit-il, p. 125, l'air éprouve un écoulement périodiquement variable, et détermine, sur le fluide extérieur, des chocs périodiques auxquels on doit attribuer le son. Les oscillations de la lame règlent la périodicité de l'écoulement, et le son est formé exactement comme dans la sirène. Le son de l'anche se mêle à celui de l'air, et donne à ce dernier le timbre particulier à l'anche elle-même. Il est impossible d'admettre que le son perçu soit dû aux vibrations de l'anche et aux chocs de cette lame contre l'air; car si, par un moyen quelconque autre que l'insufflation, on fait vibrer une anche, on entend un son de lame très-faible, mais qui acquiert une grande intensité quand l'anche est placée dans un courant d'air... Les languettes, obéissant au mouvement et à la pression périodique de l'air, ne peuvent plus exécuter le même nombre de vibrations qu'à l'état de liberté ou dans les conditions signalées précédemment. L'air est le principal agent des mouvements de la languette qui, pour nous servir d'une comparaison propre à rendre notre pensée, est soumise à une action purement mécanique, analogue à celle que produirait une roue dentée. Les vibrations de l'anche ne sont donc point dues à sa seule élasticité ; elles sont déterminées par la sortie périodique de l'air, et le phénomène rentre dans la classe des phénomènes nombreux qui dépendent des propriétés mécaniques des fluides et de leur écoulement. »

La pensée de M. Longet sur la théorie des anches se trouve résumée dans ces deux paragraphes. D'après lui, l'écoulement périodique de l'air modifierait à ce point la languette, que le nombre de vibrations qu'elle peut rendre à l'air libre, serait profondément modifié.

Ceci est un point trop important dans la question de la production du son en général pour que nous ne l'examinions pas attentivement. D'abord la languette obéit à la pression de l'air, mais non pas à la pression *périodique*. Ce mot de *périodique*, qui revient toujours sous la plume de M. Longet à propos de l'écoulement de l'air dans les tuyaux sonores et qui résulte de l'assimilation que Savart a voulu établir entre cet écoulement et celui des liquides, prend, ce nous semble, une trop grande importance. Si dans un tube on fait passer un courant de vapeur ou de fumée, on constate un mouvement vibratoire et une forme particulière du jet, mouvement vibratoire qui, produit par une forte pression, ne donne qu'un son excessivement faible. Cependant l'air a dû s'écouler périodiquement. Il faut donc convenir qu'il existe autre chose que la périodicité dans la production du son. L'air sans doute est le seul agent moteur de la languette, mais il ne devient moteur *sonore* que si, par ses dimensions en longueur, il peut vibrer synchroniquement avec la languette ; sinon, il fait l'office de moteur *simple ;* la languette est repoussée en dehors et l'air s'écoule au-dessous d'elle sans la faire vibrer. (Voir livre Ier, p. 71.) Ces motifs ne nous permettent pas d'accepter les conclusions suivantes de M. Longet :

« L'anche, dans les tuyaux, ne vibre pas comme si elle était libre, son mouvement est déterminé par l'écoulement de l'air, et elle est passive. Le son, dans les instruments à anche, nous paraît dû à ce que le mouvement de l'air qui s'écoule par la gouttière, étant animé de vitesse périodiquement variable, imprime à l'air extérieur des chocs périodiques dont *le nombre, déterminant le son,* peut varier avec la périodicité de l'écoulement qui dépend de la grandeur de l'orifice, de l'élasticité de la lame, de la pression de l'air, etc. » Ainsi donc, ceci est bien entendu, M. Longet explique le son de l'anche par la théorie de l'écoulement périodique de l'air. Nous allons examiner à présent ce qu'il pense des anches membraneuses de Muller :

Page 136 : « Pour nous, le son est dû à la sortie périodique de l'air par la fente. La nature de la substance qui constitue cette fente n'a qu'une légère influence sur le son quand les circonstances sont les mêmes ; comme s'en est assuré Masson, qui a formé des appareils sifflants au moyen de tuyaux de gomme élastique, dont l'une des ouvertures était limitée par un simple bourrelet de la même substance... Nous répéterons que, si l'anche était la cause du son, quel que soit le moyen employé pour la mettre en vibration, elle devrait toujours donner le même son, ce qui n'a pas lieu. »

Nous accordons à M. Longet que la nature de la substance qui constitue la fente n'a qu'une légère influence sur le son, en ajoutant cependant que parfois elle peut être très-grande ; mais les appareils sifflants de Masson n'ont rien de comparable à une anche ; le son est très-difficile à obtenir dans ces appareils, et il n'a aucune des qualités qui caractérisent les sons produits par un corps solide. Quant à cet argument : « si l'anche était la cause du son, quel que soit le moyen employé pour la mettre en vibration, elle devrait toujours donner le même son, » il nous est facile d'y répondre : chaque corps exige un procédé particulier qui favorise plus que tout autre le développement et l'intensité des vibrations sonores; les anches vibrent sous l'influence du choc, mais faiblement, parce que la cause qui provoque les vibrations ne sauraient agir plus longtemps sans les arrêter. L'air, par son élasticité particulière, possède l'avantage de provoquer d'une manière continue ces mêmes vibrations, et par ce seul fait qu'elles sont continues, elles acquièrent une intensité très-grande à l'occasion.

C'est d'après les principes énoncés ci-dessus que M. Longet va expliquer la formation du son dans les instruments : « La *clef forée* fonctionne comme les tuyaux à biseau. La *flûte* fonctionne également par l'écoulement d'une lame d'air qui se divise en deux. » Mais, dans le *trombone*, il admet que « le son produit d'abord à l'embouchure est renforcé ensuite par la colonne d'air, ainsi que dans le cor. » Il n'admet pas, toujours fidèle à son principe, que les lèvres vibrent comme des anches membraneuses ; car « les embouchures, par leur construction même, s'opposent aux vibrations des lèvres ; et tout le monde sait que quand celles-ci vibrent énergiquement, le son est tremblottant et d'un mauvais effet. D'ailleurs, comment admettre qu'une substance membraneuse et aussi épaisse que les lèvres puisse vibrer à la manière d'une lame mince? »

Nous croyons, au contraire, que l'embouchure est destinée précisément à régulariser la vibration des lèvres, ce que l'on voit avec une embouchure en cristal ; il est évident qu'il n'y a que la muqueuse qui vibre. « Très-probablement, dit-il encore, le son est produit dans les cors par la sortie périodique de l'air ; la grandeur de l'ouverture et la pression de ce fluide déterminent seules la hauteur du son, qui est d'autant plus pur que les lèvres sont plus tendues pour une même grandeur d'orifice. Les lèvres, placées dans un milieu en vibration, obéissent nécessairement à ce mouvement vibratoire, mais elle ne sont en aucune façon la cause première de ces oscillations de l'air, et leurs vibrations ne sont qu'un effet secondaire. »

La théorie des instruments à anche est expliquée par les mêmes motifs. Pour lui, la flexibilité des lames a pour but de permettre au joueur de modifier la grandeur de l'ouverture en même temps que la pression de l'air, ce qui rend l'usage de ces instruments très-difficile. Ce n'est qu'avec une grande habitude qu'on peut arriver à modérer la grandeur des ouvertures et l'élasticité de l'air de manière à posséder ces instruments comme on possède la faculté de modifier ces mêmes éléments dans l'action de siffler... Il est bien certain que, dans le hautbois, le son est dû à l'écoulement périodique de l'air par un orifice de grandeur variable, et qu'il est renforcé par la colonne d'air. La vibration de l'instrument, et surtout des anches, modifie le timbre des sons ; mais les anches ne vibrent que secondairement sous l'influence du mouvement de l'air. »

Au sujet de l'appeau, M. Longet est sur son terrain, car on ne voit ici, en apparence, aucune substance vibrante, et c'est l'écoulement périodique de l'air qui paraît jouer le grand rôle dans la production des sons. Voyons :

Savart avait dit (*Annales de physique*, 2ᵉ série, t. XXX) que « la production du son dans l'appeau semble qu'elle soit due à ce que le courant d'air qui traverse les deux orifices, entraînant avec lui la petite masse du fluide contenu dans la cavité, en diminue la force élastique et la rend, par conséquent, incapable de faire équilibre à la pression de l'atmosphère, qui, en réagissant sur elle, la refoule et la comprime jusqu'à ce que, par son propre ressort et sous l'influence du courant qui continue toujours, elle subisse une nouvelle raréfaction suivie d'une nouvelle condensation, et ainsi de suite. On conçoit, ajoute-t-il, que ces alternatives d'état étant assez rapprochées, elles doivent donner naissance à des ondes qui se répandent dans l'air extérieur, et qui deviennent susceptibles de procurer la sensation d'un son déterminé. »

Dans ce qui précède, Savart a émis une simple hypothèse ; c'est plutôt une vue de l'esprit qui ne repose sur aucun fait qu'on puisse justifier. Nous ne comprenons pas, d'ailleurs, que le courant d'air *entraîne avec lui la petite masse de fluide contenu dans la cavité, en diminue la force élastique et la rende, par conséquent, incapable de faire équilibre à la pression de l'atmosphère.* M. Longet, appuyé sur les expériences de Masson, va plus loin que le savant physicien, et il dit, page 146 : « Il n'y a pas seulement analogie, comme le pensait Savart ; mais il y a identité complète entre le son produit dans cet instrument et celui qu'on obtient dans les tuyaux d'orgue à biseau ou même à anche. Les pulsations périodiques de l'air aux orifices donnent naissance à deux ondes qui se propagent dans l'air extérieur. »

C'est toujours l'écoulement périodique de l'air, une série de chocs.

Passons aux conclusions générales :

Page 147 : « En résumé, dit M. Longet, nous sommes arrivé, par des expériences et des raisonnements qui nous ont paru devoir convaincre nos lecteurs, à ce résultat, que, dans tous les instruments à vent, le son produit doit être attribué à une cause unique : l'écoulement périodiquement variable de l'air à travers des orifices différant par leurs dimensions, leur forme et leur nature.

« Ce gaz éprouve, à sa sortie même, un mouvement oscillatoire et résonne en exerçant son action sur la masse d'air des instruments, qui deviennent seulement des appareils de renforcement. Les vibrations, ou chocs périodiques, que la résonnance de l'air communique aux diverses parties solides des tuyaux, modifient le timbre des instruments, mais ne sauraient jamais être la cause première et réelle des sons de la colonne. »

Nous aurions pu nous borner à critiquer ces conclusions, qui renferment en peu de mots les principes sur lesquels l'auteur appuie ses idées sur la production du son ; mais la valeur scientifique et la position officielle de M. Longet nous ont en quelque sorte obligé d'analyser son œuvre dans tous ses détails.

Parti de sa comparaison de l'écoulement de l'air avec l'écoulement des liquides, l'auteur a pensé qu'il suffisait d'un écoulement de gaz pour obtenir un mouvement particulier de la veine gazeuse capable d'engendrer un son. Là est l'erreur. Les liquides sont le siége d'un mouvement périodique dans leur écoulement ; ce mouvement s'accompagne d'un son qui est dû soit au frottement du liquide contre les parois, soit au choc des molécules les unes contre les autres. Ces faits sont incontestables ; mais ils ne légitiment pas l'analogie complète qu'on a voulu établir entre eux et l'écoulement gazeux. Un simple écoulement de gaz à travers un tube ne donne pas lieu à la production d'un son. Nous admettons bien l'importance de cet écoulement, mais dans des conditions spéciales, bien définies, sans lesquelles le son n'a pas lieu. — Obéissant à la pesanteur, l'eau tombe dès qu'elle n'est plus soutenue ; l'air, pour s'écouler, a besoin d'une certaine pression, et avec une pression ordinaire, on n'obtient pas de son ; une condensation préalable est nécessaire, et cette condensation s'obtient au moyen d'une petite ouverture qui empêche l'écoulement rapide de l'air. Dans les appareils simples, constitués par une plaque percée à son centre, on est obligé de souffler doucement, de régler l'écoulement; car, sans cela, le son ne serait pas produit. D'ailleurs, le mot d'écoulement variable ne nous paraît pas juste, jusqu'à preuve du contraire, et nous pensons que c'est à ce mot, dont on s'est contenté sans autre examen, qu'il faut attribuer les opinions que nous venons de critiquer.

L'écoulement périodique, en effet, est un mouvement qui se rapproche beaucoup du mouvement vibratoire qui produit le son, mais on ne doit pas les confondre et surtout ne pas oublier que si, parfois, l'écoulement périodique d'un fluide quelconque s'accompagne d'un son, les vibrations génératrices de ce son doivent être attribuées à l'élasticité du corps qui s'écoule, et non pas au mouvement périodique de l'écoulement.

Nous allons à présent suivre M. Longet sur son véritable terrain; nous y verrons le physiologiste aux prises avec les difficultés de l'expérimentation, et là du moins, si l'auteur est arrivé à une théorie que nous n'acceptons pas, les expériences savantes, les observations précieuses du physiologiste nous feront aisément oublier les méprises possibles du physicien.

En 1841, dans un mémoire inséré dans la *Gazette médicale* de Paris, M. Longet avait déjà élucidé la question des fonctions des nerfs et des muscles du larynx. Ce travail, basé sur des expériences pratiquées sur des animaux vivants, a eu pour résultat de donner des connaissances plus précises sur le mécanisme de la phonation, et c'était un véritable progrès. Nous nous permettrons seulement quelques observations : « Enfin, dit-il, en appliquant le galvanisme aux filets nerveux qui vont aux thyro-arythénoïdiens, on constate que ces muscles, en se contractant, donnent plus de rigidité aux cordes vocales inférieures et les rendent plus vibrantes. » Le résultat était facile à prévoir ; mais ces muscles nous paraissent avoir une autre fonction : c'est l'occlusion progressive de la glotte, occlusion très-manifeste dans la voix de fausset, et qui, dans l'effort, arrive à son plus haut degré.

Après avoir bien établi la part d'influence des nerfs laryngés supérieurs et celle du rameau interne, qui n'est que sensitif, M. Longet étudie l'influence des récurrents, après la section desquels la voix est quelquefois abolie, et d'autrefois non. Magendie attribuait ce phénomène à la persistance d'action du muscle thyro-arythénoïdien ; mais, comme le dit M. Longet, ce muscle est paralysé lui-même par la section des récurrents, et il pense que c'est à une configuration particulière de la glotte qu'il faut attribuer cela. « Chez les jeunes animaux, dit-il, les dimensions de la glotte inter-arythénoïdienne sont très-petites, tandis que l'inter-ligamenteuse est très-grande, ce qui tient à l'absence presque complète des apophyses antérieures des cartilages arythénoïdes. Chez les animaux assez jeunes, les cordes vocales, par le fait même de leur tension, se rapprochent avec facilité pour permettre des sons aigus, tandis que l'obstacle qui empêche ceux-ci chez les animaux plus âgés, réside évidemment dans l'ampleur de leur glotte inter-cartilagineuse dont les dimensions ne sauraient d'ailleurs être suffisamment rétrécies, à cause de la paralysie incontestable du muscle arythénoïdien. » Cette appréciation nous paraît juste, mais nous pensons que l'action du constricteur inférieur du pharynx n'est pas insignifiante, à cause surtout de la mollesse des cartilages chez les jeunes animaux. Nous pensons, en effet, que la mollesse des cartilages dans le jeune âge permet aux muscles constricteurs de rapprocher les deux lames du thyroïde l'une de l'autre, et, par ce fait, les rubans vocaux peuvent arriver au contact.

Pour aller du simple au composé, ce qui est plus rationnel, M. Longet commence par examiner la glotte simple du bœuf. « L'air venu des poumons, dit-il, s'échappant en partie par la glotte, éprouve dans son écoulement des variations périodiques qui déterminent, dans l'air du tuyau laryngien, des vibrations synchrones à celle qu'il éprouve dès sa sortie... Le nombre des vibrations ou la hauteur du son dépend de la pression de l'air ; son intensité, de la grandeur de l'orifice de sortie et de la variation de pression que l'air peut éprouver sans changer de ton. » Nous trouvons dans ces diverses assertions l'application des principes que nous avons déjà critiqués ; elles doivent, par conséquent, nous offrir quelques défectuosités. En effet, si le ton dépend de la pression, et l'intensité de la grandeur de l'orifice, chaque ton présentera un orifice différent selon qu'il sera fort ou faible et il occupera, pour son usage, une certaine longueur de glotte. Admettons que cette longueur soit de deux millimètres pour chaque note. La glotte de l'homme, mesurant en moyenne vingt millimètres, n'aura de place que pour dix notes ; celle de la femme n'en pourra contenir que cinq à six, et celle de l'enfant trois ou quatre. Ce calcul est bien loin d'être favorable à la théorie que nous examinons. Que serait-ce si nous avions réservé une petite place pour les *dièses* et les *bémols* que nous avons omis à dessein !

M. Longet critique Müller sur ses anches membraneuses, « qui ne ressemblent nullement à la glotte, » ce qui est vrai, et il préfère celles de Masson : « Ce dernier, dit-il, prend des tubes en gomme élastique de 2 à 3 centimètres de longueur, et dont le diamètre varie comme celui des tuyaux qu'il veut faire résonner. Il pince ces embouchures au milieu et sur deux arêtes opposées, de manière à former une fente analogue à la glotte. Si l'on souffle dans ces appareils, on obtiendra difficilement des sons ; mais, en y ajoutant des tubes en caoutchouc vulcanisé, on arrivera toujours, en modifiant convenablement l'ouverture, à faire parler le tuyau avec un faible courant d'air. Chaque tuyau additionnel produira généralement un seul son, et en changeant leurs longueurs, on parcourra une étendue de plusieurs octaves… Ce nouveau moyen de produire des sons n'admet ni cordes, ni anches proprement dites ; le son est dû uniquement à la sortie de l'air à travers une ouverture elliptique analogue à la glotte (p. 155). »

Ce passage nous prouve que M. Longet était très-rapproché de la vérité et que, s'il n'eût pas été si préoccupé de son écoulement périodique, il aurait pu voir comme nous, dans l'instrument de Masson, un véritable instrument à anche.

M. Longet fait une critique très-judicieuse des autres théories. Il a parfaitement apprécié celle de Dodart si confuse et il reconnaît, comme nous l'avons reconnu nous-même, que, lorsqu'on veut lire et méditer les travaux de ce savant, on y trouve le point de départ des diverses théories qui ont été proposées. Nous y avons trouvé en germe, celle de M. Longet lui-même.

M. Longet appuie sa théorie sur des épreuves physiques et physiologiques. Les premières, on les devine après ce que nous avons déjà dit : 1° « lorsque l'air s'échappe par un orifice de forme, de grandeur et de nature quelconque, son écoulement est périodiquement variable, et l'orifice est le siége d'un mouvement oscillatoire du fluide et, par suite, de vibrations sonores. »

Ce paragraphe, sous forme d'axiome, renferme des idées qui n'ont pas été sanctionnées par les faits. Nous avons démontré que la forme de l'orifice a une grande influence et que jamais, avec une fente seule, on ne peut obtenir un son ; or, la glotte présente la forme d'une fente plus ou moins elliptique. Les expériences de Masson présentent peut-être un grand intérêt; mais ce n'est pas certainement en les faisant servir à l'explication du mécanisme de la voix. Pour obtenir un son avec les instruments de ce physicien, il faut employer très-peu de souffle et savoir bien le régler ; car si l'on souffle un peu fort, le son ne sort pas : ce n'est pas ainsi que les choses se passent dans la production de la voix. Savart, moins osé que Masson, s'était borné à comparer le son de la voix à celui d'un tuyau de flûte, parce qu'il lui semblait que les cordes supérieures faisaient l'office de biseau ou de la seconde plaque de l'appeau. M. Longet, qui, par ses expériences physiologiques sur les animaux vivants, savait que les cordes vocales supérieures n'étaient pas nécessaires à la phonation, n'adopta pas la théorie de Savart, mais il conserva son principe, c'est-à-dire l'écoulement de l'air ; restait à savoir si l'écoulement de l'air seul suffit pour produire un son. Masson était là pour lui répondre oui, et la théorie fut acceptée. En retranchant successivement toutes les parties du larynx, M. Longet est arrivé à constater que les cordes vocales inférieures seules sont indispensables ; il a trouvé que l'espace inter-arythénoïdien joue un grand rôle pendant l'émission des sons, quoique *lui-même ne soit jamais le siége d'aucune vibration sonore.* » Et pourquoi cela ? Est-ce que l'air intelligent vibrera là et non pas là ? Nous savons d'ailleurs, à n'en pas douter aujourd'hui, que la glotte inter-arythénoïdienne est presque toujours fermée pendant le chant, et que ce passage n'est point du tout destiné à la respiration pendant les phénomènes du cri, de la parole et du chant.

« La voix, dit M. Longet, chez les animaux à double glotte, est originairement produite par l'écoulement périodique de l'air à travers la glotte inférieure ou vocale, qui est le siége principal des vibrations sonores. Communiquées à l'appareil renforçant composé des ventricules et du tuyau laryngien ou glottique, ces vibrations le font résonner et produisent la voix. » Cette manière d'expliquer la formation de la voix est en réalité très-simple, mais elle n'est pas appuyée sur des preuves suffisantes.

« La hauteur des sons, gravité et acuïté, dépend de la pression de l'air à sa sortie, cette pression restant, pour chaque son, comprise entre certaines limites. »

Cette assertion n'est pas mieux démontrée que la précédente, et nous avons prouvé plus haut que l'on peut obtenir différents harmoniques en modifiant la pression, mais que jamais on n'obtient les autres tons. D'ailleurs, comme l'intensité de la voix dépend aussi, d'après M. Longet, du degré de pression, nous avons là une complication que l'on s'explique difficilement, quand on réfléchit à la facilité avec laquelle l'homme le moins intelligent parvient à moduler des sons.

Le fond de la théorie de M. Longet est basée sur les quelques paragraphes qu'on vient de lire. Si l'on nous a lu attentivement, on a dû s'apercevoir qu'ils sont à peu près à eux seuls l'objet de notre critique depuis le commencement; par conséquent, nous bornerons là notre examen.

M. Ch. Battaille.

Animé du désir de faire entrer l'enseignement du chant dans une voie plus scientifique, M. Ch. Battaille, professeur au Conservatoire impérial de musique, a voulu étudier par lui-même le mécanisme de l'organe vocal, et il a consigné ses observations dans une brochure intitulée : *Nouvelles recherches sur la phonation*. Cette route, déjà ouverte par M. Manuel Garcia, doit conduire nécessairement à un enseignement plus intelligent, plus uniforme, et nous ne saurions trop louer l'éminent artiste d'y avoir suivi son maître.

Comme M. Garcia, M. Battaille s'est servi du laryngoscope pour étudier l'organe vocal. Cet avantage, que n'avaient pas eu ses prédécesseurs dans la même étude, lui a permis de recueillir un grand nombre d'observations relatives au fonctionnement des différentes parties du larynx et d'expliquer ainsi à sa façon le mécanisme de la voix. Ce travail est d'autant plus méritant que l'auteur a dû s'occuper de plusieurs questions qui ne lui étaient peut-être pas familières; nous n'oublierons pas cette considération dans nos critiques, et si le physiologiste s'est trompé, nous saurons rendre justice à l'artiste intelligent et travailleur.

La partie anatomique du travail de M. Battaille est très-bien exposée, d'après les auteurs classiques, et elle serait irréprochable, si l'auteur n'avait pas cru devoir y introduire deux petites modifications de son chef. Ces deux petites modifications n'auraient, à la rigueur, qu'une médiocre importance, si M. Battaille n'avait pas appuyé sur elles la plupart de ses idées sur la phonation.

1° M. Battaille a trouvé que la face interne des cartilages arythénoïdes est convexe, et, d'après lui, cette convexité permet à ces cartilages de rouler l'un sur l'autre et de s'affronter, soit par les deux tiers supérieurs, soit par le tiers inférieur de leurs faces internes. Nous accorderions volontiers qu'il en est ainsi que veut l'auteur; car, en y regardant de bien près, on voit, en effet, que les faces internes ne sont pas parfaitement planes; mais, comme il doit dire plus loin que l'affrontement par le tiers inférieur est une des conditions de la voix de poitrine, et que l'affrontement par les deux tiers supérieurs est le caractère principal de la voix de fausset, la question devient grave, et nous devons l'examiner attentivement. Pour nous rendre bien compte du jeu des arythénoïdes autour de leurs articulations, nous avons enlevé toutes les fibres du muscle arythénoïdien, et nous avons constaté ce qui suit : la face interne des arythénoïdes est légèrement oblique de haut en bas et de dehors en dedans. Quand on ne sollicite pas ces cartilages, ni en avant ni en arrière, ils sont séparés l'un de l'autre de toute l'étendue que mesure la petite échancrure située sur la partie médiane du bord supérieur du cricoïde; si avec les doigts on cherche à mettre leurs faces internes au contact, on n'y parvient que pour les deux tiers supérieurs; elles restent, quoi qu'on fasse, toujours séparées dans leur tiers inférieur. Cette impossibilité tient à ce que les mouvements directement latéraux de ces cartilages sont très-limités. Pendant la phonation, ce petit espace est rempli par le muscle arythénoïdien et par la muqueuse. Ces faits ont été constatés sur plusieurs larynx, et nous en concluons que le roulement des arythénoïdes l'un sur l'autre et leur affrontement immédiat à leur partie inférieure sont tout simplement une vue de l'esprit.

La seconde trouvaille de M. Battaille est un petit faisceau musculaire, qui s'étend du sommet des arythénoïdes à l'angle du thyroïde. L'auteur ne se contente pas de l'avoir trouvé, il lui impose un nom et l'appelle *thyro-arythénoïdien grêle*. Au premier abord, on se demande avec étonnement comment ce petit muscle a pu échapper aux investigations des savants anatomistes qui ont étudié l'organe vocal; mais on ne tarde pas à s'apercevoir que ce faisceau musculaire, prétendu nouveau, n'est autre que le muscle arythéno-épiglottique des auteurs, si bien décrit d'ailleurs par Fabrice, par M. Serres, dans la *Physiologie anatomique* de Geoffroy Saint-Hilaire, t. II, p. 356.

Après avoir rétabli la vérité comme nous le devions, suivons notre auteur dans ses expériences laryngoscopiques. M. Battaille décrit l'organe vocal en homme qui l'a bien vu pendant la phonation et pendant la respiration. Ses descriptions sont empreintes du cachet de la vérité, surtout celle de la vibration des rubans vocaux. A cet égard, nous ne pouvons lui reprocher que d'avoir peut-être trop vu. Par exemple, nous ne devinons pas le procédé qu'il a employé pour voir vibrer la région sous-glottique, c'est-à-dire la face inférieure des rubans vocaux; le bord, rien n'est plus facile; mais la face inférieure, cela nous paraît bien surprenant. Sans doute M. Battaille, persuadé que les rubans vibrent en totalité, aura souligné par un trait la région sous-glottique, dans le but d'établir une distinction qui lui sera utile plus tard. Mais, encore une fois, du moment où il admet la vibration totale des rubans, il n'avait pas besoin de faire remarquer qu'ils vibrent par leur face inférieure, car il est difficile de comprendre qu'il puisse en être autrement.

Le résultat de ses observations laryngoscopiques a amené M. Battaille à conclure, comme Müller, Dutrochet, Magendie, que le larynx fonctionne à la façon des anches, et que les phénomènes principaux de la génération du son vocal sont au nombre de quatre, savoir : « l'affrontement des arythénoïdes, la tension des ligaments vocaux, leurs vibrations et l'occlusion progressive de la glotte en arrière. »

Il n'y a rien dans ces conditions qui n'ait été déjà mentionné par M. Malgaigne ou Müller ; mais notre auteur a eu le mérite de mieux préciser les mouvements qui les réalisent et les agents de ces mouvements. Nous observerons seulement qu'il existe une contradiction formelle dans ces deux propositions :

« 1° L'affrontement arythénoïdal est une condition absolue de la génération du son.

« 2° Il peut être intime ou avoir lieu à distance. »

Si par *affrontement* l'auteur entend le rapprochement des rubans en la face l'un de l'autre, cette condition existe toujours dans la glotte, et sa première proposition est inutile ; mais si par affrontement il entend le contact des rubans dans une certaine étendue, la deuxième proposition ne se comprend pas ; car si les rubans doivent être nécessairement au contact, ils ne peuvent pas être en même temps à distance.

Pour M. Battaille, la voix de poitrine est anatomiquement caractérisée : 1° par l'affrontement des arythénoïdes au niveau du tiers inférieur de leur face interne. — Nous avons démontré que le contact immédiat de ces deux faces à ce niveau est impossible, et, serait-il possible, que nous ne comprenons pas que, *de visu*, avec le laryngoscope, on puisse le constater. — 2° par la tension sous-glottique effectuée par le faisceau plan du muscle thyro-arythénoïdien ; — Voilà encore une de ces assertions gratuites et que l'on ne saurait démontrer. Il est impossible, on le comprend sans peine, de voir la face inférieure des rubans vocaux.

La voix de fausset est caractérisée 1° par la forme ellipsoïde de la glotte, qui est due au relâchement du faisceau plan et par la tension des fibres arciformes ; — 2° par l'écartement des arythénoïdes dans le tiers inférieur de leur face interne et par leur rapprochement dans les deux tiers supérieurs; 3° par le redressement des parois du vestibule de la glotte effectué par les arythénoïdiens postérieurs, les fibres obliques des thyro-arythénoïdiens, le thyro-arythénoïdien grêle. — La production des tons s'obtient par les mêmes moyens dans les deux registres : tension longitudinale, tension latérale et occlusion progressive de la glotte en arrière.

La théorie de la voix de poitrine n'est pas neuve ; c'est celle de M. Malgaigne et de Müller. Si quelque chose les distingue, c'est l'affrontement des arythénoïdes par le tiers inférieur de leur face interne considéré comme une caractéristique de ce registre par M. Battaille. Nous n'avons rien à ajouter sur cette dernière particularité, après en avoir démontré l'impossibilité. Pour les autres objections, nous prions le lecteur de se rappeler ce que nous avons dit à propos de la théorie de M. Malgaigne. Quant à ce qui concerne la voix de fausset, elle nous rappelle un peu la théorie de Geoffroy Saint-Hilaire ; mais l'absence de contraction du faisceau plan du thyro-arythénoïdien et l'affrontement des arythénoïdes par leur sommet ne suffisent pas pour expliquer les caractères particuliers de cette voix. Nous croyons, d'ailleurs, que M. Battaille s'en est laissé imposer par un artifice instinctif dont il ne se sera pas bien rendu compte. Cet artifice, le voici : la production de la voix de fausset exige une disposition particulière de l'arrière-gorge qui gêne beaucoup l'introduction du miroir ; or, si l'on s'examine soi-même, on se dispose le plus commodément possible, et les sons que l'on produit, quoique ayant une grande analogie avec les sons de fausset, n'appartiennent pas à ce registre quant à leur mode de production. Ils résultent d'une tension exagérée des rubans vocaux pendant que la glotte est légèrement entr'ouverte dans toute sa longueur, mais surtout en arrière.

Cette dernière particularité enlève aux sons leur plénitude et leur donne quelque chose de flûté qui les rapproche des sons du véritable fausset. Mais en admettant que l'habitude ait pu donner à M. Battaille la facilité de voir la glotte telle qu'elle est pendant la voix de fausset, sa théorie n'est pas soutenable. En effet, la glotte serait beaucoup plus longue que dans la voix de poitrine, puisqu'elle est augmentée de l'espace inter-arythénoïdien, et cela est tout à fait contraire aux lois de l'acoustique. En second lieu, si le faisceau plan est relâché, les rubans vocaux le sont aussi dans le sens de la longueur, et, dès lors, les sons obtenus doivent être plus bas que dans la voix de poitrine.

En résumé, M. Battaille a eu le mérite de recueillir sur les mouvements du larynx, pendant la phonation, quelques observations très-utiles et très-exactes ; mais il a péché, du côté de l'interprétation, sur les points essentiels de la théorie de la voix. Il résulte de là une certaine confusion dans son travail ; l'esprit de synthèse lui a manqué pour rassembler dans leur ordre naturel les faits qu'il avait observés, et en déduire une conclusion formelle du véritable mécanisme de la voix.

CONCLUSIONS.

L'étude que l'on vient de lire pourrait paraître incomplète, si, par une synthèse raisonnée, nous n'embrassions pas dans leur ensemble les divers éléments qui la composent.

Les problèmes que nous proposons de résoudre en physiologie sont, en général, très-complexes, et leur solution exige les connaissances les plus variées. Cela tient, sans doute, à ce que la plupart des principes qui régissent le monde extérieur exercent également leur influence sur ce mystérieux microcosme qui s'appelle l'homme, et à ce que nous ne pouvons arriver à la connaissance intime de ce dernier qu'à la condition expresse de connaître ce qui n'est pas lui.

L'alchimiste de la médecine, Paracelse, voulait qu'à chacun de nos organes correspondît un des astres suspendus dans l'immensité. Cette pensée n'est rien moins qu'absurde ; mais, en la considérant à un point de vue plus scientifique, nous sommes obligé de reconnaîre que toutes les lois qui régissent la matière se trouvent résumées pour ainsi dire dans notre organisme et qu'elles s'y manifestent sous la dépendance d'une force qui leur est supérieure, sous la dépendance de la vie. Par conséquent, la notion complète d'un phénomène physiologique quelconque suppose et exige la connaissance préalable des lois de la matière qui concourent comme but ou comme moyen à l'accomplissement de ce phénomène. C'est ainsi que la science de l'homme se trouve en quelque sorte subordonnée aux autres sciences, dont elle est cependant l'expression sublime.

Ces appréciations trouvent une juste application dans l'étude historique des différentes théories de la voix.

Nous allons voir, en effet, que la connaissance du mécanisme vocal a été subordonnée tout aussi bien aux progrès de la physique qu'aux progrès de l'anatomie et de la physiologie.

Dans une première période représentée par Hippocrate et Aristote, la cause qui préside à la formation de la voix fut connue d'une matière très-imparfaite. Loin d'accuser ici l'insuffisance des notions purement physiques, nous constatons, au contraire, qu'elles étaient plus avancées à cette époque que ne l'était l'anatomie. L'on supposait, en effet, que la voix se forme dans la région laryngienne, mais on ne connaissait pas l'organe qui la produit.

Dans une seconde période représentée par Galien et Fabrice d'Aquapendente, l'anatomie avait effectué de grands progrès ; l'organe vocal était connu dans toutes ses parties, et, pour la première fois, la glotte apparaît dans la science avec le rôle important qui lui est dévolu. Galien et Fabrice savaient qu'elle préside à la formation des sons de la voix ; mais, quand il s'agissait d'expliquer par quel mécanisme, ils se trouvaient arrêtés, faute de connaissances suffisantes sur la production du son en général. L'acoustique n'existait encore qu'à l'état embryonnaire.

Dans la troisième période qui commence à Mersenne, Claude Perrault, Dodart, la physique et l'anatomie semblent avoir réalisé tous les progrès désirables : physiciens, naturalistes, chanteurs, médecins apportent le concours de leurs connaissances spéciales à la solution du problème de la voix. Peut-être les physiciens ne furent pas assez anatomistes, et ces derniers, pas assez physiciens ; mais il faut reconnaître que les uns et les autres augmentèrent le nombre des notions déjà acquises et qu'ils parvinrent à circonscrire le problème dans de fort étroites limites.

La production du son dans les instruments étant mieux connue et le fonctionnement des diverses parties du larynx mieux apprécié, l'on put établir d'une manière formelle que l'organe vocal fonctionne à la manière des instruments à anche, ou bien d'après le mécanisme des tuyaux à bouche de l'orgue. Les vibrations sonores étaient effectuées par les rubans vocaux dans le premier cas, et par l'air qui traverse la glotte, dans le second. Ces deux hypothèses eurent chacune leurs défenseurs, et il s'ensuivit une lutte scientifique qui ne devait se terminer qu'avec la découverte du laryngoscope.

Parmi ceux qui attribuaient les sons de la voix aux vibrations aériennes, nous trouvons Fabrice d'Aquapendente, Claude Perrault, Dodart, Savart, M. Longet. Ceux qui considéraient l'organe vocal comme un instrument mixte dans lequel les vibrations sonores sont exécutées par les rubans vocaux sont Galien, Ferrein, Dutrochet, Geoffroy Saint-Hilaire, Magendie, Malgaigne, Müller.

Les recherches de ces savants, partisans de l'une ou de l'autre théorie, ont aplani les difficultés du problème que nous étudions ; chacun d'eux a fourni sa pierre à l'édifice, et nous pensons ne leur rendre qu'un juste hommage en disant que leurs travaux avaient amené le problème de la théorie de la voix à ce point où une faible étincelle suffit pour allumer le flambeau de la vérité. Cette étincelle nous a été fournie par le laryngoscope. Du moment où nous avons pu voir avec cet appareil la vibration des rubans vocaux et la disposition de la glotte durant la phonation, toute divergence devait cesser. La théorie qui assimile l'organe vocal aux instruments à anche était la seule vraie.

Cette découverte, très-précieuse sans doute, n'entraînait pas nécessairement avec elle la solution définitive du problème. Nous avons cité tout à l'heure les noms des savants très-autorisés qui avaient soutenu la théorie des anches. Mais la manière dont ils expliquaient le mécanisme vocal rendait leur théorie suspecte et inacceptable.

Pour trancher définitivement le différend, de nouvelles recherches sur le mécanisme de l'anche vocale étaient indispensables, et c'est dans cette persuasion que nous nous sommes mis à l'œuvre.

Nos investigations se sont étendues, comme on l'a vu jusqu'ici, aussi bien sur la partie physique que sur la partie anatomique ; le maniement du laryngoscope nous est assez familier ; nous avons cherché, en un mot, à réunir toutes les conditions favorables à la production d'un travail consciencieux et utile.

LIVRE IV.

PHYSIOLOGIE DE LA VOIX.

INTRODUCTION.

Depuis quelques années à peine, la physiologie s'est enrichie d'un précieux moyen d'investigation qui a fourni à notre critique ses principaux arguments. Le laryngoscope, en effet, nous a permis de vérifier le degré d'exactitude des diverses théories que nous avons examinées ; il en a été en quelque sorte la pierre de touche. Mais là ne s'est pas bornée l'utilité que nous en avons retirée. En voyant les dispositions variées qu'affecte l'organe vocal pendant la phonation, nous avons pu donner quelques idées nouvelles sur le fonctionnement de cet organe et découvrir aussi certaines particularités qui avaient échappé à nos devanciers.

Comme nous aurons à parler souvent de l'examen laryngoscopique dans l'exposition qui va suivre, nous croyons devoir donner ici une description succincte de l'appareil que nous employons dans cet examen. Nous pensons, d'ailleurs, que nos confrères nous sauront gré de leur parler encore une fois d'un moyen d'investigation si utile dans le diagnostic des affections laryngées.

§ 1. — Du laryngoscope.

Origine et définition. — Le laryngoscope est un petit appareil composé de deux miroirs distincts : l'un de ces miroirs, faisant office de réflecteur, dirige sur l'autre, placé au fond de la gorge, un pinceau de rayons lumineux suffisant pour que ce dernier éclaire à son tour le larynx et envoie l'image de la glotte à l'œil de l'observateur.

Comme la plupart des inventions, celle de cet instrument n'a pas été réalisée tout d'un coup. La nécessité d'atteindre avec la vue un organe qui parfois est le siége de lésions assez graves pour entraîner la mort, avait dû inspirer de bonne heure l'idée d'employer des miroirs comme moyen d'investigation. Parmi ces tentatives encore très-imparfaites, nous devons mentionner celle de Gerdy, celle de MM. Trousseau et Belloc, avec l'appareil de Selligues, en 1837, celle de Liston en 1840, et bien d'autres qu'il est inutile de mentionner. La première ébauche du laryngoscope, tel que nous l'employons aujourd'hui, est due à Cagniard de Latour, qui se servit de cet instrument en 1825. Voici ce que nous lisons à ce sujet dans le journal l'*Institut,* n° 225 : « M. Cagniard de Latour s'est ensuite introduit dans le fond de l'arrière-gorge un petit miroir, espérant qu'à l'aide des rayons solaires et d'un second miroir, il pourrait apercevoir l'épiglotte et même la glotte ; mais, par l'emploi de ces moyens, il n'a pu découvrir que l'épiglotte et d'une manière imparfaite. Il a essayé aussi de toucher l'épiglotte avec une sonde métallique, et il a reconnu qu'une pression, même assez forte, exercée dans la gouttière formée par ce fibro-cartilage, n'empêchait pas la production de la voix, mais que ce procédé avait l'inconvénient d'occasionner quelquefois de très-violents accès de toux. »

En mettant un peu plus de persévérance dans ses essais, Cagniard de Latour serait certainement arrivé à nous dévoiler les mystères de l'appareil vocal ; car, bien que perfectionnés, les instruments dont nous nous servons aujourd'hui sont tout à fait semblables à ceux dont se servit le grand physicien. Il appartenait à un artiste éminent, à un professeur de chant, de montrer le premier les avantages nombreux que la médecine et la physiologie pouvaient retirer de ce précieux moyen d'investigation.

En 1855, M. Manuel Garcia, poursuivant ses recherches sur la théorie de la voix humaine et ignorant sans doute les tentatives qui avaient été faites avant lui, employa *exactement* le même procédé dont s'était servi Cagniard de Latour, mais il fut plus persévérant et plus heureux que ce dernier.

M. Garcia a publié le résultat de ses recherches avec le laryngoscope dans un mémoire qui a été lu devant la Société royale de Londres. C'est dans ce travail que, pour la première fois, on trouve décrit avec exactitude le fonctionnement de l'organe de la voix. En comparant ces pages intéressantes aux quelques lignes obscures du livre de Liston, l'on ne voit pas sans étonnement qu'on ait essayé d'enlever à Cagniard de Latour et à Manuel Garcia le mérite d'une découverte qui leur appartient si bien.

Deux ans après (1857), M. le docteur Turck, médecin en chef de l'hôpital général de Vienne, ayant eu connaissance de l'invention nouvelle, se livra, dans son service, à des recherches laryngoscopiques au point de vue du diagnostic.

Dans le courant de la même année, mais un peu plus tard, M. Czermak, professeur de physiologie à l'université de Pesth, s'empara à son tour du laryngoscope, et en fit une application intelligente à la physiologie. Ce savant professeur a introduit dans la partie instrumentale des perfectionnements très-utiles; mais nous devons surtout apprécier en lui le vulgarisateur de la méthode laryngoscopique en France.

Description. — Les deux miroirs dont se compose le laryngoscope remplissent un but différent, l'un est chargé de recueillir le plus possible de rayons lumineux; l'autre, placé au fond de la gorge, reçoit ces rayons et les renvoie à son tour dans le tube aérien. Il résulte de ces deux destinations différentes une conformation particulière à chacun de ces miroirs, que nous allons faire connaître :

1° *Miroir réflecteur*. — Si l'on pouvait faire en sorte que la lumière solaire pût atteindre directement le miroir placé au fond de la gorge, cet éclairage serait suffisant et l'on pourrait se passer de réflecteur; mais la lumière solaire a l'inconvénient grave d'être instable et d'échapper à la volonté de l'observateur. Le laryngoscope doit pouvoir être employé à toute heure du jour et de la nuit, et, comme les lumières dont on peut disposer habituellement seraient insuffisantes, l'on a dû avoir recours à la concentration des rayons lumineux au moyen d'un miroir concave, et c'est ce miroir que nous appelons miroir réflecteur (voir fig. 11).

Ce miroir est circulaire. Son diamètre mesure 8 à 10 centimètres, et la distance focale est de 20 à 30 centimètres.

Dans le but de laisser à l'opérateur la liberté de ses mains, on a cherché plusieurs moyens de fixer ce miroir sur la tête de l'opérateur lui-même; l'on y est parvenu, soit en plaçant le manche qui le supporte entre les dents, soit à l'aide du bandeau frontal de Kramer, soit enfin par une disposition analogue à celle des lunettes.

Dans ces derniers temps, nous avons adopté, comme étant la plus commode, la disposition suivante si habilement réalisée par M. Charrière. Le miroir est fixé à l'extrémité d'une tige en acier au moyen d'un pivot à genouillère. Au-dessus de

ce pivot se trouve une petite gouttière rembourrée, que l'on applique sur la racine du nez. Le miroir se trouve ainsi placé
immédiatement au-dessus du plan oculaire, et il est maintenu
dans cette position par la tige d'acier, qui, parcourant sur la
ligne médiane la circonférence du crâne, va se fixer en se divi-

FIG. 11.

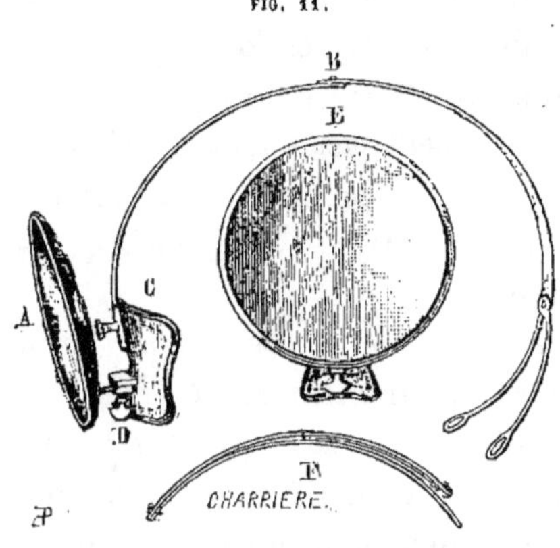

Miroir réflecteur.

A. Miroir concave.   B. Ressort en acier.
D. Pivot à genouillère.   E. Miroir vu de face.
C. Gouttière nasale.   F. Ressort plié.

sant en deux branches sur la partie postérieure de la tête.
M. Charrière a eu l'heureuse idée d'établir sur cette tige courbe
trois articulations qui permettent de la réduire à un très-petit
volume, quand, après s'être servi du miroir, on veut le mettre
dans une boîte ou dans sa poche.

Ce mode d'éclairage, avec le miroir placé sur le front, est
celui que nous employons depuis plusieurs années, et nous
avons beaucoup de raisons pour le conserver.

M. Turck fixe le réflecteur sur un pied à pivot mobile, dans
le but de rendre le miroir indépendant des mouvements du
médecin. Nous ne comprenons pas bien les motifs qui ont inspiré l'honorable médecin de Vienne. Nous considérons, au

contraire, comme un grand avantage de pouvoir modifier à volonté la direction de l'éclairage.

Quand on pratique une opération sur le larynx, il n'est pas toujours facile d'obtenir de la part du malade une immobilité complète. Le plus léger mouvement de la tête éloigne la bouche de la direction des rayons lumineux, et l'opération se trouve nécessairement interrompue, si l'on se sert d'un réflecteur immobile. Au contraire, si le réflecteur est fixé sur la tête de l'opérateur, celui-ci peut facilement imprimer aux rayons lumineux une direction appropriée, et éclairer d'une manière incessante le fond de l'arrière-gorge, quels que soient les mouvements du malade.

L'éclairage avec les loupes, les verres lenticulaires, nous paraît devoir être entièrement rejeté, pour plusieurs motifs. D'abord, on ne peut s'en servir qu'après avoir fixé la lentille sur un support quelconque; cette disposition présente non-seulement l'inconvénient de l'immobilité que nous signalions tout à l'heure, mais encore elle complique la partie instrumentale d'une façon gênante. En second lieu, la nécessité d'interposer une loupe entre le malade et le médecin est un inconvénient dont tout le monde peut apprécier la gravité.

2° *Miroir guttural.* — Le second miroir, que nous appelons *miroir guttural,* est la partie essentielle du laryngoscope; c'est un petit miroir plan fixé à l'extrémité d'une tige métallique. Successivement rond, elliptique, carré, le miroir guttural a conservé, comme étant la meilleure, la forme quadrangulaire que Czermak lui a donnée.

Dès le principe, on se servait de miroirs métalliques d'un entretien très-difficile, et qui avaient, en outre, le désavantage de ne pas donner une image naturelle. Ceux que l'on emploie aujourd'hui sont en verre étamé et entourés d'un cadre en argent.

Le sexe, l'âge, l'état pathologique introduisent dans la conformation de l'arrière-gorge des différences assez sensibles pour nécessiter dans les miroirs des dimensions différentes. Nous avons employé jusqu'à présent les trois dimensions suivantes : un centimètre carré, deux centimètres carrés, trois centimètres carrés. Ces trois miroirs suffisent et au delà pour parer à toutes les difficultés (voir fig. 12).

Ce miroir est soudé par un de ses angles à une tige métallique longue de 10 à 12 centimètres.

La disposition anatomique de la région pharyngo-laryngienne nous indique que la cavité du larynx ne peut être éclairée par le miroir guttural que de haut en bas et d'arrière en avant; par conséquent, dans l'examen laryngoscopique, le plan du miroir devra couper obliquement le plan de la paroi pharyngienne, et quelquefois lui être parallèle.

Pour donner cette position inclinée au miroir, on est obligé de relever la tige qui le supporte aussi haut que l'ouverture buccale de celui qu'on examine le permet; mais il est rare que l'on puisse obtenir par ce moyen une inclinaison suffisante. Pour rendre l'inclinaison du miroir indépendante des dimensions de l'ouverture buccale du malade, on a imaginé de réunir la tige et le miroir sous un angle donné.

C'est cet angle que l'on nomme angle d'ouverture ou d'inclinaison, et que le praticien doit savoir modifier selon la disposition variable que présente l'arrière-gorge des individus.

A. Miroir quadrangulaire.
B. Manche creux.
C. Vis de pression pour maintenir la tige.

§ II. — **Examen laryngoscopique.**

Le maniement du laryngoscope n'est pas ordinairement difficile, et il est certainement des moyens de diagnostic dont l'application est beaucoup plus compliquée.

En quoi consiste, en effet, l'examen laryngoscopique? Il consiste à diriger, au moyen d'un miroir réflecteur, des rayons lumineux sur un petit miroir placé au fond de la gorge, et à donner à ce dernier une position telle, qu'il puisse renvoyer à l'œil l'image des parties qu'il éclaire à son tour.

Pour atteindre facilement ce but, il est nécessaire de réunir les trois conditions suivantes :

1° La connaissance topographique de la région pharyngo-laryngienne ;

2° Les notions des lois générales de la catoptrique ;

3° L'intelligente docilité du malade; celui-ci doit ouvrir suffisamment la bouche et disposer sa langue de façon que l'introduction du miroir au fond de la gorge ne présente aucune difficulté.

L'examen de son propre larynx ou, autrement dit, *l'autolaryngoscopie,* est un exercice qui favorise singulièrement l'application du laryngoscope sur autrui.

Nous décrirons le procédé exclusivement simple que nous employons.

1° *Autolaryngoscopie.* — L'expérimentateur est assis devant une table; une lampe ordinaire est placée sur cette table, de telle manière que la flamme se trouve à la hauteur de la bouche et un peu à gauche de la tête, à une distance de vingt à trente centimètres. Un réflecteur quelconque entoure le foyer de la lampe de manière à garantir les yeux et à concentrer les rayons lumineux sur le miroir réflecteur, placé à 30 ou 40 centimètres en arrière de la lampe. Ce miroir doit être convenablement disposé sur un objet, pour qu'il puisse envoyer un pinceau de rayon lumineux dans la bouche de l'expérimentateur

Fig. 13.

1. Réflecteur au papier blanc.
2. Miroir réflecteur.
3. Miroir guttural.
4. Miroir de toilette.

(voir fig. 13). La langue doit être bien aplatie, bien dissimulée sur le plancher de la bouche pour mettre la paroi pharyngienne à découvert.

Alors, saisissant avec la main droite le miroir guttural, on le chauffe légèrement en le présentant à l'orifice du verre de la lampe, et on l'introduit au fond de la gorge en soulevant la luette. Un miroir de toilette, que l'on tient avec la main gauche devant la bouche, dirige l'introduction du miroir guttural et renseigne l'expérimentateur sur la position et le degré d'inclinaison qu'il doit donner à ce dernier.

Après quelques tâtonnements, le plus inexpérimenté arrive à trouver cette position, et l'image du larynx, d'abord réfléchie sur le miroir guttural, vient se reproduire sur le miroir de toilette. Nous pourrions entrer ici dans' des détails plus circonstanciés; mais il est certaines choses qu'on ne doit pas dire à des hommes intelligents, instruits dans tous les cas. Il nous paraît superflu de dire, comme nous l'avons lu quelque part, que « c'est entre l'épiglotte et les cartilages arythénoïdes qu'il faudra chercher *toujours* les cordes vocales. » Ces naïvetés peuvent s'adresser tout au plus à ceux qui ont besoin qu'on leur dise que le globe oculaire se trouve entre les deux paupières; mais ceux-là ne sont point parmi nos lecteurs.

Règle générale : pour donner une position intelligente au miroir, il faut avoir toujours présente à l'esprit la topographie pharyngo-laryngienne. Il ne faut pas surtout perdre de vue que l'épiglotte s'incline en arrière sur l'orifice du larynx, sous un angle excessivement variable. Pour percevoir l'image des parties supéro-antérieures de cet organe, le miroir guttural doit être placé très-profondément et bas, son plan étant à peu près parallèle à celui de la paroi pharyngienne. Ici le médecin doit savoir faire varier l'angle d'ouverture formé par la réunion de la tige avec le miroir. Si, au contraire, on cherche à produire l'image des parties postéro-inférieures, le miroir doit être tenu haut, en soulevant la luette et le voile du palais, son plan étant à peu près perpendiculaire à celui du pharynx.

En dirigeant le miroir guttural entre ces deux positions extrêmes, il sera facile de percevoir successivement toutes les parties de la cavité laryngienne.

2° *Examen fait sur autrui.* — Lorsqu'on est parvenu à explorer sur soi-même l'organe de la voix, rien ne serait plus facile que d'opérer sur autrui, si l'on trouvait sur le malade le même sang-froid, la même intelligence dans la disposition des parties bucco-pharyngiennes.

Ce n'est pas que l'application du miroir guttural soit bien pénible ; non, certes, car le passage des aliments et de certaines boissons a habitué depuis longtemps l'isthme du gosier au contact des corps étrangers. Mais le malade appréhende ; il redoute malgré lui, une douleur imaginaire, et, sans s'en rendre bien compte, il dispose les différentes parties de la bouche et de l'arrière-gorge de façon à résister à toute agression extérieure. Ce n'est plus l'homme raisonnable qui agit ici ; c'est l'instinct dominé par l'amour de la conservation ou la crainte de la douleur. A ce point de vue, les malades diffèrent beaucoup entre eux. Ce n'est donc pas la raison, bonne conseillère en toute autre occasion, qu'il faut employer ici pour persuader les malades de l'innocuité de l'opération ; ce serait perdre son temps. Il vaut mieux leur montrer sur soi-même en quoi consiste l'application si simple et si facile du laryngoscope, les engager à introduire eux-mêmes le miroir guttural au fond de leur gorge.

Ces exercices auront pour résultat d'amener le calme dans leur esprit et de faire disparaître les mouvements spasmodiques des muscles de la langue et du pharynx.

Il est rare, cependant, de trouver des malades aussi impressionnables, et, jusqu'à présent, nous n'avons jamais rencontré d'obstacle assez sérieux pour être obligé de renoncer à l'exploration du larynx, même chez les enfants.

Généralement le malade supporte avec docilité l'application du miroir guttural. Voici, d'ailleurs, les précautions que nous avons l'habitude de prendre et le procédé que nous employons :

Le malade est le plus souvent assis.

Fig. 14.

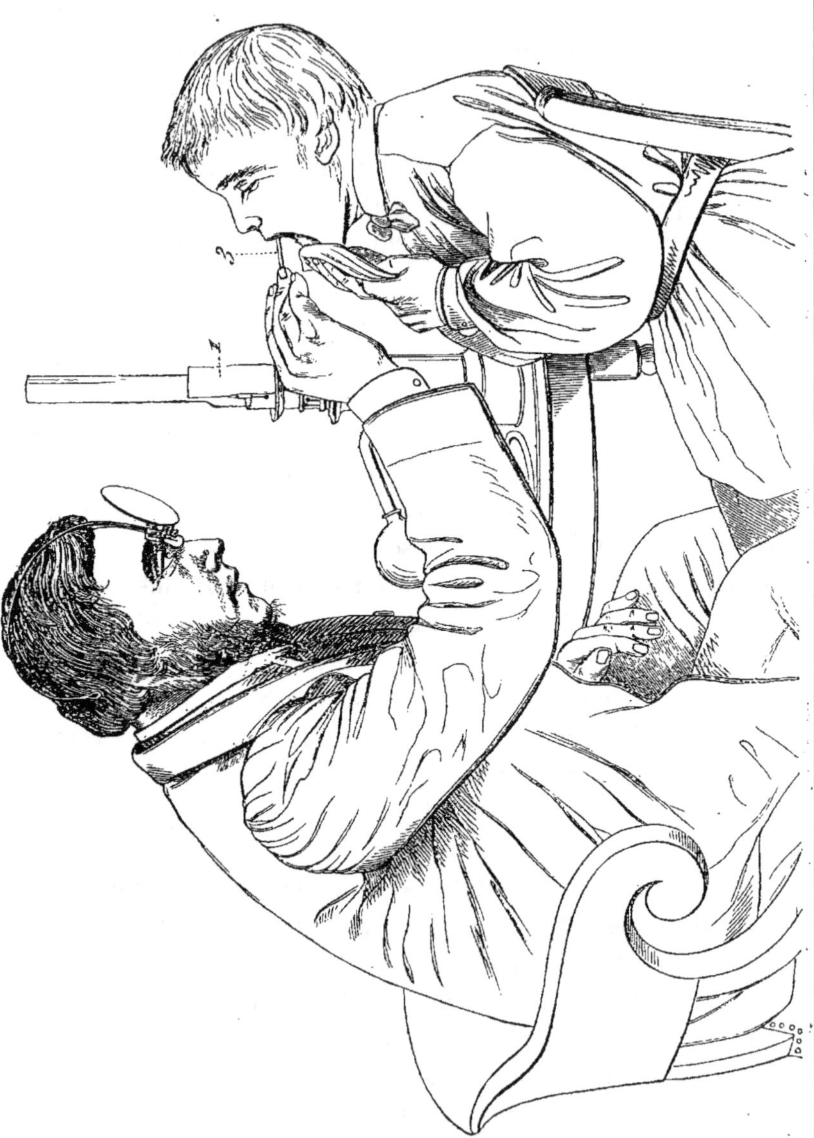

1. Réflecteur en papier blanc.　　2. Miroir réflecteur.　　3. Miroir guttural.

Les rayons lumineux devant être dirigés dans le fond de la bouche, de haut en bas et d'arrière en avant, il s'ensuit que le médecin doit se placer en face du malade, sur un siége plus élevé, à moins toutefois que sa taille ne dépasse de beaucoup celle de son client. Une lampe quelconque, munie d'un réflecteur en papier ou en métal, est posée sur une table, à la droite, à la gauche ou en arrière du malade, peu importe l'endroit, pourvu que la bouche de ce dernier soit dans la pénombre, et que les rayons lumineux puissent atteindre le miroir réflecteur que le médecin a fixé sur son front (voir fig. 14).

Les choses étant ainsi disposées, on fait ouvrir la bouche au patient, et, pour tâter sa sensibilité, on pratique une fausse introduction du miroir. Si la langue reste aplatie au fond de la bouche, on peut continuer l'opération ; mais, le plus souvent, elle lutte contre le miroir : on dirait qu'elle le voit approcher. Pour faire disparaître cet obstacle, il suffit que le malade tienne la langue fixée hors la bouche avec ses doigts, protégés contre le glissement au moyen d'un mouchoir. M. Turck (de Vienne) a imaginé un pince-langue, espèce de tenaille grossière, peu commode et propre tout au plus à effrayer les malades. Ces moyens violents nous répugnent en France, et nous préférons toujours arriver avec un peu plus d'habileté et de patience au résultat que nous désirons.

Il peut arriver encore que la langue fasse ce que l'on appelle gros dos, et qu'elle bouche entièrement l'isthme du gosier ; pour faire cesser cette disposition gênante, il est nécessaire que le malade pratique des inspirations profondes, et qu'il respire exclusivement par la bouche. L'on sait, en effet, que si l'on respire par le nez, la base de la langue et le voile du palais se juxtaposent d'une manière intime.

La respiration régulière, profonde, doit se faire selon un rhythme convenu, qui fixera suffisamment l'attention du malade, pour que la langue cesse de faire des mouvements importuns. C'est ainsi que souvent, en concentrant la pensée sur un acte physiologique, on fait cesser un acte pathologique. Après avoir pris ces précautions, on saisit avec la main droite le miroir guttural par son manche, comme une plume à écrire ; on le chauffe à une source de chaleur quelconque, afin que l'haleine ne ternisse pas sa surface réfléchissante, et on l'introduit sans hésiter au fond de la bouche, en relevant légèrement la luette. Ce mouvement doit être sûr, rapide et mesuré cependant ; il faut éviter surtout de toucher la base de la langue. Quant à la luette, elle ne détermine de mouvements réflexes que lorsqu'on la chatouille ; il ne faut donc pas craindre de l'aborder franchement et faire en sorte de donner, de prime abord, une position convenable au miroir. Cette position du miroir est variable, selon la partie que l'on veut explorer. A propos de l'examen sur soi-même, nous avons donné les règles à suivre ; elles sont absolument les mêmes pour examiner le larynx sur autrui.

Malgré l'introduction facile du miroir guttural au fond de la bouche, malgré la docilité du malade, malgré l'exécution minutieuse des préceptes énumérés plus haut, il arrive parfois que l'on voit tout au plus l'épiglotte et les cartilages arythénoïdes, sans pouvoir distinguer les cordes vocales. Cela tient à une disposition particulière de l'os hyoïde, qui, sollicité en arrière par les muscles digastriques et stylo-hyoïdiens, entraîne avec lui l'épiglotte et l'applique sur l'orifice laryngien. D'autres fois, l'inclinaison exagérée de l'épiglotte nous a paru être complétement indépendante des mouvements et de la position des parties circonvoisines. Quoi qu'il en soit, il existe un moyen bien simple de vaincre cette difficulté ; ce moyen consiste à faire rire le malade, ou bien, s'il n'est pas d'humeur facile, à le faire tousser. Le mouvement de propulsion en haut que provoquent ces actes permettra toujours à un œil exercé d'explorer minutieusement l'organe de la voix.

Chez les vieillards l'exploration du larynx est plus facile que chez les adultes; plus d'une fois nous avons constaté ce fait à l'Hôtel impérial des Invalides.

Chez les enfants de sept à quinze ans, elle présente un peu plus de difficultés; cependant, il nous est arrivé plus d'une fois, à Saint-Nicolas, d'examiner, dans l'espace de quelques minutes, une douzaine d'enfants.

Chez les enfants d'un à sept ans, l'exploration est plus difficile, et ne se pratique pas d'après les mêmes règles. Pour les obliger à respirer par la bouche, il faut leur pincer le nez : un aide tient la cavité buccale ouverte au moyen d'un bouchon, et on introduit lestement le miroir au fond de la gorge. Les cris de l'enfant favorisent l'exploration, et, en un clin d'œil, le médecin peut porter un diagnostic précis.

Image laryngoscopique. — L'image des parties sur le miroir guttural se forme d'après les règles de la réflexion sur les surfaces planes; l'image est de même grandeur que l'objet, et géométriquement symétrique de ce dernier. En d'autres termes, l'image du larynx se reproduit sur le miroir guttural, de la même manière que la figure d'une personne se reproduit dans une glace. Il est donc très-facile d'analyser l'image laryngoscopique, si l'on connaît bien la topographie des parties que l'on examine.

Sources de lumière. — Si la lumière solaire était toujours à notre disposition, ce serait incontestablement la meilleure et la plus propre à donner une idée exacte des parties que l'on veut examiner.

La lumière électrique donnerait, elle aussi, des résultats non moins précieux, mais elle a l'inconvénient grave d'être difficile à obtenir. C'est avec cette lumière, et avec le concours bienveillant de M. Desains, professeur de physique à la Sorbonne, que nous avons essayé de reproduire l'image photographique du larynx. Nous ne doutons pas, d'après les résultats que nous avons obtenus avec M. Beauvouse, préparateur de M. Desains, que l'on ne puisse arriver à obtenir par ce moyen l'image parfaite de la région glottique.

L'industrie vient de mettre à notre disposition une lumière nouvelle, non moins intense que la lumière électrique : c'est la lumière au magnésium, dont nous nous sommes servi dernièrement à la clinique de M. Maisonneuve, pour montrer un polype situé sur une des cordes vocales.

La lampe de Drummond, la lampe à oxygène de M. Emile Rousseau et bien d'autres encore, donnent une lumière d'une grande intensité. L'éclairage de la cavité laryngienne est parfait avec elles ; mais, au point de vue pratique, ce luxe de rayons lumineux n'est pas précisément nécessaire. Notre longue pratique du laryngoscope nous permet d'affirmer que la lumière d'une lampe Carcel donne, avec le miroir réflecteur, un pinceau de lumière très-suffisant pour éclairer le larynx [1].

---

[1] Pour plus de détails, on peut consulter notre *Étude pratique sur le laryngoscope*. Adrien Delahaye, éditeur ; 1863.

CHAPITRE I.

Définition de la voix. — Il n'est peut-être pas de sujet sur lequel on ait donné un plus grand nombre de définitions que sur celui-ci. Cette surabondance n'est pas un luxe inutile inspiré par le désir d'exprimer par des mots différents ce que d'autres ont déjà dit. Non, certes, chacun a voulu condenser dans une définition personnelle ses idées particulières sur le mécanisme vocal, et naturellement : *tot sensus, tot definitiones.* Nous donnerons les principales.

Platon la définissait ainsi : « La voix est un choc dans l'air, arrivant à l'âme par les oreilles[1]. » Cette définition résume l'idée que les anciens se faisaient de la voix depuis Hippocrate et Aristote jusqu'à Dodart. A partir de ce dernier, les progrès de l'acoustique et de l'anatomie permirent d'introduire dans cette définition des éléments plus précis et plus nombreux, quelquefois trop nombreux.

M. Piorry : « La voix, *vox* des Latins, φωνη des Grecs, consiste dans un son particulier produit ordinairement par le passage de l'air expiré dans les voies respiratoires[2]. »

---

[1] Timée, *De anima mundi*, p. 47, 67, 101.
[2] *Loc. cit.*

M. Malgaigne : « La voix est un son particulier produit ordinairement par le passage de l'air expiré dans les voies aériennes[1]. »

Richerand et Bérard : « La voix est un son appréciable résultant des vibrations que l'air, chassé des poumons, éprouve en traversant la glotte[2]. »

Magendie : « On entend par voix le son qui est produit dans le larynx au moment où l'air traverse cet organe, soit pour entrer dans la trachée-artère, soit pour en sortir[4]. »

Adelon : « Voix, son qui est produit dans le larynx au moment où l'air expiré traverse cet organe et lorsque les muscles intrinsèques de la glotte sont dans un état de contraction[4]. »

Nysten : « Voix, son appréciable que l'air, chassé par les poumons, produit en traversant la glotte ; somme de tous les sons qu'un homme ou un animal peut tirer de son larynx en parlant, chantant ou criant[5]. »

Gerdy : « La voix consiste dans la production d'un son dans le larynx[6]. »

M. Longet : « La voix est un son que l'homme et certains animaux font entendre en chassant l'air de leurs poumons à travers la glotte[7]. »

Toutes ces définitions se ressemblent beaucoup et elles donnent une idée assez exacte du phénomène auquel elles sont appliquées. Cependant, si l'on en excepte celle de Richerand, elles nous paraissent incomplètes, en ce sens qu'elles ne préci-

---

[1] Mémoire sur la voix, *Archives générales de médecine*, 1831.
[2] *Nouveaux éléments de physiologie*, t. II. 1833.
[3] *Éléments de physiologie*, t. II. 1836.
[4] *Dictionnaire de médecine*, t. XXX.
[5] *Dictionnaire de médecine.*
[6] *Physiologie médicale.*
[7] *Traité de physiologie*, t. I, p. 95.

sent pas suffisamment la nature du corps sonore qui effectue les vibrations.

La voix est-elle produite par un instrument analogue aux instruments à vent, à cordes ou à anche ? Il nous semble que la réponse à cette question doit se trouver, avant toute autre, dans une bonne définition de la voix.

Nous observerons encore qu'il ne suffit pas de dire que la voix est un son. Le son de la voix est évidemment produit, comme tous les autres, par un certain nombre de vibrations ; mais les procédés dont se sert l'industrie, pour provoquer ou modifier le nombre de ces vibrations, ne ressemblent nullement à ceux qu'emploie la nature. C'est par ces procédés que la voix se distingue essentiellement de tous les autres sons. Par conséquent, l'on ne doit point négliger cette distinction pour mieux caractériser le son de la voix.

Cela posé, nous dirons : La voix est un son produit par une anche particulière constituée par des parois modifiables, sous l'influence de l'action musculaire et dont la partie vibrante est fournie par le repli muqueux qui limite les bords de la glotte. Les vibrations sont provoquées par le passage de l'air à travers la glotte.

La plupart des éléments qui entrent dans cette définition renferment des assertions toutes nouvelles dont il aurait fallu peut-être démontrer préalablement l'exactitude ; mais nous avons voulu nous conformer à l'usage. Tout ce que l'on va lire ne sera donc que le développement et la justification de notre définition.

Il n'est plus permis aujourd'hui de se demander quelle est la partie du larynx qui produit le son de la voix. Si les expériences de Magendie, de M. Longet sur les animaux ne nous avaient pas surabondamment prouvé que ce phénomène est engendré dans la région glottique, nous pourrions invoquer l'examen laryngoscopique. La voix est produite dans la région glottique ; mais pour avoir circonscrit le problème dans un plus petit espace, on ne l'a pas mieux résolu, et nous avons vu que les uns, avec Savart, M. Longet, prétendent que l'air, en traversant.la glotte, est la matière sonore ; que les autres, avec Magendie, Malgaigne, Müller, veulent que le son soit produit par les vibrations des rubans vocaux, considérant l'air qui passe à travers la glotte comme un moyen de provoquer ces vibrations. Nous n'avons trouvé la vérité ni chez les uns ni chez les autres, et nous en avons donné les motifs. A notre tour, nous allons exposer une théorie nouvelle, et nous le ferons, nos critiques nous y obligent, avec tout le soin que mérite un pareil sujet.

Et d'abord, dans quelle classe d'instruments peut-on ranger l'organe vocal ?

L'on a souvent dit que la recherche d'un terme de comparaison entre l'organe vocal et les instruments employés dans la musique était inutile. « C'est depuis longtemps une chose passée en habitude chez les physiologistes, dit Gerdy, de ne point parler de la voix sans assimiler l'organe qui la produit à quelques-uns de nos instruments de musique. Pour moi, s'il m'est permis d'opposer mon opinion à celle de tant d'hommes illustres, je crois qu'il serait juste de montrer que l'instrument de l'homme n'a point de pareil encore dans les instruments des arts. » (*Physiologie médicale*, p. 514.)

Ce jugement, tant soit peu paradoxal, n'est sans doute que l'expression trop sévère du mécontentement qu'avaient suscité les difficultés du problème qui nous occupe. La voix suppose nécessairement l'existence d'un certain nombre de vibrations et celle d'un corps qui les produit. Si la vie emploie des agents particuliers pour provoquer ces vibrations, en augmenter le nombre ou le diminuer, elles n'en sont pas moins soumises aux mêmes lois qui régissent les vibrations dans les instruments de musique. La comparaison du larynx avec les autres instruments est d'ailleurs si naturelle, qu'elle s'est toujours présentée à l'esprit des savants, dès qu'ils ont voulu expliquer le mécanisme de la phonation. A ce sujet, que l'on nous permette de rappeler en peu de mots la discussion piquante qui s'éleva, dans le courant du seizième siècle, entre Zarlin et Vincent Galilée ; cette discussion nous a été transmise par Mersenne dans son *Traité d'harmonie universelle.*

Zarlin prétendait que les instruments de musique ont été faits sur le modèle des instruments naturels, par lesquels ils doivent être corrigés. Galilée nia cette proposition, parce que chaque instrument est fait pour la fin que se propose l'artisan en l'inventant. « Par exemple, dit-il, la scie est faite pour scier et la flûte pour sonner, et non pour imiter la nature ; car, encore qu'elle puisse faire plusieurs choses qui ne sont pas dans la puissance de l'art, il peut semblablement plusieurs choses qui soient dans la puissance de la nature, laquelle cuit les humeurs et forme les os dans le corps humain dont elle ne peut remettre les os disloqués, comme fait le chirurgien, quoiqu'il ait appris ces défauts de la nature, qui lui enseigne à les remettre, parce qu'elle lui en montre la situation naturelle et les usages après qu'ils sont réunis : de sorte que la nature montre la fin de la conception de l'art ; mais elle n'enseigne pas la manière de corriger, car elle n'apprend pas qu'il faut tirer les membres pour remettre les os, ni tenter les autres opérations de la chirurgie.

Zarlin prétendait que les paysans font naturellement les vrais intervalles de la musique en chantant, et Galilée maintenait qu'il y a autant de différence entre les vrais intervalles et ceux de la voix des ignorants qu'entre les animaux que la nature forme dans les marbres, dans les nœuds du frêne et des oliviers et ceux que dessine la savante main d'un excellent peintre.

Galilée voulait que l'homme apprît en chantant les vrais intervalles de la musique, d'après ce qui se passe dans les instruments.

A notre avis, Zarlin et Galilée avaient un peu raison tous les deux. Il est des voix qui chantent naturellement juste, sans jamais avoir appris les règles de la musique et sans même avoir entendu le son d'aucun instrument. Mais il faut dire aussi que, pour des natures moins bien organisées que ces dernières, le secours de la musique et des instruments devient indispensable.

Quant à ce qui concerne l'invention des instruments, il est évident qu'on n'a jamais pu copier la nature, puisque les vrais organes de la voix ont été longtemps ignorés par les savants, et que leur fonctionnement n'a été bien précisé que de nos jours. En général, la nature emploie une grande simplicité dans ses œuvres, mais cette simplicité sublime est rarement comprise et devinée de prime abord. Le plus souvent elle est la solution des problèmes compliqués et difficiles que l'esprit humain poursuit dans l'étude des sciences.

Cette vérité se montre surtout dans l'étude de la théorie de la voix. Avant de connaître le mécanisme si simple de la glotte, on n'a pas pu s'empêcher d'étudier les procédés très-compliqués au moyen desquels on obtient artificiellement les sons musicaux. C'est en comparant ces différents procédés avec ceux qu'emploie la nature que l'on doit, à notre avis, arriver à la connaissance de la véritable théorie de la voix.

Galien comparait l'organe vocal à une flûte; Fabrice et Cassérius, aux tuyaux à bouche de l'orgue; Dodart, à un châssis bruyant; Ferrein, à l'épinette; Magendie, Despiney, aux instruments de la classe des cors; Malgaigne, Müller, à des anches membraneuses de leur invention; Savart, à l'appeau des oiseleurs.

Ces comparaisons, nullement justifiées par les faits, n'ont

abouti qu'à soumettre le mécanisme vocal au mécanisme des instruments de musique, et à remplacer une théorie qui devait être essentiellement physiologique par une théorie purement physique. Là sans doute est le mal. Mais on aurait pu l'éviter si, prenant en considération les phénomènes purement physiologiques, l'on s'était borné à comparer entre elles les parties naturellement comparables.

La production d'un son suppose toujours deux conditions indispensables : 1° la vibration d'un corps quelconque ; 2° un agent capable de provoquer ces vibrations. Il résulte de là que nous devons trouver dans la formation de la voix un corps vibrant dont nous pourrons chercher l'analogue dans les instruments de musique, car la nature, toujours conséquente, ne peut violer en aucun cas les principes sur lesquels elle a établi tout un ordre de faits. Il est donc impossible que les vibrations sonores ne s'exécutent pas dans le larynx humain comme dans les autres corps ; et la question se réduit à celle-ci : Quelle est, dans le larynx humain, la nature du corps vibrant ? Peut-on classer le larynx parmi les instruments à corps vibrant solide, à corps vibrant liquide, à corps vibrant gazeux, ou parmi les instruments mixtes ? Jusque-là, l'analogie est possible, rationnelle, et il est juste de chercher à l'établir. Mais si on la pousse un peu plus loin, elle devient impossible. Dès que nous examinons les conditions particulières qui président à la formation du son dans l'organe vocal, nous sommes obligé d'avouer que la nature possède des ressources infinies qui la dispensent d'avoir recours à l'industrie humaine. En ce qui concerne l'organe de la voix, elle s'est montrée, comme toujours, supérieure à nos œuvres, et si parfois, dans nos instruments, nous sommes parvenus à l'imiter, ce n'a été que d'une manière indirecte et très-grossière.

En résumé, nous croyons à la possibilité d'établir un terme

de comparaison entre le larynx et les instruments usités en musique ; mais cette comparaison doit se borner à la recherche des motifs qui permettent de placer l'organe dans une des quatre classes d'instruments que nous avons établies.

L'examen le plus superficiel nous permet d'exclure immédiatement de notre comparaison les instruments à corps vibrant liquide. Le larynx, en effet, ne peut fonctionner qu'à la manière des instruments à vent ou, selon le mécanisme, des instruments mixtes (anches).

Avant de comparer le larynx aux instruments à vent, nous devons nous rappeler quels sont les procédés au moyen desquels on provoque les vibrations sonores de l'air.

Nous avons vu, dans le livre premier, que le procédé le plus simple consistait à condenser de l'air dans un tube et à le faire sortir sous l'influence d'une certaine pression à travers un orifice circulaire. C'est le procédé qu'avait employé Masson. Mais nous avons vu que, par ce moyen, l'on ne pouvait obtenir un son qu'avec des orifices très-bien calculés et avec une pression très-faible ; si le souffle est un peu fort, la force d'impulsion détruit les vibrations sonores. Si l'orifice de sortie est une fente, il est presque impossible d'obtenir un son. En examinant attentivement la conformation de la cavité laryngienne, nous ne trouvons dans cette cavité aucune des conditions qui permettent de supposer que le son de la voix soit produit par un mécanisme analogue à celui que nous venons de décrire. En effet, pendant l'émission du son, la glotte forme une fente rectiligne très-étroite, et de plus, les sons de la voix ont une telle intensité qu'il n'est pas possible de les comparer un seul instant à ceux que l'on obtient avec un tube terminé par un orifice circulaire.

Il est un autre mode de mettre l'air en vibration, c'est celui des tuyaux à bouche de l'orgue. Dans ces instruments, l'air comprimé dans un réservoir sort, il est vrai, par une fente rectangulaire ; mais, condition essentielle, si la lame aérienne ne vient pas se briser à sa sortie sur une lame solide qu'on appelle biseau, le son n'est pas engendré. Il faut de toute nécessité que la lame aérienne soit brisée sur une autre lame. Dans le larynx, nous trouvons bien la fente rectangulaire représentée par la glotte, mais nous ne trouvons pas le biseau. Savart a cru voir dans les ligaments supérieurs un accident suffisant pour remplir la fonction de ce dernier. Mais l'illustre physicien a oublié que le bord des ligaments thyro-arythénoïdiens supérieurs est tout à fait en dehors de la ligne de sortie de l'air ; et, certes, il n'ignorait pas que le biseau doit être sur le même plan, ou à très-peu de chose près, que la fente rectangulaire. D'ailleurs nous savons aujourd'hui que, dans l'émission de certaines notes, les bords des ligaments supérieurs s'effacent presque complétement sur les parois de la cavité laryngienne.

Il est sans doute d'autres moyens de mettre l'air en vibration, mais les sons que l'on obtient ne sont pas comparables à ceux de la voix humaine, et nous n'en parlerons pas. On peut conclure de ce que nous venons de dire que, dans le larynx, ce n'est pas l'air seulement qui est le corps vibrant sonore.

Puisque le son vocal n'est pas produit par les vibrations de l'air, il doit être produit par les vibrations des parties solides de la glotte. Telle est la présomption que les lois de l'acoustique, appliquées à la constitution de l'organe vocal, permettent d'établir *à priori*.

L'expérimentation directe sur le cadavre et sur le vivant vont transformer cette présomption en certitude.

Si, après avoir détaché un larynx en conservant quelques anneaux de la trachée, on souffle dans cette dernière en poussant l'air à travers la glotte, on parvient à mettre les rubans vocaux en vibration et à produire un son qui ressemble plus ou moins à celui de la voix humaine. Les vibrations de ces rubans sont très-appréciables, et il y a tout lieu de penser qu'ils vibrent semblablement sur le vivant.

Avant la découverte du laryngoscope, peu d'expérimentateurs avaient vu fonctionner la glotte sur le vivant. Müller rapporte que Mayo (*Outlines of human physiology ;* Londres, 1833) a observé la glotte chez un homme qui, dans une tentative de suicide, s'était coupé la gorge immédiatement au-dessus des cordes vocales. La plaie, dirigée obliquement, intéressait l'une des cordes et l'un des cartilages arythénoïdes ; quand le sujet respirait tranquillement, la glotte était triangulaire. Dès qu'il cherchait à former un son, les ligaments devenaient presque parallèles et la glotte linéaire. Le même auteur rapporte que Rudolphy (*Physiologie ;* Berlin, 1828, t. II, p. 370) a eu occasion de voir un homme chez lequel la perte du nez rendait la cavité pharyngienne tellement accessible à la vue, qu'on pouvait très-facilement voir la glotte s'ouvrir et se fermer. Magendie et M. Longet ont cherché à voir la glotte sur des animaux vivants et ils y sont parvenus ; mais il faut avouer que, dans ces conditions, il est bien difficile de recueillir des observations physiologiques fructueuses.

Nous en serions réduits encore aujourd'hui à ces résultats incomplets si, au moyen du laryngoscope, nous ne pouvions pas examiner le fonctionnement du larynx aussi longtemps que cela est nécessaire et dans les conditions les plus normales. Au moyen de cet ingénieux instrument, l'on s'assure que les rubans vocaux présentent la même disposition qu'ils avaient dans nos expériences sur le larynx du cadavre, et, avec une lumière intense, leurs vibrations, pendant le chant, sont assez visibles pour qu'on ne puisse pas douter de leur existence.

Nous pouvons, dès à présent, classer l'instrument vocal dans une des quatre catégories qui comprennent tous les instruments

possibles, dans la catégorie des instruments mixtes (anches);
et nous y sommes autorisé par les considérations purement
physiques, par les considérations anatomiques et par les considérations physiologiques. Le larynx fonctionne selon le mécanisme des instruments à anche; mais nous nous garderions

FIG. 15.

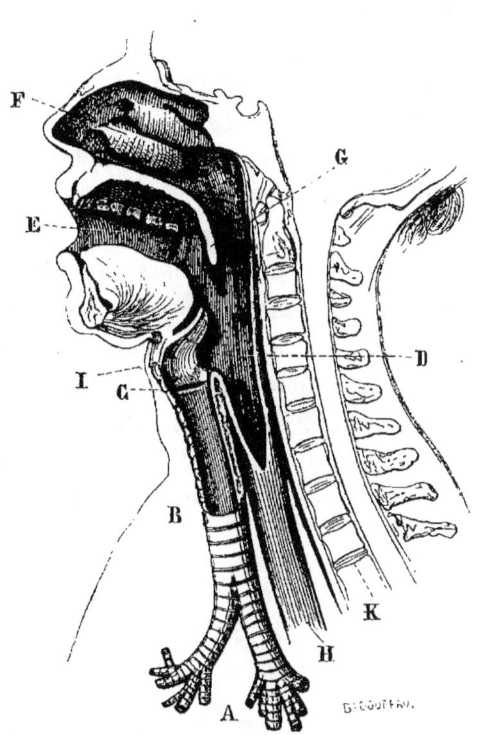

Configuration générale de l'instrument vocal.

A. Bronches.
B. Trachée.
C. Rubans vocaux (glotte).
D. Cavité pharyngienne.
E. Cavité buccale.

F. Fosses nasales.
G. Luette et voile du palais.
H. Œsophage.
I. Epiglotte.

bien de pousser plus loin la comparaison, et de dire qu'il ressemble, par l'agencement et le mécanisme des parties qui le

composent, à tel ou tel autre instrument appartenant à la même classe.

Nous entrons ici dans le domaine de la physiologie, et c'est par elle principalement que nous arriverons à la connaissance exacte de la constitution intime de l'organe vocal et des moyens qui en font l'instrument le plus simple, le plus ingénieux et le plus agréable à entendre.

Analogue en cela à la plupart des instruments usités en musique, l'instrument vocal est constitué : 1° par la partie qui fournit les vibrations sonores ; 2° par un tuyau de renforcement ; 3° par un tuyau porte-vent. Ces trois parties essentielles sont fournies : 1° par les rubans vocaux ; 2° par le canal, qui s'étend de la partie supérieure des rubans aux orifices buccal et nasal ; 3° par la trachée et les bronches. Afin de donner une idée plus exacte de l'agencement de ces diverses parties, nous avons fait représenter l'instrument vocal dans la figure 15. Chacune de ces parties possède une spécialité d'action dans la production des sons vocaux : c'est cette action particulière qu'il s'agit de déterminer, et, dans ce but, nous allons étudier successivement : 1° l'anche vocale ; 2° le tuyau sonore ; 3° le tuyau porte-vent.

CHAPITRE II.

Lorsque Ferrein compara le larynx humain à un instrument à cordes dans lequel l'air jouait le rôle d'archet, il formula sans doute une erreur ; mais cette erreur devait être féconde, car elle attribuait la formation du son de la voix aux vibrations d'un corps solide, et non plus aux vibrations aériennes. Müller devait reprendre cette idée, la rajeunir, et en changeant un peu les mots, un peu les choses, en faire une théorie nouvelle, qui, depuis longtemps déjà, se dispute l'honneur des écoles avec celle de M. Longet ; cependant Müller n'était pas parvenu à faire accepter sa théorie par tous les physiologistes, et il y avait à cela une raison très-légitime. Avec un talent remarquable, il avait épuisé toutes les analogies possibles qui peuvent exister entre l'organe vocal et les anches membraneuses ; mais tous ses efforts n'avaient jamais pu réussir à persuader les esprits qu'il existe entre une anche de caoutchouc et l'anche vocale des ressemblances telles, que l'on puisse en déduire une similitude parfaite dans le fonctionnement des unes et des autres. Tous les physiologistes, d'ailleurs, qui, avec Müller, avaient partagé l'opinion que le larynx fonctionne à la manière des anches, avaient négligé de s'occuper de cette question, et ils avaient admis, comme lui, que les rubans vocaux vibrent dans toute leur épaisseur, sans avoir suffisamment constaté la chose.

Ferrein n'admettait que les vibrations des ligaments qu'il appelait cordes, et en cela il était assez près de la vérité ; mais Dutrochet, Magendie, Müller, Battaille, et tous les partisans de la théorie des anches, ont admis la vibration de la totalité des rubans, composés de la fibreuse, de la muqueuse et des muscles.

Cette manière de considérer l'anche vocale nous paraît si extraordinaire, que nous comprenons difficilement que l'on ait pu l'accepter sans contrôle.

Est-il possible, en effet, d'admettre qu'un corps aussi épais que les rubans vocaux puisse vibrer facilement sous l'influence du passage de l'air à travers la glotte ?

Ces rubans sont constitués par la muqueuse, par une membrane fibreuse très-épaisse et par un muscle. Nous démontrerons, plus loin, que ce muscle doit être constamment en contraction pendant l'émission de la voix. Or, connaissant la rigidité d'un muscle contracté, il n'est pas possible d'admettre que ce muscle puisse fournir des vibrations assez rapides, assez délicates, pour produire les nuances infinies, les agréments multipliés, qui sont propres à la voix de l'homme. Mais ce n'est pas tout : les rubans vocaux sont fixés solidement en avant sur le thyroïde, en arrière sur les arythénoïdes, et, par leur côté externe, sur les lames du thyroïde, de telle sorte qu'ils ne peuvent être mobilisés que par leur bord interne. Or, si l'on se rappelle ce que nous avons dit à propos des anches membraneuses, page 87, l'on doit conclure, avec nous, que cette disposition s'oppose nécessairement à la vibration entière des rubans vocaux. En effet, toutes les fois qu'on saisit une anche membraneuse par ses deux extrémités libres, l'air passe à travers les lamelles sans les faire vibrer ; pour obtenir des vibrations, il est indispensable que les lamelles soient saisies un peu au-dessous de leur extrémité libre. Les points d'insertion des rubans

vocaux, se trouvant sur la même ligne que la partie vibrante,
ces rubans sont précisément dans les mêmes conditions que
l'anche de caoutchouc saisie aux deux extrémités de son orifice,
et ils seraient donc incapables de fournir les vibrations sonores,
si, dans leur constitution intime, ils n'offraient pas une particularité essentielle, sur laquelle, d'ailleurs, nous avons établi
notre théorie de la voix.

Les rubans vocaux sont composés, comme nous l'avons
déjà dit, de trois tissus différents et superposés. A l'extérieur,
nous trouvons la muqueuse ; au-dessous d'elle, une membrane fibreuse blanche, nacrée, très-élastique, qui recouvre
à son tour un faisceau musculaire, le faisceau inférieur des
muscles thyro-arythénoïdiens. Ces différentes parties sont unies
entre elles par un tissu cellulaire plus ou moins serré ; mais,
sur le bord interne des rubans, la muqueuse est si faiblement unie à la fibreuse sous-jacente, que, dans quelques cas,
l'on peut croire que ces deux membranes sont séparées par
une cavité close. Il résulte de cette disposition, que, sous
l'influence du passage de l'air à travers la fente glottique, la
muqueuse se détache facilement de la fibreuse, et qu'elle peut
vibrer dans l'intervalle qui sépare les rubans vocaux : c'est à la
vibration de cette partie, à l'exclusion de toute autre, que nous
attribuons la production des sons de la voix. Cette manière toute
neuve de considérer le fonctionnement de l'organe vocal mérite d'être appuyée sur des preuves : nous les demanderons
successivement à la physique, à l'anatomie, à la physiologie
normale et pathologique.

Preuves physiques. — Dans le but d'expliquer la formation de la voix, Müller avait construit des anches membraneuses
en appliquant, à l'extrémité d'un tube, deux lames minces de
caoutchouc, laissant entre elles une fente analogue à la fente
glottique. Les résultats nombreux que ce physiologiste a retirés

de ses expériences ont sans doute une certaine utilité ; mais
cette utilité aurait été bien plus grande, s'il avait su se rendre
compte du mécanisme de la production du son dans ces instruments. Müller n'a vu dans ces anches que des vibrations plus
ou moins nombreuses, donnant naissance à différents sons, mais
il a négligé, à tort, d'expliquer la formation de ces vibrations ;
cependant cette explication était indispensable. Voici ce que
que nous avons remarqué sur ce sujet : les lamelles de caoutchouc n'entrent en vibration qu'à la condition d'être assez
minces pour être distendues par la pression de l'air ; si elles
sont trop épaisses, la pression de l'air ne suffit pas pour les
distendre, et elles se prêtent, sans vibrer, à l'écoulement de
l'air ; si, au contraire, elles sont assez minces, elles se laissent
distendre jusqu'au point où leur élasticité augmentée est devenue supérieure à la force élastique de l'air qui s'écoule par la
fente ; en ce moment, les languettes réagissent contre la pression de l'air en revenant sur elles-mêmes, en diminuant par
conséquent de tension, et elles deviennent ainsi susceptibles
d'être distendues de nouveau. Le même phénomène se reproduit tant que dure l'écoulement de l'air, et les vibrations sonores se trouvent engendrées.

On voit, d'après cette explication, que les languettes membraneuses ne vibrent pas absolument de la même manière que
les languettes métalliques.

Dans ces dernières, l'élasticité est mise directement en jeu
par la pression de l'air, sans qu'il soit survenu aucune modification dans leur constitution intime. Dans les premières, la pression de l'air a pour effet d'augmenter l'élasticité de la lame, et
ce n'est qu'après cette augmentation que les vibrations sont
produites.

Toute anche membraneuse doit être dans un tel état de tension, que la partie libre de l'anche soit facile à mouvoir et libre

de toute contrainte. Elle doit avoir, par conséquent, une partie tendue capable de faire ressort et une autre partie pouvant vibrer en toute liberté sous l'influence de la première. Lorsque nous prenons entre le pouce et l'index une anche de caoutchouc, nous nous gardons bien de la saisir tout à fait au niveau de son extrémité libre. Si nous agissions ainsi, le souffle écarterait les bords de l'anche sans les faire vibrer. Mais en la saisissant un peu au-dessous de la partie vibrante, de manière à laisser cette dernière parfaitement libre, nous obtenons facilement les vibrations.

Ainsi donc, la tension doit être pratiquée un peu au-dessous de l'orifice de l'anche, et toute la partie des rubans comprise entre la ligne de tension et le bord libre peut être comparée à une languette métallique d'un tuyau à anche, dont l'extrémité fixe serait en bas à la ligne de tension, et l'extrémité libre à l'orifice de l'anche.

Appliquant ces données à l'anche humaine, nous ne trouvons aucune des conditions indispensables à la formation des vibrations si nous admettons qu'elle est constituée par la totalité des rubans vocaux : ces rubans étant fixés en avant et en arrière, au niveau de leur partie libre, l'air, en passant à travers la glotte, peut bien les écarter, mais non les faire vibrer. Au contraire, si la partie vibrante de l'anche est constituée par le repli muqueux qui recouvre le bord interne des rubans, rien n'est plus facile que de trouver en lui toutes les conditions nécessaires pour effectuer des vibrations. En effet, sous l'influence du passage de l'air, la muqueuse se détache du bord libre des rubans, et forme ainsi la partie libre de l'anche ; quant à la partie qui fait ressort, elle est naturellement située au niveau de la membrane fibreuse, en ce point où la muqueuse se détache d'elle.

Ainsi, d'après les lois de l'acoustique, la partie vibrante de l'anche vocale ne peut être fournie que par le repli muqueux qui se détache du bord interne des rubans vocaux.

Preuves anatomiques et physiologiques. — Le rôle que nous faisons jouer à la muqueuse des rubans vocaux ressort d'une manière évidente de sa constitution intime. En effet, la muqueuse des voies respiratoires est recouverte dans tout son parcours par de l'épithélium vibratile, dont les mouvements microscopiques établissent un courant de dedans en dehors, qui semble destiné à diriger à l'extérieur les sécrétions trop abondantes et les corps étrangers; au niveau des rubans vocaux, la muqueuse se dépouille subitement de cet épithélium vibratile et se revêt d'un épithélium pavimenteux stratifié.

Pourquoi ce changement subit?

La nature ne fait rien sans motifs; nous la voyons, d'ailleurs, employer très-souvent un stratagème analogue pour adapter un même tissu à des fonctions variées. Pour saisir son intention dans le cas qui nous occupe, il suffit de nous rappeler que l'un des caractères essentiels des membranes à frottement, telles que les séreuses viscérales, les synoviales, réside dans l'épithélium spécial qui les recouvre; cet épithélium est de l'épithélium pavimenteux stratifié, le même que celui que l'on trouve sur les rubans vocaux. Ainsi, en cet endroit, la muqueuse des voies respiratoires revêt un des principaux caractères des membranes séreuses; ajoutons qu'elle en a la souplesse, la transparence, la finesse, et que, par conséquent, elle réunit, histologiquement parlant, toutes les conditions qui se trouvent dans les membranes à frottement. L'analogie ne peut pas se borner à la constitution histologique, et l'on doit conclure de l'existence de cette dernière qu'il existe une analogie fonctionnelle entre la muqueuse des rubans vocaux et les membranes à frottement.

Il est vrai que le frottement de l'air sur la muqueuse, pendant la phonation, justifie à elle seule cette constitution particulière; mais nous allons démontrer que l'analogie peut être poussée beaucoup plus loin.

Lorsque l'on cherche à obtenir des sons par l'insufflation de l'air à travers la glotte d'un cadavre, en tenant les rubans vocaux éloignés l'un de l'autre, à une distance de deux à trois millimètres, on voit la muqueuse se détacher du bord interne des rubans et vibrer dans l'intervalle qui les sépare. La production du son n'est possible qu'à cette dernière condition; en effet, si la muqueuse reste adhérente aux rubans, on n'obtient aucun son.

Ce fait est très-important, et, pour le démontrer, il fallait une expérience décisive : sur un larynx de cadavre nous avons adapté un tube de caoutchouc dont nous tenions une des extrémités dans la bouche. Après avoir disposé les cartilages dans les conditions les plus favorables à la production d'un son, nous avons poussé l'air à travers la glotte. En modérant la tension et la pression des doigts de manière que la fente glottique fût assez large, nous avons pu constater que la muqueuse se détachait du bord des rubans vocaux, et venait vibrer dans l'intervalle qui les sépare. Le fait était évident pour nos yeux; mais comme cette portion de la muqueuse ne pouvait pas vibrer sans communiquer ses vibrations aux parties voisines, nous ne pouvions pas avoir par ce moyen la certitude que la totalité des rubans vocaux ne fût pas, elle aussi, en vibration. Pour rendre le phénomène plus démonstratif, nous avons eu la pensée d'enlever toute la muqueuse. Après une dissection longue et difficile, nous y sommes parvenu, et, en employant les mêmes moyens que précédemment, nous n'avons pas pu réussir à obtenir un son ; le souffle sortait à travers la fente glottique en produisant un certain bruissement, mais nous n'avons pas pu constater la plus légère vibration dans les rubans vocaux. Cette expérience, à elle seule, peut démontrer l'action exclusive de la muqueuse dans les vibrations qui font le son de la voix.

Mais le laryngoscope, en nous permettant de constater ce qui se passe sur le vivant, va nous fournir, si c'est possible, une démonstration plus complète.

Il arrive parfois, chez les hommes qui ont usé avec excès de l'organe vocal, une certaine fatigue dans les muscles constricteurs de la glotte, qui s'oppose à l'affrontement complet des rubans vocaux pendant l'émission des notes élevées. Nous avons constaté souvent ce phénomène; mais nous l'avons trouvé dans sa plus éloquente expression chez un pasteur irlandais. Chez lui, les notes du médium se faisaient selon les conditions normales; mais dès qu'il voulait émettre la note *ré*, les rubans vocaux ne se rapprochaient plus suffisamment, et la glotte présentait un diamètre plus large.

Dans l'émission de la note *mi*, l'élargissement devenait plus considérable; et, enfin, pendant l'émission de la note *fa*, l'orifice glottique avait atteint trois millimètres dans son diamètre transverse. Au moment où notre malade voulait émettre cette dernière note, nous voyions, d'une manière très-évidente, la muqueuse se détacher des rubans vocaux et venir vibrer dans l'intervalle qui les sépare. Il résulte de ces diverses expériences un fait certain, c'est que la muqueuse se détache du bord interne des rubans vocaux pendant la production du son de la voix.

Cette séparation n'étant pas accidentelle et se présentant, au contraire, très-souvent, puisqu'elle a lieu toutes les fois que nous parlons et que nous chantons, le point de réunion de la muqueuse avec la fibreuse sousjacente doit présenter des particularités favorables à ce mouvement. En effet, la muqueuse est unie à la fibreuse par un tissu cellulaire tellement lâche, que l'on peut considérer l'intervalle qui les sépare comme une cavité close, de tout point analogue à ces bourses muqueuses, situées sur le trajet des tendons, qui sont soumis à des frottements fréquents. Le ligament fibreux qui protége le muscle thyro-arythénoïdien peut être considéré comme l'aponévrose tendineuse de ce muscle, et l'intervalle qui le sépare de la muqueuse peut être considéré comme une bourse muqueuse réunissant toutes les conditions de ces dernières pour favoriser le mouvement des parties. Nous sommes donc autorisé à conclure, d'après ces dispositions, que, au point de vue histologique, les rubans vocaux sont organisés de manière que la muqueuse puisse exécuter des vibrations sonores à l'exclusion des autres parties.

L'acoustique, l'anatomie et la physiologie nous donnent un concours de preuves pour confirmer cette croyance.

La pathologie va nous en fournir de nouvelles et non moins décisives que ces dernières.

Preuves tirées de la pathologie. — Rien n'est plus fréquent que les altérations de la voix. Sous l'influence de la cause la plus légère, cette fonction se trouve enrayée et modifiée d'une manière sensible dans ses manifestations.

Le plus souvent ce trouble fonctionnel ne tient pas à une lésion organique et grave; bien au contraire, nous avons pu constater avec le laryngoscope qu'une légère injection de la muqueuse vocale suffit pour donner lieu à un enrouement très-considérable. L'injection générale de la muqueuse n'est pas même nécessaire pour donner lieu à ce trouble; il peut être engendré par quelques taches ecchymotiques disséminées à la surface de la muqueuse vocale. D'autres fois, l'altération de la voix tient à une sécrétion trop abondante des mucosités dans la région ventriculaire, et il arrive alors qu'elle présente le caractère de gravité et de raucité qui accompagnent le commencement des rhumes. Il est évident que, dans toutes ces circonstances, la masse totale des rubans vocaux n'a pas été atteinte par la

lésion vitale ; la muqueuse seule est lésée, très-légèrement, il est
vrai, mais d'une manière suffisante pour gêner les vibrations,
si ces dernières sont effectuées par la muqueuse seule ; au contraire, si l'on admet que les vibrations sonores sont effectuées
par la totalité des rubans, ces lésions sont beaucoup trop légères, trop peu profondes pour contrarier le mouvement vibratoire.

Que conclure de là, sinon que la masse entière des rubans
vocaux ne contribue pas à la production de la voix, et que la
muqueuse seule est chargée de cette fonction ? Mais, si ces
preuves pathologiques ne suffisaient pas, nous pourrions en
ajouter d'autres : les petites tumeurs, végétations, polypes, etc.,
ne modifient réellement le timbre de la voix que si elles sont
placées sur cette portion de la muqueuse ; il faut excepter cependant le cas où elles sont situées de manière à gêner l'action
musculaire.

Dans certaines affections graves de la cavité laryngienne, accompagnées de nécroses, d'ulcérations, le timbre n'est pas altéré tant que la muqueuse des rubans vocaux n'est pas envahie;
mais dès que l'inflammation s'en empare, les altérations de la
voix surviennent aussitôt. Avant la découverte du laryngoscope,
la persistance de la voix, au milieu des lésions les plus graves,
pouvait embarrasser beaucoup le diagnostic. Nous voyons quelquefois, en effet, des malheureux dont la voix est conservée,
mais qui toussent de manière à faire croire à l'existence d'une
affection pulmonaire ; ce serait à s'y tromper, si le miroir ne
venait pas nous montrer dans la cavité laryngienne une lésion
qui rend compte de tous les troubles fonctionnels que l'on observe.

D'après l'opinion de ceux qui attribuent le son vocal aux vibrations totales des rubans vocaux, il faudrait que la totalité
des rubans eût subi une modification quelconque toutes les fois

que la voix est altérée ; mais nous venons de voir que cette modification n'existe presque jamais et qu'il suffit d'une altération très-légère de la muqueuse vocale pour compromettre et abolir même tous les phénomènes de la voix. Ces faits sont assez éloquents ; mais si nous les rapprochons des preuves physiques, physiologiques et anatomiques déjà exposées, nous sommes pleinement autorisé à conclure que les vibrations sonores sont exclusivement produites par la petite portion de la muqueuse qui recouvre le bord interne des rubans vocaux.

Après avoir démontré cette vérité, nous allons dire la manière dont il faut comprendre, à notre avis, la constitution des rubans vocaux.

§ 1. — Constitution de l'anche vocale.

Les rubans vocaux sont constitués à leur centre par un corps dont la longueur et la rigidité peuvent varier sous une influence physiologique ; nous voulons parler des muscles thyro-arythénoïdiens qui, par leur contraction, sont susceptibles, en effet, d'augmenter ou de diminuer leur longueur ainsi que leur rigidité. Une membrane fibreuse très-élastique les enveloppe, et ces deux parties réunies présentent une épaisseur telle, qu'il paraît tout à fait impossible qu'elles effectuent un nombre quelconque de vibrations. D'ailleurs, elles sont si bien fixées en avant, en arrière et sur le côté externe, que, sans invoquer leur épaisseur, on peut dire pertinemment qu'elles sont incapables de vibrer. Mais une troisième enveloppe les entoure, et cette enveloppe, très-mince, ferme, transparente, vibratile, se trouve si bien disposée sur le bord interne des rubans vocaux, que le souffle le plus léger peut la mettre en vibration. Cette muqueuse entoure le ruban vocal, comme un doigt de gant entoure le doigt ; mais avec cette différence, que la muqueuse n'est pas tellement adhérente au bord interne des rubans vocaux, qu'elle ne puisse s'en détacher facilement. C'est à peine si un peu de tissu cellulaire très-lâche l'unit aux parties subjacentes. Elle forme ainsi, sur les limites de la glotte, un petit feuillet vibrant, constitué par l'adossement des deux lames qui revêtent la partie supérieure et la partie inférieure du bord interne des rubans vocaux. Nous sommes autorisé désormais à désigner ce feuillet sous le nom de *membrane vocale*.

Pour compléter notre description, nous devons dire quelle est la nature des modifications dont elle est le siége dans la production des phénomènes de la voix.

La membrane vocale doit être considérée comme si elle était passive, c'est-à-dire ne recevant les modifications nécessaires à la formation des tons que par influence, ou bien par l'action plus ou moins directe des puissances musculaires. On ne saurait trop admirer et faire ressortir les nombreux avantages qui résultent de cette ingénieuse disposition.

Dans les instruments à vent de la classe des cors, l'embouchure n'a d'autre objet que de limiter, sur le parcours des lèvres, une certaine longueur d'anche. La partie vibrante de cette anche n'est pas constituée, comme on l'a dit souvent, par l'orbiculaire des lèvres. La contraction de ce muscle permet à la muqueuse qui le recouvre de se plisser ; et cette duplicature, obéissant à la pression de l'air, effectue seule les vibrations sonores. En se gonflant plus ou moins, le muscle orbiculaire augmente ou diminue la longueur ou la tension de cette duplicature, et c'est par ces modifications que les divers sons d'embouchure sont produits. S'ils ne sont pas modifiés par un tuyau qui complète l'instrument, les sons que l'on obtient ainsi sont peu agréables à entendre : ils sont criards, aigres, inégaux, et ils doivent ces mauvaises qualités à ce que la muqueuse vibre inégalement et avec peine sur la surface musculaire, à laquelle elle est unie par un tissu cellulaire plus ou moins serré.

Cela n'a rien d'étonnant ; appelées à d'autres fonctions, les lèvres ne sont qu'un pur accident dans la production du son, et elles présentent une organisation qui n'est pas précisément tout à fait favorable aux vibrations sonores. Mais il n'en est pas de même pour la glotte humaine, organe spécial de la voix, où nous trouvons une disposition analogue à celle des lèvres, mais plus soignée et bien autrement propice au mouvement vibratoire.

Ici la masse musculaire n'est plus en contact avec la partie vibrante qu'elle doit modifier ; elle en est séparée par une membrane élastique très-lisse. Cette membrane est unie à la muqueuse qui la recouvre par un tissu cellulaire très-lâche, et elle transmet à celle-ci les modifications qu'elle subit elle-même sous l'influence de la contraction musculaire. Il résulte de cet agencement que la muqueuse trouve sur la membrane élastique une surface polie, très-humectée, favorable au frottement, et qu'elle vibre avec cette finesse, cette pureté d'exécution qui caractérisent le son de la voix humaine. C'est ainsi que les rubans vocaux peuvent être considérés comme l'instrument le plus simple, le plus ingénieux et le plus beau dans ses résultats ; et l'on se demande ce qu'il faut admirer le plus dans l'instrument vocal : la beauté des sons qu'il fait entendre, ou bien la simplicité ingénieuse qui a présidé à sa construction. Sans doute, si le secret de son merveilleux mécanisme n'avait pas été trouvé jusqu'ici, on doit l'attribuer à cette simplicité sublime, qui est une des solutions de l'immense problème que l'esprit humain poursuit sans cesse.

La constitution de la partie essentielle de l'organe vocal nous étant bien connue, il s'agit à présent d'expliquer par quel mécanisme elle produit les divers sons de la voix.

§ II. — Mécanisme de l'anche vocale.

Au moyen du laryngoscope, nous parvenons sans doute à constater les modifications principales qui surviennent dans la cavité laryngienne pendant l'émission de la voix ; mais cet examen, aussi complet qu'on le suppose, ne peut pas, à lui seul, donner le dernier mot sur le mécanisme intime des phénomènes de la voix. L'on peut voir frémir les rubans vocaux sous l'influence de l'impulsion de l'air ; on constate qu'ils s'allongent ou se raccourcissent, et qu'ils limitent une glotte plus ou moins longue, plus ou moins large ; on constate encore que les dimensions de la cavité laryngienne varient incessamment pendant l'émission des différentes notes, mais tous ces mouvements sont lettre morte pour l'observateur, s'il n'a pas préalablement demandé à l'acoustique, à l'anatomie et à la physiologie quelle est la part que chacune d'elles doit revendiquer dans les manifestations diverses dont il est témoin.

Nous n'avons pas perdu un seul instant de vue cette considération, et l'on a pu remarquer que toutes les parties de notre travail concourent dans ce sens à la solution du problème qui nous occupe.

Mais c'est surtout ici que nous aurons à utiliser les notions déjà acquises ; dans le phénomène complexe que nous étudions, nous aurons à tenir compte des lois de l'acoustique, de la disposition anatomique des parties et du mouvement fonctionnel.

Nous suivrons cet ordre logique dans l'exposition des influences qui concourent à la production de la voix humaine.

Phénomènes physiques. — Du moment où il est établi que l'instrument vocal peut être rangé dans la classe des instruments à anche, il doit nécessairement subir les lois qui président à la formation du son dans ces derniers. Pour le moment, nous ne nous occuperons pas à dessein des différences que la vie établit entre eux, et nous considérerons l'anche vocale au point de vue physique exclusivement.

Nous avons vu, plus haut, que la partie vibrante de l'anche vocale est constituée par une duplicature de la muqueuse, située sur le bord interne des rubans vocaux. Cette partie vibrante limite de chaque côté la fente glottique, de manière à former une anche véritable, mais se distinguant de toutes celles que nous avons décrites jusqu'ici, en ce sens que les lames vibrantes sont situées horizontalement en regard l'une de l'autre par le bord vibrant, tandis que les lames qui constituent les anches généralement usitées sont verticales et appliquées l'une contre l'autre. En y regardant de plus près, l'on voit que ces deux dispositions différentes ne peuvent modifier en rien le mécanisme selon lequel le son est produit.

Nous allons, par conséquent, rappeler en quelques mots comment se forme le son dans les anches membraneuses, et cela nous conduira naturellement à expliquer la production du son par la membrane vocale.

Nous sommes bien loin de revendiquer la priorité dans l'invention des anches membraneuses. Nous avons dit, dans le livre qui traite de la partie historique et critique, comment M. Malgaigne, Müller et Cagniard de Latour étaient arrivés à imiter plus ou moins bien l'organe de la voix avec des lamelles de caoutchouc. Mais, soit que ces physiologistes n'aient pas su expliquer le véritable mécanisme de la production du son dans ces instruments, soit que leur comparaison fût vicieuse, ils n'ont pas retiré de leur invention tous les fruits qu'ils pouvaient en attendre. Nous avons vu que les anches de Müller, constituées par deux rubans fixés à l'extrémité d'un tube et séparés l'un de l'autre par une fente, imitaient assez bien, par leur disposition, l'anche vocale. Mais elles ne pouvaient servir qu'à démontrer d'une manière très-imparfaite la manière dont le son vocal est produit, sans qu'il fût possible d'expliquer d'après leur fonctionnement la production des tons de la voix. Cagniard de Latour avait été mieux inspiré en fabriquant une anche à peu près semblable à celle que nous avons figurée, p. 86. Dans cette anche, en effet, l'on peut voir non-seulement le mécanisme de la formation du son, mais encore celui de la production des tons par un mécanisme analogue à celui qu'emploie la nature, et c'est ce qu'il s'agit de démontrer.

L'anche dont nous parlons est constituée par deux petites lames de caoutchouc très-minces, soudées par leurs bords; elles présentent un orifice supérieur qui doit être la partie vibrante de l'anche, un orifice inférieur qui doit être soudé exactement sur un tube de caoutchouc destiné à servir de porte-vent; la longueur de l'orifice supérieur mesure 2 centimètres 1/2. Les lamelles sont plus minces que le tube de caoutchouc sur lequel elles sont fixées, de manière à pouvoir s'appliquer exactement l'une contre l'autre et à opposer ainsi une certaine résistance au passage de l'air (voir, p. 85, la description de cette anche). Nous avons vu que dans cet instrument le son était produit par la vibration des rubans, tendus et mis en vibration par le passage de l'air. Nous avons remarqué aussi que, pris séparément, ces rubans ne vibrent pas du tout à la façon des cordes, mais comme des anches métalliques, et que l'on pouvait considérer leur surface vibrante comme étant constituée par une série de languettes métalliques, soudées les unes à côté des autres; ces languettes, dirigées de bas en haut, dans le sens de leur longueur, auraient leur point fixe à une certaine distance au-dessous de la partie vibrante, et leurs parties libres correspondraient à la partie libre des lames de caoutchouc. Nous avons vu encore que, si l'on pratiquait la tension en saisissant l'anche membraneuse au niveau de son orifice supérieur, les lames de caoutchouc étaient séparées par l'impulsion de l'air, mais sans entrer en vibration. Dans ces conditions, les bords de l'anche peuvent être assimilés à des cordes incapables de vibrer à cause de leur faible dimension en longueur. Pour obtenir la formation des tons différents, nous avons vu que l'on pouvait employer deux procédés différents : la tension en longueur des rubans et la diminution progressive de la longueur des parties vibrantes, ou, en d'autres termes, l'occlusion progressive de l'orifice. Employés isolément, ces deux moyens sont très-limités dans leurs effets, tandis que si on les fait concourir simultanément à la production de chaque note, on peut obtenir des sons très-beaux et formant une série de trois octaves. L'anche vocale étant, elle aussi, constituée par deux lamelles membraneuses, rien ne s'oppose à ce que nous lui appliquions ce que nous venons de dire au sujet de l'anche de caoutchouc, et, sans rien préjuger, nous pouvons affirmer déjà que, en poussant l'air à travers la glotte, le son est produit par les vibrations des deux lames qui la limitent de chaque côté, et que les tons sont formés, d'un côté, par la tension de cette membrane, et de l'autre, par l'augmentation ou la diminution de la longueur des parties vibrantes. Ces deux actions peuvent être employées séparément comme dans l'anche de caoutchouc, mais il est probable que les beaux sons de la voix sont dus à leur action simultanée.

La tension de l'anche vocale est effectuée principalement par la contraction des muscles crico-thyroïdiens, et l'occlusion progressive par celle des muscles thyro-arythénoïdiens. Nous verrons bientôt, en étudiant les phénomènes anatomiques et physiologiques, les moyens qui concourent à ces deux effets différents ; mais, avant, nous donnerons la description d'un appareil que nous avons inventé, dans le seul but de démontrer le mécanisme au moyen duquel on peut obtenir, avec une anche très-petite, une série de sons comprenant deux ou trois octaves, par les seules modifications de l'anche. Cette démonstration est d'autant plus importante, que les différents sons de la voix sont dus exclusivement aux modifications de l'anche vocale, et qu'il est permis de supposer que ces modifications sont absolument semblables à celles que nous produisons dans nos anches de caoutchouc.

Larynx artificiel. — La partie fondamentale de cet instrument est une anche de caoutchouc, semblable à celle que nous venons de décrire, mais avec cette différence qu'elle présente sur ses côtés une coulisse destinée à recevoir deux tiges en acier : sur ces deux tiges sont fixés, de chaque côté de l'anche, deux ressorts en baleine, concaves, et touchant les lames de caoutchouc par leur convexité. Au niveau de la partie moyenne de l'anche, et à une distance qui est mesurée par le degré de leur courbure, ces ressorts viennent s'unir deux à deux, et ils sont fixés par leurs extrémités au moyen d'une charnière, terminée elle-même par un anneau. Ces quatre ressorts, ainsi disposés, forment une figure losangique, dans laquelle deux angles opposés sont unis par l'anche membraneuse. Le fonctionnement de cet appareil est fort simple : au moyen du pouce et de l'index, introduits dans les deux anneaux, l'on exerce une pression sur les ressorts : cette pression a pour effet d'écarter l'une de l'autre les tiges d'acier sur lesquelles ils sont fixés, et par conséquent de tendre l'anche dans le sens de sa longueur. Mais cette tension n'est pas le seul effet obtenu : sous l'influence de la pression, les ressorts opposés se rapprochent par leur convexité, et à mesure que la pression augmente, leur courbure diminue, et ils arrivent au contact dans une plus grande étendue de leur surface. C'est ainsi qu'ils parviennent à effectuer progressivement l'occlusion de l'anche, et l'on obtient, par une même action, les deux effets que nous avons vus concourir à la production de toutes les notes que l'on peut retirer d'une anche membraneuse. La tension et l'occlusion progressive de l'anche sont obtenues simultanément par une simple pression des doigts ; et cette pression est d'autant plus faible et plus insensible,

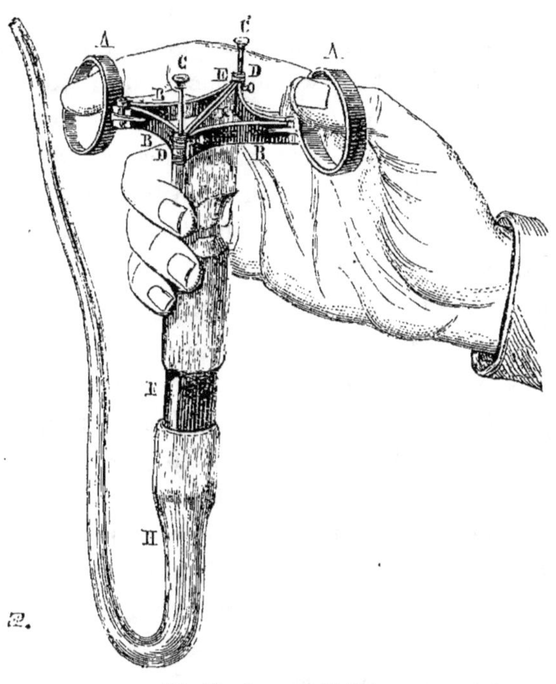

Fig. 16. Larynx artificiel [1].

AA, anneaux au moyen desquels on exerce la pression.
BB, ressorts.
CC, tiges d'acier passant dans les coulisses de l'anche.
DD, articulation mobile des ressorts avec les tiges.
F, tube métallique
H, tube de caoutchouc.
x, anche de caoutchouc.

qu'elle donne naissance à deux actions, capables toutes deux de modifier les sons.

Il existe, entre l'instrument que nous venons de décrire et

[1] Cet appareil a été construit d'après nos indications par M. Charrière, et c'est à M. Galante que nous devons la confection des anches de caoutchouc.

l'instrument vocal, de nombreuses analogies ; mais la plus frappante est celle que nous allons signaler. Nous avons donné à l'orifice de l'anche de caoutchouc une longueur égale à celle de l'orifice glottique, et, bien que les substances soient différentes, nous avons obtenu, avec notre instrument, les mêmes notes qui composent les différents registres de la voix. Nous n'avons remarqué de différence que dans l'émission des notes basses ; car, avec l'anche de caoutchouc, nous n'avons jamais pu descendre au-dessous du *la²*, tandis que l'organe vocal peut descendre jusqu'au *do¹*. Nous attribuons ces résultats à la constitution différente des membranes vibrantes. Il résulte, en effet, de la constitution humide de la membrane vocale, qu'elle peut fournir des notes plus graves.

Les sons que l'on obtient avec le larynx artificiel ont le caractère des sons d'anche ; ils sont un peu criards, mais nous ne doutons pas que l'on ne puisse modifier ce timbre désagréable au moyen d'un tuyau sonore convenablement adapté. Cet instrument, ainsi modifié, pourrait remplir peut-être quelque indication dans les musiques d'orchestre.

Phénomènes anatomiques. — Dans le paragraphe précédent, nous venons d'établir qu'il existe, entre la membrane vocale et les anches de caoutchouc, une analogie parfaite, et que la formation des sons doit nécessairement s'obtenir par un mécanisme analogue dans les deux cas.

Il est vrai que le mécanisme est le même, car on ne peut pas comprendre autrement la formation des tons de la voix que par la tension des rubans vocaux et par la diminution ou l'augmentation en longueur de leur partie vibrante ; mais les agents de ce mécanisme, les procédés qui mettent en jeu les influences nécessaires, sont tout à fait différents, et nous devons faire connaître les instruments spéciaux dont se sert l'organe vocal : ces instruments sont les muscles.

Nous avons vu plus haut (liv. II, p. 112) que les uns agissent directement sur l'état des rubans vocaux, que les autres, implantés sur les parties voisines, influencent moins directement la membrane vocale, mais avec non moins d'efficacité que les premiers. Nous devons les examiner ici d'après leur mode d'action, et, à cet effet, nous les diviserons en trois groupes : dans le premier, nous réunirons tous les muscles qui ont une action tensive ou distensive sur les rubans vocaux dans le sens de leur longueur; dans le second, nous rangerons ceux qui tendent ces rubans dans le sens de l'épaisseur ; et enfin, dans le troisième, nous aurons les muscles, chargés de diminuer ou d'augmenter la longueur des parties vibrantes, ou, en d'autres termes, de pratiquer l'occlusion de l'anche vocale.

Premier groupe. — Ils sont au nombre de trois : les muscles crico-thyroïdiens, sterno-thyroïdiens et crico-arythénoïdiens postérieurs.

A. Les muscles crico-thyroïdiens sont les véritables tenseurs des rubans vocaux : fixés d'un côté sur le bord inférieur du thyroïde, de l'autre, sur la partie antérieure de l'anneau cricoïdien, ils rapprochent énergiquement ces deux parties. La manière dont ils provoquent la tension des rubans vocaux ne nous paraît pas avoir été bien définie jusqu'ici ; la plupart des auteurs parlent d'un mouvement de bascule du thyroïde sur le cricoïde, qui résulterait de leur contraction. Nous ne nions pas l'existence de ce mouvement de bascule, mais nous ne pensons pas que l'on doive l'attribuer à ces muscles. Pour nous, leur action exclusive consiste à porter le cricoïde en haut et en arrière, et nous trouvons dans ce mouvement un double motif pour que la tension des rubans soit effectuée de la manière la plus prompte, la plus facile et la plus économique. En effet, ces rubans étant insérés sur la partie inférieure du thyroïde d'un côté, et de l'autre, sur les arythénoïdes, ils forment un plan qui divise la cavité circonscrite par ces deux cartilages. Ce plan est à peu près horizontal ; mais si, par l'effet de la contraction du crico-thyroïdien, le cricoïde est porté en haut et en arrière, ce plan sera distendu de bas en haut et d'avant en arrière, et, d'horizontal qu'il était, il deviendra d'autant plus oblique que la contraction du muscle sera plus grande. La distension des rubans se fait donc, non pas d'avant en arrière, mais de bas en haut et d'avant en arrière. Lorsque avec le laryngoscope on examine la glotte pendant le chant, on constate ce mode de tension de la façon la plus évidente ; à mesure que des sons plus élevés sont émis, on voit l'orifice laryngien s'approcher de plus en plus du miroir, et les rubans vocaux présenter la disposition oblique qui coïncide toujours avec une tension un peu énergique.

B. Le mouvement de bascule dont parlent les auteurs, a pour effet de tendre les rubans en augmentant l'intervalle qui sépare le cricoïde du thyroïde en arrière. Ce mouvement est effectué par les muscles sterno-thyroïdiens, mais à condition que les faisceaux du constricteur inférieur du pharynx, qui s'insèrent sur les bords postérieurs du thyroïde, soient dans le relâchement, et que le faisceau du même muscle, qui s'insère sur le cricoïde, maintienne le cricoïde solidement fixé contre la colonne vertébrale, pendant que le thyroïde bascule en avant. Si le cricoïde n'était pas fixé, l'action du sterno-thyroïdien entraînerait le larynx en masse en bas et en avant, mais il n'y aurait pas mouvement de bascule.

C. Les muscles crico-arythénoïdiens postérieurs tendent, eux aussi, les rubans vocaux, mais dans des circonstances spéciales : ils agissent ainsi dans le cas seulement où les rubans, déjà tendus et affrontés, ne peuvent plus être modifiés par les puissances que nous venons de mentionner ; leur action est alors un effort suprême, et elle se manifeste par l'ouverture de la glotte en arrière, et par la direction des rubans qui se portent légèrement en haut et en dehors.

Deuxième groupe. — La tension de l'anche vocale en épaisseur est effectuée par un seul muscle, le muscle thyro-arythénoïdien. Cette tension particulière, que l'art ne pourrait imiter que très-imparfaitement, est ce qui distingue surtout l'anche vivante de toutes les anches possibles. Nous avons vu, en effet, que les anches de caoutchouc pouvaient être modifiées en longueur et dans leur tension longitudinale, mais nous n'avons jamais parlé, à leur sujet, d'une tension dans l'épaisseur. Ce que l'art n'a jamais pu obtenir, la nature l'a réalisé au moyen d'un simple muscle qu'elle a placé entre les deux feuillets qui constituent chaque ruban vocal. Ce muscle ne peut pas se contracter sans revenir sur lui-même, sans se gonfler par conséquent ; ce gonflement a pour effet de distendre l'enveloppe du muscle, et, par ce fait, la membrane vocale se trouve, elle aussi, distendue.

Au premier abord, il semble que la contraction du muscle thyro-arythénoïdien ne puisse pas produire de grands effets, à cause du peu de mobilité de ses points d'insertion sur le thyroïde et sur les arythénoïdes ; mais, outre que l'articulation crico-arythénoïdienne présente une certaine laxité, nous trouvons dans la forme des rubans vocaux un motif suffisant pour que cette contraction puisse s'effectuer dans une certaine mesure. En effet, dans leur état de relâchement, les rubans vocaux ne présentent pas une direction rectiligne sur leur bord interne ; ils sont très-manifestement concaves, et ce n'est qu'au moment où ils se rapprochent pour produire les sons, qu'on les voit se bander sur leurs bords et prendre la forme rectiligne. Ce redressement subit est évidemment produit par la tension en longueur, mais pas d'une manière exclusive, car les agents de cette tension (les crico-thyroïdiens) ont une action très-limitée, et ils ne peuvent pas l'épuiser tout d'un coup, dans le but de mettre les rubans en mesure de vibrer ; ils sont aidés, à cet effet, par la contraction du muscle thyro-arythénoïdien, dont le gonflement contribue à redresser la concavité des rubans. De cette manière, la tension longitudinale agit simultanément avec la tension latérale, et nous avons ainsi, chose merveilleuse ! une membrane vibrante qui se trouve en même temps modifiée dans tous les sens. Ce phénomène de la tension en épaisseur, combinée avec la tension longitudinale, joue un grand rôle dans la formation des tons, et ce n'est, d'ailleurs, que par cette simultanéité d'action que l'on arrive à s'expliquer l'étendue considérable de la voix humaine, par les modifications inappréciables à l'œil qui surviennent dans l'état des rubans vocaux.

Troisième groupe. — Les muscles, chargés de diminuer la longueur des parties vibrantes par l'occlusion progressive de la glotte en arrière, sont au nombre de quatre : l'arythénoïdien, les crico-arythénoïdiens latéraux, le constricteur inférieur du pharynx et les thyro-arythénoïdiens. Tous ces muscles sont loin d'avoir la même importance, comme nous allons le voir.

A. Le muscle arythénoïdien, inséré sur les bords externes des arythénoïdes, a pour effet de rapprocher les cartilages l'un de l'autre par leur face interne, quand ils ont été éloignés par l'effet des crico-arythénoïdiens postérieurs ; mais le rapprochement de ces deux faces n'est pas complet, car le muscle se trouve placé entre elles deux sur leur partie postérieure, et sa contraction peut être considérée comme un obstacle absolu à la contiguïté parfaite des faces internes des arythénoïdes à leur partie inférieure. Nous concluons de là que le muscle arythénoïdien effectue le rapprochement des rubans vocaux, mais qu'il est incapable de les affronter l'un contre l'autre. Si nous avons rangé ce muscle dans ce groupe, c'est plutôt pour détruire la croyance générale où l'on était que sa mission est d'affronter les rubans vocaux.

B. Crico-arythénoïdiens latéraux.—Ces muscles, qui s'insèrent d'un côté sur le tubercule externe des cartilages arythénoïdes, de l'autre, sur les parties latérales et supérieures du cartilage cricoïde, sont merveilleusement disposés pour affronter les rubans vocaux, surtout au niveau de la partie antérieure de la face interne des arythénoïdes.

Pour bien saisir ce mouvement, il faut se rappeler que les arythénoïdes sont articulés avec le cricoïde, de telle manière que les apophyses antérieures se rapprochent, non par un mouvement directement latéral, de gauche à droite ou de droite à gauche, mais par une sorte de mouvement rotatoire, duquel il résulte que les faces internes des arythénoïdes restent toujours séparées l'une de l'autre à leur partie inférieure et postérieure, tandis que les parties antéricures et supérieures arrivent très-facilement au contact. Il se passe un phénomène analogue dans le rapprochement des membres abdominaux : la partie interne des cuisses représente les faces internes des arythénoïdes ; les genoux, appliqués l'un contre l'autre, imitent le rapprochement direct des apophyses antérieures des arythénoïdes, et, enfin, l'intervalle qui sépare les deux jambes représente la glotte. C'est pour ne pas avoir compris le mécanisme de ces mouvements, que M. Bataille est tombé dans l'erreur en voulant expliquer la formation de la voix de poitrine et celle de la voix de fausset. L'action des muscles crico-arythénoïdiens latéraux se borne à mettre les rubans vocaux en contact au niveau de l'origine des apophyses arythénoïdiennes. C'est en cet endroit qu'ils limitent la longueur des parties vibrantes, mais leur contraction ne saurait porter son influence un peu plus en avant : ce rôle est dévolu au muscle que nous allons décrire.

C. Nous avons vu que le muscle thyro-arythénoïdien est com-

posé de trois faisceaux : un faisceau horizontal, un faisceau oblique et un faisceau vertical. Le faisceau horizontal est celui que
nous avons vu tout à l'heure concourir, par sa contraction, à la
tension en épaisseur ; les deux autres, situés en dehors et au-
dessus de ce dernier, agissent également par l'effet de leur
contraction, et voici comment :

Les faisceaux obliques recouvrent une grande partie des faces
latérales de la cavité laryngienne ; leurs fibres prennent naissance dans l'angle du thyroïde et sur le côté externe du faisceau
horizontal, et, de là, elles se dirigent obliquement, d'avant en
arrière, vers le sommet des arythénoïdes sur lesquels elles s'insèrent. D'après cette disposition, ces faisceaux ne peuvent pas
se contracter sans rapprocher les rubans vocaux l'un de l'autre,
surtout au niveau de l'apophyse antérieure des arythénoïdes ;
et cet effet est dû à leur gonflement. L'action de ces muscles
est d'autant plus efficace, que les rubans vocaux sont déjà affrontés par les crico-arythénoïdiens latéraux.

Le faisceau vertical du même muscle, situé en avant du
faisceau précédent, produit des effets analogues, mais sur une
partie des rubans vocaux qui se rapproche de plus en plus de
leur insertion antérieure.

Par l'emploi des moyens énoncés jusqu'ici, l'occlusion de la
glotte peut être effectuée d'arrière en avant dans les deux tiers
de son étendue, c'est-à-dire jusqu'au delà du sommet des apophyses arythénoïdiennes.

D. Le muscle constricteur inférieur du pharynx s'insère sur
les deux bords postérieurs du cartilage thyroïde ; par conséquent, un des principaux effets de sa contraction doit être de
rapprocher l'une de l'autre les deux lames de ce cartilage, et
d'effectuer ainsi le rapprochement des rubans vocaux. L'action
de ce muscle ne nous paraît pas indispensable pour obtenir
l'occlusion de la glotte, car il arrive un moment où l'ossification

du cartilage thyroïde ne permet plus le rapprochement des lames ; mais nous ne doutons pas que chez les enfants, et surtout chez les femmes, dont les cartilages présentent une grande souplesse, le rapprochement des lames du thyroïde ne joue un grand rôle dans la phonation. Par ce rapprochement, le jeu des muscles tenseurs et obturateurs se trouve singulièrement favorisé, et la production de la voix ne demande plus autant d'efforts.

De toute manière, nous considérons le muscle constricteur inférieur du pharynx comme tout à fait accessoire dans l'occlusion de la glotte.

Phénomènes physiologiques. — Après nous être appuyé sur les lois de l'acoustique pour connaître les modifications spéciales qui doivent survenir dans les rubans vocaux pendant la production du son de la voix ; après avoir demandé à l'anatomie la connaissance des agents qui produisent ces modifications, il nous reste à montrer la manière dont la vie met en jeu ces divers éléments pour donner naissance à la voix et aux différents tons qui la composent.

C'est ici surtout que l'examen laryngoscopique nous sera d'une grande utilité ; mais comme les agents du mouvement qui préside à la formation du son de la voix se trouvent dissimulés par la membrane laryngée, cet examen ne peut pas nous servir à une démonstration minutieuse, et nous préférons demander aux expériences cadavériques de nous aider dans nos recherches, réservant l'examen laryngoscopique pour confirmer les résultats que nous avons obtenus dans ces expériences.

Expériences sur le cadavre. — Ferrein est le premier qui ait eu l'idée d'obtenir, avec un larynx de cadavre, les sons que ce dernier rendait pendant la vie.

Cet illustre physiologiste détachait un larynx, en conservant quelques anneaux de la trachée ; il introduisait ensuite le tube d'un soufflet dans cette dernière, et il poussait de l'air à travers la glotte; par ce moyen, les rubans vocaux étaient mis en vibration, et il obtenait un son qui ressemblait plus ou moins à celui de la voix humaine. Après Ferrein, d'autres physiologistes répétèrent la même expérience, mais il faut arriver à Müller pour trouver un procédé expérimental plus exact et plus satisfaisant dans ses résultats. Müller appliquait la face postérieure du larynx sur une planchette, et il fixait sur elle, au moyen d'une aiguille, les cartilages cricoïde et arythénoïde. L'organe vocal étant ainsi disposé, il pratiquait la tension des rubans vocaux au moyen d'un cordon fixé à l'angle du cartilage thyroïde, immédiatement au-dessus de l'insertion des rubans : l'action de ce cordon consistait à faire basculer en avant le cartilage thyroïde sur le cricoïde. Pour donner plus de précision à ses expériences, Müller faisait passer ce cordon sur une poulie, et il le terminait par une balance dans laquelle il mettait des poids.

La tension des cordes pouvait être ainsi mesurée d'une manière rigoureuse. Nous n'avons qu'un mot à dire sur ces expériences : la plus grande longueur que puissent atteindre les cordes vocales soumises à la tension la plus exagérée dépasse à peine de quelques millimètres la longueur normale de ces ligaments.

Cet allongement n'est pas suffisant pour expliquer les tons nombreux de la voix humaine. Avec une anche de caoutchouc présentant les mêmes dimensions que l'anche vocale, c'est à peine si l'on peut obtenir cinq à six notes successives en n'employant que la tension de ces rubans. Nous concluons de là que les expériences de Müller, d'ailleurs très-bien faites, ne prouvent qu'une seule chose, c'est que, sous l'influence d'une tension plus ou moins grande, les rubans vocaux peuvent donner quelques sons différents, mais elles n'expliquent pas du tout le mécanisme de la voix humaine.

Cependant Müller ne pensait pas que la tension en longueur fût la seule influence capable de modifier les sons de la voix ; il soupçonnait bien aussi une certaine modification dans l'épaisseur des cordes vocales ; mais jamais il ne put produire, par les moyens dont il disposait, cette modification tensive si importante. Ce que Müller n'avait pas pu faire, nous l'avons réalisé.

Les muscles chargés de tendre les rubans vocaux dans le sens de leur épaisseur sont immédiatement recouverts par ces derniers. Ce sont les thyro-arythénoïdiens. Pour imiter sur le cadavre l'action qu'ils produisent pendant la vie, il fallait vaincre deux difficultés : 1° les atteindre ; 2° remplacer d'une façon quelconque l'effet de leur contraction.

Nous sommes arrivé à ce résultat en pratiquant une ouverture sur les lames du cartilage thyroïde au niveau des cordes vocales. Ces ouvertures mettent à découvert la face externe des muscles thyro-arythénoïdiens, et au moyen de deux morceaux de bois, sortes de pédales, nous agissons par compression sur ces petits muscles. Cette compression a pour effet de tendre les rubans vocaux dans leur épaisseur, de les rapprocher l'un de l'autre et de les mettre en contact dans l'étendue que nous désirons.

Nos expériences ont été faites d'abord en tendant les rubans vocaux en longueur seulement, sur un larynx dont nous avions enlevé l'épiglotte et les replis arythéno-épiglottiques, de manière à rendre plus sensibles à la vue les phénomènes qui allaient se passer. D'abord nous avons poussé le souffle à travers la glotte, sans toucher aux rubans ; mais nous n'avons obtenu aucun son. Prenant alors l'extrémité supérieure de l'angle du thyroïde avec l'index, et l'anneau du cricoïde avec le pouce, nous avons fait basculer en avant ces deux cartilages l'un sur l'autre, et nous avons tendu par ce moyen les rubans vocaux en longueur ; avec cette disposition, le passage du souffle a fait vibrer les rubans vocaux ; un son a été produit et noté sur le piano ; ce son correspondait à la note *ré*^{2} ; en tendant un peu plus, nous avons produit la note *mi*^{2}. En augmentant progressivement le degré de tension, nous avons pu parcourir ainsi toutes les notes comprises entre le *ré* et le *si*^{2} ; après avoir obtenu ces résultats, la tension donnait encore quelques notes, mais il était impossible de les bien définir.

Dans une seconde expérience, le pouce et l'index étant appuyés sur les deux morceaux de bois qui avaient été introduits dans les ouvertures pratiquées sur les faces latérales du thyroïde, nous avons exercé une pression sur la partie postérieure des rubans vocaux, de manière à limiter en cet endroit l'étendue des parties vibrantes, et, avec l'aide du souffle, nous avons produit la note *ut*^{2}. En pressant un peu plus en avant, de manière à obtenir une surface vibrante plus courte, nous avons obtenu la note *ré*^{2}, et, diminuant ainsi progressivement la longueur de l'anche d'arrière en avant, nous sommes arrivé à produire la note *la*^{2} ; mais impossible de monter plus haut.

Ces deux expériences, dans lesquelles l'emploi de deux moyens différents nous avait donné des résultats à peu près analogues, étaient loin de nous satisfaire, et nous étions obligé de nous dire que le procédé au moyen duquel l'homme peut produire trois octaves successives n'était pas celui dont nous nous étions servi ; c'est alors que nous avons eu la pensée de combiner, pour la formation de chaque note, la tension longitudinale des rubans vocaux avec leur tension en épaisseur et l'occlusion progressive de la glotte. Les effets que nous avons obtenus ont réalisé tout ce que nous pouvions espérer, c'est-à-dire que, pour passer d'un ton à un autre, les tensions et les occlusions étaient chacune séparément si peu sensibles, que nous avons pu parcourir facilement deux octaves, et chaque note avait un son très-satisfaisant. Évidemment, nous avions ainsi trouvé le merveilleux mécanisme qui, avec des moyens si simples, permet au larynx de l'homme de donner des résultats si beaux et si variés. Mais, avant de conclure, nous demanderons au laryngoscope de confirmer nos expériences sur le cadavre par la vue de ce qui se passe sur le vivant.

Examen laryngoscopique. — Afin de faciliter au lecteur

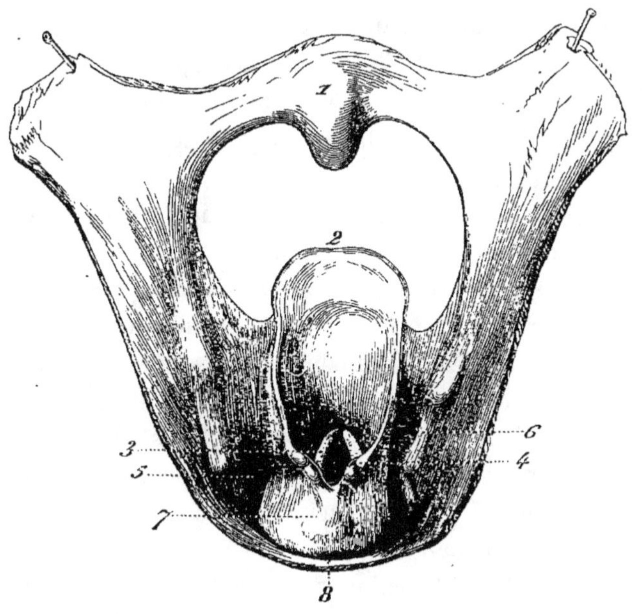

Fig. 17. Vue postérieure du larynx et du voile du palais.

1. Luette. — 2. Épiglotte. — 3. Rubans vocaux. — 4. Sommet des cartilages arythénoïdes. — 5. Gouttières latérales du larynx. — 6. Bord postérieur du cartilage thyroïde. — 7. Cartilage cricoïde. — 8. Paroi postérieure du pharynx.

la compréhension de ce que nous allons dire, nous donnons ici la figure photographique du larynx vu par sa partie postérieure ; c'est l'image de la cavité laryngienne telle que nous la voyons avec le miroir guttural. Lorsque, avec le laryngoscope,

on examine la cavité laryngienne pendant la respiration, on voit
d'abord l'épiglotte inclinée légèrement en arrière et recouvrant
à demi l'orifice laryngien. Les arythénoïdes, dissimulés sous la
muqueuse, se présentent ensuite sous forme de tubercules arrondis s'écartant l'un de l'autre pendant l'inspiration, se rapprochant, au contraire, pendant l'expiration ; obéissant aux
mouvements de ces derniers, les rubans vocaux s'écartent ou se
rapprochent en augmentant les dimensions du tube laryngien
pendant l'inspiration et en les diminuant pendant l'expiration.
Tels sont les mouvements laryngiens qui accompagnent l'acte
respiratoire. Pendant la phonation, ces mouvements sont plus
compliqués.

Lorsque nous voulons produire une note, nous voyons les
arythénoïdes se rapprocher l'un de l'autre avec une certaine
énergie ; la muqueuse se plisse à leur surface et les rubans vocaux se rapprochent par leur partie postérieure jusqu'au contact ; si en ce moment nous poussons le souffle, la pression de
l'air écarte les deux rubans vocaux, qui entrent en vibration, et
le son est produit. Dans ce phénomène, nous avons à signaler
plusieurs actions différentes : 1° rapprochement des arythénoïdes effectué par les crico-arythénoïdiens latéraux ; 2° rapprochement des rubans vocaux par l'effet seul du mouvement
des arythénoïdes ; 3° action du muscle arythénoïdien pour
maintenir en contact les arythénoïdes dans la situation où les
crico-arythénoïdiens les ont mis ; 4° contraction du faisceau
inférieur pour donner une certaine rigidité au ruban vocal et
le maintenir dans la position voulue pour l'émission du son
qu'on a l'intention de produire ; 5° frottement de l'air avec pression contre la membrane vocale et vibration de cette membrane. Nous ne dirons pas, comme d'autres l'ont prétendu,
que toutes ces actions peuvent être directement constatées avec
le miroir ; nous dirons encore moins si tel muscle est plus dé-

veloppé chez nous que tel autre. Nous estimons qu'il faut être doué d'une façon particulière pour voir tout cela. Quant à nous, les seules choses appréciables pour nos yeux ont été le rapprochement des arythénoïdes, celui des cordes vocales et l'ouverture plus ou moins grande de la glotte. Tout le reste est mystérieux et caché, et ce n'est qu'après nous être suffisamment préparé par l'étude de l'acoustique, de l'anatomie, et après avoir effectué les expériences cadavériques précédemment décrites que nous sommes parvenu à deviner en quelque sorte, au moyen du miroir, les mouvements intimes exécutés par les différentes parties du larynx pendant la vie.

De tout ce que nous venons de dire sur le mécanisme de la production des sons vocaux, il résulte que l'organe vocal se compose essentiellement d'une anche membraneuse capable de produire par elle-même tous les tons dont la voix de l'homme est susceptible, et cela par les modifications que les puissances musculaires introduissent dans sa longueur, dans sa tension en épaisseur et dans sa tension longitudinale. Le mécanisme de ces mouvements est merveilleusement ingénieux, et, à ce point de vue, l'organe vocal n'a point d'analogue parmi tous les instruments que l'industrie humaine a inventés. Lorsque nous nous occuperons plus loin des différents registres de la voix, nous reviendrons avec plus de détails sur ce mécanisme et nous compléterons ce que nous avons encore à dire. Pour le moment, nous devons continuer à décrire le fonctionnement des divers éléments qui composent l'instrument vocal.

CHAPITRE III.

TUYAU SONORE ET TUYAU PORTE-VENT.

§ 1. — **Tuyau sonore.**

Le tuyau sonore ou tuyau vocal s'étend depuis les rubans vocaux jusqu'aux lèvres et jusqu'aux narines. Nous avons vu que, dans les instruments de musique, la longueur de la colonne d'air renfermée dans le tuyau sonore se trouve modifiée au moyen de trous pratiqués sur les parois du tuyau. Dans l'instrument vocal, nous ne voyons rien qui ressemble à cette disposition ; la colonne d'air est très-peu modifiée dans ses dimensions en longueur ; mais, par contre, le tuyau est constitué par des parois très-mobiles, et dont la disposition et la consistance peuvent suffisamment varier sous l'influence de la volonté pour présenter à chaque note un tuyau favorable à sa production. Savart a fait des recherches très-curieuses sur l'influence de la consistance des parois dans les tuyaux sonores. Il résulte de ses expériences, que l'on peut faire baisser le son de plus d'une octave en ramollissant avec de la vapeur d'eau le papier qui a servi à la construction d'un tuyau sonore, et, phénomène important pour nous, le son baisse d'autant plus que le tuyau est plus court. Les parois du tuyau vocal présentent mieux que tout autre la constitution favorable aux modifications dont nous venons de parler ; les tissus qui les tapissent peuvent

devenir instantanément, sous l'influence de l'action musculaire, ou très-mous ou très-durs, et s'accommoder ainsi, en les
favorisant, à tous les tons possibles de la voix.

Pour mieux préciser les diverses influences de ce tuyau,
nous l'examinerons dans chacune des parties qui le composent.
Déjà nous avons donné une description sommaire de ces parties dans le livre de l'Anatomie ; nous n'aurons ici à nous
occuper que de leur action physiologique.

Les parties qui concourent à la formation du tuyau vocal
sont : 1° les ventricules du larynx ; 2° les ligaments thyro-arythénoïdiens supérieurs ; 3° l'épiglotte ; 4° les gouttières latérales du larynx ; 5° l'isthme du gosier ; 6° la bouche ; 7° les
fosses nasales.

1° Ventricules. — Les ventricules sont deux petites cavités
ellipsoïdes, situées immédiatement au-dessus des rubans vocaux. Leur bord inférieur est formé par une partie de la face
supérieure de ces derniers, tandis que leur bord supérieur est
circonscrit par le bord inférieur des ligaments thyro-arythénoïdiens supérieurs. A cause de leur contiguïté avec les rubans
vocaux, ces petites cavités ont dû jouer un grand rôle dans les
différentes théories de la voix. En effet, Savart, qui comparait
l'organe vocal à l'appeau des oiseleurs, trouvait entre la cavité
de ces derniers et les ventricules une ressemblance très-favorable à sa théorie. Mais Savart n'avait pas vu fonctionner l'organe
vocal sur le vivant. S'il avait eu à sa disposition les moyens dont
nous disposons aujourd'hui, c'est-à-dire un laryngoscope, il
aurait pu s'assurer que ces cavités, tout en jouant un rôle important à un autre point de vue, ne prouvaient rien pour sa manière de voir.

En effet, pendant la phonation, les ventricules du larynx,
comprimés par les muscles qui les circonscrivent, loin de présenter une cavité profonde, sont ramenés sur eux-mêmes et ne

manifestent leur existence que par une petite ligne courbe à travers laquelle on voit suinter un mucus plus ou moins abondant. Les modifications indispensables que subissent les faces latérales du larynx s'opposent à la persistance de ces cavités pendant la phonation. Nous avons vu, en effet, que le faisceau supérieur du muscle thyro-arythénoïdien forme, en grande partie, la paroi postérieure de ces cavités, et il est impossible que, pendant la contraction de ce muscle, ces dernières puissent persister. Les mêmes objections peuvent être adressées à ceux qui, comme M. Malgaigne, considérant le mécanisme de la voix comme entièrement analogue à celui des instruments de la classe des cors, assimilent les ventricules au bocal des embouchures.

Les rubans vocaux ne peuvent fonctionner qu'à la condition d'être humectés : qu'il survienne une inflammation qui arrête les sécrétions, ou bien encore qu'une émotion trop vive tarisse les humeurs, la membrane vocale se dessèche et la voix est abolie. Une trop grande quantité de poussière répandue dans l'air produit le même effet.

Il était donc très-important d'assurer à ces rubans une source qui pût les entretenir sans cesse dans un état d'humidité indispensable à leur fonctionnement. Cette source est située immédiatement au-dessus d'eux, dans les ventricules. Nous avons vu, en effet, dans le livre de l'Anatomie, que ces cavités étaient abondamment pourvues de glandes mucipares, et que les canaux excréteurs venaient aboutir à l'orifice des ventricules au niveau des rubans vocaux. Cette fonction est déjà assez importante pour justifier la présence des deux petites cavités glandulaires au-dessus des rubans vocaux ; mais leur présence peut être légitimée par d'autres considérations : soumises à de nombreuses modifications pendant l'émission des divers registres de la voix, les parois du larynx doivent pouvoir effectuer facilement les mouvements qui président à ces modifications. Or, la présence d'une cavité dans cette région devenait, sinon indispensable, du moins très-utile. Les ventricules, en effet, favorisent les mouvements des rubans vocaux et en même temps ceux des parois du vestibule de la glotte.

Ligaments thyro-arythénoïdiens supérieurs. — Les ligaments thyro-arythénoïdiens supérieurs, appelés aussi cordes vocales supérieures alors que l'on avait une idée très-imparfaite du mécanisme vocal, sont constitués par une membrane fibreuse, élastique, recouverte elle-même par la muqueuse laryngienne. Ces ligaments font saillie dans le vestibule de la glotte, principalement par leur bord inférieur qui circonscrit le bord supérieur des ventricules; ils sont doublés en dehors par les fibres des faisceaux oblique et vertical des muscles thyro-arythénoïdiens et par le petit faisceau musculaire qui, du sommet des arythénoïdes, s'étend au thyroïde.

Nous avons vu plus haut que, dans la théorie de ceux qui comparaient l'organe vocal à l'appeau des oiseleurs, le bord inférieur de ces ligaments était considéré comme un biseau contre lequel la lame aérienne, sortant de la fente glottique, venait se briser. L'idée est très-séduisante, et l'on comprend que des savants comme Savart aient pu la concevoir, si l'on pense surtout qu'elle était basée seulement sur l'examen cadavérique.

Lorsque, avec le laryngoscope, on regarde ce qui se passe sur le vivant, cette destination paraît tout à fait impossible : d'un côté, les bords des ligaments supérieurs ne se trouvent jamais sur la même ligne que la fente de la glotte ; de l'autre, ces ligaments subissent des modifications telles, pendant la phonation, qu'on ne peut plus les considérer comme un biseau ; en effet, selon les notes émises, ils se rapprochent au contact des ligaments vocaux inférieurs ; ou bien ils s'effacent sur les parois latérales du vestibule de la glotte ; ou bien encore ils proéminent dans cette cavité de manière à la remplir presque tout entière.

Voulant avoir une idée exacte de l'action de ces ligaments dans l'acte de la phonation, nous avons eu la pensée de les toucher avec une sonde recourbée dirigée avec le laryngoscope pendant l'émission d'une note. Ce contact a été trop pénible pour que nous ayons pu retirer un grand bénéfice de notre expérimentation. Nous avons eu alors la pensée de répéter notre expérience sur un larynx de cadavre, et voici la manière dont nous l'avons pratiquée :

Le larynx étant disposé comme nous l'avons indiqué précédemment, nous avons fait sortir la note do^3; pendant la production de cette note, nous avons écarté les ligaments supérieurs avec une pince, de manière à agrandir le vestibule de la glotte. Immédiatement le son a baissé d'un degré; la note *do* s'est transformée aussitôt en un *si*. Ce résultat si inattendu nous a obligé de répéter notre expérience un très-grand nombre de fois avec des précautions minutieuses; en employant le même souffle, la même pression des doigts dans toutes nos expériences, l'influence de l'écartement des ligaments sur le son a toujours été identique.

D'ailleurs, si nous avions pu conserver quelques doutes, ils devaient disparaître après avoir introduit la modification suivante dans notre expérimentation : au lieu d'écarter les deux ligaments supérieurs, nous n'en avons écarté qu'un seul, et, à notre grande joie, nous avons vu que, au lieu de baisser d'un ton complet, la note ne baissait que d'un demi-ton.

Nous ne nous sommes pas borné à produire toujours la même note; nous avons fait sortir toutes celles qui sont comprises dans une octave, et, pour chacune d'elles, nous avons obtenu un abaissement de ton en agissant sur le ligament supérieur comme dans nos premières expériences. Il résulte clairement de ces expériences que la saillie formée par les ligaments supérieurs dans le vestibule de la glotte a pour effet de modifier les sons produits par les ligaments inférieurs, ou plutôt d'adapter le tuyau qui surmonte ces derniers aux vibrations sonores qu'ils produisent. C'est le rôle que nous avons reconnu aux tuyaux sonores qui composent les instruments de musique, mais avec cette différence que, dans les instruments de musique, c'est la longueur du tuyau qui influence le ton ; tandis que, dans l'instrument vocal, c'est la largeur. Nous pensons néanmoins que cette influence est la même dans tous les instruments, mais qu'elle s'exerce plus particulièrement dans les parties qui avoisinent le corps vibrant, dans cette partie où la masse d'air est directement soumise à l'action des vibrations initiales.

Épiglotte. — Les anciens n'accordaient pas une grande influence à ce fibro-cartilage. Galien ne l'a pas même rangé parmi les éléments constitutifs de l'appareil vocal ; par contre, les modernes lui ont accordé une importance qui nous paraît au moins exagérée. Biot et Magendie, assimilant l'épiglotte à la languette que Grenié plaçait dans les tuyaux, au-dessus de l'anche, pour modérer l'élévation du ton à mesure que le son acquiert plus d'intensité, pensaient que cet opercule permettait à la voix humaine d'enfler un son sans que l'augmentation de la pression de l'air modifiât en rien ce dernier.

Müller et M. Longet ont combattu avec succès cette opinion. Ce dernier surtout, en expérimentant sur des animaux vivants, s'est assuré qu'en abaissant l'épiglotte sur l'orifice laryngien, ou même en l'excisant, on n'obtenait aucune variation dans le ton.

M. Longet ajoute encore, avec juste raison, que l'on ne doit pas tirer de l'observation d'individus qui, par une maladie, ont perdu l'épiglotte, cette conclusion, que le trouble notable qui, dans les phénomènes vocaux, survient dans ces circonstances, est dû à la perte de cet appendice. En effet, d'après l'observation judicieuse du savant physiologiste, cette altération pathologique est presque toujours liée à une altération du véritable instrument de la phonation.

Sur le grand nombre des malades que nous avons pu examiner avec le laryngoscope, nous avons constaté que l'inclinaison de l'épiglotte sur l'orifice laryngien était excessivement variable selon les individus : tantôt étalée sur la face postérieure de la langue, tantôt recourbée sur elle-même, elle forme presque un tube complet, et, dans ce dernier cas, elle est généralement inclinée en arrière, de façon à masquer la cavité laryngienne. Le laryngoscope nous a permis encore de constater que, pendant l'émission de la voix de poitrine, surtout quand le chanteur emploie ce qu'on appelle le timbre clair, l'épiglotte s'incurve de plus en plus en avant, s'éloignant ainsi de l'orifice supérieur du larynx à mesure que le ton monte. Au contraire, à mesure que le ton baisse, l'épiglotte se déjette peu à peu en arrière sur l'orifice laryngien, de manière à clore presque complétement cet orifice dans l'émission des notes les plus basses.

Dans ce dernier cas, son influence consiste évidemment à ralentir les vibrations sonores renfermées dans le vestibule de la glotte, et à favoriser ainsi la formation des premières notes de l'échelle vocale.

Gouttières latérales du larynx. — Ces gouttières, bien que situées à la partie postérieure de l'organe vocal, sont assez rapprochées de l'orifice laryngien pour qu'une observation trop superficielle ait pu inspirer l'idée qu'elles pouvaient entrer pour quelque chose dans l'acte de la phonation.

« Ces gouttières, dit M. Moura-Bourrouillou, donnent de la « gravité à la voix, modifient le timbre qui appartient à « chaque voix, et impriment surtout à la voix de l'homme ce « caractère indéfinissable de sympathie que ne possède pas la

« voix de la femme, et qui émeut tous nos sens en l'entendant[1]. »
Nous ne possédons pas sans doute la sensibilité spéciale de
M. Moura-Bourrouillou, nous reconnaissons cependant que la
voix de l'homme jouit de certains avantages que n'a pas la voix
de la femme ; mais ces avantages, que nous ne voulons pas apprécier en ce moment, n'ont aucun rapport, ce nous semble,
avec les gouttières du larynx. Pendant la phonation, ces gouttières, vues avec le laryngoscope, ne subissent aucune modification appréciable, et nous en avons conclu qu'elles lui étaient
complétement étrangères. Néanmoins, notre curiosité a porté
ses fruits, et, réfléchissant à la quantité considérable de mucus que sécrètent les glandes répandues au pourtour de l'isthme
du gosier, nous avons dû penser que si ces mucosités n'avaient
pas un écoulement du côté de l'œsophage, elles devaient pénétrer dans le larynx. Cette dernière voie, on le sait, ne leur était
pas permise, et comme, d'un autre côté, la partie postérieure
du cricoïde est appuyée, pendant l'acte vocal, contre la colonne
vertébrale et l'œsophage de manière à intercepter toute issue sur
la partie médiane, nous avons dû en conclure que les mucosités
ne pouvaient pénétrer dans l'œsophage que par les parties latérales, c'est-à-dire par les gouttières du larynx. Pendant la parole, pendant le chant, toutes les parties du tuyau vocal doivent être nécessairement humectées, et si toutes ces mucosités
qui descendent le long de la paroi pharyngienne ne trouvaient
pas un tuyau d'écoulement dans les gouttières, elles pénétre-
raient inévitablement dans le larynx en passant par l'espace
inter-arythénoïdien ; or, cette pénétration est un cas pathologique qui compromet d'une manière sérieuse l'acte vocal.

Les observations pathologiques recueillies dans notre clinique
confirment cette manière de voir. Souvent nous avons pu constater que, soit par l'effet d'une trop grande abondance de muco-

[1] *Cours complet de laryngoscopie*, p. 184.

sités sécrétées dans la région naso-pharyngienne, soit par l'effet d'un gonflement inflammatoire des replis muqueux qui tapissent ces conduits, l'écoulement ne peut pas se faire, et alors de fréquents accès de toux, accompagnés de picotements, d'un sentiment de strangulation, viennent indiquer que le liquide pharyngien a pénétré dans le larynx.

Ces faits, que personne n'avait constatés avant nous, apportent un témoignage de plus en faveur de la nature des fonctions que nous attribuons aux gouttières du larynx. Quant à ce qui concerne « *le timbre et l'indéfinissable sympathie qui émeut tous* « *nos sens en entendant la voix de l'homme,* » nous ne voyons pas ce qu'ils peuvent avoir de commun avec ces conduits.

Isthme du gosier. — L'isthme du gosier a une influence sur la phonation que les observateurs les plus inexpérimentés ont déjà constatée depuis longtemps. A une époque où l'on méconnaissait le véritable mécanisme de la voix, l'on était allé jusqu'à attribuer aux parties qui forment cette région le rôle qui revient exclusivement à l'anche vocale. Bennatti avait inventé des sons qu'il appelait sus-laryngiens, et qu'il faisait produire par les piliers du voile du palais rapprochés l'un de l'autre.

Aujourd'hui cette théorie n'est plus soutenable; mais comme il existe à l'endroit de cette région des préjugés qu'entretient l'ignorance où l'on est de son influence exacte sur l'acte de la phonation, il est indispensable de nous y arrêter quelques instants.

La face postérieure de l'isthme du gosier est formée par une surface contractile, tapissée par la muqueuse. Cette paroi porte le nom de pharynx; les muscles qui la constituent sont les constricteurs supérieur et moyen du pharynx. La face antérieure est formée, en bas, par la base de la langue et, en haut, par le voile du palais et la luette. Les deux faces latérales sont limitées par les deux piliers du voile du palais dans l'intervalle desquels sont situées les amygdales.

Toutes les parties que nous venons de mentionner sont mobiles et peuvent, sous l'influence des puissances musculaires, rétrécir ou élargir à volonté le tuyau vocal en cet endroit. Ce rétrécissement s'opère progressivement, depuis la note la plus basse jusqu'à la note la plus élevée, et le voile du palais joue un très-grand rôle dans ces mouvements. En effet, selon qu'il s'abaisse ou qu'il se relève, il peut faire passer exclusivement la colonne sonore dans la bouche ou dans les fosses nasales. Pendant l'émission des notes de la voix de tête, qu'il ne faut pas confondre avec la voix de fausset, le voile du palais s'applique contre la base de la langue, et le son va résonner dans la région naso-pharyngienne, d'où la dénomination très-rationnelle de voix de tête. Il serait mieux de dire cependant : timbre pharyngo-nasal.

Si, au contraire, le voile du palais se dresse en haut, de manière à clore la partie postérieure des fosses nasales, la colonne sonore s'échappe entièrement par la bouche.

On peut dire d'une manière générale que, pendant l'émission des notes basses, le voile du palais conserve une situation telle, que le son retentit également dans les fosses nasales et dans la cavité buccale. Sans participer à la production du son, le tuyau vocal présente ainsi les dimensions les plus favorables à la formation de ce dernier. A mesure que la voix s'élève, le voile du palais s'élève aussi ; et, en fermant peu à peu l'orifice bucco-nasal, il empêche de plus en plus le retentissement de la voix dans les fosses nasales. Dans les dernières notes de l'échelle vocale, l'occlusion de cet orifice est complète, et l'on peut voir alors les piliers du voile du palais, rapprochés l'un contre l'autre, sur la ligne médiane, former une véritable paroi au-devant de la paroi pharyngienne.

Luette. La luette fait partie intégrante du voile du palais, au centre duquel elle est suspendue comme une clef de voûte. Nous reconnaissons à cet appendice trois usages différents :

1° Celui de concourir au redressement du voile du palais; les fibres charnues dont elle est composée en grande partie lui permettent de se rétracter sur elle-même, de s'effacer même complétement et d'entraîner dans ce mouvement le voile du palais en haut. Elle concourt en même temps au rapprochement des piliers sur la ligne médiane.

2° La luette présente à sa partie antérieure et supérieure une glande assez développée, dont le conduit excréteur est très-souvent visible. Cette glande, comme toutes celles dont nous avons parlé, contribue puissamment à l'humectation de la région bucco-pharyngienne.

3° La luette est encore utile pour clore d'une manière complète la cavité buccale en arrière. Dans ce but, elle se place dans le sillon que présente la langue à sa partie postérieure, son extrémité étant tournée en avant.

Il résulte de ces trois fonctions que la luette est un organe assez important, et que son ablation complète n'est pas sans inconvénient. Malheureusement, on pratique trop souvent aujourd'hui l'amputation de cet organe sans utilité réelle. A notre avis, toutes les fois que l'on porte un instrument tranchant sur la luette, on doit se borner à la réduire à ses proportions normales, à moins qu'il n'y ait indication formelle de l'amputer complétement.

Amygdales. — Il est un préjugé généralement répandu qui accorde aux amygdales une action très-grande sur l'acte vocal. Cette influence existe sans doute ; mais elle est indirecte et elle n'a jamais été bien définie.

Situées entre les deux piliers du voile du palais, et formant en cet endroit une partie des parois latérales du tuyau vocal.

les amygdales ne peuvent modifier sensiblement le son que si,
à la suite d'un gonflement exagéré, elles mettent obstacle au
libre développement des vibrations sonores dans la cavité buccale ; dans ce cas, il suffit de faire disparaître par l'instrument
tranchant ou par les caustiques la partie proéminente pour
rendre à la voix toute sa pureté. Dans ces derniers temps, on
a prétendu que l'amputation des amygdales pouvait, non-seulement nuire à la beauté de la voix, mais encore qu'elle pouvait
exercer sur l'état des poumons une influence fâcheuse. Nous ne
voulons pas réfuter une assertion si fausse et si dénuée de raison ;
il nous suffira de dire quelles sont les fonctions de ces organes
glandulaires : situés à l'origine des voies respiratoires et des
voies digestives, ils sont destinés à sécréter un liquide spécial,
dans le but de favoriser l'acte de la déglutition, en tenant les
parties de l'isthme du gosier continuellement humectées ; si
l'on songe que le passage de l'air tend à dessécher sans cesse
le tuyau vocal, on admettra facilement l'importance de cette
fonction. Par conséquent, toutes les fois que les amygdales auront acquis un volume assez considérable, soit pour compromettre la déglutition, soit pour gêner l'acte vocal, il sera sage
de réduire ces organes à leurs dimensions normales, mais on
ne devra jamais les extirper entièrement, à moins qu'il n'y ait
indication formelle de le faire.

L'isthme du gosier constitué par les différentes parties que
nous venons de décrire continue, par ses effets contractiles,
l'influence que nous avons reconnue au vestibule de la glotte
sur les vibrations sonores ; selon la note émise, la contraction
musculaire agrandit ou rétrécit la partie du tuyau vocal que forme
l'isthme du gosier, et concourt ainsi, non pas à la production du
son, mais à sa modification. Pour se faire une idée exacte de cette
modification, on n'a qu'à se rappeler ce que nous avons dit des
tuyaux sonores, parmi lesquels le tuyau vocal doit être classé.

Bouche. — La bouche continue le rôle de l'isthme du gosier; mais à cause de son élargissement subit et de son éloignement du point d'origine des vibrations sonores, son influence est bien moins grande. Nous avons vu, en effet, dans nos expériences sur les tuyaux sonores que, plus on allonge ces tuyaux, et plus il faut augmenter le tuyau d'ajustage pour obtenir une modification analogue à celle qui a précédé; le même phénomène se passe dans les cordes; si, sur une corde de violon, il faut, pour passer de l'*ut* au *ré*, franchir sur la corde un intervalle de 2 centimètres, il ne faudra parcourir qu'un intervalle de 1 centimètre pour passer de l'*ut* au *ré* de l'octave qui est au-dessus. Nous considérons l'influence de la bouche sur la formation des tons comme tout à fait accessoire, et nous disons que c'est surtout en modifiant le timbre, la sonorité de l'anche vocale, que la bouche participe aux modifications de la voix. L'illustre Dodart, dans un langage pittoresque, a défini cette influence avec un talent que nous ne saurions imiter, « et c'est ce qui donne lieu d'entrevoir que toutes les différentes consistances des parties de la bouche, même de celles qui sont le plus délicates et le plus fluettes, contribuent au résonnement, chacune en leur manière et très-différemment, en sorte qu'on peut dire que c'est de cette espèce d'assaisonnement de divers résonnements que résulte tout l'agrément de la voix de l'homme, inimitable à tous les instruments de musique : c'est ce que les organistes cherchent à imiter, en ajoutant un jeu à un autre dans l'exécution d'un air. » Mais non-seulement les parois de la bouche, constituées par des corps si différents, ont une influence sur le timbre de la voix, mais encore la disposition différente que ces différentes parties peuvent prendre exerce, elle aussi, une influence remarquable sur la nature du son. C'est ainsi que, en avançant plus ou moins les lèvres, et en les serrant de manière qu'elles circonscrivent une petite

ouverture, on communique au son de la voix un timbre flûté,
doux, dans lequel il serait difficile de distinguer les vibrations
d'une anche ; au contraire, si la bouche est grandement ouverte,
les sons acquièrent beaucoup d'éclat et une qualité particulière
qui laisse deviner leur origine. Les différentes positions de la
langue sont non moins importantes, selon l'effet sonore qu'on
veut produire. Dans l'émission des sons élevés, la base de la
langue se porte en arrière et elle concourt avec le pharynx et
les piliers du voile du palais à rétrécir le tuyau vocal dans cette
région. N'oublions pas de dire, à cette occasion, que les personnes inexpérimentées exagèrent ce rétrécissement, dans le
but de favoriser l'émission des notes élevées, et qu'elles donnent à leur voix ce caractère pénible que l'on désigne en
disant : chanter de la gorge.

Fosses nasales. — L'influence des fosses nasales sur la
phonation ne nous semble pas avoir été jusqu'à présent bien
comprise ; généralement, on considère ces cavités au point de
vue seulement de la masse d'air qu'elles renferment, et du retentissement favorable qu'elles fournissent à l'émission de chaque
note. Sans doute, elles remplissent cette destination ; mais, à
notre avis, elles jouent un rôle beaucoup plus important.

Si, par l'occlusion des narines, on oblige toute la colonne
d'air à passer par la cavité buccale, on constate que le son n'est
pas sensiblement modifié ; mais si, au lieu d'émettre des sons sim-
p'es, on les articule pour chanter, on remarque pendant l'émission de certaines notes, ou plutôt de certaines lettres, un
nasonnement très-désagréable. Ce nasonnement coïncide non-
seulement avec les lettres dites *nasales*, mais avec un grand
nombre d'autres que nous désignons plus loin dans la physiologie de la parole. Ce phénomène doit être attribué à ce que la
plupart des lettres sont formées par des obstacles que la colonne
d'air rencontre dans l'intérieur de la bouche. Lorsque l'obstacle

est trop grand, la colonne d'air s'écoule nécessairement par les fosses nasales, et elle acquiert dans ces cavités des qualités sonores nouvelles ; c'est pourquoi il se produit un nasonnement analogue à celui que nous obtenions en fermant plus ou moins les narines avec les doigts toutes les fois que, par la présence d'une tumeur ou par l'effet du gonflement inflammatoire de la muqueuse, l'écoulement de l'air se trouve gêné.

Ainsi donc, nous devons considérer les fosses nasales, non pas au point de vue exclusif du retentissement de la voix, car ce retentissement n'est nullement nécessaire, mais comme un tuyau d'échappement destiné à l'écoulement de l'air dans les circonstances où la disposition des parties, pour la formation de certaines lettres, s'oppose plus ou moins à la sortie de l'air par la bouche.

Conclusions. — D'après ce que nous venons de dire sur les différentes parties qui constituent le tuyau vocal, il ressort clairement que ce tuyau exerce une grande influence sur les sons de la voix, et que cette influence est différente selon la partie que l'on considère. A son origine, il concourt évidemment à la formation des tons, absolument comme le tuyau d'un instrument à anche influence le son de cette dernière, mais avec cette différence que le vestibule de la glotte baisse ou élève le ton en élargissant ou en rétrécissant la cavité sonore, tandis que les tuyaux n'agissent dans le même sens que par leurs dimensions en longueur. Il serait plus juste, par conséquent, de comparer cette région au bocal de l'embouchure d'un instrument à vent. L'on sait, en effet, qu'en augmentant la capacité du bocal d'une embouchure, ainsi que l'orifice du tube par lequel elle se termine, les sons que l'on obtient sont beaucoup plus bas, et cela, bien que la circonférence qui la limite supérieurement et que l'on applique contre les lèvres conserve le même diamètre.

L'épiglotte, qui limite supérieurement cette cavité, exerce,

elle aussi, une influence dans le même sens. Sans accorder toutefois à cet opercule la même importance que nous avons reconnue aux ligaments thyro-arythénoïdiens supérieurs, nous dirons
qu'en s'inclinant plus ou moins sur l'orifice laryngien, il met
un obstacle à la libre sortie de l'air, et qu'il contribue ainsi
à abaisser ou à élever le ton.

Au-dessus de cette région, l'influence du tuyau vocal sur
les sons n'est plus la même ; il peut être allongé, raccourci,
agrandi ou rétréci, sans que le son initial soit modifié quant à
sa tonalité ; mais il est une forme, une consistance et des dimensions particulières qui conviennent plus ou moins au développement complet et à la beauté de chaque note. Par leur mobilité et leur constitution organique, l'isthme du gosier et la
bouche concourent, en effet, à compléter les sons de la voix, et
à leur donner les qualités agréables qui les caractérisent. Nous
traiterons cette question d'une manière toute spéciale à l'occasion du timbre de la voix.

§ II. — Tuyau porte-vent.

Le porte-vent vocal est constitué par cette partie du tube aérien, qui, de la face inférieure des rubans vocaux, s'étend jusqu'aux vésicules pulmonaires. Comme son nom l'indique, c'est
un tuyau destiné à transmettre l'air qui, en passant à travers la
glotte, doit faire vibrer les rubans vocaux.

En traitant la question relative au porte-vent dans le livre de
l'acoustique, nous avons vu que cette partie de l'instrument
exerçait une influence considérable sur le ton des tuyaux à
anche, mais que cette influence n'était déjà plus si grande lorsqu'il s'agissait d'une anche membraneuse. Cette différence nous
semble devoir être attribuée à ce que, par la nature de leur

tissu, les anches membraneuses s'accommodent plus facilement aux différentes dimensions de la colonne d'air.

Quelques physiologistes, et parmi eux Magendie, ont pensé, contrairement à ce que nous venons de dire, que la trachée, considérée comme porte-vent, devait avoir une grande influence sur les tons de la voix. Nous ne partageons pas cette croyance, et nous nous appuyons en cela sur nos propres expériences.

Nous avons vu, page 72, que, pour modifier le son d'une anche, il était nécessaire d'allonger ou de raccourcir le tuyau porte-vent de 10 centimètres environ, et que l'on n'obtenait ainsi qu'un effet peu considérable, c'est-à-dire une élévation ou un abaissement d'un degré seulement. Or, la trachée n'est pas constituée de manière à pouvoir s'allonger ou se raccourcir de 10 centimètres ; c'est à peine si sa longueur peut varier de 3 ou 4 centimètres ; par conséquent, ses modifications en longueur ne peuvent avoir aucune influence sur le ton. Voici probablement ce qui se passe pendant le chant : la colonne d'air, qui fait vibrer les rubans vocaux, doit avoir nécessairement une longueur qui puisse s'accommoder avec la vibration des rubans ; mais cette accommodation se fait très-facilement, et la longueur de tuyau qu'elle exige n'est pas du tout comparable à celle qu'exigerait l'élévation ou l'abaissement d'un ton dans un tuyau sonore. Ici, la colonne d'air ne fait que s'adapter à un mouvement qui lui donne l'impulsion, et comme l'air est par lui-même très-facilement modifiable dans ses mouvements, il suffit qu'il existe, entre les vibrations dont il est susceptible et celles de la languette, un rapport très-éloigné pour que son mouvement ne contrarie pas celui de la languette.

Ces remarques s'accordent parfaitement avec les résultats que Müller avait obtenus, en expérimentant sur les larynx naturels et artificiels qu'il faisait vibrer avec des porte-vent membraneux. « Il apparaît clairement, dit Müller, que, dans les changements des sons chez l'homme, on doit fort peu compter sur le raccourcissement et l'allongement, tant de la trachée-artère que de l'espace situé au-devant des cordes vocales par les mouvements de descente et d'élévation du larynx : tout au plus peut-on admettre que l'allongement du tuyau placé au-devant des cordes vocales par la descente du larynx, et son raccourcissement par l'ascension de cet organe, facilitent, toutes choses égales d'ailleurs, dans le premier cas, la formation de sons graves, et dans le second, celle des sons aigus, ce qui du moins est confirmé par ce qu'on observe sur l'homme vivant [1]. »

Il est donc certain que les longueurs variables de la trachée n'ont aucune influence sur la formation des tons de la voix.

Il est une influence bien autrement importante, et qui nous semble avoir été négligée jusqu'ici : nous voulons parler de la résonnance des notes dans la cavité de la poitrine.

Lorsqu'on fait vibrer une anche, située à l'extrémité d'un tuyau, et que la longueur de ce dernier est telle, que la colonne d'air qu'il renferme puisse vibrer à l'unisson de l'anche, le son se trouve renforcé par les vibrations de la colonne d'air.

Pour faire cette expérience, on se sert d'un tuyau à coulisse, analogue à celui des lunettes.

Si, après avoir mis l'anche en vibration, l'on approche de l'oreille l'extrémité du tube qui sert de bouche, l'on constatera que, avec une certaine longueur de tuyau, le son se trouvera renforcé, tandis que, avec d'autres longueurs, il n'y aura aucun renforcement.

La trachée et les bronches peuvent être assimilées à ce dernier tube : toutes les fois que les rubans vocaux émettent une note dont les vibrations peuvent trouver quelque sympathie

---

[1] *Traité de physiologie*, t. II, p. 190.

vibratoire dans certaines longueurs du porte-vent, cette note sera renforcée.

D'ailleurs, il s'agit ici d'une sensation que tous les chanteurs ont éprouvée. Quand ils émettent une note capable de trouver son retentissement dans le tuyau porte-vent, ils éprouvent un frémissement dans la poitrine, frémissement qui peut changer de siége selon la note émise.

Ainsi, par exemple, tandis que la note *la*² provoque le retentissement de toute la profondeur de la poitrine, la note *si*² trouve le sien au niveau du sternum, la note *ut*³ un peu plus haut, et ainsi de suite jusqu'au *la*³. Cette dernière note semble trouver son retentissement dans les parois du larynx. A partir du *la*³, le retentissement paraît se faire surtout dans le tuyau situé au-dessus du larynx.

Il est évident que le siége de ce retentissement varie selon le diapason des voix, et qu'il n'est pas le même pour les voix de basse, de baryton et de ténor.

Il arrive ainsi que le larynx possède une table d'harmonie particulière; mais, à cet égard, il se distingue des autres instruments par cette particularité remarquable, que le corps de renforcement peut changer de forme et de dimensions, selon la note émise. Phénomène merveilleux et que l'art n'a jamais pu imiter! A chaque note correspond une table d'harmonie particulière qui renforce le son avec d'autant plus d'exactitude et de netteté que cette adaptation n'est pas sous la dépendance de la volonté du chanteur. Chez l'homme, la table d'harmonie est située sur tout le parcours des voies aériennes, depuis les vésicules pulmonaires jusqu'aux lèvres, et, sans que le chanteur s'en préoccupe, chaque note va trouver, dans ce long trajet, la partie résonnante qui convient le mieux à son renforcement. On peut suivre facilement le siége variable de cette résonnance, en appliquant la main sur la poitrine et le cou d'un chanteur, pendant qu'il parcourt l'étendue de l'échelle vocale ; le résultat de cette expérience est que le siége de la résonnance s'élève depuis le bas de la poitrine jusqu'au larynx.

Arrivée au niveau de ce dernier, la résonnance correspond aux notes *fa*³, *sol*³. La résonnance des notes *la*³, *si*³, ne se fait plus dans le cou, mais dans la cavité buccale. De là le nom du *timbre palatal* que M. Révial, professeur au Conservatoire impérial de musique, a donné à cette résonnance.

Il serait peut-être opportun de parler ici des différentes manières dont le souffle est poussé pour faire vibrer les rubans vocaux, ou, en d'autres termes, d'étudier la respiration au point de vue du chant. Mais nous avons pensé que cette question, bien que se rattachant directement à la physiologie de la voix, trouverait mieux sa place dans le livre où nous nous occuperons exclusivement de l'application de la physiologie à l'art du chant.

En étudiant séparément, comme nous venons de le faire, chacune des parties qui constituent l'instrument vocal, nous avons voulu établir, d'une manière exacte et précise, leur action physiologique et indiquer la part d'influence que chacune d'elles peut revendiquer dans la production des sons. Cette étude préalable nous a paru logique et nécessaire. En effet, nous n'avons plus qu'à reconstituer l'instrument vocal, à l'étudier dans son ensemble, et nous arriverons facilement à connaître le mécanisme de la voix humaine.

CHAPITRE IV.

MÉCANISME DE LA FORMATION DE LA VOIX HUMAINE.

Des registres de la voix. — La voix de l'homme présente
chez le même individu certaines qualités sonores très-diffé-
rentes, selon le degré de l'échelle vocale où on l'examine. Ces
différences sont assez marquées, et l'on comprend facilement
qu'on ait essayé de les distinguer par des dénominations spéciales. Le mot registre est le nom générique sous lequel on les
désigne. C'est ainsi que l'on dit : registre de poitrine, registre
de fausset. Les physiologistes ne s'accordent pas plus entre eux
que les maîtres de chant sur la signification précise que l'on
doit donner à cette expression ; cela tient, à notre avis, à ce qu'on
l'applique à un phénomène complexe, dont le mécanisme avait
échappé jusqu'ici aux investigations de tous. Une erreur n'est
le plus souvent que la conséquence d'une autre erreur, et, s'il
règne quelque obscurité dans la signification du mot registre,
nous l'attribuons à ce que la genèse des voix de poitrine et de
fausset a été mal comprise et à ce que ces dénominations sont
tout à fait impropres ; elles semblent dire, en effet, que la voix
de poitrine retentit spécialement dans la poitrine : ce qui est
faux, et que l'autre est formée dans l'arrière-gorge : ce qui est
également faux. Si, à ces erreurs, on ajoute celles qui ont été
professées sur le mécanisme des différentes voix, l'on ne sera
pas étonné que généralement l'on s'accorde peu sur cette ques-

tion importante. Mais il ne suffit pas d'indiquer la cause du mal, il faut appliquer le remède.

Les différentes voix ne peuvent être classées que d'après leur timbre, leur sonorité particulière, ou d'après le mécanisme qui préside à leur formation.

Une classification qui serait basée sur les qualités du timbre ne serait pas acceptable; car certaines notes, appartenant à des voix différentes, peuvent avoir le même timbre, le même genre de sonorité. A notre avis, la seule classification possible doit être basée sur le fonctionnement physiologique de l'organe vocal.

En indiquant les procédés qui permettent au larynx humain de produire les différentes voix, nous aurons établi une base solide, d'après laquelle nous pourrons définir exactement tous les phénomènes qui se rapportent à cette question.

Nous avons démontré plus haut que l'anche vocale, analogue, quant à son mécanisme, à certaines anches de caoutchouc, pouvait produire des sons par trois procédés différents; ces procédés sont absolument les seuls qu'emploie la nature; par conséquent, en ne tenant compte que du mécanisme de la formation du son, les différentes voix que le larynx humain puisse produire se réduisent à trois.

Pour ne pas compliquer cette question, déjà trop obscure, nous conserverons les dénominations de voix de poitrine, voix de fausset, voix mixte, que l'usage a consacrées, nous réservant de leur donner une signification toute nouvelle.

§ 1. — Voix de poitrine.

La voix de poitrine est caractérisée par des sons pleins, volumineux, que l'oreille distingue bien, mais que la parole ne saurait exactement définir, si ce n'est en exprimant les dispositions anatomiques et les conditions physiologiques qui président à sa formation. Anatomiquement parlant, elle est caractérisée par l'épaisseur des rubans vocaux, dont les bords peuvent être minces, tranchants ou très-épais, selon l'état de relâchement ou de contraction des muscles thyro-arythénoïdiens.

Dans la voix de poitrine, les muscles thyro-arythénoïdiens sont toujours à l'état de contraction, et, par conséquent, les bords des rubans vocaux présentent une certaine profondeur qui multiplie entre eux les points de contact.

Il arrive ici, pour les rubans vocaux, ce que nous avons constaté dans les anches de caoutchouc : si, par la pression des doigts, on obtient le contact des parois de l'anche dans une certaine étendue, on produit des sons pleins, forts, assez analogues aux sons de poitrine ; si, au contraire, on ne pince que la partie supérieure de l'anche, on fait entendre des sons petits, minces et proportionnés à la petite étendue du contact des parois de l'anche.

Ainsi, le contact aussi étendu que possible, en profondeur, des bords des rubans vocaux, est une des conditions essentielles de la production du registre de poitrine.

Énumérons, à présent, les conditions physiologiques qui président à la formation des sons.

Cette énumération ne peut se faire qu'avec l'aide du laryngoscope. Si nous supposons que le petit miroir, introduit au fond de la gorge, nous permette de suivre les modifications qui surviennent dans la cavité laryngienne pendant l'émission des sons de poitrine, voici ce que nous constatons : au moment où nous voulons produire la note do^2, les arythénoïdes se rapprochent l'un de l'autre par un mouvement de rotation en bas et en dedans, et, par l'effet de ce mouvement, les rubans vocaux se trouvent affrontés, laissant entre eux un petit intervalle à la partie antérieure.

Lorsque le souffle passe à travers la glotte, on voit cette petite fente s'agrandir et devenir sensible jusqu'à la partie postérieure ; tout cet intervalle mesure évidemment la longueur de la membrane vocale qui est en vibration. L'épiglotte est légèrement inclinée sur l'orifice laryngien ; le vestibule de la glotte n'est pas aussi élargi qu'il le paraîtra tout à l'heure ; les ligaments thyro-arythénoïdiens supérieurs font relief dans la cavité laryngienne, et ils masquent en partie les bords latéraux des rubans vocaux inférieurs. Faisons remarquer aussi que le larynx est profondément situé, et que les rubans vocaux sont dans une direction horizontale (voir fig. 18).

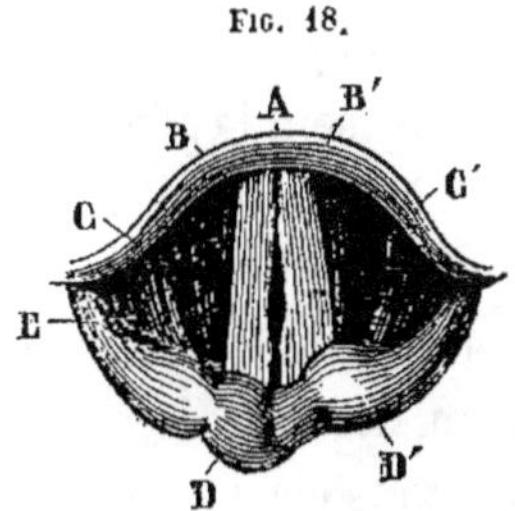

Fig. 18.

Configuration de la glotte pendant les notes graves du registre de poitrine.

A. Epiglotte.   CC'. Vestibule de la glotte.
BB'. Rubans vocaux.   DD' Sommets des arythénoïdes.

Les phénomènes que nous venons de signaler ont une signification qu'il est important de bien préciser. La petite fente indique que les rubans vocaux sont dans un certain état de relâchement, et que, par conséquent, le muscle thyro-arythénoïdien qui les double n'est pas contracté ou l'est très-peu. Il résulte de ce fait que la membrane vocale elle-même est peu tendue, qu'elle est plus épaisse et qu'elle doit donner des sons plus bas et plus volumineux. Lorsque, sous l'influence du souffle, cet intervalle vient à augmenter en longueur, cela veut dire que

l'air, en passant à travers les rubans, a écarté ces derniers en
les faisant vibrer de la quantité nécessaire à la formation de
la note émise; cette distance est mesurée par la contraction des
crico-arythénoïdiens latéraux et par celle du faisceau oblique
des muscles thyro-arythénoïdiens, qui, selon la volonté, se
contractent au degré convenable pour limiter la longueur de la
partie vibrante. L'épiglotte est légèrement inclinée en arrière
sur l'orifice laryngien ; cette inclinaison ne se fait que par la
contraction de la petite bande musculaire, qui, du sommet des
arythénoïdes, va s'insérer sur les bords de l'épiglotte ; et comme
cette petite bande se trouve placée dans l'intérieur des replis
arythéno-épiglottiques, ceux-ci se redressent, se tendent, et la
profondeur du vestibule de la glotte se trouve ainsi augmentée,
conditions qui, toutes, favorisent la production des sons graves.

La situation du larynx à la partie inférieure du cou favorise
encore l'émission d'un ton peu élevé; mais, à mesure que nous
émettrons de nouvelles notes, le larynx s'élèvera en masse, sollicité en haut par les muscles sus-hyoïdiens. Cette élévation
favorise la formation des tons élevés en raccourcissant le tuyau
vocal ; mais elle n'est pas indispensable, car nous verrons, en
parlant de la voix sombrée, que le larynx peut rester presque
toujours dans la même situation, sans influencer le ton d'une
manière sensible. N'oublions pas que les tons sont produits par
les modifications de l'anche elle-même, et que le tuyau vocal
ne fait que s'adapter à eux en les favorisant.

L'horizontalité des rubans signifie que la contraction des
muscles crico-thyroïdiens n'est pas très-agissante; l'on sait que
ces muscles ont pour fonction de rapprocher l'anneau antérieur
du cricoïde du thyroïde, et, par le fait de ce rapprochement,
d'éloigner l'un de l'autre les bords supérieurs de ces cartilages ; il résulte de cet éloignement que les rubans vocaux se
trouvent tendus, mais par un mouvement oblique de bas en

haut et d'avant en arrière. Or, du moment où les rubans vocaux paraissent à peu près dans leur position horizontale, c'est que la contraction des muscles crico-thyroïdiens est très-légère, et que, par conséquent, la tension de la glotte est peu considérable.

Ainsi donc, pour l'émission de la note do^2, qui est une des notes basses du registre de poitrine, nous trouvons tous les conditions favorables à l'émission de cette note. Il nous suffit d'avoir indiqué ces conditions pour deviner presque celles qui vont suivre, à mesure que nous nous élèverons dans l'échelle vocale. Il n'y a qu'à se rappeler les principes que nous avons énoncés jusqu'ici sur la formation des tons. Mais l'organe vocal est agencé de telle manière, que, pour passer d'un ton à un autre, ses mouvements sont inappréciables, et que, pour saisir une modification sensible, nous nous voyons obligé de passer du do^2 à la note sol^2. Pendant l'émission du sol^2, l'intervalle qui sépare les rubans vocaux est un peu moins considérable, mais d'une quantité à peine appréciable. On constate en même temps que la glotte est sensiblement plus courte ; les apophyses arythénoïdes se touchent pendant la vibration des rubans, dans une étendue un peu plus grande, mais assez peu marquée pour exiger, de la part de celui qui constate le phénomène, une assez longue habitude de l'examen laryngoscopique. Cette petite occlusion est produite par la contraction du faisceau oblique du thyro-arythénoïdien.

L'épiglotte, qui, précédemment, était inclinée sur l'orifice laryngien, se redresse légèrement ; le diamètre antéro-postérieur de la cavité laryngienne est un peu plus grand, et les rubans vocaux, devenus plus visibles dans le miroir par le fait de l'ascension du larynx, se présentent obliques du haut en bas et d'arrière en avant.

Les parois latérales ont diminué de hauteur et les ligaments thyro-arythénoïdiens supérieurs tendent à se rapprocher des

rubans vocaux. Cette diminution est produite par la contraction du faisceau vertical des muscles thyro-arythénoïdiens
qui enlace et étreint toute la paroi latérale dans sa hauteur.
Quant à l'augmentation du diamètre antéro-postérieur, elle est
le résultat de l'éloignement des bords supérieurs du cricoïde et

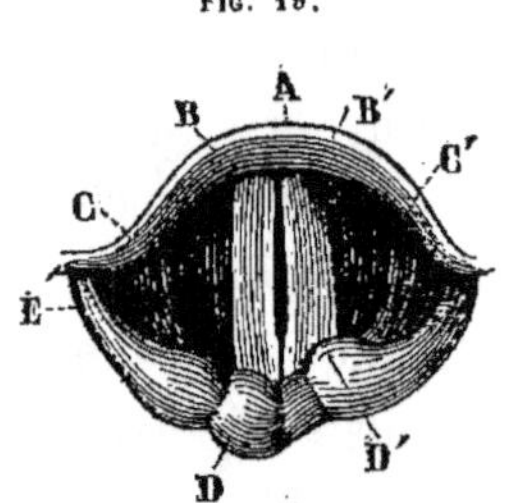

Fig. 19.

Configuration de la glotte pendant l'émission du sol² de poitrine.

A. Epiglotte.
BB'. Rubans vocaux.
CC'. Vestibule de la glotte.

DD'. Sommet des arythénoïdes.
E. Replis arythéno-épiglottiques.

du thyroïde, éloignement qui résulte lui-même de la contraction des muscles crico-thyroïdiens ; l'obliquité des rubans est
due à la même cause. Toutes ces actions musculaires ont pour
résultat final de tendre en longueur et en épaisseur la membrane muqueuse qui recouvre les rubans et de diminuer la
longueur de la partie vibrante.

Avant d'aller plus loin, arrêtons-nous un instant sur le mécanisme de la tension en épaisseur et de la tension longitudinale. Au premier abord, ces deux actions simultanées paraissent être une contradiction monstrueuse aux lois de la mécanique. En effet, les muscles thyro-arythénoïdiens sont étendus
horizontalement d'avant en arrière dans l'intérieur des rubans
vocaux, et ils ne tendent ces derniers en épaisseur que par leur
contraction et, en conséquence, par leur raccourcissement. Or,
toute puissance qui sera appliquée à la tension longitudinale

dès rubans devra nécessairement agir sur la contraction des thyro-arythénoïdiens, distendre ces muscles et diminuer la tension en épaisseur. Si les choses se passaient ainsi, la formation des tons par les moyens que nous avons indiqués serait impossible, parce que les deux forces tensives, croissant en raison directement proportionnelle se contrebalanceraient dans leurs effets. Cet antagonisme est réel, et cependant, le but final est atteint.

Si ce n'était pas un lieu commun que de s'extasier devant les œuvres de la nature, si supérieures à celles de l'art, le moment serait propice pour lui offrir un juste tribut d'admiration.

Nous avons constaté plus haut que, dans les anches membraneuses, l'élévation des tons produite par la tension en longueur est très-limitée. Cette impuissance ne tient pas précisément à la petitesse de l'anche, comme on pourrait le supposer, en se rappelant ce qui se passe dans les cordes tendues ; elle tient à la perte de l'élasticité du tissu, lorsque la tension est arrivée à un certain degré. En général, lorsqu'une tension appliquée à un tissu dépasse les limites de sa force élastique, ce tissu perd son ressort et se laisse distendre mécaniquement.

Ce qui arrive pour les anches en caoutchouc arriverait donc pour les cordes vocales soumises à une tension exagérée, si la vie n'intervenait pas avec une de ses manifestations les plus admirables : nous voulons parler de la force tonique. Les tissus vivants obéissent jusqu'à un certain point aux puissances mécaniques qui les distendent ; mais la résistance qu'elles leur opposent n'est pas simplement une résistance passive et subordonnée à l'élasticité des tissus : cette résistance est vivante, douée d'une énergie modifiable et capable par conséquent de transformer le tissu qu'elle anime et de lui donner une force élastique différente, selon le degré de son énergie. Les rubans vocaux peuvent obéir à la tension longitudinale ; mais cela n'empêche pas que leur tension en épaisseur ne continue à s'effectuer, et ils doivent cette possibilité à la force tonique qui anime les fibres musculaires et la membrane vocale elle-même. A mesure que le ton s'élève, la tension longitudinale et l'élasticité des rubans augmentent de telle façon, que, soumis à une élasticité et à une tension progressives, le même ruban peut donner une infinité de tons successifs, en conservant une longueur toujours à peu près la même.

L'industrie humaine n'a jamais rien inventé qui approche de ce merveilleux mécanisme : trouvera-t-on jamais une corde dont on puisse instantanément modifier l'élasticité propre pour produire différentes notes? ou bien, ce qui revient au même, arrivera-t-on jamais à réunir dans une même corde toutes les propriétés qui caractérisent les différentes cordes de basse, d'alto et de violon? Assurément non ; il n'est pas permis à l'homme d'inventer la vie.

Revenons à notre examen laryngoscopique. Jusqu'ici nous avons vu les différents tons se produire sous l'influence de trois actions différentes : 1° tension longitudinale, tension en épaisseur, occlusion progressive de la glotte en arrière; ces trois actions, se produisant sur des tissus toniques, vivants, vont aller en augmentant d'intensité jusqu'aux dernières limites de la voix de poitrine. Ces limites, très-variables selon les individus, se trouvent chez moi à la note *mi*³. Voici quelle est la disposition de l'organe vocal pendant l'émission de cette note :

Le larynx en masse est très-élevé ; les rubans vocaux, très-obliques, sont excessivement rapprochés du miroir laryngien, et je les distingue parfaitement dans toute leur étendue; la glotte est fermée d'arrière en avant dans une grande partie de son étendue; la hauteur des parois latérales a presque diminué de moitié, et le bord inférieur des ligaments thyro-arythénoïdiens supérieurs arrive presque au contact des rubans vocaux ; le diamètre antéro-postérieur de la cavité laryngienne est un peu plus long que précédemment ; mais le diamètre transverse a presque diminué de moitié, de telle sorte que toutes les dimensions du vestibule de la glotte, sauf la dimension antéro-postérieure, sont excessivement réduites.

Tous ces phénomènes sont produits par l'exagération des puissances dont nous avons déjà parlé ; mais il en est parmi eux qui méritent de fixer un instant notre attention : nous voulons parler de l'occlusion progressive de la glotte en arrière. Cette occlusion semble marcher plus rapidement dans les dernières notes de la voix de poitrine que dans les premières. Effectuée d'abord par l'action des muscles crico-arythénoïdiens latéraux, elle progresse ensuite sous l'influence de la contraction du faisceau oblique des muscles thyro-arythénoïdiens, et elle arrive à son *summum* par l'effet du faisceau vertical du même muscle. Cette occlusion ne dépasse jamais la moitié de l'étendue des rubans vocaux pendant l'émission de la voix de poitrine ; elle s'arrête au moment où la tension en longueur est devenue assez grande pour empêcher l'action des faisceaux constricteurs du muscle thyro-arythénoïdien.

Après être arrivé progressivement aux dernières limites de la voix de poitrine, il nous reste à dire pourquoi de nouvelles notes ne peuvent pas être produites, à quelle cause en un mot on doit attribuer l'impuissance du procédé qui a servi jusqu'ici à former tous les sons de la voix de poitrine. Cette question purement physiologique nous offre le plus grand intérêt.

Nous avons vu que, arrivé aux dernières notes de la voix de poitrine, la glotte limitait encore vers sa partie antérieure une fente assez étendue pour produire de nouvelles notes. Par conséquent, ce n'est pas faute d'instrument que la voix de poitrine cesse ; l'instrument et le souffle qui l'anime existent en effet mais il arrive un moment où les puissances musculaires sont incapables de provoquer des modifications nouvelles pour la génération de nouveaux sons.

A mesure que les crico-thyroïdiens tendent les rubans vocaux, ils éloignent le bord supérieur du thiroïde du bord supérieur du cricoïde ; cet écartement tend à détruire l'action des muscles thyro-arythénoïdiens qui sont situés horizontalement entre ces deux bords, de telle sorte que la tension en épaisseur et la tension longitudinale, effectuées par deux forces qui tendent à se détruire, deviendraient impossibles si la tonicité musculaire ne permettait pas jusqu'à un certain point ce paradoxe mécanique. Cependant, il arrive un moment où la tension longitudinale et la tension en épaisseur se font équilibre ; pour que l'une d'elles pût augmenter, il faudrait que l'autre le permît en perdant de son énergie. Il se passe dans ce phénomène une chose analogue à ce que Barthez a appelé *force de situation fixe*.

Sans partager l'opinion du grand physiologiste sur l'explication du phénomène qui sert de base à sa théorie, nous invoquerons ici le fait sur lequel il s'appuie.

Pour démontrer ce qu'il entendait par *force de situation fixe*, Barthez cite le tour de la grenade, qui était un de ceux qu'exécutait Milon de Crotone. « Cet athlète tenait une grenade dans la main, de telle manière qu'il ne la lâchait point, malgré les efforts que tout autre homme, digne de se mesurer avec lui, pouvait faire pour l'en détacher ; et cependant, lui-même ne faisait sur cette grenade aucune compression qui pût la déformer. Dans cette action, qu'est-ce qui résistait à l'effort par lequel l'adversaire tâchait de détendre les doigts de Milon ? Etait-ce la contraction, c'est-à-dire la tendance au raccourcissement des muscles fléchisseurs ? Non, car si ces muscles eussent résisté à l'action extensive par un acte de contraction, comme cet acte aurait dû croître en proportion de la force assaillante, il serait arrivé qu'au moment où l'adversaire cessait son effort extensif, les doigts, obéissant aux tendons fléchisseurs, auraient écrasé la grenade. S'ils demeuraient immobiles, il faut donc reconnaître que c'était par une situation fixe des molécules de ces muscles, et non par un acte de contraction [1]. »

Cette explication est sans doute très-ingénieuse, mais elle ne nous paraît pas soutenable. A notre avis, le tour de Milon de Crotone doit être expliqué par la synergie des muscles fléchisseurs et extenseurs. Ces muscles représentent deux forces égales qui se font équilibre et qui engendrent ainsi une nouvelle force, sorte de résultante dont l'énergie s'épuise dans une situation fixe. Cette force est évidemment proportionnelle à l'énergie de ses composantes, et c'est ce qui explique pourquoi le premier venu né serait pas capable d'exécuter le tour de Milon de Crotone.

Un phénomène analogue se passe dans l'organe vocal pendant l'émission des dernières notes de la voix de poitrine. Les muscles crico-thyroïdiens (extenseurs) et les muscles thyro-arythénoïdiens (fléchisseurs) sont dans un état de contraction égale de part et d'autre, et il en résulte une sorte de situation fixe des rubans vocaux qui s'oppose à l'émission de nouvelles notes.

Telle est, selon nous, la principale cause qui met un terme au registre de poitrine. Il en est une autre non moins importante et qui tient à l'impossibilité où se trouvent les faisceaux des muscles thyro-arythénoïdiens d'effectuer l'occlusion de la glotte. Cette impuissance est le résultat de la tension excessive des rubans qui ne peuvent plus céder à l'action qui tend à les rapprocher.

Il résulte de ce que nous venons de dire que la voix de poitrine

---

[1] Lordat, *Exposition de la doctrine médicale de Barthez*, p. 160.

est formée par l'action simultanée de trois puissances : 1° tension des rubans vocaux en longueur ; 2° tension de ces mêmes rubans dans le sens de l'épaisseur ; 3° modifications de la longueur de la partie vibrante. Ces trois actions réunies, analogues à celles que nous avons employées sur les anches de caoutchouc, peuvent seules expliquer comment un corps vibrant, de 2 centimètres environ de longueur, est susceptible d'engendrer un aussi grand nombre de notes. Mais il est une chose qui distingue essentiellement le corps vibrant de la voix des lamelles de caoutchouc, ce sont les modifications variables des propriétés physiques de la membrane vocale. Nous avons vu, en effet, que, sous l'influence de la vie, les rubans vocaux pouvaient, en quelque sorte, changer de nature, et se prêter ainsi à certains effets qu'on n'obtient jamais avec les substances inanimées.

Il résulte encore de l'action simultanée des trois forces différentes, que les modifications nécessaires pour la production des tons sont à peu près inappréciables, et que, dans presque toute l'étendue de ce registre, l'ouverture de la glotte conserve une longueur suffisante pour donner aux sons qu'elle produit le volume, la sonorité grande qui le caractérisent.

§ II. — Voix de fausset[1].

Historique. — S'il était nécessaire de donner une nouvelle preuve de la fausseté des théories qui ont été données sur la formation de la voix en général, nous la trouverions dans les opinions quelquefois étranges qui ont été soutenues au sujet de

---

[1] Jean-Jacques Rousseau n'admettait pas l'orthographe de ce mot avec deux *ss* : *fausset*, comme on l'écrit encore habituellement. Nous croyons, avec lui, que les anciens ont désigné par ce mot une voix qui résulte sur-

la formation de la voix de fausset, et cela paraît assez naturel : exclusivement préoccupés de l'analogie qu'ils pouvaient établir entre l'organe vocal et les instruments de musique, les auteurs qui ont écrit sur ce sujet négligèrent par trop d'étudier les ressources infinies dont la vie dispose pour modifier l'organe vocal de mille manières, et le rendre ainsi capable de former avec les mêmes agents, mais avec des procédés divers, les différentes voix dont nous nous occupons.

Si l'on en excepte Dodart et Müller, tous ceux qui ont vu dans le larynx un instrument à anche pour la production de la voix de poitrine, ont cherché dans l'organe vocal un instrument analogue aux flûtes pour expliquer les sons de la voix de fausset. Ils y sont arrivés en forçant quelque peu, en méconnaissant même la disposition des parties intra-laryngiennes pendant la phonation. Mais ceux qui expliquent la voix de poitrine par le mécanisme des instruments à bouche de l'orgue n'ont pas eu, comme les précédents, la ressource d'inventer un nouvel instrument pour le fausset, et ils ont appelé à leur secours les harmoniques ou bien les conditions qui font octavier les sons dans les tuyaux sonores.

Nous croyons superflu de nous étendre longuement sur l'exposition des théories que l'on a émises à propos de la voix de fausset, mais il est utile de signaler les principales.

Dodart nous paraît être le premier savant qui ait parlé de la voix de fausset; il la définit : « une voix étrangère entée sur la voix naturelle pour en multiplier l'étendue au delà des bornes naturelles [1]. » Cette définition laisse à désirer, en ce sens que

tout de la contraction de la gorge, et dès lors il faut écrire *faucet,* du latin *faux, faucis,* la gorge. (J.-J. Rousseau, *Dictionnaire de musique,* t. I.)

Néanmoins, nous conservons dans notre travail l'ancienne orthographe en attendant que l'Académie ait donné son opinion sur ce sujet.

[1] Mémoires de l'Académie des sciences, année 1806.

certaines notes de la voix de poitrine peuvent être données en
voix de fausset. Dodart n'accordait à ce registre que deux ou trois
notes ; mais nous savons aujourd'hui que ce nombre peut être
beaucoup augmenté.

Quant au mécanisme de la formation des sons, Dodart pensait qu'il était le même que celui de la voix de poitrine, avec
cette seule différence que, dans la voix de fausset, la glotte était
rétrécie outre mesure, et que l'air était lancé directement dans
le canal nasal. Dodart avait raison en ce qui concerne le rétrécissement glottique ; mais le mécanisme de ce rétrécissement,
qui diffère essentiellement de celui de la voix de poitrine, lui
avait complétement échappé. Le second caractère qu'il donne à
cette voix et qui tiendrait au retentissement du son dans les
fosses nasales, est complétement nul. car la voix de fausset
peut être produite alternativement avec la résonnance nasale et
avec la résonnance buccale.

Müller admettait, comme nous l'avons vu, que, dans a voix
de poitrine, toute l'étendue des rubans vocaux était en vibration. Pour expliquer la voix de fausset, il prétend qu'elle est
formée par la vibration exclusive du bord de ces rubans.

A ce propos, M. Longet fait justement remarquer ce qui suit :
« Tous les phénomènes connus, concernant les mouvements vibratoires des solides, nous obligent à rejeter une théorie qui repose
sur cette hypothèse erronée que, quand un ruban, fixé à ses deux
extrémités, est le siége de vibrations transversales, la moitié,
le quart, ou une partie quelconque du ruban en longueur, peut
vibrer isolément sans entraîner le reste dans ses vibrations.
Faire vibrer les bords des cordes vocales pour le fausset, avec
J. Müller, et leur centre pour la voix de poitrine, avec Dutrochet, constitue une théorie que aucune expérience ne saurait
justifier. Il eût été plus rationnel d'admettre des vibrations
tournantes, c'est-à-dire des vibrations transversales avec une

ligne nodale longitudinale, donnant des subdivisions harmoniques sur la largeur, au lieu de les avoir sur la longueur,
comme dans l'opinion de G. Weber. Mais la conformation des
rubans vocaux, et leur contact aux extrémités, s'opposeraient
encore ici à la subdivision harmonique. »

Nous ajouterons à ces considérations très-justes que, si les
différences, invoquées par Müller dans la distinction qu'il fait
des registres de poitrine et de fausset étaient réelles, il serait
possible d'émettre en registre de fausset toutes les notes du registre de poitrine, ce qui n'a pas lieu.

Geoffroy Saint-Hilaire, qui attribuait la voix de poitrine à la
vibration des rubans vocaux, pensait que le registre de fausset
était produit par un mécanisme analogue à celui de la production du son dans les tuyaux à bouche de l'orgue, et, pour justifier son opinion, il donnait à l'organe vocal une disposition particulière, mais qui n'existait réellement que dans son esprit. En
effet, il supposait que, pour produire les notes de ce registre,
les bords de la glotte étaient plus écartés que dans les registres
de poitrine, et que la longueur de cette dernière était augmentée par l'écartement des faces internes des arythénoïdes.

Cette fente représentait, pour lui, la lumière d'un tuyau d'orgue, et les ligaments thyro-arythénoïdiens supérieurs offraient
une sorte de biseau capable de briser la lame aérienne qui
s'écoulait à travers la glotte. Cette théorie, très-ingénieuse, ne
laisse pas que d'être très-séduisante parce qu'elle rendrait compte,
en effet, de la différence du timbre qui existe entre les deux
registres. Mais il est facile de s'assurer, avec le laryngoscope,
que la cavité laryngienne ne présente jamais la disposition particulière inventée par Geoffroy-Saint-Hilaire.

Nous dirons un mot de l'opinion de Bennati, plutôt pour
n'omettre aucune des suppositions qui ont été émises sur ce
sujet que pour la discuter sérieusement. Bennati, très-fort sur

l'anatomie des formes extérieures, s'était borné, nous l'avons déjà vu, à étudier le mécanisme de la voix dans la bouche des chanteurs ; et, ayant remarqué que, pendant l'émission des notes de fausset, l'isthme du gosier est très-rétréci, les piliers du voile du palais fortement contractés, il en a conclu que ce registre était en grande partie formé par la contraction de ces muscles : « J'appellerai *notes surlaryngiennes* celles dont la modulation est due au travail presque exclusif de la partie supérieure du tuyau vocal, et leur réunion constitue ce que je nomme *second registre*, pour le distinguer du *premier registre*, qui, toujours, selon mes idées, n'est composé que des notes de poitrine, que je préfère nommer notes laryngiennes, n'étant dues presque entièrement qu'à l'action des muscles laryngiens. »

Bennati, comme on le voit, avait une grande propension à attribuer la formation des registres de fausset à l'action exclusive des parties de l'isthme du gosier; mais, reculant devant cette innovation si profonde, il se contenta de donner une grande importance au tuyau vocal dans la production de cette voix.

Il n'y a qu'un mot à répondre à la théorie de Bennati, c'est que le tuyau vocal présente, pendant l'émission des notes élevées du registre de poitrine, une disposition analogue à celle que cet auteur attribue exclusivement à la voix de fausset.

Colombat complète la théorie que Bennati n'avait fait qu'ébaucher. Plus hardi que ce dernier, Colombat invente pour la voix de fausset, qu'il appelle voix pharyngienne, un nouvel instrument constitué par le rapprochement des diverses parties de l'arrière-gorge :

« Nous disons que la glotte n'est pour rien dans la formation des sons de fausset, et qu'ils sont produits par une autre espèce de glotte supérieure, formée par l'élévation du larynx et la contraction des muscles du pharynx, de la base de la langue, du voile du palais, etc.[1] »

Mieux que personne, Colombat connaissait le peu de fondement de sa théorie. « Je m'attends, dit-il, à ce que cette théorie sera vivement attaquée ; mais comme elle a quelque analogie avec celle de M. le professeur Gerdy, et de MM. Malgaigne et Bennati, les attaques dirigées contre moi me sembleront moins vaines, et je me croirai plus fort pour y répondre, n'étant plus seul de mon côté[2]. »

Jamais Gerdy ni M. Malgaigne n'avaient soutenu semblables hérésies ; mais l'auteur, n'ayant pas de preuves à donner à l'appui de son invention, avait trouvé bon de s'associer quelques noms autorisés.

Il suffit, d'ailleurs, d'examiner attentivement l'intérieur de la cavité buccale, pendant l'émission du registre de fausset, pour s'assurer que l'isthme du gosier ne fournit en aucune manière les vibrations nécessaires à la production de cette voix.

Une opinion plus sérieuse et plus scientifique est celle qui a été soutenue par MM. Diday et Pétrequin. Ces honorables médecins pensent que, dans la voix de fausset, la glotte ne fonctionne plus comme une anche, mais comme une embouchure de flûte : « Pour donner, disent-ils, les sons de fausset, la glotte se place dans un état tel, que les cordes vocales ne puissent plus vibrer à la manière d'une anche. Son contour représente alors l'embouchure d'une flûte ; et, comme dans les instruments de ce genre, ce n'est plus par les vibrations de l'ouverture, mais par celles de l'air lui-même, que le son est produit[3]. »

Les preuves qu'ils donnent à l'appui de cette théorie, bien

---

[1] *Traité des maladies et de l'hygiène de la voix*, par Colombat, p. 85.
[2] P. 80.
[3] *Gazette médicale*, numéro 8, année 1840.

qu'ils les décorent du nom de mathématiques, ne sont rien moins que certaines ou exactes.

« En effet, disent-ils, l'organe phonateur de l'homme est un instrument à vent. D'après les lois de la physique, il ne peut donc produire le son que de deux manières : par les vibrations des cordes vocales, ou par les vibrations de l'air contre elles. Or, la voix de poitrine dépendant de ces deux mécanismes, le fausset ne peut procéder que du second. La conséquence est forcée, puisque, pour la nier, on serait réduit à supposer une même origine, un mode identique de formation pour deux effets aussi essentiellement différents que le sont ces deux espèces de voix. »

Ce raisonnement ne prouve rien en faveur de leur théorie, et il aboutit seulement à cette conclusion, que le registre de poitrine et celui de fausset étant deux voix différentes, ils ne peuvent pas être produits par le même instrument. Nous passerons sous silence les autres preuves qu'ils empruntent aux divers phénomènes du chant. Ce sont des preuves, d'ailleurs, qu'il nous serait facile d'invoquer contre leur propre théorie.

Nous examinerons plus volontiers la démonstration expérimentale sur laquelle ils ont étayé leur opinion :

« Si, disent-ils, prenant entre les lèvres une anche de basson ou de hautbois, on la fait parler suivant son mécanisme ordinaire, on reconnaît sans peine que les sons produits représentent exactement ceux du registre de poitrine. Alors, sans rien changer à la position des lèvres, sans cesser de souffler, glissez une pince de manière que ses mors appuient légèrement, par leurs extrémités, sur les faces latérales de l'anche, au même instant vous observez un changement complet dans la nature du son. De plein et vibrant, il devient tout à coup aigu, doux et sifflant; c'est le passage des sons anchés aux sons flûtés, de la voix de poitrine à la voix de fausset. »

Les faits relatés dans cette expérience sont exacts ; nous les avons reproduits nous-même. Comme l'avait fait encore Magendie, nous avons fortement tendu des lames de gomme élastique, et nous avons obtenu des sons qui étaient aux sons ordinaires de l'instrument ce que le son de fausset est au son de poitrine. Mais, dans toutes ces circonstances, nous avons remarqué que la différence dans la qualité du son devait être attribuée aux vibrations de chacune des lames de l'anche, s'exécutant à distance ; ces lames ne vibrent plus l'une contre l'autre, et, en perdant le caractère criard, qui résulte de leur choc, elles prennent la sonorité adoucie des sons flûtés.

Pour constater que le même phénomène existe réellement pendant la production des prétendues notes du fausset par l'anche du hautbois, il suffit d'approcher l'extrémité de la langue de l'orifice de l'anche, et la douleur qui résulte de ce contact indique d'une manière péremptoire que les bords de l'anche n'ont pas cessé de vibrer. Reste à savoir si, dans l'organe vocal, les choses se passent ainsi. Au moyen du laryngoscope, nous avons pu nous assurer que les rubans vocaux ne vibrent à distance l'un de l'autre que pendant l'émission de la voix, que nous décrirons tout à l'heure, pendant la voix mixte ou la voix de poitrine diminuée. Mais pendant l'émission de la voix de fausset, nous constatons, au contraire, une plus grande occlusion de la glotte en arrière et un rapprochement plus considérable des rubans en avant.

Ainsi donc, rien ne prouve jusqu'à présent que les sons de fausset soient produits par un mécanisme analogue à celui des flûtes, et les auteurs de cette théorie auront été induits en erreur par la fausse interprétation du phénomène sur lequel ils avaient prétendu l'appuyer.

Une théorie non moins originale est celle qui a été soutenue par M. Segond. Dans les théories que nous avons analysées jusqu'ici, les cordes vocales inférieures n'avaient pas cessé de jouer un certain rôle. Dans la théorie de M. Segond, les rubans vocaux disparaissent complétement, et ce sont les ligaments thyro-arythénoïdiens supérieurs qui vont former la nouvelle glotte. M. Segond admet dans le larynx deux instruments distincts : l'un formé par les rubans vocaux et destiné à fournir la voix de poitrine, l'autre constitué par les ligaments thyro-arythénoïdiens, spécialement attachés à la production du registre de fausset. M. Segond s'est appuyé sur des expériences très-curieuses, d'ailleurs, sur des chats, mais peu concluantes, comme l'a parfaitement démontré M. Longet : « Nous avons, dit M. Longet, coupé les cordes vocales supérieures, chez des chiens et des chats, sans léser les ventricules, et nous avons obtenu, malgré cette opération, des sons d'une intensité remarquable et d'une grande acuïté, qui s'augmentaient singulièrement encore lorsque, aidant à l'action des muscles cricothyroïdiens, nous élevions un peu le bord antérieur du cartilage cricoïde, de manière à tendre davantage les cordes vocales inférieures. Dans nos expériences, l'aphonie a toujours été complète après l'incision de ces dernières, malgré l'intégrité des cordes vocales supérieures, dont le rapprochement et la tension n'ont jamais fait reparaître la voix, quelque soin que l'on apportât à les placer dans des conditions propres à produire des sons.

Si les ligaments supérieurs de la glotte pouvaient être le siége de vibrations *sonores*, la section des inférieurs devrait les favoriser ; et, comme nous n'avons jamais pu produire des sons avec la glotte supérieure seule, nous sommes en droit de conclure qu'en effet elle ne peut être l'origine d'aucun son.

Si, après la lésion des cordes vocales inférieures, Segond a vu des chats recouvrer le miaulement au bout de quelques jours, c'est que les parties diverses avaient pu reprendre, par la cicatrisation, assez de cohésion pour former un nouvel orifice sonore, auquel l'animal a dû s'habituer.

Enfin, les mouvements des cartilages qui produisent la tension des cordes vocales supérieures, entraînent nécessairement celle des inférieures ; on ne conçoit pas que ces dernières, qui reçoivent directement l'action de l'air, restent au repos pendant que celles-là vibrent sous l'influence de l'air brisé dans son mouvement et dilaté par les ventricules.

« En résumé, n'ayant pas jusqu'à présent rendu sonore la glotte supérieure, nous admettons que les cordes vocales inférieures représentent l'origine commune des sons de poitrine et des sons de fausset. »

Nous n'ajouterons rien à cette juste critique, si ce n'est que nous n'avons jamais vu, avec le laryngoscope, le rapprochement des ligaments thyro-arythénoïdiens être suffisant pour donner naissance à des vibrations sonores.

J. Weber attribuait l'origine des sons de fausset aux harmoniques des cordes vocales. Dans cette hypothèse, il faudrait admettre, avec Dodart, que la glotte peut se diviser en 9,632 parties. Nous aurions ainsi l'explication de la formation d'un grand nombre d'harmoniques ; mais cette supposition ne supporte pas l'épreuve d'un examen sérieux. On conçoit qu'une corde d'une longueur de quelques décimètres puisse se diviser en parties aliquotes, mais cette division ne nous paraît pas possible dans un ruban qui présente 1 ou 2 centimètres de longueur. Ou du moins, si elle est possible, elle est sans effet suffisant sur les qualités du son pour expliquer les différences qui existent dans le diapason des deux registres de poitrine et de fausset.

M. Longet invoque, lui aussi, la formation des harmoniques, mais il explique cette formation par une disposition toute particulière de l'organe vocal : « Dans la voix de fausset, dit

M. Longet, le bord antérieur du cartilage cricoïde s'élève visiblement ; les ligaments supérieurs de la glotte se rapprochent et sont fortement tendus, ainsi que les parois des ventricules, de telle sorte que la forme de la colonne d'air laryngienne est notablement modifiée. Il en est de même par suite des conditions vibratoires de la glotte.

« Nous croyons satisfaire à toutes les conditions du phénomène de la voix de fausset, en admettant que la nouvelle disposition de l'organe vocal facilite la formation d'un ventre de vibration à la glotte supérieure, de manière que le son de fausset est un harmonique du tuyau vocal proprement dit. Les ventricules et le tuyau laryngien sus-glottique vibrent à l'unisson, et sont séparés par un ventre de vibration.

« Conformément à ce qu'on observe dans un tuyau fixé sur une plaque munie d'un orifice sonore, le son fondamental et harmonique, ou son de fausset, pourraient être produits par une même ouverture de glotte, en forçant légèrement le vent, ce qui paraît être parfaitement d'accord avec les conditions exigées par la voix de tête. On retrouve, en effet, dans les sons du second registre de la voix humaine, le caractère flûté des harmoniques des tuyaux. On explique la possibilité de produire deux sons : le son fondamental et harmonique : fait observé par Garcin sur des Baskirs.

« Enfin, les cartilages *cunéiformes* auraient leur raison d'être ; ils formeraient en effet, dans certains cas, un petit canal qui mettrait les ventricules en communication avec l'air situé au-dessus du larynx, pendant la jonction des arythénoïdes et le rapprochement des cordes vocales supérieures. Ils agiraient donc, dans la voix de fausset, comme les trous dans les instruments à vent[1]. »

_____

[1] *Traité de physiologie*, t. II, p. 186.

Cette théorie est sans doute très-séduisante, car elle repose sur des faits qui ont entre eux la plus grande analogie. Cependant si l'on considère que, pour produire les harmoniques dans les tuyaux, il faut modifier l'embouchure ainsi que l'intensité du souffle; si l'on considère encore qu'avec un seul tuyau on ne peut obtenir que des notes très-éloignées les unes des autres; si l'on considère enfin que, pour avoir une série de notes harmoniques d'une valeur progressivement croissante, il faudrait recourir à un nombre infini de tuyaux, l'on ne peut pas admettre que les notes de la voix du registre du fausset soient des notes harmoniques, car il est impossible que l'organe vocal puisse réunir en lui ces conditions diverses; et, pour tout dire en un mot, la facilité avec laquelle on produit les notes de fausset n'admet pas de si grandes complications.

La théorie que nous allons examiner en dernier lieu offre cet intérêt particulier qu'elle est fondée sur l'examen laryngoscopique : nous la devons aux intéressantes recherches de M. Battaille.

L'éminent artiste ne formule pas de théorie; il raconte ce qu'il a vu ou ce qu'il a cru voir, et, sans paraître trop soucieux de la concordance de ses interprétations avec les lois de l'acoustique et de la physiologie, il expose ses propres idées. Nous les trouvons clairement résumées dans le passage suivant : « Dans le registre de fausset, dit M. Battaille, la glotte est plus ou moins de forme ellipsoïde, plus ouverte en arrière que dans le registre de poitrine pour un même son : la tension sousglottique n'existe pas; les tensions antéro-postérieure et ventriculaire sont plus faibles, pour un même son, que dans le registre de poitrine; enfin, l'accolement progressif des arythénoïdes a lieu par les deux tiers supérieurs de leurs faces internes [1]. »

[1] M. Battaille, *Nouvelles recherches sur la phonation,* p. 100. 2° *loc. cit.,* p. 52.

Ce qui nous frappe d'abord en lisant cette citation, c'est que l'ensemble des phénomènes qui, selon l'auteur, doivent caractériser le registre de fausset, nous paraissent favoriser plutôt la production des sons graves que la production des sons élevés. En effet, pour M. Bataille, les phénomènes particuliers au registre de poitrine sont les suivants :

1° Les ligaments vocaux vibrent dans toute leur étendue ;

2° La tension longitudinale est, en général, plus forte que dans le registre de fausset ;

3° L'ouverture de la glotte est rectiligne ;

4° Les arythénoïdes s'affrontent principalement par le tiers inférieur de leurs faces internes ;

5° Les parois du vestibule de la glotte sont moins tendus que dans la voix de fausset.

En comparant ces dernières conditions à celles qui ont été attribuées à la voix de fausset, la seule conclusion logique que l'on puisse en tirer, est que les sons de la voix de fausset doivent être beaucoup plus graves que les sons de la voix de poitrine ; évidemment, M. Bataille n'a pas eu l'intention d'intervertir à ce point l'ordre des registres, mais des interprétations peu judicieuses l'ont amené, malgré lui, à dire ce qu'il ne pouvait pas penser.

On ne peut pas admettre, en effet, que les sons obtenus avec une anche longue et peu tendue soient plus élevés que ceux que l'on produit avec une anche plus courte que la première et plus tendue dans tous les sens : ces vérités sont du domaine de la physique élémentaire.

A la rigueur, nous pourrions borner ici notre critique, mais M. Bataille a commis, sur l'anatomie et la physiologie de l'organe vocal, deux petites erreurs qu'il est de notre devoir de relever, d'autant plus qu'elles sont, en quelque sorte, la base de ses idées sur le mécanisme vocal.

Pour expliquer la forme ellipsoïde de la glotte pendant le registre de fausset, M. Battaille suppose une tension particulière qui ramènerait les rubans vocaux en dehors, du côté des parois du larynx. Ce mouvement serait opéré, selon lui, par la contraction de certaines fibres qu'il nomme *arciformes*, et dont l'action serait favorisée par le relâchement du faisceau plan.

Cette manière d'apprécier l'action des muscles du larynx a le mérite de la nouveauté, mais l'auteur n'en a pas suffisamment démontré l'exactitude. Il suffit d'examiner la disposition des muscles de la cavité laryngienne pour que l'on soit autorisé à conclure que la tension de dedans en dehors, telle qu'elle est comprise par M. Battaille, n'est pas possible.

Nous considérons la forme ellipsoïde de la glotte comme le résultat d'une disposition normale des rubans vocaux, et voici comment nous l'expliquons : le faisceau horizontal des muscles thyro-arythénoïdiens, situé dans les rubans vocaux, s'insère en avant sur le thyroïde, et en arrière sur les apophyses des arythénoïdes. Ces deux points sont fixes ou à peu près, de telle façon, que le faisceau qui s'y attache ne pourrait pas se contracter; car toute contraction suppose un raccourcissement du muscle qui en est l'objet, et, dès lors, on ne voit pas à quel usage pourraient être destinés des muscles qui ne peuvent pas agir. Pour rendre cette contraction possible, les rubans vocaux affectent sur leur partie interne une forme concave ; les muscles qu'ils renferment présentent également cette disposition, et ils trouvent dans le redressement de cette concavité la possibilité de se contracter [1]. Avant la mue, la forme ellipsoïde de la glotte n'existe pas, car les muscles thyro-arythénoïdiens sont encore rudimentaires, et, d'ailleurs, le rapprochement des rubans vocaux se fait surtout par le rapprochement des lames du

---

[1] Dodart avait déjà constaté la forme ellipsoïde de la glotte, bien qu'il n'eût pas à sa disposition un laryngoscope. Voir liv. III, p. 260.

thyroïde, sous l'influence du constricteur inférieur du pharynx.

Pour nous résumer, nous dirons que la forme ellipsoïde de la glotte résulte de la disposition naturelle du bord interne des rubans vocaux, pendant l'absence de contraction du faisceau horizontal des muscles thyro-arythénoïdiens. Le redressement de cette ellipse est effectué par la contraction du faisceau musculaire ; mais il n'existe nullement, comme le prétend M. Bataille, un faisceau particulier qu'il appelle *arciforme*, destiné, par la contraction de ses fibres, à donner à chacun des bords des rubans la forme concave dont nous parlons : cette forme est la forme normale, et aucun muscle n'a été préposé pour la leur donner accidentellement.

Après avoir ainsi rétabli l'état réel des choses, cherchons à nous expliquer l'erreur de M. Bataille. L'émission de la voix de fausset exige une telle contraction des muscles de l'isthme du gosier, qu'il est excessivement difficile d'introduire le miroir dans cette région pendant l'émission de ce registre ; ce n'est qu'après une étude longue et pénible qu'on arrive à l'introduire juste ce qu'il faut pour *entrevoir* la disposition de la glotte.

Mais il est une autre voix dont nous nous occuperons bientôt, qui, par son étendue, son timbre, se rapproche beaucoup de la voix de fausset. Ce rapprochement est assez intime pour que les hommes expérimentés en l'art du chant puissent confondre les deux sortes de voix. Nous voulons parler de ce mezzo-voce, de cette voix adoucie, et que nous désignerons bientôt sous le nom de voix mixte.

L'émission de cette voix peut se faire sans une contraction trop énergique des muscles de l'isthme du gosier ; elle permet, par conséquent, l'introduction du miroir. Nous pensons que M. Bataille aura confondu cette voix avec la voix de fausset, et nous le croyons d'autant plus fermement que la description qu'il nous donne de la figure de la glotte, pendant l'émission de la voix de fausset, est précisément celle que nous trouvons toujours pendant l'émission de la voix mixte. On comprendra mieux cette confusion si l'on consulte ce que nous disons plus loin sur la production de cette voix.

La seconde erreur de M. Bataille a été utilisée par lui d'une manière merveilleuse; car, sur elle, il établit la principale distinction qui caractérise les registres de poitrine et de fausset. Nous voulons parler de l'accolement des faces internes des arythénoïdes. Pour M. Bataille, cet accolement n'existe que dans le tiers supérieur environ pendant le registre de fausset; tandis que pendant le registre de poitrine, il n'a lieu que dans le tiers inférieur. Pour favoriser ce *roulement*, comme dit M. Bataille, du haut en bas et de bas en haut, la face interne des arythénoïdes serait légèrement convexe. Mais nous n'avons jamais constaté cette convexité. Il résulterait d'ailleurs de cette disposition des arythénoïdes que la glotte serait beaucoup plus longue pendant l'émission des notes de fausset que pendant l'émission du registre de poitrine; ce qui est tout à fait contraire aux lois de l'acoustique.

Pour nous, les faces internes des arythénoïdes se rapprochent tout aussi bien par en haut que par en bas quand elles sont mises en mouvement par les puissances musculaires, et si parfois il semble que leurs sommets se rapprochent davantage, cela tient à ce que, dans les notes élevées, la contraction des muscles qui maintiennent les rubans vocaux affrontés est beaucoup plus énergique; et que les sommets cartilagineux cèdent à cette contraction, en s'inclinant légèrement sur la cavité laryngienne.

Mécanisme de la voix de fausset. — La voix de fausset est formée par les mêmes agents que nous avons vus présider à la production du registre de poitrine; mais les procédés qui les mettent en action et les dispositions qu'ils donnent à l'organe vocal sont tout à fait différents dans chacun des deux registres.

Dans la formation du registre de poitrine, nous avons vu trois actions différentes concourir simultanément à la formation de chaque note. Dans la voix de fausset nous allons retrouver ces mêmes actions en jeu, mais exerçant leur influence sur un organe dont les dimensions se trouvent considérablement diminuées; tandis que l'anche, qui produisait la voix de poitrine, présentait une longueur de 15 à 25 millimètres, l'anche, qui donne le registre de fausset, mesure à peine 10 à 15 millimètres. Nous avons constaté que la voix de poitrine devenait incapable de fournir de nouvelles notes dans le registre de poitrine, au moment où les forces extensives dans le sens de la longueur et dans le sens de l'épaisseur se faisaient équilibre; et que, par l'effet d'une tension exagérée, les progrès de l'occlusion de la glotte d'arrière en avant devenaient impossibles. Par conséquent, pour obtenir de nouveaux sons avec une anche plus petite, il était indispensable qu'une disposition nouvelle des parties permît aux puissances musculaires d'exercer leur influence. Nous examinerons d'abord les modifications appréciables à l'œil nu.

Nous avons vu que la tension des rubans vocaux, nécessaire à la production des dernières notes du registre de poitrine, était fortement secondée par le mouvement de bascule en avant du cartilage thyroïde.

La contraction des muscles extrinsèques du larynx qui effectue ce mouvement, est très-appréciable par la saillie que présentent ces derniers sur le devant du cou.

Si, en ce moment, le chanteur veut produire la voix de fausset, on voit aussitôt le mouvement de bascule disparaître, les muscles extrinsèques se détendre, l'angle du thyroïde se porter en haut et en arrière; en un mot, il y a un mouvement général de détente dans les forces extensives.

Un mouvement analogue s'opère dans la cavité laryngienne.

Les muscles crico-thyroïdiens diminuent leur action. Ils permettent ainsi aux muscles thyro-arythénoïdiens de se contracter avec assez d'énergie, pour que leur gonflement opère l'occlusion de la glotte dans une grande partie de son étendue.

La contraction des muscles constricteurs inférieurs du pharynx porte l'organe de la voix en haut et en arrière, et le maintient appliqué contre la colonne vertébrale.

Comme ces muscles s'insèrent sur les bords postérieurs des lames du thyroïde, ils ne peuvent pas se contracter sans provoquer le rapprochement de ces deux lames, rapprochement qui doit être variable selon le degré de consistance du cartilage et selon les âges.

Des modifications non moins importantes surviennent en même temps dans la bouche ; nous voyons cette cavité agrandie d'un côté par la projection des lèvres en avant, de l'autre, par l'aplatissement de la partie antérieure de la langue sur le plancher buccal.

La partie postérieure de cet organe se redresse vers le voile du palais.

Le voile du palais se porte en haut et en arrière, et ses piliers postérieurs se rapprochent sur la ligne médiane, de manière à diminuer le diamètre transversal de l'isthme du gosier. Ils arrivent même au contact dans les notes les plus élevées de ce registre. Ce rétrécissement considérable de l'arrière-gorge rend l'introduction du miroir assez difficile. Mais par des essais journaliers sur divers chanteurs et sur nous-même, nous sommes parvenu à distinguer la cavité laryngienne. Voici ce que nous avons constaté :

Les ligaments thyro-arythénoïdiens supérieurs, refoulés en dedans par la contraction des muscles qui les doublent, rétrécissent sensiblement la cavité laryngienne. Les ventricules sont complétement effacés. Les rubans vocaux se laissent voir dans toute leur étendue. Ils semblent plus rapprochés du miroir que dans le registre de poitrine. Ils sont plus étroits, et ils se

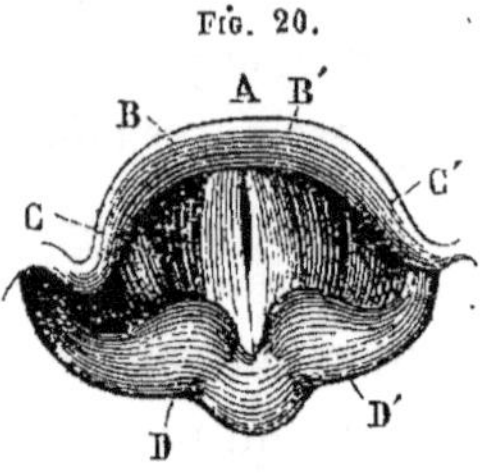

FIG. 20.

Configuration de la glotte pendant la voix de fausset.

A. Epiglotte.   CC' Vestibule de la glotte.
BB'. Rubans vocaux.   DD'. Sommet des arythénoïdes.

touchent d'arrière en avant dans la moitié ou dans les deux tiers de leur étendue (voir fig. 20).

Cette occlusion, que nous avons trouvée si difficile à effectuer pendant l'émission du registre de poitrine, est rendue très-facile ici : 1° par le rapprochement des lames latérales du thyroïde ; 2° par la contraction des puissances musculaires qui, en agissant verticalement du bas en haut, diminuent le diamètre transversal du larynx ; 3° par le peu d'intensité de la tension longitudinale, au commencement du registre de fausset.

Telle est la disposition de l'organe vocal, lorsqu'on veut produire le registre de fausset.

L'anche vocale ne diffère de celle qui a produit les notes du registre de poitrine que par ses plus petites dimensions.

Quant à la formation des tons, elle est due : 1° au rétrécissement progressif de l'anche, effectué par la contraction croissante des muscles thyro-arythénoïdiens ; 2° à la tension en longueur par les muscles crico-thyroïdiens. Dans ce registre, l'action principale pour la formation des tons consiste dans l'occlusion progressive. L'anche étant déjà très-petite, les degrés de cette occlusion n'ont pas besoin d'être très-sensibles, pour modifier le ton ; aussi la vocalisation est-elle, dans ce registre, plus souple, plus facile qu'avec le registre de poitrine.

La base de la langue prend dans l'émission de la voix de fausset une position particulière qu'il n'est pas possible de changer sans faire perdre à ce registre le timbre qui le caractérise. Elle se porte en arrière, de manière à rétrécir le diamètre du tuyau vocal et à refouler l'épiglotte sur l'orifice laryngien. Cette disposition inévitable rend difficile l'articulation de certaines syllabes.

Les conditions dont nous venons de parler introduisent un changement complet dans les dispositions générales du larynx. C'est pourquoi le passage de la voix de fausset, dans un autre registre et réciproquement, n'est pas facile pour tous les chanteurs. Cependant, comme il n'y a pas de raisons anatomiques qui s'y opposent, on peut vaincre cette difficulté par l'étude et l'exercice.

Beaucoup de chanteurs, en effet, combinent les trois registres de la voix sans que la transition de l'un à l'autre soit désagréablement sensible.

Les qualités qui caractérisent les sons de cette voix tiennent aux dimensions exiguës de l'anche qui les produit. Il est facile de s'assurer, en soufflant à travers une anche de caoutchouc, que les sons perdent de leur caractère criard à mesure que la longueur de la partie vibrante de l'anche diminue. Et il arrive un moment où l'orifice de l'anche est assez petit pour produire des sons analogues à ceux qu'on retire des flûtes. Les mêmes motifs donnent aux sons de la voix de fausset les caractères flûtés qu'ils possèdent. Nous verrons plus loin que la forme spéciale du tuyau vocal complète par son influence cette analogie.

La théorie que nous venons d'exposer permet de donner une explication satisfaisante de différents phénomènes relatifs aux registres de la voix. Ainsi, par exemple, la possibilité d'émettre une même note en voix de poitrine et en voix de fausset.

Ces notes sont très-peu nombreuses et elles appartiennent aux dernières limites de la voix de poitrine ou aux premières de la voix de fausset.

Il n'est pas plus possible de donner en voix de fausset les notes graves du registre de poitrine qu'il ne le serait de donner en voix de poitrine les notes élevées du registre de fausset. Cependant il est quelques rares exceptions qui peuvent étendre dans le haut leur registre de poitrine au niveau de leur registre de fausset. Tout cela se conçoit aisément. Si nous considérons l'anche vocale au moment où elle donne la dernière note possible du registre de poitrine, nous constatons qu'elle est produite par un certain degré d'ouverture de la glotte ; mais, comme en même temps les rubans sont excessivement tendus en longueur, il en résulte que, si l'on fait disparaître cette tension en conservant à la glotte la même longueur, cette dernière pourra produire quelques sons flûtés et plus graves que le dernier son de la voix de poitrine, et réciproquement ces mêmes notes pourront être émises en voix de poitrine, mais avec une glotte un peu plus longue et une tension longitudinale un peu plus forte.

§ III. — **Voix mixte**.

En général, on n'admet que deux registres de la voix ; cependant, celui que nous allons décrire existe au même titre que les autres, car il est produit par un mécanisme qui lui est propre, et il possède des qualités sonores qui n'appartiennent ni à la voix de poitrine ni à la voix de fausset.

La voix mixte est en quelque sorte le diminutif de la voix de poitrine : moins volumineuse, moins ample, moins pleine, elle sert principalement à orner le chant des nuances indispensables à son agrément ; moins pénible à produire que la

voix de poitrine, elle est aussi pour le chanteur un instrument de repos.

Ce registre est surtout employé lorsque, arrivé dans les notes
élevées, le chanteur éprouve une trop grande difficulté à émettre
de nouvelles notes ; nous avons vu que cette difficulté tenait à l'antagonisme violent qui s'établit, en ce moment, entre les muscles crico-thyroïdiens d'une part et les muscles thyro-arythénoïdiens d'autre part, à cette fin de maintenir les rubans vocaux
dans l'état de tension, de consistance et d'épaisseur qui caractérisent la voix de poitrine. Or, dans le but de ménager ses efforts,
tout en fournissant de nouvelles notes qui conservent quelque
peu les qualités des sons de poitrine, le chanteur exécute instinctivement un procédé particulier, et c'est ce procédé qui caractérise pour nous la voix mixte ; voici en quoi il consiste : l'une
des deux puissances antagonistes qui se font équilibre va diminuer peu à peu son action, de manière à permettre à l'autre
d'acquérir un plus grand développement, et c'est par l'accroissement de cette dernière que, désormais, les tons nouveaux
seront produits. La contraction du faisceau horizontal des muscles thyro-arythénoïdiens diminue peu à peu d'intensité, et
permet ainsi une tension plus grande des rubans vocaux dans
le sens de la longueur. Cette tension, dès lors, n'a presque plus
de limites, et nous voyons toutes les puissances extérieures et
intérieures de l'organe vocal concourir à sa production. Le larynx est porté en haut sous l'os hyoïde ; les muscles sterno-
hyoïdiens et sterno-thyroïdiens exagèrent le mouvement de
bascule en avant du cartilage thyroïde sur le cricoïde, et ces
différentes contractions deviennent très-sensibles au-devant du
cou ; en même temps, les crico-arythénoïdiens postérieurs
ajoutent leur action tensive à celle des crico-thyroïdiens. La
figure de la glotte présente une physionomie particulière et qui
lui est communiquée par les mouvements dont nous venons de

parler ; elle est plus longue, et son diamètre transverse est sensiblement agrandi. Cette configuration particulière s'explique par le défaut de contraction du faisceau horizontal du muscle thyro-arythénoïdien et par l'action des muscles crico-arythénoïdiens postérieurs, qui ne peuvent pas tendre les rubans sans dilater légèrement la glotte (voir fig. 21).

Le mécanisme que nous venons de décrire permet d'expliquer d'une manière très-satisfaisante les qualités sonores qui

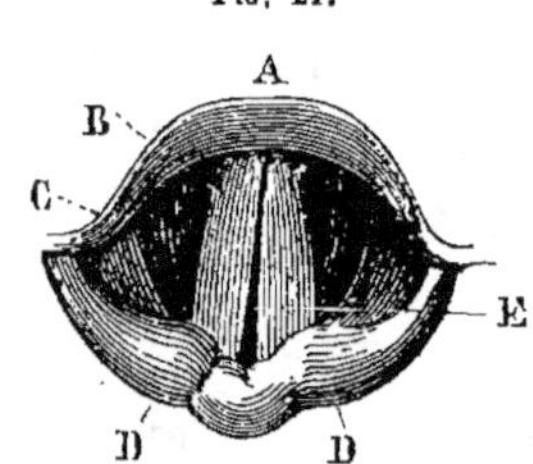

Configuration de la glotte pendant la voix mixte.

A.   Epiglotte.   C, C'. Vestibule de la glotte.
B, B'. Rubans vocaux.   D, D'. Sommet des arythénoïdes.

caractérisent la voix mixte. En effet, les rubans vocaux circonscrivant une glotte plus large, l'air qui s'échappe à travers cette dernière a moins de force pour les faire vibrer, et la voix est moins pleine, moins volumineuse ; de plus, les replis muqueux vibrant en quelque sorte à distance dans l'intervalle qui les sépare, le son est plus doux, moins vibrant que lorsque, plus rapprochés et vibrant même au contact l'un de l'autre, ils produisent les sons de la voix de poitrine. La voix mixte, qu'il ne faut pas confondre avec la voix *diminuée*, s'emploie surtout pour remplacer les notes élevées de la voix de poitrine et étendre dans le haut les limites de ce registre ; il n'est pas possible d'obtenir des notes graves en voix mixte, parce que ce procédé entraîne inévitablement une tension de la membrane vocale assez forte et incompatible avec les vibrations lentes qui produisent les notes graves.

Si tous les professeurs de chant ne sont pas d'accord sur l'existence de cette voix, cela tient, à notre avis, à ce que l'on ne s'entend pas sur ses caractères essentiels. — Pour beaucoup de personnes, en effet, la voix *mixte* n'est que la voix de poitrine diminuée, et, pour celles-là, ce registre n'existe pas ; elles sont logiques avec elles-mêmes. M. Faure, de l'Opéra, qui a bien voulu nous montrer de près sa manière de chanter, nuance sa voix de mille manières, sans jamais employer le registre *mixte* vrai ; en modérant le souffle, il donne à sa voix de poitrine une sonorité adoucie que l'on appelle quelquefois, à tort, voix *mixte ;* mais l'éminent artiste ne se fait pas illusion là-dessus ; il sait très-bien que le même mécanisme préside à la formation de ces deux voix et qu'elles ne diffèrent l'une de l'autre que par l'énergie du souffle.

La véritable voix mixte est produite par un procédé particulier ; ce procédé n'est pas employé par tous les chanteurs ; chacun possède *sa manière,* selon les leçons qu'il a reçues, et, aussi, selon les dispositions de son organe vocal ; il est assez fréquemment usité dans le haut par les personnes qui n'ont pas suffisamment exercé leur organe. — Chez ces dernières, les muscles sont impuissants ou inhabiles à effectuer cette action d'ensemble qui doit donner naissance aux sons élevés de la voix de poitrine, et, pour remédier à cette insuffisance, elles emploient une tension exagérée ; de cette manière, la note désirée est obtenue, mais c'est aux dépens de son timbre et de ses qualités sonores ; elle est moins ample, moins pleine, elle est tendue en un mot.

Au point de vue physiologique, le registre *mixte* existe ; mais doit-il être préconisé dans l'enseignement du chant ? Nous n'avons pas toute l'autorité nécessaire pour répondre catégoriquement. Mais nous pensons que tous les efforts du chanteur doivent tendre à développer autant que possible les registres de poitrine et de fausset, et à obtenir, en variant suffisamment le timbre et l'intensité des sons de ces deux registres, toutes les nuances que la voix humaine est susceptible de produire.

CONCLUSION SUR LE MÉCANISME DE LA FORMATION DE LA VOIX HUMAINE.

Les voix dont nous venons d'esquisser le mécanisme sont les seules que le larynx humain puisse produire. Nous verrons plus loin que toutes les voix particulières qui portent différents noms ne sont que des modifications de celles-ci et qu'elles n'en diffèrent le plus souvent que par certaines qualités du timbre [1].

Les trois voix types : poitrine, fausset, mixte, sont le résultat de la vibration du même corps sonore ou, en d'autres termes, du repli muqueux qui recouvre le bord interne des rubans vocaux. La différence essentielle qui distingue ces trois voix réside dans la manière dont les puissances musculaires influencent ce repli muqueux dans la production des sons et des tons de la voix. Dans la voix de poitrine, cette influence se traduit :

1° Par la tension simultanée des rubans vocaux en longueur et en épaisseur ;

2° Par des modifications dans la longueur des parties vibratiles. Cette longueur se mesure par la longueur de la glotte, qui se ferme d'arrière en avant à mesure que le ton s'élève.

---

[1] On a décrit, comme étant une voix particulière, la voix inspiratrice. Il est vrai que l'on peut produire certains sons pendant l'inspiration, mais nous n'admettons pas qu'en aucune circonstance l'homme emploie ce procédé pour se faire entendre, même en faisant ce qu'on appelle le *ventriloque*. Les bruits formés par la glotte pendant l'inspiration se trouvent dans le hoquet, dans les sanglots.

Ces conditions ne sont propres à caractériser le registre de poitrine que si elles existent simultanément, c'est-à-dire si, pour une note donnée, la tension en longueur, la tension en épaisseur, et une certaine longueur des rubans concourent à la production de cette note.

Pendant l'émission du registre de poitrine, le diamètre transverse de la glotte est très-petit et linéaire ; les bords qui la limitent sont très-épais, rigides, de telle sorte que l'air éprouve une certaine peine à passer à travers la fente glottique et à faire vibrer la membrane vocale ; mais c'est précisément cette difficulté qui donne au registre de poitrine le volume, l'ampleur et l'énergie qui le caractérisent. Nous devons nous rappeler, en effet, que l'intensité du son dépend de l'énergie avec laquelle le corps sonore est mis en vibration.

Dans la voix de fausset, l'influence musculaire sur la membrane vocale se traduit :

1° Par l'occlusion de la glotte en arrière, de telle façon que l'anche vocale soit beaucoup plus petite pendant l'émission de ce registre que pendant l'émission du registre de poitrine. Cette occlusion est déterminée, en arrière, par la contraction des muscles crico-arythénoïdiens latéraux, et en avant, par la contraction des faisceaux oblique et vertical des muscles thyro-arythénoïdiens ; l'occlusion par ces derniers muscles est directe et résulte du gonflement dont ils sont le siége pendant leur contraction.

2° Les tons sont formés surtout par l'occlusion progressive de la glotte et par une tension légère rendue possible par l'absence de contraction du faisceau horizontal des muscles thyro-arythénoïdiens.

Ici, la tension s'exerce sur des anches de plus en plus petites.

La qualité particulière des sons de ce registre tient essentiellement à la petitesse de l'anche qui le produit ; elle tient encore à une disposition particulière du tuyau vocal dont nous parlerons à l'occasion du timbre.

La voix mixte est caractérisée :

1° Par une glotte très-longue, mesurant tout l'espace compris entre le thyroïde et le bord supérieur du cricoïde ; son diamètre transverse est également plus considérable que dans les autres registres. Cette disposition résulte de l'action modérée des muscles crico-arythénoïdiens latéraux et thyro-arythénoïdiens.

2° La formation des tons est due exclusivement aux forces tensives, tant extérieures qu'intérieures, aidées par l'intervention spéciale d'un muscle qui, en dilatant légèrement la glotte en arrière, exerce une légère tension sur les rubans vocaux ; nous voulons parler des muscles crico-arythénoïdiens postérieurs.

Ce registre est encore caractérisé par une sonorité adoucie, si on la compare à celle du registre de poitrine, et plus perçante, criarde presque, si on la compare au registre de fausset.

Si l'on veut avoir une idée plus précise du mécanisme de ces différents registres, on n'a qu'à se rappeler ce que nous avons dit au sujet de l'anche de caoutchouc qui nous a servi à construire notre larynx artificiel. Nous avons démontré que, pour obtenir avec cette anche tous les tons qu'elle peut produire, il était indispensable d'employer simultanément deux actions différentes : 1° diminution progressive de la longueur de l'anche ; 2° tension progressive et correspondant à chaque longueur d'anche.

Ces procédés n'étaient que l'imitation imparfaite de ce que nous avions constaté sur les larynx de cadavre, mais nous les avons utilisés ensuite pour démontrer d'une manière plus frappante le mécanisme merveilleux qui les avait inspirés. Cependant nous n'avons pas pu imiter complétement la nature, la tension en épaisseur des lames a été pour nous d'une réalisation impossible, et nous attribuons à l'absence de cette influence puissante dans la formation des tons, les résultats relativement peu considérables que nous obtenons avec les anches de caoutchouc : tandis que l'échelle vocale, constituée par les trois registres que nous venons de décrire, renferme au moins deux octaves et demie chez le même individu, une anche de caoutchouc, qui aurait les mêmes dimensions que l'anche vocale, ne pourrait produire qu'une octave et demie à deux octaves.

L'organe vocal est donc le premier de tous les instruments par la simplicité et la puissance de ses moyens ; son mécanisme est véritablement merveilleux, et si, pour découvrir ses mystérieux rouages, nous avons trouvé des obstacles rebelles, des difficultés infinies, nous sommes amplement dédommagé de notre peine par la satisfaction intime que nous éprouvons, en admirant cet infiniment petit parmi les merveilles de la création.

Mais il ne suffit pas d'avoir indiqué les procédés qu'emploie la nature pour donner au larynx la faculté de produire ces différentes voix ; comme tous les sons possibles, les sons de la voix offrent certains caractères et présentent des qualités particulières dont il est nécessaire de rechercher l'origine ; c'est ce que nous allons faire dans les chapitres suivants.

CHAPITRE V.

Biot, dans son *Traité de physique*, avait déjà soupçonné que le timbre des instruments n'est autre chose que l'ensemble des harmoniques, produits simultanément par le corps sonore. Nous avons vu, en effet, que dans les lames métalliques on peut entendre, en dehors des sons produits par les vibrations longitudinales et par les vibrations transversales, une infinité d'autres sons, moins appréciables, il est vrai, mais que l'oreille peut quelquefois distinguer.

L'ensemble de ces sons, confondus par une oreille peu attentive avec le son principal, forme ce qu'on appelle le timbre, et les timbres différents résultent de ce que le nombre de sons simultanés augmente ou diminue selon la nature du corps sonore.

M. Helmoltz, d'Heidelberg, a donné à cette hypothèse tous les caractères d'une vérité scientifique, par une expérience très-ingénieuse. Partant de ce principe, qu'un corps sonore peut communiquer ses mouvements vibratoires à des masses gazeuses, capables de vibrer comme lui, M. Helmoltz fait vibrer en même temps trois diapasons susceptibles de donner séparément une des notes de l'accord parfait; puis, approchant successivement de son oreille trois sphères creuses de différente capacité, il n'entend avec chacune d'elles qu'une seule note de l'accord, celle qui est capable de provoquer les vibrations de la masse d'air que la sphère renferme.

Cette expérience est très-précieuse, en ce sens qu'elle démontre la possibilité d'analyser des sons qui resteraient le plus souvent inappréciables pour notre oreille et de constater que plusieurs sons simultanés peuvent exister dans un même corps sonore.

L'oreille, inhabile à décomposer les sons élémentaires, reçoit néanmoins l'impression qui résulte de leur combinaison et c'est cette impression qui est le timbre. D'après cette définition, le timbre d'un système de corps sonores devra être la résultante des timbres particuliers fournis par les divers éléments qui entrent dans la composition du système; dans un hautbois, par exemple, le timbre définitif est le résultat des timbres différents fournis par l'anche, par la colonne d'air et par les parois du tuyau. Il en sera de même pour l'instrument vocal, dont les différentes parties doivent fournir un timbre particulier. Si nous nous en rapportons à l'analyse savante que M. Radau nous a donnée du livre de M. Helmoltz[1], ce savant physiologiste n'a recherché le timbre de la voix que dans les modifications de la cavité buccale. Cette localisation nous paraît un peu exclusive, et, tout en admettant l'importance de la bouche, nous pensons qu'il ne faut négliger, en étudiant cette question, aucune des parties qui concourent à la formation du son ou à ses modifications. C'est en examinant successivement chacune d'elles, que nous pourrons dire la part d'influence qu'elles peuvent revendiquer dans la production du timbre de la voix humaine.

§ 1. — Anche vocale.

L'anche vocale exerce une certaine influence sur le timbre de la voix, mais il est nécessaire de bien préciser quelle est sa

---

[1] *Moniteur scientifique*, Quesneville. Livraison du 1er mars 1865.

nature. La longueur de la membrane vocale permet d'expliquer jusqu'à un certain point les différences de tonalité ou de diapason qui existent dans les voix ; mais les modifications qu'elle imprime au timbre sont nécessairement peu sensibles ; les rubans vocaux sont si peu étendus et les variations de longueur sont si minimes chez les individus, qu'il n'est pas· possible d'accorder à ces longueurs variables un timbre bien différent.

Si la longueur des rubans vocaux a une importance peu grande au point de vue qui nous occupe, il n'en est pas de même de l'épaisseur, du degré de consistance et d'humidité de la membrane vocale, dont l'influence sur le timbre de la voix est excessive. Cette influence se manifeste à nous par deux timbres différents que nous appellerons : timbre *pur* et timbre *rauque*.

1° *Timbre pur*. — Dans le timbre pur la membrane vocale est très-mince, transparente et très-élastique ; ses vibrations sont partout uniformes, isochrones, et les sons qui en résultent frappent agréablement notre oreille par leur uniformité et leur pureté.

2° *Timbre rauque*. — La membrane vocale est moins transparente, plus épaisse, plus humide que dans le timbre pur ; les vibrations qu'elle produit sont inégales ; les vibrations du liquide qui l'imprègne se mélangent à ses vibrations propres, et les sons qui en résultent sont graves, inégaux et plus ou moins rauques. Cette raucité tiendrait, d'après M. Helmoltz, à la prédominance sonore des harmoniques plus élevés que la sixième[1]. Entre le timbre pur et le timbre rauque, tels que nous venons de les décrire, il existe une foule de nuances qui donnent à la voix de chacun des qualités particulières, et que l'on désigne sous différents noms : voix fraîche, cotonneuse,

[1] Radau, *loc. cit.*

voilée. Cette dernière est due surtout à une trop grande humidité de la membrane vocale, entretenue par une irritation chronique de la muqueuse laryngienne, trachéale ou bronchique.

Toutes les fois qu'un corps sonore exécute ses vibrations en présence d'une colonne d'air susceptible de vibrer, le son qu'il produit peut être modifié par cette dernière; il arrive même que le son de la colonne d'air est seul entendu, si, par son volume, par le nombre de molécules mises en mouvement, elle est de beaucoup supérieure à l'agent moteur de ses vibrations. A cette occasion, nous rappellerons ce qui se passe dans la guimbarde, dont les sons propres disparaissent devant les sons de la colonne d'air renfermée dans la bouche (voir p. 75).

L'anche humaine se conduit un peu comme la guimbarde; ses vibrations contribuent sans doute, comme nous l'avons démontré tout à l'heure, à la formation du timbre; mais il arrive que ce dernier doit ses principales qualités aux vibrations concomitantes de l'air renfermé dans le tuyau vocal. Non-seulement le tuyau vocal influence le timbre par la masse totale d'air qu'il renferme, mais encore par la nature et la disposition des parties qui le constituent. Par conséquent, nous devons rechercher dans chacune d'elles le timbre particulier qu'elles produisent.

Vestibule de la glotte. — L'influence du vestibule de la glotte sur le timbre de la voix nous paraît être de peu d'importance, et nous croyons que son rôle principal consiste à favoriser la production des tons. Nous voyons dans cette partie de l'instrument vocal l'analogue de la coulisse d'un trombone, ou bien cette partie qui, dans tous les instruments à vent, se trouve située entre le pavillon et l'embouchure. C'est dans cette partie en effet que se trouvent les clefs, ou les trous destinés à fournir aux différents tons une longueur de colonne d'air favorable à leur formation. Nous avons démontré par nos expériences, que le vestibule laryngien remplissait très-bien cette indication. Mais l'analogie ne s'arrête pas là : dans tous les instruments à vent, la forme, les dimensions et le degré de conicité du pavillon donnent au timbre ses principales qualités, à ce point que, si l'on sépare le pavillon de son instrument, les sons que l'on obtient sont dépourvus de caractère ; ils ont perdu l'éclat, la force et le timbre qui les caractérisent. La même chose aurait lieu si l'on chantait sans le concours de la bouche et des fosses nasales. Il existe en effet, entre la voix naturelle et les sons que l'on obtient avec un larynx de cadavre, les mêmes rapports de qualité qui existent entre les sons d'un trombone complet et ceux que l'on obtient quand cet instrument est privé de son pavillon. De ce qui précède, nous sommes autorisé à conclure que le vestibule de la glotte a une grande influence sur la formation des tons et que son action sur le timbre est assez insignifiante.

Isthme du gosier. — C'est à l'isthme du gosier que commence, selon nous, l'action efficace du tuyau vocal sur le timbre de la voix. La mobilité excessive de cette région, la variable consistance de ses parois, lui permettent, plus qu'à tout autre, de modifier les sons laryngiens.

L'isthme du gosier contribue à la formation de tous les timbres qui sont plus spécialement engendrés par d'autres parties du tuyau vocal ; mais il en est un qui doit exclusivement à cette région ses caractères, c'est le timbre guttural.

Timbre guttural. — Comme son nom l'indique, le timbre guttural emprunte ses qualités à une disposition particulière des parties de l'arrière-gorge ; il est produit par un rétrécissement trop considérable du tuyau vocal dans cette région.

Ce rétrécissement peut être congénital ou être le résultat d'un gonflement exagéré des amygdales ; il peut être encore la conséquence vicieuse d'un enseignement malentendu. Lorsque le timbre guttural est congénital, on peut corriger, jusqu'à un certain point, ce qu'il a de désagréable par un exercice journalier. Cet exercice consiste à émettre des sons laryngiens sans le concours apparent des muscles du gosier.

Dans ce but, on exécute des vocalises devant une glace, la langue étant retirée le plus possible en dehors de la bouche, et en évitant de contracter l'arrière-gorge. Le miroir est un guide suffisant pour exécuter cette gymnastique avec succès ; on peut encore, et c'est le moyen qui nous paraît le plus efficace, faire exécuter les vocalises sur la lettre *e* ouvert, comme dans *être,* ou sur *ai,* comme dans *paraître.* Nous verrons plus loin, à propos du mécanisme de la parole, que l'émission de ces voyelles exige une propulsion de la base de la langue en avant, ainsi qu'un relâchement de l'isthme du gosier, très-favorables à la modification que l'on désire obtenir.

Dans le second cas, le timbre guttural présente un caractère particulier, qui le distingue du précédent ; il doit cette particularité à ce que le gonflement des amygdales gêne la contraction du voile du palais, et l'empêche, par conséquent, de remplir une de ses fonctions les plus importantes : nous voulons parler de l'occlusion des fosses nasales. Le plus souvent, cette contraction n'a pas lieu, parce qu'elle détermine de la douleur, et, dès lors, la plupart des sons vont retentir dans les fosses nasales, de sorte que le gonflement des amygdales donne naissance à un timbre particulier, à la formation duquel concourent les timbres guttural et nasal.

Dans le troisième cas, le timbre guttural ne se montre que pendant l'émission de certaines notes ; très-souvent, il résulte des efforts déplacés qu'exécute le chanteur pour atteindre les notes élevées.

Le rétrécissement exagéré de l'isthme du gosier favorise sans doute l'émission de ces notes ; mais la voix perd, en qualités sonores, le peu qu'elle gagne en étendue. Cet inconvénient est déjà assez grand par lui-même ; mais il en est un plus sérieux encore, car il constitue un état maladif très-gênant, s'il n'est pas douloureux, et très-difficile à guérir.

Sous l'influence de la contraction violente des plans musculaires qui sont situés au-dessous de la muqueuse pharyngienne, cette dernière devient le siége d'une congestion permanente, qui, à la longue, modifie son organisation. On constate alors sur la paroi pharyngienne des stries, des rides longitudinales, séparées les unes des autres par de petites saillies aplaties que l'on confond souvent, mais à tort, sous le nom de *granulations*, et qui persistent avec une ténacité désespérante, si préalablement on n'éloigne pas la cause qui les a engendrées.

§ II. — Tuyau vocal.

Bouche. — La cavité buccale est, de toutes les parties du tuyau vocal, la plus importante au point de vue qui nous occupe ; elle concourt, en effet, à la formation des lettres, et, comme ces dernières se distinguent principalement les unes des autres par des timbres différents, il en résulte que, pour faire l'historique complet des timbres buccaux, il serait nécessaire de passer en revue la formation de toutes les lettres. Cette question sera traitée, avec tous les développements qu'elle mérite, au livre de la parole : nous ne faisons que la signaler ici.

Fosses nasales. — L'influence des fosses nasales sur le timbre de la voix est non moins importante que celle de la bouche. Ces deux cavités s'aident mutuellement dans la formation des sons particuliers qui caractérisent chaque lettre ; mais, comme nous le disions tout à l'heure, nous les étudierons à ce point de vue au chapitre de la parole. Il est cependant deux timbres particuliers que nous étudierons ici.

Timbres buccal et nasal. — Dans les vocalises, c'est-à-dire dans l'émission simple des sons de la voix non articulée, on peut indistinctement faire sortir les sons par le nez ou par la bouche ; par ce procédé, l'on arrive à se faire une idée exacte du timbre nasal et du timbre buccal isolés. Le premier est plus sourd, et les sons qui l'accompagnent sont assez faibles, peu volumineux. Ces qualités sonores tiennent sans doute au peu d'étendue et à la forme aplatie des cavités nasales. Le timbre buccal se distingue du précédent par l'intensité des sons, leur éclat, leur volume.

Bien qu'il soit possible de vocaliser exclusivement avec l'un ou l'autre timbre, il est rare qu'on les emploie isolément dans toute l'étendue de l'échelle vocale. En général, dans les notes graves et du médium, les ondes sonores s'échappent par les narines aussi bien que par la bouche ; dans les notes élevées, le son s'échappe exclusivement par la bouche. Le timbre est alors plus éclatant ; il a conservé quelque chose de criard qui indique son origine. Mais les chanteurs habiles savent modifier ces mauvaises qualités par une disposition particulière de la bouche, modification qui consiste à augmenter les dimensions intérieures de cette cavité, et à diminuer l'orifice buccal. Par ce procédé, ils favorisent le retentissement du son dans la bouche, et ils lui communiquent un timbre qui efface celui de l'anche vocale.

L'on confond souvent le timbre nasal avec le *nasonnement* et le timbre *nasillard*, et on considère ces derniers comme des degrés différents d'un même phénomène ; cependant ces trois timbres diffèrent essentiellement par leurs causes et par leurs effets, et il nous paraît utile d'indiquer les caractères qui les distinguent, en précisant le mécanisme de leur formation. Nous connaissons déjà le timbre nasal ; nous allons nous occuper du nasonnement et du timbre nasillard.

Nasonnement. — Dans le langage, comme dans le chant, les, sons qui forment chaque lettre empruntent leur principal caractère aux obstacles que les diverses parties de la bouche opposent à la sortie des vibrations sonores.

Beaucoup de lettres commencent dans la cavité buccale, et complètent leur physionomie en s'écoulant par les fosses nasales, qui leur donnent une sonorité particulière.

Réciproquement, il en est d'autres qui commencent dans les fosses nasales, et qui viennent recevoir leur expression définitive dans la cavité buccale. Nous ne parlons ici que des consonnes.

Le nasonnement tient à l'écoulement difficile du son par les fosses nasales. Les ondes sonores éprouvent, dans ces cavités, un retentissement plus considérable, et c'est ce retentissement particulier qui, seul, doit porter le nom de *nasonnement*. Ce timbre peut être congénital ou accidentel. Le plus souvent, il est occasionné par une accumulation de mucosités dans les sinus nasaux, par un gonflement de la muqueuse qui les recouvre, ou bien encore par la présence d'un corps étranger ou d'une tumeur développée sur leurs parois.

Nasillement. — Timbre nasillard, voix nasillarde, parler du nez, etc., toutes ces dénominations sont justes en ce sens qu'elles expriment le mécanisme du phénomène qu'elles désignent, et cependant les auteurs sont loin d'être d'accord sur l'explication de ce dernier. Précisons bien d'abord ce que nous entendons par nasillement : le nasillement se distingue du nasonnement et du timbre nasal, par des qualités sonores spéciales ; le nasonnement ne se fait entendre que dans quelques mots, dans ceux qui doivent s'écouler en partie par les narines ; le timbre nasillard, au contraire, accompagne le langage dans toutes ses expressions : c'est une manière de parler particulière. Dans le nasonnement, les lettres trouvent dans les fosses nasales un obstacle qui s'oppose à leur écoulement facile, et qui les oblige à retentir plus qu'il ne le faudrait dans ces cavités. Dans le nasillement, les fosses nasales sont libres ; le son n'éprouve aucune peine à s'écouler de ce côté. A quoi donc attribuer ce timbre particulier? Faut-il invoquer la résonnance des sons dans la cavité nasale plutôt que dans la cavité buccale? Non, assurément, car nous avons vu que le timbre nasal présentait des qualités sonores moins suaves que le timbre buccal, sans avoir cependant rien de bien désagréable, surtout rien qui ressemble au timbre nasillard.

Il faut donc chercher la cause essentielle du nasillement autre part que dans les fosses nasales. — Voici ce que l'observation attentive du phénomène nous a appris : le nasillement résulte de certaines modifications apportées dans la formation des lettres, et ces modifications tiennent, d'un côté, à l'abaissement du voile du palais, de l'autre, au redressement de la base de la langue. Ces deux organes sont justement appliqués l'un contre l'autre, de telle façon que le son ne pénètre dans la cavité buccale que par un orifice très-étroit, qui lui communique un caractère criard, aigre, analogue à la voix de Polichinelle ; ce son est évidemment faible, petit, et il serait à peine entendu, si, en même temps, il ne résonnait pas dans les fosses nasales. Cette résonnance est constante dans le nasillement et elle est favorisée par l'abaissement du voile du palais. La voix est articulée dans la bouche pour former la parole, mais avant de pénétrer dans la cavité buccale pour y recevoir les modifications nécessaires, elle est obligée de passer à travers un étroit passage formé par le voile du palais et la base de la langue, qui lui communique le son anché, criard, qui, avec la résonnance nasale, caractérisent le nasillement.

La voix nasillarde ainsi définie constitue une infirmité qui résulte d'une dépravation des forces motrices, analogue à celle que produisent le zézayement, le bégayement, etc. Cette infirmité est le plus souvent congénitale, mais on comprend qu'une lésion du cerveau ou des parties de la bouche puisse lui donner naissance.

En résumant les explications que nous avons données sur les différents timbres qui reçoivent leurs qualités sonores dans les fosses nasales, nous dirons que : 1° le timbre nasal est produit par la résonnance exclusive des sons dans les fosses nasales ; 2° que le *nasonnement* est l'effet d'un obstacle apporté à l'écoulement facile du son par les fosses nasales pendant la formation de certaines lettres ; cet obstacle force le son à retentir plus qu'il ne le devrait dans ces cavités et le résonnement qui en résulte constitue le nasonnement ; 3° le nasillement est une voix particulière qui retentit particulièrement dans les fosses nasales et à laquelle la juxtaposition de la base de la langue et du voile du palais communique le timbre criard qui la caractérise.

§ III. — **Tuyau porte-vent**.

En décrivant cette partie de l'instrument vocal (p. 427), nous avons dit quelle était son influence sur le timbre de la voix. Nous nous sommes appuyé, en cela, sur nos expériences physiques, et nous avons démontré que la trachée et les bronches pouvaient être assimilées à un tuyau porte-vent, dans lequel la colonne d'air peut accommoder ses vibrations à celles de l'anche. Cette accommodation a presque toujours lieu dans l'instrument vocal, mais à des degrés très-divers. En général, les notes graves sont celles qui s'accommodent le mieux ; mais à mesure qu'on s'élève dans l'échelle vocale, cette accommodation devient plus difficile, et il est un moment où les chanteurs éprouvent une certaine difficulté à donner à la note l'ampleur et la rotondité qu'ils donnaient aux notes précédentes. Cette difficulté, qui tient au défaut d'accommodation des vibrations de l'air renfermé dans la poitrine avec les vibrations des rubans vocaux, est connue de tous les chanteurs ; mais ils parviennent à la vaincre par une gymnastique particulière. Pour se faire une idée bien précise de ce phénomène, il n'y a qu'à le comparer à celui qu'on observe dans les trompettes ou dans les cors d'harmonie ; malgré tous les efforts du joueur, il est impossible d'obtenir certaines notes avec ces instruments ; les lèvres ne veulent pas vibrer, elles restent muettes. En faisant toutes les réserves exigées par la différence qui existe entre le tuyau porte-vent et le tuyau sonore, nous constatons que la masse d'air renfermée dans le porte-vent ne favorise pas également l'émission de toutes les notes. Tantôt les vibrations s'accommodent avec celles des rubans vocaux, tantôt cette accommodation n'a pas lieu, et dans ce cas, la formation de la note est plus difficile. La principale cause de cette accommodation difficile réside dans l'obliquité des rubans vocaux, qui augmente en proportion de la tension longitudinale de ces rubans par les crico-thyroïdiens. Dès lors, les vibrations ne se font plus perpendiculairement à l'axe de la trachée, et leur mouvement se communique difficilement à la masse d'air renfermée dans la poitrine.

§ IV. — Timbres généraux.

Après avoir décrit les différents timbres que produit isolément chacune des parties de l'instrument vocal, nous allons examiner les timbres qui résultent d'une disposition particulière dans l'ensemble de ces mêmes parties. Ces timbres, qui jouent un grand rôle dans l'art du chant, sont le timbre *sombre* et le timbre *clair*.

Timbre sombre. — La question qui se rattache à la formation des timbres généraux a été l'objet des explications les plus variées. Parmi ces explications nous nous bornerons à examiner la plus sérieuse. Elle est due à deux honorables médecins, MM. Diday et Pétrequin, qui ont publié un travail très-important sur ce sujet spécial[1]. Pour ces honorables confrères, le timbre sombre est une voix particulière formée par un mécanisme tout différent que celui qu'ils admettent pour la voix ordinaire : « L'on est d'accord, disent-ils, que pour monter d'un son à un autre plus aigu, en d'autres termes, pour monter d'un ou de plusieurs tons, trois conditions se trouvent être mises en jeu : 1° l'étroitesse plus considérable de la glotte et la contraction de ses lèvres (deux éléments distincts, quoique toujours coexistants) ; 2° l'ascension du larynx produisant le raccourcissement du tuyau vocal ; 3° l'impulsion plus forte du courant d'air... Or, la différence capitale que présente sous ce rapport la voix sombrée, c'est que de ces trois modifications, qui dans le chant ordinaire suivent tout changement de ton, elle n'en réclame que deux pour produire le même résultat. Ainsi, tandis que pour donner une noté aiguë il faut, en employant la voix blanche (timbre clair), expirer plus fortement, resserrer la glotte et faire remonter le larynx ; avec la voix sombrée, au contraire, il n'est besoin que des deux premières conditions, et le larynx reste immobile, quel que soit le son que l'on veuille donner... Ainsi, dans l'émission de la voix ordinaire, le larynx est l'analogue d'un instrument à anche, tel que le hautbois ; et les trois conditions qui, dans l'organe vocal, font varier le ton, se trouveront, dans cet instrument, représentées par la contraction que les lèvres du joueur exercent sur l'anche ; par les dimensions variables que ses doigts

____

[1] *Gazette médicale,* n° 20, 1840.

donnent à chaque instant aux tuyaux ; enfin par l'énergie du souffle, qui change suivant l'acuïté des sons. Quant à la voix sombrée, son mode de production tout différent ne nous permet de l'assimiler qu'à un instrument dans lequel le tuyau resterait invariable, et où les changements de ton résulteraient uniquement du resserrement de l'anche et de la force du courant d'air. »

Cette exposition est très-correcte et très-judicieuse dans ses déductions ; mais l'erreur est dans les prémisses. Nos honorables confrères pensent que, pour la production des tons dans la voix ordinaire, l'élévation du larynx est indispensable, dans le but de raccourcir le tuyau vocal. Rien n'autorise cette hypothèse. Nous avons démontré en effet que les tons, dans toutes sortes de voix, sont produits par les modifications de l'anche vocale. D'ailleurs, comme l'avait déjà observé M. Segond, la fixité du larynx en bas ne peut pas être le caractère essentiel de la voix sombrée, puisqu'on peut chanter en timbre sombre, le larynx étant aussi élevé que possible.

Pour nous, le timbre sombre est le résultat du retentissement de la voix dans le tuyau vocal, disposé de manière que les dimensions des cavités soient aussi grandes que possible, et que les orifices qui limitent ces cavités soient assez resserrés pour opposer un obstacle à la sortie facile de l'air. Pour se faire une idée exacte de la formation de ce timbre, il n'y a qu'à prononcer à haute voix la lettre A et à rapprocher ensuite peu à peu les lèvres, comme si l'on voulait prononcer la lettre O, mais en tenant toujours le même ton. A mesure que les lèvres se rapprochent, on s'aperçoit que le timbre perd de son éclat ; en d'autres termes, il devient sombre. Ces modifications tiennent évidemment : 1° à ce que la masse d'air renfermée dans le canal pharyngien pendant l'émission de la lettre O ne s'épanche pas facilement au dehors. Pour bien comprendre ceci, il faut de toute nécessité que le lecteur consulte ce que nous disons plus loin sur la formation des lettres (livre de la parole) ; 2° le rétrécissement de l'orifice buccal a pour effet d'emprisonner le son dans la bouche, de favoriser par conséquent son retentissement dans cette cavité, et de faire prédominer ainsi le son de la masse d'air sur celui de l'anche.

Un des principaux avantages du timbre sombre, c'est de masquer autant que possible la genèse des sons de la voix humaine. Le son de l'anche vocale, comme celui de toutes les anches, n'aurait rien de bien séduisant si la masse d'air renfermée dans le tuyau vocal ne venait pas le modifier. Cette modification est à son plus haut degré lorsqu'on emploie le timbre sombre.

Pour donner à la voix les qualités particulières dont nous parlons, l'orifice buccal doit être plus rétréci que dans la voix ordinaire. Les lèvres et les mâchoires se rapprochent les unes des autres, comme dans la prononciation de la lettre O, et il résulte de cette disposition que la lettre A, dans le chant, ne peut plus être prononcée aussi franchement; la sonorité qui l'accompagne ressemble beaucoup à celle de l'O. Pour la même raison la lettre E rappelle la sonorité particulière de la diphthongue EU. Ces effets sont favorisés par l'aplatissement de la partie antérieure de la langue sur le plancher de la bouche.

On peut dire, en général, que, dans le timbre sombre, toutes les lettres sont formées par la même disposition des parties, qui préside à la formation de ces mêmes lettres dans le timbre ordinaire de la voix ; mais dans le timbre sombre, les cavités buccale et pharyngienne sont beaucoup plus grandes. Ainsi, par exemple, dans la voix ordinaire la lettre E s'obtient par le rapprochement de la langue contre la voûte palatine; la même lettre étant prononcée avec le timbre sombre, la langue reste très-éloignée de la voûte palatine, et cet éloignement, réuni au rétrécissement de l'orifice buccal, lui donne les caractères de la diphthongue EU, selon que ces modifications sont plus ou moins prononcées.

La nécessité de présenter à chaque lettre une cavité plus grande que dans la voix ordinaire, modifie non-seulement les voyelles, mais aussi les consonnes ; ces dernières sont moins accentuées, et elles doivent ce caractère adouci à ce que les parties opposées, qui s'approchent plus ou moins au contact, pour limiter la masse d'air propre à chacune d'elles, restent à une plus grande distance les unes des autres, pendant le timbre sombre. C'est pour ce motif que dans les lettres explosives, la lettre P par exemple, l'explosion est moins sensible qu'avec le timbre ordinaire. Il en est de même de la lettre K. Dans la première, les lèvres n'avaient pas clos entièrement la cavité buccale ; dans la deuxième, la base de la langue s'était imparfaitement rapprochée du voile du palais.

Les phénomènes que nous venons de décrire ne constituent pas à eux seuls le timbre sombre ; sans doute, ils en sont une des conditions essentielles ; mais le reste du tuyau vocal exerce aussi son influence. L'intérieur du gosier se rétrécit pendant le timbre sombre, comme l'orifice buccal ; celui-ci, par l'effet de son rétrécissement, favorisait le retentissement du son dans la bouche ; celui-là favorise la résonnance du canal pharyngien. Le rétrécissement de l'isthme du gosier est en grande partie effectué par la base de la langue. Si l'isthme du gosier se trouve rétréci, le canal pharyngien, l'analogue, dans cette région, de la cavité buccale, se trouve considérablement agrandi par la fixation du larynx, aussi bas que possible, vers la partie inférieure du cou. Cet abaissement du larynx, effectué par les muscles sterno-thyroïdiens, n'est pas absolument indispensable à la formation du timbre sombre.

D'après ce que nous venons de dire, le timbre sombre ne

mérite pas le nom de voix particulière qu'on lui a donné, et ses qualités sonores, si différentes de la voix ordinaire, s'expliquent par les modifications que l'on introduit dans la disposition des parties qui composent le tuyau vocal. Ces modifications peuvent se résumer dans les propositions suivantes : 1° rétrécissement de l'orifice buccal et de l'isthme du gosier ; 2° agrandissement de la cavité buccale et du canal pharyngien. Le rétrécissement des orifices favorise le retentissement du son et l'agrandissement des cavités donne à sa résonnance une plus grande intensité. Le timbre sombre est plus musical que le timbre clair et il impressionne plus agréablement l'oreille, parce que les sons d'anche se fondent dans les sons de la masse aérienne, et la voix humaine se rapproche ainsi, par cette sonorité particulière, des tuyaux à bouche de l'orgue. — Ce timbre doit encore une grande partie de son agrément à ce que l'articulation des lettres est moins accentuée, plus arrondie, et que les degrés d'ouverture de l'orifice buccal pour la production de chaque lettre sont moins considérables dans le timbre sombre que dans le timbre clair. Ce léger rétrécissement favorise le retentissement du son dans la cavité buccale, et c'est sans doute dans ce résonnement harmonique, plus riche et plus doux, que notre oreille trouve les motifs de sa préférence.

Le timbre sombre est celui que les personnes du Midi emploient habituellement dans le chant. L'oreille plus musicale des hommes qui habitent les climats tempérés repousse avec raison les sons criards, qui proviennent de l'anche vocale, vibrant dans un tuyau trop étroit ; elle recherche au contraire cette sonorité adoucie, qui résulte de l'harmonieux mélange des vibrations de l'air avec les vibrations de l'anche. D'ailleurs, nous ne devons pas oublier que la prédominance de certaines lettres dans le langage développe l'habitude du timbre sombre ; les lettres O, U, la diphthongue OU, se présentent à chaque instant dans les langues espagnole, italienne, dans les idiômes languedocien et provençal. Ces lettres sont déjà moins souvent employées dans la langue française; tandis que les E, les EU, sont d'un usage tellement fréquent, qu'ils donnent à la sonorité particulière de cette langue les caractères du timbre clair. Quant au timbre sombre, il ne peut être employé d'une manière exclusive, dans le chant français, qu'à la condition de dénaturer un peu la sonorité particulière de certaines lettres. Aussi ne l'employait-on presque jamais en France, et il ne fallut rien moins que le talent d'un célèbre maëstro, de M. Duprez, pour l'introniser chez nous. Ce grand artiste fit une véritable révolution dans le chant français, lorsque, à son retour d'Italie, il fit entendre pour la première fois sa voix sombrée si remarquable ; le succès fut immense et légitime. Nous ne pensons pas cependant que l'on doive employer exclusivement le timbre sombre ; nous croyons même devoir signaler les inconvénients que cette habitude pourrait entraîner. En chantant toujours en timbre sombre, on s'expose à fatiguer prématurément l'organe vocal. Il est positif que, pour porter dans une salle un chant exprimé en timbre sombre, il faut dépenser beaucoup plus de force que si le même chant était rendu en timbre clair. Pour chanter longtemps avec ce timbre, il faut un larynx très-solide et surtout une poitrine bien constituée. D'ailleurs, en employant toujours la même sonorité, n'est-ce pas enlever à la voix humaine la plus belle de ses prérogatives, qui est la variété du timbre ?

Timbre clair. — Le timbre clair est diamétralement opposé au précédent, quant à ses qualités sonores et au mécanisme de sa formation ; tandis que, dans le timbre sombre, l'orifice buccal est légèrement rétréci pour favoriser le retentissement du son dans la cavité buccale ; dans le timbre clair, les mâchoires sont plus écartées, et la bouche est plus ouverte ; il en est de même de l'isthme du gosier qui se trouve rétréci dans le timbre sombre, et très-large, au contraire, dans le timbre clair. Les cavités buccale et pharyngienne subissent des modifications opposées : dans le timbre sombre, ces cavités sont aussi grandes que possible; dans le timbre clair, elles sont un peu plus étroites que dans la voix ordinaire. Ainsi, par exemple, l'*o* se prononce un peu comme l'*a*, l'*e* (ouvert) comme l'*é* (accent aigu), etc., etc. En somme, nous trouvons pour ces deux timbres une disposition des parties tout à fait opposée.

Quand le timbre clair est exagéré, c'est-à-dire quand la masse d'air qui accompagne la formation de chaque lettre est trop petite, les sons de la voix acquièrent une sonorité désagréable, qui rappelle les sons anchés.

Les timbres dont nous venons de donner la description constituent toutes les sonorités particulières de la voix humaine. Loin de former des voix spéciales, comme tendent à le faire supposer les dénominations de voix de poitrine, voix de tête, voix sombrée, voix blanche, ils peuvent accompagner indifféremment tous les registres et communiquer à chacun d'eux le caractère qui leur est propre. Nous devons ajouter cependant qu'il est certaines dispositions du tuyau vocal, nécessitées pour la formation de tel registre, qui ne s'accommodent pas facilement avec la production de tous les timbres. C'est ainsi que le timbre clair ne convient pas du tout au registre de fausset, et cela se conçoit. Le fausset est formé par une anche très-petite et par un tuyau vocal dont les dimensions sont en rapport avec la petitesse de l'anche. Or, nous avons vu que la production du timbre clair exige une grande ouverture du tuyau sonore; de là, une première incompatibilité. En second lieu, les sons de fausset, étant produits par une anche très-courte, sont nécessairement petits, maigres; et s'ils ne trouvaient pas dans la cavité buccale une disposition favorable à leur retentissement, ils seraient dépouillés de tout agrément. Cette disposition est celle qui préside à la formation du timbre sombre ; aussi, ce timbre accompagne-t-il toujours la voix de fausset. En général, les ténors chantent en timbre clair ; mais cette préférence ne tient pas au diapason de leur voix ; nous l'attribuons plutôt à la nature, au caractère des morceaux qu'ils chantent habituellement dans les opéras. Ce timbre accompagne plus naturellement l'expression des sentiments tendres ou gais, qui sont dévolus généralement aux ténors. Les barytons, au contraire, plus spécialement chargés des situations dramatiques, emploient le plus souvent le timbre sombre, capable de peindre, mieux que tout autre, ces situations.

L'agrément et la richesse du chant dépendent d'ailleurs du juste mélange de ces différents timbres, et le même chanteur doit savoir les former selon l'effet qu'il veut produire.

La possibilité de donner à la même note une sonorité particulière est un des plus grands avantages de la voix humaine. Cette faculté merveilleuse lui permet, avec le même instrument, de provoquer les sentiments les plus opposés : la joie et la tristesse, les doux sentiments du cœur, les dures angoisses de l'âme trouvent dans la voix humaine une sonorité particulière que nulle autre ne saurait remplacer ; chaque passion a son timbre, et l'artiste mal avisé qui ne sait pas le trouver, frappe inutilement le tympan sans arriver à l'âme de son auditoire.

L'influence du timbre sur la sensibilité nous a longtemps préoccupé. Nous nous sommes demandé pourquoi tel instrument réveillait en nous certains sentiments, alors que tel autre nous laissait dans l'indifférence ou faisait naître des sentiments opposés. Il est positif que les instruments à anches, le hautbois, par exemple, portent plutôt à la gaieté qu'à la tristesse, que la flûte caresse des sentiments doux et mélancoliques, que le cor de chasse agace et met en fureur. Le même morceau de musique exécuté successivement par ces trois instruments nous impressionnerait d'une manière toute différente. Là-dessus, pour le moment, nous sommes réduits à subir les manifestations de notre sensibilité sans pouvoir en expliquer les secrètes influences.

CHAPITRE VI.

La nécessité où se sont trouvés les auteurs d'expliquer l'intensité des sons de la voix par des considérations favorables à leur théorie sur la genèse vocale, les a entraînés bien loin. Ils ont dû inventer des systèmes très-compliqués que l'ingénieuse simplicité de la nature répudie, et qui mettraient d'ailleurs le larynx humain au dernier rang parmi les instruments artificiels. A la rigueur, ces systèmes se réduisent à un seul : le système de compensation; mais, comme il a été invoqué par les partisans de la théorie des anches et par ceux de la théorie de l'air vibrant, il s'ensuit qu'il est compris de part et d'autre d'une manière toute différente. Nous examinerons d'abord la signification que donnent au système de compensation ceux qui ne voient dans les sons de la voix que des vibrations aériennes.

Dodart doit être considéré comme l'inventeur du système de compensation. Nous avons vu que ce grand médecin attribuait l'origine de la formation des tons aux différents degrés d'ouverture de la glotte. Cela admis, il fallait trouver un expédient capable d'accommoder cette théorie avec l'idée généralement reçue, depuis Aristote, que l'intensité des sons dépend de la quantité de matière sonore mise en mouvement. En d'autres termes, il fallait expliquer comment un même son peut être donné fort ou faible, sans que les dimensions de la glotte fussent changées.

Dodart cherche à résoudre cette difficulté en supposant que pour émettre les sons intenses, la glotte s'agrandit pour laisser passer une plus grande quantité d'air; mais en même temps, le souffle est poussé avec plus de force, afin que sa vitesse restant la même, malgré l'agrandissement de l'ouverture, le ton ne change pas. Cette explication est très-ingénieuse; mais nous savons aujourd'hui que l'on ne peut pas changer l'embouchure d'un tuyau sans faire changer le ton, et que l'augmentation de vitesse de l'air dans le même tuyau ne peut qu'amener la production des harmoniques du son fondamental.

M. Longet, dont la théorie présente tant d'analogies avec celle de Dodart, explique l'intensité du son à peu près de la même manière. Ce grand physiologiste admet que les tons sont produits par les différents degrés de vitesse de l'air, et par les divers degrés d'ouverture de la glotte; et, pour expliquer l'intensité, il suppose qu'entre chaque ton, la vitesse de l'air peut varier d'une quantité suffisante pour produire le fort et le faible sans que le ton change. Ce système de compensation nous paraît impossible; car, en l'admettant, la glotte ne serait pas assez longue pour produire les huit tons d'une gamme. Qu'on n'oublie pas, en effet, que la glotte mesure à peine 2 millimètres en longueur, et que, si le fort et le faible étaient produits par différents degrés d'ouverture, une partie très-appréciable de cette longueur serait nécessaire à la production de chaque ton. Si nous accordons seulement 2 millimètres de cette étendue à la production de chaque note, il s'ensuivra que l'échelle vocale sera composée tout au plus de huit à dix notes. Il résulterait encore de cette théorie, que les glottes les plus longues, les glottes de basse, par exemple, devraient posséder une échelle plus étendue que les glottes plus courtes, celles de ténor. Or, nous savons que c'est le contraire qui a lieu.

Le système de compensation est compris tout autrement par les partisans de la théorie des anches. Ici, nous trouvons la grande autorité de Müller. Il n'est pas de physiologiste qui ait exécuté autant d'expériences sur le mécanisme vocal que Müller; mais c'est surtout pour établir son système de compensation qu'il les a accumulées avec profusion. Müller a été conduit à inventer son système, par la considération de ce qui se passe dans les instruments à anche, quand on exagère ou qu'on diminue l'intensité du souffle. Il arrive, en effet, que, sous l'influence d'une impulsion trop grande, le son de la languette baisse, tandis qu'il peut hausser si le souffle est trop modéré.

Ces phénomènes s'expliquent très-bien, en observant que, sous l'influence d'un souffle très-léger, l'extrémité libre de la languette entre seule en vibration, tandis que, sous l'influence contraire, elle vibre dans toute son étendue jusqu'à son point fixe. Cette explication, Müller la connaissait; mais ce qu'il ne comprenait pas, c'est que, lorsque la languette est très-mince, comme dans la trompette d'enfant, le son monte au lieu de baisser sous l'influence d'une grande pression. Cependant rien n'est plus simple : l'impulsion excessive de l'air courbe la languette, et, dès lors, la partie qui fait ressort n'est plus au point fixe, mais à ce point où la languette commence à se courber ; c'est ainsi que cette dernière se trouve raccourcie, et qu'elle donne un son plus élevé.

Il se passe un phénomène analogue dans les anches membraneuses, auxquelles Müller avait comparé l'anche vocale. Lorsque les membranes sont très-minces, et que leur tissu se laisse facilement distendre comme les lamelles de caoutchouc, il arrive que l'impulsion variable de l'air peut faire monter ou descendre le ton de deux ou trois degrés. Müller est parvenu à obtenir la quinte et même l'octave ; il a obtenu des résultats analogues dans ses expériences sur des larynx de cadavres. On ne saurait trop louer la précision scrupuleuse et la patience rare avec lesquelles il a effectué ses nombreuses expériences : mesurant la tension des rubans avec des poids, et la pression de la colonne d'air avec un manomètre, il a chiffré exactement l'influence de l'un et de l'autre sur l'intensité des sons, et il est arrivé à cette conclusion que : « pour que la force de la voix monte jusqu'au *forte*, la hauteur des sons restant la même, la tension doit diminuer dans une bien plus grande proportion que la pression de l'air ne croît ; que, quand celle-ci devient cinq à huit fois plus considérable, la tension doit devenir environ treize à quatorze fois moindre ; enfin que, quand la pression de l'air monte au double et jusqu'au triple, ce qui produirait une quarte et jusqu'à une quinte, la tension, pour rabaisser le son à la hauteur du son fondamental, doit devenir quatre fois moins considérable, ou plus, ou moins [1]. »

Pour répondre à cette théorie trop exclusivement physique par des preuves tirées de la physique, nous dirons que l'intensité du son, dans les corps rigides par tension, diminue avec la tension, quelle que soit l'énergie de l'agent qui provoque les vibrations ; si, par exemple, on détend une corde de violon, elle ne pourra plus donner de sons aussi intenses que lorsqu'elle était plus tendue. Par conséquent, les rubans vocaux devraient donner un son plus faible, contrairement à la théorie de Müller, surtout si l'on admet avec lui que la tension diminue dans une bien plus grande proportion que la pression de l'air n'augmente. Ce système est en contradiction formelle avec la théorie des anches, car si les rubans se trouvent détendus, ils doivent nécessairement, d'après les lois de la physique, effectuer un plus petit nombre de vibrations, et donner naissance à un son plus grave.

[1] *Loc. cit.*, p. 221.

Évidemment, Müller n'a pas bien saisi le mécanisme de la formation du son dans les anches membraneuses.

Les lamelles de caoutchouc, avons-nous déjà dit, ne vibrent qu'après avoir été amenées à un certain état de tension, sous l'influence de la pression de l'air. Cette tension préalable est indispensable pour communiquer aux rubans le ressort suffisant, capable de réagir contre la pression de l'air, et elle augmente en proportion de cette dernière ; d'où il résulte clairement que le son doit monter en proportion de l'énergie de cette pression, et que l'intensité du son est inséparable de son élévation : ce sont deux phénomènes produits par une même cause, et en quelque sorte solidaires l'un de l'autre. L'erreur de Müller vient de ce qu'il a voulu séparer ces deux phénomènes inséparables ; il s'est imaginé qu'en empêchant l'élévation du son par une diminution dans la tension, il conserverait néanmoins l'intensité, ce qui était impossible. En effet, l'énergie de la pression du souffle dépend de la force d'impulsion et du degré de résistance que l'air éprouve à l'orifice de sortie ; or, si par la détente des bords de l'orifice on diminue cette résistance, le souffle perd de son énergie, et le son de son intensité, de telle sorte que la compensation des forces physiques existe réellement, mais dans un sens tout opposé et contraire aux idées que Müller a émises sur la production de ce phénomène. A dessein, nous avons puisé nos objections dans la physique ; mais, dans un sujet comme celui-ci, on ne saurait négliger l'influence de la vie sans s'exposer à tomber dans l'erreur.

Müller a eu le tort de ne voir dans les rubans vocaux que des tissus membraneux, vibrant à la manière des lamelles de caoutchouc. Les phénomènes d'élévation ou d'abaissement du son, sous l'influence des pressions variables de l'air, ne sont pas, d'ailleurs, tellement inévitables, que l'on ne puisse les empêcher, dans une certaine mesure, sans faire intervenir le système de compensation. L'industrie est arrivée aujourd'hui à confectionner des instruments à languettes métalliques qui donnent le fort et le faible sans que le son change, et cela dépend de leur épaisseur, de leur rigidité et de la manière dont elles sont fixées. Dans les anches de caoutchouc, le son varie plus facilement, il est vrai, mais c'est à peine si celles dont nous nous servons dans notre larynx artificiel varient d'un cinquième de ton sous l'influence de la pression la plus exagérée. Le son des clarinettes, des hautbois, des bassons, peut être enflé ou diminué sans que le ton change, de sorte que l'organe vocal serait le seul instrument dans lequel le fort et le faible ne pourraient être obtenus qu'en faisant intervenir des modifications profondes dans le corps sonore, modifications qui compliquent sérieusement le mécanisme de la voix, et qui introduiraient dans le jeu de l'instrument vocal des difficultés excessives. Le système de compensation est en contradiction flagrante avec les procédés si simplement ingénieux qu'emploie la nature dans ses œuvres, et rien n'est plus parfait que ce qu'elle a pris soin de faire elle-même. On parvient à produire tous les degrés possibles d'intensité dans les instruments à anche par de simples degrés de pression, et le larynx humain, le roi des instruments, ne saurait produire ces mêmes phénomènes avec la même simplicité? Les systèmes de compensation ont été inventés pour servir des théories impossibles, et ils se ressentent des défauts de ces dernières : ils portent l'empreinte de leur origine dans leur complication.

Pour donner une explication satisfaisante du phénomène que nous étudions, nous suivrons la marche à laquelle jusqu'ici nous sommes resté fidèle ; nous demanderons successivement à la physique, à l'anatomie et à la physiologie, les éléments de la solution que nous cherchons.

Dans le chapitre consacré à l'acoustique, nous avons défini

ce que l'on doit entendre, à notre avis, par intensité du son. « L'intensité du son, avons-nous dit, dépend de l'énergie avec laquelle le mouvement sonore frappe notre oreille, et du nombre de molécules mises en mouvement [1]. »

Il résulte de cette définition que, quel que soit le corps sonore, l'intensité du son sera toujours liée à l'énergie de ses vibrations et au nombre de molécules qui seront mises en mouvement. Par conséquent, l'intensité du son de la voix sera due à l'énergie plus ou moins grande avec laquelle le souffle sera poussé à travers la glotte, et à l'étendue de la membrane vocale qui sera mise en vibration. Ces deux conditions en requièrent une troisième : pour que le souffle et la surface vibrante acquièrent et conservent leur énergie, il est indispensable que l'air éprouve une certaine résistance à l'orifice de sortie, et que cet orifice soit le même pour le son fort comme pour le son faible. Loin de chercher ici un système de compensation qui entraîne nécessairement une modification de l'orifice glottique, nous voulons, au contraire, que l'orifice reste le même, et, dès lors, on s'explique comment un souffle plus fort, passant à travers un même orifice, est capable de faire vibrer les bords de cet orifice avec plus d'énergie, pour donner naissance à des sons plus intenses.

Si l'on nous oppose à cela que dans les instruments à anche membraneuse le son s'élève sous l'influence d'une pression plus grande, nous répondrons que cette élévation est à peine sensible si les anches sont bien confectionnées, et que, d'ailleurs, il n'est pas possible de comparer un tissu inanimé avec une membrane vivante, telle que la membrane vocale. Cette dernière ne se laisse pas distendre aussi facilement qu'une lamelle de caoutchouc, et, dans tous les cas, elle présente aux forces extérieures

[1] Page 17.

une résistance active, vivante, qui peut croître ou diminuer selon l'énergie avec laquelle on agit sur elle. L'organe vocal produit les sons faibles et les sons forts, en conservant pour chaque son les dispositions anatomiques nécessaires à la production de ce dernier : une seule chose est changée, c'est l'énergie de l'impulsion du souffle à travers la glotte. Le souffle faible produit les sons faibles, le souffle fort produit les sons intenses. Le larynx rentre ainsi dans l'ordre de tous les corps sonores, et si l'on désire qu'il se montre en toute circonstance supérieur à ces derniers, nous trouvons ici cette suprématie dans l'action vitale qui permet à la membrane vocale de résister à une pression excessive de l'air sans changer de ton.

Lorsqu'on émet un son faible d'abord, puis progressivement plus intense, on remarque que la fente glottique moins longue en premier lieu, s'agrandit peu à peu, dans le sens de la longueur, à mesure que le son devient plus intense. Un examen superficiel pourrait donner à penser qu'il y a ici un phénomène de compensation ; que la glotte s'agrandit et la surface vibrante avec elle, à mesure que le souffle devient plus fort. Point du tout : Les puissances musculaires limitent l'étendue de la membrane vibrante, qui est propre à chaque ton ; mais comme cette étendue n'est pas appréciable à l'œil, parce que les bords des rubans vocaux sont appliqués l'un contre l'autre, il arrive que si le souffle est faible, il est insuffisant pour écarter les rubans dans toute l'étendue de leur partie vibrante ; le centre obéit seul à cette pression d'une manière ostensible ; mais si on examine les parties avec un verre grossissant, on voit vibrer la membrane dans toute son étendue. A mesure que le souffle devient plus fort, la partie vibrante devient de plus en plus manifeste jusqu'aux limites voulues pour la production de la note émise. Mais là, on a beau augmenter l'intensité du souffle, le ton ne varie pas, et la fente de la glotte conserve les dimensions qu'elle a acquises. Tels sont en réalité les phénomènes qui surviennent dans la glotte pendant l'émission des sons de différente intensité. Durant le registre mixte, le fort et le faible sont accompagnés d'une modification spéciale dans le diamètre transverse de la glotte. Pendant les sons forts, les rubans vocaux sont plus rapprochés l'un de l'autre ; pendant les sons faibles, ils sont plus écartés. En résumant tout ce que nous venons de dire, nous pouvons conclure que le fort et le faible de la voix dépendent : 1° de l'énergie de l'expiration ; 2° de la résistance plus ou moins grande que les bords de la glotte opposent au passage de l'air ; 3° de l'étendue de la surface vibrante. Ces trois conditions sont solidaires les unes des autres, l'énergie de l'expiration n'est effective qu'à la condition de trouver une résistance suffisante dans le passage glottique, et les vibrations de la membrane vocale ne peuvent donner lieu à des sons très-intenses qu'à la condition de mettre un grand nombre de molécules en mouvement.

Il suit de là que les sons de fausset doivent être faibles, comparativement aux autres, malgré le grand retentissement qu'ils éprouvent dans la cavité buccale ; en effet, la glotte qui les produit est très-petite et le nombre de molécules mises en mouvement l'est aussi. La voix mixte donne également des sons peu intenses, mais elle doit cette particularité à ce que la glotte laisse passer une trop grande quantité d'air. Ici c'est le manque d'énergie du souffle qui engendre les sons faibles. Enfin dans la voix de poitrine, les sons acquièrent toutes les nuances possibles du fort et du faible, parce que nous rencontrons dans les dispositions de la glotte toutes les conditions nécessaires pour que les variables pressions de l'air trouvent occasion de produire tous les effets qui se rapportent à l'intensité des sons de la voix. Ces explications découlent si naturellement de notre théorie sur la formation des différents registres de la voix, que nous ne pouvons pas nous empêcher de les considérer comme une nouvelle preuve à l'appui de l'exactitude de cette théorie. La vérité se montre aussi bien dans le principe que dans ses applications.

Volume de la voix. — On emploie souvent dans les arts des expressions qui sont loin d'être bien définies et qui, par ce fait, reçoivent des applications vicieuses. — L'expression qui est en tête de ce paragraphe justifie parfaitement notre observation. Les personnes qui parlent du *volume* de la voix savent à peu près ce qu'elles veulent dire, bien que, scientifiquement parlant, cette expression ne soit pas bien définie dans leur esprit; mais ceux qui les écoutent ou qui les lisent doivent être fort embarrassés et interpréter leur expression d'une manière tout à fait différente, car le mot *volume* peut signifier voix intense, voix grosse, etc., etc. Or, le volume de la voix ne peut être bien défini qu'après avoir exposé ce que l'on doit entendre par intensité. Comme nous l'avons vu tout à l'heure, l'intensité dépend du juste rapport qui existe entre l'énergie du souffle, la quantité de matière mise en mouvement et la résistance de cette dernière. Si nous considérons seulement l'énergie du souffle et la résistance du corps vibrant, nous aurons un son intense ou faible selon le rapport qui existe entre l'énergie du souffle et la résistance du corps mis en vibration. Par exemple : si le souffle est fort et la résistance faible, nous aurons un son *intense*, non pas *volumineux*. — L'intensité d'un son est donc liée, surtout, aux deux conditions de résistance et d'impulsion. — Si nous considérons à présent l'énergie du souffle et la quantité de matière mise en mouvement, nous aurons un son petit ou volumineux, selon le rapport qui existe entre la force d'impulsion et la quantité de matière mise en mouvement. Par exemple : si le souffle est fort et la quantité de matière petite, le son sera intense, mais peu volumineux ; au contraire, si le souffle est petit et la quantité de matière considérable, le son sera volumineux et peu intense. — On le voit, le volume d'un son est en quelque sorte indépendant de son intensité ; mais lorsque dans le chant, on parle d'un son plus ou moins volumineux, on doit entendre par là le rapport qui existe entre la force d'impulsion, la résistance et la masse mise en mouvement ; car les sons de la voix humaine, pour être appréciés, doivent être entendus à distance, et pour cela il faut qu'aux rapports de volume se trouvent réunis les rapports d'intensité. Jusqu'ici nous n'avons considéré que la glotte ; mais il est une autre manière de donner aux sons de la voix plus de volume : c'est en disposant le tuyau vocal de façon qu'il offre au son formé dans le larynx un retentissement considérable, en lui donnant par conséquent la disposition spéciale au timbre sombre. Ici encore il faut avoir égard aux rapports de la masse d'air avec l'énergie du souffle, car si le souffle est peu énergique, il n'ébranlera pas suffisamment la masse d'air pour donner naissance à un son volumineux. Avec le timbre sombre, la voix est plus volumineuse qu'avec le timbre clair ; mais le son ne porte pas si bien et si loin, parce que les vibrations sonores se trouvent en quelque sorte emprisonnées dans le tuyau vocal.

CHAPITRE VII.

« L'art de tromper est aussi ancien que le monde animé. Tout ce qui a vie, tout ce qui renferme en soi la faculté de déterminer ses mouvements apporte, en naissant, l'art de feindre, art qui contribue si merveilleusement à la conservation des êtres.

« Il n'y a point d'animal qui ne soit le tombeau d'un autre animal. Le renard croque la poule, la poule mange le ver, le ver ronge l'homme, et l'homme dévore tout. Le faible doit donc ruser contre le fort et le fort même contre le faible ; l'un, crainte des tourments ou de la mort, et l'autre pressé par le plaisir ou la faim. »

Cette philosophie déplorable qui érige la ruse en principe social, était professée en l'an 1772, par un homme éminent, par un censeur royal de Paris [1].

M. de La Chapelle, défavorablement impressionné par la nature de ses recherches, vivant, dans ses études, au milieu des fourbes qui avaient exploité la crédulité humaine depuis le commencement des siècles, ne tarda pas à se persuader que la fourberie, la ruse, le mensonge sont nécessaires, et que ce qui doit être stigmatisé comme un vice n'est qu'une condition de

[1] *Le ventriloque*, par M. de La Chapelle.

notre existence. Tout en reconnaissant le mal qui existe encore, nous sommes trop heureux de croire à la perfectibilité humaine pour faire la part de l'erreur comme on fait la part du feu. L'erreur, le préjugé, l'ignorance n'engendrent pas le mal, mais ils l'encouragent et le favorisent, comme la malpropreté attire les parasites. Le mal n'est donc pas nécessaire : *pulex* envahisseur de notre vie intellectuelle et morale, il ne se développe qu'à la faveur des ténèbres. Là où règne l'ignorance et l'erreur, il se multiplie avec rapidité ; mais que la science apparaisse avec le flambeau de la vérité, il disparaît aussitôt.

Pendant longtemps et jusqu'au dix-neuvième siècle, les illusions vocales ont été employées par les fourbes de toute espèce, en politique comme en religion ; mais c'est surtout chez les anciens que nous leur voyons jouer un rôle non moins important que misérable. Aujourd'hui, et cela vient à l'appui de ce que nous disions tout à l'heure touchant l'influence de la science sur les progrès de la société, les illusions vocales ne font plus de dupes ni de victimes ; elles amusent notre génération : l'ablution de la science a passé par là. Mais en découvrant la ruse, la science en a-t-elle judicieusement expliqué les procédés ? C'est ce que nous ne pensons pas, et c'est le motif qui nous a déterminé à nous occuper de ce sujet. Nous parlerons d'abord de la ventriloquie.

§ I. — Ventriloquie.

Cette dénomination, qui signifie parler du ventre, donne une idée tout à fait fausse du phénomène qu'elle désigne. Personne n'a jamais parlé du ventre, ou, pour mieux dire, avec le ventre. Mais à l'époque où apparurent pour la première fois les ventriloques, on ne connaissait pas même le siége de la voix ordinaire ; il n'est donc pas étonnant qu'on ait placé celle-là dans la cavité abdominale.

La plupart des auteurs anciens, et les plus autorisés, n'ont parlé des ventriloques que pour raconter, à leur sujet, les effets surprenants dont ils avaient été témoins ; mais ils se sont abstenus d'expliquer ce phénomène, trouvant plus simple d'en attribuer, avec le vulgaire, la production au démon, au python, ou à un esprit quelconque.

Il faut arriver au dix-huitième siècle pour trouver un ouvrage complet sur la matière et traité avec quelque bon sens. Cet ouvrage est dû à la plume de M. de La Chapelle.

Avant de donner la théorie de cette illusion vocale, nous montrerons, par quelques exemples empruntés au récit de M. de La Chapelle, en quoi elle consiste.

L'art de la ventriloquie remonte à la plus haute antiquité. Les Juifs, qui cultivèrent avec un grand succès tout ce qui était magie, momerie, eurent aussi des ventriloques. Le prophète Isaïe dit : « Jérusalem, affligée et humiliée, parlera comme du creux de la terre, ainsi qu'une pythonisse. Elle gémira et tirera ses paroles comme du fond d'une caverne » (Chap. XXIX.) Le terme dont ils se servaient pour désigner les ventriloques, *ob* ou *oboth*, signifie *outre* ou *vase*, parce que sans doute ils s'enflaient ou grossissaient comme une outre, et que leurs paroles semblaient venir de l'estomac [1].

Le métier de devin, de nécromancien, de faiseur de sortiléges, était exercé sur une si grande échelle par les Israélites,

___

[1] Selden cité par Leclerc dans son *Histoire de la médecine*, dit à ce sujet : « C'était un esprit ou démon qui donnait ses réponses comme si les paroles étaient sorties des parties que l'honnêteté ne permet pas de nommer, ou quelquefois de la tête ou des aisselles, mais d'une voix si basse, qu'il semblait qu'elle vînt de quelque cavité profonde, en sorte que celui qui la consultait ne l'entendait souvent point du tout, ou plutôt entendait tout ce qu'il voulait »

que plusieurs édits durent défendre ce commerce sous peine de mort. « Qu'il ne se trouve personne parmi vous qui consulte les devins, ou qui observe les songes, les augures, etc. ; personne qui fasse métier de sortiléges, d'enchantements, ou qui consulte ceux qui ont l'esprit de python (ventriloque), lesquels se mêlent de deviner; personne enfin qui interroge les morts pour apprendre d'eux la vérité; car le Seigneur a en abomination toutes ces choses, et il exterminera tous ces gens-là à cause de ces sortes de crimes [1]. »

Le roi Saül les chassa tous de ses Etats, ce qui ne l'empêcha pas lui-même, en présence d'un grand danger, d'avoir recours à leur art trompeur. Entouré par l'armée des Philistins, de beaucoup supérieure en nombre à la sienne, il consulta le Seigneur sur ce qu'il avait à faire, mais le Seigneur ne lui répondit pas. Là-dessus, il alla trouver une nécromancienne réfugiée au pied de la montagne de Gelboë, pour lui faire évoquer l'ombre de Samuel. Nous lisons dans le livre *des Rois*, chap. XXVIII, que cette habile pythonisse obéit à son ordre, et que l'ombre évoquée prophétisa avec exactitude tout ce qui devait arriver à Saül. Celui-ci ne vit pas l'ombre, mais il entendit les paroles : ce qui prouve que cette pythonisse était une ventriloque habile. C'est d'ailleurs l'avis de M. de La Chapelle et de plusieurs Pères de l'Eglise.

Les nécromanciens modernes, connus sous le nom de *spirites*, ne se distinguent de leurs prédécesseurs que par l'innocence de leurs intentions, par des formules nouvelles, et par un peu moins d'habileté dans l'exécution de leurs procédés. Si, parmi eux, il se trouvait d'habiles ventriloques, l'âme des morts qu'ils évoquent répondrait certainement plus souvent et plus juste. Les ventriloques jouèrent dans la Grèce païenne un

[1] Deutéronome, liv. 1 *des Rois*, ch. XXVIII.

rôle non moins important que chez les Juifs. Assise sur son trépied, au bord de l'antre de l'oracle, la pythonisse de Delphes transmettait les réponses du dieu avec un son étrange qui semblait lointain ; l'immobilité des lèvres rendait l'illusion complète, et le peuple crédule croyait entendre la voix du dieu.

Il ne faudrait pas croire cependant que les hommes intelligents et instruits fussent la dupe de ces momeries. Avec une hardiesse remarquable pour l'époque, et poussé par l'attrait irrésistible de faire un trait d'esprit, Démosthène prétendait que la Pythie *philippisait*, voulant dire par là que Philippe, roi de Macédoine, la faisait parler selon ses propres intérêts. L'oracle de Delphes, situé sur le mont Parnasse, dans le golfe de Lépante, l'emportait sur tous les autres par sa certitude, sa clarté, et, à tel point que ses réponses donnèrent lieu au proverbe : *Cela est aussi sûr que l'oracle de Delphes*. Ce qui prouve que dans ce pays il se trouvait, plus que partout ailleurs, des gens de beaucoup d'esprit. Cependant l'oracle de Delphes n'était pas toujours infaillible ; il avait ses intermittences ; il perdait pour quelque temps sa faculté prophétique et il la recouvrait de nouveau. Rien n'est plus naturel : dans le pays le plus spirituel du monde on ne trouvera pas une série de gens aussi experts les uns que les autres dans l'art de répondre judicieusement et avec cette spontanéité que réclame la profession d'oracle ou de devin. D'ailleurs, n'est pas ventriloque qui veut.

Lorsque le christianisme eût fermé la bouche à ces imposteurs officiels, l'art du ventriloque devint une industrie particulière exploitée par la vieillesse, la misère et les infirmités de toute espèce.

Un des faits les plus remarquables, parmi les fourberies engastrimythes, est rapporté par Jean Brodeau, savant critique du seizième siècle, dans ses Miscellanées, livre VIII, page 2.

Louis Brabant, valet de chambre de François Ier, était ventriloque à la perfection et habile à contrefaire les gémissements, les sanglots et les lamentations des morts qu'il avait connus de leur vivant.

Eperdûment amoureux d'une jeune fille, il la demande en mariage, mais le père le rebute. A quelque temps de là, celui-ci meurt. Brabant va trouver la mère, espérant être plus heureux auprès d'elle, et décidé d'ailleurs à mettre de son côté la fortune par son habileté. Il se présente, fait sa demande, mais voilà que tout à coup les personnes qui étaient présentes entendent une voix semblable à celle du défunt : « Ah ! donnez votre fille en mariage à Louis Brabant. C'est un homme d'une grande fortune et d'un excellent caractère. J'endure des tourments inexprimables dans le feu du purgatoire pour la lui avoir refusée de mon vivant. Si vous suivez mes conseils, je ne serai pas longtemps dans ce lieu de souffrance. Vous procurerez à la fois deux grands biens : un brave homme à votre fille et un repos éternel à votre pauvre mari. » Pendant ce temps, Louis Brabant était immobile, sa bouche et ses lèvres paraissent absolument closes ; la voix semblait venir d'en haut et elle ressemblait si bien à celle du défunt, que la femme n'hésita pas à exaucer aussitôt la prière qui lui était adressée. Mais Louis Brabant était loin d'avoir la fortune que lui attribuait la voix d'outre-tombe ; et, cependant, au risque de passer pour un imposteur lors du contrat, il devait montrer quelque avoir. Or, la ventriloquie lui avait donné une femme ; il songea au même moyen pour avoir de l'argent. Persuadé qu'un riche avare doit avoir quelques remords, il voulut exploiter à son profit ce ver rongeur de la conscience.

« Ayant entendu parler, dit Jean Brodeau, d'un nommé Cornu, banquier de Lyon d'une très-grande richesse et un peu inquiet sur sa conduite présente et passée, il se met en route, va trouver le banquier et lui dit qu'il a des choses très-secrètes à lui communiquer.

« Cornu le reçoit avec complaisance, et l'ayant introduit dans un endroit retiré où ils ne pouvaient être entendus de personne, Louis Brabant débuta par quelques propos sur la religion ; il s'étendit davantage sur les démons, les spectres, les peines du purgatoire et les tourments de l'enfer.

« Dès qu'il vit son homme ému, il parut entrer dans un profond silence ; et, cependant une voix se fit entendre, qui avait tout l'air de celle d'un revenant.

« Le père du banquier était mort depuis plusieurs années. Son fils crut l'y reconnaître. Elle lui ordonnait de remettre à Louis Brabant, actuellement présent, une grosse somme pour aller délivrer des chrétiens faits captifs par les Turcs. Elle se plaignait de souffrir des peines dans le purgatoire depuis l'instant de sa mort.

« Le fils était menacé, s'il n'obéissait pas, des peines éternelles de l'enfer. Il devait se rappeler qu'il s'en était rendu bien digne par ses usures, et même par ses usures de l'usure, et que c'était contre tout droit et toute équité qu'il possédait ses grandes richesses.

« La nouveauté de cet ordre présenté sous une forme si extraordinaire, jeta d'abord le trouble dans l'âme du banquier. Il pria Louis Brabant de repasser le lendemain. L'avare est soupçonneux. La voix pouvait venir de la chambre d'au-dessus ou par quelque fente pratiquée dans un mur de l'appartement.

« C'est pourquoi le valet de chambre étant revenu le lendemain, il le conduisit dans une plaine, dans une rase campagne absolument dénuée de cabanes, de chaumières, de creux d'arbres et de collines. Mais Louis Brabant, pénétrant parfaitement bien les desseins du banquier, déploya alors toute la finesse de son art.

« Dans la première séance, Cornu n'avait entendu que la voix de son père ; ici, ce sont les plaintes lugubres, les gémissements affreux de tous ses parents défunts, qui implorent des secours au nom de tous les saints et s'écrient qu'il n'y en a point de plus efficace que la rédemption des captifs.

« En quelque endroit qu'il se trouve avec le valet de chambre, tous deux dans le plus grand silence, dans les lieux les plus découverts et les plus isolés, ce sont toujours les mêmes plaintes, toujours les mêmes demandes.

« Si ce n'est pas là un miracle, dit en lui-même le banquier. Qu'est-ce donc qu'un miracle ? Ne vois-je pas bien autour de moi ? Quel piége peut-on me tendre au milieu d'une campagne rase et pelée ? C'est assurément la voix du Ciel ; je l'entends sortir du sein de l'air même.

« Décidément convaincu de la réalité du miracle, Cornu compte 10,000 écus d'or (180,000 livres environ) pour aller en Turquie racheter des chrétiens captifs. »

Louis Brabant promit de se rendre à Venise et de là en Grèce, où il ne manquerait pas de s'acquitter de la commission ; mais il trouva plus court de rentrer chez lui et d'épouser sa fiancée. Quelques mois après, cette aventure était connue de tout le monde, et le malheureux Cornu, apprenant qu'il avait été pris pour dupe, fut atteint d'une maladie très-grave, dont il mourut, accablé par les regrets d'avoir perdu son argent, et par les railleries implacables dont il fut l'objet. A ce récit nous pourrions en joindre un grand nombre plus ou moins intéressants. et qui empruntent au talent et à l'honorabilité des hommes qui nous les ont transmis, une grande authenticité ; mais ils n'ont qu'un intérêt purement historique ; le phénomène est attribué par les uns à l'intervention du démon ; par les autres, moins crédules, à une voix particulière dont ils ignorent complétement le mécanisme.

En 1772, M. de La Chapelle, homme instruit, savant, ennemi des préjugés, inventeur du fameux scaphandre, au moyen duquel on pouvait traverser les plus grands fleuves sans savoir nager, fut le premier qui s'occupa sérieusement de jeter quelque lumière sur la question de la ventriloquie.

Il y avait en ce moment, à Saint-Germain en Laye, un nommé Saint-Gilles, marchand épicier, qui possédait la science du ventriloque à la perfection. Cette nature honnête ne faisait pas un secret de son art ; à plus forte raison elle n'en voulait tirer d'autre parti que celui qui résulte d'une distraction innocente et la satisfaction que procure un service rendu ; plusieurs fois, en effet, il rendit de véritables services à ses semblables par ses ingénieuses mystifications.

M. de La Chapelle trouva donc en Saint-Gilles un sujet d'observation intelligent et facile ; mais les faits dont il fut témoin paraissaient si extraordinaires, qu'il en référa à l'Académie des sciences, et une commission composée de M. Leroy, rapporteur, et de M. de Fouchi, fut chargée d'aller à Saint-Germain étudier la question.

Afin d'éloigner l'idée d'une supercherie facile à établir dans l'intérieur d'une maison, peut-être aussi dans le but de réunir l'utile à l'agréable, alliance que la science ne répudie pas, il fut décidé que l'examen académique aurait lieu dans la forêt Saint-Germain, en présence d'un bon dîner. Le 19 août 1770 on se transporta à Saint-Germain. Le cercle des convives était composé d'une douzaine de personnes, hommes et femmes « toutes de très-bonne espèce », ajoute M. de La Chapelle.

« La gaieté déjà bien établie par l'espérance d'en avoir encore plus, répandit alors sur toutes les physionomies un nouvel air de vivacité. On mangeait, la tête souvent levée vers le sommet des arbres, et l'oreille attentive à tout. Mme la comtesse de B*** fut la première que tout le monde entendit appeler du milieu des airs. Flattée de cette préférence : *Paix, mesdames*, s'écria-t-elle, *voilà l'esprit.* — Vous étiez, continua-t-il, aux Tuileries, de grand matin, fort inquiète. — *Il n'y a rien de plus vrai*, repartit la comtesse. — Vous devez craindre les voleurs ? — *Pourquoi cela, charmant esprit ?* — Votre mari est à la veille d'un grand voyage, vous avez des charmes ; il faut vous attendre à bien des piéges. — *Mon Dieu*, s'écria-t-elle, *que cet esprit est galant !*

« Il ne cessait de lui dire mille coquetteries. Elle ne put y tenir, *Mon crayon et du papier*, dit-elle, *cela est trop glorieux. Il faut que je l'écrive ;* et s'étant mise à crayonner quelques jolies phrases de l'esprit familier : *Que n'ai-je ici une tente ?* dit-elle en s'interrompant ; *j'y passerais bien volontiers la nuit toute seule pour converser à mon aise avec ce charmant génie.*

« Elle le prit si fort en belle passion, qu'elle ne craignit plus que d'être désabusée [1]. »

Mais tous les amusements ont leurs bornes, et lorsqu'on lui eût dévoilé le secret du jeu, elle se sut mauvais gré à elle-même des lumières qu'elle acquérait. MM. les commissaires, convaincus que l'abbé de La Chapelle n'avait rien exagéré, remirent à une autre séance le soin de vérifier la cause du phénomène.

Cette fois on choisit pour lieu de réunion l'auberge de la Chasse royale, située à quelques pas du sieur Saint-Gilles. Ce dernier parla tant qu'on voulut en ventriloque, pendant le repas, toujours en face et sans mystère ; il fournit ainsi à MM. les commissaires tous les moyens de former leur jugement, et de faire à l'Académie un rapport bien net et bien circonstancié. Dans le rapport que nous trouvons dans les registres de l'Académie des sciences (mercredi 16 janvier 1771), les honorables

---

[1] *Le Ventriloque*, par M. de La Chapelle, p. 330.

académiciens se sont contentés de vérifier l'exactitude des faits, plutôt que d'en donner une explication.

« Dans cet examen, disent-ils, ayant mis la main sur le ventre de Gilles, nous reconnûmes que cet organe n'avait pas un mouvement particulier, qui pût concourir à la formation de la voix de ventriloque ; et nous nous assurâmes qu'elle venait uniquement d'une certaine constriction de la gorge acquise par l'habitude. »

C'était déjà beaucoup d'avoir reconnu le siége précis du phénomène ; mais il restait encore à expliquer les caractères extraordinaires de cette voix.

Depuis cette époque, nous avons eu des ventriloques célèbres, entre autres, M. Comte, dont les mystifications si habilement conduites ont eu un grand retentissement ; mais les explications des physiologistes sont loin d'être satisfaisantes.

Les uns, avec Amman, l'abbé Nollet, Haller, disent que la voix de ventriloque se forme pendant l'inspiration ; les autres, avec Müller, admettent judicieusement que cette voix se produit réellement pendant l'expiration ; mais ils s'égarent lorsqu'il s'agit de déterminer le mécanisme qui donne à cette voix les qualités particulières qui la caractérisent.

Les sons que l'on obtient pendant l'inspiration n'ont aucune ressemblance avec ceux du ventriloque. D'ailleurs, pour accepter cette hypothèse, il faudrait admettre qu'il existe au-dessous de la glotte un organe particulier pour l'articulation des mots, ce qui n'est pas. Si par l'exercice, on arrive à prononcer certaines consonnes, les mouvements exigés pour cette prononciation détruisent toute illusion.

Dans la ventriloquie, nous devons considérer deux choses : 1° comment l'on arrive d'une manière générale à produire l'illusion d'un son lointain ; 2° rechercher dans l'organisme quelles sont les parties qui produisent cette illusion.

Dans un tableau qui représente un paysage, les objets situés au premier plan sont dessinés sous des proportions relativement plus considérables que les objets placés aux deuxième et troisième plans ; en même temps, la forme de ces derniers est moins accusée, ils sont comme plongés dans un milieu nuageux dans lequel se fondent les détails, et c'est par ces caractères que nos yeux distinguent les objets éloignés de ceux qui sont proches. Ce que le peintre fait pour les yeux, le ventriloque doit le faire pour les oreilles : les sons éloignés nous semblent plus élevés, ils sont affaiblis et les mots moins bien articulés ; par conséquent, il doit s'efforcer de produire avec sa glotte des sons élevés, faibles et minces, comme ceux qui viennent de loin.

C'est ainsi qu'agissent les chœurs d'opéra, lorsque, placés dans les coulisses, ils imitent le chant de personnes qui s'éloignent ; mais ce moyen ne suffit pas à lui seul pour produire l'illusion.

Les organes de nos sensations s'aident mutuellement pour nous donner une notion complète des objets. L'oreille, par exemple, peut juger d'un son fort ou faible, simple ou composé, grave ou aigu ; mais lorsqu'il s'agit d'apprécier l'éloignement ou la direction du son, l'ouïe devient insuffisante, car elle ne peut juger des distances que par l'intensité des sons, et ce signe est évidemment trompeur. Pour se diriger dans cette appréciation, elle a besoin du secours de la vue ; c'est en voyant le corps sonore lui-même que nous apprécions si ce corps est proche ou éloigné.

Lorsque l'ouïe ne peut pas s'aider du sens de la vue, le jugement reste incertain, et il suffit qu'on dirige habilement notre esprit vers un certain point, pour qu'il se persuade que le son vient réellement de ce point. C'est sur cette imperfection du sens de l'ouïe, inhabile à apprécier par lui-même les distances, qu'est basé le second moyen destiné à compléter l'illusion.

Le ventriloque doit non-seulement produire des sons élevés, mais encore, il doit cacher leur origine par l'immobilité des parties qui concourent à leur émission ; de cette manière, l'oreille des spectateurs, ne se trouvant pas guidée par le sens de la vue, accepte facilement la direction que lui imprime la mimique intelligente du ventriloque.

Pour satisfaire à la première condition, le ventriloque prend généralement l'octave des sons qu'il emploie dans le langage ordinaire, et, comme les sons qu'il produit ne.doivent pas être trop intenses ni trop volumineux, il donne à sa glotte des dimensions très-petites. Les faisceaux oblique et vertical des muscles thyro-arythénoïdiens, rapprochent, par leur contraction, les rubans vocaux en arrière sur une grande étendue, de manière que le passage qu'ils circonscrivent en avant soit très-petit. Voilà pour la production des sons.

Pour déguiser l'origine du son et lui donner un timbre étouffé, le ventriloque ne cède que très-peu d'air ; il expire en retenant sa respiration ; cette expiration *retenue* demande un certain effort. Par ce moyen, l'air n'est pas jeté violemment au dehors, et les vibrations sonores sont en quelque sorte emprisonnées dans l'intérieur des voies aériennes. Dans le même but, la base de la langue est portée en arrière ; l'épiglotte est appliquée sur l'orifice laryngien ; la bouche est presque complétement close, et les lèvres ne circonscrivent qu'une petite ouverture pour le passage de l'air et pour l'articulation possible des mots ; ceux-ci ne sont formés que par la partie antérieure de la langue, la base de cet organe étant fortement contractée en bas et en arrière. Il suit de là que l'articulation n'est pas aussi parfaite que dans le langage ordinaire ; mais cette imperfection contribue à l'illusion.

L'aptitude à parler en ventriloque n'est pas le résultat d'une conformation particulière de nos organes : l'homme peut, avec l'habitude, parvenir à produire facilement cette illusion.

L'Homme à la poupée. — Parmi nos lecteurs, il en est peu qui n'aient pas été témoins, dans les théâtres ou dans les salons, de l'illusion vocale dont nous allons dire quelques mots. Un monsieur en habit noir se présente sur la scène muni d'un grand sac ; de ce sac, il retire une poupée qui ressemble à toutes les poupées ; mais bientôt ce jouet innocent s'anime dans les mains de l'artiste ; sa bouche s'entr'ouvre, et on entend distinctement des paroles qui, par leur timbre, ressemblent à la voix d'un enfant ; une conversation vive, rapide, accidentée parfois d'injures et de horions, s'engage entre l'homme et la poupée, et le contraste frappant des deux voix, la mimique intelligente de l'acteur, rendent l'illusion complète pour le spectateur placé à distance.

L'invention de ce spectacle enfantin est due au baron de Mengen, colonel autrichien. Nous trouvons une relation écrite sur la manière dont cet officier exécutait la voix d'enfant, dans l'ouvrage de M. de La Chapelle. D'après l'explication qu'il en donne, cette voix serait analogue à celle du ventriloque ; mais il résulte de nos propres observations que ces illusions sont produites par un mécanisme tout différent.

Nous avons examiné en particulier MM. Valentin et Castel qui excellent dans l'art de faire entendre cette voix, et nous avons reconnu que la glotte n'est pour rien dans sa production.

C'est dans l'intérieur de la bouche, et non dans le larynx, que se forment les sons. Le bord gauche de la langue est placé entre les dents du même côté ; le bord droit reste libre, et c'est lui qui doit présider à l'articulation des sons. Ces derniers sont produits par le passage de l'air à travers la langue et le voile du palais, appliqués l'un contre l'autre. Cette disposition forme une anche très-imparfaite, il est vrai, mais elle est justement telle qu'elle doit être pour imiter les sons étouffés, criards, d'un jeune enfant. La difficulté d'articuler les sons avec une moitié de langue rend la parole lourde, peu accentuée, mais ces qualités particulières complétent l'illusion.

Si nous voulions multiplier les exemples de ce que peut l'industrie humaine, lorsqu'elle s'applique à imiter les sons, nous n'aurions pas fini de sitôt. Tout le monde a entendu ces virtuoses de la rue qui, non-seulement imitent le cri de tous les animaux, mais encore les sons des instruments, la clarinette, par exemple.

L'explication de ces divers phénomènes ne présente aucune difficulté, après ce que nous avons dit de la formation des sons buccaux et des sons glottiques. Nous étendre davantage sur ce sujet, ce serait tomber dans la physiologie amusante, et tel n'est pas notre but.

§ II. — Sifflet oral.

L'on rencontre parfois dans l'étude des sciences certains phénomènes dont la frivolité apparente ne commande pas tout d'abord une attention sérieuse; mais on ne tarde pas à s'apercevoir, en y regardant de plus près, que rien n'est puéril dans la science, et que tous les phénomènes, tronçons épars d'une immense chaîne, ont une importance réelle, sinon par eux-mêmes, du moins par les conséquences importantes qu'on peut déduire de leur notion exacte. L'illustre Dodart, après s'être sérieusement occupé du sifflet oral, osa le premier porter cette question devant l'Académie des sciences. Mais ce ne fut pas sans précautions oratoires, sans faire intervenir Aristote, et sans se mettre sous l'égide d'une menace à ses détracteurs futurs. « Ces choses, dit-il, en parlant des sons buccaux, ne paraissent petites et misérables qu'à ceux qui n'ont pas l'art de pénétrer dans ces petites choses, jusqu'à s'apercevoir des grandes qui y sont renfermées. »

Ces raisons sont excellentes, sans doute, et nous adhérons entièrement à la pensée qui les a inspirées ; mais si, à notre tour, nous nous occupons de cette question, c'est qu'il nous semble que nous pouvons invoquer une raison plus plausible encore.

En effet, la plupart des savants qui ont cherché à expliquer le mécanisme de la voix humaine se sont également occupés de la théorie du sifflet, et il nous semble que, sur ce dernier point, ils ont laissé autant à dire que sur le premier.

Pour le sifflet comme pour le mécanisme de la voix, on a invoqué l'analogie avec les instruments à vent. L'opinion de ceux qui admettent la vibration des lèvres pour la production du sifflet ne supporte pas le plus léger examen ; il suffit, en effet, de regarder pour voir que le bord des lèvres ne vibre pas pendant le sifflet. Les vibrations seules de l'air produisent le son. La plupart des auteurs sont d'accord là-dessus, mais ils ne le sont pas lorsqu'il s'agit d'expliquer par quel mécanisme l'air venu des poumons est mis en vibration. Nous examinerons les théories de Dodart, de Cagniard, de Latour, et celle de Masson qui les résume toutes.

Dodard comparaît si bien le mécanisme du sifflet à celui de la voix, qu'il se crut autorisé à donner aux lèvres disposées comme elles le sont pendant le sifflement, le nom de glotte labiale. « La glotte labiale, dit-il, est moins importante et moins utile que la glotte vocale ; mais on va voir que toute méprisée qu'elle est, elle ne laisse pas que d'être, philosophiquement parlant, très-digne de considération.

« L'entr'ouverture des lèvres pour siffler, est précisément de la figure de la glotte dans la plupart de ceux qui savent s'aider de leurs lèvres pour cet usage. Le changement qui arrive dans les lèvres pour former le sifflet est de se froncer pour raccourcir leur ouverture naturelle et pour l'entr'ouvrir en avant.

« Cette ouverture est presque toujours, comme je l'ai déjà dit, de la même figure que celle que j'ai attribuée à la glotte vocale, quand elle est en action pour la voix. » Il est évident que Dodart n'avait pas vu fonctionner la glotte sur le vivant, car la prétendue ressemblance qu'il dit trouver entre la glotte labiale et la glotte vocale n'existe pas du tout.

Comme il nous le dit lui-même, Dodart a conclu de ce qui se passe dans les lèvres à ce qui doit être dans la glotte, et sans être frappé de la différence qui existe entre le son du sifflet et celui de la voix, il a poussé son analogie jusqu'au bout, en adoptant pour des sons si différents une même théorie. En effet, « le son, dit-il, est produit dans le sifflet par le passage de l'air lancé d'une certaine vitesse dans l'air dormant écarté par l'air lancé. Ce à quoi il faut joindre le frémissement que ce passage cause dans l'ouverture par où l'air est lancé, et peut-être encore le frottement naturel de ces deux airs l'un par l'autre et l'un contre l'autre.

« La seule différence de vitesse de l'air dans l'air dormant, jointe aux différents intervalles des vibrations qui résultent des divers degrés de fermeture dans le ressort de l'instrument, c'est-à-dire dans la seule ouverture frémissante sans aucun corps d'instrument, suffit pour produire tous les tons. »

Toujours préoccupé de son châssis bruyant dans lequel, en effet, les différents degrés de vitesse de l'air donnent des sons différents, Dodart ne voit dans les sons du sifflet que les diffé-rents degrés de vitesse, sans paraître se soucier si l'impulsion seule de l'air, à travers un orifice à parois rigides, est capable de produire un son analogue à celui du sifflet. Nous l'avons déjà dit, son erreur venait principalement de ce qu'il n'avait pas bien apprécié la formation du son dans le châssis, qui, à notre avis, n'est qu'une anche membraneuse d'une espèce

particulière, et pouvant par conséquent donner des sons différents, sous l'influence d'une impulsion différente.

Dans cet instrument, ce sont les vibrations du papier qui
donnent le son, et Dodart ne s'en doutait pas. C'est pourquoi,
lorsqu'il a voulu appliquer la théorie de cet instrument à la
formation du son par la glotte labiale, dans laquelle l'air est
réellement le corps vibrant, il s'est trouvé très-embarrassé,
car l'impulsion seule ne suffit pas pour expliquer les changements de ton. Avant tout, il faut rechercher par quel procédé
les vibrations aériennes, indispensables pour la génération du
son, sont provoquées, et c'est ce que Dodart a négligé de faire.
Il suit de là que sa théorie est purement hypothétique et
qu'elle ne repose sur aucun fait réel.

Cagniard de Latour, dont l'ingéniosité s'est appliquée si
longtemps à découvrir le mécanisme des sons produits par le
larynx humain, a donné une théorie du sifflet remarquable par
sa simplicité, mais inacceptable à notre avis, à cause de cette
simplicité même. Cette théorie est résumée dans les propositions
suivantes :

« 1° Selon toute apparence, le son ordinaire du sifflet vient
de ce que l'air, en passant par le conduit formé par les lèvres
contractées, subit un frottement intermittent propre à engendrer un son primitif, qui acquiert de l'intensité en communiquant ses vibrations à l'air contenu dans la bouche.

« 2° La bouche elle-même, la trachée-artère et les poumons
peuvent avoir une certaine influence sur les vibrations du conduit siffleur.

« 3° Si les lèvres elles-mêmes ont une vibration, celle-ci
n'est pas une condition nécessaire pour que les sons du sifflet
se produisent. »

D'après cette théorie, il suffirait de pousser l'air à travers un
tube pour obtenir un son, ce qui est le plus souvent impossible,

quel que soit le degré de pression de l'air. Les difficultés que l'on rencontre, quand on veut obtenir des sons par ce moyen, sont tellement grandes, que l'on ne peut pas comparer ces sons à ceux que l'on obtient si facilement en sifflant. D'ailleurs, on ne voit pas comment le frottement de l'air sur les parois d'un tube peut provoquer le mouvement vibratoire que requiert absolument la formation d'un son quelconque. Cagniard prévoit cette objection, et alors il s'appuie sur ce qu'on fait sonner une vitre en la frictionnant avec le pouce mouillé. Cette comparaison n'est pas juste. Car ici le corps sonore est la vitre elle-même, dont les vibrations sont mises en jeu par le glissement avec pression intermittente du doigt sur la surface du verre. Le peu de cohésion des molécules aériennes les empêche de jouer, dans cette circonstance, le rôle d'archet ; elles doivent à leur extrême mobilité le privilége de glisser facilement à la surface des corps solides et d'obéir à l'impulsion qui les meut, pourvu qu'elles ne rencontrent pas un obstacle capable de modifier le mouvement dont elles sont animées.

Comme nous l'avons déjà dit, la théorie de Cagniard de Latour pèche par sa trop grande simplicité. Il faut autre chose que le frottement de l'air sur les parois d'un tube pour obtenir un son.

La théorie de Masson, acceptée et patronnée par M. Longet, est basée sur la ressemblance que ce physicien a trouvée entre la disposition de la bouche pendant le sifflet et l'appeau des oiseleurs.

Masson, à l'exemple de Dodart, appelle *glotte labiale* l'orifice antérieur de l'appeau buccal formé par les lèvres. L'orifice postérieur est compris entre la langue et le palais ; et le tuyau renforçant se trouve placé entre les lèvres et la langue ; tel est l'appeau buccal de Masson.

Pour expliquer le son dans cet instrument, Masson suppose

« que l'écoulement périodiquement variable de l'air, qui sort par cette ouverture, imprime à l'air extérieur des pulsations ou vibrations entièrement analogues à celles que la sirène y détermine en interrompant périodiquement la sortie de l'air qui s'écoule de son réservoir ou tambour... La hauteur du ton dépend de la pression, qui est plus grande pour les sons aigus que pour les sons graves, et l'intensité résulte de la quantité d'air insufflé, et de sa pression comprise, pour un même son, dans des limites plus ou moins étendues.

« Avec une ouverture déterminée et invariable, on peut, en modifiant convenablement la pression de l'air et la grandeur du tuyau renforçant, obtenir plusieurs sons. On modifie facilement les dimensions de l'appareil par un mouvement de langue en avant ou en arrière.

« La grandeur des orifices, la capacité du tuyau buccal, la tension de ses parois et la pression de l'air sont réglées instantanément par le siffleur, et avec une précision remarquable, dont le sentiment est le seul guide, de manière à engendrer tous les tons et fractions des tons possibles [1]. »

Dans cette théorie, nous avons à examiner deux choses : l'instrument et le mécanisme de la formation des sons.

L'idée de comparer l'orifice buccal à un appeau nous paraît excellente ; mais il est évident que Masson s'est trompé dans la détermination des termes de cette comparaison. En effet, l'appeau est essentiellement constitué par deux ouvertures circulaires présentant un bord tranchant, disposé de manière que le brisement de l'air puisse avoir lieu. Or, l'appeau buccal de Masson ne présente pas cette disposition indispensable, car son orifice postérieur est formé par le rapprochement de la langue contre la voûte palatine, et nous ne pensons pas que cette dis-

---

[1] Longet, *loc. cit.*, p. 160.

position permette la production d'un son. L'orifice buccal, ne présentant aucune saillie, n'est pas non plus comparable à l'orifice antérieur de l'appeau.

En somme, l'appeau buccal, comparé à l'appeau des oiseleurs, est si mal agencé, il est si peu favorable à la production des vibrations sonores, que l'on se demande par quel don merveilleux l'homme parvient à donner des sons si mélodieux en sifflant, alors que les sons de l'appeau sont en général si peu agréables à entendre. Reste à savoir si la théorie de la formation des sons telle que la comprend Masson, est acceptable. Nous avons déjà eu occasion de la critiquer, à propos de la théorie de la voix humaine. C'est toujours l'écoulement périodique de l'air qui produit le son : cet écoulement détermine dans l'air extérieur des pulsations qui sont elles-mêmes le mouvement sonore. Si l'on veut bien se rappeler ce que nous avons dit au livre de l'acoustique, il est aisé de voir que cette manière d'expliquer la formation des sons n'est pas judicieuse. Le son est un mouvement vibratoire qu'il faut chercher dans l'élasticité des corps, et non pas dans l'écoulement périodique, qui parfois, comme l'écoulement des liquides, par exemple, peut être cause déterminante, mais non cause efficiente.

La périodicité du choc de l'air contre l'air dans la sirène, suivie de la production d'un son, semble justifier l'opinion que nous critiquons ; mais, si l'on y prend garde, on verra que la périodicité des chocs n'est qu'un mode de mouvement qui provoque le véritable mouvement sonore effectué par la petite colonne d'air, alternativement emprisonnée et rendue libre par le mouvement circulaire de la plaque supérieure sur la plaque inférieure. Quant à l'élévation du son dans la sirène, proportionnelle au nombre de trous et à la rapidité du mouvement circulaire, elle tient au nombre de fois que le son de la petite colonne d'air est répété dans un temps donné. Nous ne devons voir dans la sirène qu'un procédé particulier pour mettre l'air en vibration ; ce procédé a beaucoup d'analogie avec celui de la clef forée, et si cet instrument présente quelque chose de spécial, c'est qu'il est agencé de telle manière que le son produit par la colonne d'air peut être répété un assez grand nombre de fois variable dans un temps donné, pour subir des modifications de tonalité assez étendues.

Ainsi donc, la théorie de la production du son, basée sur l'écoulement périodique des fluides, est erronée, en ce sens qu'elle prend un phénomène accessoire et non indispensable pour la condition essentielle de la production du son. Rien n'était plus facile, avec cette théorie, que d'expliquer la formation du son dans toutes les circonstances possibles, car l'on trouve en effet, dans l'écoulement de tous les fluides, une certaine périodicité ; mais cette dernière n'est pas suffisante; elle est capable tout au plus de favoriser, de provoquer même l'action de la force élastique des corps, qui, seule, produit réellement le mouvement sonore.

Cet examen critique des diverses théories du sifflet nous montre qu'il n'est pas de sujet si petit dans la science qui doive être traité avec dédain. La science ne s'enquiert pas de l'importance de tel ou tel autre objet ; elle cherche la vérité, et si elle ne sait pas la trouver dans les petites choses usuelles, il est très-probable qu'elle la trouverait encore moins dans celles qui sont grandes et moins familières.

Mécanisme du sifflet. — Nous décrirons d'abord la disposition des parties de la bouche. Dans le mode habituel de siffler, les lèvres sont projetées en avant et contractées de manière à circonscrire une ouverture circulaire : cette projection des lèvres a pour effet de ménager une petite cavité située entre elles et les dents. La langue est appuyée par sa pointe contre les dents de la mâchoire inférieure ; puis elle se redresse immédiatement sous la voûte palatine, de manière à former un petit canal aplati.

Il n'est pas difficile de trouver dans cette disposition toutes les conditions des tuyaux à bouche de l'orgue. En effet, le petit canal formé par le rapprochement de la langue contre la voûte palatine représente la lumière, et l'air s'écoule sous la forme d'une petite lame, qui vient se briser sur le biseau que lui présentent les dents de la mâchoire supérieure. Par l'effet de ce brisement, le son est produit ; mais il serait très-faible, s'il ne trouvait pas dans la cavité située entre les dents et les lèvres un tuyau de renforcement convenable. Voilà pour la production du son.

Les tons sont produits, on le devine, par les modifications que la mobilité des parties permet d'introduire dans cette disposition, et non par les différentes pressions de l'air. Ces modifications sont celles que l'acoustique nous permet de prévoir : elles siégent dans l'embouchure et dans le tuyau renforçant. A mesure que le ton s'élève, la langue se rapproche de plus en plus de la voûte palatine et des dents supérieures ; en même temps le tuyau sonore se raccourcit.

Le sifflet oral que nous venons de décrire est donc produit par un procédé analogue à celui qui est employé dans les tuyaux à bouche de l'orgue ; mais ici encore l'instrument de la nature est de beaucoup supérieur à ceux de l'art : tandis qu'avec ces derniers on ne peut produire qu'un seul son et quelques harmoniques de ce son, l'homme, avec sa bouche, peut fournir les sons fondamentaux compris entre deux octaves.

Le sifflet peut être exécuté par d'autres moyens qui, en somme, ne sont que des modifications du procédé que nous venons de décrire.

1° Au lieu d'appliquer la pointe de la langue contre les dents de la mâchoire inférieure, on peut l'appliquer contre le palais, au niveau de la racine des incisives supérieures, en ménageant une petite ouverture pour le passage de l'air. La lame aérienne se brise contre le bord inférieur des dents, et le son produit vient encore se renforcer dans la cavité située entre les lèvres et les dents. Dans cette manière de siffler, les lèvres n'affectent pas la même disposition que dans la première ; elles ne sont pas contractées, et leur entr'ouverture n'est pas circulaire. C'est en employant ce procédé que l'on imite avec une perfection remarquable le chant du rossignol et des autres oiseaux. Dans ce cas, l'articulation des sons est marquée par les mouvements des lèvres et de la pointe de la langue.

2° Il est encore une autre manière d'obtenir des sons très-puissants avec la bouche, mais avec l'aide de deux ou quatre doigts introduits dans cette cavité : l'index et le médius de chaque main sont introduits dans la bouche, en affectant, par leur disposition, la forme d'un V, dont la pointe, appliquée sur la langue, replie cet organe en haut et en arrière. L'écoulement de l'air se fait entre le palais et les doigts, et la lame aérienne vient se briser sur le bord des dents. Le son obtenu résonne avec une intensité très-grande dans l'espace situé entre les dents inférieures et la face inférieure de la langue, refoulée en arrière.

CHAPITRE VIII.

En étudiant la formation de la voix humaine, nous nous sommes borné à rechercher le mécanisme de l'organe vocal chez l'homme adulte; nous devons nécessairement compléter notre étude par la connaissance des modifications que les sexes, les âges, les maladies introduisent dans cette fonction. C'est ce que nous allons examiner dans les chapitres suivants : celui-ci traite spécialement de l'influence des sexes.

Il suffit d'entendre une voix d'homme et une voix de femme pour juger aussitôt qu'il existe entre elles une grande différence. Comme deux sons ne peuvent différer entre eux que par le mécanisme qui les produit, par le diapason, le timbre et l'intensité, c'est à ces divers points de vue que nous examinerons la voix dans les deux sexes.

Mécanisme. — Le mécanisme de la production de la voix de la femme est absolument le même que celui de l'homme; le larynx fonctionne selon les mêmes procédés, et nous trouvons chez tous les deux les mêmes registres : poitrine mixte, fausset. C'est dans l'emploi plus ou moins fréquent de l'un de ces registres que réside une des principales différences qui distinguent la voix de l'homme de celle de la femme. Tandis que l'homme produit ses plus beaux effets avec le registre de poitrine, la femme ne possède que quelques notes dans ce registre, et elle chante surtout dans le registre mixte, c'est-à-dire par la tension longitudinale des rubans vocaux. Ceci demande une explication.

Le registre de poitrine est dû : 1° à la tension simultanée des rubans vocaux en longueur et en épaisseur ; 2° à l'occlusion progressive de la glotte d'arrière en avant. La glotte de la femme possède tout ce qu'il faut pour satisfaire à ces conditions ; mais à ce point de vue, l'étendue de ses moyens laisse beaucoup à désirer. Par exemple, l'antagonisme qui existe entre la tension en épaisseur et la tension en longueur demande de la part du chanteur un déploiement de forces, une énergie, que la femme peut atteindre dans quelques circonstances, mais en sortant des habitudes de sa constitution. En second lieu, nous savons que l'ampleur, le volume des sons d'une anche dépendent principalement des dimensions longitudinales de cette dernière. Or, la glotte de la femme mesure, en moyenne, $0,018^{mm}$, tandis que celle de l'homme atteint $0,028^{mm}$. Il résulte de là que, si, pour satisfaire à la deuxième condition du registre de poitrine, la glotte de la femme diminue de longueur d'arrière en avant, ses dimensions seront bientôt tellement réduites, que le son n'aura plus le volume et l'ampleur suffisants pour caractériser le registre de poitrine. Les motifs que nous venons d'invoquer expliquent d'une manière très-satisfaisante pourquoi, chez la femme, le registre de poitrine est si peu étendu.

Voyons à présent par quel mécanisme la voix de la femme parcourt toutes les phases de son étendue. Dès que la femme a atteint les notes la^3, si^3, en voix de poitrine, la tension en épaisseur diminue, la glotte s'entr'ouvre légèrement en arrière, et la tension en longueur effectuée par les muscles thyro-arythénoïdiens augmente visiblement ; cette tension détermine une certaine obliquité du plan des rubans vocaux de bas en haut et d'avant en arrière. Nous avons vu que cette obliquité dépend du rapprochement du cricoïde et du thyroïde en avant et en bas, et de leur écartement en haut; nous avons vu encore, en parlant du timbre, que cette obliquité entraînait avec elle le retentissement du son dans le tuyau vocal, et non plus dans la poitrine. Tant que les rubans vibraient dans un plan perpendiculaire à l'axe de la trachée, le mouvement vibratoire se communiquait facilement à l'air renfermé dans ce conduit; mais dès que les vibrations s'exécutent dans un plan incliné à cet axe, elles n'ont plus la même efficacité, et le son retentit exclusivement dans le tuyau vocal; de cette manière nous avons la raison naturelle de tous les phénomènes que l'on observe au moment où la femme passe de la voix de poitrine à la voix mixte, à la voix produite par la tension exclusive en longueur; la tension en longueur provoque l'obliquité de rubans, et l'obliquité de rubans provoque le changement de timbre.

Ce changement de timbre a pu faire croire que la femme passait directement du registre de poitrine au registre de fausset; c'est une grande erreur. Là figure de la glotte pendant le registre mixte est celle d'un V dont les branches, dirigées en arrière, seraient très-rapprochées (Voir fig. 21, p. 466). Cette figure change très-peu durant toute l'étendue de ce registre, mais l'obliquité des rubans devient de plus en plus grande; le larynx se porte en haut, et la tension longitudinale effectuée par les muscles intrinsèques et extrinsèques augmente d'une manière évidente jusqu'aux dernières limites de la voix. Par ce procédé, la voix de la femme peut atteindre jusqu'aux *do*^{5}, *ré*^{5}, *mi*^{5}, *fa*^{5}. Le registre de fausset se fait absolument chez les femmes comme chez les hommes, par l'occlusion progressive de la glotte et par la tension longitudinale. Ce registre diffère peu du précédent, chez la femme, à cause du siége de la résonnance et de la disposition du tuyau vocal, qui sont à peu près les mêmes dans les deux registres. Cependant, si l'on y fait attention, le fausset est plus aigu, plus mince, plus pincé.

Diapason. Le diapason de l'instrument vocal de l'homme diffère essentiellement de celui de la femme [1]. La musique de chant s'écrit de la même manière pour les deux sexes; ce sont les mêmes notes, les mêmes portées; mais la même note exécutée par l'homme et par la femme n'aura pas, au point de vue du nombre de vibrations, la même valeur. Ainsi, tandis que le do^8, écrit sur la quatrième ligne, représente pour l'homme 512 vibrations; la même note, écrite sur la même portée, représente pour la femme 1,024 vibrations. Les signes musicaux sont les mêmes; mais selon l'organe qui les interprète, ils ont une valeur numérique bien différente. Il suit des rapports que nous avons indiqués tout à l'heure que la femme chante toujours à l'octave de l'homme, quand tous les deux lisent le même morceau annoté de la même manière. Ces résultats donneraient à penser que l'instrument vocal de la femme doit être, dans chacune de ses parties, ou tout au moins dans les parties qui forment les sons, de moitié plus petit que celui de l'homme. Cependant, nous avons vu (p. 152 et suiv.) que le larynx de l'homme n'excède pas celui de la femme dans de si grandes proportions; nous avons trouvé que les dimensions des rubans vocaux diffèrent d'un quart tout au plus dans les deux sexes. A ce compte, la voix de la femme ne devrait être plus élevée que d'une quarte; mais nous avons vu aussi que

---

[1] Dans toutes les espèces animales, la femelle possède un diapason plus élevé que celui du mâle. La vache fait seule exception à cette règle, comme l'avait observé Aristote. « Cum enim in cæteris generibus fæmina vocem mittat, quàm mos acutiorem (quod maxime in homine patet : hanc enim facultatem natura homini potissimum tribuit, quoniam oratione solus animalium homo utitur, orationis autem materiæ vox est), cum inquam, cæteræ feminæ acutius sonent, contra in bubus est. Vaccæ enim gravius quam tauri sonant. » Aristote, t. 1, p. 871 ; édit. ad Casaubon.

les dimensions ne sont pas les seules conditions capables d'expliquer la différence des sons fournis par des anches différentes. La nature des tissus, leur épaisseur, leur rigidité ont une grande influence sur le ton, et nous avons reconnu que la membrane vocale de la femme est plus mince, plus transparente que celle de l'homme, plus apte par conséquent à donner des sons plus élevés. C'est à cette constitution particulière de la membrane vocale, aussi bien qu'à ses dimensions variables dans les deux sexes, que nous attribuons les différences qui existent entre le diapason de la voix de l'homme et celui de la voix de la femme.

Timbre. — Après ce que nous avons dit plus haut sur la nature du timbre, il nous sera facile de trouver les motifs de la différence qui existe entre le timbre de la voix de l'homme et celui de la voix de la femme. Bien que les rubans soient constitués par les mêmes éléments, ces derniers diffèrent suffisamment quant à leur quantité et à leur qualité dans les deux sexes, pour justifier en grande partie les dissemblances des timbres. La masse musculaire des rubans de la femme est moins volumineuse ; l'aponévrose est plus mince ; la muqueuse est plus délicate, plus transparente ; elle semble se détacher moins facilement du bord des rubans, dont elle laisse entrevoir la blancheur nacrée. Il résulte de cette constitution particulière que, pour le même son, le nombre d'harmoniques ne doit pas être le même chez l'homme et chez la femme ; ce qui, en d'autres termes, veut dire que le timbre doit être différent. En appliquant le même raisonnement aux différentes parties du tuyau vocal, nous sommes amené à une conclusion analogue, car ces parties diffèrent également dans les deux sexes par leurs dimensions et par leur consistance.

Nous devons faire cependant une remarque essentielle, c'est que les différents timbres formés dans le tuyau vocal de la femme sont moins accentués, d'où il résulte que son chant paraît avoir une sonorité uniforme. Cela tient à la petitesse de l'anche, et surtout aux dimensions du tuyau vocal, qui changent très-peu avec les divers registres de la voix. A ce point de vue, la voix de la femme est moins harmonique que celle de l'homme ; ce qui n'empêche pas que, sous les autres rapports, elle possède un charme particulier pour nos oreilles ; il semble même que la nature lui ait donné la douce sonorité qui la distingue, dans un but déterminé que Gerdy a très-bien défini : « La femme a la voix moins forte que celle de l'homme, le timbre en est plus doux, plus harmonieux et plus suave ; c'est un charme que la nature lui a donné pour nous attendrir et nous adoucir, pour nous séduire, nous vaincre et nous dompter ; il semble que les fibres de notre cœur se trouvent toujours à son unisson [1]. » Dans les appréciations de cette nature, l'oreille possède une finesse de perception qui supplée avantageusement à toutes les notions de la physique et de la physiologie.

Souplesse. — La souplesse, l'agilité de la voix sont, en général, plus grandes chez la femme que chez l'homme. Cette différence tient encore aux dimensions variables de l'organe vocal dans les deux sexes. En effet, plus une anche est petite, moins il faut employer de force et de mouvement soit dans la tension longitudinale et latérale, soit dans l'occlusion progressive de l'anche, pour produire les tons. En d'autres termes, une anche de 2 centimètres et une autre de 1 centimètre étant données, si l'on veut faire parcourir une tierce à la première, il faudra opérer une tension représentée par 2, ou pratiquer un raccourcissement de 2 millimètres d'étendue ; tandis que, pour la deuxième, on obtiendra les mêmes effets en réduisant les chiffres de moitié. Il résulte évidemment de ces deux condi-

____

[1] Gerdy, *Physiologie médicale,* p. 585.

tions que l'exécution d'un morceau de musique sera plus facile, plus souple dans le second cas que dans le premier. Nous
pouvons conclure, par conséquent, que la voix de la femme
doit sa souplesse et son agilité excessives aux proportions exiguës de l'instrument qui la produit.

Intensité. — La voix de la femme est moins intense, moins
forte que celle de l'homme. Si l'on veut se rappeler ce que
nous avons dit à propos de l'intensité des sons (p. 16), on
s'expliquera facilement cette différence : l'intensité des sons,
avons-nous dit, dépend de l'énergie avec laquelle les vibrations
sont provoquées et de la quantité de matière mise en mouvement. Or, la cage thoracique de la femme est moins spacieuse ;
les muscles qui la mettent en mouvement sont moins développés, moins forts, par conséquent l'énergie du souffle doit
être moins grande que chez l'homme. On pourrait objecter à
cela que l'instrument vocal est plus petit chez elle, et que, pour
le faire vibrer, il n'est pas nécessaire de déployer une aussi
grande force. Cela est vrai, mais l'intensité dépend aussi de la
quantité de matière mise en mouvement, et les rubans vocaux
étant plus petits chez la femme, leurs vibrations doivent donner
lieu à un son moins intense.

Étendue. — L'étendue de la voix est à peu près chez la
femme ce qu'elle est chez l'homme. Si parfois l'homme peut
donner une somme plus considérable de notes, cet avantage
est compensé chez la femme par l'agrément qu'elle sait donner
à sa voix sur une plus grande étendue de l'échelle vocale. Peu
d'hommes possèdent un organe constitué de manière à fournir
deux octaves et demie avec des notes parfaitement égales, et si
finement variées de nuance que l'oreille en soit toujours agréablement impressionnée. Chez la femme, cette faculté n'est pas
rare : Mlle Patti possède à cet égard un talent remarquable. Au
milieu des plus grandes difficultés de la vocalisation, sa voix

reste toujours égale, et chaque note, comme si elle avait été préparée à l'avance, sort de son larynx avec toutes les qualités musicales qui doivent la caractériser.

Telles sont les différences qui distinguent la voix de l'homme de celle de la femme ; on voit que toutes se rapportent aux variétés anatomiques que l'on rencontre dans le larynx des deux sexes, et principalement à leurs dimensions. Nous avons vu, en effet, que les différences dans la tonalité, le timbre, l'étendue étaient la conséquence directe de l'exiguïté des proportions du larynx féminin relativement à celles du larynx de l'homme. En général, la voix de la femme possède moins de qualités musicales que la voix de l'homme ; son timbre, nous le répétons, a sans doute un charme particulier, mais, au point de vue de l'art, il n'est pas assez varié pour produire les puissants effets que l'homme retire de son instrument vocal.

CHAPITRE IX.

DE LA VOIX AUX DIFFÉRENTS AGES DE LA VIE.

L'étude de la voix aux différents âges de la vie présente un intérêt d'autant plus grand qu'elle n'a jamais été traitée d'une manière approfondie. La plupart des physiologistes n'ont pas manqué cependant de signaler les principales modifications qui surviennent dans la voix à certaines époques bien connues; mais ils ont négligé d'indiquer les particularités anatomiques qui correspondent à ces modifications. Empressons-nous d'ajouter que cette étude devait être bien difficile, sinon impossible, avant la découverte du laryngoscope. C'est à l'aide de ce précieux moyen d'investigation que nous avons obtenu les résultats nouveaux que nous allons exposer. Nous examinerons la voix dans l'enfance, dans la puberté, dans l'âge adulte, dans la vieillesse.

§ I. — Enfance.

Le vagissement de l'enfant qui vient de naître, est un son criard, désagréable, qui, par ses qualités sonores, indique à nos oreilles l'état de souffrance dont il est toujours l'expression. En effet, l'enfant ne fait entendre son cri que pour exprimer le désir de satisfaire un besoin, et ce désir est pour lui une souffrance.

Le vagissement de l'enfant est le cri de la douleur, autant par la nature des sons pénibles à entendre que par les sentiments qui les provoquent. Nous avons vu au livre de l'*Anatomie*, page 103, que la constitution organique du larynx aux premiers âges de la vie est tout à fait impropre à la production d'une voix harmonieuse et étendue; les cartilages sont encore très-mous, et les fibres musculaires qui président aux mouvements des rubans vocaux sont encore trop pâles pour agir avec l'énergie nécessaire. En même temps, le tuyau vocal ne présente rien de ce qu'il faut pour modifier avantageusement les sons criards de l'anche; le nez est trop petit et les mâchoires circonscrivent une cavité buccale trop exigüe pour favoriser le retentissement harmonique des sons.

La voix est le principal instrument de la vie de relation, et son développement est toujours en rapport avec les nécessités de cette dernière. Dans les premiers âges de la vie, l'enfant ne tient à la société que par les secours matériels qu'il attend d'elle; entretenir la vie et développer les organes sont ses seuls besoins; et pour les exprimer, le cri monosyllabique suffit.

A mesure que l'enfant touche à la vie extérieure par un plus grand nombre de points, les sons perdent peu à peu leurs caractères désagréables; mais ils n'acquièrent la douce sonorité de la voix humaine qu'au moment où le petit être dévoile par quelques paroles les premières opérations de son esprit.

Vers l'âge d'un an, les enfants commencent à proférer quelques monosyllabes, c'est encore bien peu de chose; mais quelle ravissante harmonie les mères savent y trouver! A partir de cette époque jusqu'à l'âge de six à sept ans, le développement de l'organe vocal est bien plus en rapport avec la vie intellectuelle qu'avec la vie organique. La parole, d'ailleurs, devient pour le larynx une gymnastique incessante, qui contribue singulièrement au perfectionnement de la voix.

Jusqu'à l'âge de treize à quatorze ans, la voix de la jeune fille diffère peu de la voix du jeune garçon. Le timbre et le diapason sont à peu près les mêmes dans les deux sexes. Mais à partir de ce moment, des dissemblances vont surgir. Le jeune garçon va devenir homme dans sa voix, comme la jeune fille deviendra femme dans la sienne. Ce moment suprême est l'âge de la puberté.

§ II. — **Puberté**.

Jusqu'à la puberté, l'homme a vécu pour lui-même, pour le développement de ses organes; mais arrivé à cette période de la vie, des signes éloquents indiquent qu'une révolution immense vient de s'opérer dans l'organisme. Une fonction nouvelle s'est établie, et l'homme peut désormais reproduire un être semblable à lui. Les modifications de la voix qui surviennent toujours à ce moment sont les signes précurseurs de l'établissement de la fonction génésique, et c'est à l'ensemble de ces modifications que l'on a donné le nom de *mue*.

Nous avons cherché s'il existait quelque traité sur ce sujet spécial; mais nous n'avons trouvé qu'un chapitre sur la mue dans les œuvres de Tissot. Ce chapitre est assez complet, mais il a été écrit à une époque où, faute de moyens d'investigation, faute d'une connaissance exacte du vrai mécanisme de la voix, les phénomènes de la mue ne pouvaient pas être bien appréciés. Nous allons essayer de remplir cette lacune.

De la mue chez la femme. — En général, les filles se développent plus vite que les garçons. Elles atteignent la puberté, l'âge de raison et la vieillesse plus rapidement que ces derniers. Hippocrate attribuait cette rapide évolution à la délicatesse de leur corps et à leur manière de vivre; mais l'influence du climat ne lui est pas étrangère. C'est ainsi que la puberté se déclare plus tôt dans les climats chauds que dans les climats froids.

Chez les Indiens, l'éruption des règles se fait de huit à dix ans. Chez les Lapons, elle n'a lieu que vers l'âge de quinze ans. Dans les climats tempérés, elle se montre dans les âges intermédiaires à ces deux extrêmes.

A côté de l'influence du climat, nous devons signaler également la manière de vivre; car il est bien constaté que la puberté se développe plus tôt dans les classes riches que dans les classes pauvres : le spectacle, la danse, la lecture des romans, sont autant de causes qui, en exaltant la sensibilité, provoquent et accélèrent les mouvements de la nature.

Les phénomènes essentiels de la puberté sont constitués par un orgasme insolite des parties sexuelles, qui s'entourent d'un duvet cotonneux[1]. L'utérus, les ovaires, et toutes les parties de la génération se développent, et un écoulement mucososanguin manifeste pour la première fois son apparition par des douleurs quelquefois assez vives. Cet écoulement est généralement plus copieux dans les pays chauds que dans les pays froids, et chez les femmes maigres que chez les femmes grasses. En même temps le bassin se développe; les glandes mammaires prennent rapidement un accroissement considérable; elles s'entourent d'un tissu lamineux et serré qui leur donne leur forme arrondie et leur fermeté. Les mamelons sont plus vermeils et plus irritables.

Cette transformation n'est pas toujours facile : parfois elle retentit douloureusement dans la vie physique et morale de la femme; ses yeux sont abattus et cernés; son estomac est le

---

[1] Simul pubescere incipit ex tempore ut stirpens semen laturas primum florere, Alcmœn Crotoniata ait. (Aristote, *Hist. des animaux*, p. 887.)

siége de tiraillements douloureux ; les lombes deviennent sensibles, et souvent il existe de la céphalalgie. Dominée par sa destinée nouvelle, la jeune fille semble déjà prévoir le rôle important que l'utérus va jouer dans son existence physiologique et pathologique. Triste, rêveuse, le regard langoureux et voilé, elle recherche la solitude pour s'écouter vivre et caresser des sensations intérieures qu'elle ne connaissait pas.

Les modifications de la voix qui surviennent à cette époque complétent le tableau que nous venons d'esquisser. La voix est moins aiguë, son diapason s'abaisse d'une ou deux notes, et elle acquiert en force ce qu'elle a perdu en acuïté. Cette transformation se fait très-souvent d'une manière inappréciable, si les jeunes filles ne chantent pas ou n'abusent pas de la parole. Dans le cas contraire, elles sont sujettes à des douleurs de gorge, à des extinctions de voix, occasionnées par l'exagération du travail physiologique qui, en ce moment, s'effectue dans le larynx. En aucun cas, la voix de la femme ne subit, à cette époque, les modifications profondes que nous allons trouver chez les garçons.

De la mue chez l'homme. — En général, la mue se présente un peu plus tard chez les jeunes garçons que chez les jeunes filles ; elle est précédée, comme chez ces dernières, d'un développement rapide dans les organes sexuels et par la sécrétion et l'évacuation d'un liquide particulier. Le jeune garçon ne connaît pas les épreuves pénibles qui viennent assaillir la jeune fille. Il traverse cette époque avec plus de calme ; mais les modifications profondes de la voix témoignent hautement de la transformation qui vient de s'opérer en lui. Ces modifications sont très-variables, quant aux phénomènes sensibles qui les accompagnent ; mais il en est deux tout à fait caractéristiques qui sont communes à tous : ce sont les modifications du timbre et du diapason.

Le timbre, qui donnait à la voix de l'enfant les qualités sonores de la voix de la jeune fille, change complétement de caractère. Le diapason baisse sensiblement, et peu à peu la voix acquiert les qualités qui caractérisent la voix de l'homme. Quelquefois cette transition se fait insensiblement, sans manifestation exagérée ; mais le plus souvent elle s'accompagne, surtout chez les enfants qui chantent, de profondes altérations. La voix est rauque, inégale ; l'enfant n'est pas maître de ses cordes vocales, et il émet une note très-élevée alors qu'il a la volonté d'émettre une note grave ; d'autres fois il y a aphonie complète. Tous ces phénomènes correspondent à des modifications survenues peu à peu dans l'organe vocal, et qu'il est indispensable de faire connaître.

Nous avons étudié les phénomènes anatomiques, avec le laryngoscope, sur des enfants de Saint-Nicolas. La plupart de ces enfants ont été suivis pendant deux années consécutives et nous avons pu étudier ainsi les différentes phases de la *mue*. Si la mue est précoce, elle peut se montrer dès l'âge de douze ou treize ans. Si elle est tardive, elle ne survient qu'à seize ou dix-sept ans, et quelquefois plus tard. Ces deux extrêmes constituent presque des exceptions. Le plus souvent, en effet, la mue se déclare vers l'âge de quatorze à quinze ans. Son évolution s'effectue dans un espace de temps qui peut varier entre six mois et trois ans. En général, à la fin de la première année, les altérations les plus accentuées de la voix disparaissent.

Les modifications du timbre et du diapason sont dues : 1° à une modification organique survenue dans les rubans vocaux ; 2° à des modifications non moins importantes qui portent sur les agents moteurs de ces rubans.

1° *Modifications des rubans vocaux.* — Les rubans vocaux deviennent subitement le siége d'un travail organique extraordinaire, qui aboutit à une augmentation de leurs trois dimensions : longueur, largeur et épaisseur. Par conséquent, les muscles, la membrane fibreuse et la membrane muqueuse qui les constituent ont dû contribuer à cette augmentation. Indépendamment de cette modification, qui a une influence réelle sur l'état de la voix, il en est une autre bien plus importante, mais qui n'a jamais été étudiée; c'est à elle cependant que nous attribuons en grande partie l'abaissement du diapason de la voix de l'enfant au diapason de la voix de l'homme. Elle est due à la consistance nouvelle que revêt la membrane vocale sur les bords des rubans vocaux. Il n'est pas besoin d'avoir recours au microscope pour saisir les différences qui existent entre la muqueuse vocale de l'enfant et celle de l'homme. La première est beaucoup plus mince, tout à fait transparente. La seconde est plus épaisse et moins diaphane.

Les anciens avaient exprimé cette différence dans la constitution organique par le mot latin *crassities;* mais notre langue ne se prête pas à la traduction littérale de ce mot. La membrane vocale de l'homme est tout à la fois plus épaisse et moins élastique, ce qui, au premier abord, paraît contradictoire avec les lois de l'acoustique, d'après lesquelles le nombre de vibrations est en raison directe de l'épaisseur des lames. Mais cette loi n'est pas applicable à des lames de nature différente, et c'est précisément le cas qui se présente ici : si la muqueuse vocale de l'homme, plus épaisse, donne des sons plus bas que la muqueuse, beaucoup plus mince, d'un enfant, cela tient à ce que la consistance, le *crassities* ne sont plus les mêmes dans l'une et dans l'autre.

Cette modification survenue dans la muqueuse ne se fait pas lentement et d'une façon en quelque sorte mystérieuse; elle se manifeste au contraire par une augmentation dans la vitalité des tissus, en revêtant souvent les caractères d'une inflammation très-intense. Dans ce dernier cas, la perte de la voix est complète. Il est impossible que la mue s'opère sans le concours de cette inflammation en quelque sorte physiologique ; car nos tissus ne sauraient montrer autrement l'excès de vitalité organique. Cet excès de vitalité persiste assez longtemps pour imprimer à la partie qui en est le siége un caractère particulier et des propriétés nouvelles. Ces propriétés, nous l'avons dit, résultent de la diminution de l'élasticité de la membrane, et cette diminution contribue à faire descendre le diapason de la voix d'une octave.

2° *Modifications survenues dans les agents moteurs des rubans vocaux*. — L'examen laryngoscopique nous a permis de constater que la forme et les dimensions de la glotte ne sont pas étrangères aux altérations diverses de la voix pendant la mue, et comme l'état de la glotte dépend de l'état des parties qui la circonscrivent ou qui contribuent plus indirectement à sa formation, c'est dans ces parties que nous avons dû chercher la cause de ses modifications. Ces causes résident : 1° dans l'accroissement subit des cartilages. A l'âge de douze à treize ans, la hauteur de l'angle médian du thyroïde mesure 12 à 13 centimètres. La moyenne de cette hauteur chez l'adulte est de 20 centimètres. Les lames transversales du même cartilage mesurent d'avant en arrière 25 millimètres à treize ans, et à dix-huit ans, elles ont en moyenne 35 millimètres. Les autres cartilages se développent dans la même proportion. 2° Dans l'accroissement des parties qui constituent les rubans vocaux. — Au moment de la mue, les rubans vocaux mesurent en moyenne 13 à 14 millimètres ; et à la fin, c'est-à-dire dans l'espace de six mois à deux ans, ils ont acquis 6 à 8 millimètres de plus ; car, à dix-huit ans, les rubans vocaux mesurent, en moyenne, 20 à 25 millimètres.

Il résulte de ces observations que, durant la période de la

mue, les différentes parties du larynx ont pris un développement deux fois plus grand que celui qu'elles avaient acquis depuis la naissance jusqu'à la révolution génitale. Tels sont les faits qu'il s'agit d'interpréter.

Le développement des cartilages dans toutes leurs dimensions a pour effet d'augmenter tous les diamètres de la cavité laryngienne; à cette augmentation correspond évidemment un développement proportionnel des rubans vocaux, mais ce développement n'est pas si exactement calculé sur celui des cartilages, qu'il s'ensuive nécessairement un ensemble parfaitement harmonique. Il existe, en effet, un certain désaccord entre l'accroissement des cartilages et celui des rubans vocaux, et ce désaccord se manifeste par deux particularités essentielles dans l'image de la glotte. La caractéristique de la fente glottique chez l'enfant consiste dans la direction parfaitement rectiligne de cette fente pendant le rapprochement des rubans vocaux. Chez l'adulte, elle est légèrement elliptique, et elle doit cette disposition à l'écartement trop considérable des lames du thyroïde. Cette disposition exige pour la production de sons de la voix une certaine contraction des muscles thyro-arythénoïdiens qui, en gonflant les rubans vocaux, les rapprochent l'un de l'autre, en faisant disparaître la forme elliptique de la glotte. Chez l'enfant, cette contraction musculaire n'a pas lieu, par cette raison que les lames du thyroïde, très-peu consistantes encore, peuvent être facilement rapprochées l'une de l'autre par le constricteur inférieur du pharynx. Pendant la mue, on constate un état intermédiaire à ceux que nous venons de mentionner. Sous l'influence de l'écartement des lames du thyroïde, les rubans vocaux tendent à s'incurver en dedans et à donner à la glotte la forme elliptique; mais l'écartement des lames est si grand, que les rubans vocaux n'arriveraient jamais au contact l'un de l'autre, si les muscles thyro-arythénoïdiens n'acquéraient pas en même temps un développement proportionnel capable d'effectuer ce rapprochement. L'occlusion de la glotte est effectuée (comme nous l'avons vu page 400) en avant par les muscles thyro-arythénoïdiens, en arrière par les crico-arythénoïdiens latéraux; or, ces puissances musculaires n'agissent pas dans toute leur plénitude durant la mue, et, de leur action insuffisante, il résulte certains aspects de la glotte que nous avons retrouvés assez souvent dans nos observations. C'est ainsi que, très-fréquemment, la fente glottique décrit une ellipse très-allongée et étranglée vers le milieu de son étendue, plutôt à la partie antérieure qu'à la partie postérieure comme

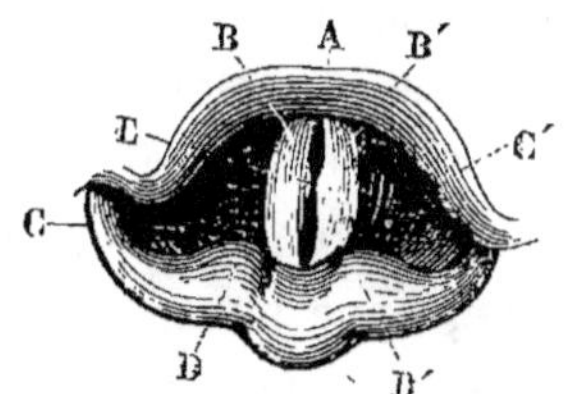

FIG. 22.

Premier aspect de la glotte pendant la mue.

A.   Epiglotte.   DD′ Cartilages arythénoïdes.
BB′. Rubans vocaux.   E.   Etranglement dû à la mue.
CC′. Ligaments thyro-arythénoïdiens supérieurs.

on peut le voir dans la figure ci-jointe. Cette disposition, qui est une des plus fréquentes, nous a paru tenir à l'action insuffisante du faisceau vertical des muscles thyro-arythénoïdiens. Il est une autre disposition qui se présente non moins souvent et qui constitue, avec la précédente, les aspects principaux de la fente glottique à l'époque de la mue. Cette disposition, que nous représentons dans la figure 23, tient au développement inégal du bord supérieur du cricoïde, qui a pour effet de maintenir les arythénoïdes dans un degré d'écartement incompatible avec le rapprochement complet des rubans vocaux en arrière ; cet écartement est encore entretenu par la faiblesse des muscles crico-arythénoïdiens latéraux. Il résulte de cette im-

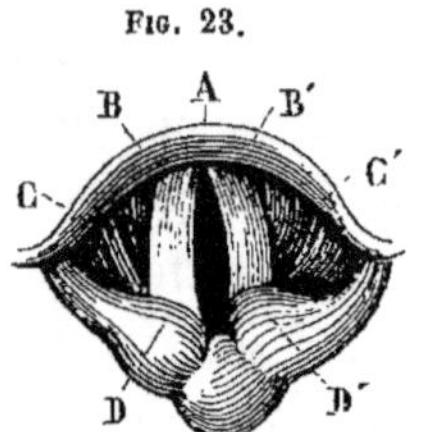

Deuxième aspect de la glotte pendant la mue.

A. Epiglotte.   C. Ventricule du larynx.
B. Rubans vocaux.   D. Cartilage arythénoïde.

puissance musculaire et de l'accroissement inégal précité, que les rubans vocaux ne se rapprochent pas suffisamment en arrière, et que la glotte présente la forme d'un V allongé.

Pour mettre le lecteur dans la possibilité d'apprécier comme nous l'influence des modifications anatomiques qui surviennent à l'époque de la puberté, nous allons donner les observations sur lesquelles nous avons appuyé notre manière de voir.

OBSERVATIONS.

1. GUILLON, 12 ans. — Les rubans vocaux sont éclatants de blancheur ; ils circonscrivent, par leur rapprochement, une glotte linéaire. La voix possède un joli timbre et elle s'étend du sol^3 au si^4. Le larynx ne présente rien de particulier.

2. CAFFIN, 12 ans. — Rubans vocaux d'une grande pureté ; glotte linéaire. Etendue de la voix : du sol^3 au la^4.

3. AMI, 12 ans. — Rien de particulier dans les rubans ; glotte linéaire ; étendue de la voix : du fa^3 au fa^4.

4. GUIGOTTE, 12 ans. — La glotte est linéaire ; la voix très-pure.

5. PARISOT, 12 ans 1/2. — Rubans vocaux très-larges, mais courts ; glotte linéaire ; voix très-étendue : du la^3 au fa^4.

6. TOUCHARD, 12 ans 1/2. — Rien de particulier, si ce n'est que

la voix est bien timbrée et pure dans toute son étendue, du *sol*³ au *sol*⁴.

7. Bouin, 12 ans 1/2. — Même observation. Etendue de la voix : du *la*³ au *sol*⁴.

8. Audiguet, 12 ans 1/2. — La glotte est linéaire en arrière, mais, en avant, elle présente une légère ellipse ; étendue de la voix : du *fa*³ au *mi*⁴.

9. Bourdonnet, 13 ans. — Les diamètres de la cavité laryngienne nous paraissent plus petits que chez les autres enfants ; les rubans vocaux sont très-blancs ; la fente glottique est linéaire ; la voix s'étend du *sol*³ au *la*⁴.

10. Demichy, 13 ans. — Mêmes observations que chez le précédent ; même étendue de voix.

11. Marque, 13 ans. — Rien de particulier ; la voix s'étend du *sol*³ au *la*⁴.

12. Foyeux, 13 ans. — Rubans vocaux légèrement rosés, droits, bien tendus ; la glotte est parfaitement linéaire ; la voix, très-belle, s'étend du *la*³ au *si*⁴.

13. Seguin, 13 ans. — Les rubans vocaux sont très-rouges ; la glotte est linéaire ; la voix est rauque et très-limitée.

14. Sweton, 13 ans 1/2. — Jolis rubans vocaux, blancs, un peu rosés ; glotte linéaire à bords bien dessinés, bien tendus ; voix très-belle s'étendant du *sol*³ au *la*⁴.

15. Bienaimé, 13 ans 1/2. — Rien de particulier ; glotte linéaire ; étendue de la voix : du *la*³ au *mi*⁴.

16. Chatelain, 13 ans 1/2. — Rien de particulier ; glotte linéaire ; la voix s'étend du *la*³ au *la*⁴.

17. Danel, 14 ans. — L'an dernier cet enfant avait une étendue de voix remarquable du *do*³ au *do*⁴ ; la glotte était linéaire et les rubans en bon état. Aujourd'hui, les rubans sont légèrement injectés ; la glotte n'est plus linéaire, elle présente un intervalle plus grand en arrière ; la voix est enrouée et elle ne s'étend plus que du *mi*³ au *la*⁴.

18. Jovanni, 14 ans. — Rubans vocaux injectés ; glotte elliptique avec étranglement ; voix rauque s'étendant du *ré*³ au *fa*⁴ (pleine mue).

19. Rien de particulier ; la glotte est linéaire et la voix s'étend du *la*³ au *la*⁴.

20. Belliard, 14 ans. — Rien de particulier; la glotte est linéaire; la voix très-pure, très-belle, s'étend du la^3 au do^5.

21. Amaury, 14 ans. —Rien de particulier; la glotte est linéaire; la voix très-belle, s'étend du fa^3 au si^4.

22. Viot, 14 ans. — Les rubans vocaux ont leur couleur naturelle; la glotte est linéaire, mais légèrement étranglée à son milieu; la voix s'étend du la^3 au mi^4.

23. Montet, 14 ans. — Rubans injectés; la glotte présente d'une manière très-caractéristique la forme elliptique étranglée à son milieu; la voix est très-enrouée et donne des notes très-élevées ou très-basses (pleine mue).

24. Angely, 14 ans. — Rubans vocaux très-rouges; muqueuse sensiblement gonflée; la glotte ne présente pas de forme régulière; la voix est dépourvue de timbre (pleine mue).

25. Carré, 14 ans. — Rubans vocaux très-blancs, très-petits; glotte linéaire; la voix très-pure, s'étend du do^3 au la^4.

26. Maillart, 14 ans 1/2. — Rubans vocaux très-blancs, trèspetits; glotte linéaire; la voix s'étend du la^3 au mi^4.

27. Juilrat, 14 ans 1/2. — Cet enfant est celui que l'on voit représenté dans la figure 14. Il est dans la mue depuis l'an dernier. A l'époque de notre premier examen, les rubans vocaux étaient très-injectés; ils se rapprochaient très-difficilement pour constituer la glotte; aussi la voix avait un caractère indéfinissable : absence de timbre et ressemblant plutôt à un bruit, à un grognement, plutôt qu'à une voix humaine. Aujourd'hui, les rubans sont moins injectés; la glotte est linéaire et mieux formée; la voix s'améliore.

28. Danton, 14 ans 1/2. — Rubans vocaux transformés en une masse charnue; glotte indescriptible; voix impossible (pleine mue).

29. Boulangé, 14 ans 1/2. — Rubans vocaux bien tendus, légèrement rosés; considéré dans son ensemble, le larynx paraît trèsdéveloppé; la glotte est linéaire; la voix est éclatante du sol^3 au do^4; du do^4 au la^4 elle est plus douce et son timbre est très-agréable.

30. Bouché, 15 ans. — Les rubans vocaux sont injectés, mais la glotte est linéaire avec trace légère d'étranglement; la voix inégale, rauque, s'étend du la^3 au mi^4 (mue commençante).

31. Boudard, 15 ans. — Rubans vocaux très-blancs; glotte linéaire; la voix est très-claire et s'étend du la^3 au la^4.

32. Rocher, 15 ans. — Rubans vocaux injectés; glotte elliptique avec étranglement; voix enrouée, inégale (pleine mue).

33. Peraudin, 15 ans. — Rubans vocaux rouges, très-humides; glotte elliptique avec étranglement au milieu; voix dépourvue de timbre (pleine mue).

34. Bouillet, 15 ans. — L'an dernier cet enfant était en pleine mue. Les rubans vocaux ne se joignaient pas à leur partie postérieure et ils étaient très-rouges. Avant la mue, sa voix s'étendait du do^3 au $ré^5$. Aujourd'hui les rubans sont larges, encore injectés, mais la glotte est linéaire; la voix s'étend du $ré^3$ au mi^4.

35. Morel, 15 ans. — Rubans vocaux très-larges; glotte linéaire; la voix s'étend du la^2 au la^3. Il a mué. L'an dernier elle s'étendait du la^3 au la^4.

36. Boisselier, 15 ans. — Rubans vocaux en bon état; glotte linéaire; étendue de voix : du mi^3 au mi^4.

37. Chevrel, 15 ans. — Rubans vocaux injectés; glotte plus large en arrière; voix très-grave du la^3 au $ré^3$ (mue commençante).

38. Petit, 15 ans 1/2. — Cet enfant est muet. Les rubans vocaux sont blancs et la glotte parfaitement linéaire.

39. Pégonne, 15 ans 1/2. — Rubans vocaux injectés; glotte plus large en arrière; voix très-enrouée (pleine mue).

40. Van-den-boch, 15 ans 1/2. — Rubans vocaux très-tendus, longs, légèrement rosés; glotte linéaire; voix forte, bien timbrée, s'étend du la^2 au si^3. L'an dernier elle s'étendait du sol^3 au si^4. Il a mué dans l'intervalle.

41. Barbier, 16 ans. — Ce jeune homme est à la fin de la mue. Il y a un an, au moment où il perdit la voix, elle s'étendait du do^3 au $ré^4$. Examinés pendant la mue, les rubans vocaux étaient très-rouges; la glotte avait la forme elliptique avec l'étranglement médian. Aujourd'hui ces rubans sont légèrement rosés; la glotte est linéaire et la voix s'étend du la^2 au $ré^4$.

42. Lafougère, 16 ans. — La voix a mué l'an dernier, s'accompagnant de phénomènes analogues à ceux de l'observation précédente. Aujourd'hui les rubans vocaux sont légèrement rosés; la glotte est linéaire et la voix s'étend du la^2 au la^4.

43. Poirot, 16 ans. — Pleine mue. Rubans vocaux très-rouges; glotte large en arrière; voix éteinte.

44. Baffetin, 16 ans. — Rubans vocaux injectés; glotte large

en arrière; la voix s'étend du fa^2 au do^4. L'an dernier, avant la mue, elle s'étendait du fa^3 au mi^5.

45. JACOB, 16 ans 1/2. — La mue s'est effectuée l'an dernier. Aujourd'hui les rubans vocaux sont légèrement roses; la glotte est linéaire et légèrement elliptique; la voix s'étend du la^2 au fa^3.

46. GONDÈRE, 16 ans 1/2. — A mué l'an dernier. Aujourd'hui les rubans vocaux sont légèrement rosés; la glotte est linéaire et légèrement elliptique; la voix s'étend du la^2 au $ré^4$.

47. JACQUET, 17 ans. — Il est dans la mue depuis un an. Les rubans vocaux sont très-longs, larges, très-humides et rouges; la glotte est très-large en arrière; la voix n'est possible que dans les trois premières notes du médium.

48. BOUTIEU, 17 ans. — Rubans vocaux injectés; glotte plus large en arrière; la voix s'étend du si^2 au fa^3. C'est la fin de la mue.

49. CHIRON, 17 ans. — A mué. Rubans vocaux légèrement rosés; glotte linéo-elliptique; la voix s'étend du sol^2 au mi^4.

50. PASTOUREAU, 17 ans. — Rubans vocaux très-longs et épais; glotte linéo-elliptique, bien fermée en arrière; la voix s'étend du la^2 au do^4. L'an dernier, avant la mue, elle s'étendait du fa^3 au la^4.

51. LANGLEY, 17 ans. — Rubans vocaux légèrement rosés; ils s'unissent bien en arrière, mais faiblement; la glotte est linéaire; la voix s'étend du la^2 au la^3. L'an dernier, avant la mue, elle s'étendait du do^3 au do^4.

52. NEIL, 17 ans 1/2. — N'a pas entièrement fini de muer. Rubans vocaux injectés; glotte large en arrière; la voix s'étend du do^3 au $ré^4$.

53. EMERY, 18 ans. — Rubans vocaux larges, rosés; glotte parfaitement linéaire; la voix est entièrement formée, elle s'étend du sol^2 au sol^3.

54. LÉQUILLE, 18 ans. — Rubans vocaux légèrement injectés; glotte linéaire. La voix est formée; elle s'étend du la^2 au $ré^3$.

55. AMBELARD, 18 ans. — Rubans vocaux rosés, très-longs et très-larges; la glotte est linéaire et légèrement elliptique; la voix s'étend du la^2 au fa^3.

56. BASSET, 18 ans. — Rubans vocaux très-petits, blancs, mais humides à l'excès; la glotte est elliptique et légèrement étranglée en avant. Depuis trois ans ce jeune homme est enroué, bien que les rubans vocaux soient très-blancs; la voix s'étend du la^2 au la^3.

57. DUBOIS, 19 ans. — Rubans vocaux très-purs; glotte linéo-elliptique; la voix s'étend du *la* ^{2} au *sol* ^{3}.

Ce qui frappe surtout dans ces observations, c'est l'augmentation de vitalité dont la muqueuse vocale est le siége durant les différentes phases de la mue ; ce phénomène se traduit par une inflammation qu'on peut appeler physiologique, et qui, cependant, est assez intense quelquefois pour empêcher complétement les vibrations sonores ; son influence sur le développement de la mue est, parmi les autres, la plus importante ; c'est elle qui contribue, pour la plus grande part, à baisser le diapason de la voix de l'enfant au diapason de la voix de l'homme. Cependant les modifications survenues dans les dimensions des cartilages et des rubans vocaux ne sont pas étrangères à cet abaissement ; nous avons vu, en effet, que ces différentes parties acquéraient, pendant la mue, des proportions doubles, et le degré de cette augmentation concorde parfaitement avec les dimensions que, d'après les lois de l'acoustique, ces mêmes parties auraient dû présenter pour diminuer le diapason d'une octave.

Marche de la mue. — Les phénomènes que nous venons de signaler ne suivent pas, dans leur développement, une marche très-régulière. En général, la voix ne baisse pas tout d'un coup ; elle se voile, quelquefois même elle est enrouée : cet enrouement persiste alors durant tout le temps de la mue, et la voix ne recouvre son timbre pur qu'au bout de six mois à un an. Après un temps variable, selon les individus, le jeune pubère a perdu sa voix d'enfant, mais celle qu'il possède n'a pas encore la force, l'énergie, le timbre, le diapason qui doivent la caractériser plus tard : elle oscille entre ce qu'elle a été et ce qu'elle sera. Cette hésitation vient de ce que le larynx n'a pas encore acquis tout son développement ; l'accroissement de cet organe se fait peu à peu, et ne se termine qu'à l'âge de dix-huit à vingt ans. On peut donc dire que, chez l'homme, la mue s'effectue dans une période de deux à quatre ans. La femme, suivant en cela la loi générale à laquelle elle est soumise, finit de muer un peu plus tôt, c'est-à-dire vers l'âge de dix-sept à dix-huit ans.

Causes de la mue. — Les physiologistes n'ont pas manqué de constater la coïncidence qui existe entre le changement de la voix et le développement des organes génitaux, et d'établir une relation de cause à effet entre ces deux phénomènes. L'on peut dire que cette coïncidence existe, parce que la nature l'a voulu ainsi ; mais il est permis, croyons-nous, de pénétrer plus avant dans les mystères de la création, et de rechercher les liens sympathiques qui unissent ces phénomènes.

Tous les animaux terrestres, même ceux qui dans les temps ordinaires n'ont pas de voix, produisent un son particulier à l'époque de leur rapprochement. Le grand acte de la reproduction semble ne pas pouvoir s'accomplir sans que l'animal exprime d'une manière sonore son désir et sa satisfaction. La caille chante avant le combat, le rossignol ne cesse de chanter, et le coq fait retentir les airs du cri de sa victoire. Le verrat, le bouc, le sanglier, ont dans ces moments un langage sonore particulier ; il n'est pas jusqu'à l'animal le plus immonde qui n'ait, lui aussi, son cri. Le crapaud appelle en croassant sa femelle ; on le voit tendre sa lèvre supérieure à fleur d'eau ; cette tension rend ses lèvres transparentes, et ses yeux brillent comme des lumières. Enfin, les poissons qui, on le sait, n'ayant ni poumons, ni trachée [1], sont privés d'organe vocal, font entendre néanmoins un son. Aristote, à qui nous empruntons ces détails, parle du grognement de la lyre, du sifflement du chromis et du poisson appelé chalcis, qu'on trouve dans le fleuve Achéloüs ; il en est de même du coucou, ainsi appelé à cause du son

---

[1] Sauf quelques exceptions.

qu'il produit. Parmi ces poissons, les uns produisent le son par le frottement de leurs branchies qu'ils ont garnies d'arêtes ; les autres par le moyen de certaines parties intérieures voisines du ventricule, et qui contiennent de l'air ainsi que les bronches : c'est cet air dont l'agitation et le frottement produisent le son.

Il est donc présumable qu'il entrait dans les vues du Créateur que le grand acte de la reproduction fût accompagné d'un phénomène sonore.

Tout en reconnaissant qu'il existe entre l'homme et les autres êtres de la création un immense abîme que notre intelligence seule peut franchir, nous ne pouvons pas ne pas voir, dans tout ce qui concerne la vie animale, un plan général d'après lequel les mêmes fonctions, dans la série des êtres créés, ont une destination analogue. L'organe sonore n'est pas spécialement attaché, il est vrai, au service de la reproduction de l'espèce, mais c'est un des serviteurs les plus intelligents de cette fonction, et nous devons lui trouver dans l'homme un rôle analogue à celui qu'il joue dans les animaux. Chez les animaux, la voix devient l'interprète de l'instinct qui les pousse fatalement à reproduire leur espèce. L'homme et la femme subissent la même influence ; ils ressentent la même impulsion ; mais ici la raison humaine intervient avec ses plus nobles prérogatives. L'homme peut résister aux plus douces impulsions ; il est libre, et, pour tout dire, c'est bien cette liberté qui donne un charme inestimable aux circonstances de la reproduction.

Généralement, on considère la voix de l'homme comme le symbole de la force et de la suprématie physiques qu'il possède sur la femme. Sans doute le larynx de l'homme suit harmonieusement le développement des autres organes, plus considérables chez lui que chez la femme ; mais cette considération ne nous empêche pas de trouver, dans la différence essentielle qui existe entre les voix des deux sexes, un motif plus élevé. En effet, les voix de la jeune fille et du jeune garçon se ressemblent beaucoup jusqu'à la puberté ; le timbre et le diapason diffèrent à peine ; les inflexions sont les mêmes ; ils se parlent avec l'accent du frère et de la sœur ; mais, dès que la révolution génésique leur a donné une individualité plus accentuée ; dès qu'un nouveau sens s'est développé, il faut à ce dernier une expression spéciale : cette expression est dans le regard, mais surtout dans le timbre et les inflexions de la voix. Nous ne disons pas à dessein dans la parole, car les mots sont conventionnels, et ils ne servent que trop souvent à la prestidigitation sentimentale. La voix dont nous parlons a son accent ; elle est l'expression naturelle d'un sentiment naturel ; c'est par une sonorité particulière qu'elle exprime et provoque les désirs qui unissent les deux sexes. Le contraste qui existe entre les voix de l'homme et de la femme est non-seulement un signe distinctif, mais une condition agréable. Nous serions moins empressés, sans doute, si la femme nous parlait avec une voix d'homme, et il est présumable que nous inspirerions très-peu à la femme, si nous lui parlions avec une voix d'enfant.

Les motifs qui précèdent justifient les différences qui existent entre la voix de l'homme et celle de la femme, mais ils ne montrent pas suffisamment le lien qui unit d'une manière si étroite les organes sexuels avec les organes de la voix.

Faut-il croire avec Hippocrate, Aristote, Sauvages, etc., que les modifications de la voix à l'époque de la puberté tiennent au passage de la semence dans le sang ? Cette supposition n'est pas soutenable à notre époque. Mais grâce aux travaux de Magendie, Flourens, Claude Bernard, Bernard, Longet, sur le système nerveux, il nous semble qu'on peut donner une explication satisfaisante de ces phénomènes.

Il serait inutile et superflu de chercher pourquoi à une époque de la vie toujours la même, les organes de la reproduction qui, jusque-là, étaient restés dans le silence, se développent tout à coup et jettent, par le seul fait de leur développement, un flot de vitalité nouvelle dans l'organisme. La raison de cette marche particulière ne nous est pas plus connue que celle qui préside à l'évolution de tous les êtres. Ce sont les secrets de la nature, et nous avons toutes sortes de motifs de croire que ce qu'elle a fait est bien fait. Mais s'il ne nous est pas permis d'atteindre aux causes premières, nous pouvons du moins étudier la marche des phénomènes qui tombent sous nos sens, et, en constatant les liens sympathiques qui les unissent, établir les lois de leur développement.

On peut considérer chaque point de notre organisme comme un centre nerveux d'où partent les sensations variées qui alimentent l'organe central de l'innervation, et à la suite desquelles ce dernier réagit pour provoquer à son tour vers la périphérie les mouvements physiologiques qui constituent la vie. Les petits centres sensitifs, disséminés dans l'organisme, sont analogues aux centres nerveux des sensations spéciales telles que la vue, le toucher, etc. ; mais ils diffèrent essentiellement de ces derniers, en ce que les impressions qu'ils transmettent sont inconscientes dans l'état physiologique ; le cerveau les reçoit, il réagit, mais le moi n'en sait rien. C'est là ce que Magendie avait appelé sensibilité sans conscience, et ce qu'on a appelé depuis mouvement réflexe. D'après cela, rien ne se passe dans l'organisme sans que l'organe nerveux central en soit impressionné, et sans qu'il renvoie, sous une forme ou sous une autre, son impression vers la périphérie. Cette réaction cérébro-spinale a nécessairement une direction spéciale, selon l'impression reçue.

Ces considérations sont basées sur des expériences tellement frappantes, qu'on ne saurait les révoquer en doute[1], et nous

[1] Claude Bernard, *Physiologie du système nerveux*, t. I, p. 297.

pouvons en tirer cette conséquence que, si, à un moment donné de la vie, il se développe dans l'organisme une fonction nouvelle, les organes de cette fonction seront le point de départ d'une foule d'impressions qui, allant affecter d'une manière toute particulière le système nerveux central, provoqueront dans celui-ci une réaction qui portera son influence dans certaines directions déterminées : c'est ce qui arrive à l'époque de la puberté.

L'activité organique extraordinaire qui survient en ce moment dans les organes de la génération et la sécrétion du liquide séminal sont la source d'impressions nombreuses qui déterminent une réaction spéciale de la part des centres nerveux. Cette réaction s'effectue principalement dans la direction des nerfs-pneumo-gastriques, et va influencer toutes les parties dans lesquelles ce nerf se distribue, c'est-à-dire dans le larynx, les poumons, le cœur, l'estomac, le tube intestinal. Le larynx reçoit la sensibilité et le mouvement du nerf pneumo-gastrique ; par conséquent l'exagération vitale dont il est le siége pendant la mue ne peut lui être communiquée que par ce nerf. Le développement des poumons, l'amplitude et la profondeur de la respiration tiennent à la même cause. C'est sous la même influence que le cœur devient plus gros, et ses battements, moins fréquents. Cette diminution des battements qui, au premier abord, paraît contradictoire avec les phénomènes d'excitation que provoque dans l'organisme l'âge de la puberté, s'accorde, au contraire, avec les belles expériences de M. Claude Bernard touchant les effets du pneumo-gastrique sur l'action du cœur. La section de ce nerf a pour résultat d'augmenter les mouvements cardiaques ; mais, si l'on vient à exciter les bouts périphériques par l'électricité, les mouvements se ralentissent et finissent même par disparaître[1]. L'excitation gé-

---

[1] Claude Bernard, *Physiologie du système nerveux*, t. II, p. 377.

nésique produit les mêmes effets ; elle ralentit les mouvements du cœur par son action sur le pneumo-gastrique.

L'influence du même nerf sur la sécrétion du suc gastrique, sur la fonction glycogénique du foie, sur les mouvements intestinaux, nous explique l'augmentation de vitalité qu'on remarque dans le tube digestif et ses annexes.

D'après ce que nous venons de dire, la révolution génésique semble retentir principalement dans les parties animées par le pneumo-gastrique. Il est probable que la réaction du système cérébro-spinal ne se borne pas à cette branche nerveuse ; mais la stimulation dont cette dernière est l'objet, suffit à elle seule pour expliquer les modifications que nous avons mentionnées. En effet, les organes dont la vitalité se trouve augmentée par le nerf pneumo-gastrique exercent par eux-mêmes une grande influence sur le reste de l'économie, et c'est ainsi que s'expliquent non-seulement tous les phénomènes physiologiques de la puberté, mais encore tous les phénomènes pathologiques qui, plus tard, surtout chez la femme, reconnaissent pour cause une souffrance quelconque de l'appareil génital.

Il nous reste à déterminer le point du système nerveux sur lequel l'influence génésique va s'exercer pour déterminer ensuite le mouvement réflexe dont nous venons de parler. Nous arrivons ici à un des problèmes les plus ardus de la physiologie du système nerveux.

Suivant Gall, le cervelet est l'organe de l'instinct de la propagation ou du penchant à l'amour physique [1]. Mais les expériences physiologiques de Magendie, Flourens, Longet, Lafargue, etc., etc., réunies aux observations pathologiques de MM. Andral, Bouillaud, etc., viennent infirmer cette manière de voir. M. Flourens a conservé, pendant huit mois, un coq,

---

[1] Thèse inaug. de Paris, 1838. *Essai sur la valeur des localisations encéphaliques*, etc.

auquel il avait enlevé une grande partie du cervelet, sans que l'instinct de la propagation fût diminué ou aboli chez cet animal,

M. Andral a cité 36 cas dans lesquels des produits accidentels développés dans le cervelet n'avaient donné lieu à aucun phénomène particulier pendant la vie, si ce n'est une seule fois à une érection permanente ; mais dans ce cas, il y avait compression de la moelle allongée [1].

M. Serres, modifiant l'opinion de Gall, considère le lobe médian du cervelet comme l'organe excitateur des organes de la génération, et les hémisphères du cervelet comme excitateurs des mouvements des membres [2].

M. Pétrequin combat l'opinion de M. Serres par des observations pathologiques, et il attribue à la moelle épinière l'influence qui est exclusivement accordée par M. Serres au lobule médian [3].

Les expériences de M. Ségalas confirment la manière de voir de M. Pétrequin. Ce savant médecin est parvenu, en titillant la portion cervicale de la moelle, à produire l'érection et l'éjaculation chez des chiens, tandis qu'il n'a jamais obtenu ce résultat en stimulant le cervelet et le cerveau [4].

Sans prétendre porter un jugement définitif sur une question aussi délicate, nous oserons exprimer en peu de mots notre manière de voir. Nous ne croyons pas à la localisation des facultés intellectuelles instinctives et affectives dans certaines parties du cerveau. Aux observations pathologiques qui semblent donner un démenti formel à cette prétention localisatrice, telle du moins qu'elle est formulée par les sectateurs de Gall, nous ajouterons l'observation suivante : Il est incontestable que la lecture de certains livres, la vue de certaines gravures, la concen-

---

[1] *Clinique médicale* d'Andral, t. V, p. 735.
[2] *Anatomie comparée du cerveau*, t. II, p. 601 et 716.
[3] *Gazette médicale*, t. IV, 1836.
[4] *Journal de physiologie expérimentale*, t. IV, 1824.

tration de la pensée sur certains sujets, réveillent le sentiment érotique avec toutes ses manifestations physiques. Or, à moins qu'on prétende que le siége des facultés intellectuelles réside dans la moelle, ce qui, jusqu'à présent, est tout à fait contraire aux notions acquises, on est bien obligé d'admettre que, dans l'encéphale, se trouve un point spécial capable de transmettre à la moelle et aux nerfs de l'appareil génital les impressions reçues par les yeux, les oreilles et les excitations de la pensée elle-même. Ce point correspond évidemment aux différents centres de perception et non pas à un organe circonscrit, délimité, et qui serait chargé de recevoir les impressions, ou d'exciter les mouvements qui se rattachent à l'appareil génital.

Nous terminerons ces appréciations sur la mue par l'indication de certaines précautions à prendre durant cette période de la vie. Dès que les premiers signes de la mue apparaissent, il n'est pas nécessaire que les jeunes pubères interrompent le chant ; nous croyons, au contraire, qu'il est utile d'exercer les organes de la voix par un travail modéré. Mais s'il arrive un peu d'enrouement, il faut suspendre tout exercice, éviter les cris, les grands éclats de voix, tout ce qui pourrait enfin augmenter l'irritation de la membrane vocale.

D'un autre côté, il ne faut pas oublier que la mue se trouve sous la dépendance d'une fonction importante, et qu'elle doit, par conséquent, se ressentir de la manière plus ou moins facile et régulière avec laquelle cette fonction s'établit. Il est donc nécessaire de veiller à ce que rien ne vienne troubler la marche naturelle des choses. « Les changements de la voix s'accélèrent, dit Aristote, dans ceux qui s'efforcent d'anticiper le temps des jouissances. Leur voix acquiert plus tôt la consistance de celle d'un homme fait. La retenue ralentit, au contraire, ce changement ; on peut, si l'on se contraint et si l'on prend certaines précautions dont usent quelques musiciens, conserver longtemps la même voix et en rendre le changement presque insensible.

« Ce temps est celui où les filles demandent le plus d'attention ; le moment où il commence est celui où leurs sens éprouvent l'irritation la plus vive. Si cette révolution s'est achevée sans que la pudeur ait souffert d'atteinte et sans qu'elles se soient rien permis qui ajoutât à l'opération de la nature, c'est ordinairement une assurance de leur sagesse pour l'âge à venir. Mais si le libertinage a commencé dès l'enfance, il n'est guère possible de lui mettre un frein. Il en est de même des garçons, quand on ne les veille pas assez, soit entre eux, soit avec des personnes d'autre sexe. Les conduits s'élargissant, les liqueurs s'y rendent avec plus d'abondance ; le souvenir des sensations que l'on a éprouvées se réveille et anime les passions [1]. »

§ III. — **Adultes.**

Après la puberté, les différentes parties du larynx continuent leur développement jusqu'à vingt-deux ou vingt-trois ans chez les jeunes filles, et jusqu'à vingt-cinq ans chez les garçons. La voix suit les phases de ce développement ; elle acquiert insensiblement plus d'étendue et plus de force jusqu'au moment où l'organe a cessé de croître. A partir de cette époque, la voix ne subit plus d'autre modification que celles qui lui sont communiquées par l'étude et la gymnastique de l'organe vocal. La voix peut se conserver dans toute son intégrité jusqu'à un âge avancé ; il suffit pour cela de l'entretenir telle qu'elle est par un exercice modéré. Les chanteurs italiens possèdent en général un talent particulier pour conserver leur

---

[1] *Histoire des animaux,* traduct. Lecamus, liv. VII, p. 887.

voix ; mais la plupart des chanteurs français ne ménagent pas suffisamment leur organe ; ils retirent de lui tout ce qu'il est capable de donner, sans prévoyance et sans économie, et l'organe fatigué ne tarde pas à leur faire défaut. Le premier symptôme de la fatigue chez les chanteurs est l'abaissement du diapason de la voix de poitrine ; ils ne donnent plus les notes élevées de ce registre qu'en dépensant de grands efforts. En même temps, le mezzo-voce, cette voix adoucie qui exige une si grande pureté et une souplesse si parfaite de la membrane vocale devient impossible ; cette impossibilité tient à ce que la muqueuse enflammée, épaissie, ayant contracté des adhéren- ces avec les ligaments thyro-arythénoïdiens, ne peut plus se détacher du bord de ces ligaments que sous l'influence d'un souffle énergique.

Un autre indice de la fatigue est le chevrotement de la voix dans les notes élevées. Ce phénomène résulte évidemment de la fatigue des muscles, qui ne se contractent plus avec l'é- nergie suffisante pour maintenir les rubans vocaux dans la position voulue pour la production de la note émise.

§ IV. — Vieillesse.

Il est assez difficile d'assigner le moment précis où commence la vieillesse, si l'on s'en tient aux caractères extérieurs. Cer- tains hommes possèdent l'heureux privilége de prolonger les apparences de l'âge mûr au delà des limites ordinaires.

La nature ne fait pas cependant de si grands écarts que l'on ne puisse, à certains signes, préciser le moment du déclin. Ce ne sont point les années qui font les vieillards, mais les trans- formations qui surviennent dans l'organisme : « Non definiendæ « sunt medicis et grammaticis ætates annorum numero, sed

« mutationibus temperamenti (Valésius, epid., lib. 64 et 7). »

De ces transformations, la plus importante et la plus caractéristique, c'est la décroissance des facultés procréatrices, à laquelle correspondent des modifications sensibles de la voix. Ces modifications sont quelquefois assez accentuées pour mériter la dénomination de seconde mue que nous leur donnons, et que la communauté d'origine semble justifier.

Un des phénomènes les plus constants chez la femme, c'est une congestion plus ou moins grande du larynx, qui détermine parfois de l'enrouement, et toujours un léger abaissement du diapason. Le timbre de la voix est changé ; peu à peu sa douceur suave disparaît ; elle perd enfin ses caractères distinctifs en se rapprochant de la voix de l'homme.

Ces modifications tiennent évidemment à la suppression des menstrues, et il semble que la nature, qui avait mis dans la voix de la jeune fille l'expression du rôle qu'elle devait jouer dans le grand acte de la reproduction, veuille indiquer par cette modification que ce rôle est désormais fini.

Aux modifications de la voix correspondent nécessairement des modifications organiques dans le larynx ; la muqueuse qui le tapisse est plus rouge ; la circulation y est plus active ; les sécrétions muqueuses sont un peu plus abondantes, et parfois des végétations polypeuses envahissent les rubans vocaux. Très-souvent on constate une certaine gêne plutôt que de la douleur le long du cou ; les cartilages prennent un peu plus de consistance ; la membrane vocale s'épaissit.

Nous trouvons dans ces phénomènes un argument de plus en faveur de l'opinion que nous avons émise plus haut à propos des causes de la mue. Il est évident que la voix féminine se trouve subordonnée à l'appareil génital quant à son mode d'expression et aux caractères qui la distinguent dans les deux sexes.

Les phénomènes de la seconde mue ne se montrent pas d'une manière aussi sensible chez l'homme que chez la femme. Cela tient sans doute à ce que, chez lui, les fonctions génésiques ne disparaissent pas aussi brusquement ; elles s'éteignent peu à peu, entretenues quelquefois par le souvenir regretté des choses passées et par un état d'exaltation maladive.

Bien que souvent, à cette époque, il survienne un peu d'enrouement, les modifications de la voix passent presque inaperçues. A l'époque de la puberté, c'est la voix de l'homme qui a changé brusquement ; dans la seconde mue, c'est le contraire : la voix de la femme change beaucoup en peu de temps, et celle de l'homme ne fait que s'affaiblir, en changeant peu à peu.

Les premiers phénomènes que l'on observe dans la voix de l'homme sont un affaiblissement progressif et un abaissement du diapason du registre de poitrine.

Le vieillard ne peut plus donner dans ce registre toutes les notes qu'il donnait naguère, et il supplée à cette insuffisance en parlant, dans le haut, en voix de fausset.

Ces phénomènes coïncident avec une disposition particulière de la glotte que nous avons constatée bien des fois, alors que nous étions attaché comme médecin à l'Hôtel impérial des Invalides. Pour se rendre bien compte de cette configuration, il faut se rappeler que la glotte a la forme d'une ellipse, dont les bords sont formés par la concavité des rubans vocaux ; il faut se rappeler encore que la réduction de cette ellipse en une fente linéaire est indispensable pour la production des sons, et que, cette réduction est opérée par la contraction du faisceau horizontal des muscles thyro-arythénoïdiens.

Or, chez le vieillard, les muscles infiltrés de graisse s'atrophient peu à peu, et deviennent incapables, par leur contraction, de donner à la glotte la forme linéaire dont nous parlons ; l'ellipse reste beaucoup plus large, et ce n'est qu'à la condition d'une contraction exclusive des muscles thyro-arythénoïdiens que les rubans vocaux peuvent être mis en contact ; la tension longitudinale est dès lors accessoire, et la voix de fausset (occlusion progressive) remplace dans le haut la voix de poitrine (tension longitudinale et tension dans l'épaisseur combinées). Chez les personnes très-avancées en âge, le parler ordinaire ne se fait plus que par ce dernier procédé, et l'on voit chez elles, au-devant du cou, les mouvements du larynx qui se déplace pour favoriser la formation de cette voix.

CHAPITRE X.

Il y a autant de voix différentes que d'individus, et les différences sont assez accusées pour que l'on puisse reconnaître un homme à sa voix, aussi bien et quelquefois mieux qu'à sa figure : Isaac fut trompé en touchant Jacob, mais il le reconnut au son de sa voix.

Malgré la diversité infinie des voix, l'on peut néanmoins grouper ensemble celles qui ont une certaine analogie, et former ainsi une classification nécessaire à plusieurs points de vue. Dans l'intérêt de notre étude, nous adopterons celle qui est généralement reçue dans l'enseignement du chant, mais en faisant toutefois nos réserves.

En général, on divise les voix en trois classes :

FEMMES.	HOMMES.
Contralto,	Basse
Mezzo-soprano,	Baryton,
Soprano.	Ténor.

Cette classification, basée exclusivement sur le diapason des voix, répond peut-être aux exigences de l'enseignement du chant, mais elle nous paraît incomplète et établie sur un caractère tout à fait insuffisant. Pour qu'une classification de cette nature reposât sur de bons principes, il faudrait que l'on tînt compte également du diapason, du timbre, de l'intensité et du volume de la voix, de toutes les choses, en un mot, qui distinguent un son d'un autre son. Il est évident qu'un son n'est pas suffisamment caractérisé par son degré de gravité ou d'acuïté : aussi voit-on des chanteurs, qualifiés barytons, étendre leur voix jusqu'à l'*ut*⁴ ; et d'autres, qualifiés ténors, descendre jusqu'au *la*¹. Il est vrai que ces notes exceptionnelles n'ont pas les qualités sonores qui leur conviennent et qu'elles possèdent entièrement, lorsque l'*ut*⁴ est donné par le ténor, et le *la*¹ par le baryton. Ce quelque chose, ce *quid ignotum*, qui fait que le *la*¹ donné par le ténor se distingue essentiellement du *la*¹ donné par le baryton, tient au timbre, à l'intensité et au volume de la voix, différents chez le ténor et chez le baryton.

Ces conditions diverses sont inséparables dans l'appréciation d'un son, et nous en trouvons le motif scientifique, raisonné, dans l'étude intime du son vocal.

Prenons une note qui puisse être fournie par un baryton et par un ténor, le *mi*³, par exemple. Donnée par le ténor, cette note sortira facilement, puisqu'elle est une des notes moyennes de son registre naturel ; elle aura, de plus, un timbre agréable, le timbre naturel de la membrane vocale mise en vibration sans effort, sans tiraillement, et enfin elle sera aussi intense et aussi volumineuse que possible, parce que, pour ce son peu élevé, la glotte conserve presque toute sa longueur, et que la résistance des rubans est justement proportionnée à l'effort possible des poumons. Le baryton donnera la même note avec une certaine difficulté, car elle est située dans les limites extrêmes de son registre de poitrine ; le son se ressentira un peu de cette émission peu facile ; le timbre ne ressemblera pas à celui du ténor, parce que la membrane locale n'est pas la même ; elle est plus mince, plus transparente chez le ténor ; il ne faut pas oublier non plus que les rubans vocaux, étant plus longs chez le baryton, doivent être plus tendus pour la même note, et cette tension différente modifie d'autant le timbre ; enfin, l'intensité et le volume pourront être aussi forts chez l'un et chez l'autre, mais il y aura cette différence essentielle, que le baryton dépensera de grands efforts pour donner toute sa voix, tandis que le ténor donnera tout ce qu'il peut donner sans violence.

Des effets analogues peuvent être réalisés avec un violon, si l'on produit, en démanchant, sur la quatrième corde, les mêmes notes que l'on peut donner sans démancher sur la seconde ou la première corde. Les notes de la quatrième corde ressemblent, quant à leur timbre, à leur intensité et à leur volume, à celles du baryton, tandis que les notes de la chanterelle représentent celles du ténor.

Ce que nous avons dit du baryton et du ténor s'applique également aux voix de basse et aux différentes voix de la femme. Nous sommes donc autorisé à conclure que, pour classer judicieusement les différentes voix, l'on doit tenir compte, au même titre : du diapason, du timbre, de l'intensité et du volume de la voix.

Basse. — Les voix de basse peuvent donner toutes les notes comprises entre le *do*^{1} et le *mi*^{3} ; mais, en général, elles n'ont pas une aussi grande étendue. Lablache ne possédait qu'une treizième à partir du *sol*^{1}, ce qui ne l'empêchait pas, dans ces limites étroites, d'obtenir les beaux effets qui lui ont valu sa réputation. MM. Levasseur et Belval donnent le *mi*^{3} et s'élèvent jusqu'au *fa dièse* dans *Robert le Diable*. Les chantres russes descendent jusqu'au *sol* au-dessous du *do*^{1} ; ils donnent ainsi la limite de la voix humaine dans le grave.

Les qualités sonores des voix de basse sont dues : 1° à la longueur excessive des rubans vocaux ; 2° à l'épaisseur considérable de la membrane vocale ; 3° au retentissement de la plupart des notes dans le tuyau porte-vent.

Il suffit, en effet, que les rubans vocaux soient plus longs pour qu'ils donnent un son plus grave, et nous avons vu plus haut (p. 542) que l'épaisseur de la membrane vocale avait, elle aussi, une grande influence sur le diapason. Le timbre et l'intensité empruntent leurs qualités aux conditions précédentes. Quant au retentissement du son dans la poitrine, il est favorisé par la longueur des rubans vocaux. Nous avons vu, en parlant du timbre (p. 482), que ce retentissement n'avait lieu qu'autant que les rubans vocaux conservaient une direction qui ne s'éloigne pas beaucoup de la direction horizontale par rapport à l'axe du larynx ; nous avons vu encore que la tension excessive des rubans, sous l'influence des muscles crico-thyroïdiens, imprimait à ces rubans une direction oblique de bas en haut et d'avant en arrière : or, chez les basses, la longueur des rubans est assez grande pour qu'elles puissent parcourir toute l'étendue de leur voix en combinant la tension longitudinale, la tension en épaisseur, et l'occlusion progressive de la glotte en arrière ; de cette façon, la tension longitudinale, et par conséquent l'obliquité des rubans, est à peine appréciable, et le son retentit facilement dans la poitrine : ce retentissement et une longueur de glotte suffisante donnent aux voix de basse le volume et l'intensité qui les caractérisent.

Les basses ont un registre de fausset quelquefois très-étendu. Lablache, Geraldi, Levasseur, en sont des exemples remarquables ; mais il faut ajouter que l'habitude qu'ils prennent, par la nature de leurs rôles, de chanter en registre de poitrine, les rend inhabiles à employer la voix de fausset.

Baryton. — Les voix de baryton viennent immédiatement après celles des basse ; elles se distinguent de ces dernières : 1° par leur diapason plus élevé ; elles s'étendent, en général, du

*sol*¹ au *fa*³ dièse dans le registre de poitrine, et du *si*² au *si*³ dans
le registre de fausset ; 2° elles se distinguent encore des basses
par leur timbre, leur moindre volume et leur moindre intensité :
elles doivent ces qualités particulières à des rubans vocaux
moins longs, et à une membrane vocale moins épaisse.

Nous croyons devoir rappeler ici ce que nous avons dit plus
haut (p. 500), au sujet de l'intensité et du volume des sons. Un
son est volumineux lorsque l'énergie du souffle et la résistance
du corps vibrant sont dans de tels rapports, que la quantité de
matière sonore mise en mouvement est aussi grande que possible. Ainsi, par exemple, si le *la*¹ des basses est, en général, plus
volumineux que celui des barytons, cela tient à ce que la longueur des rubans vocaux étant plus considérable chez les basses, il leur est permis d'émettre cette note avec une glotte plus
longue, tout en donnant à ses bords, par la contraction musculaire, la résistance nécessaire pour la production d'un son intense et volumineux. Au contraire, les rubans vocaux étant plus
courts chez le baryton, le relâchement des puissances musculaires est obligé de suppléer au défaut de longueur ; dès lors,
les bords de la glotte n'offrent plus une résistance suffisante
au passage de l'air, et le son est naturellement moins volumineux
et moins intense. Dans les notes élevées du registre de poitrine,
les conditions dont nous venons de parler tournent à l'avantage
du baryton.

S'il était nécessaire de donner de nouvelles preuves touchant
l'insuffisance du caractère qui sert de base à la classification des
voix, celles de baryton nous en fourniraient une très-probante.
Les barytons de Rossini sont écrits dans les limites du vrai baryton, entre le *sol*¹ et le *fa*³ dièse (Tamburini, M. Faure) ; mais
la mélodie se promène de préférence dans les notes inférieures
et moyennes. Verdi, au contraire, écrit des barytons plutôt dans
le haut que dans le bas ; sa mélodie dépasse même les limites du

registre, et atteint parfois le *sol*[3]. Cela est si vrai, que les barytons de Verdi ressemblent beaucoup aux deuxièmes ténors
(Donzelli), illustrés d'une manière si brillante par Garcia père,
dans les rôles de don Juan et d'Othello. MM. Grazziani et Ron-
coni, qui chantent les barytons de Verdi, se rapprochent beaucoup, par le timbre et le diapason de leur voix, de ces deuxièmes
ténors. Dans le nouveau répertoire de Verdi, M. Faure est une
basse chantante, tandis qu'il est vrai baryton dans le répertoire
de Rossini.

Ténor. — Les voix de ténor s'étendent en général de l'*ut*[2] à
l'*ut*[4]. — La plupart des remarques que nous avons faites à propos
des barytons, quant à l'origine du diapason, du timbre, du volume, de l'intensité des sons, peuvent s'appliquer aux ténors.
Chez eux, le larynx est peu volumineux, la glotte assez courte,
les rubans vocaux sont moins épais, et la membrane vocale
est plus mince et plus transparente que chez le baryton.

Les ténors font un grand usage du registre de fausset ; le
timbre qui accompagne ce registre se rapproche beaucoup,
chez eux, du timbre de la voix de poitrine. Entre ces deux
registres, il y a chez le ténor moins de différence, quant au
timbre, qu'il n'en existe entre le registre de poitrine et de fausset
des basses. Aussi les ténors ont une plus grande aptitude que
ces dernières à fondre ensemble les deux registres.

Les forts ténors se distinguent des ténors légers par un larynx
un peu plus volumineux, par des rubans vocaux plus larges ;
la membrane vocale paraît plus épaisse. Ces conditions donnent
à leur voix un plus grand volume. Telles sont les voix du célèbre maestro Duprez, et de MM. Gueymard et Fraschini.

Les forts ténors atteignent facilement le *do*[4] en voix de poitrine (Duprez) ; M. Tamberlik s'élève même jusqu'au *re*[4].

M. Mario est un modèle de ténor léger ; sa voix offre un peu
moins d'étendue dans le haut, mais son timbre en est plus

doux et plus suave ; M. L. Achard est aussi un ténor léger de la même classe. Entre les forts ténors et les ténors légers, on peut signaler une nuance parfaitement justifiée par les voix de MM. Roger et Montaubry. Aux premiers elles empruntent une partie de leur force, de leur étendue ; aux seconds, quelque chose de leur timbre. Empressons-nous d'ajouter que ces nuances légères tiennent bien plus au talent de l'artiste, à sa méthode, qu'aux conditions anatomiques de l'organe vocal.

Contralto. — Le contralto est la voix grave de la femme. En général, cette voix s'étend du *fa*² au *sol*⁴ (Mmes Alboni, Wertheimber, Mlle Dubois).

Les véritables contralti ne sont pas rares en France ; mais soit que cette voix ne se développe qu'assez tard avec toutes ses qualités, soit pour tout autre motif que nous ignorons, les auteurs n'écrivent pas beaucoup pour elle.

Les contralti sont très-faciles à reconnaître à l'inspection extérieure du larynx ; cet organe est plus volumineux qu'il ne l'est d'habitude chez la femme ; il est aussi plus résistant, ce qui permet de supposer qu'il est déjà envahi par quelques points d'ossification. L'examen intérieur avec le laryngoscope montre une conformation générale qui rappelle celle que l'on trouve chez les jeunes gens ; les rubans vocaux sont plus longs et le vestibule de la glotte est plus profond.

Mezzo-soprano. — Le mezzo-soprano est chez la femme l'analogue du baryton chez l'homme ; comme chez ce dernier, le mezzo-soprano réunit entre elles les deux limites extrêmes de la voix, et selon qu'il se rapproche de la partie inférieure ou supérieure, il prend le nom de *mezzo-soprano* ou de *mezzo-contralto* ; expressions équivalentes à celles de baryton bas et de baryton élevé. En général, les limites de cette voix sont le *la*² et le *la*⁴. (Mme Stoltz, Mme Gueymard.)

Soprano. — Les soprani donnent les limites de la voix de la femme dans le haut de l'échelle vocale. De même qu'il y a de forts ténors et des ténors légers, il y a aussi des soprani dont le volume de la voix est plus considérable (Mmes Cruvelli, Falcon, Grisi, Sax) et d'autres dont l'étendue est aussi grande, mais avec un timbre et un volume de voix tout différents ; ce sont les soprani légers (Mmes Sontag, Dorus, Carvalho, Ugalde, Duprez, Battu). Les voix de soprani s'étendent, en général, du *do*[3] au *do*[5], mais ces limites sont souvent dépassées, soit dans le haut, soit dans le bas. Il est des soprani-acuti qui peuvent s'élever facilement jusqu'au *fa*[5], et chanter avec beaucoup d'agrément dans ces hautes régions (Mlle Patti et Mlle Nilson dans *la Flûte enchantée*).

L'organe vocal des soprani se fait remarquer par sa configuration arrondie : tandis que chez les contralti les dimensions antéro-postérieures prédominent, et que, par suite, l'angle thyroïdien est assez accusé, chez les soprani, les lames du thyroïde s'écartent davantage l'une de l'autre, et l'angle du thyroïde est à peine sensible ; les rubans vocaux sont moins longs que ceux des contralti, et le vestibule de la glotte qui, chez ces derniers, est allongé, se trouve arrondi chez les premiers.

En esquissant à grands traits les caractères anatomiques qui corrrspondent aux différentes voix, nous n'avons pas eu la prétention de donner l'explication de toutes les variétés que l'on rencontre dans la voix de l'homme et de la femme. Nous aurions pu cependant, grâce au bon vouloir intelligent de nos principaux artistes[1], multiplier ces observations ; mais cela nous aurait entraîné trop loin et en dehors de notre sujet. Nous avons dû nous borner à signaler la conformation anatomique spéciale à chacune des six grandes divisions dans lesquelles on

---

[1] Nous sommes heureux de leur en témoigner publiquement notre gratitude.

a réuni les principales voix de l'homme et de la femme au point de vue du chant.

D'ailleurs, nous espérons que les considérations dans lesquelles nous sommes entré suffiront pour donner une idée exacte des relations qui existent entre la voix et l'instrument qui la produit. Si quelques personnes pensent que l'on peut, par l'examen intérieur du larynx, trouver la cause anatomique du talent d'un chanteur, elles se trompent. Le talent n'est pas dans l'instrument ; il est dans l'esprit de celui qui s'en sert, et, de même que la beauté du pinceau, la pureté des couleurs, la trempe du ciseau ne font pas les Raphaël ni les Michel-Ange, de même, un larynx parfait au point de vue anatomique ne fait pas le grand artiste. Les chanteurs qui, avec un instrument médiocre, possèdent l'art de nous charmer, ne sont pas rares : c'est qu'ils réunissent des qualités que le laryngoscope ne montre pas ; ces qualités échappent au scalpel de l'anatomiste, et pour les connaître, il faut s'adresser au cœur et à l'âme de l'artiste.

Pour compléter notre étude, nous aurions dû établir également les relations qui existent entre la voix et la vie intellectuelle et morale dont elle est l'instrument le plus expressif : « Parle, afin que je te voie, disait Platon. » Mais nous avons pensé que ce sujet trouverait mieux sa place dans le livre consacré à la parole. Quant à ce qui est de faire pour la voix ce qu'on a fait pour la figure, c'est-à-dire une sorte de physiognomonie de la voix (phoniscopie), c'est un sujet qui nous paraît favorable à de grands développements ; qui peut servir de thème à l'expression choisie d'idées ingénieuses, mais dont l'utilité scientifique n'est rien moins que démontrée.

Il est un sujet plus sérieux et qui se rapproche, dans son but, du précédent ; c'est celui qui traite des rapports de l'organe vocal avec les autres parties du corps et que nous avons étudié dans le livre de l'*Anatomie* (page 158).

En consultant cette partie de notre travail, on pourra, par des observations comparatives, arriver à diagnostiquer le genre de voix que possède un individu sans l'avoir entendu ; et, réciproquement, l'on pourra dire à peu près, en l'entendant, et sans le voir, quelle est sa stature et sa conformation anatomique générale.

Voix des eunuques. — La coutume barbare de faire des eunuques se perd dans la nuit des temps. Ammien Marcellin (liv. XIV, chap. vi), attribue cette invention à une femme, à Sémiramis ; mais les historiens ne sont pas d'accord sur les motifs qui la déterminèrent à ce crime.

A une époque plus rapprochée de nous, en 1778 (avant Jésus-Christ) nous trouvons des eunuques chez les Egyptiens. Nabuch, dans sa guerre contre les Juifs, faisait couper tous les prisonniers pour n'avoir que des eunuques autour de lui.

Cette coutume fut également suivie en Grèce : les prêtres de Diane d'Ephèse subissaient la condition de l'eunuchisme. Hippocrate disait : « Les eunuques n'engendrent pas, parce que, chez eux, les conduits de la semence s'oblitèrent, car il y a des vaisseaux qui la portent aux testicules et d'autres petits, mais en grand nombre, qui vont des testicules au membre, qui servent à l'ériger ou à le laisser flasque. Ils sont tous emportés par la castration ; en sorte qu'on n'est plus apte à engendrer après l'excision. Dans les eunuques par torsion et compression, les conduits de la semence sont foulés et obstrués ; les testicules et les vaisseaux restent ; ils se durcissent, deviennent calleux, et ne peuvent ni se tendre ni se lâcher [1]. »

Les Romains, qui reçurent la plupart de leurs coutumes des Grecs, comme ceux-ci les avaient reçues des Orientaux, pratiquèrent, eux aussi, l'eunuchisme ; ils divisèrent les eunuques

---

[1] Hippocrate, traduit d'après l'édition de Foes, t. II, p. 382.

en trois catégories : 1° les *castrati*, à qui tous les organes extérieurs étaient enlevés ; 2° les *spadones*, qui n'étaient privés que
de leurs testicules ; 3° les *thlibiæ*, qui n'avaient subi que la
compression.

Les eunuques avaient été inventés pour garder les femmes
et les filles, afin qu'elles ne fissent rien de contraire à la chas-
teté ou au devoir conjugal. A Rome, leurs attributions s'éten-
dirent un peu plus loin : à une époque où la dépravation des
mœurs était à son apogée, l'eunuque lui-même fut un instrument de plaisirs ; la passion ne tarda pas à intervertir les rôles,
et, ne craignant plus d'être surveillée, la femme devint la gar-
dienne jalouse de ceux qui devaient la garder[1].

Ces pratiques criminelles prirent une telle extension, que Do-
mitien dut les interdire par un édit ; le christianisme naissant
les répudia ; saint Grégoire de Naziance, saint Basile, saint Augustin fulminèrent contre elles ; mais si leurs généreux efforts
parvinrent à diminuer les excès, ils ne détruisirent pas l'odieuse
coutume.

C'est à cette époque que l'on commença à utiliser la voix
particulière des eunuques dans les représentations scéniques[2].
L'habitude s'en est conservée jusqu'à nos jours, mais elle tend

---

[1] Cur tantum eunuchos habeat tua gellia quæris,
    Pannice. — Vult futui gellia, non parere.
        (Martial, liv. VI, ep. LVII.)

    Ergo ne videaris invidere
    Servo, Cœlia, fibulam remitte.
        (Martial, liv. XI, ep. LXXVI.)

Sunt quas eunuchi imbelles ac mollia semper
Oscula delectant, et desperatio barbæ,
Et quod abortivo non est opus...
        (Juvénal, satir. VI.)

[2] Macrobe, *Saturnales*.

à disparaître, à ce point, que nous n'avons pas pu trouver dans Paris un seul de ces malheureux[1]. Ce que nous allons dire est le résultat des observations que nous avons recueillies à Constantinople durant notre séjour à l'hôpital maritime de Thérapia, pendant la guerre de Crimée.

Le diapason de la voix des eunuques n'est pas aussi élevé que celui des enfants, comme on le croit généralement. Selon que la castration a été pratiquée avant ou après la puberté, la voix est plus ou moins aiguë, mais elle reste toujours dans les limites qui séparent la voix de l'homme de la voix de l'enfant, sans jamais atteindre aussi haut que cette dernière. Le son vocal des eunuques est plus volumineux que celui des enfants, mais il n'a jamais la force, l'énergie, la puissance du son vocal de l'homme. Quant au timbre, il ne ressemble ni à celui de l'homme, ni à celui de la femme, ni à celui de l'enfant. Quand on l'a entendu, il n'est guère possible de le confondre avec tout autre. Lors de notre examen, le laryngoscope n'était pas encore inventé; nos investigations n'ont pu s'exercer, nous le regrettons aujourd'hui, que sur la configuration extérieure. Le larynx des eunuques est moins considérable que celui de l'homme; les cartilages sont plus mous, moins développés; les lames du thyroïde se laissent facilement déprimer avec les doigts; il y a un retard évident dans l'ossification de ces cartilages. Ces quelques observations anatomiques suffisent d'ailleurs pour expliquer les caractères particuliers qui distinguent la voix des castrats.

Voix rare. — Cette voix est assez curieuse pour être mentionnée; elle ressemble beaucoup à la voix des eunuques, et,

---

[1] Nous tenons de M. Duprez, lui-même, qu'étant encore très-jeune, il avait failli être victime de l'enthousiasme artistique de son maître Choron. Heureusement, le père de M. Duprez refusa avec indignation la proposition radicale que le *maestro* vint lui faire à ce sujet.

cependant, celui qui la porte est père de deux enfants et peut fournir d'ailleurs tous les témoignages possibles. M. Dupart, dont la voix remarquable de soprani est utilisée dans nos cathédrales, est âgé de vingt-six ans. A l'examen extérieur, on constate que le cou est long et très-petit ; les dimensions du cartilage thyroïde sont exiguës ; les lames latérales de ce cartilage sont aplaties de dehors en dedans et on peut les rapprocher facilement l'une de l'autre par la pression des doigts. L'intérieur du larynx, vu avec le laryngoscope, est très-étroit ; les rubans vocaux sont peu épais et ils présentent la forme d'un fuseau dont la grosse extrémité serait tournée en arrière.

Il résulte de ces dispositions, que ce jeune homme ne peut pas émettre un son sans que le rapprochement des rubans vocaux ne soit intime en arrière, et, de telle manière qu'ils ne puissent vibrer que par leur partie antérieure. La glotte représente une anche très-petite, capable de ne donner, par conséquent, que des notes élevées. La souplesse du cartilage thyroïde favorise ce résultat par le rapprochement de ses lames. En un mot, ce jeune homme chante naturellement, sans que l'art y soit pour quelque chose, avec une anche beaucoup plus petite que ne le comportent son âge et le développement de ses autres organes.

CHAPITRE XI.

Il est un préjugé qui refuse à la science l'utilité de son intervention en matière d'art. L'ignorance seule peut accepter une semblable erreur. Le génie artistique n'a pas attendu, sans doute, que la science, toujours lente dans sa marche, vînt éclairer son vol audacieux. Semblables à ces rares étoiles qui percent l'enveloppe d'un ciel nuageux, des hommes exceptionnels apparaissent à de longs intervalles, qui étonnent le monde par la puissance de leurs facultés ; ces hommes trouvent la science en eux-mêmes ; si elle n'existe pas, ils la devinent et se conforment à ses règles. Mais l'art n'est pas spécialement dévolu aux grands génies ; il est des aptitudes de premier, de second, de troisième ordre qui le cultivent avec succès ; à celles-là, la science peut être d'un utile secours.

Cette vérité est applicable à tous les arts, mais plus particulièrement encore à l'art du chant.

Des natures bien douées peuvent apprendre le chant par imitation. Rien n'est plus vrai, mais que de labeurs, que d'hésitations, que de tâtonnements pour atteindre ce résultat !

Loin de nous, cependant, la prétention de vouloir que l'élève qui se destine au chant, commence par étudier l'anatomie et la physiologie : cela peut être utile, très-utile, mais non nécessaire. Ce que nous désirons, avec tous les artistes distingués qui savent par eux-mêmes les difficultés du chant, c'est que le professeur connaisse l'instrument qu'il a mission d'enseigner. S'il n'a dans son enseignement d'autres ressources que l'imitation, comment fera-t-il, lui, possédant une voix de basse, pour indiquer une difficulté, pour signaler une expression particulière à un ténor? Comment fera-t-il encore pour diriger une voix de femme? Il y suppléera sans doute par des préceptes ; mais seront-ils justes, ces préceptes? seront-ils même compris par l'élève, s'ils ne reposent pas sur la connaissance parfaite du mécanisme de l'instrument vocal? Assurément non. On nous objectera peut-être que des professeurs, se trouvant dans les conditions dont nous venons de parler, font d'excellents élèves. Loin de nier ces résultats, nous y applaudissons, car cela prouve en faveur du talent du maître ; mais ne pourrait-on pas obtenir des résultats meilleurs, et sinon meilleurs, plus nombreux et plus prompts ?

Par une contradiction, pour le moins singulière, ceux-là même qui proclament l'inutilité de ces connaissances sont les premiers à faire de la science, mais une science à eux, représentée par des mots à eux, et dont les applications ne sont que trop souvent déplorables. Cette pseudo-science a ses procédés, ses manœuvres qu'elle applique indistinctement à tous, sans égard pour les aptitudes naturelles de chacun : sorte de filière à travers laquelle toutes les voix doivent passer ; si le passage est facile, tout est pour le mieux ; mais s'il est long, pénible, impossible, l'instrument est cassé ou jeté au rebut.

En parlant ainsi au nom de la science, nous ne sommes inspiré que par le désir de voir disparaître certains abus ; nous nous empressons, d'ailleurs, de reconnaître que tout le tort ne doit pas être imputé aux professeurs.

Avant la découverte du laryngoscope, les théories de la voix étaient assez nombreuses pour jeter le doute et l'incertitude dans l'esprit des physiologistes. Les professeurs de chant n'avaient qu'à déplorer le retard de la science ; mais, en attendant mieux, ils ont dû puiser dans leur propre expérience les raisons motivées de leur méthode d'enseignement. On ne saurait les en blâmer.

Pour recevoir une juste application dans les arts, la science doit être claire, précise ; il faut qu'elle s'impose par une éclatante lumière, et que l'artiste, dans les applications qu'il en fait tous les jours, puisse en reconnaître la justesse et l'utilité. A ces conditions, nous sommes fermement convaincu qu'elle sera acceptée, non-seulement sans méfiance, mais avec empressement.

Nous ne pensons pas, d'ailleurs, qu'il soit indispensable, pour le professeur de chant, de connaître tous les détails relatifs à l'anatomie et au mécanisme de l'organe vocal, tels que nous les avons exposés. Ce qu'il doit connaître, c'est la nature spéciale de l'instrument dont il se sert ; c'est la constitution générale de cet instrument et le mécanisme précis de chacune de ses parties ; c'est, enfin, les ressources particulières qu'il peut retirer de l'instrument vocal, par la connaissance des dispositions variables que peuvent affecter les parties qui le composent.

Le résumé suivant répond à ces diverses indications.

§ 1. — Du larynx.

Le larynx est une cavité circonscrite par des cartilages mobiles les uns sur les autres ; il est situé à la partie supérieure du cou ; il se continue, en bas, avec le tuyau qui porte l'air aux poumons, et, en haut, avec le pharynx et la bouche ; il est placé en avant du canal membraneux qui conduit les aliments dans l'estomac.

Le larynx renferme dans son intérieur le corps vibrant qui donne naissance aux sons de la voix. Ce corps vibrant est constitué par les rubans vocaux et par la membrane vocale.

Rubans vocaux. — Les rubans vocaux sont deux petites lèvres qui ont la plus grande analogie fonctionnelle avec les lèvres de la bouche, quand ces dernières sont appliquées sur l'embouchure d'un instrument à vent.

Les lèvres de la bouche sont formées dans leur intérieur par des muscles qui, en se contractant, rétrécissent l'orifice buccal et donnent à ses bords une consistance variable, selon le degré de contraction.

Ces muscles sont recouverts par la peau et par une membrane excessivement mince, transparente, qui se détache assez facilement sous l'influence du passage de l'air, et qui vibre dans l'intérieur de l'embouchure : ce sont les vibrations de cette petite membrane qui produisent le son. Les muscles des lèvres modifient, par leur gonflement, la longueur et la tension de la membrane vibrante qui les recouvre ; ils contribuent, par conséquent, aux modifications du son, mais ils ne le forment pas directement par les vibrations de leur propre substance.

Le son que l'on obtient avec les lèvres sans embouchure est désagréable, criard, peu intense ; c'est plutôt un bruit qu'un son musical : cela tient à ce que les lèvres n'ont pas été faites pour donner, par elles-mêmes, des sons mélodieux ; leur organisation n'est point du tout favorable à cet effet.

Les rubans vocaux offrent la plus grande ressemblance avec les lèvres de la bouche, et, si les sons qu'ils produisent sont incomparablement plus beaux à tous les points de vue, c'est que ces rubans ont été créés dans le but bien déterminé de donner naissance aux sons de la voix, et que la nature a dépensé dans leur organisation tout ce qu'elle sait faire.

Les rubans vocaux sont horizontalement situés, et fixés en

avant et en arrière dans l'intérieur du larynx. Pour se figurer cette disposition, il n'y a qu'à considérer la bouche lorsqu'elle est appliquée contre l'embouchure d'un instrument : la bouche représente les rubans vocaux, et l'embouchure le vestibule de la glotte ou la cavité laryngienne.

Les rubans vocaux sont formés à l'intérieur par un muscle enveloppé par une membrane fibreuse, toujours humectée, polie, luisante ; cette dernière est elle-même enveloppée par une pellicule translucide, qui se détache avec la plus grande facilité des bords des rubans pour vibrer dans l'intervalle qui les sépare, absolument comme la pellicule des lèvres de la bouche se détache pour vibrer dans l'embouchure de l'instrument.

Glotte. — L'intervalle qui sépare les rubans, et qui est, dans le larynx, l'analogue de l'orifice buccal, porte le nom de glotte.

Membrane vocale. — Nous avons donné le nom de membrane vocale à la pellicule qui se détache du bord des rubans pour vibrer dans leur intervalle, parce que, contrairement à ce qui avait été dit jusqu'ici, les rubans vocaux ne vibrent pas dans leur totalité, pas plus que les lèvres de la bouche ; dans les deux cas le son est produit par les vibrations de la petite membrane qui recouvre les muscles.

Formation des tons. — Nous avons dit que les rubans vocaux renferment dans leur intérieur un petit muscle. Ces muscles, en se contractant d'avant en arrière, dans le sens de leur longueur, se gonflent ; ils tendent par conséquent la petite membrane qui les recouvre dans le sens de son épaisseur ; la partie de cette membrane qui se détache du bord des rubans n'est plus si grande, ses vibrations sont plus rapides, plus nombreuses dans un temps donné, et le son se trouve élevé. Les divers degrés de gonflement de ces muscles donnent naissance à plusieurs tons ; mais, à lui seul, ce procédé est insuffisant.

Les rubans vocaux sont fixés en avant sur un cartilage mobile sur sa base, et en arrière sur un autre cartilage également mobile. Il résulte de cette disposition qu'en agissant sur l'extrémité supérieure des deux cartilages de manière à les écarter l'un de l'autre, les rubans vocaux se trouveront tendus. Plusieurs muscles dont on peut voir la contraction, pour quelques-uns du moins, au devant du cou, sont chargés d'effectuer la tension des rubans vocaux dans le sens de la longueur. La tension en longueur, la tension dans le sens de l'épaisseur, contribuent à former tous les tons, avec le concours cependant de l'occlusion progressive de la glotte, qui est surtout effectuée par le gonflement des petits muscles renfermés dans les rubans vocaux.

Le mécanisme de la production des sons dans le larynx se réduit donc à une contraction musculaire. De même qu'on apprend à faire les mouvements nécessaires pour jouer d'un instrument, pour marcher, danser, faire des tours d'adresse ; de même, on peut diriger les mouvements musculaires des rubans vocaux pour apprendre à chanter. Nous ne pensons pas, cependant, qu'il soit nécessaire que le chanteur connaisse le nom et la situation des muscles qu'il contracte.

Demandez à une moderne Terpsichore quel muscle elle fait agir dans ses exercices chorégraphiques ? Evidemment elle n'en sait rien ; et, le saurait-elle, que ses mouvements n'en seraient ni plus ni moins agiles. Cependant, un professeur distingué, parodiant un mot célèbre : « Cherchez la femme ! » dit à son tour, et très-sérieusement, à propos des vices de la voix : « Cherchez le muscle ! » Ce ne serait pas mal trouvé si à chaque ton était dévolu un muscle spécial ; mais la plupart des muscles concourent à la formation de tous les tons, et celui-là serait bien habile qui saurait découvrir dans cette synergie musculaire la fibre coupable. Nous voulons dire par là qu'il ne faut rien exagérer, pas même l'intervention de la science.

L'éducation du larynx se réduit à une gymnastique musculaire qui a ses principes, ses lois, mais que l'on juge plutôt par les effets, c'est-à-dire par les sons obtenus, que par la connaissance des muscles qui entrent en action.

Dans ces exercices, le professeur de chant ne doit point perdre de vue que, si l'instrument vocal jouit de l'heureuse prérogative de modifier ses dimensions, sa forme, sous l'influence de l'action musculaire, et de produire ainsi des effets incomparables, il a aussi ses exigences. L'instrument inerte, le piano par exemple, supporte, jusqu'à un certain point, les maladresses d'un commençant, et les brutalités d'une organisation peu musicale ; mais le larynx est loin d'être aussi complaisant : composé de tissus vivants, il exige pour lui les ménagements que nous accordons à la matière vivante ; sans cela il se fâche, et répond par le silence à nos imprudents caprices. Cette susceptibilité tient surtout à l'organisation délicate de la membrane vocale.

Les muscles peuvent agir beaucoup sans se fatiguer ; mais la membrane vocale n'est pas surmenée impunément : la cause la plus légère l'irrite, l'enflamme ; un petit excès, un léger refroidissement suffisent pour la rendre malade ; à plus forte raison, un exercice immodéré. Cette observation est d'autant plus importante, qu'il est excessivement difficile de rendre à la membrane vocale ses propriétés premières, quand une fois elle les a perdues.

§ II. — Du tuyau porte-vent et de la respiration.

Le tuyau porte-vent, constitué par la trachée et les bronches, est un conduit qui fait suite au larynx et va se terminer dans les poumons. L'air qui vient de la poitrine passe à travers ce conduit, et provoque, en s'écoulant au dehors, la vibration des rubans vocaux. A cet effet, les rubans se rapprochent l'un de l'autre, de manière à circonscrire une fente, une glotte très-étroite, et, l'air, éprouvant une certaine difficulté à passer, détache la membrane vocale du bord des rubans et provoque les vibrations

Il résulte de là, que la respiration joue un très-grand rôle dans les phénomènes de la phonation ; mais il nous semble qu'on a exagéré beaucoup les difficultés qui se présentent au chanteur pour parvenir à bien respirer. Cette exagération vient sans doute de ce que, pour désigner l'ensemble des phénomènes respiratoires, on a employé des dénominations, dont le sens n'est peut-être pas bien défini dans l'esprit de ceux qui s'en servent. On emploie les noms de respiration costale, diaphragmatique, ventrale même, comme s'il était possible de respirer isolément par les côtes ou par le diaphragme. Nous respirons tous par l'ensemble de ces divers moyens, et l'individu qui respirerait exclusivement par l'un ou par l'autre, serait un individu malade.

Lorsque nous nous abandonnons aux influences instinctives, nous respirons tous également bien. On n'apprend pas à respirer ; mais lorsque la volonté intervient dans cette fonction, comme dans l'effort, dans le chant, il peut arriver que l'un des moyens soit exagéré au préjudice de l'autre : dans ce cas, le maître doit intervenir pour ramener la respiration à son type normal, ou au type qui favorise le mieux l'expression naturelle du chant ; mais, pour intervenir efficacement, il doit se dépouiller de tout préjugé, et voir les phénomènes respiratoires tels qu'ils sont ; or, on peut les décrire en quelques mots :

La respiration est composée de deux sortes de mouvements : 1° mouvements d'inspiration ; 2° mouvements d'expiration. L'inspiration coïncide avec l'élévation des côtes de bas en haut et de dedans en dehors, et avec l'abaissement du diaphragme (sorte de cloison musculo-membraneuse qui sépare les organes renfermés dans la poitrine de ceux qui sont renfermés dans le ventre). L'expiration coïncide, au contraire, avec l'abaissement des côtes et le soulèvement du diaphragme.

Par ces divers mouvements, les poumons se dilatent ou se resserrent comme une éponge, pour recevoir ou chasser l'air qui est renfermé dans leur tissu.

Inspiration. — Pendant l'inspiration, le mouvement des côtes n'est pas le même pour toutes. Les côtes supérieures, solidement fixées en avant au sternum, en arrière à la colonne vertébrale, sont peu mobiles ; aussi, leur mouvement est à peine appréciable dans la respiration naturelle ; il ne devient-sensible que dans la toux, dans l'éternument, dans les grands efforts suivis du mouvement des membres supérieurs, et dans quelques cas pathologiques : il est encore très-sensible chez les femmes qui sont emmaillotées dans un corset trop serré. Dans ce cas spécial, la pression du corset, au niveau de la ceinture, empêche de refouler en bas les organes contenus dans l'abdomen ; en d'autres termes, l'inspiration par l'abaissement du diaphragme est fortement gênée, et l'ampliation plus grande du thorax est obligée d'y suppléer. La dilatation excessive du thorax est effectuée, dans ces circonstances exceptionnelles, non-seulement par les muscles intercostaux, mais encore par les scalènes, les élévateurs des côtes, les dentelés postérieurs et supérieurs, etc. Nous verrons la contre-partie de cette action complémentaire, par des muscles en quelque sorte étrangers à l'acte respiratoire normal, quand nous parlerons de l'expiration.

Ainsi donc, dans la respiration naturelle, le mouvement des côtes supérieures est très-peu sensible, et l'inspiration est surtout effectuée par les côtes inférieures et par le diaphragme. La respiration dans le chant ne doit point s'écarter de ce type normal. Si on exagère le mouvement des côtes supérieures, on fait un effort inutile et disgracieux ; car c'est une erreur de croire qu'en mettant beaucoup d'air dans la poitrine, on peut débiter une phrase musicale plus longue. L'effort qu'on est obligé de faire pour dilater complétement le thorax, diminue d'autant les forces nécessaires à une expiration calculée, et l'air s'échappe sans mesure avant la fin de la phrase. Quand vous voulez faire un effort, vous ne remplissez pas entièrement votre poitrine d'air ; une inspiration moyenne vous suffit, et la force à dépenser n'en est que plus grande. Dans le chant, il faut s'en tenir également à une inspiration moyenne ; par conséquent, ne jamais soulever visiblement la partie supérieure de la poitrine, et le débit n'en sera que plus longtemps tenu, si on sait ménager les puissances expiratrices dont nous allons parler.

Expiration. — Nous avons dit plus haut que l'inspiration peut être rendue aussi complète que possible par l'action de certains muscles, en quelque sorte étrangers à l'acte respiratoire normal. Une condition analogue existe pour l'expiration. Lorsqu'après une expiration ordinaire les côtes sont suffisamment abaissées, et que le diaphragme est remonté à sa situation normale, il existe encore un peu d'air dans les poumons qui permet de prolonger l'expiration. Pour effectuer cette expiration prolongée, nous voyons intervenir les muscles de l'abdomen (droits, obliques et transverses, carré des lombes), qui, par leur contraction, refoulent les organes contenus dans le bas-ventre vers la poitrine et provoquent, par cette pression, l'expulsion à peu près complète de l'air. C'est à cette manière de respirer, dont les mouvements sont très-appréciables à la vue et au toucher, que l'on a donné, mais à tort, le nom de *respiration diaphragmatique* ; d'autres l'ont appelée *ventrale*. La respiration diaphragmatique *vraie* ne se manifeste à la vue que par un léger mouvement de l'abdomen ; elle est effectuée par un seul muscle, par le diaphragme, et la contraction des muscles abdominaux lui est complétement étrangère ; ceux-ci n'interviennent que sous l'influence de la volonté. Nous sommes loin de nier l'utilité de cette intervention ; dans quelques cas, elle peut aider à terminer une phrase ; et, à ce titre, elle est une ressource que le chanteur doit connaître, mais dont il ne doit pas abuser.

A notre avis, l'art de respirer dans le chant ne consiste pas dans l'emploi de tel procédé à l'exclusion de l'autre ; la sollicitude du chanteur doit s'appliquer à : 1° développer la respiration naturelle ; 2° apprendre surtout à respirer à propos ; 3° faire autant que possible des inspirations moyennes complètes, car les respirations incomplètes sollicitent des inspirations plus fréquentes qui interrompent désagréablement le chant, et le rendent plus pénible.

§ III. — Tuyau vocal.

Les sons de la voix sont produits par les vibrations d'une membrane ; ils auraient, par conséquent, les caractères peu agréables des sons d'anche, si quelque chose ne venait pas modifier leur sonorité propre ; ce quelque chose est le tuyau vocal composé du vestibule de la glotte, du pharynx, de la bouche et des fosses nasales. C'est dans ce tuyau que les sons acquièrent surtout l'expression, le timbre et une partie de leur volume et de leur intensité ; c'est dans ce tuyau et dans les modifications dont il est le siége, qu'il faut aller chercher les principaux effets du chant. Cette question est trop importante pour que nous essayions de la résumer ici ; d'ailleurs, le tuyau vocal est en grande partie accessible aux yeux de tous, et le professeur pourra se rendre compte, par lui-même, de tout ce que nous avons dit sur ce sujet.

Néanmoins, nous insisterons sur ce fait, que la base de la langue doit être considérée comme la partie la plus importante du tuyau vocal; elle est le pivot autour duquel se forment la plupart des timbres. Si la base de la langue se porte en avant, nous avons la lettre *é* ou la diphthongue *ai*, comme dans *paraître;* si elle se porte en arrière et en haut, nous avons la lettre *o*. Ces deux lettres représentent la tendance aux deux timbres les plus opposés : le timbre clair et le timbre sombre.

Il résulte de la disposition qu'affecte le tuyau vocal pendant la prononciation de la lettre *é*, que la vocalisation sur cette voyelle est celle qui doit être préférée pour apprendre à poser et à émettre le son; en effet, le tuyau vocal est disposé de manière à favoriser le moins possible la formation des tons, et c'est par l'action exclusive des muscles des rubans vocaux qu'ils sont formés. L'on s'oppose par ce moyen à la tendance fâcheuse qui porte les commençants à serrer la gorge outre mesure pour l'émission des notes élevées. C'est encore un excellent moyen pour faire disparaître peu à peu l'habitude du timbre guttural.

Tout cela ne veut pas dire que l'on doive se borner à faire vocaliser sur cette voyelle. Nous avons voulu indiquer seulement une particularité dont l'utilité nous est parfaitement démontrée. Nous pensons d'ailleurs qu'une bonne éducation vocale, au point de vue de l'art du chant et de la parole, doit être basée sur la manière dont on fait sortir la voix, en l'accompagnant des timbres variés qui caractérisent chaque voyelle, et des mouvements particuliers qui président à la formation de chaque consonne.

CHAPITRE XII.

APPLICATIONS DE LA THÉORIE DE LA VOIX AUX MALADIES
DU LARYNX.

« Comment appliquer avec intelligence les remèdes utiles
aux maladies de la voix, si on attribue la voix à des parties qui
n'y ont nulle part, et si on ne sait précisément quelle est la
partie qui la produit[1] ? » Cette vérité lumineuse exprimée par
Dodart en 1700, et généralisée plus tard par le génie de Bichat,
est devenue la principale base de la médecine moderne. On ne
peut pas, en effet, apprécier judicieusement le trouble fonctionnel d'un organe, si on ne connaît pas exactement son fonctionnement normal. Mais il ne suffit pas de posséder cette connaissance superficiellement et à demi : depuis longtemps, on
savait que la voix est produite dans la cavité laryngienne ; mais
faute de connaître les véritables agents et le vrai mécanisme de
cette production, on n'était pas très-avancé sur la connaissance
des troubles pathologiques de la voix. Ce retard dans nos connaissances était dû, sans doute, à la variété infinie des causes
qui peuvent altérer la voix et à l'impossibilité où l'on était,
avant la découverte du laryngoscope, d'éclairer le diagnostic
par l'investigation des parties malades.

En nous permettant de voir ce qui se passe dans la cavité
laryngienne, le laryngoscope est d'une utilité immense ; mais

---

[1] *Mémoires de l'Académie des sciences*, année 1700.

cette utilité devait rester nécessairement bornée, si la connaissance parfaite du mécanisme vocal n'était pas venue la féconder. Nous demanderons, par exemple, s'il était possible de classer convenablement les troubles de la voix, alors qu'on supposait que les sons vocaux sont produits par la vibration totale des rubans vocaux? Assurément non. Il était, en effet, difficile de comprendre, avec cette théorie, que la cause la plus légère, un simple refroidissement, puissent modifier assez profondément les rubans pour déterminer des troubles, quelquefois très-graves, de la voix.

En démontrant que le corps vibrant n'est pas constitué par la totalité des rubans, mais par le repli muqueux qui recouvre leur bord interne, nous avons fourni la base d'une classification rationnelle. Dès à présent, on peut s'expliquer comment un simple rhume peut être accompagné d'enrouement ou d'aphonie; on peut s'expliquer comment la fatigue, l'abus de la parole peuvent déterminer des troubles analogues; on peut s'expliquer enfin pourquoi les lésions les plus insignifiantes, un peu d'injection de la membrane vocale, une petite ecchymose peuvent entraîner la perte de la voix.

Désormais, il sera nécessaire de distinguer les lésions de la membrane vocale et de considérer les rubans vocaux dans chacun de leurs éléments, afin de pouvoir assigner à chacun d'eux l'influence qui leur revient dans les altérations de la voix. Par ce moyen, on pourra formuler une classification rationnelle dont nous allons fournir les principaux éléments.

§ I. — Altérations de la voix.

La voix est altérée lorsqu'elle a perdu la pureté relative qu'elle affecte dans chaque individu; elle est inégale, plus grave ou plus haute, et son timbre éraillé impressionne désagréablement notre oreille; quelquefois, ces altérations s'étendent jusqu'à l'abolition complète de la voix.

Avant d'aborder les causes anatomiques de ces phénomènes, nous signalerons une altération particulière, constitutionnelle en quelque sorte, et qui caractérise la voix habituelle de certains individus. C'est une voie enrouée qui nous a paru être liée, tantôt avec un épaississement de la membrane vocale, qui est alors jaunâtre, tantôt avec une sécrétion de mucosités assez abondante dans la région ventriculaire; d'autres fois, enfin, nous avons dû l'attribuer à l'insuffisance du rapprochement mutuel des rubans en arrière.

Cet enrouement constitue un vice de la voix plutôt qu'une altération pathologique proprement dite.

Les causes anatomiques des altérations vocales sont très-nombreuses; et pour établir un certain ordre dans cette matière, nous les rechercherons : 1° dans la membrane vocale; 2° dans les agents de ses mouvements.

Membrane vocale. — La membrane vocale peut être le siége de toutes les lésions vitales ou organiques que l'on rencontre sur les autres muqueuses.

1° *Lésions vitales.* — Nous comprenons sous ce titre l'inflammation et l'ulcération. Parmi les causes qui provoquent l'inflammation de la membrane vocale, nous signalerons : le refroidissement, l'abus de la parole ou du chant, l'inspiration de vapeurs irritantes, l'expulsion des matières sécrétées dans la poitrine en trop grande quantité, l'ingestion trop fréquente de boissons alcooliques ou excitantes à d'autres titres[1] ; les ma-

---

[1] Dans notre *Etude pratique sur le laryngoscope et sur la pénétration des corps dans les voies respiratoires*, Adrien Delahaye, éditeur, 1863, nous avons démontré qu'une certaine quantité des boissons pénètre dans le larynx. Cette pénétration, qui était contestée avant nos expériences, explique comment il se fait qu'après avoir mangé certains aliments ou bu certaines boissons, la toux devienne beaucoup plus intense.

ladies générales et celles qui sont connues sous le nom de *spé-cifiques*, telles que la fièvre typhoïde, les fièvres éruptives, la syphilis, la diphthérite, le vice herpétique, etc. Ces diverses causes, selon leur intensité ou leur action plus spéciale sur l'organe vocal, peuvent altérer la voix depuis le simple enroue-ment jusqu'à l'aphonie complète.

En général, il n'est pas nécessaire que la membrane vocale ait subi de profondes modifications dans sa vitalité pour qu'il s'ensuive une altération très-sensible de la voix ; tantôt, on ne constate que quelques légères ecchymoses (état catarrhal) ; tantôt, on voit les vaisseaux sanguins se dessiner à la surface des rubans sous forme d'arborisations ; tantôt, enfin, cette membrane est uniformément rouge. Lorsque l'inflammation récidive souvent, ou bien encore, si, très-intense, elle n'a pas été combattue par des moyens appropriés, la membrane reste rouge, plus épaisse et comme carnifiée ; la voix est alors très-rauque. On rencontre souvent ces conditions chez les personnes, dont la vie peu régulière renferme des causes permanentes et variées d'inflammation laryngienne.

Dans les fièvres éruptives, dans les maladies spécifiques, la coloration de la membrane vocale revêt les caractères propres à chacune de ces maladies ; il n'est pas jusqu'à la jaunisse qui ne puisse être diagnostiquée au début par l'examen seul de la membrane vocale. La couleur jaune se montre de très-bonne heure, et si elle est très-manifeste, cela tient à ce que la muqueuse est très-transparente sur ce point, et qu'elle est placée sur le fond blanc nacré des ligaments thyro-arythénoïdiens inférieurs. La coloration jaune des rubans vocaux n'avait jamais été signalée avant nous ; nous devons ajouter d'ailleurs qu'elle ne détermine aucune altération sensible de la voix.

L'inflammation simple de la membrane vocale se termine rarement, mais cela arrive, par l'ulcération. Les ulcérations se développent principalement sous l'influence de la scrofule, de la syphilis, de la phthisie laryngée ou pulmonaire. Nous avons signalé dernièrement à la clinique de M. Maisonneuve une ulcération par cause traumatique : il s'agissait d'un polype implanté sur le bord du ruban vocal gauche, qui avait fini par ulcérer le bord du ruban droit sur lequel la tumeur venait s'appuyer.

2° *Lésions organiques.* — Les lésions organiques qui peuvent affecter la membrane vocale sont, par ordre de fréquence : les polypes, les végétations spécifiques, le cancer. Les polypes sont, en général, assez petits ; leurs dimensions varient entre celles d'une lentille et celles d'un gros pois ; mais la situation qu'ils affectent de préférence cause infailliblement l'enrouement, et très-souvent l'aphonie ; presque toujours, on les trouve sur le bord interne des rubans vocaux, et plus souvent en avant qu'en arrière.

2° **Agents moteurs de la membrane vocale.** — Sous ce titre viennent se ranger toutes les maladies qui peuvent envahir les tissus cartilagineux, fibreux, musculaire et nerveux, ainsi que les tumeurs développées dans le voisinage de l'organe vocal ou dans sa cavité propre, et qui, par leur présence, peuvent gêner ou empêcher les mouvements du corps vibrant.

Parmi les maladies des cartilages, nous mentionnerons surtout le tubercule, dont le ramollissement entraîne l'ulcération des parties avec lesquelles il est en contact. Leur siége de prédilection se rencontre au niveau de la cavité ventriculaire, sur les cartilages arythénoïdes (partie inférieure) et sur le bord postéro-supérieur du cricoïde.

La motilité des muscles peut être altérée ou abolie sous l'influence de plusieurs causes. La principale est le rhumatisme : pendant l'hiver, on rencontre souvent des enrouements et parfois des aphonies, qui coïncident avec une pureté remarquable de la membrane vocale ; mais si l'on porte son attention sur les mouvements des rubans vocaux, on s'aperçoit qu'ils sont très-limités, et que l'altération de la voix tient à ce que ces rubans ne se rapprochent plus suffisamment l'un de l'autre.

Les lésions nerveuses qui agissent directement ou indirectement sur la membrane vocale sont très-nombreuses. Parmi celles qui siégent dans le cerveau, nous devons signaler la méningite, l'encéphalite, le ramollissement aigu et chronique, et les lésions particulières qui sont provoquées par la belladone, le datura, la jusquiame pris à dose toxique. Parmi celles qui ont leur siége sur le trajet des nerfs laryngés, nous mentionnerons l'inflammation, la paralysie, la compression des récurrents par un corps étranger ou une tumeur.

A coté de ces lésions purement nerveuses, nous devons parler des influences éloignées qui, par l'intermédiaire des nerfs, vont retentir dans l'organe vocal.

Si le larynx est le premier instrument de l'intelligence lorsqu'il est associé aux mouvements de la parole, il est aussi l'organe expressif par excellence de l'état de santé et de maladie ; mais ses nombreuses sympathies avec l'organisation éclatent surtout dans les relations qui l'unissent avec l'appareil génital. Cette union sympathique qui s'établit à l'âge de la puberté est rappelée tous les mois à la femme par un peu de congestion vers la gorge, et, lorsque, plus tard, la nature veut lui signifier que sa vie génésique est finie, c'est encore par des modifications diverses de la voix qu'elle l'en prévient. Les enrouements, les aphonies, les toux d'origine hystérique sont très-fréquents à tous les âges de la vie de la femme. L'homme n'est pas si sensible aux influences de cette nature.

Si nous voulions multiplier les exemples qui établissent l'étroite sympathie qui unit le larynx avec le reste du corps, rien ne serait plus facile ; mais nous devons nous borner ici à indiquer les principales sources : on trouvera de nombreux exemples dans les *Ephémérides des curieux de la nature* et dans la *Nosographie* de Sauvages, classe des *Debilitates*.

Les obstacles mécaniques qui peuvent gêner ou empêcher les mouvements nécessaires à la production de la voix sont constitués par des tumeurs ou des corps étrangers. Les tumeurs peuvent être en dehors de l'organe vocal, mais, nécessairement, dans son voisinage. On rencontre rarement de semblables obstacles. Le plus souvent ils sont situés, corps étrangers ou tumeurs, dans l'intérieur de la cavité laryngienne : ce sont des polypes qui marchent insensiblement vers les rubans vocaux et en empêchent les mouvements ; d'autres fois, ils envahissent tout le vestibule de la glotte par un développement considérable. Le prolapsus de la muqueuse ventriculaire qui vient s'étaler sur la face supérieure des rubans vocaux, est encore une cause fréquente d'enrouement et d'aphonie; nous devons enfin une mention spéciale à l'hypertrophie de la muqueuse qui recouvre les ligaments thyro-arythénoïdiens supérieurs. Cette hypertrophie, arrivée à un certain degré, gêne le jeu des rubans vocaux, et la voix est sensiblement altérée.

Nous ferons remarquer, en terminant, que les lésions dont nous venons de parler dans ce chapitre, siégent parfois dans un point de la cavité laryngienne où elles ne gênent nullement les vibrations de la membrane vocale, et que, dès lors, elles peuvent se développer en laissant le malade et le médecin dans une sécurité trompeuse.

Telles sont, en résumé, les principales affections qui peuvent envahir le larynx et entraîner ainsi des altérations plus ou moins profondes de la voix. Notre intention, en faisant cette description, a été de montrer l'utilité que l'on pouvait retirer de l'application d'une bonne théorie de la voix à la nosologie et à la médecine.

Cependant, nous croyons devoir ajouter que, si cette application nous paraît très-utile, nous ne la considérons pas comme devant conduire nécessairement à la guérison de toutes les maladies de l'appareil vocal; elle ouvre la voie, mais elle ne conduit pas jusqu'au but. Sur ce sujet, nous ne saurions mieux faire que d'identifier notre parole et notre pensée avec celles de Dodart. « Plusieurs personnes ont pensé que ce mémoire sur l'organe de la voix, à l'exclusion de tout autre, allait à rendre curable toute maladie de la voix. Rien n'est plus éloigné de ma pensée. Les vérités que j'espère établir ici sur cet article peuvent éclaircir la pratique de la médecine, mais non en assurer le succès; épargner des remèdes superflus, mais non en indiquer de décisifs[1]. »

[1] *Mém. de l'Ac. des sciences,* 1700.

LIVRE V.

PHYSIOLOGIE DE LA PAROLE.

INTRODUCTION.

La parole est constituée par une série de sons conventionnels représentant un sens que notre esprit a préalablement attaché à leur expression. Il y a donc deux choses distinctes dans la parole : un acte de l'intelligence et un mécanisme sonore.

L'acte intellectuel de la parole et la pensée sont si étroitement unis, qu'il est impossible de les considérer isolément, et que, vouloir faire la physiologie de l'un, c'est s'engager à faire la physiologie de l'autre. Cette obligation inévitable s'imposait d'autant plus à notre esprit, que les rapports de la parole avec la pensée ont pu être soupçonnés, mais non définis. La physiologie de ces rapports est encore à faire, et ce n'est pas sans quelque appréhension que nous le constatons.

Pour quiconque sait apprécier la solidarité qui existe entre les sciences et suivre en même temps le lien philosophique qui les unit, il est évident que la solution de cette question était impossible il y a soixante ans. Mais, depuis cette époque, les progrès immenses de la physiologie du système nerveux ont aplani bien des difficultés : les travaux de Gall, Magendie, Flourens, M. Longet, M. Claude Bernard, etc., etc., concourant tous vers la détermination de la condition matérielle de nos facultés, permettent d'aborder les difficiles problèmes de la parole et de la pensée avec l'espoir d'une solution possible.

Les difficultés inhérentes à l'exposition d'une théorie nouvelle ne nous permettent pas d'entrer de plain-pied dans notre sujet. Nous croyons utile, dans l'intérêt même de cette théorie, de mettre entre les mains du lecteur le fil d'Ariane qui nous a guidé dans la conception de ce travail ; mais, en lui faisant suivre le chemin que nous avons déjà parcouru, nous aurons soin de lui aplanir les difficultés et les obstacles que nous y avons rencontrés.

Ces motifs expliquent suffisamment pourquoi nous allons parler d'abord de la *sensibilité, des sensations* et de la *mémoire des sens ;* mais il est une considération qui justifierait à elle seule ce chapitre préliminaire : jusqu'ici la maxime aristotélique : *Nihil est in intellectu quin priùs fuerit in sensu,* ne pouvait pas être acceptée dans tous ses termes, parce qu'on n'avait pas démontré *physiologiquement* la participation de la sensibilité dans les opérations silencieuses de la pensée. Nous croyons avoir résolu ce problème en exposant la physiologie de la parole, et, nécessairement, nous ne sommes parvenu à ce résultat qu'après avoir précisé, peut-être mieux qu'on ne l'avait fait jusqu'ici, la nature de la sensibilité et des sensations.

CHAPITRE I.

SENSIBILITÉ. — SENSATIONS. — MÉMOIRE DES SENS.

---

§ 1. — Sensibilité.

La vie, dans ce qu'elle a de matériel et de périssable, est un mouvement incessant de composition et de décomposition qui s'effectue dans nos organes pendant un temps donné.

L'étude du mouvement organique dans les différentes parties du corps, constitue la physiologie pure ; cette dernière mérite le nom de *science de l'homme*, lorsque, s'élevant au-dessus de la matière, elle remonte au principe de son mouvement.

Le principe du mouvement est inséparable de la matière vivante ; l'existence de l'un implique nécessairement l'existence de l'autre ; nos sens, notre faible raison ne sauraient les isoler.

La manière dont ils sont unis nous échappe et nous échappera sans doute toujours ; mais il est un phénomène qui nous aide à concevoir cette union. Ce phénomène, condition indispensable de toutes nos connaissances, est la *sensibilité*.

Plongés au milieu du monde extérieur, nos sens reçoivent l'impression des objets ; cette impression matérielle provoque un mouvement particulier dans les nerfs ; ce mouvement est transmis au cerveau, et là, le mouvement communiqué est perçu. Cette impression, la transmission du mouvement au cerveau, la perception de ce mouvement, constituent la *sensibilité*.

Un trouble quelconque est-il survenu dans nos organes? le corps a-t-il besoin de se réparer? ce trouble, ce besoin sont l'origine d'une impression d'un autre ordre, qui, transmise par les nerfs au cerveau, est perçue. Là encore nous trouvons la *sensibilité*.

Il est une autre manière de développer la *sensibilité*, et dont on n'a jamais parlé, c'est la parole. Cette sensibilité spéciale, dont nous nous proposons de développer bientôt les conditions, nous nous bornons à la mentionner ici.

Dans tous ces exemples, nous voyons trois phénomènes qui concourent à la production de la sensibilité : 1° impression; 2° conduction ou transmission; 3° perception. La sensibilité ne peut pas se comprendre en l'absence de l'un ou de l'autre de ces trois phénomènes. Chacun a son rôle; ils se succèdent nécessairement, et l'existence de l'un permet d'affirmer l'existence des deux autres : nos yeux ouverts ne peuvent pas s'opposer à l'impression des objets ; nous ne pouvons pas faire que le mouvement sonore qui frappe nos oreilles ne soit pas transmis au cerveau ; la douleur, phénomène de perception qu'occasionne une lésion organique, l'homme ne peut pas vouloir ne pas la sentir ; le mot bien défini, notre intelligence ne peut pas vouloir ne pas le comprendre. Que conclure de l'existence de ces liens nécessaires, de cette solidarité fatale, sinon que la sensibilité existe au même titre dans chacun des phénomènes qui la constituent? Elle est, en effet, aussi bien dans l'impression et dans la transmission que dans la perception elle-même.

Nous ne saurions, par conséquent, ranger la sensibilité au nombre des facultés intellectuelles, comme on l'a fait jusqu'ici. Le seul phénomène intellectuel de la sensibilité est la perception ; percevoir est un phénomène de sensibilité, mais n'est pas la sensibilité elle-même ; car, sans impression et sans transmission, la perception ne se comprend pas ; elle ne peut pas être.

Des trois phénomènes qui constituent la sensibilité, les deux premiers appartiennent au domaine expérimental ; le troisième échappe à nos instruments d'investigation ; mais son existence n'est pas douteuse ; il est dans notre moi ; c'est le moi qu'il affecte, et c'est le moi qui l'affirme : *Cogito, ergo sum*, disait Descartes.

La sensibilité représente donc tout à la fois des phénomènes matériels et spirituels ; elle commence dans le corps et se termine dans l'âme ; c'est un pont jeté entre l'esprit et la matière.

La distinction formelle que nous venons d'établir n'est pas indifférente. La sensibilité est la pierre d'achoppement de la plupart des systèmes et des doctrines psychologiques, et nous pensons que la principale cause des dissidences réside, en cette matière, dans la manière dont elle a été interprétée. Ceux qui rangent la sensibilité parmi les facultés de l'âme, ne tenant compte que de la perception, sont évidemment dans l'erreur, puisqu'il n'y a pas perception sans impression et sans transmission ; et ceux qui ne voient dans la sensibilité qu'une propriété de la matière se trompent également, parce qu'ils ne tiennent compte que de l'impression et de la transmission purement matérielles, sans perception intelligente. L'exagération, l'exclusivisme des premiers entraîne naturellement l'exagération des seconds ; l'animisme exclusif provoque forcément le matérialisme absolu.

Les premiers, en faisant de la sensibilité une faculté cérébrale, ont paru oublier les phénomènes impression et transmission ; les seconds, en considérant la sensibilité comme une propriété de la matière, ont fait une part trop grande aux phénomènes impression et transmission. Les uns et les autres ont méconnu l'essence, la nature de la sensibilité.

La grande école sensualiste du dix-huitième siècle, Locke, Condillac, était entrée dans une voie féconde en cherchant à développer la maxime aristotélique : *Nihil est in intellectu quin priùs fuerit in sensu.* Mais, faute d'avoir défini exactement, physiologiquement, le mot *sensibilité*, elle a laissé subsister les deux opinions extrêmes, qui, depuis que le monde pense, divisent les philosophes en deux camps.

Dans des questions aussi graves, la signification de chaque mot doit être bien pesée, bien définie ; car une mauvaise interprétation peut conduire à de graves erreurs. Le mot *sensibilité* appliqué à deux ordres de phénomènes tout à fait différents, en est un exemple frappant. Considéré isolément, dans l'esprit ou dans la matière, le mot *sensibilité* ne signifie absolument rien, car il n'est pas plus possible de concevoir une matière sensible qu'un esprit sensible.

La matière est susceptible de mouvement, et, pour caractériser cette susceptibilité dans le cas qui nous occupe, nous ne connaissons pas de qualification plus significative que celle d'*excitable*, que M. Flourens lui a donnée. Dire que la matière est excitable, cela signifie qu'elle est susceptible d'être mise en mouvement sous l'influence de certaines causes.

La matière est *excitable* et non *sensible*.

D'un autre côté, l'*esprit* isolé n'est pas plus sensible que la matière : accorder la sensibilité à un esprit, c'est lui donner des yeux, des oreilles, c'est le matérialiser, en un mot ; car il ne peut y avoir, nous l'avons vu tout à l'heure, développement de la sensibilité, s'il n'y a pas impression matérielle et transmission.

Donc, la sensibilité n'est pas plus une faculté de l'âme qu'une propriété de la matière ; elle est tout à la fois dans l'une et dans l'autre. Si nous la considérons dans la matière, elle est impression et transmission ; dans l'esprit, elle est perception.

Il est évident pour nous que si Cabanis a appliqué le mot *sensibilité* aux phénomènes de la vie organique, c'est qu'il n'avait pas suffisamment bien déterminé le sens de ce mot.

Pour ce grand penseur, il peut y avoir sensibilité sans sensation, c'est-à-dire sans impression perçue. « Cette croyance, ajoute-t-il, est même un point fondamental dans l'histoire de la sensibilité physique [1]. »

Nécessairement, la sensibilité de Cabanis n'était pas celle que nous venons de définir. En effet, pour Cabanis, la sensibilité est la vie elle-même : « Vivre, c'est sentir. » « L'animal est une combinaison sentante, apte à recevoir certaines impressions et à exécuter certains mouvements. »

Cette manière de considérer la sensibilité était la conséquence des idées de Cabanis sur la nature du mouvement vital, qu'il comparait à la gravitation, à l'affinité et à tous les phénomènes de la nature dans lesquels on remarque une tendance directe des corps les uns vers les autres.

« Quoiqu'il soit très-avéré, dit-il, que la conscience des impressions suppose toujours l'existence et l'action de la sensibilité, la sensibilité n'en est pas moins vivante dans plusieurs parties où le moi n'aperçoit nullement sa présence ; elle n'en détermine pas moins un grand nombre de fonctions importantes et régulières, sans que le moi reçoive aucun avertissement de son action. Les mêmes nerfs qui portent le sentiment dans les organes, y portent aussi ou y reçoivent les impressions d'où résultent toutes ces fonctions inaperçues ; les causes, par lesquelles ils sont privés de leur faculté de sentir, paralysent en même temps les mouvements, qui se passent sans le concours, quelquefois même contre l'expresse volonté de l'individu [2]. »
On voit, d'après ce passage, que Cabanis était assez embarrassé de sa sensibilité organique. La sensibilité étant pour lui la vie

[1] OEuvres de Cabanis, t. IV, p. 276.
[2] *Loc. cit.*, p. 264.

elle-même, il avait été conduit à admettre une sensibilité sans conscience; car il est une foule de phénomènes qui ont lieu sans la participation du moi. Mais le mot *sensibilité* était mal choisi. Ce que nous ne sentons pas ne peut pas être désigné sous le nom de *sensibilité*. Nos organes ont été créés pour remplir certaines fonctions. Dans l'exercice de ces fonctions nous ne saurions voir autre chose qu'un mouvement, et le résultat de ce mouvement qui est la sécrétion. Mais ce mouvement intime, quel est-il? Pourquoi le foie sécrète-t-il de la bile? Comment certaines glandes sécrètent-elles de la salive? Nous n'en savons rien. Nous savons que ces organes ont une organisation propre qui les rend aptes, les uns à produire de la bile, les autres de la salive. Mais peut-on voir là un phénomène de sensibilité?

M. Claude Bernard, pénétrant aussi loin que nos modes d'investigation le permettent, au milieu de cette vie organique dont l'évolution silencieuse échappe à notre moi, est parvenu à démontrer un fait très-important, c'est que, les nerfs grand sympathique et cérébro-spinaux n'agissent, dans les sécrétions glandulaires, que comme agents de contraction ou de dilatation des vaisseaux sanguins : « Quand le nerf sympathique, constricteur des vaisseaux, agit, le contact entre le sang et les éléments de la glande se trouve prolongé ; les phénomènes chimiques qui résultent de l'échange organique qui se passe entre le sang et les tissus, ont eu le temps de s'opérer, et le sang veineux coule très-noir. Quand au contraire le nerf tympano-lingual qui dilate les vaisseaux, vient à agir, le passage du sang dans la glande est rendu très-rapide ; les modifications de vénosité, qui se passent au contact du sang et des tissus, s'accomplissent autrement, et le sang de la veine sort avec une couleur très-rutilante et conserve l'aspect du sang artériel. Ainsi nous pouvons toujours saisir entre l'action physiologique primitive du nerf et le phénomène chimique qui s'ensuit, un intermédiaire qui modifie mécaniquement la circulation spéciale de l'organe glandulaire.

Enfin j'ajouterai pour terminer que, grâce à l'influence des deux nerfs dont nous avons indiqué le rôle physiologique, la glande sous-maxillaire se trouve posséder en réalité une circulation individuelle, qui, dans ses variations, est indépendante de la circulation générale, et ce que je dis ici pour la glande sous-maxillaire, peut être avancé, sans doute, pour tous les organes de l'économie [1]. »

D'après ces expériences si concluantes, nous devons considérer deux choses dans la vie organique :

1° Une matière organisée susceptible de remplir une fonction, c'est-à-dire de transformer, par un procédé inaccessible à notre connaissance, le sang en un produit spécial particulier à chaque organe, et dépendant de l'organisation de ce dernier ;

2° Une circulation spéciale à chaque organe et qui est réglée, selon la fonction, par le système nerveux.

Le système nerveux joue ici un rôle bien défini : il excite le mouvement des vaisseaux sanguins, leur dilatation ou leur resserrement ; mais il fait cela avec une juste mesure, avec régularité ; de sorte que l'on serait tenté, au premier abord, de faire intervenir ici la sensibilité.

Cela n'est pas nécessaire, et pour expliquer cette intervention en quelque sorte intelligente du système nerveux, il est indispensable d'entrer dans quelques développements.

Le cerveau doit être considéré à deux points de vue tout à fait différents.

Dans le premier, il faut le considérer comme un viscère, participant à ce concours général, à cette influence des organes les uns sur les autres pour entretenir la vie. A ce titre, le

____

[1] Claude Bernard, *Altérations des liquides de l'organe*, t. II, p. 277.

cerveau n'a pas plus d'importance que le cœur ; il dispense à tous les organes le mouvement qui est nécessaire à l'entretien de la vie, et, ce mouvement, il ne pourrait le sécréter (qu'on nous passe ce mot), s'il ne recevait pas du cœur le sang nécessaire à son existence propre. Cet échange indispensable, cette solidarité qui enchaîne les organes les uns aux autres, constitue la vie organique, et vouloir expliquer ce mouvement ou la vie elle-même par la sensibilité, c'est se payer d'un vain mot. De toute cette vie nous ne connaissons que les effets secondaires : nous savons que l'estomac transforme les aliments ; nous savons qu'à la faveur de cette transformation ils peuvent être absorbés, et que, passés dans la circulation, ils seront distribués dans tous les organes pour y recevoir des modifications et des transformations propres à chaque organe ; que ces modifications, ces transformations sont nécessaires à la vie générale, et que, le système nerveux intervient comme agent du mouvement ; ce mouvement est évidemment sans conscience, puisqu'il est le produit de la sécrétion cérébrale. Le cerveau excite sans le vouloir, sans le savoir, un organe destiné à remplir une fonction ; mais il ne sait pas plus qu'il agit ainsi que le foie ne sait qu'il sécrète de la bile. Ces deux fonctions sont une propriété de la matière organisée, destinée par la toute-puissance créatrice à un but déterminé, et, de même qu'elle a créé la matière des plantes et celle de tous les animaux avec certaines aptitudes, de même elle a voulu que chaque organe eût sa spécialité d'action, pour concourir au maintien et à la régularité de cette manifestation admirable et sublime qu'on appelle la vie. Jusque-là il n'y a pas d'intelligence dans la vie, et, par conséquent, pas de sensibilité. L'organisation est une harmonie préétablie qui existe à certaines conditions ; l'influx nerveux est évidemment la première de ces conditions, mais son rôle se borne à exciter, à donner le mouvement à la matière organisée.

Donner à ce mouvement le nom de *sensibilité,* c'est employer un mot impropre, car la sensibilité suppose une impression, une transmission et une perception, et nous ne voyons rien qui ressemble à cela dans la vie organique.

Cependant le cerveau n'est pas seulement un organe de la vie. Mon bras vit de la vie organique lui aussi ; il a, comme les autres organes, du sang, des nerfs, des muscles, et son mouvement vital n'est pas tout à fait indifférent à la vie générale ; mais en dehors de cette vie, il en a une autre : il se meut de mille manières ; les doigts, sous l'influence de l'habitude, peuvent faire sortir d'un piano des torrents d'harmonie et réaliser une foule de chefs-d'œuvre qui constituent les arts manuels.

Evidemment ils ne doivent pas ce privilége à la vie organique exclusivement. Cette dernière fabrique et fournit l'instrument, mais les mouvements compliqués viennent d'une autre origine.

De toutes les parties de la peau et des muscles partent des cordons nerveux qui viennent se réunir en faisceaux dans la moelle. Là, les uns transmettent au cerveau l'impression de ce qui se passe dans les parties où ils se répandent ; les autres, par un courant opposé, transmettent l'excitation au mouvement qui a été voulu.

Dans ces actes, l'encéphale est intervenu ; mais non pas de la même manière qu'il intervient dans la vie organique. Dans ce dernier cas il fournit sa sécrétion aux autres organes comme il reçoit la leur ; dans l'autre, il y a quelque chose de plus. Ce quelque chose de plus est une impression préalablement *perçue* et qui a déterminé le mouvement excitateur. Entre le moi et les organes il s'est établi un courant d'actions et de réactions par l'intermédiaiaire des nerfs du sentiment et du mouvement, et c'est ce concours d'actions *senties, perçues* et de réactions *voulues* qui caractérise la vie intelligente.

La vie organique est privée de cette communication directe et réciproque avec le centre de perception.

Cependant nos besoins, nos appétits semblent prouver que cette communication existe. Rien n'est plus vrai ; mais elle existe juste ce qu'il faut pour transmettre au centre de perception une impression vague, confuse et incapable de nous faire connaître les phénomènes intimes de la vie. Si cette communication était plus complète, aurions-nous besoin de nous exercer si longtemps à connaître le diagnostic des maladies ?

La vie organique se fait silencieuse au dehors de notre moi ; elle vit de sa vie propre, de la vie qui lui a été donnée, et elle ne se connaît pas elle-même ; son évolution se fait avec une apparence de régularité intelligente, mais l'intelligence est dans le créateur qui a disposé la matière de telle façon qu'elle se conduise toujours de la même manière, sous l'influence des stimulants nécessaires à son évolution. Quand vous mettez des aliments dans l'estomac, la fonction du suc gastrique se réveille aussitôt ; mais ce réveil, cette sorte de mémoire organique n'est pas une mémoire intelligente, car si à la place de ces aliments vous mettez des cailloux, la sécrétion du suc gastrique n'en sera pas moins réveillée.

Il en est de même de toutes les fonctions.

La vie organique n'est donc pas intelligente dans la véritable acception du mot ; elle n'est pas sensible par conséquent, car la sensibilité suppose un phénomène intellectuel : la perception.

Pour qu'elle fût sensible, il faudrait que de chaque molécule du corps partît un nerf capable de transmettre au moi les impressions variées que peut recevoir cette molécule ; et pour qu'elle fût intelligente, il faudrait que du centre nerveux, les volitions fussent transmises à chaque molécule organique par l'intermédiaire d'un nerf particulier.

A ces conditions, la vie organique serait sensible, intelligente, mais que dis-je ? Si ces conditions pouvaient exister, l'homme ne serait plus un simple chercheur de connaissances, quelquefois un savant ; il serait Dieu. En plongeant ses regards dans l'organisme à travers les nerfs de sentiment, il verrait comment l'aliment se transforme en chyme, le chyle en sang, le sang en bile, en salive, en matière nerveuse ; il se verrait lui-même enfin, et sans aller plus loin il connaîtrait sans peine les lois générales qui réagissent le monde physique.

Mais non, il n'en est point ainsi ; la porte de notre organisme est fermée à notre intellect ; la seule circonstance où on la voit s'entr'ouvrir, c'est lorsque la vie souffre d'une manière ou d'une autre ; les passions, les besoins sont des conditions anormales de la vie ; leur cri se fait entendre du moi, mais la vie organique elle-même n'en sait rien.

Il semble qu'en nous privant de ce sens lumineux qui nous aurait donné la connaissance de nous-même, Dieu ait voulu stimuler notre activité vers la recherche de la vérité en dehors de nous. Dans ce but, il a permis qu'à chaque progrès de l'esprit humain dans le monde extérieur, correspondît un progrès nouveau dans la connaissance de nous-mêmes, et il a fait que le plaisir que nous cause cette connaissance fût la récompense de nos recherches extérieures.

En effet, toutes nos connaissances, toutes nos recherches convergent vers l'homme ; c'est vers la connaissance de cet *homunculus* que tous nos efforts conspirent, que la vie des générations s'est épuisée, s'épuise et s'épuisera pendant longtemps.

Conclusions. — 1° La sensibilité n'est ni une faculté de l'âme, ni une propriété de la matière ; elle est l'expression synthétique de trois phénomènes inséparables : impression, transmission, perception. Ces trois phénomènes sont des phénomènes de sensibilité ; ils n'existent jamais les uns sans les autres, et si l'un des trois vient à manquer, il n'y a pas manifestation de *sensibilité*. De ces trois phénomènes, un seul appartient au domaine de l'intelligence, c'est la perception ; les deux autres, l'impression et la transmission, appartiennent à la vie organique.

2° L'application du mot *sensibilité* aux phénomènes de la vie organique ne nous paraît pas justifiée. Il est vrai qu'on appelle cette sensibilité *inconsciente*, mais précisément parce que le phénomène perception manque, il n'est pas permis d'employer pour elle le mot *sensibilité*.

3° Ce que nous avons dit touchant la nature, la constitution de la sensibilité, est applicable à toutes les facultés de l'âme. En séparant l'âme du corps, les philosophes ont paru oublier l'origine en partie matérielle de ses facultés, et, en mettant dans l'âme ce qui doit rester dans le corps, ils sont arrivés à concevoir une âme matérielle. La volonté, la mémoire, toutes les facultés enfin, ne sont, comme nous l'avons dit pour la sensibilité, que les expressions synthétiques de plusieurs phénomènes, les uns matériels, les autres spirituels. L'âme est un esprit capable de percevoir et de réagir ; le corps fait le reste.

§ II. — **Sensations.**

Le mot *sensation* ne le cède en rien à celui de *sensibilité*, par son ambiguïté et par les interprétations diverses dont il a été l'objet de la part des physiologistes et des philosophes.

Cela ne doit point nous étonner, puisque la *sensation* n'est que la sensibilité en exercice.

Condillac, le grand prêtre de la sensation, lui a donné toutes les significations possibles ; ce qui prouve bien, soit dit en passant, que ce grand penseur ne possédait pas une idée suffisamment claire du phénomène sur lequel il a étayé toute sa philosophie. Il considère d'abord les sensations comme des modifications propres à l'âme; les organes n'en peuvent être que l'occasion [1]. On ne saurait mieux dire, positivement.

Dans un autre endroit, il dit : « Le sentiment prend le nom de *sensation* lorsque l'impression se fait actuellement sur les sens [2]. » Plus loin, il étend le mot *sensation* à toutes les opérations de l'intelligence, à toutes les perceptions de jugement, de mémoire, d'imagination, à des perceptions, enfin, où il n'y a pas actuellement action des sens; et il arrive à cette conclusion générale de tout son système philosophique, que les opérations de l'âme ne sont que la sensation transformée diversement.

Gerdy a recueilli dans les différents auteurs cinq expressions différentes du mot *sensation :*

1° « Les excitations et les impressions non perçues de la sensitive, des muscles séparés du corps;

2° L'impression reçue par un sens excité, ou le premier des actes qui précède la perception sensoriale;

3° L'ensemble des phénomènes de la perception sensoriale, et la perception elle-même;

4° Le dernier de ces phénomènes, ou la perception sensoriale seule;

5° Enfin, la perception de mémoire, de jugement, d'imagination [3]. »

Pour compléter les six, Gerdy en ajoute une nouvelle : « Pour éviter, dit-il, toute équivoque et toute erreur à ce sujet, je préviens le lecteur que j'emploierai les mots *sensation* ou *impression*, qui sont à peu près synonymes (!), pour exprimer le

[1] *Traité des sensations*, p. 5. In-12, 1719.
[2] *Loc. cit.*, p. 506.
[3] Gerdy, *Physiologie philosophique des sensations et de l'intelligence* p. 19.

changement, le phénomène qui se passe sous l'influence d'une excitation, dans un organe excité[1]. »

Dans cette définition, Gerdy partage l'erreur de Cabanis sur la sensibilité inconsciente ; car du moment où tous les organes peuvent être le siége de la sensation, cette dernière est un phénomène purement matériel.

D'après ce que nous avons dit touchant la *sensibilité*, le mot *sensation* ne devrait être appliqué qu'à l'ensemble des trois phénomènes, impression, transmission, perception. Ainsi comprise, la sensation est en quelque sorte le résultat du conflit des organes des sens avec l'intelligence.

Nous pourrions donner plus de développement à notre pensée, mais nous ne prétendons pas faire ici un traité des sensations ; nous poursuivons un but, qui est de préparer le terrain à l'exposition de la théorie du langage, et nous l'avons en partie atteint en précisant le sens des mots *sensibilité* et *sensation*.

§ III. — **Mémoire des sens.**

Nous allons fixer quelque temps notre attention sur cette faculté merveilleuse qui, en l'absence de tout objet sensible, nous donne la jouissance d'une impression déjà perçue. Heureuse faculté qui nous permet de visiter par la pensée le pays qui nous a vus naître, qui nous permet d'entendre l'eau murmurante, de sentir les fleurs préférées, de vivre enfin avec ce que l'on aime.

Dans tous les temps, on a considéré la mémoire comme une faculté fondamentale de l'âme. Gall, le premier, a démontré que cette faculté n'existe pas, et qu'il y a autant de mémoires que de facultés essentiellement différentes.

______
[1] *Loc. cit.*, p. 16.

Mais Gall, avant d'être philosophe, était phrénologiste, c'est-à-dire esclave d'un système, et la distinction très-bonne en elle-même, qu'il avait établie entre les diverses mémoires, devenait inacceptable dès qu'il donnait à ces mémoires un organe particulier dans les organes affectés aux diverses facultés.

Pour nous, la mémoire est le résultat d'une action spéciale de l'intelligence sur les organes des sens.

Nous disions tout à l'heure que la perception (phénomène intellectuel) est le dernier terme de la sensation ; dans la mémoire, au contraire, le premier terme est dans l'intelligence ; c'est son activité propre qui provoque dans les organes des sens les mouvements, dont l'expression ultime est la reproduction *subjective* (pour la distinguer de la reproduction réelle, ou *objective*) qui constitue la mémoire.

D'après cette définition, il y aurait autant de mémoires que d'impressions perçues, c'est-à-dire un nombre infini. Mais nous pouvons établir une classification naturelle qui nous facilitera l'étude de cette question.

Les sensations peuvent être divisées en trois grandes classes :

1° Sensations qui résultent des rapports du moi avec le monde extérieur ;

2° Sensations qui proviennent de l'activité involontaire de nos organes ;

3° Sensations qui proviennent de l'activité volontaire de nos organes.

Les premières comprennent les sensations spéciales proprement dites : vue, odorat, toucher, etc. Elles se distinguent de toutes les autres, en ce qu'elles nous donnent directement une notion claire, précise de l'objet qui les provoque.

Les secondes appartiennent toutes à la vie organique : besoins, appétits, etc., etc.

Les troisièmes dirigent le mouvement musculaire dans toutes

ses manifestations volontaires : la marche, le vol, les arts manuels, etc., etc.

Nous étudierons la mémoire des sens en suivant l'ordre que nous venons d'établir dans les sensations; mais avant, nous croyons devoir rappeler certains phénomènes physiologiques qui peuvent singulièrement nous aider à résoudre le problème qui nous occupe.

1° **Mémoire des sensations qui résultent des rapports du moi avec le monde extérieur.** — A chacun des cinq sens correspond un stimulant spécial : au sens de la vue, la lumière; au sens de l'ouïe, le son; au sens de l'odorat, les odeurs, etc., etc. Le stimulant propre à l'ouïe ne peut pas donner des sensations lumineuses; et la lumière ne réveille pas le sens de l'odorat. Chacun de nos sens nous procure donc des sensations bien déterminées par la nature particulière de l'agent qui les provoque. Il est possible cependant de réveiller l'activité d'un sens en l'absence de son stimulant spécial. Ainsi, par exemple, on peut déterminer des sensations visuelles de plusieurs manières : un coup reçu sur l'œil fait jaillir un grand nombre d'étincelles; on détermine la sensation des phosphènes en pressant légèrement sur le pourtour du globe oculaire. Volta a démontré le premier que l'on pouvait, au moyen de l'électricité appliquée sur l'œil, obtenir encore des phénomènes lumineux. Un peu plus tard, Purkinge, cité par Müller[1], étudia les figures électriques que l'on peut obtenir par ce dernier moyen, et il constata qu'en appliquant les deux pôles d'une petite pile sur la conjonctive, on aperçoit au pôle zinc une sorte de vapeur jaunâtre, et, au pôle cuivre, une teinte de violet clair.

Volta eut l'idée d'appliquer le même agent dans son oreille, et il éprouva un sifflement, un bruit saccadé. Ritter, cité par

[1] Tome II, p. 382, *Traité de physiologie.*

M. Longet[1], en répétant la même expérience, dit avoir obtenu un son comparable au *sol*. Le même Ritter affirme qu'il se développe au pôle négatif une odeur ammoniacale, et au pôle positif une odeur acide, lorsque les réophores ont été appliqués dans les narines.

Des expériences analogues ont été faites pour le sens du goût : une lame d'argent et une lame de zinc, placées l'une au-dessus, l'autre au-dessous de la langue, déterminent une saveur acide ou alcaline, suivant la position des lames, dès qu'on établit entre elles une communication.

Ces phénomènes nous paraissent très-importants ; car, en démontrant la possibilité de déterminer dans un nerf sensitif, en l'absence de son stimulant spécial, l'activité fonctionnelle qui lui est propre, nous sommes amenés à comprendre comment, sous l'influence de l'excitation cérébrale, excitation physiologique bien autrement efficace que l'excitation électrique, l'on peut déterminer dans les organes des sens de véritables sensations, auxquelles on donne le nom de *subjectives*, c'est-à-dire provoquées en l'absence de l'objet impressionnant.

Nous le répétons, nous ne demandons à ces phénomènes que de nous montrer la possibilité de réveiller l'activité fonctionnelle d'un sens spécial ; il est évident que la possibilité de réveiller des impressions de lumière, sous l'influence de l'excitation cérébrale, n'explique pas la perception subjective d'une image déjà perçue.

L'excitation provoque le mouvement physiologique particulier qui succède à l'impression d'un autre mouvement, celui de la lumière ; mais par cette excitation seule, nous ne pouvons pas expliquer comment il se fait que nous pouvons à volonté percevoir telle image et non telle autre ; telle mélodie de Rossini, et non pas une mélodie d'Auber ; une saveur de pêche et non une

[1] Tome II, p. 73, *Traité de physiologie.*

saveur d'abricot. Pendant le moment de l'excitation, notre centre perceptif devient odeur, saveur, lumière; mais il n'est pas odeur de rose ou saveur de pêche, ni paysage, plutôt que portrait, comme le prétendait Condillac. Pour qu'il y ait représentation subjectice d'un objet spécial, l'excitation simple n'est plus suffisante; il faut autre chose. Or, ce quelque chose est très-complexe et diffère essentiellement pour chaque sens, comme nous allons le démontrer.

Mémoire de la vue. — Les phénomènes de la vision doivent être considérés différemment, selon qu'il y a simplement sensation de lumière, ou bien sensation produite par un objet éclairé. Dans le premier cas, le mouvement lumineux impressionne d'une certaine manière notre rétine; cette dernière provoque un mouvement d'une autre nature dans le nerf optique; et ce mouvement communiqué au cerveau donne la sensation de lumière. L'excitation cérébrale, agissant ici comme l'électricité, peut reproduire cette sensation; mais il est rare que, dans les phénomènes de mémoire, à cette sensation lumineuse simple ne vienne pas s'ajouter une sensation de forme, d'image.

Dans le second cas, le mouvement lumineux ne frappe pas directement nos yeux; il se porte d'abord sur les objets sensibles, et, de là, vers notre rétine.

Ce mouvement est, naturellement, plus complexe que le premier. Nous n'avons pas à rechercher ici quelle est sa nature. Nous nous bornerons à constater qu'il modifie d'une certaine manière notre rétine et le nerf optique, et que, cette modification, transmise au cerveau, produit la sensation des objets visibles.

Il suffit que les mêmes mouvements soient provoqués dans la rétine, le nerf optique et la pulpe cérébrale un certain nombre de fois, pour qu'ils soient reproduits ensuite avec la plus grande facilité sous diverses influences, et en l'absence des objets qui les ont d'abord provoqués. Ces mouvements nous donnent la représentation *subjective* des objets, et constituent ainsi la mémoire du sens de la vue. Ils peuvent être provoqués sous l'influence des causes les plus diverses : quand, par exemple, on parle d'une personne absente ; ou bien, lorsque notre esprit se donne le spectacle des différents pays qu'il a étudiés sur la carte ou qu'il a réellement parcourus.

Dans toutes ces circonstances la pensée joue un grand rôle, et si, en messager fidèle, l'organe de la vue va chercher au loin l'image qu'on lui demande, il est orienté, dirigé par la pensée elle-même, avec le secours de toutes nos connaissances, et surtout avec celui de la parole. Supposons, par exemple, que nous voulions reproduire dans notre esprit l'image *subjective* du château des Tuileries. Avec une rapidité qui n'a d'autre terme de comparaison que la pensée elle-même, notre intelligence s'oriente, franchit l'espace et conduit notre sens devant le palais. Le nom de palais réveille en nous ceux de maison, porte, fenêtre, jardin ; ce ressouvenir, qui résulte du classement de nos connaissances, permet à l'intelligence attentive de fixer le crayon sur un point qui sera le point de départ qu'elle va tracer sur la rétine ; à mesure qu'un trait est représenté, il est perçu, rectifié si c'est nécessaire, et le crayon est dirigé sur un autre point ; l'intelligence fait pour ce dernier ce qu'elle a fait pour le premier, et ainsi de suite jusqu'à ce que l'image du palais soit complète.

Les images subjectives se développent par l'analyse ; tandis que, dans la vision ordinaire, nous voyons les objets synthétiquement, à moins que, par la volonté, nous voulions concentrer l'intellect sur un seul point.

Dans la représentation subjective des objets, notre intelligence tient le crayon et le dirige sur la rétine éclairée par l'excitation cérébrale.

Les objets que notre esprit reproduit ainsi, il doit les avoir perçus un certain nombre de fois, de manière à ce que les mouvements qui succèdent à l'impression soient devenus faciles à provoquer. Parfois il suffit d'une seule impression, mais il faut qu'elle soit très-vive.

En résumé, nous considérons dans la mémoire du sens de la vue trois phénomènes principaux : 1° un agent provocateur qui rappelle la sensation déjà perçue : tantôt c'est la vue d'un autre objet; tantôt c'est le nom de cet objet; tantôt c'est une série d'idées qui ont, par leur classement naturel dans notre esprit, un certain rapport avec l'impression *subjective ;* 2° excitation cérébrale du dedans en dehors pour réveiller l'action sensoriale ; 3° provocation intellectuelle du mouvement propre à donner naissance à la perception de l'image désirée, avec le secours des connaissances qui peuvent coopérer à cette reproduction.

Mémoire de l'ouïe. — L'ouïe possède, comme la vue, un appareil particulier, dans lequel l'objet de la sensation se reproduit avant d'être transmis au cerveau. Cet appareil est composé du tympan, des osselets et du nerf auditif épanoui dans les différentes cavités de l'oreille.

Comme pour le sens de la vue, l'excitation cérébrale intervient ici, pour provoquer dans l'appareil auditif la sensation sonore que l'on veut reproduire ; mais cette excitation s'accompagne de phénomènes bien différents. Il est assez facile de concevoir, comme nous l'avons vu tout à l'heure, comment notre intelligence peut reproduire subjectivement les images qu'elle a déjà perçues. Mais l'objet des impressions de l'ouïe n'est plus une image durable et facile à calquer; c'est une série de mouvements qui échappent au crayon par leur rapide fugitivité. Le son est le résultat d'un certain nombre de vibrations dans un temps donné. Or, quelle que soit la lenteur de ces vibrations, notre pensée n'est jamais assez rapide pour les compter ; elles échappent à l'analyse, de telle façon que l'impression laissée par un son isolé est indistincte, confuse; et ce n'est qu'à la suite d'une longue habitude que les musiciens peuvent lui donner une valeur numérique. Nous conservons très-rarement le souvenir d'un son isolé simple, et si parfois nous parvenons à le reproduire *subjectivement,* c'est à l'aide de son timbre : C'est que le timbre résulte de l'impression de plusieurs sons simultanés, et que l'esprit d'analyse compare plusieurs sons avec facilité, tandis qu'il apprécie très-difficilement leur valeur numérique quand ils sont isolés. Ainsi, nous pouvons provoquer sans effort le souvenir du son du tambour, celui d'une cloche, grâce à leur timbre très-accusé.

Mais si l'analyse d'une impression sonore isolée est difficile, il n'en est plus de même lorsqu'il s'agit de plusieurs sons successifs. Ici, la pensée est assez rapide pour recevoir distinctement chaque son, et établir entre eux des termes de comparaison qui lui permettent de les caractériser.

Dans une phrase musicale quelconque, comme dans le langage parlé, notre oreille apprécie surtout le ton et le rhythme. Ces deux choses jouent un très-grand rôle dans la mémoire des sons; nous les examinerons séparément.

1° *Tonalité.* — La tonalité d'un son dépend du nombre de vibrations qui le composent. Nous avons déjà dit que l'esprit apprécie très-difficilement la valeur numérique; il lui est donc presque impossible de retracer *subjectivement* une impression qu'il n'a pas pu suffisamment analyser; mais il a des ressources nombreuses pour suppléer à cette incapacité. La principale de ces ressources, il la trouve dans les signes écrits ou phonétiques au moyen desquels on représente les sons. Avec le secours de ces signes, l'esprit établit un rapport idéal entre les sons, et le signe est si bien identifié par l'habitude avec ces derniers, que l'esprit ne cherche plus dans la mémoire le son lui-même, mais le signe qui le représente ; pour juger de la valeur d'un son, il ne compare plus entre eux les nombres de vibrations, mais les signes auxquels ces nombres correspondent. Ainsi, pour provoquer, par exemple, la représentation subjective de la tierce majeure, l'esprit ne cherchera pas à se retracer un nombre de vibrations ; il prononcera mentalement les signes : *ut, mi, sol ;* ou bien encore, il fixera *subjectivement* les yeux sur un papier de musique qui représente ces notes ; ou bien encore, il se figurera les mouvements nécessaires pour produire ces notes sur un instrument quelconque.

Ainsi considérée, la mémoire des sons est presque entièrement idéale. En effet, l'esprit ne provoque pas la reproduction d'un son, mais la reproduction du rapport idéal qu'il a préalablement établi entre les sons et les signes qui les représentent[1].

2° *Rhythme.* — Quintilien divisait le rhythme en trois espèces : « le rhythme des corps immobiles, lequel résulte de la juste proportion de leurs parties, comme dans une statue bien faite ; le rhythme du mouvement local, comme dans la danse, la démarche bien composée, les attitudes des pantomimes ; et le rhythme des mouvements de la voix ou de la durée relative des sons, dans une telle proportion que, soit qu'on frappe toujours la même corde, soit qu'on varie les sons du grave à l'aigu, l'on fasse toujours résulter de leurs successions des effets agréables, par la durée et la quantité[2] ».

Cette définition, bien que très-longue, ne dit pas assez. Pour nous, le rhythme, c'est la durée relative de plusieurs sons successifs dans un temps donné. Chez les anciens, le langage était essentiellement rhythmique, c'est-à-dire que les lettres avaient toutes une valeur ; elles étaient longues ou brèves, à des

---

[1] Voir plus loin ce que nous disons touchant la mémoire des mots, p. 668.
[2] *Dictionnaire de musique,* par J.-J. Rousseau, article RHYTHME.

degrés différents; de sorte que le langage était beaucoup plus cadencé qu'il ne l'est aujourd'hui. Cependant nos langues ne sont pas dépourvues de rhythme; il est moins accentué, il est vrai, mais ce qu'elles ont perdu en cadence rhythmique, elles l'ont rattrapé en accentuation mélodique; notre langage est une vraie mélodie, dans laquelle le rhythme et la mesure jouent leur rôle, mais c'est à l'intonation et aux variétés de l'intonation que l'orateur emprunte ses principaux effets. Nous avons essayé de noter cette musique éloquente et rapide, mais nous avons dû nous borner à constater qu'un orateur parcourt très-souvent dans un discours, la série des notes comprises entre deux octaves; les transitions sont si promptes qu'elles échappent à notre oreille : l'ensemble nous frappe, mais nous ne saisissons pas les détails.

D'ailleurs, cette rapidité excessive est une condition indispensable pour que la mélodie soit agréable et produise son effet.

Le sentiment du rhythme existe-t-il comme faculté générale de notre intelligence? Est-il seulement partie intégrante du sens de l'ouïe? Nous n'hésitons pas à répondre que le rhythme musical fait partie du sens de l'ouïe, comme le sentiment de la couleur fait partie du sens de la vue; la ligne est à ce dernier ce que le ton est à l'ouïe. La ligne détermine les contours, les accidents; le ton donne les limites de la mélodie; la couleur donne la vie, le mouvement, l'expression; le rhythme produit des effets analogues; la mélodie qui exprime la joie est vive, sautillante, capricieuse; au contraire, si la mélodie est triste, le rhythme est large, lent, peu mouvementé; enfin, nous apprécions les intervalles dans la succession des sons avec le même charme que nous voyons la variété des couleurs.

Nous sommes autorisé à conclure de là qu'il existe une sorte de rhythme dans chaque sens : les sourds-muets ont le sentiment du rhythme dans la marche, dans l'expression de la physionomie; nous trouvons le rhythme dans la création d'une statue, d'un tableau: la beauté en toute chose n'est-elle pas la juste proportion, le nombre et la mesure des éléments?

Au point de vue exclusivement musical, le rhythme est caractérisé par une succession plus ou moins rapide et variable des sons, en tant qu'ils sont soumis à une certaine mesure à 2, 3 et 4 temps, qui établit la régularité dans l'irrégularité rhythmique. Le rhythme mélodique est la régularité dans l'irrégularité.

Après avoir ainsi défini le rhythme, voyons le rôle qu'il joue dans la mémoire du sens de l'ouïe; ce rôle est considérable, car sans le rhythme, la mélodie n'existerait pas.

Le rhythme mélodique peut être retracé dans l'organe de l'ouïe sous l'influence de l'excitation cérébrale, et réveillé par le cours naturel des idées mélodiques ; mais, en général, nous pensons peu en musique (qu'on nous passe cette manière de parler).

Le plus souvent, nous nous donnons la sensation d'un rhythme déjà perçu, en reproduisant *réellement* avec un organe l'impression rhythmique. Cet organe est celui de la voix. Bien que dans ces circonstances le larynx ne soit pas sonore, il suffit de prêter la plus légère attention aux phénomènes, pour s'apercevoir que l'intelligence agit sur cet instrument d'une manière intime, silencieuse, mais *réelle*. Cette action est transmise au sens de l'ouïe, qui juge et apprécie les mouvements rhythmiques et dirige l'intelligence dans leur mode de succession.

Dans cette opération, il y a reproduction de l'objet réel par nos organes, de sorte que c'est plutôt un phénomène de *reconnaissance* (notion disparue de l'esprit, mais réveillée par la présence de l'objet lui-même), qu'un phénomène de mémoire. Dans tous les cas, le mécanisme n'est pas le même que celui que nous avons exposé pour le sens de la vue. Dans la mémoire de l'ouïe, l'intelligence fait produire le son et le rhythme par nos organes; l'ouïe reçoit cette impression réelle qu'elle transmet à l'intelligence, et, celle-ci juge en dernier ressort. Ces divers mouvements sont difficiles à saisir, mais ils existent; nos sens l'affirment et la raison nous dit qu'il ne peut pas en être autrement.

De ce que nous avons dit touchant la tonalité et le rhythme nous concluons que, dans la mémoire du sens de l'ouïe, l'intelligence reproduit les tons par le secours de la mémoire des signes, et qu'elle soumet le rhythme et les intervalles *réalisés tacitement* à sa propre perception.

Mémoire de l'odorat, du goût et du toucher. — Les détails dans lesquels nous sommes entrés à propos des sens de la vue et de l'ouïe, nous dispensent de nous appesantir sur les autres sens. Nous devons dire cependant que la mémoire des impressions reçues par ces trois sens est assez obtuse, et que, pour se retracer le souvenir d'une odeur, d'un toucher, d'une saveur, l'on est presque toujours obligé de faire intervenir la reproduction *subjective* des objets dont ces impressions sont inséparables.

Nous pensons que cette infériorité relative à la mémoire doit être attribuée à l'absence d'un appareil de reproduction de l'objet impressionnant, dans les sens de l'odorat, du goût et du toucher.

L'œil est un appareil d'optique si parfait que, malgré les savantes recherches des observateurs les plus autorisés, on n'est pas encore parvenu à expliquer complétement le mécanisme de sa perfection. L'oreille constitue également un instrument de musique d'une incomparable ingéniosité, reproduisant exactement les impressions qu'il reçoit avant de les transmettre au cerveau. Mais pourquoi un appareil de reproduction ici et non pas là? On ne peut, ce nous semble, en trouver le motif que dans la nature spéciale de l'agent impressionnant. Les mouvements compliqués qui constituent la lumière et le son, avaient besoin d'un traducteur physiologique pour être transmis au centre de perception.

L'odorat, le goût, le toucher, ne présentaient pas les mêmes exigences. L'impression simple de la matière affecte d'autant plus le centre de perception que la surface impressionnée est plus considérable. Aussi, dans les appareils physiques de ces sens, tout est-il disposé dans ce but. La membrane pituitaire, les papilles gustatives, celles du toucher, sont étalées sur de grandes surfaces, et ces dernières sont d'autant plus considérables que le sens est plus développé chez l'animal que l'on examine.

2° **Mémoire des sensations qui résultent de l'activité involontaire de nos organes.** — Toutes les fois qu'une cause intérieure ou extérieure introduit dans nos organes une modification quelconque; toutes les fois que la vie organique est troublée dans son évolution naturelle, par l'absence ou l'excès des stimulants spéciaux qui répondent à ses besoins, à ses appétits; dans toutes ces circonstances, il se développe une impression quelquefois très-vive, mais dont le siége n'est pas toujours bien défini pour le moi : telles sont les impressions de faim, de soif, de douleur, etc., etc. Toutes ces impressions sont transmises au cerveau par les nerfs du sentiment, et constituent les sensations de la vie organique.

Ces sensations diffèrent essentiellement de celles qui nous sont fournies par les cinq sens, en ce qu'elles n'ont pas de caractère bien déterminé quant à leur point de départ. Lorsqu'un objet impressionne nos yeux, nous avons non-seulement conscience de cette impression, mais encore l'objet qui la provoque est connu de nous, nous le voyons; il est là, et nous savons bien que c'est lui qui nous impressionne, et non pas tel autre objet. Dans les sensations de la vie organique, l'objet impressionnant n'est pas si bien défini par notre moi ; son siége est le plus souvent indéterminé, et la sensation qu'il procure est agréable ou désagréable, vive ou obtuse ; mais, en aucun cas, elle n'est pour notre intelligence l'occasion d'une notion bien définie, bien déterminée. Cette notion, l'habitude peut nous la donner, mais elle n'a pas la précision des sensations qui nous viennent par les organes des sens.

Il résulte de ces considérations que nous éprouvons la plus grande difficulté à nous retracer subjectivement les impressions de la vie organique ; et ce n'est que par le souvenir des circonstances qui ont accompagné une impression agréable ou désagréable que nous y parvenons. Aussi, oublions-nous facilement les maux physiques que nous avons éprouvés ; il en est de même de la faim, de la soif, sensations vives, mais qu'il est impossible de se donner subjectivement, parce qu'elles n'ont pas de siége spécial bien déterminé.

3° Mémoire des sensations qui résultent de l'activité volontaire de nos organes. — Ces sensations ont une grande importance, car elles accompagnent tous les mouvements ordonnés par notre intelligence ; par conséquent, la parole, et tous les arts en général. Nous devons établir dès à présent une distinction très-importante. Dans les mouvements qui constituent la parole, la marche, la préhension, tous les mouvements composés enfin, nous devons distinguer la sensation qui accompagne la contraction musculaire et la sensation qui résulte de ces mouvements. La première, appelée *sens musculaire*, nous permet d'apprécier l'énergie des actions musculaires ; c'est elle qui mesure l'effort nécessaire et qui donne à notre moi une des notions indispensables pour diriger le mouvement. Ce sens élémentaire ressemble beaucoup aux sensations de la vie organique, et nous n'hésitons pas à le ranger parmi ces dernières, en considérant que le siége des impressions est vaguement déterminé, et en considérant aussi qu'il accompagne fatalement tout mouvement voulu : il ne peut pas ne pas être. La notion qu'il nous donne se borne à l'état de la contraction musculaire ; mais cette notion nous est indispensable pour exécuter le mouvement le plus simple, et, à ce titre, elle a une importance très-grande. Il résulte, en effet, des expériences de M. Cl. Bernard que si l'on coupe les racines postérieures qui donnent la sensibilité à un membre, les mouvements de ce membre deviennent désordonnés, inintelligents[1].

La mémoire particulière à ce sens nous est indispensable pour faire avec précision des mouvements d'ensemble que nous avons déjà exécutés. Sans cette mémoire particulière de l'effort, l'exercice des mouvements serait un éternel apprentissage.

La seconde, c'est-à-dire la sensation qui résulte de l'ensemble des mouvements ordonnés par le moi, nous offre ce caractère essentiel, qu'elle n'est pas transmise directement au centre de perception par les nerfs sensitifs des organes qui sont le siége du mouvement. Cette sensation nous arrive par l'un des cinq organes des sens. Il est des sensations de mouvement qui nous arrivent par le sens de la vue : la mimique, le dessin, la sculpture, etc., etc. ; d'autres qui nous viennent par l'intermédiaire du toucher : la marche, la préhension, etc. ; d'autres, par le sens de l'ouïe : la parole.

Les sensations dont nous parlons nous donnent la connaissance du résultat des mouvements voulus, et c'est par cette connaissance indispensable que nous obtenons la coordination *intelligente* des mouvements. Comme nous l'avons dit tout à l'heure, le sens musculaire nous sert exclusivement à régler le degré de contraction musculaire ; ce n'est point lui, par consé-

---

[1] *Physiologie du système nerveux*, t. I, p. 249.

quent, qui dirige la coordination des mouvements dans un but
déterminé. Cette direction vient du sens spécial auquel le mouvement s'adresse. Si, par exemple, nous considérons les mouvements compliqués de la parole, nous constatons qu'ils ne sont
possibles qu'à la condition expresse que l'ouïe préside à leur formation ; c'est ce sens qui donne à l'intellect la notion nécessaire
pour que le mouvement soit tel qu'il le veut. Le toucher supplée le sens de la vue chez l'aveugle ; chez le sourd-muet, c'est
le sens de la vue qui supplée le sens de l'ouïe absent. Chez le
premier, les mouvements intelligents du langage écrit arrivent
au moi par le toucher ; chez le second, les mouvements de la
parole arrivent au moi par les yeux.

C'est ainsi que les organes des sens doivent être considérés,
non-seulement comme la source de toutes nos connaissances,
mais comme les instruments indispensables de notre intelligence dans les opérations de l'esprit.

Nous avons dit que la mémoire est la contre-partie des sensations, en ne considérant que son mécanisme ; par conséquent,
la mémoire des sensations qui résultent de l'activité volontaire
de nos organes suivra, dans ses procédés, une marche inverse.
Dans la mémoire des mouvements voulus, nous devons trouver
le premier phénomène dans l'un des cinq sens ; autrement dit,
nous invoquons d'abord la mémoire du sens spécial qui a reçu
l'impression du mouvement, et cette représentation subjective est
immédiatement suivie de l'action de l'intellect sur les nerfs qui
président aux mouvements ainsi représentés. Cette action, nous
insistons à dessein, car elle n'a jamais été mentionnée, est tacite
comme toute représentation subjective ; on ne voit pas le mouvement, mais on sent qu'il existe en puissance, sinon de fait.
Demandez à celui qui, par la pensée, joue un air sur un instrument qui lui est familier, s'il ne sent pas le mouvement de ses
doigts, bien que ce mouvement ne soit pas visible ? Demandez

encore à l'orateur qui médite sur un discours qu'il va prononcer, s'il ne s'entend pas parler, bien que le silence règne autour de lui? Cette représentation subjective du mouvement de nos organes, réunie à celle du sens spécial dont nous avons déjà parlé, constitue la mémoire *composée* des mouvements volontaires exécutés dans un but bien défini.

C'est pour ne pas s'être rendu bien compte de tous ces phénomènes, que Gall a été conduit à inventer une mémoire spéciale pour chaque faculté : pour la musique, pour la danse, pour la parole, etc. Toute sensation peut être reproduite subjectivement ; cette reproduction constitue la mémoire. Par conséquent, si l'on voulait établir des mémoires spéciales, il faudrait en inventer une pour chaque sensation : on serait ainsi dans le vrai ; mais cette division n'est pas nécessaire. Gall était parti d'un bon principe, et nous sommes persuadé qu'il aurait découvert la vérité, s'il n'eût pas été aveuglé par son système. C'était déjà un grand pas que d'avoir rayé la *mémoire* de la liste des facultés fondamentales ; mais ce n'était pas assez. En effet, en inventant une mémoire spéciale pour chaque faculté, il était obligé, pour tout expliquer, d'inventer des sous-ordres de *mémoire* dans la même faculté. Ainsi, par exemple, dans la faculté du langage, il avait mis la mémoire des mots, la mémoire du sens des mots, etc.

Rien n'était plus juste, et il n'avait qu'à faire un pas de plus, c'est-à-dire, à mettre dans chaque faculté toutes les mémoires qui se rattachent aux sensations spéciales que l'on trouve dans ces facultés, pour être tout à fait dans nos principes. Mais tout système oblige, et Gall en avait un qui avait de nombreuses exigences.

La manière dont nous avons expliqué les phénomènes de la mémoire nous inspire une seconde critique, qui s'adresse à un mot au moyen duquel les sectateurs de Gall, et en particulier

M. Bouillaud, croient pouvoir expliquer les problèmes les plus compliqués de la physiologie mentale. Nous voulons parler de la *coordination* des mouvements simples en mouvements d'ensemble. M. Bouillaud prétend, par exemple, et il tient essentiellement à cette opinion dont il est le père, que, dans le cerveau, réside un organe distinct destiné à coordonner les mouvements de la parole. Comme nous devons discuter plus loin cette question, nous nous bornerons à dire ici que cette prétendue coordination n'existe pas. S'il existait d'ailleurs un organe chargé de coordonner les mouvements, notre intelligence n'aurait qu'à vouloir, et nous pourrions exécuter aussitôt les mouvements les plus compliqués sans les avoir jamais appris. Or, ce n'est pas ainsi que les choses se passent.

Il est des mouvements complexes que nous faisons, il est vrai, sans le secours de l'éducation ; tels sont : les mouvements de l'enfant qui respire ou qui prend le sein. Mais ces mouvements ont été prévus, arrangés d'avance, comme les mouvements de la vie organique ; ils sont sous la dépendance d'un centre commun qui les excite tous en même temps, comme nous le voyons pour le centre respiratoire ou nœud vital (Flourens), comme nous le voyons encore pour les mouvements de locomotion, dont le centre excitateur se trouve dans le cervelet (Flourens).

Ce qui a pu induire en erreur les partisans de la coordination, c'est que ces centres excitateurs sont en rapport avec la volonté, et qu'il suffit de l'excitation de cette dernière pour qu'ils entrent en action. Évidemment l'intelligence ne coordonne rien lorsqu'il s'agit de ces mouvements qui, d'un côté, tiennent à la vie organique par leur automatisme, et, de l'autre, à la vie intellectuelle par l'action incontestable, mais limitée, que la volonté peut exercer sur eux.

Nous trouvons une autre cause possible d'erreur dans cette considération que, dans les mouvements complexes étrangers à toute détermination instinctive, mais effectués cependant par les organes qui sont sous la dépendance habituelle de l'instinct, la prétendue coordination ou, pour mieux parler, la simultanéité d'action, est mise à profit par notre intelligence. C'est surtout à ces mouvements qu'on a appliqué le nom de coordination (M. Bouillaud).

Il est évident que, dans ces circonstances, notre intelligence utilise les moyens qui lui sont offerts, mais elle ne coordonne rien ; elle utilise des ensembles particls de mouvements élémentaires existant déjà. Ainsi, par exemple, dans la parole, nous utilisons l'ensemble des mouvements qui concourent à la production du cri, du rire, de la succion. Il est vrai que l'intelligence dirige ces divers ensembles de mouvements déjà *coordonnés* ; mais loin de voir une *coordination* de la part de l'intelligence, nous voyons, au contraire, un apprentissage, quelquefois très-long et difficile, de chaque ensemble de mouvements que nous dirigeons au moyen du sens spécial auquel ces mouvements s'adressent. Pour apprendre à dire *papa*, l'enfant sait déjà effectuer tous les mouvements qui concourent à la formation de ce mot ; il les a exécutés soit en criant, soit en riant, soit en tétant ; cependant il n'arrive à le prononcer qu'avec de grandes difficultés. En serait-il ainsi, s'il avait en lui un organe coordinateur ? Non, certes ; rien ne l'empêcherait de coordonner les mouvements dès qu'il entend le mot.

Les mouvements qui doivent être considérés comme les premiers instruments de notre intelligence, ne se développent que peu à peu et toujours en proportion des progrès de l'intelligence elle-même ; il n'y a de coordonné en eux que les mouvements tout à fait élémentaires et qui appartiennent à l'instinct et non à l'intelligence.

Si l'intelligence combine ces différents ensembles de mouvements, de certaines manières bien déterminées, ce n'est qu'avec le secours des sens spéciaux de la vue, du toucher, de l'ouïe, et non par l'effet d'un organe coordinateur ; il y a dès lors un véritable apprentissage, une éducation nécessaire, et, par conséquent, absence de coordination, dans le sens que l'entendent les partisans des localisations cérébrales.

Cette prétendue coordination n'est en somme, pour nous, qu'un phénomène de mémoire : nous nous représentons subjectivement l'objet, son ou image, qui résulte d'un ensemble de mouvements, et cette représentation suffit pour que notre volonté fasse exécuter l'ensemble des mouvements représentés.

Cette marche naturelle résulte de la manière dont ces mouvements ont été appris, c'est-à-dire du concours indispensable, dans cet apprentissage, du sens spécial qui est le siége de la représentation *subjective* des mouvements.

Nous ne saurions trop le répéter ; s'il existait des organes coordinateurs, législateurs, dans le cerveau, il nous suffirait de voir un mouvement quelconque pour qu'à l'instant nous puissions l'imiter avec nos organes [1].

---

[1] Nous trouvons, dans un travail remarquable de M. le docteur Antoine Cros, sur les fonctions des lobules antérieurs du cerveau, des idées qui se rapprochent beaucoup des nôtres, mais qui diffèrent notablement de celles de M. Bouillaud. « On sait, dit M. Cros, quelle peine il faut que l'enfant prenne pour apprendre à marcher, à sauter, à courir et surtout à parler ; combien, pour y parvenir, il est obligé de vaincre de difficultés ; combien d'observations, de comparaisons, de raisonnements il doit faire ; tellement, qu'il semble pour cela déployer une puissance intellectuelle qu'on pourrait croire supérieure à celle de l'homme adulte. Eh bien ! plus tard, il se livre à tous ces actes si complexes sans y penser, pour ainsi dire, sans efforts intellectuels et sans la moindre hésitation. Quelle en est la cause ? C'est que, dans sa mémoire, il n'a pas gardé le souvenir de toutes ses opérations intellectuelles, si complexes et si difficiles, mais seulement celui du résultat obtenu, de l'ensemble des mouvements eux-mêmes qui sont nécessaires

Conclusions. — 1° La mémoire est cette faculté qui nous permet de réveiller dans un sens quelconque, les impressions qui ont été déjà transmises un certain nombre de fois à notre esprit par ce sens. Ainsi considérée, la mémoire est une sensation renversée quant au mécanisme de sa production. Le point de départ de la sensation est dans la matière, et son dernier terme est dans l'esprit. Dans la mémoire, le premier terme est dans l'esprit et le dernier dans la matière.

2° Les phénomènes de mémoire peuvent être provoqués par la volonté ou se développer sous l'influence des opérations de notre esprit, soit qu'il imagine, soit qu'il pense.

3° Il y a autant de mémoires particulières qu'il y a de sensations.

4° Nous avons démontré que les procédés selon lesquels la mémoire est produite, se réduisent à trois principaux, et que, chacun de ces procédés se rattache à une des trois grandes divisions que nous avons établies pour les sensations.

Il y a d'après cette classification, et en ne considérant que le mode de formation, trois genres de mémoire : 1° la mémoire des sens spéciaux ; 2° la mémoire des sensations de la vie organique ; 3° la mémoire des actes de la vie de relation.

5° La mémoire de la parole, composée de la mémoire des idées et de la mémoire des impressions sonores, rentre dans la troisième classe, dans la mémoire des actes de la vie de relation.

à l'accomplissement de telle ou telle fonction ; et c'est ce souvenir, d'ailleurs souvent renouvelé, qui, pendant toute sa vie, réglera, coordonnera ses mouvements. Qu'on suppose maintenant qu'avec l'organe qui la conserve, la sensation, la souvenance, ou, si l'on veut, l'image de ses mouvements soit détruite, peut-on concevoir que ceux-ci soient encore possibles ? » (*Recherches physiologiques sur la nature et la classification des facultés de l'intelligence*, p. 61.)

CHAPITRE II.

SENS DE LA PENSÉE.

L'introduction d'un nom nouveau dans la science est toujours une chose grave, nous le sentons bien. Dans cette préoccupation, nous avons cherché si, comme cela arrive très-souvent,
notre idée n'aurait pas quelques ancêtres autorisés, sous le
patronage desquels nous l'aurions volontiers placée. Nos investigations n'ont eu, à ce sujet, aucun résultat, et nous sommes
tenus d'accepter, pour nous-mêmes, la responsabilité de notre
innovation [1]. Nous ajouterons seulement que, la dénomination
nouvelle s'applique à un ensemble de phénomènes déjà connus,
il est vrai, mais n'ayant jamais été considérés au point de vue
où nous nous sommes placé.

Toutes nos connaissances n'arrivent au centre de perception
que par l'intermédiaire des nerfs sensitifs. Supposez un homme
privé de tous les organes des sens : cet homme vivra de la vie
du végétal ; la vie organique seule continuera son évolution
silencieuse, et, comme ses besoins, ses appétits ne seront pas
transmis au centre de perception, la faim, la soif, etc., ne seront pas satisfaites, et la vie organique elle-même ne tardera
pas à s'éteindre faute d'aliments.

Cependant, si l'homme était réduit à l'être purement sensitif ;

---

[1] Dans un mémoire de M. Baillarger, couronné en 1844 par l'Académie de médecine, nous avons trouvé l'observation d'une aliénée qui
entendait la pensée des autres au moyen d'un sixième sens, qu'elle appelait
sens de la pensée. Ce genre d'hallucination est assez fréquent.

s'il n'avait d'autre privilége que celui de percevoir des impressions, il ne serait que le premier de tous les animaux. Ceux-ci, en effet, éprouvent des sensations ; ils ont même, jusqu'à un certain point, le don de les comparer entre elles, et si, à ce point de vue, l'homme leur est infiniment supérieur, c'est qu'il possède un système sensitif plus complet et plus harmonieusement développé. Mais l'homme n'est pas seulement le premier des animaux, il est un être parlant et libre ; tout un monde le sépare du premier des mammifères : c'est le monde des idées. Tandis que l'animal est soumis durant son existence à l'influence de ses impressions sensitives, auxquelles il obéit machinalement et presque fatalement, l'homme examine, juge, compare ses impressions et puise dans les opérations de son esprit les motifs raisonnés de ses déterminations.

Il s'agit donc de bien définir et de dire en quoi consistent les opérations de l'esprit humain.

Il est en nous un principe immatériel qui anime la machine corporelle. Ce principe est également répandu dans toutes les parties de l'organisme, et il se manifeste à nous de diverses manières selon les organes qu'il met en jeu. Ses plus belles manifestations nous sont fournies par le système nerveux.

Du conflit de l'esprit avec la matière nerveuse il résulte, en effet, ce que nous admirons le plus en l'homme, c'est-à-dire les phénomènes de l'intelligence.

L'intelligence est pour nous la faculté de percevoir des impressions et par conséquent d'acquérir des connaissances.

L'intelligence est une ; c'est le même principe qui perçoit toutes les sensations, et ces dernières se distinguent entre elles par la nature de l'objet impressionnant et par l'organe sensitif qui reçoit et transmet l'impression à l'intelligence.

Les sensations que nous avons étudiées dans le chapitre précédent ne donnent à l'intellect que l'image des objets matériels ; elles sont le bloc de marbre qui deviendra statue, le moellon qui fera partie de l'édifice, le fil de fer qui, passant dans les mains du physicien, se transformera en conducteur électrique ; mais par elles-mêmes, elles ne constituent pas la pensée humaine. La sensation n'est pas une idée, dans le sens que l'on accorde généralement à ce mot, car nous ne pensons pas avec de simples perceptions [1]. Les sens de la vue, de l'ouïe, du toucher, fournissent des images au centre de perception ; percevoir une image c'est acquérir la notion plus ou moins distincte d'un objet existant ; mais dans une série d'images dont notre intelligence se donne la perception, nous ne voyons rien qui ressemble aux opérations de la pensée. Dans ces circonstances l'intelligence est en quelque sorte passive ; elle perçoit nécessairement parce que le corps a été impressionné ; elle imagine dans le sens absolu du mot.

L'opération la plus élémentaire de l'esprit humain suppose l'établissement d'un rapport entre deux perceptions : dans la perception d'une impression agréable ou désagréable, notre intelligence n'est qu'impressionnée, mais elle n'agit pas ; pour qu'elle entre en action il est nécessaire qu'elle caractérise elle-même ce qu'elle a ressenti, et qu'elle se donne la perception de cette opération ; il faut, en d'autres termes, que, par un signe particulier qu'elle détermine elle-même, elle se donne la perception de ce qu'elle a éprouvé en recevant une impression.

Ce signe est un mouvement défini qu'elle provoque avec l'intention de lui faire représenter sa manière d'être au moment de la sensation perçue. Je vois un chat ; mon intelligence reçoit par les yeux l'impression de la vue de cet animal ; cette sensa-

---

[1] Le sens étymologique du mot *idée* est *ressemblance, image* (εἶδος), de sorte que l'on peut l'employer comme synonyme de sensation ; mais nous préférons le réserver exclusivement pour désigner les sensations spéciales du sens de la pensée.

tion ne constitue pas une idée, c'est une simple image. Mais si, après avoir distingué le chat de tout autre animal, j'exécute, au moment où je le vois, des mouvements sonores dont l'ouïe gardera le souvenir, et que, désormais, je désigne le même animal par les mêmes mouvements sonores, j'aurai mis en moi quelque chose de plus que l'image d'un animal : 1° j'aurai établi le rapport qui existe entre l'animal et les mouvements sonores (opération élémentaire de l'esprit) ; 2° j'aurai mis dans mes organes la possibilité de reproduire *in actu* l'impression d'un animal distinct, et, par conséquent, la possibilité de percevoir cette impression, représentée par les mouvements, en l'absence de l'objet impressionnant. Dès lors, je pourrai, en moi-même, établir les rapports qui existent entre ce phénomène sonore et d'autres phénomènes sonores que j'aurai créés de la même manière ; dès ce moment, je pourrai penser.

L'idée considérée comme élément de la pensée, est un mouvement voulu, défini par l'intelligence, dans le but de soumettre à la propre perception, sous une forme sensible, sa manière d'être au moment où elle recevait une impression par les sens.

L'idée est quelque chose de plus que la sensation : c'est la sensation transformée par l'intelligence en un mouvement voulu, déterminé. Ce mouvement constitue l'élément du langage.

Penser, c'est reproduire *subjectivement* ces divers mouvements et établir des rapports entre eux.

D'après ces considérations, l'idée ne pouvait pas être transmise et perçue par les organes habituels de nos sensations.

Nous avons choisi, pour désigner la perception des actes de l'intelligence par elle-même, la dénomination de *sens de la pensée*, parce que penser c'est percevoir les rapports que l'attention, vrai microscope de l'esprit, nous fait découvrir dans les impressions de toute espèce, sensations ou idées. Ce sens spécial ne peut être remplacé par aucun autre, car nul autre qui lui n'est capable de transmettre à notre intelligence le *signe-idée*.

La création du mot a été le premier degré de transition de l'être purement sensitif à l'être pensant ; car désigner un objet par un nom, c'est établir déjà un rapport idéal entre cet objet et le nom. En créant le mot, en donnant à ses propres actes une forme sensible, c'est-à-dire perceptible, l'intelligence s'est donnée non-seulement le moyen de trouver à tout instant dans les organes du corps la représentation des objets de toutes ses sensations, mais encore la possibilité de se percevoir elle-même. Lorsque Descartes disait : « Cogito, ergo sum, » il n'aurait pas su qu'il pensait si, par le mot *cogito,* son intelligence ne s'était pas donné la perception de ses propres opérations. Il n'aurait, d'ailleurs, ni plus ni moins prouvé en disant : je vois, donc je suis ; j'entends, donc je suis. Toutes ces affirmations ne sont que des perceptions de différente nature, se distinguant entre elles par l'objet impressionnant : pour la vue, c'est une image ; pour l'ouïe, c'est un son ; pour le sens de la pensée, c'est un *signe-idée.* Mais Descartes n'avait pas osé, ou ne soupçonnait pas que l'on pût introduire la sensation dans les opérations de notre esprit.

Condillac, plus hardi, a essayé de ramener tous les phénomènes de l'intelligence à la sensation ; mais faute de connaissances physiologiques suffisantes, ce grand penseur s'est exposé à de justes et vives critiques, bien que le *Traité des sensations* soit vraiment remarquable à divers points de vue.

Comme Condillac, et d'après la maxime aristotélique : « Nihil est in intellectu quin priùs fuerit in sensu, » nous croyons que notre intelligence acquiert toutes ses connaissances par l'intermédiaire des sens. Cette vérité paraît même si bien établie que nous nous étonnons qu'on ait pu la contester. Il est vrai que les phénomènes de l'intelligence avaient échappé jusqu'ici à cette généralisation, parce qu'on n'avait pas pu en démontrer physiologiquement le mécanisme, et que, l'on pouvait objecter avec une apparence de raison que tout arrive à notre intellect par les sens, sauf l'intelligence elle-même, *nisi intellectus.*

Mais cette objection disparaît du moment où nous avons démontré, qu'en se matérialisant dans le mot, en se percevant par le sens de la pensée, l'intelligence arrive à la connaissance d'elle-même.

Le sens de la pensée n'a pas un organe absolument spécial. L'intelligence peut *s'extérioriser*, se rendre sensible, dans le but de se percevoir elle-même, de bien des manières différentes : elle se rend visible dans le regard, dans le geste ; elle revêt la forme sonore dans la parole. C'est cette dernière expression qui est la plus favorable aux opérations de l'esprit ; c'est elle qui va nous occuper tout d'abord.

§ I. — De la parole.

La parole est au sens de la pensée ce que l'image des objets est au sens de la vue; mais entre ces deux impressions, il y a cette différence essentielle que, l'impression verbale résulte toujours de l'activité volontaire de nos organes, tandis que l'impression visuelle peut être indépendante de cette activité.

A ce dernier titre, tout ce que nous avons dit à propos des sensations qui résultent de l'activité volontaire de nos organes, s'applique à la parole. Nous trouvons en effet dans la formation du mot : 1° une détermination de la volonté; 2° une transmission de la volonté à travers les nerfs du mouvement ; 3° une excitation mesurée des muscles avec l'aide du sens musculaire; 4° une association des mouvements dans un but déterminé avec le secours indispensable du sens de l'ouïe.

Pour ne pas perdre de vue un seul instant le sujet principal de cette étude, nous nous bornerons à signaler ici les principales conditions anatomiques de la parole, nous réservant d'étudier, dans un chapitre spécial, la formation de chaque lettre en particulier.

Anatomie. — Les organes qui concourent à la formation de la parole sont : 1° les organes de la voix que nous avons déjà décrits, et qui fournissent la matière sonore ; 2° les différentes parties de la bouche et des fosses nasales, qui donnent aux sons de la voix les qualités particulières qui doivent distinguer entre eux les sons de la parole.

Il est inutile de revenir ici sur la description de ces organes, puisque nous l'avons exposée à l'occasion de la théorie de la voix ; mais nous devons parler des influences nerveuses qui leur donnent le mouvement et la sensibilité.

1° *Nerfs moteurs.* — Les nerfs qui reçoivent de la volonté l'excitation nécessaire pour provoquer les mouvements de la parole sont : Le *trijumeau* qui agit sur les mouvements de la mâchoire et de la langue, par les rameaux du maxillaire inférieur.

Le *facial* qui, par la corde du tympan, tient sous sa dépendance les mouvements des deux tiers antérieurs de la langue et tous les muscles de la face et du cou.

Les *spinaux* qui tiennent sous leur dépendance les mouvements intrinsèques du larynx et les plans musculaires qui soustendent les cerceaux de la trachée et des bronches, par les filets moteurs qu'ils fournissent au pneumo-gastrique.

Le *grand hypoglosse* qui fournit des filets à tous les muscles intrinsèques et extrinsèques de la langue, aux muscles soushyoïdiens et génio-hyoïdiens.

Les *nerfs diaphragmatiques* et *les nerfs intercostaux* qui président aux mouvements respiratoires.

2° *Nerfs sensitifs*. — Le *trijumeau*, par la branche du maxillaire supérieur, fournit la sensibilité à tous les muscles de la face, aux dents, aux gencives, à la voûte palatine, à la luette, au pharynx, aux fosses nasales, et enfin la sensibilité spéciale du goût aux deux tiers antérieurs de la face supérieure de la langue.

Le *glosso-pharyngien* distribue la sensibilité aux muscles digastrique, stylo-hyoïdien, stylo-glosse, pharyngiens, à la muqueuse pharyngienne, tonsillaire, palatine, et enfin la sensibilité gustative au tiers postérieur de la base de la langue.

Le *pneumo-gastrique* fournit la sensibilité à la muqueuse des voies respiratoires.

Au sujet des nerfs sensitifs que nous venons de nommer, nous remarquerons qu'ils jouissent tous d'une impressionnabilité excessivement vive, et que, la sensibilité qu'ils communiquent aux parties qu'ils animent est très-facile à réveiller; il résulte de là que, les mouvements les plus déliés, les plus complexes, peuvent être exécutés avec la plus grande précision.

3° *Nerf auditif*. — Le nerf auditif joue un très-grand rôle dans la formation de la parole. C'est lui qui transmet au moi l'impression des mots qu'il faut apprendre; c'est lui qui dirige l'intelligence dans l'association des mouvements propres à former les sons de la parole. C'est tout à la fois un sens initiateur et éducateur.

Le nerf acoustique prend naissance, par sa racine postérieure, dans la portion de substance grise qui occupe l'écartement des pyramides postérieures et des corps restiformes. Nous ignorons si la perception des sensations auditives se fait en ce point, mais nous avons beaucoup de tendance à le croire, en considérant les connexions intimes qui unissent, à leur origine, le facial, le trijumeau et le nerf de l'audition. Ces connexions sont assez frappantes pour que Ludovic Hirschfeld ait pu avancer que le nerf trijumeau et le nerf acoustique communiquent par un petit rameau au moment où la grosse racine du trijumeau se dirige du corps olivaire vers les corps restiformes. Quant aux relations du nerf facial avec le nerf acoustique, elles sont évidentes. On sait en effet que la petite racine du facial, ou nerf intermédiaire de Wrisberg, se trouve accolé au nerf acoustique dans tout son trajet jusqu'au ganglion géniculé. Nous ne pouvons pas nous empêcher de voir dans ces connexions quelque chose d'analogue à ce qui se passe entre les racines sensitives et motrices d'une même paire nerveuse, c'est-à-dire une action réflexe, provoquée, d'une part, par les sensations auditives et par celles qui viennent du trijumeau, exécutées, de l'autre, par le nerf facial. Cette hypothèse semble trouver sa confirmation dans les phénomènes physiologiques que nous allons examiner.

Physiologie. — Deux hommes parlant une langue différente, expriment la même idée par des sons différents, et, réciproquement, il peut arriver que deux sons identiques, dans deux langues différentes, expriment des idées opposées. — Cela veut dire que le mot renferme autre chose qu'un son ; il renferme un *sens*, mais un sens conventionnel. Or, le mot complet, c'est-à-dire le son et le *sens* qui l'accompagne, arrivent-ils ensemble, par la même voie, au centre de perception ? D'après ce que nous avons dit au chapitre des sensations (p. 620), nous pouvons répondre négativement.

Le sens de l'ouïe ne saurait communiquer au moi autre chose qu'une impression sonore, et tout le monde sait que, si un morceau de musique peut réveiller en nous les mouvements les plus variés, nous ne pensons pas avec les sons qui nous émeuvent.

Comme phénomène sonore, la parole s'adresse au sens de l'ouïe ; mais comme phénomène idéal, c'est-à-dire renfermant un sens, elle s'adresse au sens de la pensée ; c'est ce que nous allons essayer de démontrer.

Au premier abord, il n'est peut-être pas facile de saisir la distinction importante que nous établissons entre le phénomène sonore et le phénomène idéal ; cette difficulté tient à la grande habitude que nous avons tous de la parole, et à la rapide succession des actes de la pensée humaine. Pour faire saisir plus facilement cette distinction, nous nous transporterons à l'âge où l'on apprend à parler, et nous suivrons pas à pas l'éducation de la parole.

L'enfant imite les sons qu'il entend, comme il cherche à imiter tout ce qu'il voit. Cet instinct d'imitation est une des conditions de son développement physique et moral. Les premiers mots qu'il prononce n'ont d'abord aucune signification pour lui ; il les applique indistinctement à tous les objets qui frappent ses sens, et cela se conçoit : l'identification du nom avec la chose qu'il représente suppose une notion de la chose elle-même, suffisante pour que l'enfant la distingue de toute autre. Le nom ne peut s'appliquer qu'à la perception d'un objet qui a été déjà comparé à un autre, distingué de lui par conséquent, de telle manière que le nom d'un objet représente quelque chose de plus que la vue de l'objet lui-même : il représente le rapport qui existe entre cet objet et ceux dont il a été distingué, et le rapport idéal qui existe entre l'objet lui-même et le nom.

Le mot *papa* ne commence à *signifier* quelque chose pour l'enfant, qu'à partir du moment où son jeune esprit aura pu apprécier suffisamment la différence qui existe entre l'être qu'il nomme *papa* et celui qu'il nomme *maman*. Dès lors le mot n'est plus pour lui un son quelconque et rien qu'un son ; c'est un son distinct et réveillant dans son esprit l'idée de la chose à laquelle il a été attaché.

On remarquera que, dans le principe, le mot ne porte pas

avec lui l'idée, car, sans cela, l'enfant en aurait aussitôt compris la signification ; il a commencé à apprendre la formation du son ; puis, en prenant l'habitude d'exécuter les mouvements sonores en même temps qu'il désigne le même objet, il est arrivé peu à peu à ce résultat que, les mouvements sonores et l'objet dont ils accompagnent la désignation, ont été si bien liés l'un à l'autre, que la vue de l'objet a suffi pour provoquer les mouvements sonores, et, réciproquement, l'exécution des mouvements sonores a suffi pour rappeler la vue de l'objet.

Dans cette excitation réciproque du mot par l'objet et de l'objet par le mot, il est indispensable de distinguer le son, des mouvements qui le produisent. L'objet réveille directement le son dans la mémoire du sens de l'ouïe, et celui-ci réveille les mouvements qui doivent le produire ; si l'objet ne réveillait que le son, il n'y aurait qu'une simple perception sonore. Pour qu'il y ait réellement réveil d'un *son-signe*, la vue de l'objet doit agir également sur les mouvements, déterminer de la part de la volonté un acte qui est lui-même la signification du mot.

La clef de la théorie physiologique de la parole se trouve dans ces distinctions importantes ; c'est pourquoi nous allons examiner séparément le rôle de l'ouïe et le rôle des mouvements sonores dans la formation de la parole.

Rôle de l'ouïe. — Le sens de l'ouïe contribue à la formation de la parole à trois points de vue très-différents : 1° C'est par ce sens que nous recevons l'impression du son verbal; c'est lui qui nous donne la notion du *son-signe;* c'est donc à lui que nous avons recours quand nous voulons imiter un son; en un mot, il est le sens initiateur. Sans l'ouïe, la parole n'est pas possible, car c'est par ce sens que nous recevons l'impression que nous devons reproduire par imitation [1]. Les sourds-muets

---

[1] Les éléments de la parole ont évidemment été communiqués à l'homme. Bien qu'il ait en lui cette aptitude, qui le distingue de tous les animaux,

sont un exemple frappant de cette intervention nécessaire ; nous n'y insisterons pas.

Mais l'ouïe a une autre utilité.

2° En parlant des sensations qui résultent de l'activité volontaire des organes, nous avons dit que les mouvements volontaires étaient dirigés surtout par le sens spécial auquel ils s'adressent dans leur expression. Les mouvements de la parole appartiennent à cette classe de mouvements, et l'ouïe est le sens spécial qui doit en apprécier les résultats : jugeant des détails par l'ensemble, par les effets, c'est le sens de l'ouïe qui fournit à l'intellect les motifs de ses déterminations pour l'accomplissement de ces mouvements. C'est, en d'autres termes, le sens éducateur de la parole.

Ce rôle est très-important, car il nous est impossible d'apprécier isolément chacun des mouvements qui concourent à la formation de la parole. Nous savons bien, par expérience, qu'il faut donner aux organes de la voix telle disposition pour obtenir tel effet de la parole ; mais il nous serait impossible de dire quels sont les muscles dont il faut exciter la contraction pour obtenir le résultat voulu. En appréciant le résultat de ces mouvements, c'est-à-dire le son qu'ils produisent, l'ouïe indique à l'intellect ce qu'il y a de bien ou de défectueux dans ces mouvements.

Dès que l'éducation de la parole est terminée, lorsque l'homme possède une quantité suffisante de mots pour se faire comprendre de ses semblables, l'ouïe (l'appareil extérieur bien entendu) peut faire défaut ; l'homme peut devenir sourd, et continuer cependant ses relations verbales avec ses semblables ; mais il n'apprendra plus que très-difficilement de nouvelles dénominations, et il ne conservera ce qu'il a acquis qu'à la

de pouvoir inventer le mot, il a été créé jouissant de toutes ses facultés et par conséquent de la parole.

condition d'exercer activement son intelligence sur ce qu'il sait déjà. Cette obligation vient de ce qu'il a perdu une des sources les plus fécondes de ses connaissances : les notions qui lui viennent à tout instant par le canal de l'ouïe lorsqu'il vit en société.

Jusqu'ici nous avons considéré l'ouïe comme étant une des conditions indispensables de la formation de la parole; nous allons la voir jouer un rôle beaucoup plus important dans les phénomènes intimes de cette formation.

3° Le sens de l'ouïe ayant présidé à l'éducation des mouvements de la parole, il en résulte ce phénomène physiologique que, toutes les fois que ce sens est impressionné par un son qui se trouve dans le vocabulaire de l'individu, et à la formation duquel il a présidé, cette impression auditive excite immédiatement les nerfs destinés à faire exécuter les mouvements propres à la production du son perçu. Si ce mouvement n'était pas provoqué, si, lorsqu'on nous parle nous ne répétions pas *subjectivement* les sons que notre oreille reçoit, nous ne recevrions que l'impression d'un son. Pour qu'il y ait perception d'un *son-signe*, il est nécessaire que notre intellect soit impressionné par des mouvements volontaires convenus, car ce sont ces mouvements qui constituent le *sens* particulier du son reçu par l'ouïe. Le sens de l'ouïe se trouve ainsi excitateur des mouvements de la parole, absolument comme le sens de la vue est excitateur des mouvements de la locomotion dans un but déterminé. Nous verrons tout à l'heure que cette excitation spéciale joue un très-grand rôle dans la mémoire de la parole.

Ici se présente la question de savoir si l'impression du son agit directement sur les nerfs qui doivent exciter les mouvements sonores, ou bien, si le son perçu détermine l'intellect à exciter ces mouvements; en d'autres termes, y a-t-il

perception du son, et détermination volontaire des mouvements, ou bien, action réflexe seulement? Nous croyons que ces
procédés sont employés, tantôt l'un, tantôt l'autre, selon les
circonstances. Quand nous apprenons la prononciation d'un
mot, nous employons évidemment le premier; mais quand
nous écoutons un discours, nous croyons que l'excitation a lieu
directement sur les nerfs. Cette excitation directe ne nous paraît pas douteuse, car partout où un nerf de sensibilité plonge
dans la substance grise, on peut considérer ce point comme un
centre d'action capable de déterminer des mouvements. Or, la
racine principale du nerf auditif plonge dans la substance grise
du quatrième ventricule; de sorte que l'on peut supposer, qu'en
ce point, les impressions reçues par ce nerf peuvent déterminer,
surtout dans le facial et le trijumeau, l'excitation nécessaire
pour provoquer les mouvements sonores. Selon cette hypothèse, le nerf auditif s'associerait au trijumeau pour compléter
la branche sensitive de la paire nerveuse, dont le facial est la
branche motrice.

Rôle des mouvements sonores. — Les mouvements sonores
constituent naturellement la partie essentielle de la parole,
puisqu'ils fournissent la matière du son; mais leur rôle serait
bien limité s'il ne se réduisait qu'à cela. Ces mouvements ont
une bien autre importance à un autre point de vue. En effet,
le son ne dit rien par lui-même si la volonté n'a pas attaché à
sa formation un caractère particulier. C'est ce caractère qu'il
s'agit de définir.

Un mot n'a un sens déterminé qu'autant que l'intelligence,
en créant ce mot, a eu la volonté de lui faire signifier un objet,
une impression déjà perçue par elle, de telle sorte que, les
mouvements sonores et le sens qu'ils représentent ne sont
qu'une seule et même chose. Toutes les fois que nous employons un mot dans les diverses opérations de l'esprit, il y a

un acte de l'intelligence qui provoque les mouvements nécessaires à la formation de ce mot ; cet acte est essentiel et constitue réellement le *sens* du mot.

L'acte de la volonté suivi de l'excitation à des mouvements
sonores, est indispensable, car si cet acte ne se produisait pas,
il y aurait formation d'un son quelconque, mais non pas formation d'un mot ; car, nous le répétons, le *son-signe* est dans
l'acte de la volonté qui provoque certains mouvements dans un
sens et dans un but déterminés, et non ailleurs. C'est cet acte
voulu par le moi et perçu par lui qui constitue essentiellement
le *sens de la pensée*. Dans les opérations silencieuses de la pensée, dans ce qu'on appelle la parole interne, le phénomène
sonore manque sans doute, mais l'excitation des nerfs par la
volonté n'en a pas moins lieu ; nous parlons alors *subjectivement*.

Cette manière de voir explique jusqu'à un certain point les
variétés infinies que l'on rencontre dans les manifestations de
l'esprit humain. En effet, chacun façonne son esprit d'après les
impressions qu'il a reçues ; c'est d'après ces impressions qu'il
donne un sens plus ou moins étendu à la formation de chaque
mot, et qu'il comprend les idées émises par les autres.

Bien qu'il existe des vocabulaires destinés à préciser la signification des mots, il n'en est pas moins vrai que *Pierre*, en
apprenant le mot, attache à sa formation un sens qui se rapproche sans doute de celui qui est généralement admis, mais
qui n'est pas cependant tout à fait celui que *Paul* lui accorde.
Cette différence résulte du milieu différent dans lequel *Pierre*
et *Paul* ont vécu, de la nature de leurs impressions habituelles,
en un mot, de leur éducation.

Lorsque dans l'éducation de la parole, l'esprit n'a pas suffisamment identifié le sens du mot avec le mot lui-même, il arrive que le son du mot ne réveille aucune idée, ou bien, que

l'idée réveillée est confuse, et qu'elle n'a souvent aucun rapport avec le sens qu'on accorde généralement à ce mot. C'est ce qui arrive aux ignorants et aux esprits superficiels, dont le vocabulaire peut être très-étendu, très-facile dans son exhibition, mais pauvre en idées. La parole incomplète devient entre leurs mains un instrument dangereux pour la vérité.

En s'appuyant sur ces considérations physiologiques, il est possible de donner à l'esprit humain telle tournure d'idées que l'on voudra, et de diriger les aspirations de l'enfant vers le développement de telle aptitude plutôt que de telle autre. Semblable à ces fruits rares, dont l'horticulteur surveille et dirige le développement dans le sens qu'il désire, l'esprit humain se laisse, lui aussi, façonner, diriger, et il donne des fruits dont la saveur est toujours en rapport avec l'aliment qui a servi à son développement. Les perceptions de toute nature, sensations ou idées, constituent l'aliment de l'esprit.

Il est donc très-important de surveiller à la fois l'éducation et l'instruction de l'enfant d'après ces données physiologiques. Une seule impression mauvaise suffit pour empoisonner l'esprit, et ce mal est souvent sans remède. Heureusement, la réciproque est vrai, et il n'est pas rare de voir une seule bonne impression être la cause, quelquefois très-éloignée, des actions les plus louables. L'éducation doit donner à la fibre sensitive l'habitude des impressions généreuses, et l'instruction doit mettre, dans l'esprit, des mots complets, c'est-à-dire des mots dont le sens, bien défini, soit capable de réveiller en nous des notions claires et précises.

Après avoir ainsi déterminé chacun des éléments qui entrent dans la formation de la parole, nous résumerons la théorie physiologique de cette formation dans les trois propositions suivantes :

1° Éducation des mouvements de la parole par imitation et

avec le secours de l'ouïe comme sens initiateur, éducateur et excitateur;

2° Acte de la volonté, d'après lequel le sens du mot est attaché aux mouvements qui le produisent. Le sens du mot et les mouvements sont si bien incorporés l'un dans l'autre, qu'on doit les considérer comme une seule et même chose;

3° Transmission de cet acte voulu par l'intellect à l'intellect lui-même, sous une forme sonore, par l'intermédiaire du sens de l'ouïe.

§ II. — Langage mimique.

Analogue en cela aux sens spéciaux, le sens de la pensée peut être impressionné par des objets différents.

Nous venons de voir que la parole est constituée par une série de mouvements voulus par le moi, dirigés par l'ouïe, et s'adressant, dans leur ensemble expressif, à ce dernier sens. Or, ce que l'intelligence fait avec le secours de l'ouïe, elle peut le faire avec le secours de la vue; elle peut provoquer des mouvements spéciaux, autres que ceux de la parole; réglementer ces mouvements par le sens de la vue, et attacher un sens particulier à leur réalisation. Ces mouvements constituent le langage mimique.

Il est un langage mimique, en quelque sorte naturel, et qui consiste dans la reproduction des mouvements physiologiques de nos organes, ou dans la représentation imagée des objets de nos impressions. On lui donne généralement le nom de *langage des signes naturels*.

Il en est un autre qui se rapproche beaucoup, par le mécanisme de sa formation, du langage verbal, et qui consiste dans l'association de certains signes tout à fait arbitraires. Il porte le nom de *langage des signes méthodiques*. Nous étudierons séparément ces deux langages.

Langage des signes naturels. — Ce langage emploie trois sortes de mouvements :

Les mouvements naturels qui accompagnent toutes nos sensations ;

Les mouvements déjà connus et qui résultent de l'activité volontaire de nos organes ;

Les mouvements capables d'imiter la forme ou l'action des objets qui nous ont impressionnés.

1° Toutes nos sensations sont presque toujours accompagnées de certains mouvements que l'on pourrait appeler *passionnels ;* car ils se manifestent surtout lorsqu'une impression a été ressentie d'une manière très-vive. Chaque sens spécial a ses mouvements propres.

L'impression désagréable d'un objet sur la vue est toujours suivie d'un froncement de sourcil caractéristique : la paupière supérieure s'élève en découvrant le globe oculaire, et, selon le degré de contraction musculaire, la physionomie prend un aspect sévère, méchant ou agressif.

Au contraire, si l'impression est agréable, la contraction musculaire disparaît, le front se déplisse, la paupière supérieure se porte légèrement en bas, et un léger *tractus* du coin de l'œil indique la satisfaction. Poussée à un degré plus avancé, cette satisfaction se transforme en sentiment voluptueux ; la paupière supérieure se déplisse encore davantage ; la traction du coin de l'œil est un peu plus sensible, et, en même temps, une sécrétion plus abondante des humeurs de l'œil indique une excitation spéciale du sens de la vue.

Les mouvements qui accompagnent les sensations de l'ouïe ne sont pas moins expressifs. Si le son blesse le tympan, il y a une contraction de la face qui semble vouloir fermer toutes les

issues, tous les pores de la peau ; c'est la contraction musculaire
répulsive ; la tête fait, en même temps que le corps, un mouvement en arrière, un mouvement de répulsion qui indique le
désir éprouvé de fuir la sensation pénible. Au contraire, la sensation auditive est-elle agréable ? La figure s'épanouit, les yeux
se dilatent, et le cou tendu semble vouloir porter la tête au
devant de l'impression.

L'odorat exprime sa satisfaction ou son mécontentement par
la dilatation ou la contraction des narines. Dans le premier cas,
l'inspiration est longue, profonde ; dans le second, elle est très-
courte, saccadée.

Le goût a son mouvement de satisfaction que tout le monde
connaît : c'est le petit bruit que la langue produit en quittant
brusquement la voûte palatine ; si la sensation agréable est
vive, à ce petit bruit vient se joindre une dilatation légère des
narines, qui prouve la participation de l'odorat à cette douce
satisfaction.

Si, au contraire, la sensation gustative est désagréable, les
mouvements de l'arrière-gorge le disent d'une manière assez
éloquente.

Le toucher a une expression plus générale, et il emprunte
la plupart de ses mouvements aux sensations précédentes.
Si l'impression est agréable, la figure épanouie exprime la
satisfaction ; si elle est voluptueuse, le corps s'approche de
l'objet agréable, il ondule en s'approchant, et tous ses pores
semblent s'entr'ouvrir pour mieux savourer l'impression re-
cueillie.

Le sens de la pensée possède, lui aussi, ses mouvements ;
mais comme il se nourrit en quelque sorte des impressions
perçues par les autres sens, les mouvements visibles qui expriment sa manière de sentir sont très-variés, et se rapportent,
plus ou moins, aux mouvements que nous avons déjà décrits.

Il est certaines paroles qui réveillent en nous un sentiment agréable, et qui dilatent, épanouissent la physionomie comme le ferait la vue d'une chose agréable ; elles charment alors, et on les *goûte*, on les *flaire ;* d'autres paroles révoltent, inspirent le mépris ; celles-ci on les dédaigne, on les *rejette*, on les *repousse* par un mouvement d'excrétion ou par une projection des lèvres en avant, comme on le fait pour un objet qui sent mauvais ; d'autres fois encore, la parole agit comme un son désagréable sur le tympan, et la tête s'éloigne en fermant les yeux.

La reproduction volontaire de tous ces mouvements constitue une des parties importantes de la mimique. Par la reproduction imitative de ces mouvements, l'homme possède déjà un langage, mais ce langage est bien loin de celui de la parole, puisqu'avec lui on n'exprime que des perceptions, des sensations agréables ou désagréables.

Il n'est pas inutile de remarquer ici que la plupart des signes physiognomoniques sont sous la dépendance des mêmes nerfs qui président, en grande partie, à la formation de la parole, c'est-à-dire du facial et du trijumeau.

Le facial, en effet, anime les joues, le nez et une partie de la langue ; le trijumeau excite aussi le mouvement dans certains muscles des mâchoires ; mais sa fonction essentielle est de distribuer la sensibilité à toutes les parties que le facial excite, et de tenir, sous sa dépendance, les différentes sécrétions de la face qui sont elles-mêmes des signes expressifs.

Mais ces derniers sont, en général, trompeurs, car ils peuvent être fournis par les sentiments les plus opposés : les larmes sont les interprètes de la joie, comme de la tristesse ; la sécrétion salivaire est aussi bien provoquée par une impression agréable que par une impression désagréable, etc., etc. La raison de cela est que les sécrétions font partie de la vie organique, et l'on sait que cette dernière n'a pas deux manières de manifester l'excitation dont elle est l'objet. Que l'excitation soit gaie ou triste, agréable ou désagréable, le résultat est toujours le même : une augmentation de l'activité fonctionnelle.

Les mouvements dont nous venons de parler sont tellement unis à la perception des sensations, qu'ils accompagnent comme de vrais satellites, qu'on pourrait les croire involontaires.

Cependant, ils ne le sont pas complétement ; l'homme peut les asservir, les soumettre jusqu'à un certain point à sa volonté, et, soit qu'il se trouve dans le monde ou sur les planches d'un théâtre, cet asservissement est pour lui une chose utile et une preuve de force morale ; force admirable, quand elle n'est pas une vertu de tempérament, et qu'elle ne se met pas au service des mauvaises passions. Elle fait les grands artistes, et, quelquefois aussi, la réputation de certains hommes.

2° Les mouvements déjà connus et qui dépendent de l'activité volontaire de nos organes, entrent pour une grande part dans le langage mimique ; tels sont : la marche, le saut, la course, l'action de boire, de manger, de couper, de scier, d'écrire, etc., etc.

3° Il est enfin une troisième source à laquelle le langage des signes naturels emprunte ses instruments : c'est le monde extérieur. L'homme a une tendance naturelle à imiter tout ce qui impressionne ses sens ; il imite le cri des animaux, le vol des oiseaux, la forme des objets ; il n'est pas jusqu'à l'immensité de l'espace, jusqu'à l'infini, jusqu'à Dieu même qui ne trouvent une expression plus ou moins éloquente dans ce langage.

Mais tous ces mouvements aussi intelligents, aussi variés, aussi bien faits qu'on les suppose, n'approchent pas de la parole. Tacite raconte, il est vrai, qu'un certain Roscius traduisait avec tant de perfection en langage mimique les discours de Cicéron, qu'il était compris de tous ; mais dans cette historiette rapportée par des auteurs très-sérieux, nous ne savons pas trop ce qu'il faut admirer le plus, du talent de Roscius ou de l'intelligence extraordinaire des spectateurs qui comprenaient par infusion ce qu'ils n'avaient jamais appris. Les signes mimiques naturels fournissent à notre intelligence des perceptions d'images, de son, de saveur, d'odeurs et d'actions diverses ; à ce titre, ils servent sans doute aux manifestations de la pensée, mais ces manifestations sont excessivement bornées ; un sourd-muet peut nous paraître très-intelligent par l'expression de sa physionomie et de ses gestes ; mais la pensée, riche de perceptions sensorielles, est, chez lui, pauvre d'idées.

Nous possédons tous le langage naturel des signes, à ce point que deux sourds-muets, qui n'en connaissent point d'autres, peuvent se communiquer toutes leurs pensées.

« Vinciguerra, dit Valade-Gabel, dans un discours prononcé à l'institution impériale des sourds-muets de Bordeaux (1860), a passé sa vie dans les campagnes de la Corse ; Catelin sort à peine des monts Jura ; ni l'un ni l'autre ne reçurent jamais des hommes aucune instruction proprement dite, et cependant, à peine se sont-ils rencontrés dans l'école où la bonté du roi vient de les placer, qu'ils se reconnaissent pour frères ; une conversation animée s'établit entre eux ; ils se racontent leur long et pénible voyage, les événements de la route, le chagrin qu'ils ont eu à se séparer de leur famille. »

Le langage des signes naturels est produit par un procédé analogue à celui que nous employons dans la parole.

Comme dans cette dernière, notre intelligence veut certains mouvements auxquels elle attache un sens, et elle apprécie le résultat de ces mouvements par un sens spécial, par le sens de la vue.

Mais à quoi tient l'infériorité relative du langage des signes au point de vue du développement de la pensée ? Elle tient à ce que ce langage ne s'adresse qu'à l'être sensitif ; les signes naturels ne représentent que des objets sensibles ou un certain nombre d'actions qui nous ont déjà impressionnés ; il ne reproduit, en un mot, que ce qui a déjà passé par nos cinq sens. Notre langage oral serait tout aussi pauvre, s'il était borné à ces diverses représentations objectives ; mais il est des notions qui ne sont perceptibles ni par les yeux, ni par les oreilles, ni par le goût. Ces notions résultent d'un travail de l'esprit ; et, comme nous l'avons démontré plus haut, ce travail ne peut se faire qu'à la condition de certains mouvements dans lesquels il se trouve matérialisé, rendu sensible à lui-même.

Ces mouvements constituent les mots, ou, en d'autres termes, des signes arbitraires dont les éléments ne se trouvent pas dans le monde extérieur, pour cette bonne raison que, ce qu'ils représentent, est en nous. L'objet sensible peut être leur occasion, mais, en somme, ils représentent un acte de notre esprit. C'est par cette représentation sensible de ses propres actes que la pensée peut se percevoir elle-même.

Ainsi donc, l'infériorité du langage naturel des signes tient à ce qu'il manque de signes arbitraires destinés à représenter les opérations de la pensée qui élèvent notre intelligence au-dessus du monde sensible. L'absence de ces signes *arbitraires* dans le langage naturel des signes, est le seul motif de l'infériorité intellectuelle relative des sourds-muets, quand ils n'ont pas été développés par une éducation systématique. Cette éducation doit consister à compléter, par des signes nouveaux, le vocabulaire déjà existant.

C'est ce que comprit le vénérable abbé de l'Épée, et il créa les signes arbitraires destinés à compléter le vocabulaire des signes naturels.

Langage des signes méthodiques. — Les signes arbitraires ou méthodiques offrent la plus grande analogie avec les signes sonores. Ce sont des signes conventionnels auxquels l'intelligence attache un sens particulier, et dont elle peut se donner la représentation subjective dans les opérations de la pensée. Ce langage est encore imparfait, et à cause de son imperfection on a beaucoup de tendances à l'abandonner aujourd'hui. Ce serait un tort immense, car les sourds-muets n'ont pas d'autre moyen de développer leur intelligence, comme nous le démontrerons bientôt.

Au moyen des signes mimiques naturels et arbitraires, le *sourd-muet* peut arriver à développer son intelligence au même degré que le *parlant*. Néanmoins le premier trouve des difficultés inconnues au second et qui tiennent d'abord, à la privation d'un sens, et en second lieu, à l'infériorité de l'instrument dont il se sert. En effet, le langage mimique, aussi perfectionné qu'on le suppose, restera toujours au-dessous du langage oral.

Il est dans la nature des opérations de la pensée d'être excessivement rapides ; par conséquent, la formation de l'objet impressionnant, qui sert d'instrument à ces opérations, doit se faire avec une rapidité convenable. Or, la parole réunit on ne peut mieux cette condition : chaque mot ne forme pour ainsi dire qu'un son, tant est rapide la succession des accidents qui le constituent, et, cependant, il renferme deux, trois, quatre, cinq signes distincts et ayant tous une valeur caractéristique.

Les signes mimiques, aussi rapidement exécutés qu'on le suppose, n'ont pas cette concomitance, cette simultanéité relative de la parole, si nécessaire aux opérations de la pensée.

La parole jouit d'une indépendance que ne connaît pas le langage mimique ; on peut parler en tout temps, en tout lieu, la nuit, le jour, tandis que le langage mimique ne peut se manifester qu'avec le secours de la lumière.

Les mouvements de la parole sont moins exposés que les mouvements mimiques aux éventualités de la maladie : des lésions très-graves peuvent siéger dans la cavité buccale sans que la parole perde son expression essentielle : « De Jussieu a vu, à Lisbonne, une fille âgée de quinze ans et née sans langue, qui s'acquittait de toutes les fonctions que cet organe accomplit dans l'état normal. On ne voyait dans la bouche et dans toute la place que la langue y occupe ordinairement, qu'une petite éminence en forme de mamelon, élevée d'environ 3 ou 4 lignes. Cette jeune fille portugaise parlait si distinctement et avec tant de facilité, qu'à moins d'en être prévenu, on n'aurait jamais pu croire qu'elle fût privée de l'organe réputée l'instrument essentiel de la parole [1]. »

En signalant les nombreux avantages qui mettent la parole au-dessus du langage mimique, nous ne devons pas oublier que la vue ne peut pas distinguer les mouvements très-déliés qui sont appréciables à l'ouïe. La vue est le sens des choses stables; elle est si peu appréciateur des mouvements, qu'elle est illusionnée dès que le mouvement est un peu rapide ou compliqué. La plupart des illusions d'optique viennent de cette incapacité de l'œil à transmettre exactement à notre esprit l'impression des mouvements.

L'ouïe, au contraire, est le sens spécial des mouvements. Au moyen de ce sens, nous saisissons les nuances les plus délicates, les accidents les plus rapides, avec la plus grande facilité, et la pensée n'ayant pas à se préoccuper beaucoup de l'instrument, exécute ses opérations avec plus d'aisance.

Le langage mimique peut, il est vrai, imiter la forme et l'action des corps; mais le langage phonétique a aussi ses onomatopées; elle peut imiter le cri des animaux, les bruits, les sons variés, etc., etc.

Enfin signalons comme dernier avantage, la supériorité des

____

[1] Longet, *Traité de physiologie*, tome II, p. 215.

sons sur les images, au point de vue de l'émotion qu'ils peuvent développer en nous. La parole emprunte à ce privilége un attrait précieux. Une parole facile, dite avec un timbre de voix agréable, est une mélodie qui nous entraîne en charmant nos oreilles, et, souvent, l'harmonie douce de la forme nous rend indulgents sur le fond. Ainsi, à tous les points de vue, la parole, considérée comme objectif du sens de la pensée, est de beaucoup supérieure au langage mimique.

En résumé : 1° Les signes mimiques se forment par le même procédé que les signes phonétiques. Ils ne se distinguent que par le sens au moyen duquel ils sont formés et perçus. Le signe mimique est constitué par des mouvements dont l'expression s'adresse à la vue ; le signe phonétique est formé par des mouvements dont l'ensemble s'adresse au sens de l'ouïe.

2° Le signe mimique est un instrument moins facile, moins commode, moins complet que le signe phonétique, et, à ce titre, il est moins apte que ce dernier à servir l'intelligence dans ses opérations les plus sublimes, c'est-à-dire lorsqu'elle s'élève, par le raisonnement, au-dessus des choses sensibles.

§ III. — **Existe-t-il d'autres langages ?**

La parole et le langage mimique sont constitués par des mouvements physiologiques, et nous les avons vus utiliser tous les mouvements possibles de nos organes ; par conséquent, la question qui est en tête de ce paragraphe ne peut s'appliquer qu'à des signes existant en dehors de nous, aux diverses écritures, et être remplacée par celle-ci : peut-on penser directement avec les signes de l'écriture sans le secours d'un langage préexistant ?

Cette question présente une importance très-grande au point de vue de l'enseignement des sourds-muets.

En général on répond par l'affirmative ; on assimile le mécanisme de l'écriture dans ses rapports avec la pensée, au mécanisme du langage articulé, et l'on s'imagine que, voir les signes de l'écriture et les comprendre, c'est penser avec les signes.

Cette croyance est tellement accréditée que, des hommes, dont nous louons sans doute les bonnes intentions, ont voulu en faire une application directe à l'enseignement des sourds-muets et obliger ces pauvres enfants, assez malheureux déjà, à penser directement avec les signes de l'écriture, comme nous, *parlants*, nous pensons avec la parole[1].

Sans entrer ici dans des considérations, qui nous entraîneraient d'ailleurs beaucoup trop loin, et auxquelles nous avons consacré un chapitre spécial, nous allons examiner s'il est possible, en effet, de penser avec les signes de l'écriture, comme nous pensons avec les signes de la parole.

Supposons que nous ayons reproduit par des signes écrits, tout ce qui peut impressionner nos sens : sensations spéciales, sensations de la vie organique, sensations de la vie de relation. Supposons encore que nous soyons privés de tout langage, oral ou mimique, et examinons ensemble le parti que nous pouvons tirer de la représentation écrite de toutes nos sensations.

Le seul avantage que je vois d'abord dans cette représentation, c'est de pouvoir réunir dans un petit espace les objets de toutes mes sensations ; mais cet avantage s'évanouit dès que

---

[1] Méthode pour enseigner la langue française *sans l'intermédiaire du langage des signes*, par Valade-Gabel, directeur honoraire de l'institution impériale des sourds-muets de Bordeaux, etc. Voir aussi : *Enseignement des sourds-muets dans les écoles primaires*, par M. le docteur Blanchet, 1864.

je considère les difficultés que j'éprouve à me rappeler la forme du signe écrit; ma mémoire se retrace plus facilement les traits de l'objet lui-même; de sorte qu'à ce point de vue, le signe écrit est un double emploi dont je n'ai que faire.

En créant le signe écrit, j'ai fourni au sens de la vue l'occasion de se représenter les objets de toutes mes sensations, sous une nouvelle forme; mais cette perception écrite, excessivement difficile à retenir, met-elle dans mon esprit autre chose que l'objet lui-même? non certes. Le signe écrit est l'objet lui-même sous une autre forme, de sorte que la question se réduit à celle-ci : peut-on penser avec de simples perceptions? nous avons déjà démontré que non : par l'intermédiaire des sens, notre intelligence perçoit l'impression des objets sensibles; mais cette perception ne constitue pas la pensée; dans ces circonstances l'intelligence est en quelque sorte passive[1], tandis que la pensée est nécessairement active; penser, c'est agir. L'intelligence provoque dans nos organes des mouvements déterminés qui sont, pour elle, l'objet percevable de ses opérations; ces mouvements représentent ce qui n'est pas dans les objets qui ont impressionné nos sens, c'est-à-dire, l'idée; par conséquent l'idée ne peut pas être perçue par l'un quelconque de nos cinq sens; elle n'est percevable que par le *sens de la pensée*, et à la condition indispensable qu'elle soit reproduite comme objet percevable, ou, en d'autres termes, que l'intelligence provoque les mouvements physiologiques qui lui donnent naissance.

Nous pouvons conclure déjà qu'il n'est pas possible de penser directement avec les signes de l'écriture, parce que ces signes ne renferment pas l'idée; ils ne renferment que des objets capables d'impressionner le sens de la vue.

Cependant ces signes sont employés tous les jours, et grâce

---

[1] Excepté dans les phénomènes de mémoire ou de reproduction des sensations.

à eux, la pensée humaine ne connaît point les distances. Rien n'est plus vrai ; mais les conditions changent du moment où nous admettons l'existence d'un langage préexistant.

Pour faire comprendre cette différence, nous allons exposer la théorie de l'écriture, dont le mécanisme n'est pas plus connu que celui de la parole.

L'écriture n'est que la traduction d'un langage déjà créé.

L'intelligence qui a créé le *mot* sonore, a créé aussi un signe écrit qui correspond à ce mot ; mais en le créant, elle lui a donné même valeur, même signification, même sens.

De sorte que le signe écrit, qui n'est qu'une traduction visuelle du signe sonore, ne peut arriver à l'entendement qu'en suivant la filière sensitive à travers laquelle il a dû passer pour être formé. Cette filière est représentée par les organes de la parole. En d'autres termes, le signe écrit ne peut arriver à l'entendement qu'à la condition d'être traduit en signe sonore. Quand nous lisons, nous parlons mentalement ; nous traduisons par la parole subjective notre lecture, et c'est par cet intermédiaire que le sens du signe arrive à l'entendement. La nécessité de cette traduction résulte de la nature même du langage. En effet, pour manifester ses opérations, l'intellect emploie des mouvements qui aboutissent, il est vrai, à des résultats perceptibles par les cinq sens ; mais l'idée qui a donné naissance à ces mouvements, dans lesquels elle se trouve incorporée, ne peut arriver à l'intellect qu'à la condition que ces mouvements soient répétés de nouveau ; par conséquent, avant d'être au dehors de nous, tout langage a dû être d'abord en nous, formulé par nos organes, c'est-à-dire par des organes sensibles ayant un rapport direct avec le centre de perception.

Si les idées pouvaient arriver directement à l'entendement par l'intermédiaire des cinq sens, il n'en serait pas ainsi, et les signes écrits pourraient être directement saisis par le sens de la pensée ; mais nous avons vu que cela était impossible. Tout langage, c'est-à-dire tout signe destiné aux opérations de l'esprit et à ses manifestations, fait nécessairement partie de notre organisme, et tout signe en dehors de nous ne peut arriver à l'entendement qu'en passant, par traduction, dans le langage de l'organisme. Donc, vouloir enseigner à penser par des signes extérieurs, est une erreur déplorable ; vouloir que des enfants sourds-muets apprennent la langue nationale par l'écriture, sans le secours du langage qui leur est naturel, c'est-à-dire sans le secours de la langue mimique, est un crime de lèse-humanité ; nous le disons hautement, et nous acceptons toute la responsabilité attachée à cette appréciation. Qu'arrive-t-il, lorsque, pour enseigner l'écriture à un sourd-muet, on lui montre l'objet à côté du signe écrit qui le représente ? L'enfant qui est très-perspicace avec ses yeux, dont l'intelligence déborde par toutes les fibres mobiles de son corps, cet enfant, dis-je, a fixé son attention sur l'objet et sur le signe écrit, et, par un prodige de mémoire visuelle, assez commune chez les sourds-muets, il finit par conserver le souvenir du signe. Mais a-t-il mis une idée nouvelle dans son cerveau ? Ce serait une grande erreur de le croire : il a mis une image de plus dans le sens de la vue, et pas autre chose.

L'écriture n'est qu'un aide-mémoire destiné à suppléer, par sa permanence, à la fugitivité de la parole. Le sens de la vue, excité par le signe écrit, provoque directement les mouvements qui ont accompagné sa formation, c'est-à-dire les mouvements du langage dont il n'est qu'une traduction.

Le signe écrit est l'excitant de la vue, et celui-ci excite à son tour la parole.

L'écriture représente à nos yeux des formes convenues ; mais avant d'arriver comme idées, ou plutôt avec le *sens* qu'elles représentent, à l'entendement, elles sont traduites en langage physiologique, en ce langage intime qui, seul, peut impressionner l'intelligence.

Dans les images spéciales qui forment l'écriture il y a deux choses : une image qui impressionne le sens de la vue, et un sens particulier, l'idée, qui n'est pas du domaine des cinq organes des sens ; la forme est saisie par les yeux, mais l'idée est saisie par le sens qui lui appartient, par *le sens de la pensée*. D'où il résulte que l'écriture ne peut être qu'une traduction, et que vouloir penser avec l'écriture seule, sans la parole ou tout autre langage préexistant (mimique), c'est essayer de voir sans yeux, d'entendre sans oreilles, etc., etc.

Le langage, compris dans sa véritable acception, c'est-à-dire l'instrument immédiat des opérations de l'esprit, doit être physiologique ; il doit faire partie de nos organes, parce qu'il est indispensable que l'intellect soit en rapport direct avec les signes dont il se sert dans ses opérations ; il faut encore que ces signes soient vivants, sensibles ; il faut enfin que l'esprit puisse sentir ses actes, les percevoir au moment même où il les veut, et c'est bien cette rapidité nécessaire qui rend si difficile l'analyse de l'esprit humain.

Le signe écrit, placé en dehors de nous, ne répond à aucune de ces conditions ; c'est pourquoi il n'est pas possible de penser avec lui seul, comme nous venons de le démontrer.

Nous sommes donc pleinement autorisé à répondre par la négative, à la question que nous avons posée en tête de ce paragraphe. Non, il n'existe pas, pour le moment, d'autre langage que le langage phonétique et le langage mimique. Par conséquent on ne peut pas penser avec l'écriture seule ; car elle ne constitue pas un langage ; elle ne peut être qu'une traduction.

§ IV. — Mémoire du sens de la pensée.

Le sens de la pensée jouit, comme les autres sens, de la faculté de reproduire, en l'absence de l'objet impressionnant, les sensations qui l'ont déjà impressionné. De même que l'intelligence, sous l'influence de l'excitation cérébrale, peut se donner à elle-même le spectacle des images qu'elle a déjà perçues, de même, au moyen d'une excitation analogue, elle peut produire dans les nerfs, les mouvements qu'elle a déjà provoqués assez souvent pour que cette reproduction ait lieu facilement. En d'autres termes, il y a une sensation *subjective* de la parole, comme il y a une sensation *subjective* pour les images, les sons, etc. Le procédé selon lequel cette reproduction est obtenue est le même; c'est toujours une excitation cérébrale, qui provoque dans les nerfs un mouvement déjà effectué un grand nombre de fois; mais le mécanisme est différent, et cette différence tient au mécanisme du sens lui-même. La sensation subjective de la parole est ce qu'on désigne habituellement sous le nom de parole interne, parole pensée; mais la physiologie de la parole et les rapports de cette dernière avec la pensée n'étant pas connus, ces expressions étaient jusqu'ici vagues et mal définies.

C'est ainsi que beaucoup de physiologistes, M. Bouillaud entre autres, prétendent que cette parole interne est antérieure à la parole externe [1].

Cette assertion ne supporte pas l'épreuve du plus léger examen.

Il suffit, en effet, d'observer ce qui se passe chez l'enfant, de

---

[1] *Bulletin de l'Académie impériale de médecine*, discussion sur la faculté du langage articulé, nᵒˢ 13, 14, 15.

voir comment il apprend à parler, de constater les difficultés inouïes qu'il éprouve à émettre quelques mots qui, pour lui, n'ont aucun sens, qu'il applique indistinctement à toute chose, et l'on restera convaincu qu'il ne possède pas encore, à cette époque, la parole interne.

Poursuivant toujours l'analogie que nous avons établie entre le sens de la pensée et les autres sens, nous remarquons que la sensation *subjective* de la parole ne peut être obtenue qu'à une certaine époque de la vie, après une certaine éducation des sens et une grande habitude de recevoir certaines impressions. Dans le jeune âge, les sensations subjectives existent déjà sans doute ; les rêves le prouvent, et, d'ailleurs, elles sont une condition du développement de l'intelligence de l'enfant ; mais la sensation *subjective* de la parole ne vient qu'après celle des autres sens. C'est elle qui est l'instrument de la réflexion, et cette réflexion ne peut s'opérer que sur des perceptions sensorielles suffisamment claires et distinctes ; en un mot, le travail de la pensée, qui ne se fait que par la sensation *subjective* de la parole, n'a lieu qu'après une certaine éducation et un certain développement de la parole elle-même. La parole interne est donc nécessairement postérieure à la parole externe ; l'esprit a dû créer d'abord l'objet de ses sensations, et ce n'est qu'après cette création qu'il a pu se représenter la sensation *subjective* de cet objet. Mais quel est le mécanisme de cette sensation subjective ? Ce mécanisme est le même que celui que nous avons constaté dans les autres sens ; mais il en diffère par certaines particularités qui tiennent au sens lui-même. C'est ce mécanisme qu'il s'agit de déterminer.

La parole, considérée comme phénomène sensible, doit être classée parmi les sensations qui résultent de l'activité volontaire des organes ; par conséquent, la mémoire de cette sensation ou, pour parler plus physiologiquement, sa reproduction *sub-*

jective, est réalisée par le procédé que nous avons signalé en parlant de la mémoire des sens (Voir p. 627).

La parole étant formée par des mouvements physiologiques, dont l'ensemble s'adresse à un sens spécial, au sens de l'ouïe, nous aurons à considérer dans sa reproduction *subjective*, la mémoire du sens de l'ouïe ou mémoire des mots, et la mémoire des mouvements ou mémoire des idées ; car l'idée, le sens du mot, est attaché au mouvement lui-même, comme nous l'avons démontré.

Mémoire des mots. — Le sens de l'ouïe peut reproduire subjectivement les impressions sonores dont il a été affecté ; mais cette reproduction isolée ne constitue pas la mémoire de la parole, car elle ne renferme pas l'idée. L'ouïe rappelle un son, mais pas autre chose. C'est à cette mémoire isolée que nous devons, étant très-jeunes, de pouvoir réciter des centaines de vers grecs, latins, français, sans en comprendre le sens. Ce qui, soit dit en passant, vient très-bien à l'appui de la distinction physiologique que nous avons établie entre le phénomène sonore et l'idée qu'il renferme. La mémoire des mots se forme exactement par le même procédé que nous avons indiqué en parlant de la mémoire du sens de l'ouïe (Voir p. 620). Comme cela arrive dans la mémoire des sens spéciaux, plusieurs circonstances concourent à la reproduction subjective des sons. En première ligne, nous devons signaler la grande habitude que nous avons de prononcer les mots : cette habitude fait que nous reproduisons subjectivement le son-parole avec la plus grande facilité.

La mémoire des yeux intervient aussi d'une manière très-utile : il est certaines personnes qui semblent lire dans un livre, tant la mémoire du mot écrit est développé chez elles.

D'autres personnes ont recours au souvenir du rhythme, surtout quand il est très-accentué, comme dans certains vers où le poëte a voulu faire de l'harmonie imitative. Il est, enfin, des circonstances où l'on invoque surtout le souvenir du timbre. Que de fois, en cherchant à se rappeler un mot, on dit : Il se termine en *a*, en *eu*, en *ou*, c'est-à-dire par un son voyelle, par un timbre particulier.

Mémoire des idées. — L'enfant qui récite, sans y rien comprendre, un discours latin, possède la mémoire des mots ; mais il n'a pas la mémoire des idées, parce que l'idée ne peut être que là où notre entendement l'a mise. La formation de l'idée est un acte de notre volonté ; elle est matériellement constituée par un mouvement de nos organes et nous ne pouvons la percevoir, en avoir conscience, qu'autant que ce mouvement est exécuté ; par conséquent, se rappeler l'idée, c'est reproduire subjectivement les mouvements qui la constituent ; et rechercher les circonstances dans lesquelles ces mouvements sont provoqués subjectivement, c'est dire comment nous vient la mémoire des idées. Or, l'idée ne peut être provoquée en nous que de trois manières différentes : 1° par la perception d'une impression quelconque intérieure ou extérieure ; 2° par le cours naturel des opérations de notre esprit ; 3° par le souvenir ou la représentation subjective du mot qui la représente.

Pour développer d'une manière complète ces trois propositions, il faudrait faire l'histoire de l'origine des idées, ce qui nous entraînerait un peu trop loin. Nous devons nous borner ici à tracer les lignes principales de cette histoire.

L'acquisition de toutes nos connaissances se fait d'après un classement méthodique qui est en quelque sorte indépendant de notre volonté.

Cette harmonie, établie dans le système pensant, a été voulue et mise en nous par l'intelligence suprême qui a tout créé ; nous voudrions qu'elle ne fût pas, que nous ne le pourrions pas. Elle existe de par le même principe qui a voulu que les fonctions de la vie organique se fissent d'une certaine manière, et, de même que nous ne pouvons pas modifier le mécanisme de ces dernières, de même, nous ne pouvons pas modifier l'exercice de la pensée. En poursuivant toujours notre parallèle entre les fonctions organiques et la pensée, nous constatons encore que nous sommes libres de changer, non pas le mécanisme de la fonction, mais les produits de cette fonction, en modifiant les agents qui lui servent d'aliment. Nous pouvons altérer la composition du sang, mais non pas empêcher qu'il ne se forme de la même manière. Il en est de même pour la pensée, dont nous ne pouvons pas changer le mécanisme physiologique; mais ce que nous pouvons changer, ce sont les perceptions qui lui servent d'aliment, et arriver ainsi à donner à notre esprit une tournure d'idées spéciale. Le secret de toute bonne éducation est dans cette dernière considération.

Il résulte de l'harmonie préétablie qui préside au mécanisme de la pensée, que certaines perceptions réveillent une série d'idées, de la même manière que la production d'un son réveille celle de ses harmoniques. Il y a dans ce réveil une sorte de fatalité, qui fait que nous ne sommes pas toujours les maîtres de diriger notre pensée plutôt dans un sens que dans tel autre.

La vue d'un animal, distingué de tout autre, connu parfaitement de nous, provoque immédiatement les mouvements sonores destinés à former le mot que nous avons attaché à la désignation de cet animal. Voilà un exemple de la mémoire des idées provoquées par le sens de la vue. Supposons à présent que cet animal soit représenté subjectivement dans le sens de la vue; cette reproduction subjective aura encore le pouvoir de provoquer les mouvements sonores, et nous aurons là un exemple élémentaire d'une opération de la pensée, c'est-à-dire une série de perceptions subjectives ne s'accompagnant d'aucune manifestation extérieure. Supposons encore que l'animal qui nous a impressionné soit un chien : l'idée représentée par ce mot réveille successivement dans notre esprit toutes celles qui convergent vers elle, comme les rayons d'une circonférence convergent vers son centre. C'est ainsi que l'idée de chien développe celle de la race à laquelle il appartient, ou bien les idées de fidélité, d'odorat très-développé, de chasse, etc., etc. Dans ces opérations diverses, les idées se pourchassent les unes les autres ; celle qui précède sert d'excitant à celle qui suit, et à chaque idée correspondent des mouvements sonores particuliers qui caractérisent l'idée elle-même, et sans lesquels l'idée n'existerait pas. Ces mouvements sont inappréciables ; mais si nous nous observons penser, nous constatons qu'ils existent et que nous prononçons les mots subjectivement. Nous ne saurions trop le répéter : dans les opérations de la pensée, l'intelligence est active et elle manifeste son activité par les mouvements sonores ; c'est dans ces mouvements qu'elle met l'idée, et c'est par eux qu'elle a conscience d'elle-même. Ces mouvements subjectifs, déterminés par les circonstances qui ont présidé à leur formation, ou qui en ont fourni les motifs, constituent la mémoire des idées.

Après avoir exposé isolément le mécanisme de la mémoire des mots et des idées, nous devons les considérer simultanément, car de leur réunion résulte véritablement la mémoire *du sens de la pensée*, ou, en d'autres termes, la mémoire de la parole complète, composée du mot et de l'idée.

En traitant de la mémoire des sens en général, nous avons dit que le mécanisme de la reproduction *subjective* était toujours la contre-partie de la sensation elle-même, au point de vue de la succession des phénomènes ; par conséquent nous n'avons qu'à rappeler en peu de mots le mécanisme de la perception de la parole, et nous n'aurons qu'à renverser les termes de cette exposition pour indiquer, dans leur ordre naturel, les phénomènes qui constituent la mémoire de la parole.

La parole est formée par des mouvements dont le résultat expressif s'adresse au sens de l'ouïe ; c'est par l'intermédiaire de ce sens que l'intellect sait ce qu'il a fait, et c'est par lui qu'il se dirige. Par conséquent, pour se donner la représentation subjective de ses actions, il provoque d'abord, par l'excitation cérébrale, la reproduction subjective du phénomène sonore du mot ; cette impression auditive est tellement liée aux mouvements physiologiques qui lui donnent habituellement naissance, qu'il suffit de sa reproduction dans le sens de l'ouïe, pour qu'aussitôt les mouvements eux-mêmes soient reproduits subjectivement.

Nous développerons notre pensée par un exemple emprunté aux mouvements qui s'adressent au sens de la vue.

Lorsque nous apprenons à faire certains mouvements par l'intermédiaire du sens de la vue, il arrive un moment où ce dernier ne dirige plus les mouvements dans leurs plus petits détails, comme il le faisait dès le début. Il suffit que nous voulions faire le mouvement, et le mouvement est fait. Il ne faut pas croire cependant que le sens de la vue reste étranger dans l'exécution de cette volition. Avant de prendre une détermination, notre intelligence doit savoir ce qu'elle veut ; dans ce but, elle se donne la représentation subjective du mouvement qu'elle désire exécuter ; elle le voit tout formé dans le sens de la vue, et cette vision intérieure est si bien liée, par l'habitude, avec les mouvements qui peuvent lui donner réellement naissance que sa présence seule suffit pour déterminer l'exécution de ces derniers.

Lorsqu'après un certain temps d'exercice, on est arrivé à parcourir facilement le clavier d'un piano, les yeux ne suivent pas le mouvement des doigts ; ils regardent autre part, et cependant l'artiste voit les touches ; il calcule les distances, et il frappe la note avec une précision mathématique. C'est qu'il se dirige par la vue *subjective*.

Notre intelligence n'agit pas autrement quand elle veut se donner la représentation *subjective* de la parole ; elle provoque d'abord la reproduction du phénomène sonore dans le sens de l'ouïe, et cette reproduction détermine, à son tour, la reproduction subjective des mouvements qui donnent réellement naissance à cette impression. On remarque, en effet, avec un peu d'attention, que, dans les opérations silencieuses de la pensée, l'ouïe reste éveillée à ce point, qu'il semble que ce sens soit impressionné par une voix étrangère. Cette excitation spéciale de l'image sonore sur les mouvements, ne veut pas dire que le mot rappelle toujours l'idée : nous avons dit, il est vrai, que l'idée est dans les mouvements provoqués par la volonté ; mais si la signification du mot n'a pas été bien déterminée ; si, toutes les fois que le mot a été prononcé, il n'y a pas eu, en même temps, volonté expresse de lui donner un sens précis, il est évident que la reproduction subjective du mot provoque des mouvements dans lesquels l'idée sera confuse et indéterminée. En somme, nous ne trouvons dans le mot que ce que nous y avons mis. C'est ce qui explique pourquoi certaines personnes ont une mémoire remarquable pour les mots, tandis qu'elles n'ont pas la mémoire des idées ; le travail nécessaire pour identifier le mot avec l'idée a été insuffisant ; aussi, leurs discours manquent de précision et d'exactitude dans les mots.

C'est ainsi que nous nous procurons simultanément la mémoire du mot et de l'idée. C'est encore ainsi que nous pensons, car la pensée n'est autre chose que le λογος, la parole interne, la parole *subjective*.

Comme on vient de le voir, le sens de l'ouïe joue un très-grand rôle au double point de vue de la formation de la parole et de sa reproduction *subjective*. Il ne faut donc pas s'étonner si les jeunes enfants qui sont privés de ce sens, restent muets.

Lorsque l'éducation de la parole est complète, lorsque l'homme possède suffisamment l'habitude de représenter ses idées par des mots, la perte de l'ouïe n'est pas aussi préjudiciable; il peut, par l'exercice, conserver et développer même ce qu'il a appris; car, en perdant la faculté de percevoir des sons, il n'a pas perdu nécessairement la faculté de les reproduire subjectivement. Le plus souvent l'appareil externe de l'ouïe est exclusivement lésé, et, dans ce cas, le nerf de l'audition est suffisant pour la reproduction des impressions *subjectives*. Le sourd est dans le même cas que l'aveugle qui aurait perdu la vue à un âge avancé; cette perte n'entraîne pas avec elle l'impossibilité de reproduire subjectivement des images; bien au contraire. Des faits nombreux tendent à prouver que cette reproduction n'est que plus vive après la perte de la vue. Milton est un exemple fameux à l'appui de cette manière de voir.

Pour compléter ce que l'on peut dire sur la mémoire du *sens de la pensée*, nous devrions parler de la mémoire particulière aux signes mimiques; mais ce soin nous paraît inutile, car cette mémoire s'obtient par les mêmes procédés que nous avons indiqués au sujet de la parole. On n'a qu'à appliquer aux mouvements des membres et de la physionomie, ce que nous avons dit des mouvements des organes de la voix, et à remplacer le sens de l'ouïe par le sens de la vue. Les sourds-muets ne peuvent penser que par la mémoire *subjective* de ces mouvements; c'est pourquoi nous ne saurions trop blâmer les maîtres imprudents, qui veulent supprimer le langage des signes dans l'éducation de ces malheureux enfants. (Voir plus loin ce que nous disons sur ce sujet au chapitre des applications de la théorie de la parole.)

§ V. — Siége anatomique du sens de la pensée.

D'après les idées que nous avons émises touchant le *sens de la pensée*, l'indication du siége anatomique de ce sens doit consister, pour nous, à déterminer le point du cerveau où les mouvéments de la parole sont voulus et provoqués, et celui où l'ensemble de ces mouvements, c'est-à-dire le phénomène sonore, est perçu.

Or, la question qui concerne la localisation cérébrale de la parole, est une des plus importantes que nous ayons eu à traiter jusqu'ici ; elle se rattache, en effet, à une doctrine fameuse et à laquelle l'autorité scientifique de son inventeur avait su donner, avec beaucoup d'éclat, une solidité assez sérieuse, pour que les attaques les mieux dirigées n'aient fait que l'ébranler. Nous avons nommé Gall et la doctrine phrénologique.

Gall ne trouvant pas dans ses recherches anatomiques les connaissances que son imagination impatiente était désireuse d'acquérir, laissa un jour son scalpel, et, appuyé sur les vastes connaissances qu'il avait puisées dans le monde réel, il s'élança d'un bond de géant dans l'immensité des rêves. Platon avait créé sa république, Thomas Morus son utopie, Gall créa la phrénologie.

Il est dans la nature de l'anatomie et de la physiologie de marcher lentement, mais sûrement ; dans ces sciences, chaque fait nouveau est immense ; mais que de labeurs pour l'acquérir ! Cette lenteur, ces difficultés ne pouvaient pas convenir à ces hommes, dont la curiosité indiscrète veut avoir avant l'heure la solution du grand problème de la vie, et ils ont abandonné ce champ ingrat, préférant demander aux opérations de leur esprit la raison de toutes choses. Ils se sont ainsi débarrassés d'un obstacle gênant pour leur imagination ; mais, en même temps, ils ont perdu le seul guide qui pût les maintenir dans la voie du vrai.

Gall, après avoir été grand anatomiste, se rangea dans le camp de ces derniers. Au lieu d'arriver à l'âme par l'anatomie et la physiologie, au lieu de remonter de l'effet à la cause, il s'adressa directement à l'âme elle-même. L'occasion était propice : Hutchesson, Reid, Dugald-Stewart venaient de déblayer le terrain et d'inventer une âme toute nouvelle. C'est celle-là que Gall choisit ; et, après l'avoir remaniée quelque peu, après avoir créé des facultés fondamentales et des facultés spéciales, il établit le raisonnement suivant : Il existe des facultés intellectuelles et morales déterminées ; or, le cerveau est une condition indispensable à leur manifestation ; donc, il existe dans le cerveau un organe spécial pour chacune de ces facultés.

Tout le système de Gall repose sur ce syllogisme.

Le langage, la principale de nos facultés, trouve évidemment sa place dans la classification phrénologique. Gall a placé le siége anatomique du *sens* des mots et le *sens du langage de la parole*, dans les circonvolutions frontales supérieures et antérieures, situées sur la moitié postérieure de la voûte de l'orbite.

A l'appui de cette localisation, il donne l'observation de ceux qui possèdent une excellente mémoire, et qui se font remarquer, selon lui, par la saillie des globes oculaires. Nous ne contestons pas la coïncidence possible entre ces deux phénomènes ; mais cette simple donnée physiognomonique ne suffit pas pour déterminer le siége anatomique d'une faculté. D'ailleurs, Gall ne s'en tient pas là, et il emprunte d'autres preuves à l'observation clinique. Il cite quelques malades qui ont perdu la mémoire des mots ou la faculté de lire, d'écrire, à la suite d'une attaque d'apoplexie ou à la suite d'une blessure qui avait porté sur la partie antérieure des lobes cérébraux ; mais aucun de ces faits n'a été contrôlé par l'examen de l'encéphale après la mort, de sorte que, jusqu'ici, la localisation du langage dans les lobes antérieurs n'est appuyée sur aucune preuve solide.

D'ailleurs, Gall dit peu de chose sur cette faculté du langage, cependant la plus importante de toutes, puisqu'elle est une des caractéristiques de l'homme, et il termine son historique du *sens des mots* par cette réflexion très-significative, à notre avis : « On trouvera fort singulier, sans doute, que ce soit précisément au sujet de cette faculté que nos travaux laissent le plus à désirer. »

C'est d'autant plus étonnant que, si la phrénologie pouvait produire une preuve éclatante de la légitimité de ses prétentions, elle devait nécessairement la trouver dans cette faculté du langage, si importante que, sans elle, les autres n'exciteraient pas leur manifestation la plus expressive, ou du moins en seraient privées.

Mais de ce que le maître a laissé l'œuvre imparfaite et inachevée, est-ce une raison pour la condamner ? Non, certainement. Gall a laissé des disciples et des disciples fameux, qui, par leur talent, leur position, portent haut l'étendard phrénologique et le défendent, nous en avons eu naguère la preuve, avec un enthousiasme, une verdeur dignes des plus belles causes [1]. M. Bouillaud accepte le principe de la doctrine de Gall : pluralité des facultés et pluralité des organes cérébraux. Mais quand il s'agit de la faculté du langage, M. Bouillaud tient à montrer qu'il ne l'entend pas tout à fait de la même manière : « Rien, dit-il, dans l'ouvrage de Gall, absolument rien sur ce fait capital, savoir, que la faculté du langage articulé, considé-

---

[1] Discussion sur le langage articulé. Séances de l'Académie impériale de médecine, avril, mai, juin 1865.

rée dans son ensemble, se compose de deux éléments ou facteurs parfaitement distincts, l'un essentiellement moral, relatif aux *mots*, aux noms, signes représentatifs de nos idées, qu'il faut *former*, *inventer* ou *apprendre*, *comprendre*, *retenir;* l'autre, relatif aux mouvements, au moyen desquels ces mots sont exprimés, prononcés, articulés, mouvements qu'il faut *former*, apprendre, retenir, comme les mots eux-mêmes [1]. »

Moins audacieux que Gall, M. Bouillaud n'assigne pas de siége précis à cette double faculté, et il se fait la part belle, en disant qu'elle est en un point quelconque des lobes antérieurs du cerveau. Ce que M. Bouillaud n'a pas osé faire, d'autres l'ont fait. MM. Dax père et fils ont émis l'opinion que la faculté du langage réside dans les lobes antérieurs du côté gauche. Enfin, M. Broca, le saint Paul de la doctrine, selon l'expression de M. Bouillaud, est allé beaucoup plus loin que ces derniers. Après avoir été longtemps l'adversaire de M. Bouillaud, M. Broca s'est jeté dans le camp du médecin de la Charité, et, avec la ferveur obligée d'un néophyte, il a localisé la parole, non plus dans les lobes antérieurs, comme M. Bouillaud, non pas dans le lobe du côté gauche, comme MM. Dax, mais dans la troisième circonvolution frontale du côté gauche.

Tel est en peu de mots l'état actuel de la question sur la localisation de la faculté du langage. On ne peut pas se dissimuler l'importance et l'intérêt qu'elle présente au double point de vue de la physiologie et de la philosophie. Il suffit, en effet, que l'on démontre l'exactitude d'une localisation, telle du moins que l'entendent Gall et M. Bouillaud, pour que la phrénologie ne soit pas une pseudo-science, analogue à la magie, selon M. Lélut, mais une science positive dans laquelle M. Bouillaud

---

[1] *Bulletin de l'Académie impériale de médecine*, 30 avril et 15 mai 1865, p. 611.

voit « une ressemblance parfaite avec les sciences les plus vraies de nos jours, telles que l'astronomie, la physique, la chimie, etc., etc. [1] »

On a dû s'apercevoir déjà que nous ne sommes pas partisan de la phrénologie. Rien n'est plus vrai ; et nous pensons que si cette doctrine est encore debout, défendue par de nombreux adeptes, cela tient un peu à la manière dont elle a été attaquée. On a eu le tort, à notre avis, de laisser intact le principe, en se bornant à diriger les arguments contre les applications : la localisation des facultés dans certaines parties du cerveau ; leur manifestation crânioscopique, ne sont, en effet, que les applications du principe phrénologique. C'est ce principe que nous voulons examiner.

La doctrine de Gall est basée sur le syllogisme que nous avons formulé tout à l'heure.

Nous laisserons à M. Bouillaud le soin de nous montrer comment, de déduction en déduction, on est amené, en acceptant ce principe, à établir les localisations :

« 1° Il existe, dit M. Bouillaud, des facultés intellectuelles et morales, *spéciales*, *déterminées*.

« 2° Il est universellement admis, et l'observation le démontre invinciblement, que le cerveau constitue une condition indispensable à leur manifestation, qu'il en est le *siége*. Comme l'entendement lui-même, et par une sorte de *corollaire* physiologique, cet organe se divise en parties *spéciales*, dont chacune est affectée au siége de quelqu'une des facultés intellectuelles et morales, *fondamentales* et *spéciales*.

« 3° La faculté de parler, considérée dans tous les éléments dont elle se compose, est une des facultés intellectuelles *spé-ciales* et *fondamentales*.

---

[1] *Bulletin de l'Académie impériale de médecine,* p. 588, n° 14.

« Cette faculté *spéciale* a son siége dans les lobes antérieurs ou frontaux du cerveau. »

Il est évident que cette série de propositions repose sur la première ; si la première est vraie, les suivantes nous paraissent assez bien déduites pour qu'elles le soient aussi. Mais nous n'acceptons pas aussi facilement qu'on l'a fait jusqu'ici cette première proposition. Avant d'admettre qu'il existe des facultés spéciales déterminées, nous voulons savoir ce que Gall et M. Bouillaud entendent par le mot *faculté*. On chercherait en vain dans les travaux de Gall une définition exacte et précise de ce mot. Il dit bien, et c'est ce qui distingue sa théorie de celles qui l'avaient précédée, qu'il admet des facultés *spéciales* pour chacune des branches de nos connaissances, et des facultés *générales*, telles que mémoire, jugement, qui sont propres à toutes les facultés *spéciales ;* mais il ne définit pas ce qu'il entend par *faculté*. Cette définition nous est indispensable cependant, et nous la trouverons dans l'analyse rapide que nous allons faire.

Il n'y a pas, ce nous semble, deux manières de comprendre la signification du mot *faculté ;* pour nous, il est synonyme de puissance d'agir : c'est un principe, une force, et, par conséquent, considérée à ce point de vue général, la faculté est immatérielle. Mais si, à ce mot, nous ajoutons celui qui exprime le mode d'action de cette force, si nous disons, par exemple, *faculté de parler, faculté de nous souvenir, faculté de vouloir,* le mot *faculté* ne représente plus un principe immatériel seulement ; il représente aussi une action qui ne peut être accomplie qu'avec le concours de la matière, et, dès lors, le mot *faculté* représente un principe immatériel, plus, le mode d'expression de ce principe, qui est tout à fait matériel. Nous développerons notre pensée par un exemple :

Soit une pile électrique. Adaptez aux conducteurs de cette

pile un appareil télégraphique, et l'électricité pourra transmettre des mots et des idées avec une rapidité que la parole humaine ne saurait atteindre. Enlevez à présent cet appareil télégraphique et terminez les deux conducteurs par deux cônes de charbon : l'électricité produira de la lumière. Supposez, enfin, que les deux conducteurs viennent plonger dans un baquet galvanoplastique, et vous obtiendrez, par l'électricité, une décomposition chimique.

Voilà donc une même force qui produit trois effets bien différents : langage, lumière, galvanoplastie. Dans les trois cas, la force est restée la même, les agents de sa manifestation ont seuls varié ; l'électricité a transmis des paroles, parce que l'on a disposé sur les conducteurs un appareil télégraphique ; de la lumière, parce qu'on a terminé les deux conducteurs par deux cônes de charbon ; de la galvanoplastie, parce qu'on a mis ces conducteurs en contact avec un sel.

Donnez à présent à cette même pile des nerfs sensitifs et moteurs, donnez-lui par conséquent la faculté de percevoir ce qu'elle fait et de se percevoir elle-même, et vous aurez une machine animée, intelligente, qui fera, comme la première, des paroles, de la lumière, des décompositions, mais avec cette différence qu'elle saura ce qu'elle fait.

Elle aura donc la faculté de parler, d'éclairer, de sculpter ; mais cette faculté multiple sera-t-elle constituée seulement par le principe, par l'électricité ? Non, certainement. Par elle-même, l'électricité n'est qu'une force et elle ne devient faculté qu'à cette seule condition que, divers appareils lui donnent une expression quelconque ; la faculté est tout à la fois dans l'esprit et dans la matière ; l'esprit sans la matière est une force sans expression, et la matière sans esprit est une masse inerte. Par conséquent, le mot *faculté* ne peut s'appliquer qu'à la manifestation d'un principe immatériel uni à la matière ;

l'un donne l'impulsion, l'autre donne la forme expressive.

L'homme n'est autre chose que cette pile électrique animée : un principe unique, intelligent, se manifestant par des expressions différentes, selon les organes qu'il met en jeu [1]. L'électricité dans la pile représente l'âme dans le cerveau ; les conducteurs représentent les nerfs, et enfin, les appareils de télégraphie, de lumière, de chimie, ne sont autre chose que nos organes. D'après cela, nous devons considérer les facultés de l'âme comme nous avons considéré les facultés de la pile électrique, c'est-à-dire, comme les manifestations d'un principe uni à la matière. En effet, l'âme ne se manifeste à nous que par la matière ; car l'esprit sans la matière est une force sans expression, inaccessible à notre connaissance. L'action de l'âme sur nos organes, et la perception de ses actes par les organes des sens, constituent les facultés de l'âme. Par conséquent, toutes les fois qu'on parle de ces facultés, on ne doit point perdre de vue que le mot *faculté* représente tout à la fois un principe immatériel (âme) et un agent matériel (organes). Concevoir le mot *faculté* autrement, c'est s'exposer à idéaliser la matière et à inventer une âme matérielle *idéalisée*. C'est ce qu'ont fait de tout temps les philosophes : arrêtés par l'étude de la machine corporelle qu'ils ne connaissaient pas, et qu'il était si important de connaître cependant, puisque c'est elle qui fournit à notre intelligence ses caractères expressifs, ils l'ont laissée, non sans quelque dédain, aux physiologistes, et ils ont gardé *l'esprit* pour eux. C'était trop et pas assez. Sans se rendre bien compte de ce qu'ils faisaient, ils ont été conduits à donner à cette âme isolée, qu'ils n'auraient pas pu comprendre sans cela, des yeux, des oreilles, des bras, une forme enfin,

---

[1] C'est dans ce sens *seulement* que l'on doit comprendre la définition de de Bonald : l'homme est une intelligence servie par des organes.

qui rappelle évidemment la forme corporelle, mais qui, n'étant pas accessible au scalpel, était par ce fait moins gênante. En effet, donner à l'âme des facultés *complétement spirituelles*, telles que mémoire, sensibilité, langage, etc., c'était mettre dans l'esprit pur, ce qui ne peut *être* qu'avec le concours de la matière, c'était mettre les conducteurs de la pile électrique dans la pile elle-même, c'était, enfin, faire une âme mi-partie spirituelle, mi-partie matérielle [1].

C'est cette âme ainsi conçue que Gall a prétendu replacer dans sa demeure naturelle, dans le cerveau. Oubliant, ou ne sachant pas que les facultés de cette âme représentent le principe immatériel et son instrument expressif, il a dû nécessairement inventer un organe cérébral destiné à remplir ces deux rôles ; il a dû trouver un organe qui fût tout à la fois le siége de l'impulsion et celui de la forme expressive de cette impulsion ; il a dû mettre enfin dans le cerveau le principe du mouvement et les organes du mouvement eux-mêmes.

Si Gall eût approfondi le sens que l'on donne généralement au mot *faculté*, il n'aurait pas fondé une doctrine dont la base est un fait impossible, qui devait le conduire au matérialisme le plus absolu. Prenons pour exemple la parole. Gall dit : Il y a une faculté du langage ; donc, il existe dans le cerveau un organe spécial qui parle, qui fait des mots ; c'est le sens des mots. M. Bouillaud arrive ensuite, et il ajoute à ce sens un nouvel organe chargé de traduire en mouvements la parole pensée, la parole formée par le *sens des mots* ; cet organe est le *régulateur*, le *législateur* des mouvements de la parole extérieure. Ainsi, pour Gall et pour M. Bouillaud, la parole est formée de toutes pièces par le sens des mots ; le cerveau n'est plus pour eux un centre d'action, il n'est pas seulement le siége du prin-

---

[1] Voir ce que nous avons dit au chapitre de la sensibilité, p. 612.

cipe qui, avec le concours des organes, constitue la vie intelligente ou de relation ; il est plus que cela : il est compositeur, inventeur ; l'organe coordonne, apprend, arrange des mots, et ce n'est qu'après les avoir fabriqués qu'il rend ses opérations sensibles à l'extérieur, par le moyen d'un autre organe non moins savant que le premier. Celui-ci, en effet, est un *législateur ;* il régit, il coordonne les mouvements qui constituent la parole extérieure. Il est évident, d'après cette théorie, que la parole n'est plus une faculté intellectuelle ; c'est une fonction accomplie par deux organes : on fait des mots comme on fait de la bile ; l'organe du sens des mots *élabore* les éléments de la parole, et, l'organe législateur dirige ces éléments combinés, vers le canal excréteur qui porte au dehors le produit de la sécrétion, ou la parole. Et que l'on ne croie pas que cette appréciation soit exagérée. Cette manière de voir est si bien celle du médecin de la Charité que, lorsqu'il s'agit des altérations de la parole, il s'exprime de manière à ne laisser aucun doute : « La perte de la parole, dit M. Bouillaud, reconnaît une double origine : tantôt, en effet, elle dépend d'une lésion du *sens,* de la *faculté des mots,* des *noms,* ou du langage *intérieur ;* tantôt, au contraire, elle est due à une lésion du *principe,* de la *faculté* qui règle, *coordonne* et gouverne en quelque sorte les mouvements de la *voix articulée,* du pouvoir *législateur* des mouvements du langage articulé [1]. »

Il est évident que, si la *faculté de coordonner* et le *sens des mots* peuvent être lésés, ce ne sont plus des principes immatériels, mais des organes accomplissant une fonction. Un *principe,* une *faculté* qui peuvent être lésés ne sont ni des principes, ni des facultés. Nous pouvons léser, modifier l'expression d'un

---

[1] *Bulletin de l'Académie impériale de médecine,* avril et mai 1865, p. 637.

principe, d'une force, mais non le principe lui-même; la matière est à nous, mais le principe est à Dieu.

Si nous insistons ainsi sur les conséquences fâcheuses du système phrénologique, ce n'est point pour le vain plaisir de mettre M. Bouillaud en contradiction avec lui-même, nous avons une trop haute opinion de son caractère et de son talent pour avoir la moindre pensée hostile; mais, dans une discussion de la nature de celle-ci, l'homme doit s'effacer devant l'idée; l'idée seule est en cause, et c'est pour elle que nous réclamons l'indépendance absolue de nos appréciations. Nous reconnaissons d'ailleurs dans le célèbre professeur, l'homme aux aspirations nobles, élevées, le poëte philosophe, le chrétien en un mot; quand il fait de la philosophie, il se plaît à parler comme Descartes; et, ses discours, émaillés de quelques citations bibliques, exhalent un parfum d'orthodoxie que ne désavouerait pas saint Augustin.

Mais malgré lui, et ceci est le résultat des idées de *l'école*, M. Bouillaud est organicien *dans l'âme;* il ne peut pas s'empêcher d'avoir été le disciple, et d'être aujourd'hui un des maîtres de cette école fameuse qui ne voit dans le corps de l'homme que des organes et des fonctions; de cette école dont Bichat fut l'anatomiste, Cabanis le philosophe, Broussais le médecin, et Gall le physiologiste.

Cette même école qui a fait de la *sensibilité* une propriété de la matière, en appliquant ce mot aux actes de la vie inconsciente (Bichat, Cabanis), nous la voyons aujourd'hui par un procédé contraire, spiritualiser en apparence ce qu'il y a de matériel dans les facultés (Gall, M. Bouillaud). Les premiers ont matérialisé le principe; les seconds spiritualisent la matière. Qu'est-il résulté de là? C'est que la plus grande confusion règne dans le domaine *animique;* c'est que ceux-là même qui ont conçu cette âme impossible, trop matérielle dans un sens, trop spirituelle dans l'autre, ne peuvent pas l'accepter sans une certaine réserve. Ils concèdent l'âme, mais ce nom mal défini, renferme-t-il autre chose qu'une formule de politesse académique?

Sans se demander, sans même définir ce qu'il entend par *facultés intellectuelles*, Gall s occupe exclusivement de rechercher les organes de ces facultés : « Indiquez-moi, dit-il, les forces fondamentales de l'âme, et je trouverai le siége et l'organe de chacune [1]. » Les facultés n'existent réellement pour lui que pour servir de guide dans cette recherche; la faculté est un mot, une étiquette qu'il place sur chacun de ses organes cérébraux, mais la véritable faculté est la fonction de ces organes.

Ainsi donc, nous pouvons dire que le système phrénologique de Gall est faux dans son principe ; car ce principe repose sur une impossibilité, sur la croyance erronée que les facultés intellectuelles existent de toutes pièces dans le principe intelligent. Nous avons démontré, en effet, que ces facultés sont constituées par la manifestation d'un principe immatériel uni à la matière, et que, vouloir représenter *entièrement* ces facultés par un organe cérébral, c'est mettre dans le cerveau, non-seulement le principe intelligent, mais encore les organes du corps qui lui servent d'expression. Par conséquent, la faculté du langage, en tant qu'organe cérébral, n'existe pas.

Nous pourrions demander à l'anatomie, à la physiologie, à l'anatomie comparée, à la pathologie, la confirmation de cette conclusion, mais ce côté spécial de la critique a été traité victorieusement par d'autres que nous [2]. Le très-regrettable Gratiolet, après avoir discuté la même question à ces divers points de vue, prononçait, devant la Société d'anthropologie, ces pa-

---

[1] *Anat. physiol. du système nerveux*, t. III, p. 58, année 1810.
[2] M. Lelut. *Qu'est-ce que la phrénologie?*

roles mémorables : « Je n'hésite point à conclure que tous les essais de localisation qui ont été tentés jusqu'ici manquent de base. Ce sont de grands efforts sans doute, des efforts de Titans ! mais quand on veut saisir la vérité céleste du haut de ces Babels, l'édifice s'écroule [1]. »

Mais il arrive parfois que, malgré la fausseté d'un principe, les applications de ce dernier présentent un côté vrai et utile aux progrès de la science. En serait-il ainsi de la faculté du langage, telle qu'elle est comprise par M. Bouillaud ? C'est ce que nous allons examiner.

La théorie de M. Bouillaud est renfermée dans le paragraphe suivant :

« Or, remarquez, dit-il, qu'il est de toute nécessité de distinguer, dans l'acte de la parole, deux éléments différents, savoir : la faculté de *créer* ou d'*apprendre* des mots comme signes de nos idées, d'en conserver le souvenir, et celle de prononcer, d'*articuler* ces mêmes mots..Il y a pour ainsi dire une parole *intérieure* et une parole extérieure, et celle-ci n'est que l'expression de la première. Le centre nerveux où siége la faculté qui préside à la formation, à la mémoire des mots, à la parole *intérieure*, n'est pas le même que celui qui produit, *coordonne* les mouvements de la parole extérieure, et en conserve la mémoire [2]. »

Cette exposition est très-claire : M. Bouillaud reconnaît deux organes distincts, l'un pour le sens des mots, l'autre pour la coordination des mouvements de la parole. Examinons séparément ces deux organes.

1° *Sens des mots.* — Il n'est personne qui ne sache que nous apprenons, que nous créons des mots. Mais M. Bouillaud ne

[1] Séances de la Société d'anthropologie du 18 avril 1861.
[2] M. Bouillaud. *Bulletin de l'Académie impériale de médecine*, avril et mai 1865, p. 618.

nous dit pas le procédé au moyen duquel nous faisons ces belles choses. Trouver, expliquer ce procédé, c'est faire la physiologie de la parole ; c'est la tâche que nous nous sommes imposée dans ce livre. Mais se contenter de dire avec M. Bouillaud : Nous formons des mots, nous en conservons la mémoire, donc il y a un organe dans le cerveau chargé de remplir cette fonction, c'est formuler une hypothèse qui, par elle-même, n'explique rien ; c'est imiter cet ontologisme des premiers âges qui explique tout par des êtres de raison, et qui conduisit l'humanité à l'idolâtrie et au fétichisme ; c'est enfin se payer d'un vain mot. Faire de la physiologie de cette manière, c'est mettre la science dans une impasse et s'opposer à tout progrès. En effet, puisqu'il existe un organe chargé d'apprendre, de créer, de se rappeler les mots, nous n'avons pas à nous enquérir d'autre chose. La parole *est* parce qu'elle doit être, parce qu'elle a un organe.

En exposant le vrai mécanisme de la formation de la parole, nous avons suffisamment démontré que les choses ne se passent point ainsi. Par conséquent, à ce point de vue, la théorie de la localisation ne présente aucun avantage ; mais, par contre, elle offre beaucoup d'inconvénients.

2° *Coordination des mouvements de la parole*. — Gall n'avait inventé que le *sens des mots*. M. Bouillaud a ajouté à ce sens un organe *coordinateur*, législateur des mouvements de la parole extérieure.

Voyons d'abord ce que l'on doit entendre par le mot *coordination*.

Le mot *coordination* a été introduit dans la science par M. Flourens [1] : « J'appelle mouvement coordonné, dit M. Flourens, tout mouvement qui résulte du concours, de l'enchaîne-

---

[1] C'est-à-dire avec le sens que nous lui donnons ici.

ment, du *groupement,* si l'on peut ainsi dire, de plusieurs autres mouvements, tous distincts, tous isolés les uns des autres, et qui, groupés autrement, eussent donné un autre résultat total.

«Ainsi le saut, la marche, la course, la station, le nagement, le vol, sont des mouvements coordonnés ; des mouvements résultant du concours de plusieurs parties distinctes, séparées, isolées ; dont chacune peut agir seule et séparément, ou réunie à une, à deux, à trois, à toutes les autres, et produit divers effets selon ces diverses combinaisons.

« 2. Pareillement, le mouvement de l'inspiration et tous ses dérivés; le cri, le bâillement, certaines déjections, certaines attitudes, etc., sont encore des mouvements coordonnés. Pour inspirer, comme pour crier, comme pour bâiller, etc., il faut le concours d'une infinité de parties diverses : des muscles de la face, du larynx, de la poitrine, des épaules, du diaphragme, de l'abdomen, etc.

« 3. Et j'appelle ces derniers mouvements, mouvements de conservation, par opposition aux premiers, que désignent si bien les mots de *locomotion* et de *préhension* [1]. »

Tels sont les mouvements qui ont reçu le nom de *coordonnés* par M. Flourens; mais pour comprendre le motif qui a déterminé l'illustre physiologiste à leur imposer ce nom, il est indispensable de rappeler quelques-unes de ses belles expériences.

M. Flourens prive un animal de ses lobes cérébraux et il constate que cet animal ne se meut plus volontairement, ni dans un but déterminé, ni dans une vue quelconque ; mais il se meut coordonnément et tout aussi régulièrement que lorsqu'il avait ses lobes.

Dans une seconde expérience l'animal est privé de son cer-

[1] Flourens. *Système nerveux,* 1824, p. 185.

velet et, dès lors, il perd tout équilibrement, toute coordination, toute corrélation de ses mouvements. « Cependant toutes les parties d'un tel animal, la tête, le tronc, les extrémités, toutes ces parties, dis-je, se meuvent et se meuvent avec vigueur; mais comme elles ne concourent plus, ne s'ordonnent plus, ne *s'entendent* plus, si on l'ose dire, il n'y a plus de résultat obtenu... En un mot, tous les mouvements partiels subsistent encore; la coordination seule de ces mouvements est perdue[1]. »

Dans une troisième expérience, la moelle est détruite, et le mouvement est aboli dans toutes les parties qui reçoivent le mouvement de cette moelle. Par conséquent, la volonté réside dans les lobes cérébraux; la coordination des mouvements de locomotion dans le cervelet; et l'excitation directe de ces mouvements dans la moelle. Des expériences analogues ont été faites en vue des mouvements coordonnés de conservation : respiration, cri, etc., et M. Flourens a démontré que le principe coordinateur, régulateur de ces mouvements réside dans la moelle allongée.

Enfin les mouvements de la vie organique, les mouvements du cœur, des intestins ont été soumis aux mêmes épreuves, et il a été constaté qu'ils sont, eux aussi, sous la dépendance de divers centres d'action qui président à leur exécution coordonnée, et qu'ils ne dépendent du système nerveux cérébro-spinal que d'une manière *médiate et consécutive.*

Ces expériences remarquables ont conduit M. Flourens à établir d'une manière très-judicieuse les conditions générales de la mécanique animale.

Selon lui, nul mouvement ne dérive directement de la volonté. La volonté peut déterminer, provoquer certains mouvements; mais elle n'est jamais la cause efficiente ou effective

---

[1] *Loco citato,* p. 211.

d'aucun. Je puis vouloir lever mon bras ; mais ce n'est pas ma volonté qui anime les muscles de cette partie, et qui les coordonne.

« La volonté, dit M. Flourens, n'est jamais que la cause provocatrice, éloignée, occasionnelle de ces mouvements ; mais enfin elle peut les provoquer, en régler l'énergie, en déterminer le but ; et, ce qu'il y a d'essentiellement remarquable, elle peut cela de tous points. Ainsi, un animal peut, à son gré, se mouvoir ou non, lentement ou vite, dans telle ou telle direction qu'il lui plaît. Il est donc maître absolu, non pas du mécanisme de sa marche, mais de sa marche.

« Il en est de même de la course et du saut, qui ne sont qu'une marche précipitée ; du vol, du nagement, de la reptation, qui ne sont que différentes espèces de marche ; de la station, qui n'est qu'une partie de la marche ; et, en un mot, de tous les mouvements de locomotion ou de translation. Il en est de même encore de la préhension des objets, de leur transport, de leur projection, de leur conduction, et, en un mot, de tous nos mouvements de relation avec eux.

« La respiration, le cri, le bâillement, certaines déjections, certaines attitudes, au contraire, ne dépendent que jusqu'à un certain point, et que dans certains cas, de la volonté. En général, tous ces mouvements ont lieu sans qu'elle s'en aperçoive, sans qu'elle s'en mêle, sans qu'elle y participe, souvent même quelque opposée qu'elle y soit.

« Enfin, les mouvements du cœur et des intestins sont totalement, complétement et absolument étrangers à la volonté.

« Sous le rapport de la volonté, comme sous le rapport du mécanisme, comme sous le rapport des organes du mouvement, il y a donc trois ordres de mouvements essentiellement distincts. Les uns sont totalement soumis à la volonté ; les autres n'y sont soumis qu'en partie ; les autres n'y sont point soumis du tout [1]. »

Il est évident, d'après cette exposition, que M. Flourens emploie le mot *coordonné* pour désigner les mouvements *naturels* propres à chaque animal. L'oiseau vole, le poisson nage, l'homme crie, se meut et respire, sans que les uns ni les autres aient jamais appris à faire ces mouvements ; ils voient le but à atteindre, ils veulent, et le mouvement est exécuté. Ces mouvements ont été prévus, préparés à l'avance, et un organe spécial a été préposé à leur exécution *coordonnée*.

A ce point de vue, les mouvements coordonnés participent tous de la vie organique dont l'évolution silencieuse est l'exemple le plus frappant de la coordination préétablie. Il est vrai que l'influence plus ou moins grande de la volonté permet d'établir entre eux des distinctions très-légitimes ; mais ils n'en ont pas moins ce caractère commun, qu'ils ne peuvent pas ne pas être ; il est aussi nécessaire de se mouvoir que de respirer et de digérer.

Les mouvements renfermés dans les trois ordres de M. Flourens, comprennent tous les mouvements coordonnés *possibles*[2]. C'est pourquoi l'intelligence peut vouloir un mouvement différent d'un autre ; mais elle ne *coordonne* jamais un mouvement. La coordination est dans les organes et non dans l'intelligence. Cette dernière voit un but à atteindre, une image à imiter, un son à reproduire, elle veut, et les mouvements *coordonnés naturels* s'offrent pour exécuter sa volonté. Le rôle de l'intelligence consiste à diriger l'ensemble de ces mouvements coordonnés vers le but à atteindre au moyen d'un sens spécial.

[1] *Loco citato*, p. 217.

[2] Il faut excepter cependant les mouvements qui sont affectés aux organes des sens. Ces mouvements rentrent dans la classe des mouvements appris. C'est l'impression reçue par l'organe lui-même qui en dirige l'exécution.

Ainsi, par exemple, pour reproduire un mot que j'ai entendu, je provoque d'abord les mouvements *coordonnés naturels* du cri; mais mon oreille me dit que ce son ne ressemble pas à celui que je veux imiter. J'exécute alors d'une autre manière les mouvements *naturels coordonnés,* et, l'oreille aidant, j'atteins le but désiré.

Dans cette opération, mon intelligence a-t-elle coordonné des mouvements? Certainement non; elle a dirigé, dans un but déterminé et au moyen du sens de l'ouïe, un ensemble de mouvements *coordonnés* déjà, mais elle-même n'a rien *coordonné.*

Tous les mouvements qui dépendent de l'activité volontaire de nos organes, et qui n'ont pas de destination fonctionnelle, sont exécutés selon le même procédé[1].

L'intelligence provoque les mouvements *coordonnés;* elle dirige leur exécution au moyen d'un sens spécial; si c'est un son, au moyen de l'ouïe; si c'est un signe, au moyen des yeux; mais elle ne coordonne rien, car tous les mouvements coordonnés possibles existent déjà dans le corps, en dehors de toute intervention de la volonté. Cela est si vrai que, dans les arts où le mouvement de nos organes joue un grand rôle, les efforts préliminaires de l'artiste débutant tendent le plus souvent à détruire la coordination préétablie de nos organes. Dans l'étude du piano, par exemple, les exercices n'ont d'autre but que de dompter la coordination naturelle des mouvements des doigts, et d'obtenir autant que possible l'indépendance des mouvements particuliers.

Les mouvements de la parole doivent être rangés dans cette classe de mouvements. Elle est constituée, en effet, par des

---

[1] Voir ce que nous avons dit sur ce sujet dans le chapitre Ier, *Sensibilité,* p. 627.

mouvements *coordonnés naturels:* cri, respiration, mastication, et qui sont sous la dépendance d'un organe coordinateur (moelle allongée).

L'intelligence provoque l'exécution de ces mouvements; elle *dirige* leur association particulière au moyen du sens de l'ouïe, et, par un exercice suffisant, elle arrive à créer le *son-parole.*

C'est pour ne pas avoir établi les distinctions importantes que nous venons de signaler entre les divers mouvements, que M. Bouillaud a été conduit à créer un organe coordinateur pour les mouvements de la parole.

Le savant professeur a confondu les mouvements *naturels, fonctionnels,* tels que la marche, la préhension, le cri, la respiration (mouvements nécessaires à la santé et à la vie du corps), avec les mouvements voulus par notre intelligence dans un but tout différent; il n'a pas vu que les premiers sont *nécessairement* coordonnés et sous la dépendance d'un organe coordinateur spécial qui en assure l'exécution, par cette raison qu'ils sont *nécessaires;* tandis que les seconds peuvent ne pas exister; ils sont purement éventuels; l'intelligence les provoque ou ne les provoque pas, et, dans tous les cas, ils sont essentiellement constitués par les mouvements *coordonnés naturels.*

Si nous possédions un organe coordinateur, l'enfant abandonné dans les bois coordonnerait les mouvements de la parole comme il coordonne les mouvements du cri; mais nous savons, d'après quelques relations véridiques, que les enfants ainsi abandonnés ne profèrent aucune *parole.*

L'enfant qui vient de naître prend le sein, respire, crie, meut les bras sans avoir appris ces mouvements; pourquoi cela? C'est qu'un organe spécial est préposé à leur coordination. Cependant, il entend proférer des paroles autour de lui, et, bien qu'il puisse téter, rire, crier, faire tous les mouvements nécessaires à la production de la parole, il fait d'inutiles efforts pour en imiter les sons; pourquoi cela? C'est que la parole n'est pas sous la dépendance d'un organe coordinateur chargé d'arranger les mouvements qui lui sont propres; la parole est constituée par les mouvements *coordonnés naturels* soumis, dans leur exécution, à la direction de l'intelligence elle-même éclairée par le sens de l'ouïe.

L'enfant qui apprend à parler ne *coordonne* pas des mouvements particuliers; il donne une expression différente, une forme plus correcte à des mouvements *coordonnés* déjà. S'il existait un organe coordinateur dans le cerveau, ce même enfant parlerait aussitôt qu'il a entendu parler, car ce ne sont pas les mouvements de la bouche et de la langue qui le gênent; mais il est nécessaire que ces mouvements soient voulus et dirigés d'une certaine manière; il n'y a pas coordination, il y a apprentissage pénible, long, difficile. L'enfant apprend successivement tous les mots, mais il n'y arrive que par une véritable opération de son intelligence :

1re *Condition*. — Il faut qu'il entende.

2e *Condition*. — Il faut qu'il entende assez souvent pour que le son particulier reste gravé dans la mémoire du sens de l'ouïe.

3e *Condition*. — Il faut qu'il épèle et qu'il répète souvent le mot pour que les mouvements en deviennent faciles et qu'il les conserve dans la mémoire.

4e *Condition*. — Il faut qu'il comprenne le sens du mot, et ceci demande encore une éducation qui ne permet pas d'admettre l'existence d'un organe spécial chargé de cette opération; si cet organe existait, l'enfant saisirait aussitôt le rapport qui existe entre l'objet et le nom.

De toutes ces considérations, il résulte : 1° que le mot *coordination* n'est pas applicable aux mouvements de la parole, dans le sens que lui accorde M. Bouillaud. La coordination est dans les organes et non dans l'intelligence.

2° Que la coordination des mouvements de la parole est sous la dépendance de l'organe (moelle allongée) qui excite les mouvements *coordonnés naturels* de la respiration, du cri, etc., etc.; et non pas, comme le veut M. Bouillaud, sous la dépendance d'un organe *intelligent*, situé dans le cerveau, et chargé de coordonner spécialement les mouvements de la parole.

Nous sommes donc autorisé à conclure que le système de Gall est faux dans son principe et, en ce qui concerne la parole, dans chacune de ses applications :

1° Le *sens des mots* est une pure hypothèse, un vain mot.

2° La *coordination* des mouvements de la parole par un *organe cérébral* est une erreur profonde, une impossibilité flagrante démontrées par l'analyse raisonnée des mouvements qui constituent la parole.

Cependant, si M. Bouillaud s'est inspiré d'une théorie fausse sur la formation du langage articulé, ses nombreux travaux ne sont pas perdus pour la science, et nous nous plaisons à reconnaître que, interprétés d'une manière différente, ils peuvent jeter une grande lumière sur la question qui nous occupe.

Il résulte, en effet, des observations pathologiques recueillies par le savant professeur et par ses élèves, que neuf fois sur dix les altérations de la parole coïncident avec une lésion des lobes antérieurs du cerveau. Cette indication est précieuse; elle doit nécessairement nous guider dans la recherche des éléments anatomiques qui concourent à la formation de la parole; car l'impulsion première qui provoque ces mouvements réside quelque part dans le cerveau.

Or, nous avons démontré que la parole est constituée par un ensemble de mouvements voulus par l'intelligence, et nous avons donné à la perception spéciale du *mot-signe* le nom de

sens de la pensée ; par conséquent, la question du siége anatomique *du sens de la pensée* doit se résumer pour nous dans les
propositions suivantes :

1° Trouver en quel point de l'encéphale l'intelligence agit
sur les fibres nerveuses pour exciter les mouvements de la
parole ;

2° Indiquer le siége anatomique de la perception du *son-
parole ;*

3° Déterminer les liens anatomiques au moyen desquels
toutes nos perceptions, en général, agissent sur le *son-parole,*
soit pour en réveiller la reproduction subjective dans le sens de
l'ouïe, soit pour en provoquer les mouvements.

Le moment n'est pas encore venu de résoudre complétement
ce problème de physiologie cérébrale ; mais en nous appuyant
sur les travaux les plus récents, touchant cette branche de la
science, nous espérons arriver à une solution relative.

Considéré au point de vue exclusif de son évolution fonctionnelle, le cerveau présente la plus grande analogie avec les autres
appareils de la vie.

Comme eux, il reçoit les éléments nécessaires à sa fonction
par des organes spéciaux ; comme eux encore, il transmet au
dehors de lui ces éléments transformés.

Les sensations, qui de toutes les parties du corps se dirigent
par les nerfs sensitifs vers le cerveau, sont les matériaux de sa
fonction principale ; les volitions transmises à la périphérie par
les nerfs des mouvements constituent l'élément *sécréteur* (qu'on
nous passe le mot, nous ne parlons que des organes) de cette
fonction.

Mais tandis que les viscères fonctionnent silencieusement et
sans avoir conscience de leurs actes, le cerveau a conscience de
ce qu'il fait, ou plutôt il est dans la nature de ses fonctions de
vouloir et de percevoir ce qu'il a fait.

La *perception* et la *volition* supposent une communication du centre cérébral avec toutes les parties du corps; cette communication est établie par les nerfs sensitifs et moteurs : disséminés à la périphérie, ils convergent vers la moelle qu'ils contribuent à former en grande partie, et ils viennent s'épanouir dans l'encéphale dont ils constituent le noyau central ou la substance blanche.

Le rôle physiologique des nerfs, de la moelle et de quelques parties de l'encéphale (tubercules quadrijumeaux, partie centrale de la protubérance), a été parfaitement déterminé[1], parce que ces parties rendent leur mouvement fonctionnel appréciable sous l'influence de certaines excitations (électricité, caustique, etc., etc.).

Mais dès que les fibres nerveuses se groupent entre elles pour former les divers ganglions encéphaliques, elles semblent changer complétement de nature; les mêmes fibres qui, dans le bulbe, répondaient vivement à la plus légère excitation, perdent leur excitabilité dès qu'elles sont parvenues dans les lobes cérébraux ou dans le cervelet.

Par parenthèse, il nous semble qu'on pourrait expliquer cette insensibilité par la nature même des fonctions du cerveau : les lobes sont insensibles, parce qu'ils sont le siége de toutes les perceptions; il paraît assez rationnel, en effet, qu'ils ne puissent se percevoir eux-mêmes. Le cerveau ne peut sentir que ce qui est en dehors de lui, et c'est pourquoi nous le voyons, dans les opérations de la pensée, *extérioriser* ses propres actes en leur donnant la forme sensible, perceptible de la parole.

Le défaut d'excitabilité de la substance cérébrale rend très-difficile la détermination physiologique de chacune des parties de l'encéphale. En considérant cependant que le centre ovale

---

[1] Flourens. *Recherches expérimentales sur le système nerveux.*

de Vieussens, ainsi que l'amas de substance blanche qui forme le noyau du cervelet, sont constitués par l'épanouissement des faisceaux de la moelle qui pénètrent dans ces ganglions sous le nom de *pédoncules cérébraux et cérébelleux*, il est permis d'espérer que, connaissant le rôle des divers faisceaux de la moelle, on arrivera sans doute à déterminer le rôle de leurs prolongements dans l'encéphale.

Il ne sera peut-être pas aussi facile de déterminer les fonctions de la substance grise qui enveloppe de toutes parts les noyaux de substance blanche. MM. Parchappe et Baillarger considèrent la substance corticale comme le centre de perception des sensations ; mais les observations sur lesquelles ils s'appuient ne sont ni assez nombreuses ni assez concluantes pour légitimer d'une manière définitive cette assertion.

S'il nous était permis, dans une question aussi grave, de formuler une hypothèse, nous serions très-disposé à considérer l'enveloppe corticale, non-seulement comme le siége de perception des sensations, mais aussi comme le point de départ des mouvements volontaires ou involontaires. Nous appuyons, d'ailleurs, cette hypothèse sur les considérations suivantes : 1° Toute sensation détermine *toujours* un mouvement dans les fibres organiques, dès qu'elle a été perçue. Nous ajouterons même que le mouvement *perception* et le mouvement qui lui succède sont si bien liés, qu'on ne voit jamais l'un sans l'autre. Le mouvement *appréciable* qui succède à la sensation constitue les mouvements instinctifs, les mouvements de l'animal, les premiers mouvements enfin. Par conséquent, la perception doit occuper le même siége que le mouvement qu'elle provoque. 2° On peut assimiler, jusqu'à un certain point, les ganglions encéphaliques aux ganglions de la vie organique, dans lesquels la substance grise joue évidemment le rôle de centre d'action. D'ailleurs, la substance grise de la moelle ne préside-t-elle pas aux mouvements réflexes? Il est certain que le contact de la substance blanche avec la substance grise est indispensable pour que ces phénomènes soient produits ; c'est pourquoi nous pensons que la perception de nos sensations et l'origine de nos mouvements se trouvent en ce point où les fibres blanches pénètrent dans les différentes couches de l'enveloppe corticale.

Nous sommes persuadé que, dans la solution de ces difficiles problèmes, l'anatomie pathologique peut prêter efficacement son concours à la physiologie expérimentale; mais afin que ses observations ne soient point perdues pour la science, elles doivent être recueillies dans un sens véritablement physiologique, et non pas, comme on l'a fait jusqu'ici, dans le but illusoire de découvrir des organes spéciaux coordinateurs et autres qui n'existent pas.

Il nous semble que, dans ces observations, l'on ne doit pas oublier surtout que les fibres da la substance blanche de l'encéphale sont la continuation des fibres sensitivo-motrices du bulbe rachidien, et que, si les premières ont perdu leur excitabilité, elles n'en conservent pas moins des rapports de continuité avec les secondes, qui permettent de considérer les unes et les autres comme les différentes parties d'un même organe, ayant des attributions différentes, selon le point de son étendue où on l'examine.

Pour le moment, voici ce que nous pouvons dire touchant le siége du *sens de la pensée* :

1° Le point de l'encéphale, où l'intelligence agit sur les fibres nerveuses pour déterminer les mouvements de la parole, n'est pas encore bien déterminé. Cependant les observations anatomiques recueillies par M. Bouillaud et par ses élèves, permettent de supposer que ce point est situé dans les lobes antérieurs du

cerveau (lobe droit et lobe gauche)[1]. En effet, neuf fois sur dix,
et en mettant de côté la paralysie des nerfs glosso-labio-laryn-
gés, la perte ou l'altération de la parole a coïncidé avec une
lésion des lobes antérieurs. Nous devons ajouter, cependant,
que ce point n'est pas isolé dans l'encéphale ; qu'il communique nécessairement avec la protubérance et le bulbe, siége
d'émergence des nerfs de la parole, et qu'il est possible, par
conséquent, de constater l'existence d'une altération de la parole coïncidant avec une lésion des parties situées en dehors des
lobes antérieurs, mais se trouvant sur le trajet que suivent les
fibres nerveuses pour transmettre l'excitation des mouvements
voulus aux nerfs de la parole [2].

2° Un grand nombre d'observations pathologiques, parmi
lesquelles nous mentionnerons celles de M. Broca, paraissent
démontrer, non pas, comme le prétend ce savant confrère, que
le siége de la faculté du langage se trouve dans l'hémisphère
gauche à l'exclusion de l'hémisphère droit, mais que, souvent, les altérations de la parole coïncident avec une lésion de
la troisième circonvolution du lobe frontal gauche. Ces observations tendraient, par conséquent, à circonscrire de plus en
plus le problème, et si des observations nouvelles venaient les
confirmer, ce serait un grand pas vers la solution du problème qui nous occupe, et dont le plus grand honneur revien-
drait à M. Broca.

3° Déterminer le point où a lieu la perception du *son-parole*,
c'est déterminer le point précis de la perception des sons. Mais,

[1] Parmi les travaux les plus récents sur cette matière nous signalerons
surtout celui de M. le docteur Auburtin intitulé : *Des localisations cérébrales.*

[2] S'il avait eu égard à cette considération fort naturelle, M. Bouillaud
n'aurait probablement pas institué son fameux prix de 500 francs destiné à
celui qui lui montrerait une altération de la parole coïncidant avec une
lésion en dehors des lobes antérieurs et réciproquement à celui qui montrerait une lésion profonde des lobes antérieurs sans altération de la parole.

dans la perception du premier, il y a quelque chose de plus que dans la perception des seconds. En effet, dans certaines affections, le sens de l'ouïe n'est nullement atteint; le malade entend les sons, mais leur signification lui échappe; le mot, pour lui, n'est qu'un son. C'est que la perception du mot complet, du *son-signe*, exige l'intervention de l'*acte* de l'intelligence qui a présidé à la formation du mot. La perception du mot est donc liée anatomiquement avec le point d'origine des mouvements provoqués par l'intelligence pour former le mot. Ce trait d'union anatomique n'a pas encore été déterminé; mais il existe nécessairement. A ce point de vue, la parole n'a rien à envier aux volitions et aux perceptions d'une autre nature, dont le siége précis dans l'encéphale n'est pas encore déterminé. Il semble cependant que le moment n'est pas éloigné où la physiologie jettera une vive lumière sur ces problèmes, non moins difficiles à résoudre qu'importants à connaître. Quand ces problèmes seront résolus, le siége anatomique du *sens de la pensée* sera trouvé.

CHAPITRE III.

La parole est constituée par une série de sons distincts et bien définis.

L'association de plusieurs sons élémentaires constitue le *mot*.

La *lettre* est la représentation graphique de l'élément sonore qui entre dans la composition du mot.

Procédant par une synthèse instinctive, les premiers hommes créèrent des *mots* simples et composés, sans se préoccuper des éléments sonores qui entrent dans leur composition et que l'analyse devait y découvrir plus tard. Cette analyse n'a du être commencée que longtemps après ; lorsqu'ils eurent formé un système de *mots*, un langage assez compliqué pour que cette complication même inspirât l'idée de représenter ; par des signes graphiques, les éléments sonores dont la fugitivité présente de nombreux inconvénients.

L'invention du langage écrit fut donc l'origine de l'analyse du *mot*, et le résultat de cette analyse fut la création de l'Alphabet, c'est-à-dire, la représentation graphique des sons élémentaires qui entrent dans la composition du mot.

On attribue l'invention de l'alphabet aux Égyptiens, aux Chaldéens, aux Phéniciens. Ce que nous savons de positif là-dessus, c'est que le Phénicien Cadmus apporta l'alphabet et l'art d'écrire en Grèce. Les Grecs le communiquèrent aux Romains ; et c'est ce même alphabet plus ou moins modifié, dont nous nous servons aujourd'hui.

Les alphabets peuvent différer par la forme des signes ; mais ces derniers représentent des sons élémentaires qui se retrouvent à peu près dans toutes les langues.

Si, à ce point de vue, les langues diffèrent entr'elles, c'est plutôt par la préférence que les unes et les autres accordent à certains sons élémentaires, et à l'emploi plus fréquent qu'elles font de ces derniers.

Il est juste de dire cependant que toutes les langues ne sont pas également riches en sons élémentaires.

L'alphabet de Cadmus n'avait que seize lettres ; celui des Hébreux en avait vingt-deux ; celui des Grecs et des Romains vingt-quatre ; celui des Arabes vingt-huit.

Aujourd'hui tous les alphabets ont vingt-cinq lettres, excepté celui de la langue russe qui en a trente-cinq, et celui des Irlandais qui n'en a que dix-sept.

L'alphabet chinois fait naturellement exception, puisqu'il n'est pas composé d'après le même principe que le nôtre.

C'est à l'étude de la formation des sons simples représentés par les lettres de l'alphabet que nous allons consacrer ce chapitre ; mais avant, nous examinerons les théories principales qui ont été émises sur ce sujet.

§ I. — Historique et critique.

Bien que la parole soit l'expression la plus sublime de l'esprit humain, la connaissance de ce précieux instrument est loin d'être parfaitement établie. Après avoir étudié les nombreux systèmes qui ont été inventés pour expliquer la formation de la parole, on se demande non sans étonnement, comment un sujet si simple en apparence a pu être l'objet de recherches si nombreuses et si peu réussies, et comment, là où devrait resplendir la lumière, il règne encore la plus grande confusion.

L'examen rapide des principales théories nous permettra de répondre à cette question.

Gerdy. — Ce physiologiste est un de ceux qui ont étudié la formation des lettres avec le plus de soin. Muni d'un petit miroir qu'il introduisait au fond de sa gorge, il a pu constater les modifications qui surviennent dans cette région cachée à nos yeux pendant l'émission de la parole. Gerdy admet la grande division des lettres en *voyelles* et en *consonnes*, et il divise les premières en *distinctes* et *confuses*. Les premières sont *a, e, i, o, u* ; les secondes, l'*e* muet.

Quel motif peut justifier cette division ? Gerdy ne le dit pas. Nous ne le dirons pas non plus. Pour nous l'*e* muet est un son au même titre que le son *a*, le son *o*, etc., etc. La *confusion* d'un son n'est pas d'ailleurs un caractère distinctif.

Les voyelles distinctes sont ensuite divisées en deux classes : 1° voyelles qui sont formées par le tuyau vocal pendant qu'il est traversé par le son ; 2° voyelles nasales, *in, an, on,* qui sont produites par le retentissement des sons vocaux dans les fosses nasales.

Il n'y a de légitime dans cette division que le retentissement réel des sons *an, in, on,* dans les fosses nasales ; mais ces sons méritent-ils réellement le nom de voyelles ? Nous ne le pensons pas. Pour nous ce sont des voyelles unies à la consonne *n*, comme nous le démontrerons plus loin.

Mais Gerdy ne se borne pas à ces divisions. Il introduit encore trois groupes dans la classification des voyelles simples. Trois groupes pour cinq lettres !

Dans le premier il range l'*a* et l'*e* : « Pour prononcer ces deux lettres, dit-il, l'isthme du gosier présente une fente verticale un peu plus large en bas qu'en haut. Le voile du palais s'étend en voûte et la luette se raccourcit. Dans la prononciation de l'*a*, la bouche est librement ouverte, la langue est abaissée, surtout vers la pointe. Dans la prononciation de l'*e*, comme dans *fait*, la langue est plus élevée; mais je me suis assuré par moi-même que l'isthme du gosier figure une fente plus large que pour *a*. » De sorte que la seule différence anatomique qui existe pour Gerdy entre la formation de l'*e* et de l'*a* , c'est une fente plus large de l'isthme du gosier dans la première. Nous ne nions pas l'influence de l'isthme du gosier dans cette circonstance ; mais Gerdy ne nous paraît pas avoir suffisamment déterminé la nature de cette influence. Pour nous, la fente de l'isthme du gosier est due à une propulsion de la base de la langue en avant.

Dans le deuxième groupe Gerdy a placé l'*e* et l'*i*. Pour expliquer leur formation , il invoque certaines modifications de l'isthme du gosier. « Une ouverture, dit-il, plus large, bornée en bas par la surface soulevée de la base de la langue, en haut par le voile du palais, en dehors par les piliers écartés. »

Il est évident pour nous que ces lettres sont formées par la partie antérieure de la langue rapprochée de la voûte palatine, et non par l'isthme du gosier.

Dans le troisième groupe composé de *o*, *ou*, *eu*, *u*, il trouve encore moyen d'introduire une subdivision. Dans la première comprenant *o*, *ou*, l'isthme du gosier est conformé comme pour la prononciation de l'*a*, et les lèvres sont plus ou moins froncées en rond, et allongées en canal. Nous verrons plus loin que cette disposition des lèvres n'est pas absolument nécessaire, et que, contrairement à ce que dit Gerdy, l'isthme du gosier, en affectant une disposition différente, contribue exclusivement à la formation de ces lettres.

Dans la seconde, il a placé *eu*, *u*, et il dit que pour ces lettres l'isthme du gosier est disposé comme dans *è*. Il est vrai que dans *u*, l'ouverture des lèvres est plus étroite, mais la modifica-

tion la plus importante réside, selon lui, dans l'isthme du gosier.

Cette partie du tuyau vocal concourt certainement à la modification des timbres qui caractérisent les voyelles ; mais elle
n'est pas seule à remplir cette fonction.

Si Gerdy a prodigué les divisions pour grouper les voyelles,
il ne les a pas épargnées dans l'étude des consonnes. Il admet
neuf genres ; une division pour un groupe de deux lettres ! Il
nous semble qu'il aurait été mieux de décrire chaque lettre en
particulier, et de s'abstenir de ces classifications compliquées
dont le moindre inconvénient est de jeter une grande confusion
dans le sujet.

D'ailleurs, en ne précisant pas la nature spéciale des modifications sonores que déterminent les différentes parties du tuyau
vocal, Gerdy s'est privé du seul guide intelligent qui pût le diriger dans ses recherches, et il a donné sur la formation des
lettres beaucoup d'explications qui n'expliquent rien.

Muller. — « La distinction des sons de la langue parlée, dit
Muller, d'après les organes qui sont censés la produire, est vicieuse, parce qu'elle en réunit qui diffèrent totalement les uns
des autres, suivant les principes de la physiologie, et parce que
plusieurs parties de la bouche concourent à la production de la
plupart d'entre eux. C'est le défaut que l'on peut reprocher à
la division en son labiaux, dentaux, gutturaux et linguaux, à
celle même en sons oraux et nasaux [1]. »

Partant de ce principe, Muller prétend que pour bien apprécier les propriétés des divers sons de la parole, « il faut prendre
le parler à voix basse ou le chuchotement, et rechercher ensuite
les modifications qui surviennent par l'addition du son proprement dit ou de l'intonation [2]. »

[1] Muller, *Traité de physiologie*, t. II, p. 245.
[2] *Loc. cit.*

Etrange manière d'étudier la formation des sons appelés *lettres* que de les prononcer sans phénomène sonore! Sans doute, par l'habitude, nous parvenons à nous faire comprendre en chuchotant; mais la parole ne mérite réellement ce nom que lorsqu'elle s'accompagne d'un son appréciable; les voyelles ne se distinguent entre elles que par des modifications de timbre; or, comment apprécier le timbre d'un son si on ne l'entend pas ?

Nous comprendrions l'emploi de ce procédé s'il pouvait être utile à quelque chose; mais nous ne trouvons pas cette utilité. Dans le chuchotement, le son est remplacé par un bruit dont les caractères confus sont parfois difficiles à saisir et dont la formation échappe, par conséquent, à nos investigations. Muller lui-même n'a abouti qu'à établir une nouvelle division tout à fait inutile dans les consonnes, qu'il groupe ensemble, selon qu'elles restent muettes dans la parole à haute voix, ou non. Il a trouvé que les lettres B, D, G, leur modification P, T, K, et la lettre H restent toujours muettes dans la parole à haute voix. Mais, je le demande, à quoi peut servir cette connaissance, sinon à introduire des divisions superflues dans un sujet qui n'en présente que trop? Nous verrons d'ailleurs que les consonnes ne sont pas caractérisées par un phénomène sonore proprement dit, et que cette division en muettes et vocales n'a pas sa raison d'être.

Muller divise les voyelles en orales *a, e, i, o, ou, u, œ, ac*, et en nasales, *a, ae, o, œ*. Nous n'admettons pas cette division dans notre langue. Toutes les voyelles sont orales chez nous, et il n'y a pas lieu de s'en plaindre, car le retentissement nasal ne communique rien de bien séduisant aux sons de la parole.

Quant aux consonnes, Muller les divise, comme nous le disions tout à l'heure, en muettes et non muettes. L'idée qui a présidé à cette division prouve, à elle seule, que Muller n'avait pas vu dans les consonnes ce que l'on doit y voir, c'est-à-dire de simples accidents qui donnent aux voyelles la vie et le mouvement. Un consonne, par elle-même, n'a pas de son; elle s'accompagne d'un bruit, d'un murmure; mais si en l'employant on produit un son, c'est qu'on lui a associé un son voyelle.

D'ailleurs, Muller n'indique pas la manière dont se forment les lettres; il accumule divisions sur subdivisions, avec lesquelles il prétend expliquer cette formation; mais le but est manqué.

M. Segond. — Après s'être occupé d'une manière toute spéciale de la formation de la voix humaine, M. le docteur Segond a traité la question de la parole avec talent et originalité. Sa théorie touchant la formation des lettres, a le mérite d'être simple, si elle n'est pas toujours exacte.

« Si l'on fait passer, dit-il, la voix à travers la bouche, en donnant aux lèvres et aux mâchoires un degré d'écartement moyen, on produit le son *a*. Laissez les mâchoires dans la même position, et ramenez progressivement les lèvres en avant, de manière à allonger la cavité buccale, vous donnerez lieu successivement à la formation des sons *à, â, o, ô*. Joignez au mouvement des lèvres le rapprochement graduel des mâchoires, vous aurez les sons *eu, ou* et *u*.

Disposez le tuyau vocal comme pour la formation de l'*a*, puis portez le dos de la langue vers le palais, de manière à rétrécir graduellement l'espace qui se trouve entre ces deux organes, vous produirez ainsi les sons *ê, è, é, i*[1]. »

Le vrai mérite de cette exposition tient à ce qu'elle n'est pas embrouillée par des classifications inopportunes; mais l'explication de la formation de chaque lettre en particulier est loin

---

[1] *Mémoires sur la parole* (*Archives de médecine*, 1847; 4ᵉ série, t. XIV, p. 348.

d'être exacte. La propulsion des lèvres en avant pour la formation de l'*o*, de l'*ô* n'est pas nécessaire; il est positif, d'un autre côté, que si la langue ne change pas de place, on ne parvient jamais par le simple rétrécissement de l'orifice buccal à transformer un *a* en *o*.

Quant à la formation de l'*é*, il n'est pas nécessaire que la langue se rapproche du palais pour la provoquer; il suffit que la base de la langue soit projetée en avant, de manière à ouvrir l'isthme du gosier un peu plus que dans l'*a*.

M. Segond admet, comme Gerdy, les voyelles nasales, *an*, *in*, *ou*, etc. Nous avons dit plus haut ce que l'on doit penser de ces sortes de voyelles.

La division des consonnes en soutenues et en non soutenues, mérite de nous arrêter quelques instants.

M. Segond divise les consonnes en soutenues *h*, *s*, *ch*, *x*, *f*, *th* (anglais), *c* (espagnol), *z*, *j*, *v*, *r*, *j* (espagnol), et en non soutenues *p*, *b*, *m*, *t*, *d*, *n*, *l*, *q*, *g*, *gn*, *ll*. Nous accordons encore une fois le mérite de la simplicité à cette nouvelle division; mais le caractère sur lequel elle est établie a-t-il été bien défini? Nous ne le pensons pas. En effet, pour qu'une lettre puisse être soutenue il est au moins nécessaire qu'elle soit formée par un son et qu'elle soit entièrement caractérisée par ce son; or, les consonnes ne sont point formées par un son proprement dit; elles sont, il est vrai, précédées, accompagnées ou suivies d'un bruit, d'un murmure de la voix, mais ce murmure, ce bruit, ne constituent pas à eux seuls la consonne. La consonne ne mérite réellement ce nom qu'après que le mouvement de certaines parties déterminées a donné une expression nouvelle au bruit, au murmure précités. Ce mouvement peut, il est vrai, être continué quelquefois pendant tout le temps d'une expiration, mais la consonne n'existe réellement que lorsque ce mouvement vient à cesser. On peut produire d'une manière continue les mouvements de l'*r*, de l'*s*, de l'*f*, mais ces mouvements, qui donnent naissance à un bruit et non à un son, ne méritent le nom de *lettre* que lorsqu'ils viennent à cesser. La justesse de cette objection ressortira bien mieux encore lorsque nous nous occuperons de la formation des consonnes; mais nous en avons dit assez pour montrer que la division des consonnes en *soutenues* et non *soutenues* n'a pas raison d'être.

Magendie. — Pour l'illustre physiologiste il n'existe que des *lettres vocales* et *non vocales.* Les lettres vocales sont *a, è, é, e, i, o, ô, u, eu, ou, u, b, p, d, t, l, g, k, m, n.* Les lettres non vocales sont *f, v, s, x, z, j, r, h.* Magendie semble, d'après cette division, avoir pressenti le caractère essentiel qui distingue la voyelle de la consonne, mais ce caractère n'était pas suffisamment bien déterminé dans son esprit. C'est pourquoi il a groupé parmi les vocales des lettres qui ne doivent pas rentrer dans cette classe, telles que *b, p, d,* etc.

Nous croyons inutile de nous étendre plus longuement sur la partie historique de la formation de la parole. En effet, sauf quelques variantes, toutes les théories émises jusqu'ici ressemblent à celles que nous venons d'exposer. Pas plus les grammairiens entre eux que les physiologistes, jamais on n'a pu s'entendre, soit sur la classification des lettres, soit sur leur formation particulière. Cela tient, à notre avis, à ce que les classifications que l'on a adoptées sont établies sur une base peu philosophique. Les caractères qui servent de base à ces classifications sont tout à fait arbitraires et empruntées le plus souvent à des distinctions peu fondées.

Quant à la formation des lettres en particulier, elle a été l'objet des explications les plus diverses; chaque auteur a la sienne, et, en somme, il n'en est aucune qui soit exactement conforme à la vérité. Nous aurions pu le démontrer facilement; mais on pense bien que ce soin nous aurait entraîné à des longueurs infinies. Nous nous réservons d'ailleurs de justifier cette appréciation en exposant nous-même la formation de chaque lettre en particulier. Dans cette exposition nous adopterons la grande division en *voyelles* et en *consonnes* que l'usage a justement consacrée ; mais nous espérons déterminer mieux qu'on ne l'a fait jusqu'ici le caractère propre à chacune de ces deux grandes classes, et pouvoir établir ensuite, dans chacune d'elles, des divisions naturelles qui nous conduiront à l'explication de la formation de chaque lettre en particulier.

§ II. — Voyelles.

La nature particulière du son-voyelle, soupçonnée déjà par M. Wheatstone, n'a été parfaitement définie qu'après les remarquables travaux de M. Helmoltz sur cette question. Nous avons eu déjà l'occasion de parler des *résonnateurs* du célèbre physiologiste, lorsque nous nous sommes occupé du timbre de la voix. C'est au moyen de ces ingénieux instruments que M. Helmoltz est parvenu à analyser les sons élémentaires qui entrent dans la composition des sons simples de la voix et à déterminer ainsi la nature du son-voyelle[1].

D'après la remarque de M. Helmoltz, les sons fournis par la glotte sont toujours très-complexes et formés par un ensemble de sons élémentaires quelquefois très-nombreux, et que l'on peut suivre dans une voix de basse jusqu'au seizième son partiel. Ces sons élémentaires échappent le plus souvent à notre oreille, qui perçoit seulement, d'une manière bien définie, leur ensemble, c'est-à-dire le son *composé* que nous appelons ha-

---

[1] La connaissance de la langue allemande nous faisant défaut, nous avons dû emprunter à l'analyse, d'ailleurs très-complète, de M. Radau (*Moniteur scientifique*, Quesneville; 1er mars 1865), les éléments que nous avons utilisés dans cet article.

bituellement son *simple*. Le nombre et la prédominance de certains sons élémentaires, donnent à chaque son le timbre qui le caractérise.

Les tons de la voix humaine étant formés par des modifications dans la tension et dans la consistance des rubans vocaux, ces modifications ont une certaine influence sur le nombre de sons élémentaires, sur le timbre, par conséquent, et c'est évidemment le motif pour lequel la voix change de timbre quand on passe d'une note à une autre. Cependant ce changement est peu sensible, et dans tous les cas, il ne présente pas un caractère suffisamment accusé pour constituer un *son-signe*. Le timbre des voyelles n'est donc pas formé par la glotte.

La glotte fournit la matière sonore, mais c'est la masse d'air renfermée dans le tuyau vocal qui donne à la voyelle le timbre qui la caractérise.

La masse d'air, limitée par les parois du tuyau vocal, mise en vibration par le son glottique, vibre autant qu'il est possible à l'unisson de ce dernier, mais il est rare qu'il y ait accommodation parfaite. Le mélange du son de l'anche avec celui de la masse d'air renfermée dans le tuyau vocal, se fait alors d'après certaines lois, dont nous devons la connaissance aux recherches de M. Helmoltz.

Le savant physicien a constaté : 1° que la cavité buccale ne renforce pas également bien tous les sons élémentaires ou partiels qui entrent dans la formation d'un son ; il en est un que cette cavité renforce de préférence, et c'est à ce renforcement spécial qu'est dû le timbre particulier des voyelles ; 2° qu'à chaque disposition nouvelle des différentes parties du tuyau vocal pour l'émission d'une voyelle, correspond une note fondamentale déterminée. Ainsi, par exemple :

A est caractérisé par *si* bémol $_4$; *O* par *si* bémol $_3$, *ou* par *fa* $_2$; *E* par *fa* $_5$; *I* par *fa* $_2$ et *ré* $_6$; *EU* par *fa* $_5$ et *ut* dièse $_5$.

3° Pour un timbre-voyelle donné pendant l'émission d'une note, c'est toujours le son partiel, qui se rapproche le plus du son spécifique de la voyelle, qui sera renforcé : « Par exemple, dit M. Radau, la voyelle *a* est produite par la résonnance du *si* bémol₄. Pour articuler un *a* la bouche se dispose de manière à faire sonner le *si* bémol₄ et quelle que soit alors la note fondamentale du son que nous émettons, c'est toujours la note partielle la plus rapprochée du *si* bémol₄ qui sera renforcée[1]. »

Il résulte de ces notions nouvellement acquises à la science que la nature intime du son-voyelle est parfaitement déterminée, et que l'on peut donner aujourd'hui une définition exacte de la voyelle : les voyelles sont constituées par un son produit par la glotte, et qui emprunte ses caractères particuliers au timbre que lui communique le tuyau vocal différemment disposé pour chaque voyelle.

Cela posé, nous allons nous occuper des modifications qui surviennent dans le tuyau vocal pour donner naissance aux différents timbres qui caractérisent les voyelles.

Ici les recherches de M. Helmoltz nous paraissent insuffisantes.

En effet, le célèbre physiologiste s'est borné à étudier les modifications de la cavité buccale, attribuant à ces modifications la formation des différentes voyelles. En portant une série de diapasons de hauteur graduée devant la bouche, ouverte pour prononcer successivement toutes les voyelles, M. Helmoltz a trouvé les notes qui répondent aux volumes d'air que la bouche renferme lorsqu'on prononce ces voyelles. Ce procédé, très-rationnel en lui-même, présente le défaut d'être incomplet et de ne servir qu'à résoudre une partie du problème ; car il est positif que certaines voyelles sont produites par la résonnance du canal pharyngien à l'exclusion de la résonnance buccale.

[1] Radau, *loc. cit.*

Pour nous faire une idée exacte de la formation du timbre propre aux voyelles, nous devons nous rappeler ce que nous avons dit touchant les timbres de la voix. Nous avons vu que ces timbres sont formés d'après un plan général qui simplifie singulièrement la description de leur mécanisme, et qu'ils ne se distinguent entre eux que par le siége de la résonnance du son et par les parties du tuyau vocal qui concourent à la formation de cette dernière.

Le procédé général de la formation du timbre de la voix consiste dans une constriction du tuyau vocal sur un point de son parcours, constriction qui a pour effet de favoriser la résonnance du son glottique dans la partie du tuyau vocal qui précède l'étranglement. C'est ainsi que nous avons vu le timbre guttural emprunter ses caractères au rétrécissement de l'isthme du gosier, et le timbre nasal à l'abaissement du voile du palais; mais l'exemple le plus frappant est celui que nous trouvons dans la formation du timbre sombre et du timbre clair.

Dans le premier, toutes les parties du tuyau vocal qui peuvent se resserrer pour favoriser la résonnance du son glottique dans les cavités, entrent en action : l'orifice buccal, l'isthme du gosier, l'orifice laryngien; mais, en même temps, les cavités limitées par ces rétrécissements sont aussi agrandies que possible : la bouche se trouve agrandie par le retrait de la langue en haut et en arrière, et par son application sur le plancher de la bouche vers la partie antérieure; le canal pharyngien augmente ses dimensions par l'élévation de la base de la langue vers le voile du palais et par l'abaissement du larynx.

Dans le second, nous rencontrons une disposition des parties tout à fait opposée à la précédente : les parties resserrées s'élargissent et les cavités agrandies diminuent leur capacité.

Le timbre particulier à chaque voyelle est engendré par un procédé analogue : nous allons voir en effet que des cavités de différentes dimensions, limitées par des orifices plus ou moins resserrés ou dilatés, président à la formation de chaque voyelle en particulier.

A. — L'*a* est la première lettre de tous les alphabets [1], et elle doit cette préséance à ce que sa formation est la plus simple de toutes. Il ne faudrait pas croire cependant, comme la plupart des auteurs le prétendent, qu'il suffise d'ouvrir la bouche, la langue étant abandonnée à elle-même, pour produire cette lettre. Les lettres comme les mots sont essentiellement constituées par un acte de notre volonté qui se manifeste par un mouvement ; l'habitude peut déguiser à notre esprit ce mouvement voulu, mais il n'en existe pas moins. D'ailleurs, si l'on se bornait à ouvrir la bouche en laissant la langue et les autres parties dans leur position naturelle, l'on n'obtiendrait pas la lettre *a*, mais le timbre naturel du tuyau vocal composé de la bouche et des fosses nasales. L'on ne doit pas oublier que les voyelles *a, e, i, o, u* sont exclusivement *orales*, et qu'elles ne peuvent être telles qu'à la condition que le soulèvement du voile du palais empêche, plus ou moins, leur résonnement dans les narines. Or ce soulèvement est le résultat de la contraction des muscles palatins (décrits plus haut, p. 480), et cette contraction est évidemment volontaire.

La production de l'*a* n'a pas lieu par conséquent d'une manière passive ; elle est le résultat d'un acte de la volonté, et bien que sa formation soit très-simple, relativement à celle des autres lettres, elle ne laisse pas que de présenter quelques complications, comme on va le voir.

1° On peut s'assurer, avec le laryngoscope, pendant l'émission de la lettre *a*, que le canal pharyngien est plus étroit que pendant la respiration normale.

---

[1] Excepté l'alphabet éthiopien.

2° Le voile du palais est porté en haut et les piliers se rapprochent légèrement de la ligne médiane.

3° La base de la langue occupe, au fond de la gorge, une position moyenne : elle concourt avec le voile du palais à circonscrire une ouverture déterminée, à travers laquelle le son s'échappe avec les qualités de timbre qu'il a empruntées au canal pharyngien et qui caractérisent la lettre *a*.

On peut mouvoir la partie antérieure de la langue pendant l'émission de cette lettre sans qu'elle perde ses caractères ; mais la partie postérieure ne peut être changée sans que le timbre ne soit lui-même modifié ; si, par exemple, on porte légèrement la base de la langue en avant, l'*a* se transforme en *è ;* si on la porte en haut, l'*a* se change en *o*. Ceci prouve que la voyelle *a* est produite par le timbre de la partie du tuyau vocal comprise entre le larynx et l'isthme du gosier ; l'ouverture plus ou moins grande de ce dernier favorise plus ou moins la résonnance du son dans le canal pharyngien, et c'est à cette résonnance et à un certain degré d'ouverture de l'isthme du gosier qu'est due la formation de la lettre *a*.

La bouche, par sa configuration particulière, ne fait que favoriser le retentissement de cette lettre.

O. — Si, pendant que les parties du tuyau vocal sont disposées pour la formation de l'*a*, on porte légèrement la base de la langue en haut et en arrière, le son glottique prend immédiatement le timbre de la lettre *o*. On enseigne habituellement que, pour prononcer cette lettre, il est nécessaire que les lèvres se portent en avant, et rétrécissent, en se contractant, l'orifice buccal. Ce mouvement existe, il est vrai, dans la prononciation de la lettre *o*, mais il n'est pas indispensable à la formation du timbre qui la caractérise. L'*o* est formé, comme la lettre *a*, par le timbre du canal pharyngien ; la seule différence qui existe entre elles c'est que, dans la formation de l'*o*, la base de la langue se rapproche davantage du voile du palais, rétrécit, par conséquent, l'isthme du gosier et oblige le son à retentir un peu plus qu'il ne retentissait pour la lettre *a* dans le pharynx.

OU. — En continuant de porter la langue en haut et en arrière, le retentissement pharyngien devient plus considérable, le timbre est plus assourdi, et il acquiert toutes les qualités de la lettre *ou*.

A propos de la propulsion des lèvres en avant et du rétrécissement buccal, nous répéterons ce que nous avons dit touchant la lettre *o*. Cette propulsion et ce rétrécissement ne sont pas indispensables; mais ils sont utiles pour favoriser le retentissement buccal de la lettre déjà formée dans le canal pharyngien.

AI (paraître), *Ê* (être). — Le son simple que nous désignons par *aî*, *ê*, est encore une modification de l'*a*, mais dans un sens tout opposé à celle qui conduit à la formation de l'*o*. La base de la langue, au lieu de se porter en haut et en arrière, se porte au contraire en avant. Ce mouvement qui n'avait pas été signalé jusqu'ici, se fait sans que la partie antérieure de la langue semble y participer : il a pour résultat évident de diminuer la hauteur du canal pharyngien, et de rendre l'ouverture de l'isthme du gosier aussi grande que possible. Dès lors, le son glottique ne résonne plus seulement dans le canal pharyngien, il résonne également partout, et son écoulement facile à travers le tuyau vocal, lui donne le caractère ouvert que possède la lettre *ê*. Dans la formation de cette lettre, la partie moyenne de la langue se soulève légèrement en se dirigeant vers la voûte palatine. L'orifice buccal affecte la même disposition que l'isthme du gosier, c'est-à-dire qu'il est plus grand pendant la lettre *ê* que pendant la lettre *a*.

EU (leur, peur, malheur). — Si pendant l'émission de l'*ê* on rapproche légèrement les lèvres en avant, de manière à circonscrire un orifice buccal plus étroit, le son résonne davantage dans la cavité buccale, et ce résonnement lui communique un timbre nouveau que nous désignons par *eù*, comme dans *leur, peur*.

AI-È (faire, père). — Nous avons dit tout à l'heure que pendant la prononciation de l'*é*, la partie moyenne de la langue se rapproche de la voûte palatine ; or, en exagérant ce rapprochement, de manière à ce que les bords de la langue viennent s'appliquer sur l'arcade dentaire supérieure, l'on obtient un canal aplati formé par la langue et le palais, à travers lequel le son devra passer. C'est en passant dans ce canal, que le son de l'*é* se transforme en celui de l'*ai* ou *è*, comme dans *faire, père*. Cette transformation est le résultat d'un résonnement plus considérable du son dans le tuyau bucco-pharyngien, et celui d'un petit bruit qui vient s'ajouter au son pendant qu'il traverse le conduit linguo-palatin. L'orifice buccal est moins ouvert que dans l'*é*.

EU (peu, heure). — Si, pendant la prononciation de l'*é*, comme dans *père*, on rapproche les lèvres de manière à rétrécir l'orifice buccal, on a le timbre *eu*, comme dans *peu*, dans *heure*. Ce timbre est celui qui se rapproche le plus du timbre naturel du tuyau vocal, car il est produit par une disposition en quelque sorte normale des différentes parties de la bouche. C'est un des timbres que nous employons le plus fréquemment dans la langue française. C'est lui qui accompagne la prononciation de la plupart des consonnes : *meu, feu, teu, queu, jeu,* etc.

É (carré). — La seule chose qui distingue l'*é* de l'*é*, c'est que la langue se rapproche un peu plus de la voûte palatine, par sa partie antérieure pendant l'*é*. Le son se trouve ainsi un peu plus assourdi, et le bruit que nous avons signalé, devient beaucoup plus sensible.

U (mûle). — L'*û*, comme dans *mûre*, est un dérivé de l'*é*.

En effet, laissant la langue disposée comme dans cette dernière lettre, rapprochez les lèvres en tuyau, et vous aurez l'*u*.

I. — Si, après avoir disposé les parties comme pour la prononciation de l'*é*, on rapproche un peu plus la pointe de la langue de la voûte palatine, on obtient le timbre de la lettre *i*, caractérisé surtout par le bruissement qui l'accompagne.

U (jus, talus). — L'*u ouvert* diffère de l'*u fermé*, comme l'*é* diffère de l'*i*. D'ailleurs les deux premières ne sont que des dérivées des secondes. Prononcez *jus*, et ouvrez les lèvres sans déranger la langue, vous aurez le timbre *ji*; prononcez *mu*, ouvrez encore les lèvres et vous aurez *mé*.

Telles sont les voyelles vraiment dignes de ce nom; nous n'avons pas rangé parmi elles les prétendues voyelles nasales *an, in, on,* parce que, par elles-mêmes, les fosses nasales dont les parois sont immobiles, ne peuvent fournir qu'un seul timbre, le timbre nasal. Quand on prononce *an, in, on,* avec l'accent parisien le plus pur, il est impossible de donner à ces syllabes la sonorité nasale qui les caractérise, sans que la base de la langue n'intervienne pour jeter dans les narines le son déjà formé et qualifié dans la bouche.

Or, nous verrons bientôt que l'immobilité des parties *essentielles* durant tout le temps de l'émission de la lettre, est un des caractères les plus importants du son-voyelle; nous verrons encore en parlant des consonnes que, dans le langage, les prétendues voyelles nasales sont composées d'une voyelle et d'une consonne (*ng*), comme dans *longueur*. Cette consonne est dans la région linguo-palatine postérieure, ce que l'*m* et l'*n* sont dans la région labiale et dans la région linguo-palatine antérieure.

Bien que nous ayons supprimé les voyelles nasales, le nombre des sons-voyelles que nous avons décrits s'élève jusqu'à onze. Nous ne doutons pas que l'on ne puisse en former davantage. Cette possibilité ressort d'une manière évidente de

la nature même du son-voyelle. En donnant, en effet, une disposition différente aux parties du tuyau vocal, on pourrait obtenir
des timbres plus nombreux ; mais les nuances nécessairement
peu sensibles qui existeraient entre eux, pourraient introduire
une certaine confusion dans le langage. Nous pensons, d'ailleurs, que le génie d'une langue consiste moins dans le nombre
de sons élémentaires dont elle se sert que dans l'association
intelligente de ces derniers.

Mais il ne suffit pas d'avoir indiqué la formation des *sons-
voyelles*. Considérée à un point de vue plus général, la parole est
constituée par des sons qui se retrouvent, sauf quelques exceptions, dans toutes les langues ; le sens des mots peut différer,
mais les sons qui composent ces derniers sont toujours les
mêmes. Cette considération nous permet d'affirmer que les sons
élémentaires sont soumis dans leur formation à une loi naturelle, dont il est nécessaire de trouver la formule pour établir
une classification judicieuse des voyelles. C'est cette loi que
nous allons chercher, en examinant dans son ensemble la formation des lettres.

Nous avons commencé la description des voyelles par la lettre A,
parce que, résultant d'une disposition moyenne des parties,
elle a été pour nous le point de départ de la formation des autres lettres. Si cette importance n'a pas été toujours appréciée,
elle a été sans doute devinée, car l'*a* est placé en tête de tous
les alphabets, excepté dans l'alphabet éthiopien ; dans le langage
hiéroglyphique, elle est le signe de l'homme.

Nous considérons l'*a* comme le centre phonétique, en avant
et en arrière duquel se forment les différents timbres qui caractérisent les voyelles. Si, partant de l'*a*, nous allons en arrière, et que, par un retrait de la base de la langue, nous ré-
trécissions de plus en plus l'isthme du gosier, nous avons
successivement les timbres *o*, *ou* ; si, partant de l'*a*, nous allons

en avant, et que, par un mouvement de propulsion, nous jetions la base de la langue en avant, nous avons le timbre *ê;* puis, par le redressement de la langue, par l'occlusion progressive du tuyau buccal au moyen de la langue, nous obtenons les lettres *e, é, i.*

Dans la formation de ces différents timbres, nous employons un même procédé : au moyen de certains organes, nous limitons une certaine masse d'air dans une cavité déterminée; par conséquent les timbres obtenus peuvent être caractérisés par les parties qui favorisent leur formation, et nous pouvons dire que les timbres *a, o, ou* sont produits par divers rétrécissements de la gorge; nous les appellerons donc timbres *gutturaux.*

Les timbres *ê, e, é, i,* au contraire, sont produits par les différentes positions que la langue affecte dans l'intérieur de la cavité buccale, et leur résonnement caractéristique se fait également dans le pharynx et dans une partie de la bouche; par conséquent, nous pourrons les désigner sous la dénomination de timbres *linguo-palatins.*

Les timbres *eû, eu, û, u,* dérivés des timbres *ê, e, é, i,* et étant caractérisés par une certaine disposition des lèvres en forme de canal, nous les désignerons sous le nom de *timbres labio-linguo-palatins.*

C'est, d'après ces données naturelles, que nous avons établi la classification suivante :

Classification des voyelles.

Gutturales.	A	o	ou	
Linguo-palatines.	ê	e	é	i
Labio-linguo-palatines	eû	eu	û	u

Telle est, à notre avis, la seule classification possible des voyelles ; car elle est basée sur le double caractère qui préside à leur formation : 1° Résonnement du son dans certaines cavités déterminées ; 2° délimitation de ces cavités par des organes spéciaux.

En terminant, nous mentionnerons une particularité très-importante qui permet de caractériser le son-voyelle, de manière qu'il ne puisse être confondu avec aucun autre : les parties essentielles qui concourent à la formation des voyelles doivent être immobiles pendant tout le temps que dure l'émission de la voyelle. Si, par exemple, on prononce *a*, il n'est pas possible de déplacer la base de la langue sans que le timbre de l'*a* ne perde tous ses caractères et n'offre celui de l'*o* ou de l'*é*. Cette condition indispensable va nous permettre de distinguer essentiellement les voyelles des consonnes.

§ III. — **Consonnes**.

Qu'est-ce qu'une consonne ? Il n'est pas un de nous qui n'ait répondu jadis avec assurance sur cette question ; mais, nous n'hésitons pas à le dire, nous avons tous répondu comme on répond à dix ans, sans trop savoir ce que nous disions.

La nature de la lettre consonne a été moins bien déterminée encore que celle de la lettre voyelle ; il n'est donc pas étonnant qu'on n'en ait jamais donné une définition satisfaisante.

En décrivant la formation des voyelles, nous avons épuisé toutes les combinaisons possibles pour obtenir des sons continus ; nous avons vu, en outre, que le caractère essentiel du son-voyelle consiste dans l'immobilité des parties qui concourent à *timbrer* le son durant tout le temps de son émission. Par conséquent, s'il est possible de donner encore d'autres sons avec le tuyau vocal, ces derniers ne seront pas accompagnés de l'immobilité des parties qui concourent à leur formation, et nous pouvons dire déjà que, si la consonne est réellement un son, ce dernier se distingue du son-voyelle par le mouvement des parties qui concourent à sa formation.

En effet, la consonne se forme au moment où différentes parties de la bouche entrent en mouvement pour quitter la disposition particulière qu'elles avaient préalablement affectée : le *p* se forme au moment où les lèvres s'écartent brusquement ; il en est ainsi de toutes les consonnes. Le mouvement peut ne pas être le même, mais il y a toujours mouvement des parties. Or, le phénomène sonore qui accompagne le mouvement est-il un son-voyelle ? La plupart des physiologistes et des grammairiens, trompés sans doute par la nécessité où nous sommes d'accompagner le mouvement consonne d'un son-voyelle, pour le rendre plus appréciable à notre oreille, ont été conduits à répondre affirmativement. Mais il est facile de démontrer que ce son-voyelle ne fait pas partie de la consonne. Lorsque nous prononçons les lettres de l'alphabet, nous disons, il est vrai, *pe, fe, je*, etc. Mais les *e* associés à la consonne ne doivent être considérés que comme des sons neutres représentant le son-voyelle, auquel la consonne peut être liée dans le langage, et non comme des sons faisant partie de la lettre consonne. Pour se faire une idée plus exacte de la nature et de la formation de cette dernière, transposez ce son neutre ; mettez-le au commenment de la lettre au lieu de le mettre à la fin, et vous aurez *ep, ef, es, ej*. En faisant abstraction de l'*e* qui, nous le répétons, ne fait pas partie de la consonne, vous aurez le véritable phénomène sonore de la consonne. Or, ce phénomène sonore n'est pas un son-voyelle : 1° parce qu'il est produit par des parties qui sont en mouvement ; 2° parce qu'il a plutôt les caractères d'un bruit, d'un murmure, que les caractères d'un son musical.

Le phénomène sonore, qui accompagne la prononciation d'une consonne, joue un très-grand rôle dans la formation de celle-ci; il est donc nécessaire de le caractériser d'une manière précise.

Ce phénomène sonore n'est jamais un son dans la véritable acception de ce mot : c'est un bruit ou un murmure.

Dans les lettres *h*, *j* (espagnol), *ch* (chat), *s*, *f*, le mouvement des parties est précédé d'un sifflement ou soufflement caractéristique.

Dans les lettres *g* (gamme), *j*, *z*, *l*, *ll*, *r*, *v*, le mouvement est précédé par un murmure produit par la glotte, accompagné d'un bruit caractéristique dû à la disposition des parties à travers lesquelles le son est obligé de passer.

Dans les *m*, *n*, *gn*, le mouvement des parties est précédé par un murmure nasal.

Dans lettres *b*, *d*, *dj*, le murmure nasal précède de très-peu le mouvement des parties et se confond presque avec lui.

Dans les lettres *p*, *t*, *k*, c'est un bruit explosif qui est immédiatement suivi de la production d'une voyelle quelconque.

D'après ces exemples, il est facile de voir que la consonne n'est pas un son proprement dit; c'est un accident bruyant qui précède ou suit un son-voyelle, et cet accident est d'autant plus rapide, que le mouvement qui le produit se fait toujours dans le sens de la production du son-voyelle, qui suit toujours la consonne dans le langage. Ainsi, par exemple, quand nous prononçons *pa*, le mouvement des parties qui caractérise le *p* se fait dans la direction convenable pour amener aussitôt la disposition nécessaire à la lettre *a;* il n'y a donc pas d'interruption entre la lettre *p* et la lettre *a;* elles sont liées l'une à l'autre par un intervalle si étroit qu'on pourrait croire qu'elles sont prononcées en même temps. Il ne pouvait pas d'ailleurs en être autrement.

Le langage phonétique exige avant tout une certaine concomitance dans la prononciation des signes, qui n'aurait pas été possible si les consonnes avaient été des sons-voyelles. Considérée comme instrument de la pensée, la parole devait avoir dans son expression une rapidité nécessairement proportionnelle à la rapidité des opérations de notre esprit, et, cette rapidité, elle ne l'aurait pas eue, si elle n'avait été composée que de sons-voyelles dont l'émission exige, pour éviter toute confusion, une émission distincte.

En communiquant à chaque voyelle une valeur différente, et, en même temps, en faisant corps avec elle, la consonne donne au langage sa richesse et la rapidité qui lui est nécessaire. En effet, il ne faut pas plus de temps pour dire *a, o* que pour dire *pa, fo*.

D'après ce que nous venons de dire, nous pouvons définir la consonne : un phénomène sonore, bruit ou murmure, caractérisé par le mouvement de certaines parties du tuyau vocal.

En expliquant la formation de chaque consonne en particulier, nous allons préciser mieux que nous n'avons pu le faire jusqu'ici, la nature de ce bruit, de ce murmure.

P. La lettre *p* est produite par l'explosion de l'air comprimé dans l'intérieur du tuyau vocal.

Les lèvres s'entr'ouvrant brusquement, l'air est expulsé au dehors avec une certaine violence et en s'accompagnant d'un bruit particulier qui caractérise la lettre.

Cette explosion prend le caractère de la voyelle à laquelle elle est associée : *pa, pe, pi, po, pu*.

T. Le *t* est formé par le même mécanisme que le *p;* la seule chose qui distingue ces deux lettres, c'est que l'explosion est formée, dans le *p*, par les lèvres ; tandis que dans le *t*, elle est est effectuée par l'extrémité de la langue se détachant brusquement de la voûte palatine.

K. Mécanisme analogue à celui du *p* et du *t*, mais effectué par la base de la langue se détachant brusquement du palais.

B. Dans la formation du *b*, il y a également compression de l'air dans le tuyau vocal avant le mouvement des lèvres qui caractérise cette consonne ; mais l'explosion n'est pas aussi sensible que dans le *p*, et c'est bien ce qui caractérise le *b*. L'explosion du *b* est moins sensible pour un motif qui n'a jamais été soupçonné, et qui joue cependant un rôle très-important dans la formation des consonnes.

L'explosion du *p* est aussi accentuée que possible, parce que l'air comprimé ne peut s'échapper que par la bouche, le redressement du voile du palais s'opposant à ce que l'air s'échappe par les fosses nasales. Dans le *b*, au contraire, le voile du palais est abaissé, de sorte que, l'air s'écoulant en partie par les fosses nasales, l'explosion par la bouche n'est pas aussi vive. En effet, si on se bouche les narines pendant la prononciation du *b*, on constate qu'il y a un léger retentissement du son dans les fosses nasales, retentissement qui n'a pas lieu dans le *p*.

D. Le *d* se forme d'après le même mécanisme que le *b* ; seulement la demi-explosion est produite par l'extrémité de la langue se détachant du palais.

G. Même mécanisme que celui du *b* et du *d*, effectué par la base de la langue se détachant du palais.

M. Dans le *p* et le *b*, il y a explosion véritable. L'*m*, formée également par la séparation brusque des lèvres, n'est pas cependant explosive. Le murmure qui précède le mouvement labial s'écoule suffisamment par les narines, et lorsque les lèvres viennent à s'ouvrir volontairement, le son s'écoule naturellement par l'issue nouvelle qui lui est offerte, sans qu'il y ait eu effort ni explosion. Ce qui caractérise l'*m* est donc un retentissement nasal suivi d'un retentissement oral par l'ouverture volontaire et non explosive des lèvres.

N. Même mécanisme effectué par l'extrémité de la langue se détachant sans effort, sans explosion, de la voûte palatine.

J. Dans le *j*, a partie antérieure et moyenne de la langue est appliquée contre le voile du palais; mais elle en est séparée par un petit espace à travers lequel le murmure vocal s'écoule avant que le détachement subit de la langue ait complété le caractère de cette consonne, qui, outre le murmure précité, s'accompagne d'un bruit particulier qu'elle emprunte au petit canal formé par la langue et le palais.

Cette consonne présente quelque ressemblance avec les voyelles, avec l'*i*; mais elle s'en distingue essentiellement 1° parce que le murmure qui l'accompagne n'est pas précisément un son; 2° parce qu'elle n'est complète qu'après que la langue s'est détachée du palais.

Z. Même mécanisme que le *j*; mais, dans le *z*, les phénomèmes sont produits par l'extrémité de la langue.

V. Le *v* se forme d'après les mêmes principes que le *j* et le *z*; mais les parties mobiles sont ici la lèvre inférieure et les dents supérieures.

L. L'*l* est également produite par un murmure qui précède l'éloignement de la partie antérieure de la langue, du palais; mais ce murmure s'écoule par les côtés de la langue, ce qui lui communique un caractère particulier.

LL. Le double *ll* se distingue de *l* en ce que, dans celle-ci, l'extrémité seule de la langue touche le palais; tandis que, dans la première, toute la face antéro-supérieure de la langue est en contact avec la voûte palatine.

R. L'*r* a une grande analogie dans sa formation avec les lettres *j, z, v, l, ll.* Comme elles, elle est constituée par un murmure vocal terminé par un mouvement. Dans l'*r*, le mouvement est exécuté par l'extrémité de la langue.

H. L'*h* est constituée par un bruit particulier (souffle glottique) que produit l'air en traversant la glotte, et qui se termine aussitôt par un son-voyelle.

J (espagnol). Cette lettre se forme comme l'*h*; mais le bruit qui précède le son-voyelle emprunte un caractère particulier à l'étroit passage limité par la base de la langue et le voile du palais, à travers lequel le souffle glottique est obligé de passer.

CH (chat). Comme l'*h* et le *j*, le *ch* est constitué par un bruit, un *soufflement* suivi d'un son-voyelle et caractérisé par la disposition des parties à travers lesquelles le souffle glottique est obligé de passer. Ici c'est la partie moyenne de la langue et le palais.

S. L'*s* ne se distingue du *ch* que par la nature du soufflement qui emprunte ses nouveaux caractères au petit canal formé par le palais et l'extrémité antérieure de la langue.

F. Même mécanisme que celui des lettres précédentes. Le souffle emprunte ici des caractères nouveaux au passage limité par les dents supérieures et la lèvre inférieure.

Telle est la formation des consonnes que nous avons cru devoir expliquer.

Notre description est loin d'être complète; mais nous en donnerons bientôt les motifs. Pour le moment nous devons chercher dans un coup d'œil d'ensemble si nous ne pouvons pas trouver dans ces diverses formations les éléments d'une classification naturelle des consonnes. Ces éléments existent, et nous allons les faire ressortir.

Nous remarquons d'abord que toute consonne s'accompagne d'un mouvement des parties du tuyau vocal, et qu'à chaque consonne correspond le mouvement de certaines parties déterminées.

Par conséquent nous devrons emprunter la première base de notre classification à ce caractère général, et grouper les les consonnes d'après les parties qui sont en mouvement pendant leur formation.

Cette considération justifie la division classique des consonnes en régions labiales, labio-dentales, linguo-palatines, auxquelles nous ajoutons la région *glottique*.

Mais ce caractère n'est pas suffisant, car le mouvement des mêmes parties se trouve dans la formation de plusieurs consonnes, par exemple, l'*f* est effectuée par le mouvement des mêmes parties qui forment le *v*. Il faut donc que ces deux lettres se distinguent par un autre caractère. Or, ce caractère nous le trouvons dans la nature du phénomène sonore qui accompagne les consonnes.

Ce phénomène est tantôt un sifflement ou *soufflement*, comme dans les lettres *h*, *j* (espagnol), *s*, *f*; tantôt un murmure oral : *j, z, l, ll, r, v ;* tantôt un murmure nasal : *m*, *n ;* tantôt une demi-explosion : *b*, *d ;* tantôt enfin une véritable explosion : *p*, *t*, *k*.

Ces deux caractères réunis, le mouvement des parties et la nature du phénomène sonore, nous permettent de grouper toutes les consonnes par séries naturelles, d'après leur mode de formation.

La légitimité, l'exactitude de cette classification, seront rendues bien plus évidentes si l'on étudie le tableau suivant :

Classification naturelle des consonnes.

	SIFFLANTES ou soufflantes.	MURMURANTES orales.	MURMURANTES nasales.	DEMI-EXPLOSIVES.	EXPLOSIVES.
Glottique.	H				
Linguo-palatines postérieures.	*j* (espagnol).	G	*ng*	*g*	*k*
Linguo-palatines moyennes.	*Ch.* (chat).	J	*gn*	*dj*	*tch*
Linguo-palatines antérieures.	S	Z	*n*	D	T
Linguo-palatines latérales.		L, LL, R.			
Labio-dentales.	F	V			
Labiales.			*m*	B	P

Si on lit ce tableau dans le sens horizontal, l'on trouve sur la même ligne toutes les consonnes qui sont effectuées par le mouvement des mêmes parties; si, au contraire, on le lit dans le sens vertical, on rencontre toutes les consonnes qui sont accompagnées, dans leur formation, d'un phénomène sonore analogue. De cette manière, chaque lettre se trouve en regard des deux signes qui doivent la caractériser.

Cette classification présente un double avantage : 1° elle nous a permis de supprimer certaines consonnes dont le double emploi est évident; 2° elle nous a fourni l'occasion de représenter par de nouveaux signes, certaines consonnes, telles que *ng, gn, dj, tch,* qui ne sont pas mentionnées dans les alphabets ordinaires, et que l'on représente dans le langage écrit par des doubles lettres. Nous allons justifier d'ailleurs ces innovations.

A. Nous avons omis dans notre classification les lettres *c*, *q*, *x*, *y*, parce qu'elles forment double emploi avec d'autres lettres. En effet, le *c* est employé comme synonyme du *k* ou de l'*s*, dont il ne se distingue en aucune façon.

Le seul avantage qu'il y ait peut-être à représenter un même phénomène par plusieurs signes différents, c'est de conserver aux mots l'orthographe étymologique.

Les mêmes réflexions sont applicables à la lettre *q*.

L'*x* ne doit point figurer parmi les consonnes simples, car il est évident qu'elle est composée de deux autres consonnes, le *k* et l'*s*, comme dans *expérience* que l'on prononce *ekspérience*.

L'*y* est un son-voyelle, qui ne se distingue en rien de la lettre *i*.

B. Si nous avons retranché d'un côté certaines lettres qui ne nous présentaient pas une suffisante raison d'être, nous en avons ajouté quelques-unes dont le signe graphique n'existait pas, mais qui correspondent à des sons généralement usités dans nos langues. Nous avons été naturellement conduit à cette création par notre classification. En effet, en considérant le phénomène sonore qui accompagne les consonnes dans chacune des six régions qui effectuent les mouvements, nous sommes arrivé à constater que leur disposition ne permet pas toujours la production de tous les phénomènes sonores qui caractérisent les consonnes. Ainsi, par exemple, la région labio-dentale n'est pas convenablement disposée pour la formation d'une murmurante nasale, ni d'une explosive ; aussi, ces lettres n'existent pas dans notre tableau ; mais la même étude nous a montré que certaines régions permettent la production d'un phénomène sonore, analogue à celui qui est possible dans d'autres régions, et cependant ce phénomène n'est pas représenté dans nos alphabets par un signe graphique.

Par exemple, le son *dj*, dans la région linguo-palatine postérieure, est l'analogue du son *b* dans la région labiale; le son *ng* (longueur), dans la région linguo-palatine postérieure, est l'analogue de l'*n* dans la région linguo-palatine antérieure. Ces sons ne sont pas représentés, et cependant ils existent, nous les employons à tout instant, et il nous a paru juste de les décrire et de les figurer. L'évidence des faits nous imposait d'ailleurs cette obligation.

Les lettres nouvelles sont au nombre de six : le *ch* (chat), le *g* (murmurante orale), le *ng* (longueur), le *gn*, le *dj*, le *tch*.

Le *ch* (chat) n'est pas le résultat d'une double consonne, comme on pourrait le croire en la voyant écrite ainsi. Le *ch* est une consonne simple qui, dans la région linguo-palatine moyenne, représente l'*s* dans la région linguo-palatine antérieure; c'est le même sifflement, la même disposition des parties.

Le *g̣*, murmurante orale, n'existe pas dans notre langue, et c'est vraiment dommage, car elle communique au langage beaucoup de douceur; elle est usitée dans la langue turque. Elle correspond, dans la région linguo-palatine postérieure, aux consonnes *j*, *v*, *z*, produites dans d'autres régions. On peut se faire une idée du caractère de cette consonne en prononçant d'une manière soutenue les mots *gou*, *gueusli*.

Le *ng* (longueur), correspond évidemmen à l'*m* et à l'*n*, toutes deux constituées par une résonnance nasale suivie du mouvement de la région labiale et de la région linguo-palatine antérieure. Le *ng*, qu'il faut prononcer *ngue*, comme dans *languir*, *angar*, *langue*, est également constitué par une résonnance nasale suivie du mouvement de la région linguo-palatine postérieure.

Le signe qui correspond à cette consonnance est peut-être un des plus employés dans la langue française. Habituellement on la représente par deux consonnes *n* et *g;* mais il est évident que cette double représentation n'est pas nécessaire et qu'il serait bien mieux de n'employer qu'un seul signe dont la création se trouve justifiée par toutes sortes de considérations. L'on peut nous objecter, il est vrai, que, en admettant les voyelles nasales *an, in, on,* représentées par une voyelle et une consonne, l'on se voit obligé d'employer deux signes. Mais nous avons dit pourquoi nous n'admettons pas des voyelles nasales et nous trouvons ici un nouvel argument contre cette création.

En effet, la consonne *ng,* telle que nous la comprenons, est une consonne au même titre que les autres ; nous dirons plus : elle est nécessaire d'après notre classification naturelle, car elle désigne un phénomène sonore qui ne peut être rangé que dans les consonnes. Dans *angar,* par exemple, si l'on cherche à prononcer isolément la prétendue voyelle nasale *an,* on obtient un son dont le retentissement se fait à la fois dans la bouche et dans les fosses nasales ; mais il est nécessaire d'ouvrir démesurément la bouche pour conserver à la lettre *a* ses caractères. De cette manière, on produit légèrement l'effet de la lettre *n,* mais ce n'est pas sans peine et non sans détriment pour l'euphonie. Si, au contraire, on prononce séparément la syllabe *ngar,* d'après nos principes, on obtient un résultat bien meilleur et plus naturel. En effet, le *ng,* considéré comme une seule consonne, sépare utilement les deux voyelles *a, a,* et leur communique le caractère qu'elles doivent avoir dans le langage, ce qui est le propre des consonnes.

Le *gn,* effectué par la région linguo-palatine moyenne, est l'analogue du *ng,* de l'*m,* de l'*n,* ce qui vient corroborer ce que nous avons dit tout à l'heure.

Le *dj* manque également dans l'écriture française, ce qui ne veut pas dire qu'il n'existe pas dans le langage. En effet, il est un grand nombre de mots dans lesquels notre *dj* est représenté par deux consonnes, le *d* et le *j* : *adjudant, adjurer, djedda.*

Il est évident que ces deux lettres réunies peuvent être représentées par une seule consonne, qui trouve d'ailleurs naturellement sa place dans la case correspondante aux demi-explosives et aux linguo-palatines moyennes.

Le *tch* représente une consonne qui n'existe pas, phoniquement parlant, dans la langue française. Par contre, elle est très-fréquente dans la langue slave et dans la langue turque. Nous avons cru devoir la mentionner et la décrire, parce qu'elle nous a été imposée en quelque sorte par notre classification; en effet, tout est disposé dans la région linguo-palatine moyenne pour rendre possible l'explosion complète du son, et c'est à cette explosion que correspond notre consonne *tch*, comme l'explosion du *p* correspond à la région labiale, et l'explosion du *t* à la région linguo-palatine antérieure.

§ IV. — Conclusions.

Les développements dans lesquels nous sommes entré, touchant le mécanisme de la formation des lettres, nous permettent de caractériser mieux qu'on ne l'avait fait jusqu'ici les signes au moyen desquels on représente les éléments sonores de la parole. Nous avons vu que la grande division en voyelles et en consonnes, critiquée par quelques auteurs (Muller, Magendie) trouve sa raison d'être dans les caractères essentiels qui distinguent les lettres appartenant à ces deux grandes classes. Ces caractères, qui n'avaient jamais été bien déterminés, se résument dans les deux définitions suivantes :

1° La voyelle est un son produit par la glotte et qui emprunte un timbre distinctif aux dispositions variables des parties du tuyau vocal. Il résulte de cette définition que les parties dont la disposition préside à la formation du timbre spécial à chaque voyelle, doivent rester immobiles durant tout le temps que la lettre est émise ; le moindre mouvement, en effet, peut changer le timbre du son. Par conséquent, l'immobilité des parties génératrices du timbre peut être considéré comme un caractère essentiel du son-voyelle.

Les voyelles sont essentiellement orales ; la cavité des narines peut, plus ou moins, joindre son retentissement à celui de la bouche ; mais par elle-même, cette cavité ne peut donner naissance qu'à un seul timbre, vu que les parties qui la circonscrivent ne peuvent pas être mobilisées pour produire plusieurs timbres différents.

Les prétendues voyelles nasales, *an, in, on, un*, n'existent pas : si on dispose les parties de manière à ce que l'air s'écoule tout à la fois par la bouche et par les narines, on obtient un son faible, criard, nasonné, qui n'a aucune ressemblance avec ce qui se passe dans le langage lorsqu'on prononce la voyelle *a* suivie de la consonne *n* ou de la consonne *ng*. Dans la syllabe *an*, il y a *toujours* un mouvement de la base de la langue, très-peu sensible, il est vrai, et très-rapide, qui a pour effet de jeter le son dans les narines ; ce mouvement, très-lent et très-sensible chez la plupart des méridionaux, caractérise la consonne *n*.

Lorsque la syllabe *an* est suivie d'un *g*, la résonnance nasale doit être représentée par un nouveau signe *ng*, qui correspond à une véritable consonne.

Les sons-voyelles usitées dans notre langue sont : *a, o, ou, ê, è, é, i, û, ú, eû, eu.*

2° Les consonnes ne méritent pas, à proprement parler, le nom de *sons :* elles sont constituées par un bruit ou un murmure caractérisé, comme les sons-voyelles, par une disposition particulière du tuyau vocal ; mais ce bruit ou ce murmure ne constituent qu'une partie de la consonne. La lettre n'est complète qu'après que le mouvement de certaines parties bien déterminées est venu donner une expression nouvelle au bruit et au murmure précités. Sans le mouvement des parties, le bruit et le murmure sont inqualifiables ; sans le murmure et le bruit, le mouvement des parties est privé d'expression.

Ce mouvement indispensable et qui distingue si bien les consonnes des voyelles, a une importance très-grande dans le langage. C'est à ce mouvement que la parole doit sa rapidité excessive. En effet, le mouvement de chaque consonne s'effectue toujours dans le sens nécessaire à la production de la voyelle qui suit la consonne, de sorte que la production des deux lettres est pour ainsi dire instantanée ; on ne met pas plus de temps pour dire *a*, *o*, que pour dire *pa*, *po*. A ces deux points de vue, on peut dire que la consonne donne la vie et le mouvement à la voyelle. Sans la consonne, la voyelle est une lettre morte.

CHAPITRE IV.

APPLICATIONS DE LA PHYSIOLOGIE DE LA PAROLE.

En formulant une théorie nouvelle sur la formation du langage ; en admettant l'existence d'un nouveau sens ; en analysant enfin les rapports intimes de la parole avec la pensée, nous avons dû toucher aux questions les plus sérieuses de la physiologie et de la philosophie. Dans ce travail spécial ces questions n'ont pas pu être traitées avec tout le développement qu'elles méritent et que nous aurions désiré leur donner. Ce que nous n'avons pas pu faire ici, nous nous réservons de le faire un peu plus tard ; mais en attendant, nous avons pensé qu'il serait utile de consigner déjà, sous une forme concise, les diverses conséquences et applications que l'on peut faire de notre théorie.

Ces conséquences et ces applications concernent :

1° La philosophie;

2° La pathologie mentale;

3° La médecine;

4° L'enseignement des sourds-muets;

§ I. — Application de la physiologie de la parole à la philosophie.

I. L'irrésistible penchant qui nous pousse à la recherche de la vérité est attaché à notre esprit comme les divers besoins le sont à la matière.

II. A chacune des grandes fonctions humaines correspond

une satisfaction qui en garantit la continuité : l'esprit a ses plaisirs, la matière ses jouissances.

III. La découverte d'une vérité est la plus douce des satisfactions ; car découvrir une vérité c'est croire à quelque chose, et croire c'est être heureux.

IV. Le doute est à l'esprit ce que l'abstinence est au corps : c'est le dépérissement et la mort.

V. Le sceptique absolu n'existe pas ; s'il pouvait être, il serait fatalement conduit au suicide.

VI. Croire, c'est posséder la connaissance d'une vérité réelle ou imaginaire. Il est deux croyances qui ont commencé avec le monde : la croyance en Dieu et en nous ; la cause et l'effet.

VII. Quand une difficulté embarrasse notre esprit, l'imagination lui vient en aide, et, à la place de vérités réelles, elle lui donne ses propres créations, c'est-à-dire des vérités imaginaires. L'esprit s'en contente souvent.

VIII. Sagement mélangée aux opérations de notre esprit, l'imagination rend ces opérations plus faciles, plus agréables ; parfois elle se rend même utile, en comblant les lacunes que l'insuffisance de nos connaissances laisse autour de nous.

IX. Obligés de systématiser les connaissances répandues de leur temps ; obligés de lier le connu à l'inconnu, ce qu'ils savaient à ce qu'ils ne savaient pas, les philosophes de l'antiquité empruntèrent à l'imagination des créations sublimes qui leur tenaient lieu de réalités. Ne connaissant pas le merveilleux mécanisme de l'organisation humaine, ils créèrent des forces multiples qui ne leur apprenaient rien ; mais ces créations leur permettaient de former un corps de doctrine dans lequel toutes leurs connaissances se trouvaient, en apparence, réunies par des liens naturels.

X. L'histoire de la philosophie nous apprend que ce procédé a été employé toutes les fois qu'on a voulu systématiser des connaissances encore incomplètes ; on a créé des archées, des principes vitaux, etc., etc. : il en est résulté que la philosophie a dû modifier ses systèmes avec le progrès des sciences, remplacer le strass qui ornait son écrin par des perles moins nombreuses, mais vraies.

XI. L'histoire de la philosophie est devenue la branche de nos connaissances, sinon la plus importante, du moins la plus étendue ; elle est en grande partie l'histoire des illusions de l'esprit humain. Comme toutes les histoires elle est utile, instructive et intéressante.

XII. Si, dans cette navigation périlleuse qu'on appelle penser, l'esprit a besoin de connaître l'espace parcouru pour mieux diriger sa route, il lui est agréable de visiter les oasis pleines de délices où, bercés par l'imagination, les grands génies reposèrent leurs ailes.

XIII. La part immense que l'imagination sait prendre à notre insu dans les conceptions les plus raisonnables en apparence, est une des connaissances les plus utiles ; car les hommes les plus remarquables, ceux-là même qui tracèrent les règles de l'art de penser, ne furent pas à l'abri des empiétements de l'imagination sur la raison.

Pour n'en citer qu'un exemple, Descartes, l'auteur immortel de la *Méthode*, après avoir banni en principe l'hypothèse de ses raisonnements, n'a-t-il pas placé l'âme dans ce petit grain de substance cérébrale qu'on nomme glande pinéale ? N'a-t-il pas dit que ce petit grain se meut en avant, en arrière, sur les côtés, selon les dispositions de l'âme.

XIV. En séparant l'âme du corps, la psychologie s'est placée sur le terrain de l'imagination. Dans ce champ clos qu'elle s'est formé elle-même, elle a pu se livrer sans entrave à tous ses caprices, à toutes ses fantaisies.

XV. Du moment où l'on a fait de l'âme un être à part,

distinct du corps, il a fallu lui donner une forme, des yeux, des oreilles, des sensations, des passions, voire même une âme; en un mot on a déplacé le problème : on a étudié l'âme dans un corps imaginaire au lieu de l'étudier dans le corps réel.

XVI. Privée des lumières précieuses de l'anatomie et de la physiologie, la psychologie s'est égarée dans les ténèbres de la raison pure, et, quand elle s'est sentie assez idéalisée, assez subtilisée, elle a confondu dans un magnifique dédain, sous le nom de matérialisme, tout ce qui n'était pas elle. Après avoir violemment enlevé l'âme à la physiologie, elle a déclaré matérialistes ceux qui s'occupent de physiologie. En vérité, c'est le procédé d'un larron qui vous dévalise et qui proclame partout votre détresse.

XVII. Il est tout aussi noble de s'occuper de l'organisation, dont· chaque détail est un chef-d'œuvre qui élève l'esprit vers une intelligence supérieure, que de s'occuper de l'âme. Une des plus belles facultés de l'homme sans doute consiste à pouvoir s'élever par la pensée au-dessus de la matière ; il peut oublier ainsi sa nature terrestre, et, s'admirant lui-même dans les hautes régions de l'intelligence, rêver qu'il est Dieu ou une parcelle de Dieu ; mais cet égarement n'est jamais de longue durée.

Voyez l'oiseau captif à qui ce jeune enfant laisse une demi-liberté : il s'élance, il vole, il se croit libre ; il charme vos oreilles par le chant de sa victoire ; mais au milieu de l'expansion la plus joyeuse, l'enfant tire la ficelle et, malgré ses protestations, le petit roi des airs est mis en cage. Tel est l'homme : alors qu'il se croit libre et immatériel, le corps l'appelle : il a faim, il a soif et à moins que de briser violemment le lien qui l'unit à la matière, l'esprit est forcé de participer à la prose de la vie. Qu'une douleur légère survienne, cet esprit si puissant descend terre à terre dominé par la sensation ; il n'est plus disposé à se livrer à ses orgueilleuses faiblesses, et ce corps qu'il méprisait naguère devient l'objet de ses préoccupations incessantes.

Loin de déguiser notre infirmité native sous de belles paroles, ne donnons pas à notre propre raison le spectacle d'un orgueil insensé et si facile à réduire au silence ; sachons voir l'homme tel qu'il est : un esprit et un corps unis par des liens invisibles que l'on ne saurait rompre sans anéantir l'un et l'autre ; l'âme vit par le corps et le corps vit par l'âme. Il est donc irrationnel d'étudier l'âme séparée du corps. L'âme doit rester là où le créateur l'a placée, dans l'homme, et son étude doit faire partie de la science de l'homme.

XVIII. L'âme est une et indivisible.

L'on a toujours eu de la répugnance à admettre que le principe qui nous fait digérer soit le même que celui qui nous fait penser, et on a créé des forces, des principes distincts de l'âme chargés de présider aux fonctions de la vie organique.— Nous n'admettons pas ces principes et nous estimons d'ailleurs qu'il est aussi savant de faire de la bile que de faire des pensées. — L'homme invente des idées, mais sa science n'est pas encore arrivée à créer un globule sanguin.

Le principe qui anime la vie organique est le même que celui qui préside à la vie de relation. Ces deux vies se distinguent, il est vrai, en ce que l'une a conscience de ses propres actes, tandis que l'autre ne l'a pas ; mais pourquoi l'âme n'a-t-elle pas conscience des actes de la vie organique ? La raison en est simple : pour avoir conscience d'un acte, notre intelligence a besoin de le percevoir par un sens spécial. Nous n'aurions pas conscience de l'existence des couleurs si l'œil ne nous transmettait pas leur image ; nous ne saurions pas que nos organes sont susceptibles de produire des sons, si nous étions privés de l'organe de l'ouïe, etc., etc. Or, il n'existe aucun sens capable de transmettre à l'intellect les actes de la vie organique, et dès lors : *Nihil est in intellectu, quin prius fuerit in sensu.* Si par impossible ce sens existait, nous pourrions, par l'étude de nous-mêmes, posséder toutes les sciences naturelles ; car les principes sur lesquels elles reposent sont représentés dans le microcosme humain.

XIX. L'âme considérée au point de vue de la vie de relation prend le nom d'intelligence.

XX. L'intelligence réside dans le cerveau ; son caractère essentiel consiste à percevoir les impressions qui lui viennent par les nerfs sensitifs.

XXI. A toute sensation succède un mouvement : c'est le mouvement de l'être sensitif ; il est irrésistible. C'est lui qui fait la sympathie ou l'antipathie non raisonnées ; on voit une personne pour la première fois : elle vous plaît, ou elle ne vous plaît pas.

C'est ce même mouvement qui provoque la sécrétion des larmes sans motif raisonnable à la vue de tel objet ou à l'audition de tel récit ; c'est lui, enfin, qui pousse l'homme, bien souvent, à des actions criminelles ou à des actes héroïques. Ce premier mouvement, en faveur duquel on invoque les circonstances atténuantes devant la justice humaine, est irresponsable par lui-même, car il dépend de l'organisation variable des individus ; mais il est un second mouvement qui nous distingue des animaux, et au moyen duquel nous parvenons à dominer le premier mouvement de l'être sensitif. Le second mouvement résulte de l'étude de la perception ou, autrement dit, de la réflexion ; il est essentiellement libre et responsable.

XXII. Tout mouvement volontaire ou involontaire est précédé d'une sensation. Cette proposition serait fausse si nous n'avions pas fait entrer la pensée dans le domaine de la sensation par la parole ; car il est un grand nombre de mouvements qui puisent leur origine dans la pensée, c'est-à-dire dans une idée perçue.

L'enfant qui vient de naître reçoit l'impression de l'air, et il fait les mouvements du cri ; plus tard il éprouve l'aiguillon de la faim, il crie encore. Dirigés par la perception des objets, les muscles de l'œil donnent à ce dernier une direction de plus en plus intelligente. Le toucher, l'odorat, se développent de la même manière : une sensation d'abord, suivie toujours d'un mouvement. Dès que les cinq sens sont suffisamment développés et que, par eux, l'enfant possède une notion suffisante des objets qui l'entourent, le terrain est préparé pour le développement d'un nouveau sens : c'est le sens de la pensée. L'enfant exerce d'abord l'organe articulateur par des sons *insignifiants;* le plus souvent il dit *bou* et désigne par ce son tous les objets ; mais cette désignation instinctive est toute une révolution dans la vie de l'enfant : il vient d'exprimer sa première idée par un mot, baroque, il est vrai, mais suffisant. Désigner un objet par un nom, c'est exprimer le rapport qui existe entre le son et l'objet représenté, c'est créer le premier élément de la pensée.

La perception du mot-idée par le sens de la pensée devient l'origine mystérieuse d'un grand nombre de mouvements, et, cela admis, nous pouvons affirmer que tout mouvement de l'homme a pour point de départ une sensation.

XXIII. La volonté n'est qu'une transformation de la sensibilité.

XXIV. Les prétendues facultés de l'âme des philosophes ne sont autre chose que le conflit de l'intelligence avec nos organes. L'intellect fournit le principe du mouvement et les organes lui donnent une expression différente selon leur destination.

XXV. L'âme est un esprit, un principe, qui ne peut pas avoir, par lui-même, des facultés distinctes sans perdre son unité, son immatérialité; il paraît multiple dans ses manifestations matérielles, contingentes, périssables. C'est ainsi qu'il faut entendre les facultés de l'âme; car, sans cela, on est forcément conduit à inventer une âme matérielle *idéalisée*, comme on l'a fait jusqu'ici.

XXVI. La mémoire est la représentation *subjective* d'une impression déjà perçue un grand nombre de fois. Dans ce phénomène, l'intelligence détermine par l'excitation nerveuse, dans les organes de nos sensations, les mêmes mouvements dont ils étaient le siége lorsqu'ils transmettaient réellement l'impression que l'intelligence veut reproduire.

XXVII. Toutes les facultés dont la manifestation expressive se trouve dans nos organes, sont soumises à un mécanisme particulier dont voici la formule :

Soit que nous voulions parler, écrire, chanter, peindre, etc., l'intelligence provoque d'abord un mouvement dans nos organes; ce mouvement (s'il n'appartient pas aux mouvements naturels, instinctifs) a toujours besoin d'être appris. Dans cet apprentissage, l'intellect a recours au sens spécial auquel les mouvements s'adressent : si ce sont des mouvements sonores, c'est l'oreille qui guide; si ce sont des mouvements mimiques, c'est la vue. L'intervention d'un sens spécial est indispensable aux actes de l'intelligence ; c'est par ce sens que l'intelligence perçoit ce qu'elle fait et qu'elle peut rectifier, diriger *intelligemment* ses propres actes. L'éducation des mouvements provoqués par l'intelligence et dirigés par un sens spécial constitue tous les arts. Par conséquent, les facultés de parler, d'écrire, de peindre, de faire de l'escrime, de danser, etc., etc., supposent toujours : 1° une volition (phénomène intellectuel); 2° une transmission de cette volition par l'intermédiaire des nerfs; 3° l'exécution de ces mouvements par les organes (phénomène matériel); 4° l'association de ces mouvements dirigée par l'intellect au moyen du sens spécial auquel ces mouvements s'adressent.

Dans l'exercice des facultés de l'homme nous trouvons encore le mouvement précédé de la sensation ; car nous ne pouvons vouloir qu'une chose préalablement sentie.

XXVIII. La parole est une des principales facultés de l'homme ; nous devons trouver, par conséquent, dans sa formation, les quatre phénomènes que nous avons constatés dans les autres facultés. En effet, l'intelligence veut les mouvements qui forment le son-parole ; cette volition est transmise aux nerfs qui excitent les muscles ; ces derniers meuvent les parties qui doivent produire le son ; l'ouïe transmet le résultat obtenu à l'intellect, qui, d'après cette connaissance, corrige, modifie ou accepte ses propres actes.

En répétant souvent ces mêmes actes, l'homme parvient à les produire avec la plus grande facilité, réellement ou *subjectivement* : réellement, quand nous parlons à haute voix ; *subjectivement*, quand nous pensons.

XXIX. La mémoire du mot est la mémoire du sens de l'ouïe.

XXX. Mais la parole renferme autre chose qu'un phénomène sonore produit par nos organes ; elle renferme une idée, un sens. Par quel moyen mettons-nous le sens dans le mot ? Par quel procédé nous rappelons-nous le sens que le mot renferme ?

1° Le mot ne devient pour l'esprit la représentation d'une idée qu'à la condition que le mot aura été voulu, appris, prononcé avec l'intention de lui faire représenter telle chose et non pas telle autre. De cette manière, les mouvements voulus pour le mot et le sens du mot deviennent inséparables, ou plutôt, ne font qu'un. Le mot peut exister sans l'idée, mais l'idée ne peut pas exister sans le mot (ou autre langage), car l'intelligence ne peut manifester sa manière de sentir que par un mouvement ; par ce mouvement elle se matérialise, elle se rend perceptible à elle-même. Donc le sens du mot et le mouvement du mot lui-même ne font qu'un, autrement dit, l'idée perceptible est un mouvement.

Avant d'être traduite en mouvement perceptible, l'idée est une impression qui est entrée dans notre intelligence par un de nos sens. Le fait seul de la traduction de la sensation en mouvement perceptible constitue l'idée. Si nous ne pouvions pas traduire en mouvement perceptible nos sensations, nous n'aurions pas d'idée, nous ne penserions pas. Notre intelligence serait remplie d'images ; mais tout en recevant ces images elle ne pourrait pas même en avoir conscience, car avoir conscience de quelque chose, c'est pouvoir se dire à soi-même que cette chose est ou n'est pas, et, sans mouvement perceptible, sans un langage, enfin, on ne peut rien dire à soi-même.

En associant toujours une sensation à un même mouvement voulu, il arrive, après un certain temps d'apprentissage, que la sensation et le mouvement ne font qu'un, à tel point que la sensation ne peut pas être réveillée dans l'intelligence sans qu'aussitôt le mouvement ne soit exécuté : je vois un verre, et immédiatement les mouvements sonores qui représentent ce vase sont répétés *subjectivement* ou objectivement.

L'idée est constituée par un mouvement exécuté dans un but défini ; et c'est en exécutant le même mouvement dans le même but un très-grand nombre de fois, que le mouvement et le but sont si bien liés l'un à l'autre que l'un rappelle toujours l'autre, et réciproquement.

Ainsi comprise, l'idée est toujours créée par notre intelligence ; c'est un acte traduit par un mouvement déterminé ; tandis que la sensation est en quelque sorte passive et indépendante de notre volonté. En effet, dès qu'un objet quelconque a impressionné un nerf sensitif, notre intelligence perçoit cette impression sans que nous puissions nous y opposer. La sensation prouve l'existence de l'intelligence ; l'idée prouve son activité.

2° Nous avons déjà dit que la mémoire du phénomène sonore

du mot n'est autre chose que la mémoire du sens de l'ouïe ; mais dans le mot il y a quelque chose de plus qu'une image sonore : il y a une idée. Or la mémoire de l'idée s'obtient comme toutes les mémoires : par la reproduction *subjective* de l'objet impressionnant sous l'influence de l'excitation cérébrale. L'objet impressionnant, l'idée, étant constituée par des mouvements, c'est la reproduction *subjective* de ces mouvements qui constitue la mémoire de l'idée. Habituellement la mémoire de l'idée est réveillée par le mot ; mais souvent il arrive qu'on oublie le mot, et alors c'est la sensation *mère* de l'idée, qui rappelle, avec cette dernière, le souvenir du mot.

XXXI. La parole est intimement liée à l'origine des idées ; elle n'est pas seulement l'instrument de la pensée, elle est la pensée elle-même. La parole *objective* est la parole parlée ; la parole *subjective* est la parole intérieure, la parole *pensée*.

XXXII. Réduit aux seules sensations reçues dans les classiques, l'homme n'aurait pas conscience de lui-même dans le sens philosophique du mot ; il n'aurait que des perceptions *objectives* ou *subjectives*, et ces sensations elles-mêmes seraient très-bornées dans leurs effets ; car ce qui fait que les impressions perçues sont agréables ou désagréables tient surtout à l'analyse et à l'extension que nous leur donnons par la pensée : il est des hommes qui savent se rendre horriblement malheureux à l'occasion d'une sensation qui passerait presque inaperçue pour tout autre ; il en est d'autres qui trouvent tout un monde de jouissances dans une impression qui nous laisse à peu près indifférents. En somme, les sensations les plus vives ne seraient rien pour nous si, en les idéalisant, notre intelligence n'en multipliait pas les effets. Or, cette suprême prérogative nous la devons à la parole.

C'est par la parole que l'intelligence transforme les choses senties en choses voulues ; c'est par la parole qu'elle a con-

science de ses propres actes ; c'est par la parole enfin que, s'é-
levant au-dessus des impressions matérielles, qu'il maîtrise ou
accueille à son gré, l'homme s'affirme vis-à-vis de lui-même
et vis-à-vis des autres.

§ II. — Application de la physiologie de la parole à la pathologie mentale.

En lisant les remarquables travaux qui, depuis un demi-
siècle, ont élevé la pathologie mentale au niveau des autres
branches de la médecine, on éprouve un sentiment de vive admiration pour les hommes éminents qui les ont exécutés ; mais,
en même temps, on ne peut s'empêcher de constater qu'ils ont
laissé de nombreuses inconnues à résoudre. La plus importante
et la plus sérieuse, parmi ces inconnues, tient évidemment au
voile épais qui recouvre encore le mécanisme physiologique de
la pensée.

A cette occasion nous répéterons ici ce que nous n'avons
cessé de dire dans les différentes parties de ce travail : comment apprécier judicieusement le trouble d'une fonction si on
n'en connaît pas exactement le mécanisme physiologique ?

Nous ne doutons pas que la plupart des dissidences qui
règnent parmi les aliénistes ne trouvent, dans cette considération, leur origine.

Naturellement conduit, en traitant de la physiologie de la
parole, à nous occuper des rapports de cette dernière avec la
pensée, nous sommes parvenu, ce nous semble, à soulever un
coin du voile qui recouvre les opérations mystérieuses de l'esprit humain, et nous pensons que l'on peut faire une juste
application des notions que nous avons acquises aux troubles
fonctionnels de la pensée.

L'intelligence est un principe immatériel qui ne saurait être lésé.

Les prétendus dérangements de l'intelligence doivent être recherchés dans ses instruments et non dans l'intelligence elle-même.

Les instruments de l'intelligence étant très-nombreux, l'exercice normal de cette dernière peut être troublé de bien des manières. Il est donc indispensable d'établir un certain ordre dans cette étude.

L'ordre le plus rationnel consiste à déterminer les rapports fonctionnels de l'esprit avec la matière. Ces rapports sont les suivants :

1° *Rapports de l'intelligence avec les organes des sens.* De ces rapports il résulte le premier élément de toutes nos connaissances, la sensation.

La sensation donne à notre intelligence la notion de ce qui *est ;* mais cette notion serait bien peu de chose au point de vue des opérations de l'esprit, si, dans ses opérations, l'esprit était obligé d'être *réellement* impressionné par l'objet de nos sensations. L'absence, l'éloignement des objets sensibles rendraient toute opération impossible.

Mais l'intelligence a le pouvoir, lorsqu'elle a été vivement impressionnée par un objet, de reproduire, par excitation cérébrale, dans les nerfs sensitifs, le mouvement qui a accompagné l'impression vive qu'elle a reçue, et de se donner ainsi la représentation *subjective* de l'objet impressionnant. Cette merveilleuse faculté porte le nom de *mémoire.*

Par la mémoire l'être sensitif s'élève d'un degré de plus vers l'être pensant. En effet, en recevant une sensation, l'intelligence est passive ; l'impression reçue par nos organes, elle ne peut pas vouloir ne pas la sentir, et elle est réveillée par cette impression. Ce réveil est la première et la plus élémentaire manifestation de l'intelligence : sentir, c'est *être* d'une certaine manière et pas autre chose.

Dans la *mémoire* au contraire, l'intelligence est essentiellement active ; elle provoque une sensation déjà perçue, soit directement, soit sous l'influence d'une autre perception ou du cours naturel de nos idées ; mais ces dernières causes supposent déjà son activité, son exercice.

La sensation *objective* transformée par l'*acte mémoire* en sensation *subjective* constitue déjà une opération de l'intelligence ; mais cette opération n'est pas une opération de la *pensée*. En reproduisant une sensation, l'intelligence provoque un acte de mémoire sensoriale ; mais cet acte ne constitue ni la *pensée* ni l'*imagination*.

2° *Rapports de l'intelligence avec les organes du mouvement.* La *pensée* est un acte de notre intelligence différent de celui qu'elle accomplit dans la mémoire sensoriale. La *pensée* est constituée par des mouvements dont l'ensemble est rendu sensible à l'un de nos cinq sens et qui ont été voulus par notre intelligence dans le but déterminé de leur faire *signifier* : 1° l'objet de ses sensations ; 2° sa propre manière d'être au moment d'une impression perçue. Ces mouvements constituent le langage.

Ainsi conçu, le langage est la *pensée matérialisée*, c'est-à-dire rendue perceptible à l'intelligence elle-même. L'intelligence matérialise ses propres actes dans le mot ; c'est par le *mot* qu'elle a conscience d'elle-même ; la *conscience* d'ailleurs est-elle autre chose que l'affirmation que nous nous donnons, par la parole *subjective* (pensée) de nos impressions et de nos actions ?

La pensée matérialisée dans le mot devient ainsi un objet *sensible*, capable d'impressionner un de nos sens, et d'être perçu par l'intelligence.

Nous avons donné le nom de *sens de la pensée* au procédé complexe suivant lequel la pensée est matérialisée dans le mot et perçue, sous cette nouvelle forme, par l'intelligence.

La pensée, se trouvant matérialisée dans le mot, tombe ainsi dans le domaine de la sensation, et, dès lors, l'intelligence peut provoquer la sensation *subjective* de la parole, comme elle provoque la sensation subjective d'un objet quelconque.

La sensation *subjective* de la parole constitue *la pensée intime, la parole pensée*, ou, en d'autres termes, l'exercice silencieux de l'intelligence provoquant mystérieusement des actes auxquels elle a attaché un sens déterminé.

Dans la reproduction *subjective* de la parole il y a cependant quelque chose de plus que dans la reproduction d'une sensation ordinaire; il y a : 1° reproduction d'un son dans le sens de l'ouïe ; 2° reproduction tacite, *subjective*, de l'acte significatif dans lequel le sens du son a été mis. Sans cet acte essentiel il y a reproduction d'un son ; mais ce son ne renferme pas l'idée.

D'après ce qui précède, l'esprit humain, considéré dans ses rapports avec la matière jouit, de trois facultés fondamentales, essentielles, indispensables à ses opérations. Ces facultés sont : 1° la faculté de percevoir, de sentir les impressions reçues par les organes des sens ; 2° la faculté de reproduire *subjectivement* ce qu'elle a senti ; 3° la faculté de représenter, par des mouvements appréciables à l'un des cinq sens, les objets de ses sensations et sa propre manière d'être au moment d'une impression perçue. A côté de ces facultés fondamentales, indispensables, viennent se ranger les facultés secondaires, telles que jugement, attention, comparaison, etc., qui, à notre avis, ne sont qu'une des conditions des trois facultés primordiales.

Par la sensation, l'intelligence sait ce qui est ; par la mémoire elle peut produire en nous ce qui est en nous ou au dehors de nous ; par le langage elle se représente elle-même avec tout ce qui est.

L'acte *mémoire* et l'acte *langage* constituent la pensée.

La pensée (intelligence en exercice) prend le nom d'*imagi-nation* quand, reproduisant *subjectivement* des images ou des paroles, l'intelligence établit entre ces divers éléments des rapports fictifs.

La pensée (intelligence en exercice) prend le nom de *raison* quand, reproduisant des sensations ou des idées, l'intelligence fait jaillir, par l'attention, les rapports réels qui existent entre ces divers éléments.

Tel est, selon nous, le mécanisme physiologique de la pensée humaine. Par conséquent nous devons rechercher les troubles de la pensée dans les diverses altérations de ce mécanisme, et suivre, dans cette recherche, la route que nous avons suivie dans l'exposition des phénomènes physiologiques.

1° **Troubles du phénomène sensation**. — Le phénomène sensation peut être troublé par une lésion appréciable de l'appareil qui reçoit directement l'impression ; mais nous n'avons pas à nous occuper ici de ce genre d'altération. N'oublions pas que la pathologie mentale ne doit s'occuper que des troubles qui surviennent dans les rapports de l'esprit avec la matière.

Le trouble le plus élémentaire de la *fonction* sensation est désigné sous le nom d'*illusion*.

Notre esprit est impressionné par un objet ; mais il ne le voit pas tel qu'il est et tel qu'il l'aurait vu dans d'autres circonstances : telle est l'illusion.

Ce trouble ne peut pas être confondu avec l'hallucination, dont il est cependant le premier degré, parce que, dans l'illusion, l'intelligence a besoin d'un *substratum*, d'un canevas extérieur pour bâtir, édifier la création qui doit la tromper. Dans l'hallucination, l'objet impressionnant est créé par l'intelligence sans que l'impression d'un objet extérieur soit nécessaire. MM. Esquirol, Baillarger ont parfaitement établi cette distinction qui n'est pas acceptée par tous les aliénistes : M. Aubanel, entre autres, cherche à démontrer l'identité de l'illusion et de l'hallucination [1].

L'illusion est en général produite par une préoccupation vive de l'esprit qui retrace, dès qu'il en trouve l'occasion, l'objet de ses préoccupations. L'occasion la plus favorable est la perception confuse d'une impression qui a quelque rapport avec l'objet de la préoccupation : un objet mal éclairé, un son lointain, etc., etc., sont un canevas très-propice sur lequel l'intelligence complète les lignes obscures de l'objet qui impressionne ses sens avec la silhouette de l'objet de ses préoccupations.

2° Troubles de l'acte-mémoire. — Nous parlerons ici de l'*amnésie*, ou de la perte de la mémoire, pour faire remarquer seulement que ce que l'on entend généralement par ce mot doit s'appliquer à la perte de la mémoire de la parole ; car nous avons démontré qu'il y a une mémoire spéciale pour chaque sens, et que, la *mémoire* considérée comme *faculté* purement *immatérielle* n'existe pas.

Après l'*amnésie spéciale*, le trouble le plus important de l'*acte-mémoire* est l'*hallucination*.

Les avis sont très-partagés sur ce qu'on doit entendre par *hallucination*.

Pour M. Lélut, « l'hallucination est la transformation de la pensée en sensation [2]. »

« L'hallucination, dit M. Baillarger, est considérée par les uns comme un symptôme physique et qui exige l'emploi des moyens physiques. Les autres, au contraire, ne voient chez les

---

[1] *Thèses de Paris*, 1839, p. 6.
[2] *Du démon de Socrate*, p. 237.

hallucinés que des phénomènes intellectuels, et ceux-là préconisent avant tout le traitement moral [1]. »

Nous ferons remarquer en passant combien les mots « phénomènes intellectuels » sont vagues ici, et combien ils dénotent la nécessité d'une physiologie de l'intelligence. Il est évident que les auteurs qui s'expriment ainsi font allusion aux actes de l'intelligence provoquant *les mouvements subjectifs du langage.*

Après avoir critiqué les uns et les autres, M. Baillarger prend la moyenne, et déclare que pour lui il y a des hallucinations de deux sortes : « les unes complètes, composées de deux éléments et qui sont le résultat de la double action de l'imagination et des organes des sens : ce sont les hallucinations psycho-sensorielles ; les autres, dues seulement à l'exercice involontaire de la mémoire et de l'imagination, sont tout à fait étrangères aux organes des sens, elles manquent de l'élément sensoriel, et sont par cela même incomplètes : ce sont les hallucinations psychiques [2]. »

Malgré la grande et très-légitime autorité de M. Baillarger, nous ne saurions admettre cette division sur les bases qu'a adoptées le savant aliéniste, et pour prouver l'exactitude de notre manière de voir, nous allons essayer de démontrer que les définitions de M. Baillarger sont bien loin d'être applicables à leur objet. M. Baillarger définit l'hallucination psycho-sensorielle : « une perception sensorielle indépendante de toute excitation extérieure des organes des sens, et ayant son point de départ dans *l'exercice involontaire de la mémoire et de l'imagination* [3]. »

Nous ne voyons pas d'abord la nécessité de faire intervenir *l'imagination* dans les hallucinations psycho-sensorielles. —

[1] *Mémoire sur les hallucinations,* p. 276.
[2] *Loc. cit.,* p. 369.
[3] *Loc. cit.,* p. 469.

L'imagination suppose *nécessairement* l'intervention de la volonté, car l'action d'*imaginer*, nous l'avons déjà dit, consiste à établir *volontairement* des rapports fictifs entre les divers éléments de la pensée. Or un halluciné n'imagine pas l'objet de son hallucination, nous n'en voulons d'autre preuve que les observations relatées par M. Baillarger lui-même, et recueillies sur des hommes capables d'apprécier ce qu'ils éprouvaient pendant l'hallucination : Muller, Burdach, Nicolaï.

Des hommes comme ceux-là, qui affirment que pendant l'hallucination ils ont essayé d'étudier le phénomène qui se produisait en eux, n'ont pas l'imagination troublée; car pour étudier un phénomène il faut conserver toute sa présence d'esprit : « J'essayai, dit Nicolaï, cité par M. Baillarger, de reproduire à volonté les personnes de ma connaissance par une objectivité intense de leur image ; mais, quoique je visse distinctement *dans mon esprit* deux ou trois d'entre elles, je ne pus réussir à rendre extérieure l'image intérieure. »

« Ainsi, Nicolaï, continue M. Baillarger, comme tous les malades capables de bien juger leurs fausses perceptions, était bien loin de *confondre les produits de l'imagination* (comme M. Baillarger se condamne lui-même dans cette phrase!) avec les hallucinations. » M. Baillarger a raison : l'hallucination n'est pas le résultat de *l'imagination, dont il ne faut pas confondre les produits avec les hallucinations ;* et nous sommes heureux que le savant aliéniste le dise lui-même après avoir dit tout le contraire un peu plus haut.

D'où viennent ces contradictions? Nous ne craignons pas de les attribuer à ce que l'on emploie les mots *mémoire* et *imagination* sans savoir au juste ce que ces mots veulent dire. Nous avons dit que la *mémoire* est un acte *volontaire ou involontaire* de l'intelligence, s'exerçant sur les organes des sens pour reproduire *subjectivement* une sensation déjà perçue ; tandis que l'imagination est un *travail de la pensée*, établissant des rapports fictifs entre les sensations ou les idées.

Tout cela est bien différent ; mais ces distinctions si importantes n'avaient pas été faites.

Voyons à présent le second terme de la définition de M. Baillarger, c'est-à-dire, *l'exercice involontaire de la mémoire*.

L'acte-mémoire intervient évidemment dans le phénomène hallucination ; mais il faut s'entendre sur cette intervention.

Pour M. Baillarger, l'hallucination a son point de départ *dans l'exercice involontaire de la mémoire*. Nous ne voyons pas comment l'exercice involontaire de la mémoire peut être le point de départ d'une hallucination.

Dans l'état normal la mémoire peut s'exercer *indistinctement*, d'une manière volontaire ou involontaire : *volontaire*, lorsque nous voulons reproduire dans l'un de nos sens une impression déjà perçue ; *involontaire*, lorsque pendant l'exercice de la pensée, la perception d'une idée, d'une sensation quelconque rappellent dans un *sens* une impression déjà perçue. Il résulte de là qu'un acte de mémoire *involontaire*, acte tout à fait physiologique, ne peut pas caractériser un acte pathologique, entrer par conséquent dans la définition des hallucinations.

En disant que l'hallucination a son point de départ dans l'exercice involontaire de la mémoire et de l'imagination, M. Baillarger attribue à ces dernières (qu'il considère comme des facultés *immatérielles* constituant les *phénomènes intellectuels* de l'hallucination) la cause de l'hallucination ; mais là est l'erreur. L'hallucination est un trouble de la mémoire elle-même et non un trouble *occasionné* par elle.

Nous ne saurions trop le répéter : le seul *critérium* de la pathologie est dans la physiologie. C'est en nous appuyant sur elle que nous allons essayer de déterminer ce que l'on doit entendre par hallucination. Le caractère pathognomonique de l'hallucination est fourni par la perception involontaire d'une impression d'origine réelle ou imaginaire, dont l'objet n'impressionne pas actuellement les sens par sa présence. Ce caractère essentiel est donc un phénomène de reproduction *subjective*. Or, qu'est-ce que la reproduction subjective d'un objet? C'est un phénomène de mémoire. L'hallucination est donc un phénomène de mémoire. Mais qu'est-ce qui distingue ce phénomène de mémoire pathologique de la mémoire physiologique? Dans la mémoire physiologique, nous sentons que la reproduction *subjective* de l'impression se fait en nous ; nous avons conscience que cette reproduction est un acte physiologique ; tandis que dans l'hallucination, la reproduction *subjective* est si *énergique* que l'halluciné croit voir l'objet de son impression au dehors de lui, comme s'il existait réellement.

Il *voit* les fantômes ; il entend les voix *graves* ou *aiguës*, venant de *droite* ou de *gauche*. Cette reproduction *subjective*, qui arrive jusqu'à *l'objectivité*, n'est qu'une exagération de *l'acte-mémoire* physiologique.

Dans l'hallucination, l'organe sensorial est plus excité qu'il ne l'est dans la mémoire.

L'hallucination est donc un phénomène purement sensorial nullement mêlé de phénomènes *psychiques ;* car l'intelligence ne peut reproduire *l'acte-mémoire* qu'avec le secours des organes des sens et dans les organes des sens. L'acte-mémoire, comme l'acte-hallucination, sont nécessairement le résultat de l'action de l'intelligence sur les organes des sens, et ils ne peuvent, en aucun cas, être constitués par un phénomène *psychique, immatériel*. Il ne faut pas confondre l'acte-hallucination purement sensorial avec la cause qui a pu le provoquer, et qui *souvent* réside dans l'imagination.

D'après ces considérations, nous définirons l'hallucination : la reproduction involontaire d'une impression déjà perçue, mais avec une énergie suffisante pour que l'objet de l'impression reproduite paraisse impressionner réellement nos sens.

D'après cette définition, il est facile de comprendre que tous les organes des sens puissent être le siége de l'hallucination ; il est également facile de s'expliquer la nature de ces phénomènes bizarres que les hypochondriaques éprouvent dans différentes parties du corps ; ces phénomènes sont de véritables hallucinations, ayant pour siége les nerfs de la sensibilité générale.

Tous les aliénistes rangent les hallucinations de la parole parmi les hallucinations de l'ouïe. Cette classification ne nous parait pas judicieuse.

L'hallucination ne peut être que la représentation *subjective exagérée* d'un objet capable d'impressionner un de nos sens. Or, dans la parole, nous trouvons, il est vrai, un phénomène sonore capable d'impressionner le sens de l'ouïe ; mais le phénomène sonore ne constitue pas, à lui seul, le mot proprement dit. Ce mot renferme une signification que l'ouïe est incapable de percevoir. On voit, en effet, des personnes qui entendent le mot, mais qui n'en comprennent pas le sens. Par conséquent si l'halluciné comprend le sens de la parole qui constitue l'hallucination, il y a chez lui autre chose qu'une hallucination du sens de l'ouïe ; il y a également hallucination du sens du mot, et comme cette hallucination ne fait pas partie du sens de l'ouïe, on a tort de ranger la parole parmi les hallucinations de ce sens.

M. Baillarger établit, dans ce cas, une distinction qui prouve que ce savant a senti ce qu'il y avait d'irrationnel dans cette classification ; il n'introduit parmi les hallucinations psychosensorielles de l'ouïe, que les cas spéciaux dans lesquels le malade dit entendre au dehors de lui la voix qui lui parle, réservant pour la classe des hallucinations *psychiques* les cas dans lesquels le malade entend parler en lui-même.

Cette distinction est loin d'être suffisante ; car toutes les fois qu'on entend des voix intérieures ou extérieures, il y a hallucination du langage. Or, le langage est un phénomène complexe composé de mouvements voulus et d'impressions perçues ; il doit y avoir par conséquent hallucination de ces divers éléments. C'est ce que nous allons démontrer en traçant les troubles qui surviennent dans les rapports de l'intelligence avec les mouvements de la parole.

3° Troubles de la fonction-langage. — Nous avons vu que la parole est constituée par deux phénomènes distincts : 1° un acte déterminant des mouvements significatifs ; 2° une impression sur l'ouïe, qui est la conséquence de ces mouvements. Or, ces deux phénomènes sont inséparables dans la production du langage, et également indispensables : si l'ouïe ne préside pas à la formation des mouvements, ces derniers ne peuvent pas être effectués avec *intelligence ;* si l'ouïe est seule impressionnée par le phénomène sonore, la *signification* de ce phénomène n'arrive pas à l'intelligence ; car, nous l'avons démontré, le sens du mot est dans l'acte qui détermine les mouvements sonores. Il résulte de là que, dans l'hallucination de la parole, lorsqu'un malade entend des voix qui lui parlent et qu'il les comprend, il doit y avoir hallucination portant également sur l'acte déterminant les mouvements *significatifs*, et sur le phénomène sonore. Comme nous avons donné le nom de *sens de la pensée* aux phénomènes qui constituent le langage, nous donnerons le nom de hallucinations du *sens de la pensée* à l'ensemble des troubles qui caractérisent l'hallucination de la parole.

Cela posé, et considérant que l'hallucination est une exagération involontaire de l'acte physiologique *mémoire*, nous aurons à tenir compte dans l'hallucination du *sens de la pensée*, du trouble de la mémoire des idées et du trouble de la mémoire des mots. Cependant, toutes les fois qu'il y aura véritablement hallucination de la parole, c'est-à-dire toutes les fois que le malade entendra des paroles et qu'il les comprendra, le trouble de la mémoire des mots accompagnera nécessairement le trouble de la mémoire des idées ; car, physiologiquement ou pathologiquement parlant, le mot ne peut être compris qu'à cette condition.

A ce point de vue, il n'est donc pas nécessaire d'établir une distinction entre les deux mémoires qui constituent la mémoire du sens de la pensée. Mais il peut arriver que l'excitation qui provoque l'hallucination s'exerce plus vivement sur le phénomène sonore que sur l'acte voulu ; sur le nerf auditif que sur les fibres nerveuses, qui reçoivent l'action directe de l'intelligence. La prédominance de l'excitation dans l'un ou dans l'autre cas fait que l'hallucination peut être plus accusée dans le phénomène sonore que dans l'acte voulu, et réciproquement.

Lorsque l'excitation sensoriale est très-vive, le malade entend la voix au dehors de lui ; il peut en apprécier le timbre, la tonalité, la direction.

En général, à cette hallucination de la parole vient se joindre une hallucination véritable de l'ouïe : le malade entend des sons, des bruits divers.

Si l'excitation sensoriale est moins vive et, qu'au contraire, la pulpe cérébrale soit plus vivement excitée, les voix ne paraissent plus venir du dehors ; le malade prétend qu'il a un interlocuteur dans la tête, ou bien, il dit qu'on lui parle *en idée, en pensée,* etc.

Très-souvent, les hallucinés de cette dernière catégorie ont entendu, dès le début de la maladie, les mêmes voix au dehors d'eux. Il semble que la maladie débute toujours par une excitation sensoriale plus vive.

Ce sont ces hallucinations dans lesquelles l'excitation semble s'effectuer exclusivement sur l'acte qui constitue l'idée que M. Baillarger a appelées *psychiques.*

« Les hallucinations psychiques, dit M. Baillarger, sont des perceptions purement intellectuelles, ayant leur point de départ dans l'exercice involontaire de la mémoire et de l'imagination [1]. »

Imbu de la croyance générale qu'il existe des *phénomènes* purement *intellectuels;* supposant que l'intelligence fait ses opérations en elle-même sans le secours de la matière, le savant aliéniste n'a pas vu dans la formation de l'idée et dans tous les phénomènes intellectuels, le mouvement *indispensable* de la matière dans lequel l'intelligence a mis l'idée, et qui constitue l'élément du langage.

Non, il n'y a pas d'hallucinations purement psychiques, c'est-à-dire un dérangement de l'esprit pur. Nous ne saurions trop le répéter : l'esprit, l'intelligence, le principe, enfin, ne peut pas être lésé. Quand nous constatons un dérangement prétendu intellectuel, ce n'est pas l'esprit qu'il faut faire intervenir, mais ses instruments.

D'un autre côté, nous pouvons affirmer qu'il n'y a que des hallucinations sensoriales, parce que les objets de nos sensations ne peuvent être reproduits *subjectivement* que par les organes qui transmettent *objectivement* leur impression à notre *moi.*

L'intelligence ne crée rien par elle-même; il n'y a pas de *phénomènes* purement *immatériels;* car le mot *phénomène* suppose nécessairement l'intervention de la matière; il y a une intelligence et des organes; les dérangements atteignent les organes, mais jamais l'intelligence elle-même. Si l'on veut

____

[1] *Loc. cit.*, p. 475.

découvrir la cause des troubles de la pensée, il faut la chercher dans les rapports de l'esprit avec la matière.

Or, ces rapports sont au nombre de trois, comme nous
l'avons dit : le phénomène *sensation;* l'acte *mémoire* et la fonction *parole*. Ces trois rapports *essentiels* constituent le domaine
de l'intelligence.

Les sensations fournissent le grain ; la mémoire transforme
le grain (premier acte de l'intelligence) en matière vivante ; le
langage est l'instrument précieux avec lequel l'intelligence fait
fructifier le grain.

L'intelligence est dans tous ces actes ; mais, à elle seule, elle
serait impuissante, car elle ne peut pas inventer le grain si elle
ne le connaît pas ; elle ne peut pas exercer son influence sur
lui, s'il n'est pas *incorporé*, c'est-à-dire en rapport direct avec
elle ; elle ne peut pas, enfin, le faire fructifier, le rendre intelligent si, par l'instrument du langage, elle ne le transporte pas
dans son propre domaine, dans le domaine de l'intelligence.

Pour expliquer la manière dont les dérangements de l'intelligence se produisent, il faudrait remonter à l'origine des
idées ; expliquer comment elles se développent, comment elles
se classent naturellement dans notre esprit ; il faudrait enfin faire
la physiologie complète de l'esprit humain, et conclure de l'état
normal des choses à l'état anormal.

Cette étude, que nous pourrons entreprendre dans un travail
plus spécial, ne rentre pas évidemment dans le cadre restreint
que nous avons dû nous tracer ici. Notre but a été d'indiquer
sommairement les applications d'une théorie nouvelle à la
pathologie mentale.

§ III. — Application de la physiologie de la parole à la médecine. — Altérations de la parole.

La parole étant composée de deux éléments distincts : d'un acte de l'intelligence s'effectuant sur la masse encéphalique, et d'un mécanisme sonore qui est la conséquence de cet acte, nous aurons à considérer les altérations de la parole dans ces deux conditions différentes[1].

Altérations de l'élément psycho-cérébral de la parole. — Les auteurs anciens, et parmi eux, Sauvages, Cullen, ont décrit sous le nom d'*alalie* la plupart des altérations de la parole ; mais, privés de connaissances physiologiques suffisantes, ils ont confondu les vrais troubles de l'élément psycho-cérébral de la parole avec les maladies les plus étrangères, par leur nature, à ces sortes d'altérations.

Dans un discours remarquable prononcé devant l'Académie impériale de médecine, M. le professeur Trousseau a fait une judicieuse critique de tout ce qui a été dit jusqu'ici sur cette matière ; mais, incomplétement éclairé par les lumières d'une physiologie qui n'était pas encore faite, lui-même n'a pas pu tirer tout le parti désirable de ses ingénieuses observations.

Jusqu'ici, l'*organe cérébral* de la faculté du langage de Gall et de M. Bouillaud tenait lieu de physiologie de la parole, et, dès lors, il ne faut plus s'étonner si les troubles de cette fonction n'ont pas été sainement appréciés.

Les organes de la faculté du langage ayant mission d'exécuter tout ce qui concerne la parole, on ne se préoccupait plus depuis quarante ans que de chercher ces prétendus organes dans les

---

[1] Les altérations du mécanisme sonore ont été étudiées dans des traités spéciaux bien connus ; nous ne nous en occuperons pas.

différentes parties du cerveau ; et l'on croyait avoir répondu à tous les *desiderata* lorsqu'on avait constaté sur le cadavre d'un *aphasique* une lésion de la pulpe cérébrale.

Nous avons vu que cette manière d'agir ne pouvait qu'enrayer tout progrès et entretenir les nombreuses dissidences qui existent sur cette question.

Les altérations du phénomène intellectuel de la parole ont reçu de M. Trousseau le nom d'*aphasie*. Faute d'autre, nous acceptons cette dénomination, dont la justesse a été garantie au savant professeur par M. Littré et M. Briau, tous les deux, nous nous plaisons à le reconnaître, très-compétents en matière philologique.

Mais M. Trousseau ne veut pas, dit-il, donner, de l'aphasie, une définition qui s'applique *uni et toti definito*.

Nous comprenons peut-être cette précaution oratoire, et nous serions disposé à la respecter, si nous n'avions pas un très-grand intérêt à connaître le fond de la pensée de M. Trousseau.

Nous sommes certain de ne pas nous tromper en disant que, pour M. Trousseau, « l'aphasie est un symptôme ou un ensemble de symptômes qui résulte presque toujours, sinon constamment, de la perturbation de diverses facultés de l'entendement, en particulier, de la mémoire et de l'attention[1]. »

Cet ensemble de symptômes est, pour M. Trousseau, le trouble ou l'abolition des manifestations de la pensée, telles que : geste, parole, écriture, dessin.

Nous devons ajouter d'ailleurs que le savant professeur a très-judicieusement distingué l'aphasie de la paralysie générale, de l'éclampsie et de la paralysie glosso-labio-laryngée.

Si nous examinons chacun des termes de cette définition,

---

[1] *Bulletin de l'Académie impériale de médecine,* avril et mai 1865, p. 649 et 675.

nous ne sommes plus étonné que M. Trousseau ait hésité à la formuler catégoriquement : cet examen nous prouve, en effet, que le savant professeur n'était pas suffisamment édifié sur la nature de l'aphasie.

D'abord, nous ferons remarquer qu'il n'est pas possible de désigner, sous une même dénomination, les troubles de la mimique, de la parole et de l'écriture. Il est vrai que ce sont trois manifestations expressives de la pensée ; mais, ce motif n'autorise pas à désigner leur dérangement sous un même nom. En effet, la mimique est effectuée par des organes tout différents de ceux de la parole ; et il est incontestable que le point de départ initial, le point psycho-cérébral où ces mouvements sont ordonnés, n'est pas le même que celui qui préside aux mouvements de la parole.

Quant à l'écriture, le mécanisme de sa formation est si différent de celui des véritables langages (mimique et parole), que l'on ne s'explique la confusion dans laquelle est tombé M. Trousseau que par l'absence d'une théorie physiologique du langage et de l'écriture.

L'écriture n'est pas un langage, c'est la simple traduction d'un langage ; par conséquent, on ne peut pas désigner par un même nom le trouble de l'instrument direct de la pensée (langage) et le trouble d'une opération, intellectuelle il est vrai, (écriture) mais qui, en aucun cas, ne peut être la manifestation *immédiate* de la pensée, comme nous l'avons démontré.

Il nous paraît donc rationnel que l'on distingue par un nom différent des choses aussi différentes que la mimique, la parole et *surtout* l'écriture.

Ce premier point élucidé, voyons ce que M. Trousseau pense touchant la nature de ce *symptôme* qu'il appelle *aphasie*. « Ce symptôme, dit-il, résulte presque toujours, sinon constamment, de la perturbation des diverses facultés de l'entendement, en particulier, de la mémoire et de l'attention. »

Nous ne voulons faire qu'une simple objection à la manière de voir de M. Trousseau.

Il n'est pas certainement de maladie dans laquelle les *facultés de l'entendement* soient plus perturbées que dans la folie : la mémoire, chez la plupart des fous, est complétement bouleversée et souvent éteinte ; l'attention n'existe que pour certaines choses ; les conceptions de la pensée sont insensées, et, cependant, les fous ne sont pas aphasiques[1]. Que conclure de là, sinon que l'aphasie ne résulte pas *constamment ou à peu près, du dérangement des facultés de l'entendement, et que, surtout, elle ne peut pas être un symptôme de ce dérangement?* Probablement, M. Trousseau s'en est laissé imposer par cette considération basée, d'ailleurs, sur la réalité, que, le plus souvent, l'aphasie se montre dans les cas de ramollissement du cerveau avec dérangement plus ou moins grand des facultés intellectuelles ; il a vu dans l'aphasie un symptôme du dérangement de ces facultés ; mais là est l'erreur.

Le ramollissement a pu envahir peu à peu les points du cerveau nécessaires à la manifestation de nos facultés, et atteindre, par conséquent, les parties qui coopèrent à la formation du langage.

L'aphasie est la conséquence de cette lésion, et non, comme le veut de M. Trousseau, le *symptôme* du dérangement des facultés.

Il résulte de tout ceci que M. Trousseau a enrichi la science de quelques faits intéressants sur l'aphasie, mais qu'il n'a pas donné une explication légitime et rationnelle touchant la nature et le mécanisme de ce trouble spécial.

---

[1] Le plus grand nombre du moins, et presque jamais dès le début de la folie.

Cette question ne pouvait être résolue que par la connaissance exacte du mécanisme physiologique de la formation de la parole. C'est l'ignorance de ce mécanisme qui a rendu improductifs jusqu'ici, les remarquables travaux de M. Bouillaud sur la parole ; c'est ce même motif qui nous explique pourquoi la discussion mémorable qui a eu lieu devant l'Académie impériale de médecine (mai 1865), sur le langage articulé, n'a eu d'autre résultat que celui de nous indiquer ce qui restait à faire en nous dévoilant le peu qui était fait.

La faculté du langage doit être considérée comme une *fonction* résultant de l'action de l'intelligence sur les fibres nerveuses, dans un but déterminé ; mais cette fonction ne peut pas être assimilée aux fonctions de la vie organique. Nous avons suffisamment prouvé que nous n'acceptons pas la bureaucratie cérébrale de Gall et de M. Bouillaud, constituée par des organes distincts plus ou moins élevés en dignité. Nous admettons qu'en un point déterminé de la masse encéphalique, l'intelligence reçoit les impressions et réagit sur les fibres nerveuses pour faire exécuter ses *volitions*.

Ces perceptions, ces volitions, résultant des rapports de l'intelligence avec la matière nerveuse, constituent ce que nous appelons *fonctions du cerveau*, et ce que les autres appellent à tort, selon nous, *facultés intellectuelles*. — Nous avons démontré en effet, que l'intelligence n'est puissance *définie* (faculté) qu'avec le secours des organes [1].

Dans la fonction-parole nous trouvons des actes déterminant des mouvements *intelligents;* nous trouvons aussi des impressions perçues. Mais ces actes, ces volitions, ces perceptions se font d'après certaines lois, d'après un mécanisme dont la connaissance constitue la physiologie de la parole.

[1] Voir p. 680.

Or, nous avons démontré que la parole est essentiellement constituée par un acte suivi de certains mouvements *signifi-catifs* qui, eux-mêmes, sont *nécessairement* dirigés dans leur exécution, par le sens de l'ouïe ; nous avons vu encore que le *sens* du mot est dans l'acte voulu, et que le mot, sans cet acte, n'est qu'un son ne renfermant pas l'idée. Nous avons démontré enfin que l'acte *significatif* de la parole peut être provoqué directement par la volonté; mais que, le plus souvent, il est déterminé par une perception quelconque : ce qui veut dire que les divers centres de perception sont en communication avec le point où l'intelligence agit sur les fibres nerveuses pour provoquer *l'acte-parole*.

Cette simple exposition nous autorise à dire déjà que les troubles *vrais* de la parole sont constitués par une lésion des parties sur lesquelles l'intelligence agit pour déterminer l'acte *significatif* de la parole, et, en second lieu, par une lésion des parties qui sont chargées de diriger les mouvements voulus, c'est-à-dire une lésion du nerf auditif, ou des parties qui établissent une communication entre ce nerf et les fibres qui reçoivent de l'intelligence l'impulsion nécessaire pour faire exécuter l'acte voulu.

Le siége anatomique et la cause de l'aphasie se trouvent ainsi déterminés, et il n'est plus possible de confondre les troubles *vrais* de la parole avec les troubles des autres facultés qui, sans doute, peuvent influencer l'acte-parole dans sa conception (démence, folie, hallucinations), mais nullement dans son exécution matérielle (aphasie). C'est cette distinction capitale qui a échappé à M. Trousseau.

Le trouble d'une faculté ne peut influencer *l'exécution* de l'acte-parole, que si la lésion qui tient sous sa dépendance le trouble de cette faculté s'étend à une des parties qui coopèrent à la formation de la parole.

Cela posé, nous définirons l'aphasie : une altération plus ou moins profonde de la parole résultant d'une lésion des parties de l'encéphale qui concourent à sa formation.

Dans le but de faire mieux ressortir l'utilité, les avantages et l'exactitude de l'application de notre théorie aux altérations de la parole, nous emprunterons à M. Trousseau quelques-uns des faits très-intéressants d'aphasie qu'il a obsevés, nous réservant de leur donner une interprétation différente et basée sur la physiologie de la parole.

Premier fait. — « Il s'agit d'un ouvrier assez misérable, dit M. Trousseau, qui a étudié au séminaire pour être prêtre et dont par conséquent l'intelligence a été cultivée; j'insiste à dessein sur ce point. Une nuit, à la suite d'une orgie, il est frappé d'une attaque d'apoplexie qui le paralyse du côté droit ; et, à partir de ce moment, il ne sait plus dire que : « coucici ». Quelquefois, irrité par des questions prolongées, il s'écrie : « saccon ! » avec l'intonation évidente d'un homme qui jure en s'emportant. Quand cet homme fut à peu près guéri de sa paralysie, j'essayai de le faire écrire; il écrivait correctement son nom : « Paquet » ; on lui disait d'écrire le nom de sa femme qui s'appelle Julie, il écrivait encore « Paquet. » Le nom du mois, encore « Paquet » : sa mécanique verbale était montée ainsi et elle marchait indéfiniment de la sorte .... Je le priai de faire le geste d'un homme qui joue de la clarinette, il fit celui d'un homme qui joue du tambour. Je lui montrai alors comment on joue de la clarinette et il imita mon geste, après d'assez maladroites tentatives [1]. »

M. Trousseau explique ce fait en disant que, « l'attention, cette faculté si importante de l'entendement, était fortement lésée. C'est parce que Paquet écoutait peu ou regardait mal,

---

[1] *Bulletin de l'Académie impériale de médecine*, avril et mai 1865, p. 650.

qu'il ne savait pas faire ce qu'on lui demandait ou qu'il le faisait avec maladresse. L'attention n'était pas seule lésée, la mémoire l'était également [1]. »

Il est évident pour nous que si Paquet n'était pas attentif, c'est que les questions qu'on lui adressait n'arrivaient pas ou arrivaient incomplétement à son entendement. Il n'était pas sourd ; par conséquent, le son-parole était perçu par l'ouïe ; mais ce son n'agissait plus comme *excitateur* des mouvements de la parole ; l'acte indispensable dans lequel nous avons dit que le sens du mot est renfermé n'était pas réveillé. Paquet ne comprenait pas la parole, et il ne prononçait que quelques mots insignifiants, par cette raison qu'il ne pouvait pas provoquer, volontairement ou involontairement, l'acte qui constitue le sens du mot.

Ces troubles de la parole indiquent que l'hémorrhagie avait dû se faire en ce point du cerveau où les mouvements de la parole sont voulus et déterminés par l'intelligence.

Nous croyons, en un mot, que Paquet était aphasique, parce qu'une lésion du cerveau avait compromis l'action de l'intelligence sur certaines fibres de l'encéphale.

Quant à l'impossibilité d'écrire autre chose que son propre nom, nous nous l'expliquons très-bien d'après la théorie que nous avons formulée au sujet de l'écriture. L'écriture, avons-nous dit, n'est que la traduction des signes sonores en signes visuels. L'écriture ne constitue pas, comme on le croit généralement, un *langage*. Le seul et véritable langage, le langage avec lequel on pense doit être formulé par nos organes. D'après cela, il n'est pas étonnant que Paquet ne pût pas écrire autre chose que les mots qu'il pouvait prononcer. En effet, il ne pouvait pas traduire une chose qui n'existait plus en lui, le langage : *Nemo dat quod non habet.*

[1] *Loc. cit.*, p. 851.

Deuxième fait. — « Un jour, dit M. Trousseau, un monsieur entre dans mon cabinet et me remet un papier. Je lui demande s'il est muet, et par un geste très-expressif il me fait savoir que non. Il avait été frappé d'un coup de sang huit jours auparavant et avait perdu, depuis lors, la parole, mais n'avait perdu que cela. Il écrivait, donnait ses ordres, entretenait une active correspondance comme par le passé [1]. »

M. Trousseau s'est abstenu de donner une explication à l'endroit de cet aphasique. C'est que, en effet, il paraît presque impossible de comprendre comment un homme lit et écrit sans pouvoir parler, et cela sans qu'il y ait paralysie de la langue.

Cependant la physiologie nous permet d'expliquer ce phénomène tout aussi bien que les autres.

Du moment où ce monsieur peut écrire, c'est qu'il peut parler *mentalement*, *intérieurement*, subjectivement enfin ; car l'écriture n'est et ne peut être que la *traduction* de ce langage intime. Il suit de là que la lésion du cerveau réside en ce point où les fibres nerveuses transmettent au bulbe rachidien l'acte déjà formulé par l'intelligence et qui constitue le sens de la parole. La lésion ne porte plus sur le point d'origine des mouvements, mais sur la ligne conductrice qui, de ce point, s'étend au bulbe rachidien.

Cet aphasique peut être comparé, autant que cela est possible, à un aveugle qui, malgré la perte de ses yeux, peut encore provoquer des images *subjectives* dans le sens de la vue. L'aphasique parle *subjectivement*, mais il ne parle pas *objectivement*, parce qu'une lésion située sur le trajet des fibres qui conduisent l'acte voulu aux nerfs du mouvement empêche la transmission de cet acte.

Troisième fait. — « C'est un négociant de Valenciennes, dit

----

[1] *Loc. cit.*, p. 631.

M. Trousseau, qui a eu un coup de sang il y a quatre mois. Il parle maintenant à merveille et raconte que, à la suite de son attaque, il a été un peu paralysé à droite ; qu'alors il ne pouvait parler ; puis que, peu à peu, la parole est revenue, mais qu'il ne sait plus lire. J'essaye en vain de lui faire déchiffrer le titre d'un journal, je lui fais épeler chaque mot lettre à lettre ; mais il ne peut assembler les syllabes. Il n'était cependant pas amblyopique, ainsi que je pus m'en assurer, en lui faisant ramasser à terre une épingle. Ce qu'il y a de plus invraisemblable, c'est que cet homme peut écrire, et qu'il ne peut lire ce qu'il écrit, très-correctement d'ailleurs. Je l'invitai incontinent à se mettre à mon bureau, et il écrivit aussitôt cette phrase très-obligeante : « Je suis bien heureux, monsieur, d'être venu vous voir ; j'es-« père m'en retourner guéri. » Il lui fut absolument impossible de lire la phrase qu'il venait de tracer [1]. »

Pour se rendre bien compte de cette singulière affection, il faut se rappeler que toutes les impressions perçues peuvent déterminer l'acte-parole : la vue d'un objet provoque directement l'acte qui doit donner naissance au signe-sonore qui représente cet objet. Il faut se rappeler encore que le *sens* de l'écriture n'arrive à notre intellect qu'en passant par traduction dans le langage physiologique (nous *parlons* en lisant).

Le signe écrit provoque directement les mouvements de la parole (subjective ou objective), et le sens du mot n'arrive à l'intellect qu'à cette condition. Or, si sur le trajet qui transporte l'impression visuelle au point du cerveau où les mouvements de la parole sont voulus et déterminés, il se trouve une lésion qui s'oppose plus ou moins à cette transmission, l'excitation du signe écrit sur les mouvements de la parole n'aura pas lieu, et l'homme ainsi affecté ne saura pas lire son écriture. Il pourra

---

[1] *Loc. cit.*, p. 652.

l'écrire cependant, parce que le sens de la vue et la mémoire de ce sens sont intacts, et qu'à l'aide de ce guide, il formulera en signe-écrit les éléments sonores de la parole.

Quatrième fait. — « Un de mes plus distingués collègues de l'Académie, dit M. Trousseau, s'était fracturé le péroné ; pour dissiper les ennuis, il lisait les *Entretiens littéraires* de Lamartine. Tout à coup il s'aperçoit qu'il ne comprend plus ce qu'il lit ; surpris, il sonne, un domestique arrive ; notre collègue veut donner un ordre, il lui est impossible de prononcer un seul mot ; il veut écrire, cela lui est également impossible.

Un médecin est appelé, le malade fait un geste qui signifie qu'il veut être saigné. On le saigne, en effet, et presque aussitôt quelques mots peuvent être prononcés. Puis peu à peu la faculté de parler redevient complète[1]. »

Ce fait, dont l'explication est évidemment très-simple, prouve, contrairement à ce que dit M. Trousseau, que l'aphasie ne résulte pas d'un trouble des facultés ; il vient parfaitement à l'appui de notre opinion, d'après laquelle l'aphasie résulterait d'une lésion des parties qui concourent à la formation de la parole.

Pour compléter les traits qui se rapportent à l'aphasie, nous devons dire que la plupart des aphasiques lisent, mais qu'ils ne savent ce qu'ils lisent.

A ce sujet, M. Trousseau mentionne Adèle Ancelin, qui lisait constamment la première page du *Mois de Marie ;* il mentionne également Paquet, dont nous avons parlé plus haut, qui pendant plusieurs mois lisait le même numéro du *Journal amusant.*

Notre théorie nous permet de préciser les cas dans lesquels l'aphasique ne comprendra pas les signes de l'écriture : 1° lors-

____

[1] *Loc. cit.,* p. 654.

que le signe écrit ne pourra pas transmettre son excitation au point initial où les mouvements de la parole sont voulus et déterminés ; 2° toutes les fois que le point initial des mouvements de la parole sera lésé assez profondément pour que ces mouvements ne puissent pas être effectués.

Dans l'examen qui précède, le lecteur a pu voir que les interprétations des faits découlent naturellement de notre théorie ; il a pu voir encore que les troubles isolés des éléments de la parole nous ont fourni une sorte de *critérium* au moyen duquel nous avons pu confirmer l'exactitude de notre théorie ; il a pu voir enfin que, si les observations de M. Bouillaud tendent à faire supposer que le point initial des mouvements de la parole se trouve dans les lobules antérieurs du cerveau, il n'est pas moins important de considérer, dans l'anatomie pathologique des altérations de la parole, les points intermédiaires qui unissent ce point initial avec les divers centres de perception. La connaissance de ces points est très-importante, et, tout en servant la question de l'aphasie, elle pourra jeter une vive lumière sur les parties les plus importantes de la physiologie cérébrale.

Mais dans toutes ces recherches on ne saurait trop se mettre en garde contre une erreur généralement accréditée, et qui consiste à admettre des *facultés purement immatérielles*. Cette croyance n'a qu'un seul avantage : c'est de fournir des vérités fictives à la place des vérités réelles, qui font défaut lorsqu'on agite une question de physiologie ou de pathologie cérébrales.

Nous espérons cependant que le moment n'est pas éloigné où le problème de la physiologie de la pensée sera complétement résolu. Mais on n'y arrivera, nous en avons la ferme conviction, qu'en faisant, pour toutes les facultés, ce que nous avons fait pour la parole ; et en considérant surtout que ces facultés sont constituées par une même force immatérielle, se manifestant d'une manière différente selon les organes qu'elle met en jeu.

§ IV. — Application de la physiologie de la parole à l'enseignement des sourds-muets.

D'après un relevé statistique exécuté en 1861 par M. le baron de Watteville, il existait en France, à cette époque, 21,576 sourds-muets [1].

D'après ce même relevé, le nombre de ceux qui jouissaient des bienfaits d'une éducation spéciale, grâce à la sollicitude éclairée du gouvernement et à l'initiative individuelle, s'élevait à peine au chiffre de 2,446. Il restait donc 19,130 malheureux privés des moyens de développer leur intelligence et de communiquer, par la pensée, avec leurs semblables.

Ce nombre a sans doute diminué aujourd'hui ; mais il est encore assez considérable pour attirer sérieusement l'attention des penseurs, des philanthropes et des physiologistes. Loin de nous cependant la pensée de faire un appel à leur solllicitude, à leur charité, à leur dévouement ; a ce titre, la stimulation est superflue vis-à-vis des dignes successeurs de l'abbé de l'Épée.

Mais le mode, ou plutôt les modes d'enseignement adoptés actuellement sont-ils capables de développer, autant que cela est possible, l'intelligence des sourds-muets ? Ces enseignements sont-ils basés sur un principe rationnel ? Nous ne le pensons pas, et nous allons essayer de démontrer notre manière de voir [2].

Le véritable sourd-muet est celui qui, faute d'entendre, ne peut pas apprendre à parler. Soit qu'il ait été mis au monde

---

[1] Rapport à son excellence le ministre de l'intérieur.

[2] Dans ce qui va suivre, nous n'entendons parler que des sourds-muets. Les idiots forment une classe à part.

avec son infirmité, ce qui est rare, soit qu'il ait perdu l'ouïe dans les premières années de la vie, l'enfant qui n'entend pas ne peut pas apprendre à parler, et, s'il avait déjà appris quelques mots avant la surdité, il les oublie peu à peu, à moins qu'on ne s'y oppose par des moyens spéciaux.

Rien n'est plus naturel : la parole appartient à cette catégorie de mouvements qui résultent de l'activité volontaire de nos organes, et qui ne peuvent être appris qu'à la seule condition que l'intelligence puisse en diriger l'exécution, au moyen du sens spécial auquel ces mouvements s'adressent dans leur ensemble : les mouvements sonores s'adressent au sens de l'ouïe et sont dirigés par lui ; les mouvements mimiques s'adressent au sens de la vue et sont dirigés par lui.

Il n'est pas plus possible à un sourd-muet d'apprendre les mouvements de la parole, qu'il ne le serait à un aveugle d'apprendre à parler par signes.

Cependant le sourd-muet n'a pas perdu avec l'ouïe la faculté de produire des sons ; il n'a perdu que la faculté de les produire d'une manière *intelligente, significative* et *agréablement sonore*.

L'intelligence existe chez le sourd-muet comme chez les autres enfants ; elle se reflète même sur la physionomie du premier avec une expression de vivacité que l'on rencontre plus rarement chez les seconds ; mais étant privée du précieux instrument de la parole, elle reste, en quelque sorte, à l'état de force improductive.

Le sourd-muet reçoit, comme nous, les impressions qui lui viennent par les sens ; mais son intelligence n'ayant pas le moyen habituel (la parole) de transformer ces impressions en mouvement perceptible, c'est-à-dire en mouvement qui lui permette d'avoir conscience d'elle-même, elle reste inactive et ne manifeste son existence que par les mouvements instinctifs, et à peu près involontaires, qui succèdent aux impressions perçues : ce sont les mouvements de l'être sensitif.

Cependant, si le sourd vit en société ; si, de bonne heure, il a été entouré des soins attentifs et intelligents de la famille, il parvient à se donner un langage très-imparfait, sans doute, mais suffisant pour lui permettre d'arriver à un développement relatif de son intelligence : c'est le langage des signes naturels.

Nous avons vu que ce langage, composé des mouvements expressifs attachés aux organes des sens et de tous les mouvements capables d'imiter une action, un phénomène ou un objet quelconque, ne nous permet pas de nous élever au-dessus du monde sensible et d'arriver, par le raisonnement, à créer l'idée abstraite.

Or, comment parvenir à donner au malheureux sourd-muet un langage qui, analogue au langage phonétique, lui permette de communiquer avec nous et de penser comme nous?

A notre avis, et comme nous l'avons démontré d'ailleurs page 660, il n'existe que deux langages : le langage parlé et le langage mimique ; par conséquent, le sourd-muet n'a qu'un moyen de développer son intelligence : c'est d'apprendre le langage des signes naturels et méthodiques.

En parlant ainsi, nous n'ignorons pas que nous allons à l'encontre des idées que professent la plupart des hommes distingués qui ont accepté la mission d'enseigner les sourds-muets ; il est donc indispensable de développer notre pensée et d'appuyer notre manière de voir sur des preuves. Pour suivre un certain ordre dans cette discussion, nous examinerons successivement : la valeur des signes méthodiques ; la valeur de l'écriture ; et la valeur de la parole *enseignée* aux sourds-muets.

1° **Valeur des signes méthodiques.** — L'abbé de l'Épée, considérant le sourd-muet comme un étranger possédant une langue différente de la nôtre, supposa, avec juste raison, qu'il serait possible de lui enseigner, par traduction, notre langue parlée.

Mais, comme le sens de l'ouïe est absent chez le sourd-muet, il n'était pas possible de songer à lui faire traduire directement la parole qu'il n'entend pas ; l'abbé de l'Épée imagina de lui faire traduire le langage *écrit* qui, lui-même, n'est qu'une traduction du langage parlé.

Cette idée lumineuse n'était pas d'une réalisation facile. Nous avons vu, en effet, que le langage du sourd-muet est excessivement pauvre ; que certains mots, certaines formes de notre langage parlé n'ont pas de signe correspondant dans son langage naturel ; il était donc indispensable, pour lui communiquer les idées que ces signes représentent pour nous, d'inventer de nouveaux signes.

C'est ce que fit l'abbé de l'Épée : il compléta, par des signes arbitraires, le langage naturel des signes, et ce sont ces signes conventionnels, arbitraires comme les éléments sonores de la parole, que l'on nomme *signes méthodiques*.

Or, est-il possible de traduire les signes écrits en signes mimiques, mais d'une manière complète, c'est-à-dire avec le *sens* que le signe écrit représente ?

Nous n'hésitons pas à répondre par l'affirmative, et nous empruntons nos preuves à la nature même des langages mimique et phonétique.

Nous avons démontré (page 640) que la parole est constituée par des mouvements *physiologiques*, c'est-à-dire exécutés par nos organes, voulus par notre *moi*, avec l'intention de leur faire signifier quelque chose ; nous avons démontré encore que l'intelligence peut vouloir d'autres mouvements que ceux de la parole, des mouvements, par exemple, exécutés par nos membres, et leur donner une signification particulière, comme elle le fait pour les mouvements de la parole. Ces deux ordres de mouvements dirigés, les uns par le sens de l'ouïe, les autres par le sens de la vue, constituent deux langages parfaitement identiques quant au mécanisme de leur formation : le langage phonétique et le langage mimique.

Ces deux langages présentent ce caractère commun très-important que, les mouvements qui les composent sont purement conventionnels, arbitraires; la forme ou la nature du signe importe peu, pourvu que l'on s'entende sur sa signification ; d'où il résulte que, le même objet, la même idée peuvent être représentés par des signes mimiques ou par des signes phonétiques indistinctement; d'où il résulte enfin qu'un signe phonétique pourra être toujours traduit ou représenté par un signe mimique et réciproquement. La possibilité de cette traduction peut être démontrée d'une manière encore plus évidente.

On rencontre souvent dans la société des hommes qui ont l'ouïe assez dure pour ne pas entendre la conversation ; ces hommes cependant comprennent ce qu'on leur dit ; ils n'entendent pas, mais ils lisent sur les lèvres de leur interlocuteur les mouvements *mimiques* qui correspondent au *son-parole*. Or, ces mouvements *mimiques* sont la traduction exacte des sons élémentaires de la parole, et comme ces derniers sont produits par des mouvements arbitraires, conventionnels, il s'ensuit que les mouvements de la parole, *appréciés par la vue,* sont des signes *méthodiques :* donc il existe un langage des signes *méthodiques,* calqués sur les mouvements phonétiques. Ce langage des signes *méthodiques* serait évidemment le plus parfait si les mouvements qui le constituent étaient tous appréciables à la vue. Malheureusement, on ne peut pas saisir tous ces mouvements, et, d'ailleurs, il est certaines lettres, telles que le *f* et le *v,* qui sont produites par le mouvement des mêmes parties, et qui ne se distinguent que par le phénomène sonore qui les accompagne.

Il est donc possible de traduire le langage phonétique en langage mimique. Cette possibilité étant bien établie, il nous sera très-facile de prouver qu'on peut traduire, aussi bien et même mieux, l'écriture en langage mimique.

En effet, l'écriture est la traduction *grapho-mimique* des sons élémentaires de la parole. C'est la reproduction de ces sons élémentaires, sous une forme perceptible par le sens de la vue. A chaque son élémentaire correspond un signe écrit dont le sens de la vue peut garder le souvenir comme le sens de l'ouïe garde celui du mouvement sonore ; en un mot, l'écriture n'est autre chose que la parole transformée en signe visuel, en signe appréciable pour le sourd-muet. Pour arriver à comprendre le sens de l'écriture, le sourd-muet n'a qu'à traduire le signe écrit par le mouvement de ses organes, en donnant à ce mouvement le même sens que le signe écrit représente. Par ce moyen, il a mis en lui la possibilité de reproduire par des mouvements le *sens* du mot écrit ; il s'est donné la possibilité de *parler*, en son langage, la langue écrite, et, partant, la possibilité de penser comme nous.

Ces considérations nous permettent d'affirmer que l'écriture peut être traduite, avec le *sens* qu'elle renferme, en langage mimique, et, comme nous sommes convaincu, d'un autre côté, que le sourd-muet n'a pas d'autre moyen de développer son intelligence et de nous communiquer ses pensées, nous émettons le vœu que tous les efforts soient dirigés dans le but de créer un langage mimique assez complet pour que la plupart des signes phonétiques puissent être traduits en signes mimiques.

Telle était d'ailleurs la pensée de l'abbé de l'Epée. Guidé par son génie, ce saint prêtre avait deviné les principes physiologiques sur lesquels nous avons appuyé notre manière de voir, et il en avait fait la base de son enseignement. Mais, soit que le procédé qu'il a employé ne fût pas judicieux, soit qu'il ait eu à surmonter des difficultés trop grandes et résultant de la nature même du sujet, il est arrivé que nos modernes instituteurs ont abandonné non-seulement les signes *méthodiques,* mais qu'ils ont encore beaucoup de tendance à abandonner, dans leur enseignement, le langage des signes naturels.

L'Institut impérial de Paris a banni les signes *méthodiques* de son système d'enseignement [1].

M. Frank, dans son rapport à l'Institut, condamne les mêmes signes comme étant « un fardeau inutile et embarrassant ou contrariant le développement de la pensée, dont ils ne sont ni l'expression ni l'instrument naturel [2]. »

M. Valade-Gabel prétend que ces signes sont *faux* et *erronés,* et qu'ils ne produisent *qu'erreur* et *confusion* [3].

Pour M. l'abbé Carton, directeur de l'institution des Sourds-Muets de *Bruges,* l'emploi de signes méthodiques est *dangereux* et *nuisible* [4].

M. le docteur Blanchet dit que « l'enseignement par les signes méthodiques est une *erreur fondamentale,* qui interdit à tout jamais aux muets la connaissance du français (???!), qui nuit même au développement des idées, et ne fait, le plus souvent, qu'un *perroquet* du sourd-muet écrivant notre langue [5]. »

Enfin le discrédit où sont tombés les signes méthodiques est si grand, que les instituteurs qui les emploient n'osent pas l'avouer [6]. Ils sont évidemment moins blâmables que ceux qui,

---

[1] Article 7 de la nouvelle organisation, 3ᵉ circulaire, p. 259.

[2] P. 33.

[3] *Enseignement des sourds-muets sans l'intermédiaire du langage des signes,* p. 128. Proposition LXXXI, par M. Valade-Gabel, directeur honoraire de l'institution impériale de Bordeaux.

[4] *Philosophie de l'enseignement maternel,* p. 24.

[5] Blanchet, *Enseignement des sourds-muets dans les Ecoles primaires* p. 91.

[6] *Philosophie de l'enseignement maternel,* par l'abbé Carton, p. 24.

pour empêcher les enfants d'employer le langage des signes, leur attachent les mains derrière le dos et leur infligent des corrections aussi injustes que barbares.

D'où vient ce haro général à l'endroit des signes méthodiques? D'où vient que ceux-là même qui ont accepté la mission de développer l'intelligence des sourd-muets et de leur donner un langage, refusent impitoyablement à ces enfants le seul *langage* possible pour eux, le langage mimique [1]?

Cette erreur déplorable tient, à notre avis, à ce que le mécanisme de la formation de la parole, et les rapports de cette dernière avec la pensée n'étaient pas connus; on ignorait que tout signe employé par notre intelligence dans les opérations de la pensée, tout langage, par conséquent, *doit faire partie de notre organisme* et être en rapport direct avec l'intelligence elle-même; on ignorait que l'idée se trouve matérialisée dans un mouvement voulu, déterminé et rendu perceptible, sous cette forme, à notre propre intelligence; on ignorait que penser c'est provoquer des *actes* physiologiques rendus sensibles par un mouvement *objectif* ou *subjectif*, dans lesquels l'intelligence a mis un sens déterminé; on ignorait qu'aux conditions que nous venons d'énumérer il ne peut y avoir que deux langages, les langages mimique et phonétique, et que, en dehors de ces deux langages, l'exercice de la pensée n'est pas possible; on ignorait enfin que supprimer le langage mimique au sourd-muet équivaut à supprimer la parole à l'entendant-parlant.

L'absence de ces notions devait nécessairement conduire ceux qui ne les possédaient pas à méconnaître l'importance et

---

[1] Nous sommes heureux cependant de dire que cette erreur n'est pas partagée par tous les instituteurs. D'après le témoignage de M. Frank et de M. l'abbé Carton, M. l'abbé Laveau obtient des succès, avec les signes méthodiques, qui dépassent ceux de quelques institutions où ces signes sont repoussés.

la nécessité *absolue* du langage mimique, naturel et méthodique, dans l'éducation *complète* du sourd-muet.

On nous objectera peut-être que les signes *méthodiques* ont été expérimentés pendant longtemps, et qu'ils n'ont donné aucun bon résultat. Il faut bien qu'il en soit ainsi, puisqu'on les a abandonnés. Mais de ce qu'un instrument est difficile à manier, est-ce une raison pour s'en dessaisir, surtout lorsqu'il est avéré qu'avec lui seulement on peut arriver à un but ? Ces difficultés tiennent d'ailleurs à certaines causes que nous allons énumérer.

1° La première difficulté tient évidemment, à l'infériorité du langage mimique sur le langage phonétique, au point de vue des instruments qui exécutent ces deux langages.

Il ne faut pas oublier que l'homme a été créé pour *parler* et non pour *mimer*, et que la nature a dû déployer tout son génie dans la constitution de l'instrument de la parole, tandis qu'elle a laissé incomplet l'instrument du langage mimique, destiné d'ailleurs à d'autres fonctions.

Il résulte de là que le sourd-muet doit trouver beaucoup plus de difficultés dans l'acquisition du langage mimique, que n'en rencontre l'entendant-parlant dans l'acquisition de la parole ; et que l'intelligence du premier doit se développer plus lentement que celle du second [1].

2° Il est positif que, si on laisse un enfant, parfaitement doué et jouissant de tous ses sens, livré à lui-même, loin de toute société, il arrivera un moment où il ne sera plus apte à recevoir aucune éducation ; la parole elle-même ne pourra pas lui être enseignée [2]. Il semble qu'après un certain temps nos

[1] Voir page 658 l'exposition des motifs qui donnent raison de l'infériorité du langage mimique.

[2] On connaît l'histoire du jeune sauvage de l'Aveyron dont Itard essaya, mais en vain, de faire l'éducation.

organes, ou plutôt la matière nerveuse perde, avec l'inaction, la propriété de se plier facilement aux impulsions de l'intelligence.

Or, en général, les sourds-muets étaient admis autrefois dans les écoles à un âge assez avancé, à quinze ou vingt ans ; à cet âge, l'intelligence avait déjà façonné l'instrument direct de ses déterminations ; elle avait enfin ses habitudes, son langage des signes naturels. Il n'est donc pas étonnant qu'on ait rencontré de grandes difficultés à lui faire prendre l'habitude de provoquer la formation de nouveaux signes, l'habitude des signes méthodiques ; l'effet était manqué, parce qu'il était trop tard. Dans ces circonstances, on ne peut pas attribuer l'insuccès à la méthode d'enseignement.

3° Il est un troisième et dernier motif qui rend le langage de signes *méthodiques* très-difficile à acquérir, et qui probablement a été la cause principale de l'abandon de ces signes. Nous voulons parler de l'imperfection de la langue mimique elle-même.

Les langues parlées ne se font pas en un jour et elles ne sont pas l'œuvre d'un seul homme ; elles n'arrivent à un certain perfectionnement que par les efforts réunis de plusieurs générations successives. Il n'est donc pas extraordinaire que le langage mimique, déjà inférieur par sa nature au langage phonétique, n'ait pas donné rapidement de très-beaux résultats.

Le langage inventé par l'abbé de l'Épée renfermait des vices nombreux, nous le concédons à ses détracteurs ; mais ce grand homme pouvait-il obtenir à lui seul ce qui ne peut être réalisé qu'avec le temps et le concours de tous ?

Au lieu d'étouffer son langage au berceau, n'était-il pas plus rationnel de le perfectionner, de le rendre plus commode, plus facile aux opérations de la pensée ?

Certainement c'eût été un devoir sacré pour les successeurs

de l'abbé de l'Épée, s'ils eussent compris que le laugage des signes méthodiques est le seul capable de développer *entière-ment* l'intelligence des sourds-muets, et de leur fournir le moyen d'entrer en communication d'idées avec les autres hommes. Mais ne possédant pas cette connaissance, ils se sont laissés aveugler par les difficultés réelles des signes *métho-diques*, au point de prendre ces difficultés pour une impossi-bilité.

Mais ces mêmes hommes qui, d'un trait de plume, ont brisé l'instrument de la pensée du sourd-muet, qu'ont-ils fait pour remplacer cet instrument?

Ils ont adopté un système d'enseignement qui est basé sur deux erreurs fondamentales immenses.

Imbus de cette croyance que l'on peut penser avec les signes de l'écriture, sans l'intermédiaire *obligé* d'un langage *physiolo-gique* préexistant, ils ont voulu enseigner *directement* l'écri-ture nationale aux sourds-muets sans le secours du langage des signes : telle est la première erreur.

La seconde est basée sur la croyance à la possibilité de rendre la parole à tous les sourds-muets *indistinctement*.

2° Valeur de l'écriture dans l'éducation des sourds-muets. — Parmi les instituteurs, les uns bannissent *complé-tement* le langage des signes pour enseigner l'écriture ; les autres s'aident du langage des signes naturels pour entrer en communication avec l'élève, sauf à rejeter bientôt cet instru-ment qu'ils considèrent comme *dangereux* et *inutile*.

M. Valade-Gabel est tout à fait absolu sur cette question, et il intitule son livre, rempli d'excellentes choses d'ailleurs : *Mé-thode pour enseigner aux sourds-muets la langue française sans l'intermédiaire des signes.*

M. le docteur Blanchet veut que l'on s'aide du langage des signes *naturels* (il bannit complétement les signes méthodiques), mais juste ce qu'il faut pour entrer en communication avec le sourd-muet. « La mimique, dit-il, n'est considérée que comme une reproduction, une peinture, un tableau vivant des faits et des choses, destiné à provoquer l'éclosion des idées qui devront être exprimées *directement* par un mot français *écrit* ou *parlé*... » Et plus loin : « En un mot, que le sourd-muet soit amené à penser et à s'exprimer en français, au lieu de penser en signes pour s'exprimer en français par traduction [1]. »

Au fond, cette distinction n'est basée que sur une question de mots. Le langage mimique naturel de M. Blanchet se réduit à quelques gestes qu'il s'empresse d'ailleurs d'abandonner dès qu'il croit pouvoir le faire ; et M. Valade-Gabel, bien qu'il dise qu'il n'emploie pas le langage des signes, doit forcément se servir d'une mimique naturelle, car il n'est pas possible, sans le geste, d'entrer en communication avec quelqu'un qui ne vous entend pas.

Ces distinctions sont purement scolastiques et très-secondaires ; nous les laissons de côté pour nous occuper surtout de la question du principe : Peut-on, oui ou non, penser *directement* avec les signes de l'écriture sans l'intermédiaire *obligé* du langage mimique ? M. Valade-Gabel et M. le docteur Blanchet répondent tous les deux : oui.

« L'écriture, dit M. Valade-Gabel, tient lieu de la *parole ;* la vue, de l'ouïe ; la main, de la langue [2]. »

« *Lire*, dit M. Blanchet, pour le sourd-muet, c'est tout d'abord reconnaître par les yeux la valeur du signe écrit, en tant que correspondant à une idée ; car, remarquez que le sourd-muet ne peut lire, comme l'entendant-parlant, en reconnaissant la valeur du signe écrit en tant que correspondant à un

---

[1] *Enseignement des sourds-muets dans les écoles primaires*, par le docteur Blanchet, p. 93.
[2] *Loc. cit.*, p. 137.

son parlé. De sorte que *lire* pour le sourd-muet, *c'est tout simplement voir l'idée à travers le mot écrit*, et que, pour lui, *l'art
de lire consiste dans la connaissance de la langue et des idées
qu'elle peut exprimer*[1]. »

« Écrire, dit toujours M. Blanchet, pour le sourd-muet, ce
peut être, comme pour l'entendant, reproduire seulement, et
en quelque sorte mécaniquement, des formes graphiques données ; mais le sourd-muet passera *sans transition à la reproduction des formes graphiques ayant une valeur comme représentant des idées*[2].

Nous ne partageons point du tout cette manière de voir. A
notre avis, *lire*, c'est traduire le signe écrit en langage *physiologique; écrire*, c'est traduire le langage *physiologique* en signe
écrit. L'intervention du langage *physiologique* est *toujours* indispensable dans ces diverses opérations.

Nous avons démontré, en effet (p. 661), que l'on ne peut pas
penser *directement* avec les signes de l'écriture, et que cette
dernière doit être considérée non pas comme un *langage*, mais
comme la traduction d'un langage déjà existant, du langage
physiologique, de ce langage enfin qui a été voulu, réglé, dirigé par le moi, et exécuté par nos organes. En d'autres termes,
l'écriture, composée de signes placés en dehors de nous, ne
peut arriver à l'intelligence qu'en passant, par traduction, à
travers le langage de l'organisme, qui est le vrai, le seul langage. Car nous ne pensons pas avec de simples perceptions
d'images ; les sens de la vue, de l'ouïe, de l'odorat, etc., transmettent au *moi* la manière dont ils ont été impressionnés ; mais
ces impressions, ces perceptions renferment les éléments de la
pensée et non la pensée elle-même.

[1] *Loc. cit.*, p. 87.
[2] *Loc. cit.*, p. 88.

Comme nous l'avons démontré, l'opération la plus élémentaire de l'esprit humain suppose *toujours* une détermination de notre intelligence, un acte rendu sensible par des mouvements ; l'idée est dans cet acte, dans ces mouvements et non dans la perception d'une impression venue par les sens. Or, l'écriture ne transmet à notre esprit qu'une impression visuelle et pas autre chose ; l'idée n'est pas en elle, elle est dans l'acte, dans le mouvement *significatif* qui a été voulu par notre intelligence, et le sens de l'écriture ne peut arriver à notre intelligence qu'à la condition que cet acte, que les mouvements soient reproduits ; d'où il suit nécessairement que l'écriture ne peut *signifier* quelque chose qu'à la condition de provoquer les mouvements de la parole, en même temps qu'elle impressionne le sens de la vue.

Il est donc nécessaire que le sourd-muet possède déjà un langage physiologique au moyen duquel il puisse traduire le *sens* que le signe écrit représente, si l'on veut qu'il comprenne le sens de l'écriture.

Si M. Blanchet a méconnu cette nécessité, c'est qu'il avait sur le mécanisme de la formation du langage des idées erronées.

« Dans la pensée de l'abbé de l'Épée, dit-il, le mot français ne devait être que la traduction du signe mimique et non pas de l'idée ; de sorte que le sourd-muet était *condamné à penser dans une langue pour s'exprimer dans une autre ;* à penser par signes pour s'exprimer en français.

Gardez-vous, continue-t-il, de cette *erreur fondamentale* qui interdisait à tout jamais au sourd-muet la connaissance du français, qui nuisait même au développement des idées et ne faisait, le plus souvent, qu'un *perroquet* du sourd-muet écrivant notre langue[1]. »

Après avoir exprimé le regret de voir M. Blanchet apprécier

[1] Blanchet, *loc. cit.*, p. 94.

d'une manière aussi légère l'homme éclairé à qui des milliers d'hommes ont dû leur vie intellectuelle et morale, nous lui demanderons ce qu'il entend par « penser dans une langue et s'exprimer dans une autre? » Il suppose évidemment que l'écriture est un *langage* assimilable de tout point à la parole et au langage mimique. Mais là est l'erreur. L'écriture n'est et ne peut être que la traduction d'un langage ; c'est avec ce langage que nous pensons et non avec l'écriture. Le signe écrit est le terrain neutre sur lequel deux étrangers, le langage mimique et le langage phonétique viennent se donner la main pour se comprendre et se communiquer leurs idées. Peu importe que la langue phonétique soit du français, de l'espagnol ou de l'anglais ; au point de vue général qui nous occupe, nous ne devons voir dans les langues que des signes purement arbitraires, conventionnels, capables d'être remplacés par d'autres selon les conventions établies. Le sourd-muet, par conséquent, peut traduire en signe mimique les signes de la parole écrite, et, en lui donnant le même sens, la même valeur que ces derniers représentent, arriver à comprendre et à s'exprimer par écrit dans notre langue, bien qu'il pense (il ne saurait faire autrement), en langage mimique. Supposez deux étrangers parlant une langue différente, mais ayant des signes écrits qui auront pour tous les deux, même sens, même valeur ; évidemment ces deux hommes pourront ne pas s'entendre en parlant, mais ils se comprendront très-bien quand ils converseront par écrit, puisqu'il auront donné au signe écrit même forme et même signification. Supposez que le premier désigne, en parlant, le pain par le mot *par*, et le second par le mot *sur* ; évidemment ils ne se comprendront pas par la parole ; mais si tous deux désignent le pain par un signe écrit identique par le signe *bon*, il est certain qu'ils se comprendront en désignant leurs pensées par écrit.

Le sourd-muet et le parlant se trouvent dans les mêmes conditions que ces deux étrangers : le premier par le langage mimique et le second par le langage parlé. Nous ne nous préoccupons pas si la parole appartient à la langue espagnole ou italienne. Nous désirons savoir seulement si, le langage mimique et la parole peuvent être représentés par le même signe écrit. Cette possibilité n'est pas douteuse ; car ces deux langages sont composés de signes arbitraires, conventionnels. Par conséquent, le sourd-muet et le parlant pourront se comprendre sur le terrain de l'écriture pourvu que, *avec le secours indispensable de leur langage respectif,* ils aient préalablement donné au signe écrit même sens et même valeur.

Ce n'est donc pas une « condamnation, » ce n'est donc pas être « perroquet, » comme le croit M. Blanchet, que de penser dans une langue pour s'exprimer dans une autre par le moyen de l'écriture.

« Si les mots de nos langues, dit encore M. Blanchet, ne sont liés que par un lien arbitraire et conventionnel aux idées qu'ils expriment, cette idée se liera tout aussi bien à un signe mimique, comme le disait l'abbé de l'Épée, qu'à un signe sonore. Oui, *mais elle se liera aussi pour le sourd-muet tout aussi bien et directement au signe écrit et au signe parlé, émis ou lu sur les lèvres, qu'au signe mimique* [1]. »

En disant que l'idée peut être aussi bien attachée à un signe mimique qu'à un signe écrit, M. Blanchet a méconnu l'énorme différence qui existe entre une perception de la vue (signe écrit) et un acte volontaire et significatif de nos organes (signe mimique). Cette distinction est cependant capitale. Nous avons démontré, en effet, que la sensation provoquée par l'impression du signe écrit sur le sens de la vue nous fait voir

---

[1] *Loc. cit.,* p. 91.

l'objet que le signe écrit représente sous une autre forme; mais nous avons vu aussi que cette impression visuelle ne renferme pas l'idée, car l'idée est dans l'acte (mimique ou phonétique) voulu par l'intelligence, dans le but déterminé de faire signifier à cet acte sa manière d'être au moment de l'impression perçue. Il est vrai que cet acte est excité par le sens de la vue impressionné par le signe écrit; mais son exécution suppose toujours que l'idée avait été mise déjà dans l'acte voulu, c'est-à-dire, dans le langage physiologique, avant de passer de celui-ci dans le signe écrit.

Non, l'idée ne peut pas être liée directement au signe écrit; préalablement elle a dû être dans le langage physiologique (mimique ou phonétique), formulée par nos organes; car, nous le répétons, l'idée n'est pas une simple perception : c'est un acte voulu dans un sens et dans un but déterminés.

Signalons enfin une dernière cause parmi celles qui ont pu induire M. Blanchet en erreur.

Celle-ci est non moins grave que les précédentes et tient à ce que M. Blanchet s'imagine qu'on peut provoquer l'éclosion d'une idée en montrant au sourd-muet l'objet, et, en regard, le signe écrit qui le représente.

« En mettant, dit-il, le tableau animé de la vie sous les yeux du sourd-muet, vous ferez naître toutes les sensations possibles, vous mettrez tous les sens, toutes les facultés en action, et *vous vous bornerez à mettre en regard de chaque chose et de chaque fait l'expression parlée et l'expression écrite qui les expriment* [1]. »

.... « Vous écrivez, dit-il encore page 28, le mot pain; vous prononcez le mot pain, et vous exercez le sourd-muet à l'aide de la pantomime la plus naturelle et par toutes les actions que

---

[1] *Loc. cit.*, p. 22.

vous suggérera la moindre expérience, à associer dans son esprit ces trois choses : le pain, le mot *pain* écrit, et le mot *pain* perçu sur vos lèvres. » . . . . . « C'est ainsi ajoute-t-il, qu'aujourd'hui on enseigne vraiment la langue nationale, en provoquant l'idée d'abord, et en mettant ensuite en regard l'expression y correspondant dans cette langue [1]. »

Ma foi ! c'est bien tant pis pour les sourds-muets ; car en agissant ainsi on leur met dans le sens de la vue une double image du même objet, et pas autre chose : l'image du pain lui-même et l'image du signe écrit qui le représente ; mais l'idée est absente de toutes ces perceptions ; car, nous ne saurions trop le répéter, l'idée est un acte et non une sensation ; elle est dans le mouvement voulu par notre intelligence et non dans une simple impression reçue ou reproduite *subjectivement* par elle ; l'objet et le signe écrit qui le représente constituent deux sensations qui deviendront *idées*, lorsque l'intelligence aura voulu exécuter avec ses organes, c'est-à-dire, avec le langage physiologique (mimique ou parlé), les mouvements déterminés, capables de caractériser cette sensation.

En d'autres termes les sensations peuvent être *l'occasion* des idées, mais elles sont bien loin de constituer l'idée elle-même.

Donc, en montrant « le tableau animé de la vie, et, en regard, le digne écrit qui le représente, » M. Blanchet enrichit le domaine sensitif des sourds-muets de quelques images de plus; mais il ne met aucune idée dans leur cerveau, surtout, il ne leur enseigne pas, comme il le croit, la langue nationale. Pour compléter son œuvre, pour donner réellement des idées, il devrait apprendre à ces malheureux à transformer les sensations qu'il leur procure en mouvement voulu, déterminé, ayant un sens, en langage physiologique (mimique), enfin ; à cette *seule*

[1] *Loc. cit.*, p. 92.

condition, il en ferait des êtres pensants. Mais nous avons vu qu'il n'admet pas la nécessité du langage mimique.

Nous résumerons ce que nous avons dit au sujet de la valeur de l'écriture dans l'éducation des sourds-muets dans les conclusions suivantes :

Non-seulement le langage mimique est nécessaire, indispensable pour enseigner les éléments de l'écriture au sourd-muet ; mais nous prétendons encore que ce dernier ne saurait comprendre le sens d'un mot s'il n'a pas préalablement formulé ce mot par des mouvements mimiques, en leur attachant le sens que le mot écrit représente.

Il est donc indispensable de conserver *toujours* le langage mimique, aussi complet que possible ; car il est pour le sourd-muet ce que la parole est au parlant, c'est-à-dire le seul instrument de la pensée.

Pour l'un comme pour l'autre, l'écriture n'est qu'un aide-mémoire et une traduction. Lorsque nous lisons, nous, parlants, nous apprécions sans doute le signe écrit par les yeux ; mais nous le traduisons en langage physiologique (parole) ; nous parlons en lisant, et si nous ne parlions pas mentalement ou à haute voix (subjectivement ou objectivement), la vue seule serait impressionnée et le sens de l'écriture n'arriverait pas à l'intelligence. Il en est de même pour le sourd-muet. L'écriture impressionne ses yeux ; mais cette impression est traduite par les mouvements mimiques qui correspondent au signe écrit. Le muet parle, en lisant, son langage, comme nous, nous parlons le nôtre. S'il ne pouvait pas traduire l'écriture en langage mimique, le sens du mot écrit n'arriverait pas à son intelligence. C'est malheureusement ce qui a lieu dans le système d'enseignement actuel : en prétendant enseigner au sourd-muet l'écriture nationale sans l'intermédiaire *obligé* du langage des signes, on développe énormément la mémoire visuelle de ces malheureux, mais on ne leur donne aucune idée ; car l'idée est dans le mouvement du langage, et là où il n'y a pas de langage il n'y a pas d'idée. Sans la parole, l'homme serait le premier des êtres sensibles ; mais il ne serait pas un être pensant.

De sorte que l'on pourrait, avec juste raison, appliquer à M. Blanchet lui-même les expressions sévères dont il s'est servi à l'égard de l'abbé de l'Épée : « C'est ainsi que l'abbé de l'Épée (lisez : M. Blanchet) ne donnant que des expressions et pas d'idées, ne faisait que des *perroquets* [1]. »

3° **Valeur de la parole enseignée aux sourds-muets.** Depuis longtemps, même avant les travaux de l'abbé de l'Épée, on a essayé de rendre la parole aux sourds-muets ; et, bien que cette prétention puisse paraître étrange, on est quelquefois parvenu à la justifier. Pour comprendre ces heureux résultats, il est indispensable d'établir une distinction importante. Il est une catégorie de sourds-muets qui ont entendu et parlé dans leur enfance, et qui ont conservé le souvenir de quelques mots. Ces demi-sourds-muets, demi-sourds-demi-parlants, sourds-demi-parlants, sourds-parlants, sont susceptibles d'apprendre la parole, et c'est un devoir de chercher à la leur rendre par tous les moyens possibles. C'est ce que l'on fait aujourd'hui dans la plupart des institutions de sourds-muets.

Mais il est une seconde catégorie, composé de sourds-muets qui n'ont, pour ainsi dire, jamais entendu ni jamais parlé [2].

A ceux-ci, il est impossible d'enseigner la parole, et c'est une perte de temps regrettable que de chercher à la leur donner. Cependant, bon nombre d'instituteurs ne doutent pas que l'on ne puisse y arriver, et, à ce titre, ils n'établissent

---

[1] *Loc. cit.*, p. 92.

[2] La surdité peut être réellement congénitale ; mais c'est rare. Le plus souvent elle survient, à la suite de quelque maladie, dans les premiers temps de l'existence.

aucune distinction entre les sourds des deux catégories.

« Pour l'une comme pour l'autre catégorie, dit M. Blanchet, nous posons en principe que tout sourd-muet intelligent, dont la vue, l'appareil vocal et les nerfs sensitifs sont intacts, est capable d'acquérir la faculté de la parole, et celle de lire la parole sur les lèvres d'autrui [1]. »

Comme nous l'avons démontré, l'ouïe est absolument indispensable pour apprendre et exécuter d'une manière *intelligente* les mouvements de la parole; elle est le sens initiateur, éducateur et excitateur de la parole. Or, comment suppléer à ce sens indispensable quand on veut enseigner la parole aux sourds-muets? M. Blanchet va nous le dire. Nous examinerons, avec lui, les moyens qu'il préconise pour enseigner la lecture sur les lèvres et l'articulation de la parole.

1° *Lecture sur les lèvres*. — « La lecture sur les lèvres, dit M. Blanchet, consiste à fixer l'attention sur les mouvements de la bouche, de la langue, les contractions de la face, le jeu de la physionomie, afin de pouvoir saisir les *lettres*, les *mots* qu'on articule et le *sens* qu'on y attache. *Cette faculté s'acquiert par imitation et par habitude;* l'élève l'apprend presque de lui-même, après en avoir reçu les premiers principes. Beaucoup de sourds et de *sourds-muets la possèdent sans avoir reçu aucune notion à ce sujet* [2]. »

Voyez-vous des sourds-muets, qui n'ont jamais entendu parler, qui n'ont pas la moindre notion de ce que c'est qu'un son, et qui cependant *possèdent la faculté de lire sur vos lèvres?* De pareilles assertions ne se réfutent pas; mais poursuivons :

« L'habitude, dit M. Blanchet, développe cette faculté au point que certaines personnes parviennent, à l'aide de ce moyen, à

---

[1] *Loc. cit.*, p. 26.
[2] *Loc. cit.*, p. 71.

suivre une conversation presque avec la même facilité, la même rapidité que s'ils percevaient par l'oreille les sons articulés [1]. »

De sorte que, par un don spécial, les sourds-muets parviennent très-facilement à faire ce qui est presque impossible pour nous, parlants, avec le secours de l'ouïe et de la parole.

Nous pouvons, il est vrai, saisir la forme de certains mots, de certaines lettres ; mais, parmi ces dernières, il en est un grand nombre qui se forment si loin dans l'intérieur de la bouche et des fosses nasales, que le mécanisme de leur formation échappe complétement à nos yeux. Il en est d'autres, telles que le F et le V, qui sont formées par le mouvement des mêmes parties, et qui ne se distinguent que par le phénomène sonore qui les accompagne. Or, je le demande, comment fera-t-il, le sourd-muet, lui qui n'entend pas, comment fera-t-il pour apprécier ce phénomène sonore ? Comment fera-t-il encore pour distinguer les voyelles, qui ne se distinguent entre elles que par des timbres différents ? Ces arguments si simples devraient suffire à eux seuls pour détourner M. Blanchet de la fausse voie dans laquelle il est entré ; mais M. Blanchet est médecin, il est par conséquent plus ou moins physiologiste ; c'est au physiologiste que nous allons nous adresser.

Vous dites que le sourd-muet peut apprendre la lecture sur les lèvres. Or, qu'est-ce que la lecture sur les lèvres pour un sourd-muet ? Ce ne peut être la parole, puisqu'il n'entend pas ; la *parole* ne mérite ce nom qu'autant qu'elle impressionne le sens de l'ouïe ; si elle n'impressionne que le sens de la vue, elle n'est plus un *langage phonétique*, mais un *langage mimique*. Le sourd-muet devine le sens des mots non par l'*ouïe*, mais par la *vue* ; par conséquent, la lecture sur les lèvres est pour lui un véritable *langage des signes méthodiques*

[1] *Loc. cit.*, p. 71.

qui correspondent *littéralement* aux *signes* parlés. Cette conséquence est forcée : les sourds-muets entendent ou n'entendent pas ; s'ils entendent, nous n'avons rien à dire ; mais s'ils n'entendent pas, les *mouvements* de la parole ne peuvent être pour eux que des *signes mimiques ;* et comme ces signes correspondent exactement à ceux de la parole, qui sont *arbitraires, conventionnels, méthodiques*, il s'en suit que les *signes mimiques* eux-mêmes sont *arbitraires, conventionnels, méthodiques ;* ce sont des signes enfin qui doivent, d'après M. Blanchet lui-même, faire du sourd-muet un simple *perroquet* [1].

Mais il ne suffit pas de mettre M. Blanchet en contradiction flagrante avec lui-même ; il s'agit, avant tout, de la vie intellectuelle et morale de vingt mille citoyens français, et si le système est bon, malgré les distractions de ses défenseurs, nous nous empresserons de le reconnaître.

Mais non ; le langage parlé est essentiellement constitué par des accidents sonores qui, pour la plupart, ne peuvent être appréciés que par le sens de l'ouïe ; les mouvements qui accompagnent la parole sont des mouvements si rapides, si déliés, si complexes, que le sens de la vue ne saurait les apprécier suffisamment. L'ouïe seule peut juger en pareille matière, et ce n'est pas en saisissant l'image isolée de ces divers mouvements, mais en percevant leur ensemble, c'est-à-dire le son qu'ils produisent.

La vue est incapable de compter les vibrations de deux cordes différentes donnant un son, mais l'ouïe parvient à déterminer la valeur de ces sons et à dire s'ils sont formés par 500 ou 800 vibrations.

L'ouïe est le sens appréciateur des mouvements qui échappent au sens de la vue. C'est donc une erreur de penser que le sourd-muet peut apprécier avec ses yeux des mouvements que

[1] Voir p. 782.

l'ouïe seule peut juger. Si quelquefois la forme ou le mouvement des parties du tuyau vocal sont assez appréciables pour nous permettre de saisir la formation de quelques mots, le plus souvent cette formation échappe aux investigations les plus minutieuses.

Nous concluons de là que l'enseignement de la lecture sur les lèvres est une perte de temps qu'aucun avantage ne justifie ; car nous affirmons sur des preuves, qu'on n'arrivera jamais à ce résultat que, le véritable sourd-muet saisisse sur nos lèvres une conversation suivie.

Après quelques années d'étude et de soins infatigables il arrivera peut-être à deviner quelques mots que vous lui prononcerez très lentement et qu'il aura préalablement appris ; mais ces petits tours de force ne constituent pour le pauvre sourd-muet ni un langage, ni un moyen de communication avec ses semblables.

Si on persiste à vouloir enseigner cette lecture, on ne doit pas oublier que les mouvements de la bouche sont, pour le sourd-muet, des *signes méthodiques* calqués sur les *signes méthodiques* de la parole, et, dès lors nous insistons pour que l'on fasse exécuter les mouvements mimiques par des parties plus appréciables à la vue que ne le sont les parties situées dans la bouche.

Qu'on transporte en d'autres termes les signes exécutés par le tuyau vocal dans les membres supérieurs, et l'on aura ainsi un système complet de *signes méthodiques* que les partisans du nouveau système d'enseignement ne récuseront pas, puisque c'est celui qu'ils suivent, sans s'en douter néanmoins, en prétendant enseigner la langue nationale par *la lecture sur les lèvres*.

2° *Articulation de la parole.*—Nous croyons avoir suffisamment démontré (page 627) que tous les mouvements *intelligents* que nous faisons sont toujours dirigés, dans leur exécution, par le sens spécial auquel ces mouvements s'adressent dans leur ensemble. Les mouvements de la parole sont nécessairement dirigés, dans leur exécution, par le sens de l'ouïe ; nous avons vu **en** outre que ce sens joue le rôle indispensable de sens initiateur et excitateur. Or, comment le sourd-muet parviendra-t-il à apprendre, à diriger, à exécuter les mouvements de la parole, à en conserver le souvenir. — Appuyé sur la physiologie, nous répondons hardiment qu'il n'y parviendra pas. Mais M. Blanchet n'est pas embarrassé pour si peu, et il prétend au contraire que « *l'enseignement de la parole est un art facile.* [1] » Les moyens qu'il indique sont, il est vrai, très-faciles à employer ; mais la puérilité même de ces moyens montre combien est peu solide la base sur la quelle M. Blanchet a étayé sa théorie. Pour lui, le sens du tact peut parfaitement remplacer le sens de l'ouïe dans l'appréciation des mouvements qui produisent le son, et, dès lors, il imagine, pour perfectionner le tact des sourds-muets, de leur faire apprécier avec la main le mouvement vibratoire des tuyaux d'orgues. Malheureusement le sens du tact est soumis à de terribles éventualités : « Un individu qui aura les mains calleuses, dit M. Blanchet, ou couvertes d'engelures, ou d'affections cutanées, ou qui sera atteint de névroses, pourra momentanément être privé de cette faculté (faculté tactile); mais souvent, à l'aide de soins, il lui sera possible de recouvrer la délicatesse du tact qu'il avait perdue.

Il faut noter aussi le degré de température du milieu où se fait l'observation. Nos expériences ont démontré que le tact commence à s'affaiblir au-dessous de 10 et 12 degrés centigrades et au-dessus de 18 et 20 degrés [2].

[1] *Loc. cit.*, p. 77.
[2] *Loc. cit.*, p. 82.

Que penser d'un enseignement dont l'efficacité repose sur l'absence ou la présence d'une engelure et sur les degrés de la température?

Mais en admettant que la délicatesse du tact soit excessive, il ne s'ensuit pas que le sourd-muet soit en état de distinguer, par le toucher, un son d'un autre son ; il appréciera plus ou moins bien l'intensité du mouvement vibratoire, mais pas autre chose. Si M. Blanchet veut en faire l'expérience, qu'il se bouche les oreilles ; qu'il applique ensuite ses doigts sur la caisse d'une contre-basse, pendant que l'artiste fait résonner mélodieusement les cordes avec son archet, et il s'assurera par lui-même que si ses doigts reçoivent l'impression des mouvements vibratoires, ils ne sont pas capables néanmoins de juger de la valeur des sons qui correspondent à ces vibrations. En d'autres termes il n'entendra pas, avec le bout de ses doigts, l'air que joue le musicien.

En appliquant sa main sur le larynx pour apprécier le mouvement vibratoire de l'organe, le sourd-muet percevra, il est vrai, un mouvement, mais un mouvement mal défini et incapable de lui faire distinguer un son d'un autre son ; et en admettant que cette distinction puisse être établie, comment garderait-il la mémoire de l'impression du mouvement équivalente à la mémoire des mots ?

Nous n'insistons pas davantage.

Le sens du tact ne peut suppléer en aucun cas le sens de l'ouïe comme sens initiateur, éducateur, excitateur de la parole ; par conséquent, l'enseignement de la parole au sourd-muet, par l'intermédiaire de ce sens, n'est pas possible : c'est un rêve enfanté par l'imagination incomplétement éclairée par la raison physiologique.

Avant de poser les conclusions générales de l'étude que l'on vient de lire, nous désirons répondre à une objection qui nous sera probablement adressée : Vous critiquez sévèrement, nous dira-t-on, le système d'enseignement actuellement adopté dans la plupart des institutions ! Vous ne pouvez pas nier cependant les résultats obtenus ; vous ne pouvez pas nier qu'on arrive par ce système à développer la pensée des sourds-muets et à leur enseigner l'écriture, voire même la parole et la lecture sur les lèvres !

Je ne nie rien de tout cela ; mais il faut distinguer :

Bien que privé du sens de l'ouïe, le sourd-muet possède comme nous une intelligence : à ce point de vue, il est notre égal. Mais de ce que l'intelligence ne peut pas se manifester chez lui par la parole, il ne s'ensuit pas qu'elle reste inactive ; elle cherche au contraire à se développer, à se montrer de mille manières, et elle arrive à se créer un langage inférieur au nôtre, il est vrai, mais capable de servir d'instrument aux opérations élémentaires de la pensée. Dès lors, il suffit qu'on exerce cette intelligence par n'importe quel procédé pour la voir profiter, plus ou moins, du bénéfice de l'éducation.

Quoi qu'on fasse, et en dépit de toutes les prohibitions, de toutes les corrections, le sourd-muet pense avec son langage des signes naturels, et c'est en traduisant dans son langage tout ce qu'on prétend lui enseigner directement, l'écriture par exemple, qu'il parvient à comprendre, à saisir, malgré ses maîtres, le véritable sens des choses.

L'écriture est pour l'intelligence du sourd-muet l'exercice le plus salutaire ; car, en passant par traduction dans son langage naturel, le signe écrit lui donne rapidement les notions les plus variées. Ceci explique pourquoi l'on réussit toujours dans l'éducation d'un sourd-muet, pourvu qu'on lui enseigne l'écriture. Quant à ces petits prodiges que l'on exhibe dans les séances publiques annuelles, dans le but de montrer que l'on parvient aujourd'hui à enseigner la parole aux sourds-muets, nous savons ce qu'il faut en penser.

Cette parole, judicieusement appelée *parole morte*, n'est, le plus souvent, qu'un tour de force phonétique : le sourd-muet associe, après un long usage, certains mouvements du tuyau vocal, dont il a à peine conscience, à un *sens* déterminé ; mais son vocabulaire, ainsi formé, reste nécessairement très-circonscrit. En entendant articuler quelques sons par un sourd-muet, nous ne pouvons pas nous empêcher de penser à ces personnes qui ont essayé d'apprendre une langue étrangère, et qui, sans y être parvenues, ont conservé néanmoins le souvenir de quelques locutions familières, tel que : *do you speak english? — i understend? — how do you do?* Mais il y a cette différence, entre les personnes dont nous parlons et le sourd-muet, que, les premières peuvent arriver, avec de la patience, à parler la langue étrangère qu'elles étudient ; tandis que le sourd-muet, nous avons dit pourquoi, n'arrivera jamais à parler notre langue. Il peut arriver à *comprendre* la langue française par l'intermédiaire obligé du langage des signes et de l'écriture ; mais il ne parviendra jamais à *parler* le français.

La parole ne peut être pour le sourd-muet qu'une traduction de son langage mimique ; jamais elle n'est pour lui ce qu'elle est pour nous : un phénomène sonore voulu par l'intelligence, dirigé, retenu et transmis à l'intelligence par l'intermédiaire du sens de l'ouïe.

Il est donc nécessaire, puisque la parole pour le sourd-muet n'est qu'une traduction, de développer d'abord la langue-mère de cette traduction, c'est-à-dire le langage mimique ; car on ne peut traduire que ce qui existe déjà.

En employant les divers moyens que nous venons de passer en revue, l'instituteur exerce, il est vrai, l'intelligence du sourd-muet ; mais cet exercice est bien loin de donner les résultats qu'il pourrait donner s'il était mieux compris. Dans le système d'enseignement actuellement adopté, on fournit au sourd-muet les moyens de développer son intelligence ; mais on diminue singulièrement leur utilité, en soumettant leur emploi à une réglementation, à un procédé qui reposent sur un principe faux.

En voyant le sourd-muet écrire plus ou moins bien notre langue et la comprendre, nous sommes rempli d'admiration ; mais ce qui nous étonne encore davantage ce sont les efforts, l'intelligence et la ténacité qu'il a dû déployer pour arriver, malgré ses maîtres, à d'aussi beaux résultats.

Conclusions. — 1° L'opération la plus élémentaire de l'esprit humain est un *acte* rendu sensible par des mouvements dirigés dans leur exécution par un de nos cinq sens.

2° Ces mouvements voulus et dirigés par un sens spécial constituent les éléments du langage.

3° Tout langage doit être constitué par le mouvement de nos organes, et être en rapport direct avec notre intelligence.

4° Tout signe placé en dehors de nous ne peut être, en aucune manière, un *langage* : le signe extérieur impressionne un de nos sens, et l'intelligence subit cette impression. Dans le *langage*, l'intelligence ne subit pas seulement une impression : elle est active ; elle veut et elle traduit sa volition par un mouvement déterminé.

5° Il n'y a que deux langages correspondant chacun à un ordre de mouvements différents : le langage mimique et le langage phonétique.

6° L'exercice de la pensée humaine n'est pas possible en dehors de ces deux langages.

7° Le développement de l'intelligence, considéré d'une manière générale, est toujours en rapport avec le développement, la richesse et la perfection du langage.

8° Chez le sourd-muet, l'intelligence ne peut se développer qu'avec le secours du langage mimique; tous les efforts doivent tendre à compléter, à enrichir, à perfectionner ce langage.

9° L'éducation du sourd-muet doit se faire d'après les mêmes principes qui sont adoptés vis-à-vis de l'entendant-parlant. De bonne heure, on doit lui enseigner sa langue naturelle (mimique) comme on enseigne la parole à l'entendant; puis, comme on le fait encore pour l'entendant, on doit lui apprendre à représenter les mouvements élémentaires de sa mimique par un signe écrit qui aura même forme, même valeur que le signe écrit du parlant. De cette manière, l'écriture étant la traduction exacte du langage mimique et du langage phonétique, il arrivera que le sourd-muet et le parlant se comprendront toujours par l'écriture.

10° Loin d'abandonner les signes mimiques naturels ou méthodiques, il faut, au contraire, perfectionner, compléter ces signes; car on ne doit pas oublier que le sourd-muet ne peut traduire en signe écrit que ce qu'il possède dans son langage.

11° L'écriture ne constitue pas un langage, c'est la représentation visuelle d'un langage; son existence suppose toujours un *langage physiologique* préexistant; par conséquent, la signification de l'écriture ne peut arriver à l'intelligence qu'en passant par traduction dans le *langage physiologique*. En effet, *lire*, c'est parler notre écriture. Si nous ne parlions pas *mentalement* ou à haute voix, le sens de la vue serait impressionné; mais la signification de l'écriture n'arriverait pas à l'intelligence. Malheureusement, on n'a pas compris cela dans le système d'enseignement actuel. Le sourd-muet retient la forme du signe écrit; mais comme on lui refuse le langage mimique qui lui tient lieu de la parole, la signification de l'écriture n'arrive pas à son intelligence. Cependant, beaucoup d'entre eux arrivent à écrire ; mais, c'est malgré leurs maîtres, et en se servant du langage mimique.

12° Les instituteurs imprudents qui, par des moyens coercitifs barbares, empêchent le sourd-muet de traduire sa pensée avec le secours du langage des signes, devraient être condamnés à ne jamais prononcer une parole ; ils verraient ainsi par eux-mêmes ce que c'est que d'être privé du langage *physiologique*.

13° Contrairement à ce que l'on professe aujourd'hui, l'enseignement de la lecture sur les lèvres et de l'articulation de la parole doit être considéré comme un enseignement de *luxe*, insignifiant par *lui-même*, et ne devant attirer l'attention de l'instituteur qu'après qu'il aura suffisamment développé l'intelligence du sourd-muet par le *langage des signes* et que, par l'intermédiaire de ce dernier, il lui aura enseigné l'écriture. Après avoir obtenu ces résultats indispensables, but suprême de tout enseignement, il pourra, s'il a du temps à perdre, exercer le sourd-muet à *deviner* le sens de la parole par la lecture sur les lèvres et, en même temps, à articuler quelques sons[1].

14° L'enseignement de la lecture sur les lèvres et de la parole équivaut à l'enseignement d'une langue étrangère. En effet, pour le sourd-muet, les mouvements de la bouche sont des *signes méthodiques* qu'il traduit, en son langage, comme nous, nous traduisons dans le nôtre, les signes de la langue espagnole par exemple.

Mais, de même qu'avant d'apprendre par traduction une langue étrangère, nous commençons par apprendre la nôtre et

---

[1] Nous parlons, bien entendu, des sourds-muets qui n'ont jamais parlé ni entendu dans les premières années de la vie.

à l'écrire; de même, il est nécessaire que le sourd-muet apprenne d'abord son langage mimique et l'écriture; puis, si on le désire, il pourra traduire les *signes méthodiques*, exécutés par le tuyau vocal, en son langage naturel. Mais, l'on ne doit pas oublier que les *signes méthodiques* du tuyau vocal sont difficiles à saisir; et qu'ils sont privés, pour le sourd-muet, du caractère important qui permet à l'*entendant* de les distinguer, c'est-à-dire du phénomène sonore qui les accompagne.

FIN.

TABLE DES MATIÈRES.

Pages.

FIN DE LA TABLE DES MATIÈRES.

Paris. — Typographie HENNUYER ET FILS, rue du Boulevard, 7.